TOPONOMASTICA ITALIANA

GIOVAN BATTISTA PELLEGRINI

TOPONOMASTICA ITALIANA

10 000 nomi di città, paesi, frazioni, regioni, contrade, fiumi, monti spiegati nella loro origine e storia

EDITORE ULRICO HOEPLI MILANO

via Hoepli 5, 20121 Milano (Italy)
tel. + 39 02 864871 - fax + 39 02 8052886
e-mail hoepli@hoepli.it

www.hoepli.it

ISBN 978-88-203-4217-3

Composto da Composizioni Grafiche
Padova - Via Pellizzo, 29

Stampato da LegoDigit S.r.l., Lavis (TN)

Printed in Italy

Indice

Elenco delle figure

Prefazione di Fabio Padoa

Prefazione dell'autore

Sigle e abbreviazioni

1 Introduzione 1
Scopi e metodi degli studi toponomastici 1
Toponomastica e storia 7
Toponomastica e grammatica storica 18
Storia delle ricerche toponomastiche 21

2 Toponimi dalle lingue di sostrato 33
Lingue dell'Italia antica 33
Strati mediterranei 39
Fenicio-punico in Sardegna e Sicilia 45
Paleosardo 49
Paleosiculo 53
Messapico 56
Italico (Osco-umbro) 60
Falisco 75
Roma e "Latium vetus" 75
Greco e bizantino 78
Etrusco 86
Italia settentrionale 98
Ligure e leponzio 99
Gallo-carnico 105
Pregallico 107
Celtico 109
Retico 130
Venetico 135
Diffusione del latino in Italia 142

3 L'elemento latino 149
Termini latini assenti (o rarissimi) come appellativi nelle lingue neolatine 150
A) Arcaismi latini nella toponomastica 152
B) Toponimi di origine latina riferentisi alla geonomastica 167
C) Toponimi di varia originazione 208
D) Derivati toponimici da aggettivi 236

4 Elementi postlatini (germanici, arabi, slavi) 263
Influsso germanico 263
Goti 265
Longobardi 268
Tracce di altri etnici germanici 279
Altri etnici medievali 281
Influsso arabo 283
Elemento slavo 296

5 Antroponimia 305

6 Fitotoponimia e zootoponimia 329
Fitonimi 329
Zootoponimi 358

7 Idronimi e oronimi 367
Idronimi 367
Oronimi 372

8 Altre categorie 377
Toponomastica urbana 377
Toponomastica stradale e topografia 384
Antichi culti (e tradizioni) trasmessi dai nomi locali . 393
Agiotoponomastica 398
Toponomastica delle aree alloglotte 403
Toponomastica bilingue dell'Alto Adige 412
Etnici 416
Mutamenti di nomi di luogo 423

Glossarietto dei termini tecnici 431

Bibliografia 433

Indice dei toponimi 461

Elenco delle figure

Fig. 1.1	Frequenza degli studi toponomastici in Italia	32
Fig. 2.1	Sostrati linguistici prelatini	38-39
Fig. 2.2	Diffusione degli italici orientali di lingua osco-umbra	68
Fig. 2.3	L'Etruria tirrenica	88
Fig. 2.4a	Le fasi della latinizzazione	144
Fig. 2.4b	Le fasi della latinizzazione	144
Fig. 2.4c	Le fasi della latinizzazione	145
Fig. 2.5	Le regioni augustee	147
Fig. 4.1	Toponimi gotici e longobardi nell'Italia settentrionale e centrale	270
Fig. 4.2	Toponimi longobardi nell'Italia centrale e meridionale	271
Fig. 4.3	L'Italia all'inizio del sec. XI	282
Fig. 8.1	Diffusione regionale dei toponimi sacri	402
Fig. 8.2	Esempi di diffusione locale dei toponimi sacri	403
Fig. 8.3	Toponimi prediali in -anum in Alto Adige	418-419

Prefazione

Il protagonista di un romanzo poliziesco inglese soleva fuorviare le ricerche lasciando il corpo del reato in tanta evidenza sul luogo del delitto che nessuno degli investigatori si soffermava a riconoscerlo per tale.

Similmente, tracce distinte della storia del nostro Paese sono presenti intorno a noi che ne pronunciamo il nome e le guardiamo ogni giorno senza vederle, proprio come quei detective inglesi. Finché una disciplina nuova – la toponomastica *– ne scopre l'origine e il significato, facendole rivivere per noi. La toponomastica, o studio dei nomi di luogo, è praticata con metodo da non molti decenni. Essa è tuttora alla ricerca di riferimenti sicuri nell'ombra della preistoria o nella penombra di fasi storiche remote: è una scienza in divenire.*

Viviamo, noi italiani, su una terra antica, teatro di un susseguirsi straordinariamente vario e complesso di civiltà, di culture, di religioni, al centro di quel crocevia di popoli e di stirpi che è il Mediterraneo, sulle rive privilegiate del quale – dall'Est e dal Nord, dal Sud e dall'Ovest – migrazioni, invasioni, colonizzazioni, insediamenti si sono succeduti senza posa dall'origine dei tempi. Nelle nostre vene e altrettanto nelle nostre tradizioni, nei nostri modi di vita, nei nostri particolarismi e nelle nostre antinomie si ritrovano, variamente sedimentate e spesso inconsce, le tracce di quelle ascendenze lontane. La stessa viscerale vitalità del Paese – di cui la nostra generazione vive testimonianze talvolta sorprendenti – trova sicura origine nella ricchezza e nella varietà del suo patrimonio umano, sia genetico che culturale.

Prendere coscienza, per qualche nuovo aspetto, di tale ricchezza e varietà, significa fare chiarezza in noi stessi e quindi aiutarci a meglio capire anche l'epoca nostra, a vivere meglio il nostro tempo. A tanto possono servire anche le rivelazioni della toponomastica.

Ma che cos'è la toponomastica?

Una costante misteriosa vuole che di ogni civiltà sopravvivano più a lungo nella memoria storica le testimonianze più immateriali, quasi che sulle acque profonde del tempo galleggi il più leggero: riti funebri, versi di poeti, saghe di eroi. E, tra tutti i documenti, massimamente longevi sono i nomi propri di singoli luoghi – i cosiddetti toponimi – che si tramandano, talvolta corrotti o trasformati dall'uso, nel succedersi delle lingue e delle culture, su un dato territorio. Nell'avvicendarsi delle dominazioni, spesso i nuovi venuti adottano il nome dato al monte, al fiume, all'abitato dai primi occupanti: dimenticano il significato del nome ma ne conservano il suono, che entra nel loro vocabolario a designare quel monte, quel fiume, quell'abitato. A loro volta impongono nomi nella propria lingua ad altre località o strade o villaggi che via via designano, lasciandovi così la propria riconoscibile impronta. Come un palinsesto usato più e più volte nei secoli a trascrivervi i segni di successive presenze etniche o politiche o religiose, la carta topografica di quella che chiamiamo Italia rivela a chi la sa leggere le tracce di antiche vicende svoltesi sul suolo del nostro Paese; essa schiude all'occhio esperto dello studioso una quarta dimensione temporale, talvolta di sconcertante profondità: non di secoli soltanto ma di millenni, che sotto forma di radici, di suffissi o di assonanze nei nomi di luogo, chiama di lontano come l'abissale regno delle Madri di faustiana memoria.

L'esploratore del passato-presente nei nomi di luogo procede come un archeologo della lingua, riportando alla luce del sapere, da strati vieppiù profondi, autentici relitti di lingue sepolte, incastonati come fossili negli apporti alluvionali delle parlate successive: così conservati, essi giungono fino a noi. Prima della lingua italiana affiorano i dialetti, prima ancora gli apporti barbarici e, giù giù scavando, le impronte romane e le greche e le pre-greche e le etrusche e le italiche, in una stratificazione metodicamente ricostruibile che affonda talvolta le basi fino nel neolitico.

Classificando ordinatamente questi relitti di antiche lingue per epoca di origine, la toponomastica configura altrettante Italie, con i loro confini, i loro spazi, le loro sovrapposizioni, i loro luoghi alti, portatrici ognuna di una propria fisionomia caratteristica: civile, religiosa, militare.

Le regioni in cui Augusto ripartì l'Italia nel I secolo d.C. riprendono in buona parte unità storiche preromane; molte di esse portano nomi di antichi popoli vinti – Latium e Campania, Apulia, Lucania, Umbria, Etruria, Liguria, Venetia – e l'articolazione augustea si protrae fino all'età moderna nella denominazione delle odierne Regioni: una continuità, questa, che conferisce spessore e dignità di radici ai particolarismi del nostro Paese in ricorrente contrapposizione dialettica con la sua vocazione unitaria.

Più tardi, si riconoscono nelle forme di nomi locali del Comune medievale tracce di comunità rurali romane e preromane perpetuatesi, pur attraverso le riforme tributarie e catastali del basso Impero, fino ai secoli XII e XIII. Nei toponimi prediali tuttora in uso, ritroviamo il disegno degli appezzamenti regolari di colonie romane. Nei nomi di nostri borghi e città leggiamo le distanze in miglia delle strade imperiali, o le tappe dei pellegrini diretti ai luoghi santi.

Così, vediamo convivere intorno a noi i segni dei tre ritmi temporali che scandiscono, secondo Braudel, lo svolgersi della storia: sullo sfondo quasi immobile del tempo geologico che modella lo spazio in cui viviamo, percepiamo il moto lento del tempo sociale, col succedersi degli insediamenti, delle migrazioni, delle dominazioni transeunti; ancor più vicino a noi rileviamo il tempo incalzante degli eventi puntuali, che potremmo chiamare politici, a misura di vite umane. Mirabile "continuum", nel quale gli ordinamenti, le istituzioni, e i modi di vita dei nostri avi sopravvivono, condizionando il nostro presente: talché oggi valgono a determinare la forma di un umile campo, i passi di un antenato del neolitico non meno delle pandette di Giusti-

niano o del codice napoleonico. Come il vasaio di Omar Kayyam, noi modelliamo la nostra opera attuale impastando ceneri di morti di ogni età; i toponimi ne danno sommessa, ma genuina, testimonianza. Ed anch'essi, come l'argilla del poeta persiano, vanno trattati con mano pia.

Oltre un milione sono i nomi di luogo che figurano sulle tavolette al 25 000 dell'Istituto Geografico Militare, che costituiscono la rilevazione di base della cartografia italiana. Cinque o sei volte tanti se ne raccoglierebbero sfogliando il catasto se si enumerassero le località, le contrade, le unità economiche ivi citate, che formano l'oggetto di una Toponomastica minore, a suo modo non meno significativa. È un tesoro immenso, solo parzialmente esplorato, e che non è stato sottoposto finora a una ricerca sistematica e coordinata per tutta l'Italia. I lontani progetti dell'Accademia dei Lincei e della Commissione per la revisione toponomastica della Carta d'Italia non hanno avuto compiuta attuazione, sicché il campo è rimasto aperto all'azione meritoria ma isolata di singoli studiosi, attenti a una data regione, a un sito o a un problema linguistico particolare; rare sono le opere di respiro più ampio.

Lo studio dei nomi di luogo è dominio del glottologo che, guidato nella ricerca da un metodo rigoroso, deve possedere alla base una conoscenza amplissima di lingue antiche e di lingue moderne, di dialetti, di parlari; deve operare negli archivi, ma anche sul terreno; deve sapere di geologia, di geografia, di archeologia, di antropologia, di folklore; deve inoltre ispirare le proprie intuizioni a una visione generale delle prospettive storiche e riuscire a confermare o a confutare ogni ipotesi mediante riscontri e accertamenti pertinenti. La storia "globale", quale oggi vuol essere, si nutre di informazioni sugli spazi vissuti, sui costumi, sulle vie di transito dei nostri più lontani antenati: e non di rado il toponimo è l'unico documento immediato, parlante, di un comportamento collettivo. Talché la toponomastica, madre e ancella, vive ad un tempo a monte e a valle della narrazione storica, la nutre e se ne nutre, in uno scambio fecondo e suggestivo. Non è materia per dilettanti, e tra le insidie da cui deve guardarsi sono proprio le etimologie popolari, i malintesi e le trascrizioni arbitrarie di frettolosi amanuensi o di cartografi. Essa affina nel ricercatore lo spirito critico e il gusto del metodo, mostra che la verità scientifica non è mai definitiva, talché il punto d'arrivo di oggi è solo il punto di partenza di domani. È scienza di pochi ma non per pochi, perché le sue suggestioni arricchiscono straordinariamente in profondità lo scenario nel quale si svolge la nostra vita quotidiana.

La scuola toponomastica italiana conta tra la seconda metà dell''800 e oggi rappresentanti preclari, il cui apporto di intuizioni e di scoperte è largamente riconosciuto in dottrina: dall'Ascoli, al Pieri, al Serra, al Bertoldi, all'Alessio, all'Olivieri, al Battisti. Tra quanti proseguono oggi autorevolmente la loro opera, come è attestato dalla bibliografia ragionata inclusa in questo volume, figura in primo piano l'autore, Giovan Battista Pellegrini, professore ordinario di glottologia presso l'Università di Padova, che con i suoi studi ha offerto allo studio della toponomastica italiana (per non citare altri rami della linguistica di cui si è occupato) oltre 60 contributi specifici dedicati a molte regioni della penisola, come è attestato dalla bibliografia parzialmente riportata in questo volume.

Mancava però fino ad oggi un'opera di sintesi che, abbracciando l'intero panorama italiano, desse ai lettori non specialisti un quadro d'insieme e una chiave interpretativa dell'amplissima gamma dei nostri nomi di luogo.

Forse l'estrema complessità del tessuto storico italiano e delle vicende succedutesi nel nostro territorio nei millenni hanno ritardato fino ad oggi la nascita di strumenti come questo, che esistono invece per la Francia, la Gran Bretagna, i paesi di lingua tedesca, le cui vicende sono più lineari. Il volume si rivolge alle persone colte, ai giornalisti, agli insegnanti, agli operatori del turismo, oltre che ai cultori di storia locale e a quanti amino toccare con mano, grazie all'illuminazione dell'esperto, la viva testimonianza del trascorrere della grande storia racchiusa in un nome di luogo e sappiano sentirne la potenza evocatrice.

In una pagina della "Recherche", Marcel Proust lamenta che l'erudizione smitizzi i nomi delle stazioni normanne sgranate dal trenino di Balbec, sostituendo all'assonanza poetica che lo faceva sognare una sapiente spiegazione etimologica. Non è forse vero anche il contrario? Per noi, ai nomi consumati, banalizzati dall'uso, la rivelazione del dotto restituisce colore e significato: restituisce anche sogno. Questo, tra l'altro, si propone il presente libro.

Settembre 1990

FABIO PADOA

Prefazione dell'autore

Già da alcuni anni, dopo aver acquisito qualche esperienza nelle ricerche di toponomastica mediante un discreto numero di saggi su varie regioni e su diverse stratificazioni linguistiche, avevamo pensato di riassumere i principali studi su tale disciplina in un volume generale. A ben guardare, infatti, esso mancava del tutto per l'Italia, anche se alcune regioni erano state esplorate, sia pure con disuguale approfondimento e con ampie lacune per tante aree del nostro paese. Non mancavano peraltro le remore per intraprendere la stesura di un "panorama" di toponomastica italiana, relativamente equilibrato nella sua impostazione e nella distribuzione dei materiali da esaminare. Pensavamo inoltre che un maestro esperto nella materia quale Carlo Battisti, e successivamente un attivissimo collega, quale Giovanni Alessio, avrebbero provveduto a colmare – come si dice – tale lacuna nelle nostre ricerche storico-linguistiche. Il Battisti invece (morto nel 1977 a quasi 95 anni) rimase costantemente fedele ai suoi due campi preferiti di esplorazione sino agli ultimi giorni, dopo oltre un settantennio di intense e fruttuose ricerche sul "retoromanzo" (di cui egli dimostrò l'inconsistenza scientifica, senza che le sue vedute siano state accolte o confutate nella manualistica corrente) e sulla romanità riflessa nei nomi locali dell'Alto Adige, ben raramente allontanandosi da codesti pur vasti filoni della sua fervida laboriosità.

L'Alessio, che pure esplorò tante regioni italiane, specie meridionali, studiando anche singoli problemi generali con contributi spesso esemplari, si cimentò soltanto nell'abbozzare una illustrazione complessiva della toponomastica italiana, ma unicamente attraverso manuali didattici (dispense) destinati soprattutto ai suoi allievi napoletani; in codesti benemeriti tentativi egli ben presto abbandonò l'impresa e non varcò il centinaio di pagine (v. Alessio 1958 e 1959=1967), lasciando così largamente incomplete le sue iniziative. E non vogliamo qui togliere nulla ai suoi meriti, pur riconoscendo, a nostro avviso, ch'egli abusò, qua e là, nelle sue feconde esplorazioni, ricche di straordinaria fantasia (e non lo diciamo assolutamente con una accezione negativa!) del concetto di "mediterraneo", sovente non sufficientemente controllato.

Se ora ci siamo decisi a scrivere questo manuale, il primo del genere sulla toponomastica italiana, dobbiamo dichiarare che l'invito e l'incoraggiamento ci è venuto dal dott. Fabio Padoa di Trieste, cultore di varie discipline e assai curioso anche nel campo delle nostre ricerche che egli sa apprezzare a dovere.

Il dott. Padoa (che ringraziamo vivamente) ci mise gentilmente in contatto col noto editore Hoepli il quale accettò di pubblicare il lavoro senza esitazioni. In poco più di un anno di intense ricerche riuscimmo ad apprestare il volume.

In esso abbiamo sistemato parecchi materiali e cioè un buon campionario di nomi locali italiani facendo ricorso – lo speriamo – anche alle migliori trattazioni degli studiosi più esperti, ma non tralasciando di utilizzare una buona serie di nostri precedenti articoli e monografie (v. la Bibliografia).

Scorrendo i lemmi del manuale, ed in particolare i capitoli più ampi (il terzo ed il quarto), si potrà facilmente constatare come tra le regioni italiane sia stata privilegiata la Toscana (e, meno sensibilmente, anche l'Italia settentrionale). Ciò è dovuto da un lato all'interesse offerto dai nomi toscani (specie nelle attestazioni medievali) per le fasi più antiche della nostra lingua, tanto da essere utilizzati anche per la grammatica storica, un settore a volte assai poco esplorato. Ma la nostra scelta è dovuta anche ad un aspetto pratico e cioè l'aver potuto avvalerci dei tre eccellenti volumi toscani opera di Silvio Pieri. Del resto abbiamo sempre cercato di fornire un quadro anche della toponomastica meridionale e della Sicilia (questa è rappresentata soprattutto con i nomi locali di origine greca ed araba), mentre un po' in ombra è forse rimasta la Sardegna (e ci rincresce di non aver potuto servirci per tale isola degli studi e dei risultati degli ultimissimi anni).

Il volume è distribuito – a parte l'Introduzione – in due grandi sezioni, e cioè: lo studio dei toponimi secondo le varie stratificazioni, preromana, latina e postlatina (germanica, araba e slava) e secondo varie categorie: i derivati dall'antroponimia, i fitonimi, gli zoonimi, gli idronimi e gli oronimi (rappresentati unicamente da qualche esemplificazione). L'ultimo capitolo è invece dedicato alla toponomastica urbana e stradale, ai toponimi derivati da antichi culti e da superstizioni, agli agionimi, agli etnici ed infine alla toponomastica alloglotta e alla italianizzazione del repertorio toponimico dell'Alto Adige, tuttora vigente. Conclude il volume una breve esemplificazione dei motivi che stanno alla base delle numerose modificazioni o cambiamenti dei nomi di luogo.

La Bibliografia elencata in coda al volume è in generale quella utilizzata nella redazione del manuale, anche se nel testo, per ragioni di praticità e di concisione, essa non sempre è esplicitamente menzionata (ed in particolare per il capitolo "latino", il più ampio).

Colgo l'occasione per rivolgere un caldo ringraziamento agli amici Maria Teresa Vigolo, Enzo Croatto e soprattutto a Sergio Nogarin i quali mi hanno dato un valido aiuto nella correzione delle bozze. Mi auguro di avere l'opportunità, in séguito, di provvedere ad una seconda edizione del volume per potere eventualmente correggere ed ampliare quest'opera, in buona parte pionieristica.

Desidero infine dedicare la mia fatica alla memoria di Giovanni Alessio che tanti contributi ci ha procurato per la ricerca toponomastica ed in generale etimologica.

Padova, settembre 1990

GIOVAN BATTISTA PELLEGRINI

Sigle e abbreviazioni

Le poche sigle bibliografiche utilizzate nel corso del testo si spiegano quasi tutte ricorrendo alla bibliografia. In particolare si noti:

CII = *Corpus inscriptionum italicarum*;

CIL = *Corpus inscriptionum latinarum*;

DEI = vedi Battisti-Alessio;

DTA = C. Battisti, *Dizionario toponomastico atesino*, Firenze 1936 sgg.;

DTL = vedi Olivieri;

DTP = vedi Olivieri;

FEW = vedi W. von Wartburg;

IEW = vedi Pokorny;

LIA^{2} = vedi Pisani;

NRIE = vedi Buffa;

PID = vedi Conway;

RE = Pauly-Wissowa, *Realencyclopädie der class. Altertumswissensch.*;

REW = vedi Meyer-Lübke;

ThTE = *Thesaurus linguae etruscae* I. *Indice lessicale*, Roma 1978

TLE = vedi Pallottino;

TSL = vedi Pieri;

TTM = vedi Pieri;

TV = vedi Olivieri;

TVA = vedi Pieri;

ZRPh = "Zeitschrift f. romanische Philologie".

Le abbreviazioni che si riferiscono alle lingue sono quasi tutte svolte; si noti tuttavia: a. seguito da numero = anno; a. (o ant.) = antico (a. a. ted. = antico alto tedesco; a. ind. = antico indiano); got. = gotico; gall. = gallico (o gallese); ie. (indoeuropeo); postpos. = postposizione.

Si osservi infine che il segno > significa "si muta in...", ad es. fŭrca > *forca*; al contrario il segno < significa "deriva da...", ad es. *forca* < fŭrca.

Capitolo 1
Introduzione

Scopi e metodi degli studi toponomastici

1. La toponomastica è una scienza prevalentemente linguistica ed una delle branche fondamentali degli studi onomastici in senso lato, una disciplina che ha per oggetto il "nome proprio", dal greco ὄνομα (equivalente del lat. *nomen*). *Onomastica* rappresenta il greco ὀνομαστική, voce costruita sul modello di γραμματική [τέχνη], cioè *grammatica ars*. Più precisamente la toponomastica si occupa dei nomi di luogo (dal greco τόπος 'luogo' 'paese'), siano essi nomi di città, di paesi, di regioni, di monti, di fiumi, di laghi, di mari ecc. Molti studiosi utilizzano anche la denominazione *onomastica* con specifico riferimento allo studio dei nomi di persona, siano essi nomi individuali (o di battesimo), idionimi, o cognomi, nomi di casato, di famiglia, o soprannomi o nomignoli (più spesso riferiti ad una singola persona, ma spesso assunti a designare un gruppo familiare). Di qui potremmo estendere quest'uso anche con riferimento a nomi di animali, di barche, di navi ecc. Ma è preferibile adoperare in tal caso un termine più preciso qualora si riferisca all'uomo e cioè antroponimia costruito sul greco ἄνθρoπος 'uomo'. In francese è assai comune *toponymie*, in inglese *toponymy*, in spagnolo *toponimia* – riecheggiato in italiano dall'uso meno frequente di *toponimìa* e di *toponimico* –, mentre in tedesco si preferisce *Ortsnamenkunde* 'scienza del nome di luogo', come in tante altre lingue (si noti ad es. l'equivalente ungherese *névtudomány*).

2. Esiste poi un settore intermedio negli studi onomastici che è rappresentato dall'etno-onomastica la quale ha per

oggetto l'individuazione e lo studio dei cosiddetti nomi etnici cioè delle denominazioni tipiche (e possibilmente non banalizzate) che qualificano, specie in forma popolare, ma anche dotta, gli abitanti di città, paesi e regioni.

Tale studio può essere rilevante, in alcuni casi, anche per l'individuazione più precisa dell'etimo di alcuni toponimi e per codesto argomento e per una esemplificazione relativamente ampia di tali denominazioni, spesso caratterizzate da tipici suffissi anche arcaici, rimandiamo qui ai §§ 173-176.

Un altro argomento legato al nome degli abitanti è offerto dal "blasone popolare", tecnicismo diffuso in Italia soprattutto dal Pitrè 1891, ma utilizzato dapprima in Francia dal Rolland nella seconda metà del secolo passato, e nella raccolta di Gaidoz e Sibillot 1884 ed ancor prima da A. Vanel 1859. Si tratta del cosiddetto "motteggio popolare" o "epiteti, soprannomi popolari" o "maldicenze intercomunali" con le quali sono definiti gli abitanti di paesi e città. Codeste ricerche e raccolte non sono propriamente linguistiche, ma interessano piuttosto le esplorazioni demologiche. Tali "canzonature" sono per lo più bonarie, scherzose e non raggiungono mai (o quasi mai) il livello dello scherno. Diamo qui sotto alcuni esempi in margine alla trattazione degli etnici (§ 177). V. Migliorini 1948, 62-74.

3. Sembra opportuno formulare alcune brevi considerazioni sul nome proprio poiché tale è il toponimo o nome di luogo al pari dell'antroponimo o nome di persona. La categoria dei "nomi propri" rappresenta dei segni linguistici particolari non comuni o generali (come gli appellativi), ma *individuali*. Tra gli uni e gli altri si notano particolari affinità, ma anche chiare differenze. In essi il significante (dato che, come è ben noto dall'insegnamento del Saussure, il segno linguistico è sempre costituito da due facce inscindibili e cioè dal *significante* – o successione fonica o immagine di essa – e dal *significato*) *significa* per se stesso o meglio *identifica* ed ha pertanto la funzione di cartellino, quasi sempre opaco. Esso poco ha da spartire con il luogo e ancor più con l'individuo che individua e che per ragioni varie (di tradizione, sociali, giuridiche e

religiose) gli è intimamente legato. Con ciò non si può negare che almeno in origine, certi nomi propri siano collegati col referente. Ma già gli antichi greci – come osservava il Pagliaro 1956, 239-40 – avevano sottolineato il particolare che ad es. l'antroponimo di norma non ha diretti rapporti con la persona che esso designa. Platone nel suo celebre Cratilo aveva già notato che ad es. un *Hermogénēs* il quale significa 'figlio o stirpe di Hermes', identifica una persona di nome H. (e quando egli viene chiamato col nome, la persona è lui e non un'altra), senza che essa sia affatto 'figlio di Hermes'. Analogamente, un cognome quale *De Giovanni* non indica affatto che la tale persona così designata sia realmente figlia di un Giovanni.

D'altro canto si può constatare che il caso in cui vi sia un rapporto logico tra il "segno linguistico" e l'oggetto individuato in toponomastica sia assai più frequente rispetto all'antroponimia idionimica, dato che il nome individuale di battesimo è stato di norma imposto dai genitori; trattasi in tal caso di un autentico ὀνοματοθέτης, guidato dalla fantasia, da fattori psicologici o sociali. Il Gerola 1950 riporta casi paralleli che potremmo definire atipici in cui il contenuto semantico rispetto all'etimo e il rapporto logico tra nome (o segno linguistico) e il referente (l'oggetto geografico designato) equivale a zero. Tipico è ad es. il caso di *Loreto* che, senza alcun dubbio, etimologicamente, significa 'bosco di allori' (dal latino l a u r u m + suffisso collettivo *-ētum*), ma in molti toponimi italiani un *Loreto* può invece ispirarsi al celebre santuario marchigiano che rappresenta unicamente un trapianto o toponimo di riporto. Caso analogo è ad es. *Tìvoli* (da T i b u r, di origine preromana), l'amena città celebre per i suoi giardini che fu ripetuta come nome in molte città europee ed americane, collegata al "contesto ambientale". Qui dal nome proprio si passa ormai al nome comune e *Tìvoli* assume quasi il significato di "lunapark" di "divertimento". In America ed in Inghilterra designa spesso teatri, caffè, ristoranti. Da T i b u r, connesso forse col nome del fiume *Tevere*, attraverso *Tivoli*, per vari gradi, si passa al senso di "luogo di svago". Il Gerola 1950 per codesta categoria eccezionale di toponimi che tuttavia a ben guardare, è abbastanza frequente, afferma che si tratta "di contenuto semantico espresso mediante un *simbolo* toponomastico invece che un segno linguistico (un appellativo) con sfumature che arrivano nuovamente o sfociano in un nuovo appellativo".

4. Il compito istituzionale della toponomastica è soprattutto di studiare i nomi locali nella loro origine e nella loro storia e di indagare sulla nomenclatura degli oggetti geografici. Lo studioso che si occupa di questo ramo delle esplorazioni linguistico-etimologiche ha come compito fondamentale di ridare al nome di luogo, divenuto per lo più opaco nel corso dei secoli o dei millenni, una trasparenza, un significato o di formulare delle ipotesi che siano per lo meno verosimili per l'aspetto storico-geografico e soprattutto per l'interpretazione linguistica fondata sul metodo storico-comparativo (sviluppatosi scientificamente solo a partire dai primi anni del secolo passato). Come abbiamo già accennato, la toponomastica non si occupa soltanto dei luoghi abitati, ma anche di fiumi, ruscelli che sono definiti idronimi o di mari e laghi detti limnonimi, di monti detti oronimi, di strade, di divisioni amministrative di territori e regioni, più o meno vaste, detti coronimi. Un particolare interesse per la storia, il costume, il folclore, l'architettura ecc. offre la toponomastica urbana, cioè l'indagine e il reperimento nelle carte antiche di nomi di arterie viarie, di piazze, crocicchi, palazzi, portici, giardini, ponti, acquedotti, fognature, teatri ecc.; v. su codesto argomento una breve esemplificazione al § 146.

Ma la toponomastica, oltre che per gli studiosi specialisti, può essere interessante anche per le pubbliche amministrazioni, per il catasto, e per la cartografia. I cartografi dovrebbero avere l'obbligo di conoscere e di indicare, nelle levate topografiche, le forme corrette dei nomi locali (responsabilità che spetta peraltro ai sindaci dei singoli paesi); ciò che non sempre si verifica ed in particolare in passato, per cui si sono a volte perpetuate nelle carte anche ufficiali, errori non sempre corretti successivamente. Analogamente anche gli *speaker* della Rai-TV dovrebbero diffondere l'uso esatto, con corretta pronuncia ed accentazione, dei toponimi menzionati. Il patrimonio toponimico dovrebbe pertanto essere preservato da frequenti storpiamenti, dato che si tratta di una eredità avita da difendere e valorizzare anche con varie finalità pratiche e scientifiche. La toponomastica deve essere considerata – come tante branche del sapere – una scienza autonoma, ma anche una scienza ausiliaria. Essa rappresenta infatti la convergenza di varie ricerche ed un campo d'indagine tipicamente interdisciplinare.

5. Fondamentalmente linguistica (glottologica) l'esplorazione dei nomi locali è contemporaneamente geografica e storica. Oltre a fornire elementi fondamentali per la storia della lingua e dei dialetti, la nostra esplorazione può risultare assai giovevole proprio per le ricerche di geografia antropica e fisica e per indagini storiche e topografiche e non soltanto etnostoriche o di preistoria e protostoria. Essa infatti può coinvolgere anche periodi più recenti, medievali e moderni. L'analisi scientifica dei nomi locali può infatti gettare qualche luce, a volte, su periodi oscuri delle vicende umane di paesi e di città, in varie aree di pianura e nelle valli di montagna.

La toponomastica può pertanto essere considerata una scienza g e o g r a f i c a poiché essa indaga su vari aspetti di un "oggetto geografico". Può interessare l'antropogeografia poiché si occupa spesso di storia degli insediamenti umani in una determinata regione, può anche illustrare particolari aspetti dell'economia, dell'agricoltura, della pastorizia, degli usi e costumi. Bisogna inoltre sottolineare che una buona monografia toponomastica con raccolte capillari e bene informata, basata su documenti storici estesi alla microtoponomastica, può costituire un fondamento essenziale per la descrizione della colonizzazione e lo sviluppo dei nuclei umani in determinati ambienti geografici.

Per la geografia fisica essa può risultare pure una guida istruttiva nell'individuazione delle variazioni di paesaggio, del mutamento del corso di fiumi, delle oscillazioni dei ghiacciai, delle coste marine dovute all'azione della natura e dell'uomo.

I nostri studi risultano inoltre spesso utili anche alla geografia botanica per lo studio delle variazioni dei limiti altimetrici di alcune piante nel corso dei secoli (indizio di mutazioni climatiche), bene documentabili attraverso la presenza di particolari nomi locali. Il nome locale ci svela la presenza di ampie aree boschive in zone ove non si individua ormai alcun segno di piante (effetto del disboscamento o di calamità naturali ecc.). È noto, ad es., che il faggio raggiungeva un tempo un limite altimetrico assai basso sul livello del mare e che ciò è stato provato anche mediante studi di geografi, quali ad es. E. Mori 1930, peraltro con analisi dei toponimi non sempre ortodosse (meglio informati sono i lavori della geografa Laura Cassi 1973).

Alcune specie, non soltanto della flora, ma anche della fauna, sono a volte bene documentabili in determinate regioni unicamente attraverso lo studio dei relitti toponimici (v. qui § 135). Anche se non si sapesse ad es. che il lupo e l'orso circolavano fino al secolo passato (più raramente nel nostro) nelle nostre valli alpine, basterebbe per confermarcene la presenza l'esame dei nomi locali, tra i quali i derivati di ŭrsus e di lūpus sono tutt'altro che rari e le "fosse luparie" (*Lovara*, *Lovera* ecc.), scavate per intrappolare l'animale dannoso e pericoloso, risultano assai comuni.

6. Il toponomasta in parecchi casi dovrebbe compiere alcune esplorazioni in stretta collaborazione con lo specialista di topografia antica. In particolare nell'individuazione di antichi percorsi stradali ove la toponomastica accuratamente indagata può fornire indicazioni o spie sussidiarie di notevole rilevanza; ad es. nella individuazione dei miliari romani, delle *stationes* o *mutationes* ed in tanti particolari che a volte sfuggono a chi non è esperto di linguistica. Così nel rilevamento della parcellazione del terreno, nelle varie centuriazioni ecc. Ma il nome locale può dare delle indicazioni a volte insostituibili nella localizzazione di antichi edifici, quasi scomparsi, ad es. teatri, terme ecc. (v. qui § 97), di manufatti antichi di cui si serba ancora le vestigia nel nome locale anche odierno, ma assai più spesso nelle carte medievali. Basterebbe menzionare a questo proposito la presenza di continuatori popolari del greco-latino theatrum (*Zadro*, *Zairo*, *Zaro*) o di *parlascio* e forme analoghe diffuse in varie regioni italiane e con riferimento per lo più ad antichi anfiteatri (v. § 97).

Toponomastica e storia

7. Particolarmente importante è il sussidio della toponomastica alle scienze storiche. Anche in codesto caso infatti il nome locale, al quale lo studioso specialista cercherà di ridare un significato, per lo più spento e da vari secoli, fornirà indicazioni sull'avvicendarsi di popoli antichi, non altrimenti individuabili. Questi hanno lasciato delle orme, delle tracce delle loro lingue sovente quasi unicamente nei vari toponimi isolati o più spesso compatti in una serie bene identificabile. Una determinata *facies* toponimica rilevabile dalle forme attuali, ma più frequentemente nelle documentazioni delle carte medievali, ci svela la presenza di antichi *ethnē* di cui non si hanno che poche e incerte notizie. Essa ci attesta il mutamento di lingua e pertanto di genti che sono state frattanto oscurate nella loro prisca individualità etnico-linguistica dai nuovi sopravvenuti impostisi con la conquista e che hanno nel corso del tempo assorbito e annullato le popolazioni precedenti. E mutamento di lingua significa nella sostanza mutamento di nazionalità. Possiamo inoltre riscontrare la presenza di gruppi particolari, isolati, in contesti linguistici ormai completamente diversi. La toponomastica in tal guisa risulta una fonte essenziale per gli studi di paleoetnografia; essa documenta l'alternarsi di schiatte o le loro migrazioni di cui non si potrebbe facilmente sospettare una antica vitalità, se non attraverso l'addensarsi di particolari nomi che inequivocabilmente appartengono a specifiche *nationes*. Tanto meglio se alla testimonianza di simili relitti, si accompagnano altri indizi o chiare prove procurateci ad es. dall'archeologia o, in epoche generalmente più recenti, da richiami di vari autori, o più specificamente da eventi storici ben noti. E qui non ci soffermiamo sul contributo della toponomastica agli storici nella identificazione di città, fiumi, regioni ecc., trasmessici dagli antichi, con i corrispondenti nomi moderni che più spesso si sono conservati (e non sono, come per lo più si crede, interamente scomparsi), ma in forme *radicalmente* diverse per cui, senza precise cognizioni di linguistica storica è difficile che un comune ricercatore si renda conto dell'esattezza o meno di determinate equazioni.

8. Qui ci limitiamo a citare un campionario di esempi bene accertati che stanno a dimostrare come il nome locale possa rappresentare un indizio o una prova della antica presenza di particolari popoli, di specifiche colonizzazioni, dell'estensione poco nota di amplissime migrazioni medievali di cui ci rimangono per lo più come testimonianza irrefutabile unicamente la lingua petrificata in elementi toponimici. Abbiamo scelto tra l'ampia casistica una esemplificazione che solo in minima parte si riferisce all'Italia, con l'unico fine di sottolineare lo stretto collegamento generale tra ricerca toponomastica e risultati di ordine storico. Gli esempi, veramente paradigmatici, sono tratti: 1. dalle migrazioni celtiche e dalla presenza di tali popolazioni, oltre che in Francia, in ampie zone dell'Europa e Asia antiche; 2. dall'amplissima diffusione dei popoli slavi in Europa nell'alto medioevo e dalla secolare permanenza di Slavi alpini (Sloveni) in Carinzia, Stiria e parzialmente in Friuli; 3. dai nomi locali baltici nelle aree poi germanizzate della Prussia.

9. Un contributo rilevante per lo studio della diffusione delle schiatte celtiche che hanno un massimo di espansione verso il V sec. a.C., ci è pure propinato dai nomi locali. I Celti rappresentano un gruppo etnico le cui sedi originarie si individuano tra il versante settentrionale delle Alpi ed il bacino dei Carpazi. Le ampie migrazioni di tali popolazioni si possono seguire in fase protostorica e storica poiché di esse ci parlano gli storici greci e già da cenni di Erodoto (2.33 e 4.49) si intuisce la vasta area europea occupata da tali genti che dal bacino danubiano ci portano all'area iberica. La presenza di Celti (Galli) è attestata dagli storici per l'Italia settentrionale fin dal sec. V a.C.; ma possiamo anticipare forse di qualche secolo la loro diffusione in Italia e nell'Iberia e dobbiamo aggiungere alla ripartizione delle loro lingue le acquisizioni degli ultimi decenni nel campo dell'epigrafia per cui ora conosciamo sufficientemente bene il "lepontino" o celto-ligure (una varietà di celtico) e il celtiberico.

Un serbatoio di nomi locali celtici è ovviamente la Gallia ove le suddette popolazioni erano stanziate già dopo il 1000 a.C. provenendo da Est, dalla Germania renana. Essi dominavano in quell'epoca soprattutto l'Europa settentrionale fino all'Elba e l'Europa centrale, mentre varie tribù celtiche si stabilirono nelle Isole Britanniche. Ma, come attesta la toponomastica, non si possono trascurare le oasi celtiche bene accertabili nella Penisola Balcanica. È ben noto, come abbiamo accennato, che fu area d'espansione gallica anche l'Italia settentrionale con l'appendice marchigiana del Nord. Assai numerose sono in Gallia ed in Italia le formazioni antroponimiche dei nomi prediali in *-ācum* (v. qui sotto), le quali, peraltro, possono spettare anche ad epoche tarde. Tra gli appellativi celtici più comuni incontriamo *dūnum* 'collina' 'fortezza' corrispondente all'ant. irl. *dún* 'oppidum' (da confrontare con l'antico germanico *tūna* 'chiusura', nordico *tun* 'siepe', tedesco *Zaun* idem, inglese *town* 'città'). Si notino ad es. formazioni composte quali *Lugdunum* nome frequente in cui il primo elemento è comune in celtico nel senso di 'splendente' (è infatti tradotto nel sec. IX come 'mons lucidus'), ma tale interpretazione non è del tutto certa. Ne deriva comunque una serie di toponimi tra i quali più famoso è *Lyon* la nota città capoluogo del dipartimento del Rodano; inoltre *Laon* capoluogo del dipartimento dell'Aisne (a. 549 eccl. *Lugdunensis*, 632 *Leudunum*, 680 *Laodunum*); *Lion-en-Beauce* (Loiret). In diversa composizione si ha *Noviodunum* 'nuova fortezza' (in Cesare 3 località di codesto nome), *Noviodunum Biturigum*, a. 990 *Noodunum* ora *Nevers* (dipart. Nièvre), *Nouvion* (Somme), a. 718 *Noviomum*; altro tipo è *Virodunum* 'vera fortezza', 'fortezza salda' onde *Verdun* (arr. Meuse) e nell'Aude a. 1152 *Verdun*, V. -sur-le Doubs (a. 1180 *Verdunum*); oppure *Eburodunum* > *Embrun* (cant. H-Alpes) da *eburos* 'tasso' (oppure nome di persona) > *Averdon*, XI sec. *vicaria Everdunensis* e cfr. in Svizzera *Yverdon*. Si noti anche *Augustodunum* > *Autun* città romana che venne a sostituire l'*oppidum* celtico *Bibracte*, capitale degli Edui (onde il nome del monte *Beuvray*), oppure *Authon* (ant., E. -et- L.), a. 1151 *Augustunnum*, tratti evidentemente dall'imperatore *Augustus*.

Formazioni in *dūnum* non sono del tutto assenti nell'Italia settentrionale, specie in Lombardia, ove non manca il semplice *Duno*, frazione di Cuvio (Varese) o *in loco Duno* pieve di Duirago comune di Arconate, Milano. Inoltre in composizione: *Induno*, frazione di Varese, *Comenduno*, frazione di Albino, Bergamo a. 1148 *loci Comenduni* e più probabilmente *Verduno* di Cuneo a. 1026 *Verdunum*. Anche *Belluno* nel Veneto potrebbe rappresentare un **Bel(o)dūnum* (v. § 77).

Varie corrispondenze tra Gallia Cisalpina e Gallia si hanno ad es. col nome *Mediolanum* > *Milano* 'pianura di mezzo' di cui si riscontrano in Francia vari omofoni. Altrettanto *Bononia*, derivato di *bona* 'fondazione' o 'oppidum', è frequente in Gallia: *Boulogne-sur-mer*, *Boulogne-sur-Seine* oltre al nostro *Bologna* il cui nome pregallico (etrusco) era, come è ben noto, *Felsina*. Si notino altri composti: *Juliobona* (Tab. Peut. e It. Ant.) in Tolomeo *Ioulióbona* (la città principale dei Caletes) > *Lillebonne* (a. 1080 *Lillobonense concilium*) e v. altri riscontri qui al § 75, ove sono esaminati molti toponimi di origine celtica.

10. Per la Balcania si menzionerà soprattutto *Singidunum*, l'antico nome di Belgrado; inoltre *Carrodunum*, *Neviodunum* e *Noviodunum* nel basso Danubio prima del delta. Per l'area pannonica si noterà a nord-ovest di Aquincum (Budapest o meglio Ó-Bud.) *Brigetio* sul Danubio (ora Ó-Szöny) in rapporto con *brīga* 'monte' poi 'roccaforte'. Di qui proviene anche il dialettale alpino *brik* 'luogo scosceso', 'picco', cfr. gallese *brig* 'sommità', bretone *brig*, irlandese *bri* 'monte'. Tale tipo toponomastico è assai diffuso e si riscontra oltre che in Francia anche in Gran Bretagna, nell'Italia settentrionale ed in Spagna (ove è di derivazione celtiberica). Tale elemento risulta assai frequente in composizione, latinizzato in *-bria*, *-brium*, onde in Francia meridionale *-obre* e settentrionale *-euvre*. Ho spiegato con tale base celtica tanto *Cadóre* (a. 923 *Cadubrium*, a. 974 *Catubria*, cfr. i *Catubrini* di due epigrafi rinvenute a Belluno), quanto *Castelseprio* (Varese), cioè *Seprio*, nel Rav. *Sibrium* (ipercorretto), dialetto *séver*. Esso proviene verosimilmente da un **Segobrium* > **Se(g)ebrium* > *Sevrio*, iperlatinizzato in *Seprio*; cfr. *Sego-dunum* (varie località in Gallia) > *Segeduno* nella "Not. Dign. occ." onde ad es. l'odierno *Suin* (Saôn-

et-Loire), ant. *Seodunum*, *Sedunum* (v. qui § 79). Da notare anche l'etnico *Brigantes* un forte popolo settentrionale della romana Britannia e la città della Rezia *Brigantium* (Bregenz in Austria) e *Artobriga* (nel Noricum, oggi in Baviera) una *mansio* in Tolomeo (ad Est di Traunstein) il cui primo elemento sarà il gallico *artos* 'orso' (o un nome di persona). Un *Eburodunum* (v. sopra) anche a Nord-Est di Vindobona corrispondente a Brno o Hradisch in Moravia, e *Cambodunum* (Kempten nella Rezia, ora in Baviera) attestato da Strabone (4.206), da Tolomeo (2.12.4) *Kambódounon* e nella Tab. Peut. e nell'It. Ant.; nella prima parte rivela un gallico **cambo-*'curvo'. Si noti ancora *Parrodunum* che pare peraltro erroneo per *Carrodunum* (citato, v. Holder II, col. 950) in Germania, ora *Krappitz an der Oder*, in Tolomeo (2.11.14) *Karródounon* ed altro nella Vindelicia, ora *Karnberg bei Wassenburg* ed altro ancora nella Pannonia Sup., ora *Pitomača* (Holder I, cd. 810). Come accenniamo qui sotto dovrebbe corrispondere ad una 'fortezza costituita da carri' (secondo G. Serra ricorda *Eporedia* 'Ivrea', cfr. *Wagenburg* 'barricata di carri').

Altri nomi locali a Nord delle Alpi si dimostrano celtici per la tipica componente con *-durum* che pare significhi 'fortezza', cfr. in Francia *Augustoduro* (Tab. Peut.). ora *Bayeux* (arr. Calv.), *Briare* (Loiret), sec. IV *Brivodurum* cioè 'la fortezza del ponte' (gallico *briva* 'ponte'). Anche *Boiodurum* (al confine tra Raetia e Noricum), ora Innstadt presso Passau, cioè 'la fortezza di *Boius*' (tipico antroponimo celtico) e non lontano, a Nord-Ovest, *Serviodurum* (Tab. Peut.) sul Danubio, ora presso Straubing (forse dall'onomastica).

Altra formazione è quella con *-magus* 'campo' e 'mercato', ad es. *Gabromagus* nel Noricum (ora Windischgarten nell'Ober-Oesterreich) 'campo di *Gabrus*', comune antroponimo gallico (*gabro-* 'capra', cfr. antico irlandese *gabor* 'capro').

Con la breve esemplificazione qui sopra riportata e fondata su tracce toponimiche bene accertate, possiamo confermare la presenza di schiatte celtiche e seguire la loro espansione in Europa. Come osserva J. Untermann 1980: "esse si equivalgono al territorio dei reperti di tipo

La Tène e raggiungono la zona settentrionale dell'area onomastica (*Personennamengebiet*) norico-vindelicia e a sud-est si spingono lungo la Drava e la Sava; questo territorio con reperti di tipo La Tène della fase recente era attribuito dagli autori antichi agli *Scordisci...*" (verosimilmente un popolo celtico).

11. Non è facile supporre quale sia stata l'espansione dei popoli slavi nell'alto medioevo soprattutto in regioni europee ove non esiste di tali popoli e lingue nemmeno una ristretta sopravvivenza, se non ricorriamo, non soltanto alle indicazioni dell'archeologia medievale – ciò che è stato fatto con abbondante messe di relazioni in un recente convegno storico spoletino –, ma direi con altrettanta o maggiore sicurezza alle indicazioni forniteci dai toponimi (con le attestazioni antiche, scrostate dalle sovrapposizioni per lo più grafiche di altre lingue, specie germaniche). Così i nomi locali ci attestano la presenza di cospicui nuclei di Slavi, da tempo assorbiti, tanto in Ungheria, quanto in Romania (ove era facile immaginare la loro presenza), quanto in Grecia, Albania e soprattutto in Germania e Austria (con appendice nel nostro Friuli).

Un quadro preciso dell'espansione dei popoli slavi in Europa occidentale, fondato sulla toponomastica – integrato da altre fonti – è fornito ad es. da E. Schwarz 1960 (in una relazione presentata in un Congresso internazionale del 1958, tenutosi a Monaco di Baviera). Il contributo dello Schwarz orienta assai bene per individuare le aree tedesche in cui la presenza di genti slave si rivela assai massiccia e compatta soprattutto nell'alto medioevo. Dallo studio citato, sintetico ma esauriente per un primo orientamento, risulta ad es. che una prima area di slavizzazione della Germania è la regione dell'Ostholstein, ove i toponimi di origine slava non si configurano solo come "nomi misti" e cioè come composti con antroponimi slavi e col tedesco *-dorf* 'villaggio'. Nella marcia verso Occidente gli Slavi si fissarono stabilmente in codesta regione forse a partire dalla fine del VI secolo e, da notare, proprio nella *Urheimat* dei Germani, dato che la zona era rimasta quasi disabitata per la partenza degli Angli diretti, intorno al 450-550, ad occupare la Britannia. Lo Schwarz nella regione di Holstein, Lubecca è del Launburg individua ben 340 nomi slavi oltre a 35 toponimi misti.

Solo dopo il 1140 si hanno nuovamente fondazioni col nome tedesco, ma vi figurano ancora luoghi denominati *Nemci* (a. 1225) cioè 'Tedeschi' (in lingua slava), oggi divenuto Nehms (Segeberg), un particolare che dovrebbe attestare la prevalenza degli Slavi.

Una seconda area di slavizzazione è stata la Turingia ove la Saale ha costituito per vari secoli un confine slavo-tedesco e nelle fonti tedesche sono spesso ricordati i *Vendi* (Slavi) anche ad Ovest del fiume. È poi ben noto che l'Ilm è denominato anche *Lengwitz* (a Sud-Est dell'Ilmenau). Ad occidente della Saale si notano parecchi toponimi che escono in *-winden* (che connota gli Slavi, etimologicamente da *Veneti*) e non mancano nomi misti con antroponimia slava. Non si tratterebbe di Sòrabi o Lusaziani (come indica ad es. il nome di persona *Drag* per il sòrabo *Drog*), ma di altri Slavi provenienti da varie regioni della Germania. Un'altra zona di intensa slavizzazione è il Meno superiore ove gli Slavi si insediarono fin dal 741 nel vescovado di Würzburg accanto ai Franchi. Ancor oggi in quella regione sotto la veste grafica tedesca (specie nei dintorni di Bamberga) sono riscontrabili i nomi slavi di quelle genti che nelle fonti storiche sono definiti *Moinuuuindi* (cioè Slavi del Meno). Sono anche qui tipiche le formazioni composte con *-Winden* o con *Windisch-* e non manca il tipo *Langwitz* da *Lonkavica* 'terra prativa' con la conservazione della vocale nasale slava (come ad es. in alcuni fossili della toponomastica slavo-friulana), oppure una serie di nomi locali in *-ing* (germanico) che peraltro nasconde un adattamento a tipi toponimici slavi più antichi come *Vilzing* (a Sud di Cham), all'a. 1136 *Vilice* che risale ad uno slavo *Bělici* (da *bělo* 'bianco').

Analogamente non mancano tracce di popoli slavi in Baviera (specie in Niederbayern) e soprattutto nell'Austria superiore ove i toponimi slavi si possono rintracciare tanto a Sud-Est, quanto a Nord del Danubio nelle fonti storiche fin dal secolo VIII. Nel 777 nel documento di fondazione del Chiostro di Kremsmünster compare uno *jopa* (che si equivale a *župan*, ben noto alle lingue slave!) che era un dissodatore ed apicultore.

12. Ancor più ricche di abbondanti filoni toponimici slavi sono le aree alpine della Carinzia e della Stiria, ove del resto non manca tuttora una minoranza slava, ufficialmente esigua, ma gli slavofoni, discendenti dagli Slavi alpini, progenitori degli Sloveni, si sono ivi insediati fin dal secolo VI. Per una illustrazione dei nomi locali sloveni pretedeschi qui ci soccorrono vari studi dovuti tanto a storici e linguisti iugoslavi (basti menzionare i Kos) quanto tedeschi ed in particolare austriaci, tra i quali soprattutto Primus Lessiak e il suo continuatore ed allievo Eberhard Kranzmayer. Il periodo d'insediamento degli Sloveni in Carinzia va posto attorno al 580 e il 740, secondo gli studi del Kranzmayer 1956 e 1958, poiché già verso la metà del secolo IX le installazioni slovene e bavaresi procedono di pari passo e il possesso del terreno e il dissodamento è frutto di lavoro comune. Secondo gli storici sloveni è durante il secolo IX che si constata la massima espansione delle genti slave alpine. Il limite occidentale sarebbe segnato in quell'epoca dai dintorni di Trieste, da Cormóns e Cividale in Friuli fino alle sorgenti della Drava e della Mura (*Mur*); dall'Ems (*Aniž*) e dalla Traun, mentre a Nord esso superava il Danubio e ad Est si estendeva per lo meno sino al lago Balaton. Sappiamo dalle fonti storiche che gli Slavi guerreggiavano contro i Baiuvari fin dal 595 nella Val Pusteria, tanto che possiamo pensare che già in precedenza essi avessero occupato la Carinzia, la Stiria e la Pannonia, sia pure con nuclei di insediamento a maglie rade.

Per tali epoche remote le fonti sono piuttosto avare e dobbiamo limitarci alle informazioni di Paolo Diacono e di Fredegario. L'amplissimo spazio occupato dagli Slavi venne qui riducendosi nel corso dei secoli tanto che esso si rimpicciolì, considerando la situazione attuale, di oltre due terzi. La massima parte di codesto territorio è stata infatti germanizzata e in minor misura magiarizzata dopo che, a partire dall'896, la Pannonia è stata stabilmente occupata dagli Ungheresi (che ne costituirono la parte principale della loro *haza*); assai più modesto è invece il lembo sul confine orientale del Friuli che in parte tuttora è di dialetto sloveno. Ma nel territorio austriaco germanizzato rimangono, oltre ad aree ancora di lingua slava, importanti testimonianze della presenza slovena soprattutto in vastissimi filoni toponimici. Essi si riferiscono anche a nomi locali più antichi che appartengono allo strato preromano (celtico e forse anche venetico), latino e neolatino poi slavizzati e, come ultima fase, tedeschizzati (spesso solo nella grafia).

Non sto qui ad enumerare una grande quantità di nomi sloveni che non sfuggono nemmeno ad un osservatore che abbia una pur modesta conoscenza di lingue slave. Ricordo soltanto la capitale della Stiria e cioè *Graz* che è facilmente riportabile allo sloveno *gradec* 'fortezza'.

13. Non sorprende la presenza antica di Slavi in Romania dato che tutti gli studiosi riconoscono una simbiosi slavo-romanza ed una *Sclavinia* ove i due *ethnē* si sono fusi con la preminenza poi netta dell'elemento romanzo preslavo. Basterebbe scorrere i contributi di I. Iordan, di A. Rosetti e di tanti altri che trattano di tali problemi ove sono elencati i tipi toponimici slavi più frequenti sul suolo romeno. Cito soltanto *Bălgrad* oggi *Alba Iulia* (forma classica ripristinata) da a. slavo *bĕlu* + *gradŭ* 'città bianca', *Bistreţ*, *Bistriţa* (la parte meridionale dell'Oltenia) < a. slavo *bystrica*, cfr. bulgaro *Bistrec* e *Bistrica* che si ripetono spesso, al pari del serbo-croato *Bistrička* (frequente come idronimo), *Craiova*, cfr. bulgaro *Kralevo* o serbo-croato *Kraljevo* derivati di *kralj* 're' (che, come si sa, risale a *Carolus*), *Cern*, *Cernaia* (varie volte) < a. slavo *črŭnŭ* 'nero' ecc.

Quanto all'Ungheria, è noto che nella Pannonia gli Slavi hanno rappresentato la massima parte del sostrato premagiaro (anche se non manca una teoria di una sopravvivenza del latino o neolatino addirittura sino all'arrivo degli Ungheresi o poco prima). I toponimi slavi sono facilmente riscontrabili; basti accennare al *Balaton*, a. 1055 *Balatin* da uno slavo *Blatinŭ jezeru* che risale allo sloveno *bolto*, *blato* 'fango'; oppure *Csongrad* cioè *Cĭrnŭgradŭ* 'la città nera' (nel latino medievale l'etnico era *cernigradenses*); oppure *Szalánkemen* da uno slov. *slanu kamenĭ* 'pietra salata', cfr. *Nagyszalanc* e *Kisszalanc* composti ibridi ove la prima parte è l'ungherese *nagy* 'grande' e *kis* 'piccolo'. Del resto è ben noto l'ampio apporto lessicale slavo alla lingua ungherese, come del resto anche al romeno.

Frequente è pure lo strato slavo tra i nomi dell'Albania; qui mi accontento di segnalare la città di *Berat* che rappresenta una riduzione di *Bel-grad*, identica quindi a "Belgrado"; oppure *Zadrina*, *Zagorja*, *Bistrica*, *Dumbreja* 'bosco di querce', *Mokra* 'luogo paludoso' ecc.

Più singolare e poco nota è invece la compatta presenza di nomi slavi in Grecia risalenti ai secoli VII/IX (o già prima) quando le migrazioni slave raggiunsero il massimo d'espansione europea ed in particolare balcanica. Essi sono stati indagati in un'ampia monografia di Max Vasmer 1941. Si noti ad es. *Zōriánē* o *Zṓrista* (Gianina) probabilmente dallo slavo *Zagorjane* e *Zagorišče* 'dietro i monti'; *Barympopē*, *Barypomē* (Eubea, Attica, Ftiotide) ove si può pensare al nome di persona "*Varibobŭ*" 'cuocifave' che ricorda da vicino il cognome del massimo poeta *arbëresh* calabrese e cioè Giulio Varibob(b)a (l'onomastica slava non manca allo schipetaro); *Toplitza* e *Ntomplitsa* (Epiro) forse da *en* 'in' e *Toplica* 'sorgente di acqua calda', ben nota in Iugoslavia; *Limpobon* forse per *Lipovo* da *lipa* 'tiglio' ecc.

14. Certamente non molto divulgata anche tra la cultura media è la nozione relativa all'originario *ethnos* dei Prussiani i quali non erano una popolazione germanica, ma di lingua baltica, poi via via germanizzati, tanto che della loro lingua originaria (appartenente alle lingue indeuropee, ma con una posizione di indipendenza rispetto alle lingue slave) ci rimangono limitate attestazioni dirette. Queste si riducono essenzialmente ad un vocabolarietto tedesco-prussiano ("Elbinger Vokabular") che risale circa all'a. 1400, al vocabolario di Simon Grunau di Tolkemit contenuto in una cronaca prussiana (1517-1526), limitato a circa 100 vocaboli (ma alcuni sono lituani o polacchi), alla prima traduzione in prussiano del Catechismo luterano edito a Kaliningrad (Königsberg) nel 1545 di autore anonimo, e ad una versione dell'*Enchiridion* di Lutero, eseguita per ordine del duca Alberto da un certo Abel Will (ma in quest'epoca l'ant. prussiano era già influenzato dalla sintassi tedesca). Poco ci dicono frasi isolate di alcuni

manoscritti e un frammento del *Paternoster*. Si può ritenere che questa lingua fosse già estinta verso il 1700 (o anche prima). Una documentazione importante è dunque rappresentata anche qui dall'ampio repertorio toponomastico (oltre che antroponimico) che è stato studiato soprattutto da G. Gerullis 1922 (l'antroponimia da R. Trautmann). Il nome di Prussia risale all'etnico *Borussi* o *Prussi* che abitavano la ex Prussia orientale e che erano di lingua baltica; il loro nome fu poi assunto dai nuovi abitatori della Prussia ed esteso all'intero stato.

Ci limiteremo ad elencare un modesto campionario di toponimi prussiano-baltici di norma poi tedeschizzati. Ma la situazione è ora assai più complessa rispetto all'epoca del Gerullis poiché buona parte del territorio prussiano, passato col secondo dopoguerra alla Polonia, ha mutato la nomenclatura locale assumendo nomi ufficiali polacchi.

Cito i toponimi (come in Gerullis) partendo dalle forme antiche dei documenti; ad es. a. 1330 *Laypo*, 1383 *Leypeia*, poi tedesco *Leipen* (Wehlau), cfr. *Leipalingis* (circ. di Seinai) dal prussiano *lipe* 'tiglio', come lituano *liepa*, lettone *liepa* (*ie* = *i*) e moltissimi nomi analoghi che derivano dal fitonimo "tiglio", come del resto *Leipzig*/ Lipsia. Si noti anche in composizione con *po-*: a. 1337 *Polepen*, 1437 *Polleipen*, 1515 *Polipen*, ted. *Polepen* (Fischhausen, in russo Primorsk); *Ilfing* (fiume, a. 1238 *Elbinc*, in tedesco *Elbing*, fiume e città dell'ex Prussia or.), ora polacco *Elblag*; *Durbin* a. 1340, a. 1420 *Dorben*, 1435 *Darbin*, poi tedesco *Dorben*, cfr. lituano *durbis* 'tronco d'albero putrefatto'; a. 1379 *Galanten* nei dintorni di Sensburg (cioè polacco Magawo) dal prussiano *gallan* 'morte', lituano *gãlas*, lettone *gals* 'fine' *LEW* I, 130; a. 1258 *Geydowe* 1472 *Gedaw*, in tedesco *Geidau* nella regione di Fischhausen, cioè Primorsk ad Ovest di Kaliningrad e analogamente *Geidau* (Gehdau) nella regione tedesca Heilgembeil, ora polacco Mamonovo, dal prussiano *gaydis* 'frumento'; a. 1285 *Labalaucs*, tedesco *Gutenfeld*, dal prussiano *laucks* 'campo' e *labs* 'buono'; a. 1290 *Dirsowe*, tedesco *Dirschau* ora polacco Tezew a Sud di Danzica, dal prussiano *dyrsos* 'devoto' (onomastica), a. 1396 *Manitaw*, a. 1418 *Menniths*, ted. *Mantau* (Kaliningrad), cfr. lituano *mantà* 'avere, possedimento' Fraenkel,

LEW I, 408; *Droskyn* (dintorni di tedesco Brandenburg, Heiligenbeil, cioè ora polacco Mamonovo), cfr. lituano *druskà* 'sale', lettone *druska* 'briciolo' 'pezzetto', Fraenkel, *LEW* I, 107 ecc.

Come si vede il territorio che abbiamo preso in considerazione è molto tormentato per quanto si riferisce alla terminologia toponimica. Dei vecchi nomi locali prussiani resta ben poco se si dovesse prescindere dai documenti che ci consentono di capire per lo più come essi siano stati tedeschizzati. Ora si aggiunge l'ulteriore difficoltà costituita dalla polonizzazione di gran parte del territorio (e non mancano i nomi russi). Comunque anche qui la toponomastica può portare un sicuro contributo e un'integrazione a quanto sappiamo dell'antico prussiano e di un *ethnos* che da baltico è passato, nella *communis opinio*, a designare il prototipo del "germanico".

Toponomastica e grammatica storica

15. Ricordo infine come la toponomastica possa essere impiegata anche per lo studio della storia linguistica e della grammatica storica di lingue e dialetti. Tali ricerche non sono ancora molto progredite in Italia e ci si augura che questa lacuna sia presto colmata mediante un'ampia ricerca monografica che abbracci tutto il dominio italo-romanzo.

Qui mi limiterò a pochi esempi che si riferiscano alla fonetica, alla morfosintassi e al lessico.

Essendo un fossile il toponimo ci attesta fasi arcaiche dei numerosi dialetti italo-romanzi a volte difficili da cogliere anche nei testi antichi delle varie regioni; tali fasi riguardano tanto la fonetica quanto la morfosintassi. In alcuni casi si tratta di fenomeni veramente singolari di cui citerò qualche esempio. Qui mi soffermo ad esaminare alcuni tratti del "retoromanzo" o che si ritengono caratteristici di tale linguaggio, i quali erano evidentemente comuni un tempo nell'Italia settentrionale come conferma la toponomastica. Così la palatalizzazione ladina di *ca* e *ga* di cui si sono reperiti numerosi esempi nella Cisalpina proprio negli ultimi anni (v. Vigolo 1986); essa è presente in *Chiastèl* (e *častèl*) *di Isopo* a Recoaro (VI) [nella pronuncia dei vecchi], verosimilmente anche in *Chiampo* (VI) la cui attestazione all'a. 1091 *Clampo* deve intendersi con *cl* equivalente di *k'* – come avviene in molti altri casi –, oppure in la *Contrada del Chian* (altopiano di Asiago), ove *chian* non può essere che 'cane' ecc. Della conservazione di *-S* latino ha menzionato qualche esempio già l'Olivieri 1961, 80, 85, soprattutto in area trevisano-bellunese; ad es. *Pians* accanto a *Pian* (Sarmede, Vittorio Veneto), *el Campers/Campert* (Vittorio Veneto), *Rivalz* (torrente, Tarzo) < rivus altus e *Calalzo* (Cadore) forse < callis altus (del resto il Cadore conserva spesso i plurali sigmatici); forse *Semonzo* (Borso, Treviso) da –mont-s (?) e v. Zamboni 1983, 69. Assai più comune è la conservazione dei nessi con *L* nei documenti anche tardi (ove peraltro in qualche caso si può pensare ad influsso latino). Si noti comunque: *Plois d'Alpago* (Belluno), forse dal gentil. *Plusius, cf. Plusias, nella forma dialettale *Piois*; il 'Piave' < Plavis, nella pronuncia arcaica di Vittorio Veneto è ancora *la Plaf*; *Val Clusa* si trova subito a Nord di Belluno. Anche in posizione interna, molti toponimi presentano l'esito arcaico e popolare di -CL- e cioè *ǧ/j*, ben diverso da *č* dei dialetti odierni (ocli > *oči*). Così da canaliculu , attraverso -GL-, si ebbe *Canareǧo* (scritto erroneamente *Cannaregio*) a Venezia, a Cavarzere e ad Adria. La dittongazione in sillaba chiusa era assai frequente e si noti ora terra > *Tiera* (Vittorio Veneto, Belluno e Feltre). I casi di indurimento di *j* nel dittongo discendente, ritenuto oltremodo caratterizzante del "retoromanzo", si ritrovano, oltre che nel bellunese antico anche nella toponomastica agordina (Belluno) in esempi quali *Farsenék* 'Frassené' o *Parék* (< petrētu) di Agordo e *Pedrék* (Frassené, BL) ove l'antico dittongo *-éi* si è trasformato in *-ék*. Particolarmente singolare è lo sviluppo velare del primo *L* nella geminata -LL- in area veneta, bolognese e toscana, ad es. nella voce cella, divenuta *Ceula* e successivamente *Zola Predosa* (Bologna), cf. *Ceule* ant. presso Sesto a Moriano (Lucca) e presso Padova ant. *Roncoleulo* o ant. *Vanzoleulo* (Monselice) da *-ello* e si noti anche il già citato *Sarméola*, *Sarmeòla*. Nella Valle dell'Arno *Albignaula* è preceduto da *Albignalla* da albinianula. Il fenomeno per l'Italia settentrionale attesta tra l'altro la mancata degeminazione di -LL- in epoca antica, per lo meno fino al 1200, Pellegrini, 1977, 55; potremmo anche aggiungere la attestazione del Livinallongo (BL) a. 1630 *Vinaulonch* (in uno statuto locale) con *-ll-* > *-ul-*.

16. Per quanto concerne la morfologia vanno ricordati numerosi fossili di casi latini presenti in nomi locali. Ad es. del genitivo singolare verosimilmente in *Portovenere*, *Montevergine* (*Santuario di* -, Mercoglano, AV), *Pontepetri* presso *Pracchia* (< pratula), PT, da ponte petrae.

Più numerosi i casi del genitivo plurale in Toscana: *Galloro*, *Paganoro*, *Poggio Santoro*, *Pago Barbaroro*, in Lombardia *Romanore*, *Salviore*, *Cazzanore* (Blevio, CO), < Cattianorum, proprietà consorziale dei Cattiani, *Lombardore* (Torino), *Refrancore* (Asti) < Rivus Francorum. Anche nell'Italia meridionale *Santoro* (Calabria) e *Vico dei Santoro* (Maratea).

Non mancano vari esempi di Ablativo plurale con funzione di Locativo: *Acqui* < aquis, *Fondi* (Latina) < fundis e nella "Tabula Peut." e negli *Itineraria* i toponimi sono spesso registrati al locativo; Drepanis > *Trapani*, Puteolis > *Pozzuoli*. Relitti di Locativo singolare ad es. in *Firenze* < Florentiae, *Rimini* < Arimini, *Asti* < Hastae. Notevoli sono inoltre i resti di Nominativo singolare in *Maggio* < major (ben noto a Dante ecc.), cf. *via Maggio* a Firenze e a Bologna; anche *Piammaggio* (Umbria) e *Monte Maggio* (Serravalle di Chienti), *Rio Maggio* (Jesi), *Calmazzo* (Fossombrone); qui anche *Roccamaia* (Macerata) con metaplasmo; v. Bianchi 1886/88.

Le agglutinazioni di articolo (e le deglutinazioni), o di preposizioni locali, sono assai frequenti; ad es. *Loreggia* (Padova) dalla *via* Aurelia, *Alfaedo* (Verona) < fagetum (al contrario Ateste > *Ad Este*); *D-orio* (Dervio, CO) ad orum 'sulla riva (del lago)', *D-arfo*, ant. *Alfi* da ad Alfo, *Nimolcampo* (Clusone, BG) < in-imo-campo e *Nimotorre* (Torre Boldone, BG) < in-ima-turre, cioè sotto il paese di Torre. Frequenti i composti con inter: *Intragna* (Novara) < inter amnia, o con post: *Poschiavo, Val-* (Tirano, SO) < *puščáf-*, ant. *Postclavium*, cioè post lacum, poscl-.

Quanto ai sintagmi con aggettivo attributivo è normale la successione sostantivo + aggettivo, mentre come si sa, nella Francia centro-settentrionale è pure assai frequente l'inverso si noti *Neuville* contro *Villeneuve* (Rohlfs 1971, 63-64), *Blancheglise*, *Rougemont*. Così anche la Spagna di norma si accorda con l'Italia e pure la Romania (tranne negli slavismi del tipo *Cernavoda* 'nera acqua'). Bisogna peraltro riconoscere che non manca anche in Italia, eccezionalmente, il sintagma aggettivo + sostantivo; ad es. *Biancavilla* (CA), *Novafeltria* (PS) e soprattutto *Francavilla* (di contro a *Villafranca*) – forse tale nome sarà legato ai Normanni (?) – con varie attestazioni: – *al Mare* (CH), – *Angìtola* (CZ), – *Bisio* (AL), – *d'Ete* (AP), – *di Sicilia* (ME), – *Fontana* (BR), – *in Sinni* (PZ), – *Marittima* (CS); v. anche Rohlfs 1969, 3, 329.

17. Per quanto attiene all'arcaicità del lessico toponimico, basterebbe pensare alla grande percentuale nel latino tardo e nelle parlate neolatine di appellativi ormai estinti (o quasi) che traspaiono invece in tanti nomi locali. Si pensi qui soltanto all'aggettivo magnus che nelle lingue e dialetti è quasi sempre sostituito da grandis, mentre esso è comunissimo nella nomenclatura toponimica; oppure ad albus rimpiazzato dal più recente blancus (di origine germanica), quando invece le attestazioni del primo come toponimo sono comunissime in tutte le regioni italiane. Ma su tutto ciò rinviamo al § 97 ove è raccolto un buon campionario di lessico 'arcaico' assai frequente tra i nomi locali.

Storia delle ricerche toponomastiche

18. Lo studio scientifico dei nomi locali italiani corre parallelo agli sviluppi della dialettologia. Si attribuisce l'avvio di tale disciplina – e non soltanto in Italia – al goriziano Graziadio Isaia Ascoli (1829-1907) il quale può considerarsi l'iniziatore di ogni ricerca glottologica, non-

ché il fondatore per l'Italia e divulgatore di tale branca del sapere, fondamentalmente storica. Ma anche qui, tanto per lo studio dei dialetti, quanto per l'esplorazione dei nomi di luogo, non mancano ovviamente i precursori e predecessori. Non è errato d'indicare l'anno 1873, in cui l'Ascoli pubblicò i *Saggi ladini* e contemporaneamente il Flechia diede alle stampe la sua monografia sui vari filoni della toponomastica prediale italiana, come avvio a tali ricerche fondate su di un metodo scientifico.

Un breve schizzo della storia dei nostri studi fino ai primi decenni del nostro secolo è tracciato da D. Olivieri 1926 il quale, tra l'altro, ricorda quanto debbano le nostre esplorazioni sui nomi locali, prima che si delineasse chiaramente la figura del "toponomasta" professionale, ai lavori degli storici, dei geografi e di tanti eruditi anche dei secoli passati: contributi spesso fondati su metodi induttivi, approssimativi, non scientifici, i quali tuttavia risulterebbero ancora di qualche utilità. Tra questi va ricordato l'interesse per spiegare i nomi locali da parte di Flavio Biondo (1392-1463), di Scipione Maffei (1675-1755), di Ludovico Muratori (1673-1750) – il quale si occupò anche di antroponimia – e più recentemente di Ettore Pais (1856-1939) – che tuttavia commise qua e là evidenti errori anche generali – e di tanti altri.

19. Maggiore e forse assai più valido l'apporto dei geografi che, a partire da Olinto Marinelli e Cesare Battisti, dettero l'avvio alla raccolta dei "termini geografici regionali" (o anche di una unica vallata), sovente fondamentali per la spiegazione di tanti toponimi mediante un appellativo geografico di cui è appurato un preciso significato. Accanto ai nomi citati vanno menzionati Gabriele Grassi, Paolo Revelli, Arrigo Lorenzi, Giuseppe Ricchieri e per l'ultimo cinquantennio dovremmo stendere qui un lungo elenco. Da alcuni anni il geografo O. Baldacci ha promosso un "Glossario di termini geografici delle regioni italiane" di cui sono apparsi i primi cinque saggi dedicati rispettivamente all'Umbria, al Molise, alla Liguria, alla Lucania e al Lazio (quest'ultima, opera particolarmente meritevole, è dovuta a Simonetta Conti). In codesto settore della raccolta di geonimi sono spesso preziose anche

alcune guide alpinistiche che a volte forniscono precisi elenchi di appellativi con i quali è facile spiegare tanti oronimi, apparentemente oscuri. Per le Dolomiti, ad es., sono eccellenti, anche per codesto riguardo, le guide di E. Castiglioni e per il Friuli quelle di Giovanni ed Olinto Marinelli. Il sussidio della geonomastica è sovente determinante anche per l'individuazione dell'etimologia una volta che si accerti il preciso senso di un appellativo, spesso confermato dalla gente del luogo.

20. Gli studi di toponomastica condotta con una metodologia adeguata che si fondi sulla linguistica storico-comparativa (scienza nata in Germania ai primi del secolo XIX) non possono prescindere dall'aspetto geografico (conoscenza del paesaggio attraverso il tempo) e da quello storico-archivistico (fondamentale per documentare le variazioni formali del toponimo). Essi si svilupparono per lo più in due direzioni nella seconda metà del secolo passato. Vi fu una tendenza a spiegare globalmente su tutto o quasi il territorio nazionale interi filoni toponimici di analogo significato, oppure di pubblicare dei saggi, più o meno ampi, dedicati alla spiegazione dei nomi locali di una regione o di una determinata area.

I lavori di Giovanni Flechia rientrano nella prima categoria poiché egli spiegò fin dal 1873, i nomi locali dell'Italia settentrionale formati con particolari suffissi che denunciano la presenza di antiche proprietà fondiarie e subito dopo, nel 1874, egli rivolse la sua attenzione al medesimo problema con riferimento al Napoletano. Egli ci dette poi un saggio (1880) sui nomi locali d'Italia derivati da nomi di piante (il primo tentativo del genere). Anche Tito Zanardelli, pur attraverso ricerche minori – ma che non si debbono del tutto ignorare – ha spesso affrontato temi generali soprattutto con riferimento all'Emilia ed è utile il suo studio sui toponimi formati con suffisso *-aticus* (del 1907) od un altro sui nomi etnici nella toponomastica (del 1902). Sulla regione lombardo alpina ed in particolare della Svizzera italiana scrisse vari saggi particolari (quasi sempre assai brevi) il massimo dialettologo italiano, Carlo Salvioni fin dal 1882 (poi 1898 e 1918). Ma chi inaugurò la serie delle illustrazioni regionali con un esame attento anche della microtoponomastica fu Silvio Pieri con la notevolissima opera sulle Valli del Serchio e della Lima del 1898 (ristampata nel 1936). In tale eccellente monografia il Pieri studiò i nomi distribuiti in categorie (e gli fu di grande sussidio il dizionario corografico del Repetti) che servirono di modello ad altri studi regionali. Egli si avvalse inoltre di una ricchissima documentazione d'archivio. Le categorie sono le seguenti: I) nomi locali da nomi personali (con distinzione tra nomi latini asuffissali, nomi derivati in *-ano* e *-atico* da gentilizi latini, nomi locali da nomi germanici di persona); II) nomi locali da nomi di piante; III) nomi locali da nomi di animali; IV) nomi locali formati da aggettivi; V) nomi locali attinenti alle condizioni del suolo; VI) nomi locali di varia originazione; VII) nomi locali di ragione oscura od incerta.

Tale schema è stato poi seguito da altri studiosi tra i quali Carlo Avogaro 1901, Dante Olivieri 1903, 1914, 1956 e 1961, dal medesimo Pieri 1919 e 1969 (opera postuma) e dal Rolla 1907.

Allo studio dei nomi antichi, per lo più di origine preromana hanno rivolto la loro attenzione tanti glottologi italiani e stranieri; qui mi basti citare soltanto i nomi di Fr. Ribezzo, C. Battisti, Gino Bottiglioni (in particolare per la Corsica), Benvenuto Terracini, Giacomo Devoto, Giovanni Alessio ecc.; tra gli stranieri, K. Nissen, C. Pauli, H. Krahe, G. Rohlfs ecc.; tra i viventi ricorderò specialmente H. Rix, J. Untermann e soprattutto J. Hubschmid.

21. Possiamo ora passare in rassegna le singole regioni italiane per constatare attraverso le principali monografie e i vari articoli quale sia il loro stato di esplorazione toponimica di sufficiente livello scientifico. Bisognerà inoltre subito osservare che ad es. nei confronti della Francia (e di altre nazioni anche neolatine) manca ancora per l'Italia un lessico toponimico generale (che, tuttavia, è in corso di elaborazione da parte di Carla Marcato ed in minima parte dell'A.) ed una presentazione complessiva della nostra toponomastica (quale vorrebbe esser ora la presente). La Francia dispone di contributi vasti e generali

ad es. ad opera di Gröhler, di Longnon, di Vincent, di Dauzat-Rostaing, oltre a vari panorami divulgativi, ma ben fondati, quali quelli di Dauzat 1946 e 1947, di Negre 1963 ed ora di Rostaing 1980 e di Vial 1985.

Procediamo dunque da Sud a Nord, ed in primo luogo diciamo delle due isole. Dobbiamo subito constatare che la Sardegna è la regione italiana ancora priva quasi del tutto di esplorazioni toponimiche sistematiche, anche per le gravi difficoltà interpretative ch'essa presenta. Si tratta infatti di nomi che risalgono assai spesso al paleosardo preindeuropeo (e solo pochi nomi si rinvengono ancora a livello di appellativo produttivo); di alcuni (a dir vero pochi) nomi punici lungo le coste, di alcuni bizantini (più dubbi sono quelli attribuiti all'arabo) ecc., per non parlare dello strato latino. Per un inquadramento del filone paleosardo (si tratta per lo più di appellativi, ma anche di toponimi) il lavoro più ampio e ben fondato è dovuto a J. Hubschmid, *Studien*, Bern 1953 (RH 41); molte buone osservazioni si possono leggere in due contributi di B. Terracini 1957, 93-111 e 111-135. Può risultare utile per numerosi confronti – data una probabile identità di sostrati – anche G. Bottiglioni 1929. Limitatamente alla toponomastica costiera: E. De Felice 1964. Alcuni studi più brevi su problemi sardi sono dovuti a G. Serra, a M. Pittau, a A. Sanna e ora a G. Paulis. Sempre fondamentali i saggi (specie sul punico) di M.L. Wagner.

Con la Sicilia, che presenta una stratificazione linguistica eccezionale, ci troviamo in condizioni migliori per la bibliografia, tanto per una illustrazione generale (peraltro assai saltuaria) dovuta a C. Avolio, 1898, 71-118 e 1888, 369-398, quanto – e soprattutto – per lo studio dell'elemento pregreco, greco e bizantino, grazie a tre contributi assai densi, di G. Alessio, 1946/47, 16-63 e 1954 e 1956. Così pure per l'elemento arabo, per il quale v. G.B. Pellegrini, 1972 e 1989 (*passim*), per non accennare all'Amari con informazioni prevalentemente storiche o all'ampia raccolta geografica di F. Giuffrida, 1975, 5-108.

22. Nell'Italia meridionale la regione meglio indagata è la Calabria con i due amplissimi volumi monografici paralleli di G. Alessio 1939 e di G. Rohlfs 1974 (che deve

molto all'opera dell'Alessio), rispettivamente disposti per etimi e in ordine alfabetico.

Non risulta invece che siano stati pubblicati lavori importanti di toponomastica per la Basilicata o Lucania. Per le Puglie l'ampio volume generale di G. Colella 1941, non assolve assolutamente al compito che si è prefisso e pecca per numerose interpretazioni chiaramente infondate (v. la critica di G. d'Alessio 1953, 230-259). Si possono invece ricavare molte spiegazioni sicure da D. Olivieri 1956, 333-408. Qualche articolo su nomi isolati della Puglia e Salento è dovuto al noto classicista F. Ribezzo. Anche per la Campania mancano studi generali ed assai limitato è ad es. il contributo di A. Gentile 1955. Solo il filone prediale è illustrato in un vecchio lavoro di G. Flechia 1874, 79-134; un discreto saggio sul Cilento è dovuto a C. Battisti 1964, 257-308. Ora si debbono menzionare i lavori di D. Silvestri.

Per l'Abruzzo e il Molise il *Saggio* di P. Rolla 1907 è assai scarno e incerto nelle spiegazioni, mentre molto si può attingere dal volume di G. Alessio 1963 o G. Alessio e M. de Giovanni 1983. Una ricca raccolta del lessico geografico è dovuta a E. Giammarco, *Lessico dei termini geografici*, 1960. Di quest'ultimo studioso esce ora (purtroppo postumo) un saggio generale che abbraccia Abruzzo e Molise.

23. Per l'Italia mediana (definizione linguistica) notiamo una assoluta carenza di buoni studi, sia pure limitati, per il Lazio, qualora si prescinda dalla toponomastica urbana di Roma assai bene illustrata in vari volumi e soprattutto da U. Gnoli 1939. Uno studio su Velletri è stato redatto da G. Crocioni 1901, 684-711. Per l'Umbria disponiamo soltanto delle ricerche scientifiche di G. Giacomelli 1970, 129-234; di G.B. Pellegrini 1970, 171-234 e di C. Battisti 1970, 235-248. Per le Marche le ricerche più ampie sono dovute al dilettante G. Amadio che vi ha dedicato ben 6 volumetti purtroppo densi di spiegazioni fantastiche accanto ad una nutrita raccolta di materiali piuttosto disordinati e cioè: I. 1952 (riguarda Ascoli Piceno), II. 1953, III. 1964, IV. 1955, V. 1956, VI. *Provincia di Pesaro – Repubblica di S. Marino*, 1957. Utile, ma debole in

molte spiegazioni, è il volume di R. Sassi, su *Fabriano con appendici toponomastiche*, 1953 e qualche articolo sulle Marche è dovuto a G. Crocioni e a R. Gatti (su Iesi). Si veda ora il panorama complessivo di G.B. Pellegrini, 1981, ma Ancona 1983, 217-300, ove sono esaminati, sia pure concisamente, ma con una discreta documentazione d'archivio, circa 500 toponimi. Per la regione di Senigallia merita una segnalazione una buona ricerca di E. Baldetti 1988.

Una regione privilegiata per le nostre ricerche è senza dubbio rappresentata dalla Toscana e sostanzialmente per merito di un solo studioso, ma grande maestro dei nostri studi e paradigmatico per le sue impostazioni anche per molti colleghi. Silvio Pieri fu infatti soprattutto cultore dei nostri studi ed egli iniziò le sue illustrazioni col vol. *Toponomastica delle valli del Serchio e della Lima*, 1898, 1-242, ristampato dall'Accademia Lucchese nel 1936. L'A. distribuisce i nomi locali in varie categorie secondo l'origine e i primi capitoli sono dedicati alle derivazioni dall'antroponimia antica. Fece seguito l'amplissimo volume sulla *Valle dell'Arno*, 1919, ove l'A. inizia anche uno studio sistematico dell'elemento etrusco di derivazione onomastica, fondato soprattutto sulla nota opera di W. Schulze del 1904. Egli continuò poi in altri articoli ad occuparsi di toponomastica e di etrusco, ma non sempre ebbe la mano felice ed in particolare nel saggio programmatico *In cerca di nomi etruschi* 1928, 186-211, ove egli avanza varie proposte senza alcun fondamento soprattutto a causa della mancanza di qualsiasi attestazione medievale. Fu pubblicata poi postuma la *Toponomastica della Toscana meridionale e dell'arcipelago toscano*, 1969, a cura di G. Garosi (e con note di G. Bonfante), opera che, pur inferiore alle precedenti, rappresenta un cospicuo *corpus* di nomi, normalmente bene analizzati. All'isola d'Elba ha dedicato alcuni saggi – non sempre felici e criticati dal Pieri – il classicista R. Sabbadini; alla Lunigiana P.S. Pasquali col volume sui nomi di Filattiera (1938). D'interesse prevalentemente grammaticale è il denso lavoro di B. Bianchi, 1886/1888.

24. Generalmente più approfondito è lo studio della toponomastica dell'Italia settentrionale. Non stanno peraltro alla pari delle altre regioni l'Emilia-Romagna e la Liguria. Per la prima disponiamo di un volume apparentemente assai ricco di A. Polloni, sulla toponomastica romagnola, 1966, in realtà assai confuso e con troppe ipotesi etimologiche in concorrenza, senza un chiaro discernimento critico. Contiene una buona scelta di materiali il volumetto di Fr. Violi sul Modenese 1946 (e alla medesima provincia il Violi ha dedicato altri articoli più brevi). Per il Ferrarese offre qualche servigio (sia pur modesto e qua e là assai discutibile) G. Pardi 1942, 41-129; per il Delta Padano, oltre gli articoli topografici degli Uggeri, si può vedere il contributo dell'A. del 1985 (ed ora con M. Zanderini 1989 sul Centese). All'Emilia, e soprattutto al Bolognese, aveva rivolto le sue cure Tito Zanardelli con una serie di saggi, 1905, oppure 1903 e 1907 ecc. Ma i lavori più sicuri, sia pure nella loro brevità, spettano a D. Olivieri, 1920, poi 1959 e 1963.

Per la Liguria aveva iniziato assai bene Nino Lamboglia col *Dizionario di toponomastica ligure*, 1946, ma egli non diede poi seguito a tale opera. A Pigna ha dedicato un denso volume Giulia Petracco Sicardi, 1962; e sempre alla Petracco Sicardi con la collaborazione di Rita Caprini spetta anche la *Toponomastica storica della Liguria*, 1981, mentre G. Ferro ci ha procurato uno studio assai notevole, ma limitato ad alcuni filoni, *La toponomastica ligure di interesse geografico*, 1964, ove l'A. ci offre spiegazioni per lo più corrette e limitate alla "terminologia geografica" (senza interventi etimologici, essendo l'Autore un valente geografo).

25. Il Veneto, la Lombardia ed il Piemonte (con la Valle d'Aosta) dispongono di buone illustrazioni generali dovute ad un competente quale fu Dante Olivieri che – a prescindere da contributi brevi – ci ha procurato gli *Studi sulla toponomastica veneta*, 1903, 49-216 poi ampliati col *Saggio*, 1915 ed infine la fondamentale *Toponomastica veneta*, 1961. Mi limito ora ad aggiungere per questa regione soltanto le *Ricerche di toponomastica veneta* dell'A. (in cui ho riunito 15 saggi) 1987. Per la Lombardia

è opera grandemente meritoria di D. Olivieri, il *Dizionario di toponomastica lombarda* 1ª. 1931 (con varie *Aggiunte*) e soprattutto la 2ª. ed. assai ampliata, 1961; per l'area lombarda, specie alpina e ticinese, aveva scritto alcuni brevi contributi anche Carlo Salvioni e altri lavori ancora sono dovuti all'Olivieri. Per il Piemonte un grande numero di scritti è dovuto a Pietro Massia che ne ha curato particolarmente la sezione archivistica, ma spesso essi sono forniti di etimologie plausibili; purtroppo sono sparsi in varie riviste anche locali e non sarebbero facilmente accessibili se D. Olivieri non li avesse riassunti nel suo *Dizionario di toponomastica piemontese*, 1965 (opera postuma). Ma il centro principale di ricerca dei meditati studi di Giandomenico Serra, linguista e autentico medievalista di valore, è stato senza dubbio il Piemonte e di lui menzioniamo qui soltanto il *Contributo*, 1931 e i *Lineamenti*, 1954-65, in tre volumi, ove sono riunite molte delle sue ricerche anche toponimiche e culturali. A. Prati che fu un buon etimologista, dedicò vari articoli e contributi anche alla toponomastica, in particolare del Trentino: 1910 (ristampato di recente), 1918, 195-275; del Veneto: 1913 e 1914 ed anche del Friuli: 1936 (cui si debbono aggiungere altri lavori su singoli nomi di varie regioni). Negli ultimi anni il Friuli-Venezia Giulia può contare, inoltre, su due valenti esploratori della regione e cioè G. Frau di cui ricordo soprattutto l'illustrazione generale, 1978 (oltre a vari articoli dedicati a tanti comuni friulani ecc.) e C.C. Desinan, studioso assai fecondo ed esperto di cui va lodato soprattutto il ricco volume (con un amplissimo *Atlante*), *Agricoltura*, 1982 e i due tomi *Problemi*, 1976 e 1977, per non citare moltissimi fascicoli e volumi su singoli comuni della Regione. Alla Venezia Giulia attuale e all'Istria hanno rivolto le loro cure soprattutto M. Doria e Fr. Crevatin in una numerosa serie di articoli dedicati in genere a singoli toponimi.

26. Abbiamo lasciato per ultimo il Trentino-Alto Adige, la regione italiana che possiede una bibliografia toponomastica di gran lunga più ampia e approfondita rispetto alle regioni qui sopra esaminate. Non mancano i saggi di studiosi locali, a volte semidilettanti, ma per l'ampiezza

dei materiali raccolti ed esaminati (sia pure con un metodo approssimativo) non possiamo ignorare E. Lorenzi con vari lavori tra i quali spicca il ponderoso *Dizionario*, 1932 (pubblicato a puntate nell'Archivio per l'Alto Adige a partire dal 1924 al 1931) e mi si consenta di citare anche i miei *Nomi locali del Trentino orientale*, 1955. Va inoltre notato che fin dal secolo passato gli studiosi tirolesi si occupavano generalmente di toponomastica studiando insieme nomi trentini e altoatesini. Basti dare un'occhiata, per rendersi conto, ai lavori meritori di Christian Schneller, 1890 oppure 1893-1896 (tre volumi). Ed è fuori discussione l'affinità e la medesima origine dei nomi locali di origine preromana del Trentino e dell'Alto Adige. Accanto allo Schneller vanno menzionati Josef Tarneller e Ignaz Mader con le varie monografie, ricche di spogli d'archivio, edite generalmente in "Schlern-Schriften" di Innsbruck. Tra gli studiosi più informati ed esperti va citato ora in prima linea Karl Finsterwalder. Ma non v'ha dubbio che lo specialista di alto prestigio e di eccezionale laboriosità nel settore dei nostri studi è il trentino Carlo Battisti, già libero docente a Vienna nel primo anteguerra e dal 1925 professore all'Università di Firenze ove ha dimorato fino alla morte, avvenuta all'età di quasi 95 anni nel marzo del 1977. Egli è rimasto fedele ai suoi due campi preferiti di esplorazione per circa 70 anni e cioè lo studio della romanità atesina e il problema del "retoromanzo", del quale ha negato, con argomenti inoppugnabili, l'unità e la consistenza fin dal 1910 e per tutta la sua lunga vita. Per rendersi ragione della sua straordinaria produzione scientifica basta consultare la *Autobibliografia* (con una nostra *Prefazione*), Firenze 1970, che contiene circa 500 numeri (ma spesso si tratta di amplissimi volumi). I suoi primi lavori di toponomastica dedicati a singoli comuni sono editi nell'"Archivio per l'Alto Adige", ove egli ha inaugurato un metodo capillare di illustrazione: ogni minimo nome locale costituisce una unità. Nel 1936 ha fondato, diretto e poi in buona parte redatto il "Dizionario toponomastico atesino" (DTA) con due grossi tomi dedicati alla Val Venosta cui sono seguiti circa una trentina di opere analoghe (verso la fine della sua laboriosa esistenza egli ha studiato i *Nomi locali del*

Burgraviato di Merano, dedicandovi sette volumi). Nel 1951 egli ha anche fondato e diretto l'*Atlante toponomastico della Venezia Tridentina* formato da carte toponimiche con le rispettive illustrazioni, alcuni fascicoli e assai più spesso ponderosi contributi. Anche questa collezione si aggira sui venti volumi ed in essa sono presi in considerazione tutti i toponimi che figurano nelle Tavolette al 25 000 dell'IGM (spesso ulteriormente integrate). Se volessimo muovere al Maestro qualche minimo appunto sul suo indirizzo metodologico, esso consisterebbe soltanto in un certo abuso delle spiegazioni fondate su basi (o presunte tali) "mediterranee", mentre, come è noto, molti nomi locali sono realmente inspiegabili. Tra i suoi discepoli spicca soprattutto la figura di Berengario Gerola, autore di una esemplare illustrazione dei nomi locali di Laion e di una *Introduzione allo studio della toponomastica tridentina*, 1939, oltre che di alcuni articoli di contenuto metodologico e teorico relativi al "nome locale". Ma il continuatore diretto dell'opera di C. Battisti è ora C.A. Mastrelli, autore, tra l'altro, di una amplissima monografia sui nomi contenuti nel Foglio "M. Marmolada" nell'ATVT. Dal 1982 è Presidente della Commissione di studio per la realizzazione del Dizionario toponomastico trentino. Principale sua collaboratrice è Giulia Mastrelli Anzilotti che ha già al suo attivo vari volumi sull'area trentina, tra i quali ben tre grossi tomi sulla Val di Non ed uno sulla Val di Sole. E non dimenticherò Vito Pallabazzer, attuale direttore dell'Archivio per l'Alto Adige, cui dobbiamo l'illustrazione dei nomi locali dell'Alto Cordevole 1972/74 che fanno seguito al mio studio sui *nomi locali del Medio Cordevole* (Pellegrini 1948).

27. Per riassumere questo panorama essenziale degli studi toponomastici in Italia e per tracciare un breve bilancio possiamo subito constatare da quanto sopra esposto, che per la fittezza e profondità degli studi sui nomi locali le regioni italiane si possono ripartire (vedi anche la carta allegata) in quattro categorie: 1) regioni in cui manca interamente una ricerca generale e scarseggiano anche i buoni studi particolari: Sardegna, Basilicata, Campania, Lazio; 2) regioni esplorate parzialmente con contri-

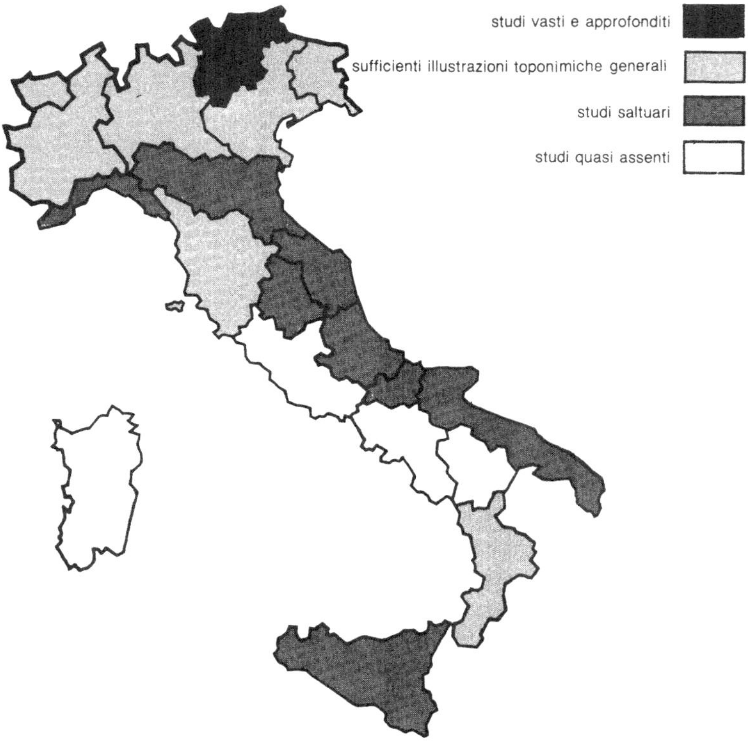

Fig. 1.1 Frequenza degli studi toponomastici in Italia

buti validi, ma saltuari e sprovviste di una illustrazione complessiva: Sicilia, Puglia e Salento, Abruzzi e Molise (ma v. sopra), Umbria, Marche, Liguria ed Emilia-Romagna; 3) regioni che posseggono un lavoro generale sufficiente per un buon orientamento: Calabria, Toscana, Veneto, Friuli-Venezia Giulia, Lombardia e Piemonte con la Valle d'Aosta. È chiaro che la quarta categoria è quella in posizione di netto vantaggio rispetto alle altre, con il Trentino-Alto Adige che disponendo di tanti studi capillari, per merito soprattutto di Carlo Battisti, potrà ulteriormente incrementare le nostre ricerche con raccolte veramente esemplari (costituite dal *Dizionario toponomastico trentino*).

Capitolo 2
Toponimi dalle lingue di sostrato

Lingue dell'Italia antica

28. Molti nomi locali italiani risalgono sicuramente a periodi di storia assai remoti, al periodo preromano e, se accordiamo credito allo strato cosiddetto "mediterraneo", alcuni di essi (o meglio le loro vestigia) sarebbero spesso di origine preindeuropea (v. qui sotto § 30). Ma in questo elenco di popoli e di lingue che hanno lasciato abbondanti tracce della loro presenza, ci soffermeremo innanzi tutto ad esaminare concisamente le loro aree di diffusione sicure o probabili, dando anche conto delle nostre conoscenze, più o meno approfondite, delle singole parlate fondate quasi esclusivamente sulle attestazioni epigrafiche. Queste si rivelano relativamente ricche se sono comparate con quanto sappiamo sulla Penisola Balcanica e risultano superiori anche ai discreti (ma sempre più consistenti) progressi ermeneutici sui frammenti di lingue preromane che ci provengono dall'Iberia.

Cominciamo il nostro elenco a partire dalle regioni insulari e meridionali. Non mancano gli insediamenti *fenicio-punici* limitati peraltro quasi esclusivamente alla Sicilia ed alla Sardegna (l'unica eccezione conosciuta è Pyrgi-Santa Marinella a Nord di Roma) per lo più lungo le coste, come ci attestano i rinvenimenti archeologici e soprattutto epigrafici oltre che alcuni nomi locali (v. qui sotto §§ 35-36). In Sicilia le iscrizioni provengono da Mozia (Trapani) con testi che risalgono al secolo VI a.C., da Palermo, da Solunto e da Erice, ma documenti punici sono stati rinvenuti anche in centri greci (Selinunte, Heraclea Minoa). In Sardegna, ove la penetrazione di Cartagine fu più profonda, le epigrafi provengono da Olbia, Stagno di Collostrai, Cagliari, Nora, Bithia, S. Antiaco e Tharros; ma anche nell'interno sono stati rinvenuti pochi testi punici, soprattutto ad Antas. Dovremmo poi menzionare il Lazio con le lamine d'oro dedicate ad Astarte provenienti da Pyrgi, antico porto di Caere, associate a notevoli epigrafi etrusche di contenuto parallelo.

In Sardegna il sostrato preromano più importante è costituito dal "paleosardo" di cui non ci restano attestazioni dirette, ma oltre alla toponomastica, possiamo reperire attestazioni sicure in un certo numero di appellativi che risalgono a detto filone etnico-linguistico che probabilmente offre dei contatti col *berbero-libico* e con lingue preindeuropee quali l'*iberico*(?). Non sono mancate le ipotesi che collegano tale strato antichissimo direttamente con l'etrusco.

Quanto alla Sicilia, secondo la tradizione, si distingue il *sicano*, forse preindeuropeo (e affine al paleoligure?) diffuso verosimilmente nell'area occidentale dell'isola, il *siculo* ad oriente e l'*elimo* nella sezione del Nord-Ovest. Meglio documentato, anche se da pochi testi (di cui il principale è sempre il *guttus* di Centuripe) è il *siculo*, sicuramente indeuropeo e già ritenuto da qualche studioso relativamente affine al latino(?). Le iscrizioni elime sono state rinvenute in area segestana, reperite negli ultimi tre decenni ed esse debbono ritenersi – pur nella loro estrema frammentarietà – appartenenti ad una lingua indeuropea. Altri documenti paleosiculi sono di incerta collocazione, ma l'iscrizione del Mendolito (Adrano) ci offre qualche elemento "italico" e ben note sono per Messina le iscrizioni osche dovute ai Mamertini. Di qualche importanza sono le leggende monetarie di Erice, Segesta e Palermo (V sec. a.C.) che ci documentano i nomi delle singole città e talora sono bilingui (in *elimo* ed in *greco*).

Nella penisola apulo-salentina si ha una sicura presenza dei Messapi, una popolazione che ha avuto, assai probabilmente, dei rapporti etnico-linguistici con la non lontana sponda adriatica albanese, donde forse proviene tale popolazione. In realtà il *messapico* era propriamente la lingua dell'antico Salento prima della conquista romana ed è da tale regione che provengono in misura ormai assai rilevante (ed il numero delle epigrafi si accrescerà di molto, come è stato annunciato) i testi (che già superano il numero di 400 e che potrebbero quasi raddoppiarsi). Nell'area barese prevalevano i Peucetii e nella Capitanata i Dauni (con una documentazione scrittoria assai limitata e pare diversa da quella propriamente messapica). La riunione dei tre popoli in una più vasta unità potrebbe essere definita col nome complessivo di "Iapigia".

Se ci spostiamo ad Ovest incontriamo popolazioni *osche* che ebbero i centri principali nella Campania, ma con diramazioni anche nell'area più meridionale abitata da Lucani e da Bruttii (o *Brettii*); verso il Molise dominavano parzialmente i Sanniti.

Con gli Oschi e le popolazioni in certa misura a loro affini incontriamo un gruppo linguistico discretamente attestato da numerosi documenti epigrafici che, secondo la tradizione italiana, sono denominati "Italici" (in senso stretto, secondo la scuola italiana, rappresentata soprattutto da G. Devoto e V. Pisani) e, per l'importanza veramente eccezionale, con le *Tabulae Iguvinae*, vi rientrano in prima linea gli Umbri. È da notare che gli "Italici" rappresenterebbero una migrazione di Indoeuropei in Italia del 2° millennio a.C. ben distinta dai Latino-Falischi. Ma tra Oschi e Umbri sono incuneate un gruppo di popolazioni affini, definite "Italici minori" che presentano normalmente maggiori affinità con l'osco: Hirpini, Frentani, Peligni, Marrucini, Vestini, Sabini, Marsi, Ernici, mentre i Volsci a Sud-Est di Roma sembrano avere maggiori contatti linguistici con l'umbro.

29. Qui dovremmo soprattutto sottolineare la grande importanza del parastrato *greco* – come vedremo qui sotto (§§ 55-60) – un filone linguistico dovuto ai Greci della Magna Grecia cui spettano vari toponimi, rinforzato poi dagli apporti alto-medievali dei Bizantini. La penetrazione greca è particolarmente intensa lungo le coste dell'Italia meridionale ed in amplissime aree della Sicilia. Assai minore è la presenza greca in Sardegna ove peraltro non si potrà sottovalutare, anche per la toponomastica, qualche elemento bizantino.

Risalendo la Penisola – a prescindere dalla ristretta area

originaria del latino, limitata al *Latium vetus* – incontriamo a Nord-Est di Roma i Falisci (con centro a Falerii) che qualche studioso considera particolarmente affini ai Latini; anche nella lingua il falisco costituirebbe un gruppo particolare "*latino-falisco*" (quando addirittura il falisco non viene classificato come un dialetto particolare del latino). Ma per tale varietà trasmessaci da oltre 200 iscrizioni, spesso assai antiche, bisogna sottolineare l'apporto italico ed etrusco. Ad Est troviamo le popolazioni *picene* la cui lingua è stata variamente definita (anche dialetti sabellici o medioadriatici), ma con chiarissime affinità con l'*umbro*, ulteriormente messe in luce negli ultimi tempi. Assai diversa è invece la posizione del piceno settentrionale quale traspare nella nota stele di Novilara, forse iscritta in una lingua non indeuropea.

Bisogna ora sottolineare la notevole estensione territoriale del popolo *etrusco*. L'Etruria infatti, oltre a comprendere la massima parte dell'attuale Toscana, includeva l'Umbria occidentale compresa Perugia e giungeva alle porte di Roma. Gruppi più o meno consistenti di Etruschi sono inoltre presenti nell'Italia settentrionale ed in Campania. La documentazione epigrafica (pur fondata nella massima parte su testi brevi) è assai vasta e supera ormai di molto le 10 mila unità di testi. Nell'Italia settentrionale incontriamo ad Ovest i Liguri con lo strato antico preindeuropeo e quello più recente indeuropeo da collegarsi in buona parte al "*leponzio*" o "*celto-ligure*"; le cui iscrizioni, con centro a Lugano (e diffuse soprattutto nell'area dei laghi lombardi) sono giudicate una varietà di celtico arcaico (i testi non sono più di centocinquanta e quasi tutti assai brevi). Tale lingua pare infatti anteriore alle grandi ondate delle invasioni *celtiche* che hanno introdotto la lingua gallica in quasi tutta l'Italia settentrionale (peraltro con pochissime attestazioni epigrafiche).

Nell'area bolzanina, trentina e nella Valle dell'Adige (con alcune propaggini ad Est) erano stanziati i *Reti* di cui ci sono giunti all'incirca 200 brevi testi di difficile interpretazione. Si tratta comunque di una lingua (o di lingue??) verosimilmente preindeuropea. Nell'Italia nord-orientale, infine, sono stanziati i *Veneti*, popolo indeuropeo che nulla ha in comune – secondo una tradizione inveterata, ma da tempo abbandonata dai linguisti – con gli Illiri. I testi della lingua *venetica* (compresi quelli misti latino-venetici) si aggirano sulle 350 unità, ma risultano in continua crescita per i recenti rinvenimenti. Ad Oriente dei Veneti incontriamo i Gallo-Carni dei quali conosciamo soltanto alcune legende monetarie.

Il breve schizzo che abbiamo qui tracciato dei popoli preromani dell'Italia antica, potrà servire unicamente per orientare il lettore nelle spiegazioni dei nomi locali preromani che nei paragrafi seguenti suddivideremo a seconda delle lingue qui sopra rapidamente menzionate.(*)

(*) Dai popoli dell'Italia antica traggono il nome parecchie regioni e cioè: la *Liguria* dai Liguri (§§ 69-70), il *Veneto* (denominazione piuttosto recente per *le Venezie*) dai Veneti (§§ 91-92); la *Sicilia* dai Siculi (§§ 38-39), la *Sardegna* = lat. *Sardinia* dai Sardi (§ 37), l'*Umbria* dagli Umbri (§ 46), la *Toscana* dai Tusci cioè gli Etruschi (§ 62), la *Campània*, cfr. lat. *Campania felix* (con centro a Napoli) di popolazione preromana prevalentemente osca, cfr. *Capua* (osco *Kapv*) § 45; l'*Istria* dagli Histri (cfr. la regione augustea, la X, *Venetia et Histria*; *Venezia Giulia* risale all'Ascoli); la *Lucania* dai Lucani, antica popolazione osca (la denominazione attuale e passata, *Basilicata*, è di origine bizantina, del secolo XII); le *Puglie* o *Puglia* = lat. *Apulia* dagli Apuli. L'antica *Calabria* corrispondeva alla penisola salentina e l'attribuzione alla regione attuale (prima si chiamava *Bruttium* dalla popolazione dei *Bruttii* o *Brettii*) fu data dopo la dominazione bizantina e risale alla popolazione dei Calabri. L'*Abruzzo* è di origine medievale e si diceva *Aprūtium* dal secolo VI; essa risale verosimilmente ad una formazione Ad Praetutios (antico etnico della regione), mentre il *Molise* pare essere un nome 'normanno' con riferimento, in origine, ad una località ristretta. L'*Emilia* (= *regio Aemilia*) deve il nome alla strada romana che costruì Emilio Lepido, da Piacenza a Rimini, nel 187 a.C.; la *Romagna* (onde l'etnico *romagnolo* < romandiolus) fu detta Romània in contrasto con le terre vicine occupate dai Longobardi; il *Lazio* riproduce il lat. *Latium*, popolato dai Latii onde poi Latīni (v. § 54). Le *Marche*, abitate dai Piceni (§ 51), ebbero una denominazione germanica (*marca* è 'area di frontiera') in epoca tarda. La *Lombardia* (v. § 104) in origine indicava l'Italia settentrionale e deriva chiaramente dai *Longobardi*. Il *Piemonte* denota la regione "a piè dei monti" (onde *pedemontano* = 'piemontese'). Il *Trentino* ed il *Friuli*, invece, risalgono alle città di Tridentum 'Trento' e di Forum Iulii 'Cividale'. L'*Alto Adige* era una circoscrizione napoleonica, ma la denominazione fu poi divulgata soprattutto dall'irredentista roveretano Ettore Tolomei (v. § 168).

RAETI
LEPONTI
GALLI
CARNI
VENETI
LIGURI
PICENO SETTENTRIONALE
PICENTES
PICENO MERIDIONALE
ETRUSCHI
UMBRI
SABINI
VESTINI
MARRUCINI
FRENTANI
PAELIGNI
AEQUI
MARSI
FALISCI
LATINI
SAMNITES
DAUNI
VOLSCI
PEUCETII
OSCI
MESSAPI
GRECI
ELIMI
SICANI
SICULI
PALEOSARDI
PUNICI
1 2 3 4 5 6 7 8 9 10 11 12 13 14 15 16 17 18 19 20 21 22 23 24 25 26 27 28 29 30 31 32 33 34 35 36 37 38 39 40 41 42 43 44 45 46 47 48 49 50 51 52

toponimo attuale (toponimo antico)
1 Ivrea (Eporedia)
2) Susa (Segusio)
3) Ventimiglia (Albintimilium)
4) Sestri (Segesta)
5) Milano (Mediolanum)
6) Bormio (Burmis)
7) Vipiteno/Sterzing (Vipitenum))
8) Belluno (Bellunum)
9) Feltre (Feltria)
10) Vicenza (Vicetia)
11) Asolo (Acelum)
12) Oderzo (Opitergium)
13) (Aquileia)
14) Zuglio (Iulium Carnicum)
15) Trieste (Tergeste)
16) Venezia (Venetiae)
17) Adria (Hatria)
18) Bologna (Bononia/Felsina)
19) Pesaro (Pisaurum)
20) Fiesole (Faesulae)
21) Arezzo (Arretium)
22) Cecina (Caecina)
23) Tarquinia (Tarquinii)
24) Città di Castello (Tifernum)
25) Cupra Marittima (Cupra Maritima)
26) Nocera Umbra (Nuceria Camellaria)
27) Gubbio (Iguvium)
28) Napoli (Neapolis)
29) Avellino (Abellinum)
30) (Pompei)
31) Bari (Barium)
32) Brindisi (Brundisium)
33) Manduria (Manduria)
34) Crotone (Croton)
35) Locri (Locri Epizephyrii)
36) Nicotera (Nicotera)
37) Milazzo (Mylae)
38) Cefalù (Cefaloedium)
39) Termini Imerese (Thermae)
40) Trapani (Drepanum)
41) Mozia (Motya)
42) Entella (Entella)
43) Agrigento (Girgenti, Agrigentum, Akragas)
44) Gela (Gela)
45) Pachino (Pachynus)
46) Centurbe (Centorbi, Centuripae)
47) (Segesta)
48) Chia (Bitia)
49) Cagliari (Carales)
50) Goni (Goni)
51) Santa Giusta (Othoca)
52) Magomadas (Magomadis)

Fig. 2.1 Sostrati linguistici prelatini

Strati mediterranei

30. Dobbiamo innanzi tutto toccare un problema assai delicato e spesso di soluzione incerta, ma di grande rilevanza anche per lo studio dei toponimi italiani. Bisogna premettere che l'indirizzo di cui stiamo per parlare è seguito nella massima parte da studiosi italiani e francesi i quali a volte ne hanno abusato, sovente screditando delle ricerche che meritano invece una notevole considerazione scientifica. Si tratta del concetto linguistico di preindeuropeo "mediterraneo", una denominazione ed un concetto che originariamente era stato formulato, in altro settore

della scienza, dall'antropologo italiano Giuseppe Sergi con riferimento al tipo antropico, ma esteso ben presto ad indicare lingua e cultura delle popolazioni del bacino mediterraneo che non fossero indeuropee, camito-semitiche o altro.

Non sono mancati studiosi stranieri che si sono occupati degli strati linguistici di varie aree mediterranee, specie dell'Egeo, dell'Asia minore, dell'Iberia ecc. fino al lontano Caucaso, che presenterebbero una origine comune o simile ad es. al basco ed una serie di termini o di toponimi di identica o analoga spiegazione. Nell'ambito dei nomi di luogo le concordanze, con riferimento all'Italia, furono illustrate con buoni esempi in un primo tempo soprattutto da F. Ribezzo 1920 e 1921, mentre A. Trombetti 1925 tentò di riunire un amplissimo *corpus* che si riferiva a tutto il bacino del Mediterraneo compresa l'Asia minore, la Penisola iberica, l'Africa settentrionale ed ivi sono studiate anche le "formanti" che rappresentano elementi a volte fondamentali per attribuire ai vari strati "mediterranei" i numerosi nomi locali antichi. Bisogna peraltro riconoscere che il tentativo del Trombetti finì spesso per incoraggiare il dilettantismo (il contributo è, tra l'altro, sfornito di documentazioni storiche adeguate!) ed esso è fondato esclusivamente su assonanze che possono spesso risultare casuali o da elementi con un "significante" troppo ristretto.

Tra i cultori e sostenitori più vivaci delle equazioni mediterranee si ricorderanno Carlo Battisti, Gino Bottiglioni ecc., ma non vi mancano vari cenni anche nelle opere di Giacomo Devoto e di Benvenuto Terracini; sopra tutti chi ha ampiamente utilizzato e abusato dei riscontri e delle etimologie *mediterranee* nell'ultimo cinquantennio è stato senza dubbio uno studioso, per molti versi assai benemerito e attivissimo, Giovanni Alessio (si veda ad es. Alessio 1955 e tante altre sue ricerche). Il Devoto 1939, 43-44 in seno alle lingue "mediterranee" distingueva cinque aree: libica, iberica, ligure, tirrenica e picena, mentre l'Alessio 1967, 35 ne individuava ben dodici e cioè: 1) microasiatica o anatolica, 2) egea, 3) balcanica, 4) tirrenica o etrusca, 5) retica, 6) euganea, 7) picena, 8) sicana, 9) ligure, 10) paleosarda, 11) iberica e 12) africana.

31. Tra gli studiosi che si sono occupati a fondo del lessico e della toponomastica prelatina e preindeuropea va segnalato anche Vittorio Bertoldi che ha apportato a codesta intricata materia qualche contributo ancor valido (anche se a volte discutibile); ma sopra tutti spicca l'attività e l'informazione, in codesto ambito degli studi italiani ed europei, dello svizzero Johannes Hubschmid. Questi 1960, 13 osservava nel volume dedicato ai sostrati mediterranei che "tra le lingue di sostrato mediterraneo intendiamo quelle lingue che erano parlate prima delle immigrazioni di popoli indeuropei e camito-semitici nel bacino del Mediterraneo. Alcune di queste ci sono attestate fin dall'antichità per mezzo di iscrizioni. Ma ad es. l'*iberico* non è ancora interpretato (aggiungiamo noi che negli ultimi decenni anche lo studio sulle lingue preromane dell'Iberia hanno fatto enormi progressi ed in particolare è ora bene conosciuto il "*celtiberico*"); il significato delle iscrizioni etrusche di una certa lunghezza ci è sostanzialmente ancora oscuro in gran parte o molto discusso. Che l'*etrusco*, come ritengono alcuni studiosi (ma a dir vero sono ora molto pochi) sia una lingua indeuropea (e che non soltanto contenga elementi indo-europei) è di certo da escludersi. Del *cario* (Asia minore) abbiamo soltanto scarsi documenti (e qualcuno lo ritiene una lingua indoeuropea). Oggigiorno è ancor vivo nei Pirenei occidentali il *basco*. In altre zone si notano reliquie delle lingue preindeuropee conservate a lungo dai nomi di luogo, sia attestate in epoca antica che moderna, ed infine possiamo contare sulle "parole di sostrato" trasmesse in lingue classiche o moderne e soprattutto nei dialetti". E successivamente J. Hubschmid – che deve esser ritenuto il più esperto dei s o s t r a t i s t i viventi – accenna alle varie aree mediterranee ove si incontrano i citati relitti e distingue il basco dall'iberico, quest'ultimo connesso col *bérbero* ed egli non esclude eventuali rapporti *reto-liguri*, mentre in Sardegna si sarebbero incontrati due strati mediterranei intercontinentali.

Per quanto attiene la toponomastica bisogna riconoscere con sicurezza che i filoni lessicali attribuiti a lingue preindeuropee sono di certo relativamente numerosi in molte aree anche italiane. Ma la presenza di una voce di origine preindeuropea mediterranea non è di certo la prova che il toponimo che la contiene risalga necessariamente ad epoca tanto remota. Buona parte del lessico preindeuropeo e prelatino è stato assorbito dai vari latini regionali e di qui è passato negli idiomi neolatini (germanici, slavi ecc.), spesso conservando la funzione originaria di comune appellativo sino ai nostri giorni.

32. Quanto all'attribuzione di basi o temi al preindeuropeo mediterraneo regnano ovviamente in tanti casi varie opinioni e numerose incertezze e le attribuzioni a lingue remotissime di appellativi giunti sino a noi sono contestate anche dagli specialisti più esperti che pur accettano il principio generale della sopravvivenza di termini antichissimi.

Mi limiterò a citare un caso paradigmatico, rappresentato dall'appellativo geografico espresso da p a l a che nell'area alpina e prealpina si riferisce – e spesso significa, con valore di diffuso appellativo – 'erto pendio erboso', 'gli ultimi verdi sotto le rocce e i ripidissimi pendii erbosi che rivestono i monti di rocce eruttive' (Castiglioni, *Pale* 1935, 15). Di qui verosimilmente l'appellativo è passato ad indicare 'le rocce soprastanti' e, come viene definito dai geografi (Cesare Battisti) si equivale anche a 'forma speciale di cima caratteristica delle Alpi dolomitiche che assomiglia a una *pala*; certi prati inclinati, ricchi di vegetazione esposti a considerevoli altezze'; nel valsuganotto (TN) *pala* è 'rupe nuda e che si erge su cima di monte o ne forma la cima stessa'. Tale appellativo è considerato da molti glottologi, specie italiani, una voce di origine preindeuropea (e si veda REW 6154 p a l a: vorrömisch), mentre altri ricercatori (a partire da G. Serra fino a J. Hubschmid e G.B. Pellegrini) ritengono che si tratti unicamente di un uso metaforico oggettuale del lat. p a l a (REW 6154), parallelamente ai numerosi nomi del Canavesano del tipo *Calossa*, *Calussa* che provengono dal piemontese *calussa*, *galussa* 'pala' e si confronti l'analogo uso metaforico di *Schaufel* 'pala, badile'. D'altro canto esiste un altro omonimo p a l a da *p a l l a diffuso nella Penisola iberica (ad es. nel gallego) col significato di 'roccia, caverna di roccia' che attraverso la forma *p a llavo / *pellavo ha dato origine al livinallonghese e agordino (BL) *pelf* nel senso di 'roccia durissima', savoiardo *peilèvo* 'roccia' e che assona perfettamente col (pre)-greco πέλλα che Esichio traduce con 'roccia'. Non si dovrà inoltre dimenticare che nelle iscrizioni sepolcrali leponzie (o "celto-liguri") figura spesso *pala* col significato verosimile di "pietra sepolcrale" (iscritta), "monumento funebre". Come si vede, i rapporti reciproci si complicano per l'identità dei termini e per i significati che parzialmente si possono accordare. Secondo noi, peraltro, il *pala* alpino ha una sua autonomia poiché esso significa in origine 'pendio prativo' paragonato ad una *pala* (vanga) o ad un badile. Da tale appellativo deriva ad es. il complesso delle *Pale di San Martino*, il *Cimon de la Pala*, la *Palaccia* (tra Fassa e Gardena), *Palazza*, *Palón*, *Cima Palóne* anche nelle Alpi centrali e occidentali (oltre che nelle Dolomiti, ove tale oronimo è particolarmente frequente).

33. Un elenco o rassegna critica di "basi" preindeuropee con ricca bibliografia (prevalentemente di specialisti italiani) si trova in Battisti 1936. Da tale contributo riporto ad es.: *barrica 'capanna', *barranca 'burrone', *blese 'pendio erboso', *bova 'smotta', 'canalone', *bustia 'pascolo', *cala 'scoscendimento', *carra 'sasso', *cava/gava 'ruscello', *dasia 'cascame delle conifere', *drausa 'ontanello', *dur(s)- tema idronimico, *marra 'slavina', *mal- 'monte', *musina 'sasseto', *mut- 'rialzo', 'sporgenza', *nava 'conca montuosa', *pent- 'dirupo', *rova 'scoscendimento', *ros- 'erosione', *taba 'rupe', *tala 'terra', *taur- 'monte', *top- *tob- 'burrone' ecc. Non sto qui a ripetere che molte delle citate postulazioni sono state discusse ed a volte ritenute inverosimili o addirittura attribuite a strati più recenti (anche al latino, ad es. *tob- rimpiazzato dal latino *tŭbus ecc.). Va detto che anche il Battisti (e la sua scuola) ha a volte abusato dei "temi mediterranei" con la possibilità di alternanze consonantiche e vocaliche incontrollabili per spiegare nomi locali che in realtà sono di incerta od oscura origine.

Anche il Devoto 1939, 42 non mancò di dare un elenco

di "elementi lessicali mediterranei" e di sottolineare la loro struttura fonetica in cui prevale il vocalismo *a*, ipotesi in buona parte bene accertata. Così egli cita ad es. *alba 'pietra', *arma 'rifugio naturale o artificiale', *balma 'grotta', *balsa 'palude', *barga 'capanna', *barra 'precipizio', *fala/pala 'dosso, volta', *ganda 'pietraia', *grava 'ghiaieto', *lama 'piano acquitrinoso', *mal- /*mel- 'colle', *rava 'frana' *sala 'terreno paludoso', *taura 'tumulo', *teba /*taba 'colle', *tul- 'confine'. E da tali temi non è difficile derivare tanti toponimi italiani, anche attraverso varie suffissazioni (di cui citeremo più avanti qualche esemplare). Come esempio di suffisso "mediterraneo" ricorderemo ad es. *-itānus* che è tipico di molti etnici antichi quali: *Palermitano* 'di Palermo', *Reggitano* 'di Reggio', *Amalfitano*, *Anconitano*, *Cagliaritano* e fuori d'Italia il medesimo suffisso è evidente ad es. in *Calaguerritanus* 'di Calagurris', *Gaditanus* 'di *Gades*' (Cadice), *Beblitanus* 'di Bilbilis' (Siviglia), *Iliberritanus* 'di *Iliberris*', tutti nella Penisola Iberica. In tali etnici non è tanto *-anus* l'elemento caratterizzante, quanto l'antisuffisso *-it-* (v. anche § 176).

34. Ma in molti casi la spiegazione dei nomi locali difficili si risolve in alcune ipotesi di studio, in comparazioni fondate unicamente sulla coincidenza o somiglianza (che può essere spesso casuale) di alcuni elementi fonici e non sempre essa è ancorata a paralleli reali che ci permettono di ricavare un significato e pertanto una autentica spiegazione. E capita anche che chi intende spiegare nomi locali oscuri, non trasparenti, non sappia compulsare adeguatamente le fonti d'archivio che spesso possono portare elementi i quali contraddicono la supposta etimologia. Il citato J. Hubschmid 1960, 85-88, a proposito di connessioni a larghissimo raggio di lingue tra di loro geograficamente assai lontane, cita esempi di omonimie derivate da nomi locali che potrebbero trarre in inganno, quali ad es.: *Ida* a Creta ed in Giappone, *Kuba* nel Caucaso e nell'America centrale, *Paria* nell'Egeo e nell'America meridionale ecc. Gli studiosi scettici circa le concordanze "mediterranee" (ma non sempre hanno ragione!) sottolineano spesso il caso frequente delle omonimie fortuite; tra questi

ad es. il bulgaro Vl. Georgiev il quale tende a spiegare i toponimi con vari strati sempre all'interno dell'indeuropeo, per cui ad es. il "pregreco" è rappresentato dal pelasgico, lingua di cui egli ha più volte tracciato le caratteristiche che divergono ovviamente dal greco.

D'altro canto mi pare ovvio che non possiamo abbandonarci al pessimismo o a premesse soltanto negative dato che bisogna dare per scontato che una amplissima serie di comparazioni dovute a studiosi italiani e stranieri risulta assai meritoria. Molte interpretazioni appaiono possibili anche se esse presentano ancora un buon margine di aleatorietà.

Le interpretazioni "mediterranee" sono sovente criticate e spesso ingiustamente svalorizzate per lo più dagli indeuropeisti che peraltro peccano sovente in direzione opposta, e cioè nella eccessiva fiducia nelle ricostruzioni indeuropee.

Fenicio-punico in Sardegna e Sicilia

35. Nell'attribuire un'origine punica a numerosissimi nomi locali della Sardegna antica si era di molto esagerato nel secolo passato ed in particolare da parte di un erudito locale, il Canonico Giovanni Spano 1875, che fu, tra l'altro, benemerito autore di un dizionario del sardo logudorese. Una profonda disamina dei nomi locali di eventuale o probabile origine fenicio-punica è dovuta ora soprattutto al Wagner 1950, 137-147 e specialmente 1957. L'area sarda d'influenza fenicio-punica era stata delimitata da E. Pais ed essa corrisponde alla sezione occidentale e sud-occidentale dell'isola. Le città in cui si risente di più della dominazione cartaginese erano Nora, Cagliari, Sulcis, Tharros e Cornus, ove non mancano resti archeologici e iscrizioni della cività semitica. Quanto a *Cagliari*, lat. *Carales* (di cui si disse "Tyria fundata potenti", Claudiano) per il quale si sono proposte varie etimologie puniche – e la città è menzionata in una epigrafe ivi rinvenuta da non molti anni nella forma *krly* – il toponimo è probabilmente di origine paleosarda. Esso trova riscontri all'interno dell'isola, ad es. nel nuraghe *Carale*

presso Aùstis e in *Carallài* presso Sorabile. Cadrebbe in tal guisa l'etimo che si rifà ad un antroponimo fenicio, un eponimo *Karal* secondo il Serra 1951/52, 102-108. Altri studiosi ammettevano invece che un Kar-el "sia da intendere come un adattamento al semitico di un nome preesistente" (Battisti 1932, 239). [Di origine più recente è invece *Sassari*, nel logudorese *tàttari*, nuorese *θàθari*]. Altrettanto poco probabile è la spiegazione punica per il vecchio nome della *Barbagia* che si ricava dall'etnico *Galillenses* e dal nome medievale *Gadìla*, *Galilla*; questi è stato confrontato con la *Galilea* da galîl 'termine, confine'. *Nora* a Sud-Ovest di Cagliari (Νῶρα Strab. V 225) era la città fenicio-punica più importante, fondata su di una piccola penisola ove era stanziata gente in epoca anteriore; ma la spiegazione da un semitico nur 'fuoco' e quindi 'dimora' non regge anche se trova riscontri in *Nora*, *Nura* e *Nuroli* (Νούρολι) località della Zeugitana in Africa e cfr. in Sardegna *Nuroli* che si riallaccia forse ad un paleosardo **nur* (v. § 37) assai diffuso nell'isola (cfr. anche *Nurra* e *Nurri*, ma non *Nùoro* che proviene da precedente *Nùgoro*, così pronunciato nel dialetto locale).

L'ant. *Sulcis* (o *Surci*) su di una penisola è stato attribuito al punico e si crede di poter leggere tale nome in una iscrizione bilingue neopunica proveniente da S. Antioco (Sulci). Nel testo latino si ha *...ex consulto Sulcensium*. Una nuova attestazione è comparsa di recente ad Antas (illustrata da Fantar) ove si ha un *slky* interpretato (al popolo) di *Sulcis*. Assai più sicura è l'origine di *Tharros* (penisoletta ad Ovest di Cabras), una città che ha dato alla luce molti reperti archeologici. In Tolomeo si ha Τάῤῥαι, nell'Itin. Anton. (Cunz 84) *Tharros* e in CIL X 8009: *viam quae ducit atHarros Cornus*. Il nome viene confrontato con *Tiro* (= *çur* o *çor* sulle monete) cfr. ebr. *zar* 'roccia, scoglio' e non manca per la città fenicia la forma con *a*, lat. *Sarra* onde l'etnico *Sarranus* 'di Tiro' (Plauto, *Truc.* II 6.58 *ex Sarra*) e si veda Servio *ad Verg. G. II* 506: "Quae nunc Tyros dicitur, olim Sarra vocabatur". È chiaro che nella grafia grecizzante o latineggiante *th* rende θ (*z* o *č*). Anche *Cornus* a Nord di Tharrus e a Sud di Bosa è punico; oggi vi corrisponde *Campu 'e Corru* e significa 'sommità di monte', cfr. *Cirna* monte della Zeugitana (ar. *Qarn* 'corno'). *Bosa* (*civitas*) in Tolomeo III.3.7, Plinio, III, 85, trova un parallelo in *Bosa* africana, in Numidia e nella Zeugitana, ma non è del tutto sicuro che sia punica l'origine. In una epigrafe tarda di Bithia, *Bitia* (presso Domus de Maria), rinvenuta nel 1933 presso il tempietto del dio Bes, si legge il nome della città nella forma *Bitan*. L'origine del toponimo è antroponimica (*Bithyas*, Βιθύας, cfr. anche *Bidios* una città fenicia in Sicilia). Non è invece sicuro che vada confrontata con *Bitti* (Nuoro) dato che si trova nell'interno. Interessante è la storia del nome dell'isola di S. Pietro denominata *Enosim* in punico (anche in epigrafe da Cagliari, CIS I 182) e detta in Tolomeo Ἱεράκων νῆσος, tradotta in latino come *Accipitrum insula*. La dizione punica *'ynsm* corrisponde esattamente a 'isola' (*'y*) e *nosim* pl. semitico di *nos* 'avvoltoio', cfr. ar. *nasr* 'aquila'. Plinio III.7.84 ci conferma: "Habet (Sardinia) et a Gorditano promontorio duas insulas quae vocantur *Herculis*: a Sulcensi *Enosim*, a Caralitano *Ficariam*". Una serie di nomi locali sardi fa capo ad un fitonimo di origine punica e cioè *tsìppiri* (campid.) 'rosmarino'; tali sono ad es. *Zìppiri*, monte vicino a Villacidro (CA), *Bruncu Zìppiri* a Nord del golfo di Gonnesa, da zibbir attestato come punico nello Pseudo-Apuleio.

Di certo punica è *Othoca* (nei pressi di Oristano, corrispondente a S. Giusta) attestata nell'Itin. Anton. e nel Ravennate; essa va confrontata col punico africano *Utica* (Tolomeo V,2,32 Οὐτίκη); *Uticenses* ne è l'etnico. Il riscontro più vicino è l'ebr. 'atika 'vecchia' (con *a* > *o* per influsso di *'ain*). L'interpretazione è plausibile e si deve tener presente che forse la città punica più antica nella regione si contrappone a Sud a *Neapolis* (greca) 'città nuova' non molto lontana.

Magomadas a Sud di Bosa era ant. *Magomadis* e trova riscontro nell'Africa settentrionale in *Macomades*; essa proviene chiaramente dal fenicio māqōm 'città' e ḥādāš 'nuovo' cioè "oppidum novum". È verosimile (non sicuro!) che anche *Macomèr*, non molto distante, possa spiegarsi, in parte, in modo analogo per lo meno per la prima componente (ma in antico era Μακόψισα in Tolomeo, che altri legge Μακόμισα, Pais). Anche *Ùssara* a

Sud-Est di Oristano trova una precisa corrispondenza nell'ant. Οὔσσαρα (Tolomeo IV.2.35) nella Mauretania Caesarea; ma in realtà, come in altri casi, può trattarsi di un altro strato linguistico (v. qui sotto § 37). Meriterebbero un cenno anche i nomi di altre città menzionate in iscrizioni puniche sarde. Ricorderò soltanto una *Cartagine* – verosimilmente diversa da quella ben più celebre – che è attestata in iscrizione da Tharros come *qrthdšt-qart-hādašat* cioè 'città nuova' (Guzzo Amadasi 1967, 109-112, nr. 32). Anche il nome della Sardegna compare in una epigrafe arcaica proveniente da Capo di Pula (Nora), risalente forse all'VIII sec. a.C.; ivi si legge *b-šrdn* che corrisponde verosimilmente a "in Sardinia", preceduto da un *ngr* che secondo qualche studioso sarebbe il nome fenicio di *Nora* (Guzzo Amadasi 1967, 83-87).

36. Quanto a nomi fenicio-punici sulle coste della Sicilia, mi attengo soprattutto ad una breve sintesi di Schmoll 1958, 49-50, ove si registrano soprattutto nomi di luogo che compaiono in epigrafi e su monete. Di origine forse fenicia pare sia *Motya-Mozia* Μοτύη Tucidide, Μοτυαῖος Steph. Byz., da confrontare col cananeo *h-mṭu̯'* oppure *'mṭu̯* 'luogo ove si fila', 'filanda'; Cefalù-*Cephaloedium* che compare nella forma *r(')s-mlqrt* cioè 'Capo Melcart'. Solunto *Solus* Σολοῦς, etn. Σολοντίνων in monete (etnico) o Σολουντῖνος (Diodoro), *Soluntini*; di qui proviene il moderno *Sòlanto*, Santa Flavia PA. Non sarebbe di origine punica, ma in questa lingua la località è denominata semplicemente *kpr'* cioè 'paese' (*kap.r'*) mentre non avrebbe alcun rapporto col semitico *sl'* 'roccia', essendo probabilmente di origine indo-europea.

Secondo lo Schmoll la nota leggenda monetaria *ṣiṣ* non bene localizzata come città – ma secondo la tradizione riferita a Palermo ed interpretata erroneamente come punico *ziz* 'fiore' – sarebbe da leggere **Ṣi̯āṣ* o *Ṣai̯i̯uṣ*; con tale vocalizzazione il nome verrebbe a significare 'ala' come calco del libico – di identico senso – *afr-*. Con questo nome si sarebbe designato il Ğebel-Zaghwan nel Capo Bon cioè l'ant. *Mons Ifera* e il territorio circostante che ricevette poi la denominazione di *Africa* con riferimento, in origine, alla Zeugitana e alla Numidia orientale.

Secondo lo Schmoll – sulle cui ipotesi seducenti non sono in grado di dare un giudizio ben fondato – la leggenda monetaria *Ṣiṣ* significherebbe pertanto "territorio africano" (cioè cartaginese). Nelle monete puniche compare spesso il nome di *Erice* (v. § 38) *'rk* = *Eryx* (Guzzo Amadasi 1967, 53-55).

Altri nomi locali di verosimile origine semitica sarebbero *Iruka/Eruks Phoenicussa* traduzione del fenicio *'i-tmr* 'l'isola delle palme da dattero' cioè *Tamaticium* Φοίνιξ, *Palmae*. Inoltre *Thapsus* Θάψος nella Sicilia orientale corrisponderebbe al semitico *tpsḥ* 'passaggio'. Conterrebbero il nome della divinità fenicia *Astarte*, tanto *Amestratus* (Mistretta?), quanto Μυτιστράτος (incerto!), 'Αμήστρατος Steph. Byz., *Mutustratinus* Plinio – che risulterebbe di localizzazione incerta – ed altre località (tra cui *Mazara* e *Pachynus*) potrebbero – ma meno probabilmente – essere ascritte allo strato semitico. A questo punto, non credo si possano seguire le ipotesi dello Schmoll.

È infine da registrare che nella lamina di Pyrgi rinvenuta insieme alle lamine iscritte in etrusco, compare la forma punica *kyšry'* che è un adattamento di *Cisra* (Verrio Flacco, *Etr.*; negli Scholia Veron. ad Aen. X 183), cioè una notevole variante del nome di *Caere* 'Cerveteri' (v. anche Guzzo Amadasi 1967, 158-169).

Paleosardo

37. Al sostrato preindeuropeo appartiene di certo il nome della Sardegna, in lat. *Sardinia*, gr. ἡ Σαρδώ (Erodoto). Vi fa riscontro il nome della città dell'Asia minore (anatolica) ἡ Σαρδησσός nella Misia, αἱ Σάρδεις nella Lidia, l'oronimo Σαρδήνη nella Misia e *Sardemisus* ai confini con la Panfilia: toponimi verosimilmente imparentati anche con l'iberico *Sardasa -o* nella prov. di Huesca e *Sardassa* nella Navarra. J. Hubschmid 1953, 105 richiama l'aragonese *sarda* 'ramaglia bassa del monte' e tenta di spiegare il nome della nostra isola come 'bosco di monte'. Ma prima di riportare alcuni toponimi sardi che spettano probabilmente al sostrato paleosardo conviene chiarire

come questo sarebbe costituito secondo gli studi più recenti. Dovremmo menzionare e riconoscere in esso uno strato più antico definito "euroafricano" che ha rapporti soprattutto col berbero-libico, costituito principalmente dall'iberico, ed uno più recente proveniente da Est sempre portato da popolazioni preindeuropee che potremmo definire ispanico o basco-caucasico, già isolato dal nostro A. Trombetti 1925. Importanti, per identificare i nomi locali o gli appellativi da riportare al citato sostrato sono anche i suffissi o i formanti. Tra questi sono assai diffusi quelli uscenti in *ài*, *-éi* ed *-ói* i quali costituiscono una delle principali caratteristiche della toponomastica sarda con un grande numero di esempi (spesso si presentano nella forma di plurale in *-s*); ad es. *Colostrais* (in varie zone) da golóstịu, golostri 'agrifoglio', cfr. basco *gorosti(a)*, nome della stessa pianta. Si noti anche *Segolàis*, *Magài* (accanto a *Maga*), *Marganiài*, *Iscurài*, cfr. basco *eskurdi* 'querceto'; *Urzaléi* (NU) derivato di campid. *urtsula* 'smilace' (flora) o 'clematide' (ed *-éi* pur avendo un valore di collettivo, non proviene qui dal latino *-ētum*) ed accanto a tipi prelatini quali *Loddài* e *Palài* troviamo il medesimo suffisso applicato a nomi di origine latina, quali *Cannài* da canna. Altro suffisso con riscontri mediterranei è *-asài/-assài*, cfr. *Talasài*, *Ardasài*, *Thalassài*, *Ulassài*, *Ussassài*. Altro suffisso ancora è *-issa* (che compare in appellativi quali *sa vrarìssa* 'scintilla'), cfr. *su saltu nominatu Flarissa... montes nominatos Gay, Flarissa et Bidella* (a. 1228) nella regione di OR; potrebbe corrispondere, per il senso, al tipo ticinese *Montecèneri* e *Montcenis* nelle Alpi occidentali (dato che il latino favilla si equivale in origine a 'cenere').

Sono nomi sardi antichi ad es. *Sotenissa* e *Orissa* (villaggio distrutto nel Sulcis), toponimi che ricordano nella formazione l'antico basco 'Ιτούρισσα (Tolomeo). *Turissa* (Itin. Anton.) oggi *Iturriza*, derivati dal basco *iturri* 'fonte'. E si noti ancora *Lorissa* (palude), *Leonissa* (distrutto), *Ulissa* (NU). Come abbiamo visto più sopra, molti nomi locali erano stati attribuiti al fenicio-punico mentre essi spettano assai più probabilmente al paleosardo (o nuragico). Tra questi anche *Cagliari/Carales*, *Ùssara* che trova varie corrispondenze con Uss- nell'isola: *Ussu*, *Ussèi*, *Ussana*, *Ussassài*; inoltre si tenga presente *Ussaramanna* (cioè < m a g n a 'grande'). Qualche studioso vi confronta il berbero *wussar* o *aussar* 'vecchio' semanticamente identico ad *Othoca/Utica* (v. sopra). Sempre allo strato paleosardo spetta *Gerulis* (*Vetus*), antico nome di *Padria* (SS) che trova vari paralleli nella formazione in *-ule- -uli-*: *Gusuntule*, *Guzule*, *Aradulis* ecc. e pertanto deve ritenersi indigeno.

Assai diffusa è la radice * g o n (n) -; si notino i seguenti nomi: *sa padule de Gonu* (ant.), *Goni* (CA), *Gonesa* e vari paesi distrutti quali *Gonòi*, *Gonnosu*, *Gonifài*, la *Tanca Gonnài* presso Irguli (CA) e *cala Gonóne* che è la spiaggia di Dorgali, inoltre ben quattro villaggi denominati *Gonnos*. Tale tipo toponimico affiora nel libico, ma anche nel basco ove *goi* vale 'collina' e viene da precedente **goni*. In area basca si ha *Goñi* (fase intermedia) *Goi-mendi*. In Sardegna: *Gonnos* 'montagna' o *Gonnoscodina* (*kodina* 'roccia') rappresentano una specie di tautologia del tipo *Mongibello* 'Etna'. Anche *mògoro* è frequente per designare una 'collina', cfr. *Mògoro* (OR) e il dimin. *Mogoréddu* o *Mogorella* (OR). Si noti che *mògoro* ha valore di appellativo e che può essere confrontato col basco *mokor* 'tronco d'albero' o basco *muga* 'segno di confine'. Da una base * t a l - preindeuropea si hanno numerosi idronimi tra i quali: *Tal-oro* affluente del Tirso, identico a *Talori* delle iscrizioni iberiche o a *Taloria* affluente del Tàvaro dell'antica Liguria; secondo Wagner 1950, 306 vi si potrebbero aggiungere *Fontana Talake* presso Lula (CA), *Riu Taladda* presso Orotelli (CA), *Badde de Taleθo* presso Fonni, il nuraghe *Taléi* presso Sòrgono (CA), il nuraghe *Talavoe* presso Nule (CA), il nuraghe *Talasuniài* presso Orgòsolo (CA). Senza conoscerne il preciso significato, si può per lo meno constatare come il radicale sia assai rappresentato nell'isola. Da un fitonimo *aùrri* (barbar.) 'carpino nero' proviene ad es. *Aureddus* presso Gergei (NU), cfr. basco *aurri* e *aurrede* 'mimbrera silvestris' e la voce sarda avrà indicato in origine il 'salcio di vimini'. Di origine indigena è il logudorese e campid. *kùkkuru* 'cima di una montagna' 'cocuzzolo' riflesso spesso nella toponomastica ad es. *Kùkkuru Nieddu* una punta dell'Orthobene presso Nuoro, cfr.

anche basco *kukur*, *kukurrusta* 'cresta', asturiano *cucurutu* 'cima molto alta'. *Maracalagònis* e *Mara Arborei* nel Campidano derivano da *mara* (campid.) 'palude, acquitrino', 'fogna', voce sicuramente preromana, remotamente imparentata col lat. m a r e o col greco ἄμαρα 'fosso, canale'. Ma quanto sia difficile una esplorazione del settore lessicale e toponomastico paleosardo può essere dimostrato anche da interpretazioni profondamente diverse degli specialisti. Così ad es. il Bertoldi 1937 (= 1953^2, 423) interpreta *Urpes* sorgente d'acqua nel Logudoro come paleosardo, mentre il Wagner 1950, 280 vi vede unicamente il neolatino "volpi", cfr. anche il Monte *Urpes* presso Ottana (NU) ed analogamente l'Alessio 1941, 732 vi associava una serie di nomi quali *Urrài*, *Urrabi*, *Urraci*, Monte *Urrulidi*, tratti da *ur* 'acqua', come nella serie idronimica basca *Urium*, *Ura*, *Uri* ecc. (ma qui bisogna distinguere basco *ur* da *urr* 'nocciuolo'!).

Ricordo infine il problema offerto dagli antichi toponimi *Nora*, *Nura*, *Nuroli* ecc. che abbiamo sopra menzionato. È verosimile che essi siano connessi con *nuràke*, *nuraghe* 'tipica costruzione antica a foggia di torre, più o meno estesa, che si trova ovunque in Sardegna', voce sicuramente di origine prelatina. Come appellativo *nurra* significa nel centro dell'isola 'voragine, screpolatura del terreno' 'pozzo profondo' (Orgòsolo), ma anche 'burrone' 'mucchio di legna o di pietra' e con *-rr-* vari toponimi quali *Nurra*, *Nurri*, *Nurru*. Particolarmente nota è la *Nurra* nome della pianura collinare nel Nord-Ovest dell'isola dove affiorano varie miniere. È verosimile il supposto confronto col nome della tipica costruzione preistorica; ma come riconosce il Wagner 1962, 176-179, il problema etimologico, dopo tante discussioni, non è ancora chiuso ed è incerto se *nuraghe -asce* corrisponda per il senso al latino *castrum* (altri ritiene infatti, qui più probabilmente, che il senso originario sia quello di "elevazione" di terreno). È comunque probabile che tra tanti nomi locali sardi non ancora interpretati, la massima parte appartenga proprio allo strato paleosardo o nuragico di cui non ci è giunto alcun documento epigrafico (tentativi recenti di attribuire a tale strato pochi testi su pietra, di significato incomprensibile, sono per ora incerti). Si possono inoltre ascrivere al paleosardo: *Sàssari* (?), *Andara* (SS), *Birori* (NU), *Borore* (NU), *Dèsulo* (NU), *Isili* (NU) e *Orosèi* (NU). Recentemente si è tentato di connettere il sostrato nuragico con l'etrusco, ma mancano in realtà delle prove veramente convincenti (ipotesi di M. Pittau).

Paleosiculo

38. A prescindere dai numerosi nomi locali greci nella Sicilia antica si possono distinguere tre strati etnico-linguistici: *sicano*, *elimo* e *siculo*. Si ritiene tradizionalmente che il *sicano* sia il più antico, tipicamente "mediterraneo", con riscontri col paleoligure e con l'Iberia. Gli studiosi non sono invece sempre d'accordo nel ritenere tanto l'*elimo*, quanto il *siculo*, rami particolari dell'indeuropeo. Il Bertoldi 1937 (1953^2, 429-434) tende a sottolineare i contatti con l'Iberia ed egli si fonda sull'equazione Σικανός˙ ποταμὸς Σικελίας cui corrisponde *Sicanus fluvius Iberiae* (come avevano veduto gli antichi, Tucidide e Diodoro Siculo). Egli tenta di attribuire al fondo idiomatico *ibero-sicano* anche l'elemento *sik-* di Σικανός e analogamente di *Siculi* (forse > *Scicli*, a. 1169 *Siclum*). L'ipotesi della suddetta affinità sarebbe suffragata dalla corrispondenza di alcuni toponimi antichi delle due regioni, quali in Sicilia: Ἀρβέλη (Steph. Byz.) – *Arbela* (Sil. It.), cfr. *Alberì*, torrente *Àlberi* e l'antroponimo bizantino Αλβήρης (?); Ἄσκελος (Diod. Sic.); Ἄσσωρος (Steph. Byz.) – *Assorum* (Cic.) – Ἄσηρος (Tolomeo) ed etnico Ἀσσωρῖνος (Diod. Sic., Steph. Byz.) > *Àsaro* (ant. *Azarus*), che è stato connesso col pre-gr. ἄσις 'melma di fiume'; Ἴνησσα cfr. *M. d'Inesi*; N e b r o d e s (mons) Sil. It., Sol. – Νεβρώδη ὄρη (Strabone) = *Nèbrodi*; Ὕκκαρα (Tucidide), onde *Carini* ("sono i ruderi dell'antica *Iccara*"). Nell'Iberia vi corrisponderebbero Ἄρβακη, Ἀσκερρίς, Ἀσσώ, *Egessa*, *Malodes mons*, *Naccara* ecc. per cui avremmo delle consonanze o di tipo radicale (*a r b -, *a s k -, *a s s -) o dell'elemento formativo (*-essa*, *-odes*, *-ara*). Ma bisogna qui riconoscere che i riscontri sono piuttosto vaghi e da temi così ristretti, non si ricava alcun significato. Le concordanze con la Liguria sarebbero invece offerte secondo una lunga tradizione

toponimica (ma non tutti sono d'accordo) dalla triade elima, costituita da *Segesta*, *Eryx* (> *Erice*) ed *Entella* cui corrisponde in Liguria: *Sestri* (Levante) da Segesta Tigulliorum, *Lèrici* = *portus Erycis* (?) poi forse "Portovenere" (La Spezia) ed il fiume *Entella* (ma è stato osservato che *Lèrici* non avrebbe nulla in comune con *Èrice* siciliano dato che la pron. loc. è *lèrse* derivato di ĭlex/elex 'leccio'?).

Appartengono allo strato *sicano*, secondo i sostratisti italiani, ad es. l'*Anapus* (Ovidio, Sil. Ital.), Ἄναπος ποταμός (Tucidide) > *Anapo*, dialettale *ànapu*, da confrontare col mediterraneo *napa/*nepa 'corso d'acqua'. Da un sicano rogo 'granaio' (cfr. lat. *rogus*) si ebbe Ῥογοί e l'accusativo τοὺς Ῥογοὺς onde, attraverso l'arabo, *Ragusa*; analogamente da catana 'coltello' (cfr. la glossa κατάνη· τυρόκνησις 'grattugia' Dion. LXIII) venne Κατάνη, latino *Catana* e, attraverso l'arabo, *Catania*; Ταυρομένιον (Diod. Sic.), *Tauromenion* (Plinio) > *Taormina*, pare risalire ad un mediterraneo *tauro-, molto diffuso nel significato di 'monte'. Forse sicana è pure Ἔννα –*Henna* (v. anche § 114) > *Enna* e *Solus*/*Soluntum* (v. anche § 36) > *Sòlanto*, dato l'accento. Secondo l'Alessio 1941, 39-41 anche parecchi toponimi siciliani di attestazione postclassica potrebbero risalire al sicano, connessi con voci attestate dalle glosse. Così, oltre al citato *Ragusa*, ad es. *Càrcara* (Modica) verrebbe da un sicano κάρκαρον 'carcer', 'stabulum'; *Gargherìa* (presso Passo di Piazza) da γάργαρα 'greges' o γάργαρα (nominativo plurale) 'collina'; *Latomìe* da λατομία 'lautumiae' (cave di pietra), Fiumara *Sàvoca* da σαυκός 'secco' (σαυκός· ξηρόν Συρακούσιοι, Hes.) ecc. Tra i nomi elimi dobbiamo collocare *Erice* e *Segesta* che sono, tra l'altro, tramandati da varie legende monetarie in grafia greca ed in grafia epicorica, con sensibili varianti (v. Zamboni 1978, 959).

39. Il *siculo* è ritenuto universalmente una lingua indeuropea e si era creduto in passato assai vicino al latino soprattutto tenendo in considerazione l'attestazione di alcune glosse ritenute sicule. Ma non si può escludere che codeste testimonianze non siano interamente fedeli e le poche epigrafi sicuramente sicule non sembrano incorag-

giare l'ipotesi di una stretta affinità siculo-latina. Tra i nomi locali di questo strato antico si ricorderanno soprattutto il nome dell'Etna = 'Αἴτνη -*Aetna* (gr. mediev. 'Ετνηεα ὄρα) da una radice *aidh- 'bruciare', cfr. latino *aedes* con evoluzione particolare di *-dh-* a *-t-*; Γέλα -ῷος, *Gela*, *-ensis* (Cicerone, Virgilio), *-ani* (Plinio) e Γέλας ποταμός (Tucidide), *Gelas* (Plinio), idronimo che rientra verosimilmente nella radice del lat. gelu 'gelo'; Ζάγκλη, poi Μεσσάνη > *Messina* che trova una spiegazione nella glossa di Tucidide: τὸ δρέπανον ('falce', onde 'Trapani') οἱ Σικελοὶ ζάγκλον καλοῦσι "(dalla forma della costa?). Ma molti nomi locali della Sicilia antica sono interpretabili con l'indo-europeo e spettano pertanto al siculo. Ne dà un elenco ad es. lo Zamboni 1978, 973-977, tra i quali trascelgo ad es.: Ασσίναρος ποταμός che forse contiene la radice *ner/*nar- 'corso d'acqua'; Δεῖλοι, Δέλλοι, sorgente solforosa < indo-europeo *gu̯el-no 'sorgente'; Παλική, Παλικοί / *Pălici* < *pal-/pl̥-, cfr. latino *palus* 'palude'; Κακύπαρις fl. oggi *Cassìbile*, con **-para* assai frequente ad es. in Tracia 'ruscello, fiume'; Κεντόριπα / *Centuripae* (*Centorbi*), nella seconda parte forse da comparare col latino *ripa* < *rei-, *rei-pa 'costa scoscesa'; Κοπάρα tipicamente siculo, cfr. latino *cūpa* 'tino, conca'; Λίσσος *fl.* < indo-europeo *lēi 'versare, scorrere' cfr. albanese *lisë* 'ruscello', lituano *líeti* 'scorrere'; *Pergus lacus* (= *Lago Pergusa*, EN), cfr. forse Πέργαμος < *bherĝh- 'monte', irlandese *bri* 'altura', tedesco *Berg*; Οπικανός *fl.*, cfr. l'etnico *Opici* più antico di *Osci* (da *Opsci); Συράκοσαι, -ουσαι, *Syracusae* di difficile analisi; forse da un *sur-aku- 'acqua salata', cfr. indoeuropeo **sū*, sūro- 'amaro' 'salato' e celtico *Sura*, tedesco *sauer* + aku(a); Τάβαι / *Tabas*, cfr. sabino *tebae* 'colles' (Varrone, *RR* III, 6) e beotico Θῆβαι, italico *tebha 'colle, zolla' (cfr. gli italici *Tifata*, *Tifernus* v. qui sotto); Τίσσα, Τίσσαι (Sicilia orientale) che ricorda da vicino 'il Tibisco', affluente di sinistra del Danubio (in ungherese *Tisza*); anche Ἄναπος ποταμός, *Anapus* di cui abbiamo menzionato un etimo sicano-mediterraneo, potrebbe spiegarsi invece col tema indo-europeo **ap-* 'acqua', cfr. a. ind. *apaḥ* 'acqua'. Tale idronimo si ripete uguale in Acarnania (Grecia); Φορβαντία = *Lèvanzo* (isole Egadi) pare derivato dalla radice indo-europea *b h e r - u - 'ribollire', cfr. latino *ferveo*. Ma, come si vede, si tratta quasi sempre di ipotesi e di accostamenti fondati spesso sulla somiglianza fonetica dato che per lo più ci sfugge il significato.

Messapico

40. Con l'area messapica in senso lato, comprendente anche la Peucezia e la Daunia, ci troviamo nell'Adriatico ove alcuni toponimi presentano riscontri non casuali con quelli dell'altra sponda balcanica. E non si può escludere che vi sia stata nella preistoria (secondo millennio a.C.) una migrazione di popoli da Est ad Ovest e che i Messapi rientrino in qualche modo in una colonizzazione di tipo "illirico". Facciamo seguire alcune corrispondenze sulle quali hanno scritto vari linguisti, tra i quali soprattutto il Ribezzo 1942 e recentemente Mario Doria 1979. Si noti dunque: Αὐλών 'Valona' bruz. Αὐλών (Caulonia) Hec. e *Aulon* m. presso Taranto; Βαντία (Epiro) e lucano *Bantia* > *Banzi* (PZ) e *Vanze* (Vernole, Lecce); *Dirinus fl.* (Drin), etnico *Dirini* e apulo *Diria* (quae nunc *Monopolis*, Guido), etnico *Dirini*; *Rudini* (Illiria) e apul. *Rudiae, Rudini* (Peucetii e Sallentini); Δάρδανος (Illiria) n. pers. epirotico *Dardas* e daunico *Dardi*, *Dardensis* o *Dardanon oppidum*, prob. sul Gargano; illirico-trace Δαύνιον τεῖχος e daun. Δαύνιοι (popolo), eponimo *Daunus*; illirico *Iapudes*, *Iapodes*, Ἰαπυγία e japud. Ἰαπυγία, Ἰάπυγες; liburn. illir. *Peucetii* (Plinio III 139) e Πευκέτιοι (Strabone VI 277), *Peucetii* ecc.

41. Sono riferibili allo strato linguistico messapico (v. anche Santoro 1984) con sicurezza: *Rudiae* (la patria di Ennio) (LE) e pare che più di un insediamento umano abbia avuto nell'antichità questo nome e pertanto altra località omonima si sarebbe trovata presso Francavilla Fontana (BR), altra in Peucezia non lontano da Andria. Quella più celebre fu dapprima città messapica, poi greca secondo Strabone (VI, 281.2). Nella Tab. Peut. (*Segm.* VII) *Ruda*, in Guido *civitas Ruge*. L'etnico è *Rudīnus*. Il

nome è attestato in una epigrafe messapica da Brindisi, ma essa è mutila *...vasti r[ ]dia*. La forma attuale *Rusce* [ruše] attesta l'evoluzione di *dj* che dà un esito regolare nei dialetti salentini (l'intacco è già attestato da Guido). L'origine da un indo-europeo *r e u d h - con riferimento alle 'terre rosse', tipiche della Puglia e del Salento, pare bene accertata, cfr. umbro *rofu*, latino *robus, ruber* gr. 'ε-ρυθρός 'rosso'. *Nauna* in iscrizione latina da Nardò (CIL IX 10) che corrisponde ad Anxa e Καλλίπολις "... *Populo Empurii Naunae*" cioè 'emporio navale' da indo-europeo **n a u - 'nave'* e formazione aggettivale in *-na*; si noti l'etnico in iscrizione greca Ναωνῆτοι = *Naunitani* e v. Alessio 1962, 101-2 che richiama il confronto con *Nauportus* (= Vrhnika presso Lubiana in Slovenia) ed anche *Portus Naonis* 'Pordenone'. *Diso* (LE) da *Disi* in documento latino, *Disu* nella forma locale dialettale ed etnico *Disano-u*, deve essere identificato probabilmente con l'antico *Castrum Minervae* (Varrone), *Castra Minerve* (Tab. Peut.). Per l'etimo si può richiamare il confronto con toponimi dell'altra sponda specie in composti quali *Bédizos*, *Béodizos*, *Burtudizos*, *Orudiza* ecc. e il toponimo potrebbe equivalere all'a. persiano *diza* 'fortezza' da indoeuropeo *d e i ĝ h - che in greco ha dato origine a τεῖχος 'muro' (il messapico sarebbe pertanto anche con questo esempio, una lingua del tipo *satəm*).

Brindisi offre una amplissima documentazione antica a partire da Βρεντέσιον di Strabone (VI 282), secondo il quale la città prenderebbe il nome dalla forma del porto che ricorderebbe una testa di cervo: "Βρεντέσιον...βρέντιον ἡ κεφαλὴ τοῦ ἐλάφου καλεῖται; forma identica in Steph. Byz. 185.16, ed *Etym. Magnum* con una analoga osservazione: "Βρένδον δὲ καλοῦσι τὴν ἔλαφον Μεσσάπιοι καὶ βρέντιον Μεσσαπίοις ἡ κεφαλὴ τῆς ἐλάφου". La spiegazione sarebbe confermata da Esichio: Βρένδον· ἔλαφον ecc. In latino compare per lo più *Brundisium*, e si noti in Isidoro, *Origines* XV 1.49: "Brundisium autem dictum est Graece quod *brunda* caput cervi dicatur...". Bisognerebbe pertanto pensare ad un indo-europeo *b h r e n - t o - da un *b h r e n - 'corno', specie sulla scorta dell'albanese che conosce *brin-i*, forma articolata, 'il corno' (tosco *brir-i*). È poi da notare che il tipo *Brenta* e *Brenda* pare assai produttivo nella toponomastica (è invece da scartare il tentativo di riconoscere nelle iscrizioni messapiche il nostro toponimo).

Bari, nome di due città antiche; quella più importante è la città principale della Puglia, ed è chiaramente attestata da Strabone (VI,203) nella forma Βάριον e pure Βάριον in Tolomeo (III,1,13); in latino compare come *Barium* in numerosi autori. Ne apprendiamo il significato dalle Glosse, in Esichio: Βᾶρις· πλοῖον (nave), ἢ τεῖχος ('muro'), ἢ στοὰ (portico), ἢ πύργος (torre). Ancor più chiaro Steph. Byz. con la glossa Βᾶρις·ἡ οἰκία ὡς Ποσείδιππος καὶ ἡ συνοικία. Sulla scorta delle glosse e di altre analogie è possibile ricavarne un senso assai verosimile partendo da un tema messapico * b a u r -/ b ū r - nel significato di 'casa', 'casamento' o 'stanziamento'. La forma messapica primitiva, secondo la fonetica della lingua, sarebbe stata **baorra* (< * b a u r - i̯ a). Non si sa invece se Βαρήτιον (etn. Βαρητῖνος), città sull'Adriatico, sia da connettere con *Bari* o se essa debba essere emendata in Βαλήτιον.

Barra, isola presso Brindisi, avrà la medesima origine di Βάρις < * b a ṛ - i̯ a ed è da tenere in considerazione una serie di antroponimi quali *Barrius* e *Barretius* e si noti altra *Barra* (NA). *Mandūria* (TA) ha tutte le prerogative per essere riportata al messapico (da confrontare con *Mandonia* in Lucania e Μανδαραί in Macedonia); è attestata in autori latini, ad es. *Manduris* (locativo plurale) nella Tab. Peut. (*Segmento* VII) e nel Ravennate; in forma scorretta (come capita spesso) in Guido 72 *Amandrinum*. In forma greca Μανδύριον, etnico Μανδυρῶος Steph. Byz., Μανδόνιον in Plutarco. Qui pare evidente la connessione con * m a n d o - 'equide' che si continua ad es. in albanese *mës, mëzu -i* 'puledro' e cfr. latino *mannus* (da *-nd-*) 'cavallo di picciola statura', considerata una voce gallica, ove peraltro il vocalismo è illirico con *ŏ* > *a*. Da notare che tale voce si accorda con *Iuppiter Menzana*, divinità messapica alla quale veniva sacrificato un cavallo da un * m e n d - j a - n a (si noti qui il vocalismo *ĕ* che si alterna regolarmente con *ŏ* indo-europeo). Esiste anche il basco *mando* 'mulo', ma tale voce può essere un prestito dal gallico per cui una ipotesi "mediterranea" dell'Alessio ha scarsa consistenza.

Forse sono di origine messapica anche altre località tra

le quali *Ugento* (Tolomeo III, 67), *Uzintum* (Tab. Peut.) la cui attestazione su moneta ugentina, come si credeva, nella forma *aozen* o *ozan* ecc. è assai incerta. L'etnico è Αὐζαντίνος, Ἀζατῖνος in epigrafi greche e *Uzentinus* in Livio XXII, 61.12. La pronuncia locale dialettale è *Ušentu*, etn. *Ušentini* (altri ascrive il nostro toponimo allo strato "protolatino" o ad un mediterraneo *ausa 'la fonte'). L'etnico *arnisses* (in epigrafe da Ceglie Mess.) presuppone un *arnissa Ἄρνισσα, cfr. *Arnesano* vicino a Lecce con corrispondenze in Macedonia ed in Tessaglia. L'antica località di *Baletium* è attestata varie volte in epigrafi messapiche, cfr. *baletθihi* da Taranto; forse un etnico al genitivo singolare maschile da *baletθes* o *baleθias* ed anche *baleθas* su moneta. Le rovine di questa città corrispondono ora a *Valiso* (*Valesio*) a 2 km a Nord di S. Pietro in Vernotico a Sud-Ovest di Brindisi. Il Krahe distingue tra un *Valetium* adriatico e un *Valetium* ionico. L'etnico *baletθes* viene regolarmente da un *balet-io-s da un originario *baletas*. Forse la radice contenuta nel toponimo è *bhel- 'risplendere'.

Vaste in messapico *basta*, anche in epigrafe della medesima città; *Basta* è in Plinio (III, 100), e l'etnico è *Basterbini* (?) (ivi III, 105) forse da correggere in *Bastetini*. La variante greca è Βαῦστα (Tolomeo III, 1.67) e la riduzione di *au* ad *a* non è rara.

Taranto (lat. *Tarentum*) invece si presta a lunghe discussioni, ma le supposte attestazioni messapiche (cfr. *daranθoa, deranθ-* ecc.) non sono affatto sicure.

Anche noi siamo disposti a concedere credito alla spiegazione di *dera(n)θoa* non come equivalente di *Tarentum*, ma del gr. γερουσία 'senatus' < *ĝerontḭa o ĝerontiuṷa secondo la buona proposta di Otto Haas ("Lingua Posn." n. 65 e *Mess. St.* 212) per cui non è facile un inquadramento etimologico preciso del nome della città. *Brinnaxtes* era stato interpretato dal Parlangèli come etnico di Brindisi, ma tale interpretazione offre varie difficoltà ed è da scartare. Su moneta si legge *orra* equivalente di *Oria* (BR) < urḭ-ā, etnico *orranas*, attestato nelle epigrafi di Carovigno. Menziono infine *Otranto*, gr. Ὑδροῦς, lat. *Hydruntum* e *Odruntum* che è stato spiegato partendo da un ie. *udro 'acqua', ma un preciso inquadramento risulta assai incerto (e non manca la spiegazione "mediterranea"). 'Lecce' potrebbe essere di origine messapica (o greca?), ma è particolarmente interessante la trafila fonetica: *Lupiae* (Itin. Anton.), *Lupia* (Plin: *n.h.* 3, 101), *Luppia* (Tab. Peut.), Λουπίαι (Strab. 6.3.6), a. 1102 *Lippia*, a. 1142 *Lippium*, 1137 *Licium*, con *pj* > *č* (v. Parlangèli 1963, 287-312).

Italico (Osco-umbro)

42. Con gli Osci che forse rappresentano formalmente – come abbiamo accennato – un adattamento di *o p s - c i e cioè *o p i c i, entriamo nel vasto territorio delle genti "italiche" o "osco-umbre" ivi inclusi i cosiddetti popoli "italici minori" (e le rispettive lingue di cui abbiamo già fatto qui sopra un breve cenno § 28). Le sopravvivenze toponomastiche che appartengono a queste lingue o a questi gruppi linguistici – che si oppongono al latino per vari tratti – sono di certo assai numerose; ma per individuarne un certo numero ci fondiamo su spie geografiche (l'area), storiche (appartenenza dichiarata dagli antichi) e linguistiche (tipici tratti fonetici "italici"). Queste ultime non sono in sostanza molto numerose anche se l'osco-umbro si diversifica piuttosto chiaramente dal latino. Ma con le dette spie non possiamo operare sempre con certezza, ed i documenti epigrafici che, a dir vero, sono nel complesso relativamente ricchi, non si prestano ad offrirci un repertorio di appellativi geografici da utilizzare per le nostre attribuzioni; si aggiunga inoltre la tendenza di molti toponomasti italiani a valorizzare, forse eccessivamente, gli strati mediterranei e ciò a scapito di interpretazioni indoeuropee da attribuire al filone "italico". Come abbiamo detto, preferiamo trattare brevemente degli strati toponimici italici unitamente, senza porre delle rigide frontiere tra lingue che in sostanza sono molto vicine tra di loro; ha trattato specificamente degli etnici e toponimi dell'area osca (*campana*) Silvestri 1985, 67-87.

Anche il Rohlfs 1974, 543-5, su fondamenti storico-geografici e pochi indizi fonetici, è disposto ad attribuire all'osco ad es. l'*Ofanto* (Puglie sett.), la contrada *Bufurneto* (Rossano, CS) che potrebbe rappresentare l'osco *vifurnetum equivalente al latino, viburnetum cioè un fitonimo "luogo di viburni"; analogamente sarebbe di origine osca per il nesso *-fr- Venafro* (IS), *Massafra* (TA), *Solafra* (Campania), *Bonafro* (CB). Anche i toponimi prediali (v. § 101) *Alfano* e *Rofrano* (SA) presupporrebbero gentilizi di stampo osco e cioè Alfius e Rufrius per i latini Albius e Rubrius.

Nell'Italia centrale sono verosimilmente di origine italica anche *Chieti* < Teāte (cfr. *Teanum* > *-ano*) e *Rieti* < *Reāte*, formati con analogo suffisso *-te*. *Frosinone* risale a Frusīno (etnico *Frusinātes*) città volsca in territorio degli Ernici.

43. Di origine *italica*, cioè *osco-umbra*, sono parecchi toponimi anche dell'Italia mediana oltre che meridionale; una spia per rintracciare tale filone può esser additata anche nella caratteristica fonetica italica della *-f-* in posizione interna; e su tale indizio G. Giacomelli 1970 ha tentato di individuare alcuni toponimi umbri che si possono riportare allo strato italico senza ulteriori sostegni. Da un elenco conciso Giacomelli indica come probabilmente di origine umbra ad es. due *Sorifa* a sud est e a nord est di Nocera, *Afrile* e *Monte d'Annifo* nella medesima regione, *Brufa* nei pressi di Gubbio e a sud est di Perugia ecc.; bisogna peraltro porre attenzione alla possibilità d'interpretazioni (oltre che etrusche) germaniche, longobarde. Di origine umbra sono sicuramente *Afilae* accanto a *Treba* nell'alta valle dell'Aniene. Più istruttivo è il caso di *Tifernum Tiberinum* l'antico nome di Città di Castello poiché esso trova varie corrispondenze ad es. in area osca: *Tifernum* città del Sannio, *Tifernus* monte e fiume nella medesima regione, e si confronti anche *Tifata* (monte a N. di Capua); nel territorio umbro sono noti i *Tifernates Metaurenses* menzionati da Plinio (*N.H.* III, 14, 114). È allettante, ma non sicuro, riconoscere nel tema *TIF- che si alterna con *TIB- il medesimo radicale presente nel nome del *Tiberis* il Tevere o nel gentilizio etrusco *thefri/thepri* che si riflette nel prenome latino *Tiberius*. Ma non mancano le difficoltà nel ritenere *Tifer-*

num 'la città del Tevere' che doveva scorrere in quel territorio.

Ocriculum, città dei Bruzii (Livio XXX, 19, 10) e degli Umbri (ora *Crecchio* e *Otricoli*, TR) è sicuramente connessa con l'umbro *ukar*, *ocar* 'arx' 'poggio' e ne deriva verosimilmente anche *Crichi* (a nord est di CZ), secondo Alessio 1959, 98. Molte interpretazioni di toponimi osco-umbri si possono vedere anche nel fondamentale volume di G. Devoto 1967[3]. Anche alcuni toponimi fondiari derivano da antroponimi attestati in umbro, ad es. *Castrucciano* (Nocera Um.) da *Castrucius* o *Castricius* (um. *Kastruçiie*, T. Ig. V, *a*); oppure *Caspriano* da *Casperius* (CIL XI, 2552, Chiusi), cfr. il nome locale antico *Casperia* ecc.

Ma è interessante osservare come alcuni nomi locali italici figurino nei monumenti redatti nella lingua preromana.

Si hanno pertanto attestazioni di toponimi ed etnici nelle epigrafi *osche*. Il *Cippus Abellanus* che si trovava un tempo a Castel d'Avella, l'antica città di *Abella* in Campania (ora al seminario di Nola), ci tramanda l'etnico locale *abellanúi* (*a* r. 3) dativo singolare 'Abellano', *abell[anúis]* (*a* r. 6) dativo plurale 'Abellanis', *[a]bellanam* (*b* r. 29) accusativo singolare, *abellanús* (*b* r. 15) 'Abellani' nominativo plurale, *abellanúm* (*b* r. 18) genitivo plurale 'Abellanorum'. *Abella* di cui le forme qui citate sono l'etnico con la comune formazione in *-āno-*, è attestata frequentemente anche in iscrizioni latine e cfr. Verg., *Aen.* VII, 740: "*maliferae Abellae*" che viene a confermare pienamente l'etimo del nome esattamente come "la città dei meli" (cfr. anche Sil. It. VIII, 545; *Abellani* etnico in Just. 20, 1), al pari del nome gallico *Aballon*, gallico *avallo* 'poma', *Aballāva* (nome locale a. brit.), cfr. irlandese *aball*, a. irlandese *ubal*, a.a. tedesco *apful*, tedesco *Apfel*; si vedano altri riscontri in Pokorny, *IEW* 1, s.v. *ăbel- ăbŏl-* secondo il quale la forma originaria della città sarebbe stata **Ablōna*, celebre per l'abbondanza e la coltivazione delle mele; cfr. un derivato nell'irpino *Abellīnum* '*Avellino*'.

Nel medesimo testo – come è noto – figura anche l'etnico di 'Nola' e cioè: *núvl[anúi]* (*a* r. 5-6) 'Nolano', dativo singolare maschile, *núvlanúis* (*a* r. 7) 'Nolanis', dativo plurale, *núvlanú[s?]* (*a* r. 27) 'Nolani', nominativo plurale, *núvlanúm* (*b* r. 14) 'Nolanorum' genitivo plurale, *núvlanam* (b r. 29) 'Nolanam' accusativo singolare. *Nola* è attestata in iscrizioni e autori (Livio IX, 28, 23, 14, Plinio *N.H.* III, 59 ecc.), *Nolani* (Livio VII, 25 e 26), e si affianca al tardo *Nolensis* (*episcopus-*, Aug. *Civ. Dei* I, 10). Un accostamento a **nou̯os* 'nuovo', osco *Núvellum* 'Novellum' appare evidente (Muller 294), Pokorny, *IEW* 769 *neu̯os-ios* ove si cita il nostro etnico come derivato di un **Núvela* > lat. *Nōla*. L'Alessio, 1959, 31, menziona le legende di monete con *uri*/*urina* della fine del sec. V e del IV, associate alle monete di Nola e suppone – col Pallottino, – che *uri* abbia costituito il nucleo più antico (etrusco) di Nola, poi italica ed anch'egli ribadisce l'etimo di Nola, Νῶλα (città degli Ausoni secondo Ecateo) dall'osco *Núvla* < **nou̯o-la* 'la città nuova', mentre *uri* forse si equivale a 'città', e sarebbe di origine preindeuropea, cfr. basco *uri* 'città' (ne è connesso forse il latino *urbs*).

Nella *Tabula Bantina*, già in grafia latina, rinvenuta a Banzi (Potenza), figura il nome di tale città più volte nelle seguenti forme: *bansae* (r. 23 e 27) 'Bantiae' locativo singolare, *bansa[* (2 r. 31, framm. di Avellino) 'Bantiae', *bantins* (r. 19) 'Bantinus' nominativo singolare, etnico di *Bantia* (greco Βαντία) attestata in Livio XXVI, 25, 13 e *Bantinus* (Hor., C. III, 4, 13), *Bantini* (Plinio *N.H.* III, 11, 15). La continuazione moderna *Banzi* è regolare e presuppone un *Bantiis*, locativo plurale.

44. Il nome di 'Pompei', noto centro osco, figura pure assai spesso nella forma dell'etnico in iscrizioni locali: *púmpaiians* 'Pompeianus', nominativo singolare maschile; *[púmpaii]ans* (da Pompei su parete); ancora *pum-[paii]ans*; *medíkeís púmpaiianeís* genitivo singolare; *púm-paiiana* accusativo singolare; *púmpaiianaí* dativo singolare. In latino la città è attestata nella forma *Pompei* e l'etnico è *Pompeianus* in classici e iscrizioni (v. Conway 54-56). Strabone (V, 4,8) ci informa che Pompei fu abitata successivamente da Oschi, Etruschi, Pelasgi e Sanniti, questi ultimi cacciati dai Romani (Livio IX 38). L'iscrizione latina più antica è la seguente: *Popidius Ep. f. q. porticus faciendas curavit* (CIL I^2 1249 e X, 794). Circa

l'etimo del toponimo non pare esclusa una impronta italica, probabilmente in rapporto con **pompe* < **penk^{w}e* 'cinque' o. **pontos* 'quintus', vedi Pokorny, *IEW* 808; si noti soprattutto il nome della gens italica *Pompeia* (molto comune nell'Italia centrale e meridionale), oppure etrusco *pumpe*, ad es. CIE 2628, per il quale è probabile un modello italico. Assai verosimile l'ipotesi che la città risulti ad es. dalla riunione di 5 villaggi e la forma sia stata **Pompaios*.

Il nome di *Bovianum Vetus* (ora 'Boiano', Pietrabbondante) è trasmesso in testo epicorico su blocco di travertino trovato a Calcatello, nella forma *búva/ianúd* ablativo singolare 'Boviano'; la colonia *Bovianum vetus* è attestata ad es. da Plinio *N.H.*, III, 107 e dal CIL IX, 2563 e sgg. Una connessione col nome del 'bove' appare assai verosimile, cfr. volsco *bim* 'bovem', umbro *bum* 'bovem' e *Bubona* 'la dea dei buoi' (Pokorny, *IEW* 482-483).

Anche *tafidins* in iscrizione da *Bovianum Vetus* (Pietrabbondante) è probabilmente un etnico 'Tafidinus' ... *tafidins metd(íss) t(úvtiks)* "meddix pubblicus" di...; l'identificazione è assai problematica e forse è possibile una connessione etimologica colla radice indo-europea **tabh-* (cfr. lat. *tabes*), nel senso di 'luogo paludoso', Muller 469 e Pokorny, *IEW* 1059, cfr. anche greco τῖφος (forse l'idronimo Τιβίσχος ecc.).

Il toponimo *tiianei* locativo singolare 'Teani' è attestato in iscrizione osca da *Teanum Sidicinum*; inoltre *tianud* 'Teano', affine in qualche modo a *Teate* (anche > 'Chieti').

'*Sepino*' figura in testo osco da Cuma: *saipinaz* nominativo singolare, forma di etnico 'Saepinas' cioè di *Saepinum*. Il toponimo *Saepinum -nates* figura in fonti classiche e in iscrizioni (nel Sannio); cfr. Muller p. 397, che ricorda **saipi-* 'fitto', *saipeis* 'recinto', lat. *saepio* 'recingo' (collegamento piuttosto dubbio).

Dal territorio dei Frentani proviene un'iscrizione con un verosimile toponimo: *palanúd* ablativo singolare 'a Pallano' (nome di località secondo Vetter 173). Nella *Tab. Peut.* è menzionato un *Pallanum* sette miglia da *Anxanum* sulla via di *Histonium* (Vasto) ed il territorio tra le due località era detto *Lucania* in fonti del sec. XI.

Altra località di difficile identificazione è menzionata in iscrizione del territorio dei Frentani a Monte Farano (Vetter 172); si tratta di una chiave di bronzo iscritta ove figura un _agerllúd_ ablativo singolare che pare equivalente ad un latino _ex Agello_ (molto comune nella toponomastica italiana nella forma _Agello_, _Ajello_, _Gello_, _Zelo_ v. qui § 97). Il Vetter suppone giustamente che _agerulúd_ rappresenti una fase intermedia tra il tipo latino _ager_ e _agellus_.

In _herukinaí_ dativo singolare '_Erycinae_' (Vetter 107, da Ercolano), si deve riconoscere la Venere del monte 'Erice' (v. qui § 38).

'Falerno' pare attestato indirettamente in due iscrizioni da Capua, e cioè nella forma _falenia(s)_ (Vetter 83) e _fal[e]r(niais)_ (Vetter 82), rispettivamente nominativo plurale femminile 'Faleriae' e ablativo locativo in abbrev. Si tratta di una festa _Falernia_ delle quincurie, ed il toponimo pare un derivato dell'etrusco-latino _fala_ (_falae_) in Festo 206, 78, 79 'altitudine', da cui può venire anche il nome di _Falerii_.

Il nome del 'Sannio', oltre che su monete, figura in iscrizione da _Bovianum Vetus_ nella forma _safinim_ accusativo singolare 'Samnium' (Vetter 149, 2, 200 G2). Esso è affine al nome dei _Samnites_, _Sabini_ e _Sabelli_.

Si può partire da un radicale *_saƀn-_ da *_sabh-_, divenuto in greco _Saun-_ (Σαυνῖται), ma è possibile che sia intervenuta una differenziazione analoga a *_Cis-amna_ > _Cisauna_ (nell'epitaffio degli Scipioni). La forma fondamentale è comunque *_sab(h)-no-_, *_sab(h)-nio-_ che ha dato _Samn-_ ed in certe aree _Saun-_ (il _-bh-_ deve esser supposto dalla forma osca con _-f-_); v. anche Pokorny, _IEW_ 883, sotto la radice _s(u̯)e-bh(o)-_ ove si menzionano i nostri etnici e coronimi sopra citati e il germanico _sebno-sebnan_ 'Sippe' (stirpe, v. § 45).

45. Assai più numerose sono le attestazioni di nomi locali o di etnici nella monetazione osca.

Elenco qui di seguito in ordine alfabetico i toponimi o etnici che figurano su monete in grafia epicorica o greca: _aisernio, aisernim, aisernino_ cioè _Aesernia_ (le monete risalgono al tempo della fondazione della colonia, 263 a.C., e ad epoca successiva). *Aesernia -ninus* attestato in classici e iscrizioni, ora Isernia nel Sannio (cioè nel Molise). Si può pensare al tema *AIS-* che si alterna con *IS-* cfr. *Ais-arus*, *Aes-inus* (l'Esino), accanto ad es. ad *Is-arcus* e si noti anche *Aes-ontius* ecc.; αλλιβανον, αλλιβα, αλιφhα, αλλιfανων e *alifa* cioè *Allifae*, vedi Conway p. 201: *Allifae* nel Sannio [ora 'Alife', Caserta] (attestato nei classici e iscrizioni anche *Ali-*); di spiegazione dubbia.

akudunniad corrisponde ad *Aquilonia* (Liv. X, 88, 39), oggi 'Lacedonia' (Avellino) nella regione degli Irpini; proviene da precedente **Acodonia*, cfr. forse *Aquilo*, *Aquileia*, dalla radice indo-europea $ak^{w}a$ > *aquilus* 'oscuro'. Pokorny, *IEW* 23.

aderl corrisponde ad *Atella* in Campania e potrebbe venire dalla radice indo-europea *āt(e)r-* forse anche latino *ater* 'bruciato, scuro, nero', um. *atru*, *adro*, 'atra', ma è più probabile una origine etrusca, vedi anche Pokorny, *IEW* 69 e Conway 152 che conferma la presenza del nome in autori cl. ed in iscrizioni, etn. *Atellanus*.

αυhσκλι, αυσκλιν, αυσκλα cioè *Ausculum* (Conway 36) nel territorio dei Peucetii, documentato in cl. e iscrizioni con la variante dei mss. *Asc-* oggi 'Ascoli Satriano'; forse dalla base *AUSA ('fonte') tra cui anche *Ausculum* 'Ascoli' Piceno.

benuentod, cioè *Beneventum*, colonia romana dal 268 a.C. il cui vecchio nome *Maluentum* (preromano) fu mutato, come si sa, nella forma attuale (v. qui § 178).

kaiatinum 'Caiatinorum' (le legende in latino sono *caiatino*); da *Caiatia* (?), *Caiatia -tinus* in Campania, ora 'Cajazzo'.

kalati cioè *Calatia* in Campania, Conway 152: *Calatia, Calatiae* attestato in cl. e nella *Tab. Peut.*, ora 'Le Gallazze': forse da un antico *Calate* derivato dalla base mediterranea **CALA* (?).

καμπανομ, καμπανο, καππανο, allude ai *Campani* che attraverso *kappano-* risalgono verosimilmente a **kapvano*, cioè al nome di *Capua* con *pp* > *mp*.

kapv (LIA^2 44 X, Vetter 200 A 2, Bott. 98); si tratta sicuramente, del nome di *Capua* (per il quale v. § 65).

φιστελια / *fistluis* / *fistlúis* / *fistelú* = **Fistelia*, **Fistulis*; di incerta localizzazione nel Samnium.

frentreí (LIA[2] 44, XIV, Vetter 200 D 1, Bott. 89); allude ad un centro dei Frentani: *Frentrum*, v. Conway 212, sub *Frentani*, *Frentanus-*

larinom / *larinei* / *larinod*, cioè *Larinum* genitivo plurale 'Larinorum' (*larinei* è Loc.); v. Conway 212: *Larinum -nates* in classici e iscrizioni, ora 'Larino'.

λουκανομ cioè 'Lucanorum' v. Conway 16: *Lucani* in classici e iscrizioni.

núvkrinúm alafaternum / ... *nuvkirinum alaf[ate]rnum* / *nuvirkum alavfnum* 'Nucerinorum Alfaternorum', da *Nuceria Alfaterna* in Campania, v. Conway 151, *Nuceria Alfaterna -ríni (Alfaterni)* in classici e iscrizioni, ora Nocèra (SA). L'interpretazione etimologica è data dal Devoto, il quale postula *NOUKRIA 'La Nuova', ed accenna alla nostra Nocera Superiore, capitale di una grande confederazione nella Campania. Essa richiama la *Nuceria Camellaria*, cioè 'Nocera Umbra' (Plinio *N.H.* III, 114) e *Nuceria Favoniensis* la cui localizzazione non è chiarita. Esiste poi una Ναυκρία in Posidonio III, 1, 46, identificata con l'odierna 'Luzzara', tra Reggio e Modena e *Nuceriola* nel Sannio, tra Benevento e *Aeclanum* (CIL IX, 191) inoltre *Nocera Tirinese* nel Brutium (Nissen II, 929). Il Devoto parte da *noukria* (cfr. anche *Nouceria*, CIL X 6950) con forma alternante con e senza *r*, frequente in osco-umbro (*rofo-*/*rufru-* 'rosso' e *Noukr-* può esser pertanto variante di *nouk(o)-* 'nuovo', da indoeuropeo **newo-*/**newyo-* (cfr. *Nōla*!).

úrina/*urina*/*urena*: *urinai*/*hurietes*/υριανος. Cfr. *Oria*, *Hyria* e, nella forma dell'etnico, *hurietes*; cfr. anche § 43.

tíanud -sidikinud / *tianud - sidikinud - tiianud - [si]dikinud* / *tiano* 'Teano Sidicino', cfr. Conway 133, *Teanum Sidicinum*, *-anenses*, *-cini* in classici e iscrizioni, ora Teano e pare che *Teanum* sostituisca un più antico *Teate* (dei Marrucini).

tiiatium / *tiati* "Teatium": si tratta di *Teanum Apulum* che era denominato in lingua epicorica *Teate*, v. Conway 41: *Teanum Aplum -anenses* in classici e iscrizioni.

tedis; si tratta verosimilmente di abbrev. di *Telesia* nel Samnium, v. Conway 201: *Telesia -sinus* (Τελεσ-) in classici e iscrizioni (Liv. XXII, 13, 217 e XXIV, 20, 214 a.C.), divenuta colonia ai tempi di Silla. Ora 'Telese' (BN).

Fig. 2.2 Diffusione degli italici orientali di lingua osco-umbra

fελεχα / *fελεχ* / *fε* = *Velcha* (?) città campana di incerta localizzazione.

feinaf / *[ ]enafrum* forse corrisponde a *Venafrum* nel Samnium v. Conway 146-7; ora 'Venafro' (IS).
fει / *fειπ*; corrisponde a 'Vibo Valentia'.
safinim 'monete della guerra sociale' (Vetter 200 G 2) 'Samnium', v. qui § 44.
víteliú; corrisponde al nome dell'*Italia*, cfr. la forma Οὐιτουλία di Ellanico ap. Dion. Hal. I 35, con *v*- conservato, mentre *Italia* è quella assunta in Grecia con la scomparsa del digamma; v. Pokorny, *IEW* 1175, ove si accetta la connessione con *vitulus* 'vitello', per cui *Italia*, *Vitalia* sarebbe la 'terra degli Itali' cioè 'vitelli' (?).
Si noti infine che i *Marrucini* (Conway 256) sono menzionati nel bronzo di Rapino (Vetter 218) nella forma *totai maroucai* (2 volte) 'Civitati Marrucinae'.

46. Nei testi *umbri*, e soprattutto nelle *Tabulae Iguvinae*, sono attestati circa una ventina tra toponimi ed etnici (non tutti sono peraltro di origine "italica"). Iniziamo col nome di gran lunga più documentato e cioè 'Gubbio', sia pure nella forma di aggettivo etnico:
ikuvins nominativo singolare maschile 'Iguvinus' (su monete), Vetter 238 *b* e pure su monete: *tutere*, *tuter*, *tut*, *tu* (ivi, 238 *a*) che equivale al nome di *Tuder* 'Todi' (di origine etrusca: *tular* 'confini').
ikuvinus nominativo plurale maschile I b 21, 22; *ikuvinu* I *b* 20; *iiouinur* VI *b* 63; *iouinur* VI *b* 56. Genitivo singolare femminile *iiuvinas* I *b* 2,5 genitivo singolare femminile *iiouinar* VI *a* 32, 39; 42, 49, 52, VI *b* 3, 43, 45, 61, VII *a* 3, 6, 10, 14, 15; 16 (due volte), 17 ecc. (i numeri si riferiscono alle "Tavole iguvine" e alle righe dei singoli testi). La corrispondenza con *Iguvium* è assai chiara e il nome latino presenta il tipico suffisso italico che ritroviamo nel dio *Fisovio*. La radice è poco attestata nell'onomastica etrusco-latina (Schulze 191); la consonante è sonora come mostra l'alternanza del sistema grafico e la forma *iiuv*- denota un indebolimento dell'articolazione sonora favorita da *I*-.
Importante la attestazione dei *Giapidi* (Iapodi) e cioè: *iapuzkum* Nom.-Acc. n. *Iapudiscum, Iapudicum I *b* 17; *iapusco* VII *a* 47; *iabuscom* VI *b* 58; *iapuscer* VII a 48 genitivo singolare; *iabuscer* VI *b* 54, 59; VII *a* 12;

iabusce VII *a* 12 dativo singolare. Tali forme presuppongono **iapud(i)- sko-* cfr. *Iapydes* = Ἰάπυδες 'noto popolo dell'Illiria', Plinio *N.H.* III, 18, 22, Livio XLIII, 5, Cicerone *Balb.* 14, 32.

47. Sono menzionati nelle Tavole iguvine anche gli 'Etruschi' o 'Tuschi' nelle seguenti forme: *turskum* nominativo-accusativo singolare n. 'Etruscum' I *b* 17; *tuscom* VI *b* 58, VII *a* 47; *tuscer* VI *b* 54, 59, VII *a* 12, 48 genitivo singolare; *tursce* VII *a* 12 dativo singolare. La forma *tursko-* è assai preziosa poiché da sola ci giustifica la presenza di *r* nella forma latina 'etrusco'. Si può supporre che l'elemento che ivi confluisce nell'umbro *tursko-* sia dal punto di vista semantico 'altro', come già aveva visto Servio (ma tale elemento non è ovviamente greco, ma è senz'altro il tema *etro-* dell'umbro...); "Il nome che si affianca a quello tradizionale *Tuscus* proviene da un'area di partenza umbra che ha raggiunto Roma attraverso il territorio sabino", v. Devoto; *S.M.* II, 224-5. Si tratta di un territorio abitato da Etruschi ad Ovest di Gubbio.

A Sud del territorio iguvino compare un'altra nazione che è espressa nelle Tavole attraverso le seguenti forme: *naharkum* accusativo singolare (etnico) I *b* 17; *naharcom* VI *b* 58, VII *a* 47; *naharcer* genitivo singolare VI *b* 54, 59, VII *a* 12, 48; *naharce* VII *a* 12 dativo singolare. Il Devoto osserva che il terzo straniero per Gubbio è "il nome naharco" e l'identificazione è incerta; ma si può menzionare ad es. per *Nahar-* il fiume *Nar*, la '*Nera*', il quale raggiunge il punto più settentrionale nel territorio di Visso; altri nomi affini possono essere *Naja*, *Najella* nell'agro di Todi, cfr. Ναρήσιοι (nella Dalmazia).

48. Il nome della confraternita iguvina che trae origine da un toponimo è, come si sa, quella degli *Atiedi*; eccone le menzioni: *atiieŕiate* II *b* 2 (due volte) dativo singolare 'Attiediati'; *atiersir* nominativo singolare 'Attiedius' VII *b* 3; *atieŕie* II *a* 1, 3 dativo singolare f.; *atiieŕie* V *a* 16 locativo singolare neutro; *atiieŕiur* V *a* 1, 14 nominativo plurale m. e *atersiur* V *b* 11, 16; *atiieriu* II *a* 21, 35 genitivo plurale m.; II *b* 26, V 12, 25, 27, V *b* 4; *atiersio* VII *b* 2; *atiieries* III 24 dativo ablativo plurale maschile; *atiierie* II *a*

2, III 29; *atiersier* VII *b* 1: *atiersir* V *b* 8, 14; *atiierier* V *a* 4, 16. Il nome della confraternita dei fratelli Atiedi e di una delle decuvie iguvine, la 'Atiediate'; è facilmente collegabile col nome locale *Attidium* oggi il paese di 'Attiggio' a Sud di Fabriano, cfr. *ager Atteiatis*, *Atteiatis oppidum*... "questi nomi (*Atina* presso i Lucani e i Volsci, il gentilizio *Atteius* degli Irpini e Picenti ecc.) ci riconducono immediatamente a Oriente del valico appenninico, mentre nell'antichità *Attidium* era alleata di Roma e gli abitanti sono menzionati ad es. in CIL XI, 5718 e in Plinio *N.H.* III, 113. La località era abitata fin dalla preistoria, come hanno confermato le esplorazioni archeologiche".

Un nome locale di 'toponomastica urbana' è ricordato nelle forme *akeŕuniam-em* accusativo singolare 'in Acedoniam' I *b* 16; *acesoniam-e* VI b 52; *akeŕunie* I *b* 43, locativo singolare; *acersoniem* VII *a* 52 locativo singolare. Il Devoto ricorda che tale nome non ricorre soltanto presso gli Umbri, ma è noto anche al territorio osco (*Akudunnia*) e propone una filiazione del toponimo dalle forme *Akoronia- Acorsonia* per cui si giungerebbe all'attuale *Crisonia* un vecchio quartiere di Gubbio che può corrispondere a *Cersonia*, il sobborgo dove ha inizio la cerimonia della lustrazione. Deriverebbe pertanto da un fiume **Acedonia* documentato in territorio irpino-sannita nella forma *Akudunniad* da *Aquilonia* (Liv. X, 38, 39) l'attuale 'Lacedonia' (AV).

49. Una delle porte di Gubbio è menzionata nelle seguenti forme: *treblano* accusativo plurale neutro VI *b* 47; *treplanu* I *b* 9; *treblanir* ablativo plurale VI *a* 19, 58, 59; VI *b* 2, 4, 21, 23, 54; VII *a* 5, 7, 53; *treblaneir* VI *a* 22, VII *a* 42 "ad Trebulanam"; *treplanes* I *a* 2, 7. Si tratta della porta 'Trebulana' presso la quale ha inizio il sacrificio piaculare ed essa presuppone un antico *Trebula*, una delle tante nel significato verosimile di 'casale' che rappresenta una caratteristica della toponimia osco-umbra. Ad Est di Gubbio si trova a circa 8 km un *C. Trebbio* ecc.; esclusa l'origine da *trivium* (teoricamente possibile), il tipo ben si presta ad esser collegato col nome della porta, e non è una ipotesi infondata partire da un **Trebulum*.

L'antico nome di 'Gualdo Tadino' è pure ricordato nelle

Tabulae e precisamente nella forma di etnico: *tař́inate* accusativo singolare "Tadinatem" I *b* 16, 17; *tarsinatem* VI *b* 58 (due volte), VII *a* 47 (due volte); *tarsinater* genitivo singolare VI *b* 54, 59 (due volte), VII *a* 12, 48, *tarsinate* VII *a* 11 (due volte) dativo singolare. Il territorio di Gubbio confinava con l'agro di *Tadino*, città "amico-nemica", "sicuramente identica nella lingua ed istituzioni". Gli *incolae Tadinates* sono menzionati da Plinio *N.H.* III, 14, come poco distanti dagli Iguvini.

Altro nome di porta è trasmesso dalle Tavole, e cioè nelle seguenti forme: *tesenakes* ablativo plurale; *tesenocir* VI *b* 1, 3; *tesonocir* VI *a* 20, VII *a* 38. Si tratta della porta *Tesenaca* (anche scritta *Tesenoca*). Il Devoto, richiama *Tessenara* (e per l'etimo cita vari confronti tra cui *Tese*, cfr. Conway 374, ed anche il lontano *Tesana*, che non corrisponde, peraltro, a 'Castel Tesino', Trento), un villaggio in direzione Sud Ovest a 8 km da Gubbio. Si presuppone anche qui un **Tesena* che troverebbe qualche aggancio nell'onomastica etrusco-latina, cfr. *Tessenii*, *Tessenna*, ecc. Schulze 98.

50. Isolata è la testimonianza di *nurpier* VI *a* 12 genitivo singolare; si può confrontare col nome locale *Norba* (Peucetii), v. Conway 37 (attestato negli Itinerari e cfr. *Norbanenses* in Plinio *N.H.* III, 11, 105 e 274 *Norba* in cl. nel territorio volsco, forse = 'Norma' (Latina).

Altro nome di luogo è *tlatie* genitivo singolare attestato una sola volta: V *b* 9 *agre tlatie* che può derivare dalla *decuvia Claverniorum*, ove **Tlateiat*-**Tlatio*- potrebbe richiamare i Salentini "*Dolates*", gente umbra (?).

Un *vicus* presso Gubbio è nominato più volte: *rubinam-e* accusativo singolare con postpos. VII *a* 43, 44 "in Rubiniam"; *rupiname* I *b* 35, 36: *rupinie* I *b* 27 locativo singolare; *rubine* VII *a* 6. Il Devoto, nota che *Rupinia*, ove si compie la seconda tappa della lustrazione iguvina, è stato da tempo riconosciuto come un nome etrusco (ma mancano riferimenti toponimici moderni); cfr. peraltro *rupinas* CIE 499 (Orvieto) e *rupinial* 4408 (Perugia).

Altro nome riferito ad una località iguvina è più volte documentato: *casiler* genitivo singolare 'Casil(l)i' (un agro); *casilos* nominativo singolare 'Casillatis' V *b* 13; *kaselate* dativo singolare II *b* 6 (due volte); *casilate* V *b* 16. Il Devoto, pensa a *Kasilo-* da cui trae il nome la *decuvia Kasilat-* da confrontare con la città campana *Casilinum* (Conway 152: *Casilinum* in scrittori e iscrizioni *-linenses*, Cic., *-nates*).

Maggiori discussioni ha suscitato recentemente l'identificazione del nome che appare nelle Tavole anche nella forma di etnico e cioè: *coredier* VI *b* 45; *kureties* I *b* 4 genitivo singolare 'Coretii' (nome locale) e *kureiate* dativo singolare etnico 'Curiati o Corediati' II *b* 3 (due volte); *vukukum kureties* 'in luco Coretii' genitivo singolare. Ad una antica forma *Curetie* risale il medievale *Goredie* attestato per la prima volta all'a. 1063 (Cenci XIX) oggi *Goregge* nei pressi di Gubbio; cfr. la *gens Coretia*, Schulze 355 e Conway 443 (attestata a Sentino molte volte, CIL XI, 5741, 5748-50, 5775 e sgg.).

Un altro nome di altra decuvia tratta da etnico cioè da toponimo è: *museiate* dativo singolare II *b* 5 (due volte). Il Devoto trae il nome da *Museio-* + *-at-* e tale *M.* è confrontabile ad es. con *Museia* nome di persona (CIL XI, 4613, da Carsulae) e con le gentes *Mussia*, *Museia*, *Musetia* (v. Conway 576), forse con *Musceia* (?) toponimo odierno.

Anche la città di 'Veio' non è assente nelle Tavole; si noti: *vehiis* ablativo plurale, nome di una porta della città, I *a* 20, 24; *vehier* VI *b* 19, 22; *vehieir* VI *a* 21. Dalla comparazione, come osserva il Devoto, non si ricava alcun nome vicino all'infuori di *Veio* nel Lazio; e la comparazione o meglio l'identificazione con tale città lontana offre peraltro difficoltà.

51. Le iscrizioni *picene* – denominate anche 'italiche orientali' – sono ormai da tempo universalmente classificate in due gruppi: *a*) picene settentrionali; *b*) picene meridionali o sudpicene (dette anche "dell'Italia sudorientale" o "paleosabelliche" o mediadriatiche). Soltanto nelle epigrafi del primo gruppo possiamo individuare con una certa probabilità nomi di luogo ed in particolare nella enigmatica stele di Novilara (Pesaro). Si tratta soprattutto del nome di 'Pesaro' che è stato identificato in *isairon*

della r. 3 (PID 343, LIA^2 66) nella nota stele: testo relativamente ampio, ma tra i più oscuri del repertorio epigrafico piceno.

La sequenza del testo r. 3 è *polem isairon* e *polem* si ripete nell'ultima riga per cui il Durante 1959, 35-45 presenta una discussione ed una soluzione del nome che ci appare assai verosimile. Che *Pesaro* continui una forma con accento iniziale, appare subito evidente (altrimenti avremmo avuto in italiano **Pisòro*). La città era denominata *Pisaurum* ed era bagnata dal fiume omonimo (da cui trasse il nome; ora il Foglia), ma ad es. in Lucano (*Phars*. II, 406 ed in Vibio Sequestre 16) si ha la variante assai istruttiva *Isaurum*. In *polem isairon* della stele sopra menzionata il Durante riconosce una "urbem Pisaurum", e individua in *polem* 'la comunità', un grecismo (πόλιν, Acc. Sg. 'città') di origine adriatica, verosimilmente emanato da Ancona o da Numana (la prima colonia fu fondata da Dionigi il Vecchio, la seconda da Egineta verso la fine del sec. VI). *Pisaurum* sarebbe da interpretare come *Isauro-* con la preposizione indoeuropea *epi-opi-* 'su' 'a', qui ridotta a *p(i)-*, cfr. *pi duron* 'ob donum' in altra iscrizione picena meridionale da Fiordimonte presso Visso, o il messapico *pido = (e)pi-do*.

Tra le iscrizioni sud-picene (che si rivelano sempre più vicine all'osco-umbro, v. ora Marinetti 1985) si potrebbe citare per inciso l'eventuale e dubbia identificazione del Durante della dea picena *Cupra *Cypra* (cfr. il *Cyprius vicus*, Varrone, LL V, 32 e 159, Livio I 48 *Cyprius*) nella forma *kiperu* dell'iscrizione di Crecchio (Chieti) = PID 354 r. 2: *ikiperu* (ove *i-* sarebbe l'interiezione *e* scritta unitamente al nome divino). Ma tale interpretazione pare ora da scartare e sfuma pertanto l'equivalenza (Marinetti 1985, 224-232). *Cupra* va comunque confrontato con sabino *cubra* 'Bona dea'. Com'è noto tale teonimo è la fonte di due toponimi marchigiani: di *Cupra Marittima* e di *Cupra Montana*. La prima è *Cupra* dei Piceni, definita *oppidum* o *urbs* dagli antichi (Plinio, *N.H.*, Pomp. Mela, Tolomeo) e *locus celeberrimus coloniae Iuliae Cuprensis*. Nella seconda sorgeva il tempio della dea omonima, divinità sabina (nel medioevo *Cupramontana* fu denominata *Massaccio*).

Falisco(*)

52. Pochi i nomi di luogo o gli etnici delle iscrizioni *falische*. Menzioniamo, eccezionalmente *falesce* 'Falisci' (Vetter 320, Nota) della nota lamina dei cuochi. È noto che la città è detta *Faleri(i) veteres* (Varr. LL. V, 162; V, 111) e che corrisponde all'odierna 'Civita Castellana'; a 6 km circa si costruì *Falerii novi* (in greco Φαλέριον Dion. Hal. I, 21, Ptol. III, 1, 50) ma anche Φαλέριοι (Strab. V, 2, 9). L'etnico latino è unicamente *Falisci* ed anche in greco si usa Φαλίσκοι, con chiara identità del tema toponimico e la formazione in *-sko* o in *-is-ko*. L'analisi risulta pertanto *Fal-is-ci*. Non sono mancati i collegamenti ad es. con la base preindeuropea *fala (v. qui § 33) – secondo gli studiosi italiani – donde verrebbe anche *Faler-* (di *Falernus* ecc.).

Capena figura come nome di persona in Giacom. nr. 3 (p. 168), nota iscrizione su oinochoe da Civita Castellana; è probabile un collegamento col nome della città *Capena -nas -enus* (v. Conway 388). Il Devoto, *S.M.* II, 247 postula una base **cape* 'vaso' 'conca' "da cui verrebbe tanto *Capena*, quanto *Capua* (e *porta Capena* a Roma che potrebbe esser soltanto 'la porta verso la bassura, l'avvallamento, la conca', cfr. anche il latino *capi-d-* che proviene dall'etrusco *cape*, con ampliamento in dentale)" [ma v. § 65].

Roma e "Latium vetus"

53. Meritano due parole anche le proposte presentate da vari studiosi circa l'origine del nome di 'Roma' (con *o* stretta). Come si sa, la prima attestazione dell'urbe compare nella cosiddetta cista Ficoroni (sec. III a.C.) ove si

(*) I Falisci, popolo affine strettamente ai Latini, erano stanziati nell'Etruria meridionale a Nord-Est di Roma. La loro capitale era *Falerii* che sorgeva ove è ora Civita Castellana. I Falisci sostennero varie guerre con i Romani, specie al tempo di Camillo che concluse con loro un'alleanza. Nel luogo dell'antica città (*Falerii veteres*) venne più tardi fondata dai Romani la *Colonia Iunonia Falisci*.

legge il locativo *romai* (cioè: *Dinda Macolnia fileai dedit/ Nouios Plautios med Romai fecid*). Esse sono riassunte da Bruno Migliorini 1936 (voce *Roma* dell'*Enciclopedia Italiana* XXIX, 589). Gli antichi si chiedevano se *Roma* derivasse dal fondatore R o m u l u s, ma appare subito ovvio che caso mai è il contrario, come riconosce una antica glossa: "*Roma* ante *Romulum* fuit, et ab ea sibi Romulum nomen adquisivisse Marianus Lupercaliorum poeta sic ostendit...". Che abbia rapporto col greco ῥώμη 'forza' è assai poco verosimile anche se tra gli antichi era etimo corrente e ciò presupporrebbe un'influenza greca sulla città nel periodo della fondazione, ipotesi assai discussa.

Tra i moderni alcuni studiosi hanno pensato ad un nome italico od etrusco, ambedue teoricamente possibili. Si è ritenuto che l'urbe abbia tratto il nome da *Rumon* l'idronimo col quale Servio indicava il Tevere e pertanto il senso sarebbe stato ad un di presso "fluviale". L'altra spiegazione vorrebbe far equivalere Roma a *ruma* 'mammella' con riferimento al colle Palatino per le sue due vette paragonate ad un seno femminile. Ma continua ad avere anche oggi maggior credito un etimo etrusco che troverebbe spiegazione anche nelle origini di Roma per cui essa non sarebbe altro che il gentilizio etrusco *Ruma* cristallizzatosi nel toponimo (v. Schulze 1904, 570-582). È ovvio che si tratta soltanto di una ipotesi e che sono possibili anche tante altre soluzioni (o proposte). In etrusco l'etnico corrispondente a "romanus" è *rumaχ* presente in vari testi epigrafici. In latino compare, oltre a *Romanus* (già in Ennio, *Ann.* 377, 466, 469), anche *Romanensis* (Catone, RR 71,24). *Romanesco* che ora ha assunto un preciso significato linguistico, risale al medioevo e presuppone il suffisso - ĭ s c u s.

54. Recentemente è stata edita la ricerca di Luigi Ceci sul *Latium vetus* (Ceci-Belardi 1987) ove sono presi in considerazione parecchi nomi locali attorno a Roma e della toponomastica dell'urbe. Per l'etimo della città si accenna all'ipotesi che "Roma" sia la "città di *Ruma*" cioè del Tevere, il citato *Rumon*, uno dei più antichi nomi del fiume (Servio, *ad Aen.* 8.63 e 90). Si riconosceva in

passato una connessione col trace Στρύμον, cfr. ted. *strom* 'corso, fiume' dall'indo-europeo * s r e u - 'scorrere'. Tuttavia ci attenderemmo *Rum* non *Roma* e la forma sarebbe forse dovuta alla variante latina di Preneste o dei Falisci. Comunque il Ceci – come in altri casi – si dimostra contrario alla ipotesi etrusca sopra citata.

Per *Palatium*, il colle Palatino, si pensa che equivalga a "colle a forma di volta", cfr. Ennio che ci dà *caeli palatum* 'volta celeste' e non vi manca la connessione con l'etrusco *fala(n)dum/fala(n)tum* 'caelum' (Paolo Festo 63). *Vātīcanus* 'Vaticano' avrebbe rapporti col *Vaticanus deus* e per lo Schulze sarebbe sicuramente di origine etrusca, cfr. etrusco *vati*, *Vatii*. *Ianiculum* il 'Gianicolo' sarebbe pure di origine divina, cioè: 'colle di *Ianus* 'Giano', divinità passata anche in etrusco.

Quanto al nome del 'Tevere', *Tiberis* (aggettivo *Tiberinus*) esso dovrebbe corrispondere a forme etrusche quali *Θeprie*, CIE 233 e *Θepri* 4374, si confronti anche *Tiberius* (v. qui § 143) e la forma *Thybris* (Verg. *Aen.* VIII.330) sembrerebbe in origine "mezzo etrusca" (secondo lo Schulze); ma Virgilio nei versi menzionati ci parla di una origine "italica" dell'idronimo ("... *thybris*, a quo post Itali fluvium cognomine *Thybrium* diximus..."). Ed il Ceci ribadisce "*Tiberis*, qualunque sia il suo etimo, è latino, ché col fiume *Tiberis* va la città umbra posta sul Tevere, *Tifernum*" (v. § 173) che ha anche l'appellativo di *Tiberinum*...

Anche *Praeneste* (ora 'Palestrina') a sud est di Roma, sempre secondo lo Schulze sarebbe di origine etrusca (in iscrizione di Chiusi *prestne*, CIE 668 e 2594) con *-ste* (come *Tergeste* ecc.). Sarebbe isolabile un p r a e - da p r a i + *ne* col senso probabile di 'eminenza', 'punta'. *Tusculum* (ora 'Monte Porzio Catone') sarebbe la città dei T u s c u l i, cioè dei T u s c i (Etruschi), ma tale equazione è negata da altri studiosi (che invece richiamano un *Tursc-* e *tescum* nel senso di 'loca agrestia' cioè 'campagna'. *Alba Longa*, secondo il Ceci verrebbe da a l b u s 'bianco', mentre i sostratisti preferiscono ricorrere ad un tema preindeuropeo nel senso di 'colle' o simile. *Aricia* ('Ariccia') sarebbe nome teoforico, epiteto di una dea (*Diana*) e starebbe col verbo a r ā r e da un a r i c u u s, *terra arica* =

arva. *Tibur* (*Teibur* CIL XIV 3584) 'Tivoli' nulla avrebbe in comune col *Tiberis* fiume, mentre troverebbe riscontro nel sabino teba 'colle' affine a *tifata* 'iliceta' (fitonimo). *Lanuvium* ('Lanuvio' fino al 1914: *Civita Lavinia*) potrebbe venire da lama 'terreno paludoso', attraverso una forma *lam-no-uo-, cfr. *prunum* da *prum-no-*. Schiettamente latino sarebbe inoltre *Fidenae* da Fides-na- (cfr. forse lat. *fido/fides*).

Come si vede dalle brevi note qui citate, la tendenza dei toponomasti consta spesso nel ritrovare origini etrusche, mentre il Ceci sottolinea soprattutto la presenza di un filone latino che ci pare assai verosimile per il *Latium vetus*.

Greco e bizantino

55. Assai numerosi sono anche i nomi locali di origine greca(*) nell'Italia meridionale ed in Sicilia (non molti, ma non assenti in Sardegna). Essi sono collegati con la colonizzazione ellenica della Magna Grecia attraverso le colonie ioniche e doriche, spesso assai antiche (a partire dal sec. VIII/VII a.C.); ma si debbono aggiungere poi vari nomi locali greci più recenti e di origine bizantina. Sarebbe inoltre necessario, ove possibile, distinguere gli autentici nomi greci da quelli pregreci che in Sicilia

(*) L'elemento greco nell'Italia meridionale ed in Sicilia ha una doppia provenienza per quanto riguarda i nomi locali. Questi (alludo a centri importanti) risalgono soprattutto alla *Graecia magna* o *Magna Grecia*, alla colonizzazione dorica e ionica. La successione cronologica di tali fondazioni sarebbe la seguente, secondo Eusebio di Cesarea: *Cuma* risalirebbe al 1051 a.C., *Metaponto* al 773; seguono le fondazioni siceliote e cioè: *Zancle* e *Selinunte* a. 756, *Nasso* 736, *Siracusa* e *Catania* 734; quindi le colonie meridionali di *Crotone* e *Sibari* 708, *Taranto* 706, *Locri* 673 ecc. Ma molti nomi locali di origine greca sono assai più tardi e spettano spesso al periodo bizantino. E qui non accenniamo alla dibattuta questione se le isole alloglotte greche del Salento e dell'Aspromonte (v. qui § 162) spettino ad una continuità locale del greco della Magna Grecia (teoria sostenuta soprattutto da G. Rohlfs) o se esse siano invece di origine assai più tarda e cioè bizantina (seconda la massima parte degli studiosi italiani a partire da G. Morosi, fino a C. Battisti, G. Alessio, O. Parlangèli ecc.).

potrebbero essere a volte ascritti allo strato sicano (v. § 38). Inoltre è importante poter fissare una cronologia degli insediamenti indiziata dalla toponomastica e da altri elementi. È poi noto che vari elementi greci sono giunti sino a noi, ma con la mediazione di altri filoni linguistici, ad es. quello latino (in gran copia), quello arabo (in Sicilia ecc.). Bisognerebbe inoltre distinguere i toponimi che non hanno alla base appellativi greci ancora vitali da quelli in cui si può facilmente riconoscere un nome comune greco, nella regione, non ancora spento.

Cercheremo qui di mettere insieme un breve campionario in cui siano rappresentati tutti gli strati cui abbiamo fatto allusione, anche se in qualche caso non è possibile tracciare un confine ben netto. Bisogna inoltre tenere in conto i molti casi di "resurrezione" dei nomi classici (anche nella forma antica) che nel medioevo erano caduti in disuso sostituiti da altre denominazioni e che spesso non sono di tradizione popolare nella forma odierna (v. qui § 181).

56. Cominciamo dunque dal Sud ove in Sicilia incontriamo 'Agrigento' cioè nella forma locale popolare *Girgenti* (sic. *ǧǧurgéntu*) una città la cui fondazione è dovuta alla vicina Gela, sotto Aristone e Pistilo, avvenuta nel 582 a.C. (ed i segni dell'influenza greca risalgono in loco ad epoca precedente). Nelle fonti greche la forma è 'Ακράγας ed è comune l'etnico greco 'Ακραγαντῖνος (tanto negli scrittori, quanto in iscrizioni). Il nome greco è resuscitato anche dal toponimo *Akragas* o "borro di San Biagio", detto anche Punta Akragas nella vicinanza della città, sul mare. Sembra che non sia necessario ricorrere al sicano – come in Alessio 1977 –, ma che basti la connessione col greco ἄκρις 'cima di monte' o 'punta' cfr. latino *acer* ecc. Un riscontro greco è poi offerto nella Sicilia orientale da Ἄκραι, -αῖος (*Acrae -enses*). È da notare che vicino alla nota città scorreva il fiume omonimo e cioè l''Ακράγας ποταμός. Il nome greco è stato poi latinizzato in *Agrigentum* (etnico *Agrigentīnus*), ma Virgilio (*Aen.* III, 703) usa ancora la forma *Acragas*. L'adattamento latino è perfettamente regolare poiché dall'accusativo 'Ακράγαντα si passò dapprima ad *Agràgantum -en-* e

successivamente ad *Agrigentum* con la nota evoluzione di *-a-* in *-e-* in atonia e sillaba chiusa che fu tra l'altro favorito dai numerosi nomi locali in *-entum*. Anche il passaggio del greco *-kr-* a *-gr-* risulta regolare e trova vari riscontri in cui *k* greco è reso con *g* (si noti gr. κυβερνᾶν > lat. *gubernāre*). Di qui la storia della città risulta complessa e ne abbiamo un chiaro riflesso nel duplice tipo di arabizzazione (v. § 114).

Palermo, gr. Πάνορμος (Tucidide, Polibio, Strabone), in latino *Panhormus* (Silio Italico), *Panhormum* (Plinio), etnico *Panhormitanus* in classici ed iscrizioni 'Palermo', 'Palermitano' (per le monete v. § 36), attraverso fonetica latina *Panermus* e araba (v. § 121). In bizantino Πάνορμος, ma a. 1142 Παλέρμου (Cusa 60 e 303). La spiegazione più semplice è di ricorrere al greco πᾶς 'tutto' e ὅρμος 'ancoraggio' con allusione ad un 'ampio porto'; non è qui necessario ricorrere a sostrati pregreci.

Trapani, Δρέπανα (Polibio), *Drepana* (Plinio), *Drepanum* in classici, ad es. Virgilio (*Aen.* III, 707), *Drepane* (Silio Italico 14.269), etnico *Drepanitanus* in classici, ora 'Trapanese'. Da una forma greca dialettale δραπάνη, δρέπανη 'falce', cfr. bovese *drapani* 'falce'. Secondo l'Alessio 1947, 31 e 1956, 47 il nome greco sarebbe corrispondente ad un indigeno ζάγκλη da ζάγκλον col medesimo significato ed esso designa infatti 'Messina'.

Termini Imerese in greco Θερμαὶ αἱ Ἱμεραῖ (Polibio), Θερμαὶ Ἱμεραῖ (Tolomeo), Θέρμα (Diodoro), *Thermae* in classici (per le forme arabe v. § 118) 'Termini Imerese' (PA), etnico *Thermitani* (CIL X 7343; Cicerone, *Verrine* II, 2.90) ora 'Termitano' e 'Terminese'. Si nota qui una confusione col latino t e r m e n- *-inis* 'confine' che dava origine a *Tèrmine* ma anche a *Tèrme* (più luoghi in Toscana v. § 99). Analoga forma incrociatasi si trova a Roma in *Tèrmini*, ora *Stazione* – nelle vicinanze delle *Terme* di Diocleziano. Non lontano da *Selinunte* (S e l i n u s) si incontrano le antiche *Thermae Selinuntiae*. Ἱμέρας, *Himer fl.* (che si ripete due volte a Nord presso la città di Himera e a Sud presso Licata) ora il *Salso* che anche Alessio 1954, 32 deriva da Ἁλμυρός ποταμός (Cusa 290) dal greco m. ἁλμυρός 'salso'.

A Nord Ovest di Agrigento si trovano le rovine di

Ἡράκλεια (Diodoro, Steph. Byz.) – detta anche Μακάρα, ma di tradizione incerta – pure di origine greca. L'Alessio 1954, 59 cita come riscontro *Macari* dall'antroponimo greco Μακάριος che trova corrispondenze in Calabria: *Macari*, *Mecarillo* e *C. Macariote*, cf. *Macàrio* contrada di Badolato (CZ) e *Mákaris*, cognome in Grecia (Rohlfs 1974, 167).

Hybla, Ὕβλα (Strabone) è Μέγαρα Ὑβλαῖα in classici e in Tucidide, detta ἡ μικρὰ da Steph. Byz., *Megaris* in Cicerone, ora *Mègara*, rovine presso Augusta; dal greco μέγαρον 'camera' 'sala', al plurale 'grande casa' 'palazzo'; Ὕβλα si continua forse nell'etnico Ἠβλατος (Cusa 516) e ne derivano *Hyblaei colles* i monti Iblei, per via dotta.

Πάχυνος (Strabone), *Pachynus* in classici e *Portus Pachyni* (Cicerone, *Verr.* 5.87). Il nome attuale è 'Pachino' (pron. loc. *bbakìnu*, *pakìnu*) e *Capo Pàssero* nel distretto di Noto; cfr. in Calabria *Pachina* (torrente nei pressi di Cànolo RC, affluente del fiume Novito), *Pachino*, *Pacino*. Forse dal greco παχύς 'grosso, grasso' e v. le forme arabe a § 118.

Λεοντῖνοι, *Leontini* in classici e Tucidide (che ha anche ἡ Λεοντίνη γῆ, ἡ Λεοντίνων πόλις; nel Cusa 551, 555 Λεοντίνον, ora 'Lentini'; in origine verosimilmente un etnico di origine greca analogo a *Leontini* (pronuncia locale *lìntino*) e altri *Lentini*, *Lentina* in Sicilia. Nel Cusa 359 è attestato un Ἅγιος Λεόντιας onde *Lionte*, dal nome proprio Λεόντιος, cfr. in Calabria *San Leonte* ed anche *C. Lentini*. Si noti anche *San Leonzio* antico monastero nella zona di Stilo, oggi *San Leonte* (Rohlfs 1974, 291).

Κεφαλοίδιον (Strabone, Diod.), Κεφαλοιδίς (Tolomeo), *Cephaloedium* (Cicerone), *Cephaloedis* (Plinio) 'Cefalù' (pronuncia locale *čifalù*) da Κεφαλούδιον (IX sec. Bizant.). Proviene dal greco κεφαλή 'testa', analogamente a *Cefalà Diana* 'rocca sulla cima di alta rupe' dal greco m. κεφαλᾶς 'testone' e cfr. *Chiafaddìa* e *Cìfali* che hanno una analoga origine. Anche in Calabria *Cefalì*, *Cefalà* (cognome) e *Cefalà* contrada di Cessaniti (CZ) e cognome a RC e CZ. Si veda Rohlfs 1974, 60 e per le forme arabe § 116.

Μύλαι, *Mylae* (Plinio); anche in Cusa 439, Μύλαι; etnico Μυλαῖος (Diod. Sic.), latinizzato *Milacium*, *Melacium*. Risale al greco e bizantino τὰς Μύλὰς accusativo di αἱ

Μυλαί 'macine', 'mole', ma attraverso l'intermediario arabo e cioè ar. *mīlâṣ* > 'Milazzo'.

Polizzi (PA) (pronuncia locale *pulizzi*), nel Cusa 513 Πολίκη e a. 1131 *Poliçium*, risale al bizantino [Βασιλεό]πολις 'città di Basilio', ma attraverso l'arabo *bulîṣ*.

Λέων (Tucid.), *Leo* (Livio) 'piccola baia a Nord di Siracusa', dal nome di un personaggio greco "Leone".

Καλὴ 'Ακτή (Erodoto), *Calacte* (Cicer.), Καλάτη (Cusa 390) > 'Galati' (ME) 'bel lido'. Si ripete in Sicilia e verrà a volte dal nome proprio Γαλάτης. Si noti in Calabria: *Galati* frazione di Brancaleone (RC) e torrente presso Santa Cristina (RC), contrada presso Gagliano (CZ).

'Απολλωνία (Steph. Byz.), *Apolline* (Itin.), chiaramente di origine greca; di qui 'Pòllina', dialetto *Poḍḍina* (PA).

Emporium Segestanorum (Steph. Byz) ad Est di Erice e a Nord di Segesta, ove *Emporium* è il greco 'Εμπόριον 'luogo di commercio marittimo'.

57. Molto comune è il tipo toponimico trasparente Καλλίπολις 'città bella' che ha dato luogo ad es. a *Gallìpoli* nel Salento (LE), presente anche in Sicilia a Nord di Catania 'Garìpoli', attestato in Erodoto e Strabone, *Callipolis* in Siliio It., etnico Καλλιπολίτη. Anche *Monopoli* (BA) < Μονόπολις e vicino a *Neapolis* 'città nuova', formazione toponimica assai comune < Νεάπολις (cfr. Cittanuova ecc.) tra le quali la più famosa è il capoluogo della Campania; tale forma non è ignota, come abbiamo già veduto, alla Sardegna nella forma attuale *Santa Maria de Nàbus*, forse un antico emporio greco (v. § 35).

Tra le città della Magna Grecia ricorderemo ancora ad es. *Locri* (RC) da *Locris*, Λόκροι, *Locri Epizephyrii*, sorta come frazione di Gerace denominata *Gerace Marina* sino al 1934. Ma l'antico nome si è conservato nel medioevo, a. 1101 ἐπίσκοπος Λόκρης. 'Gerace' (*Jeraci*, RC) fu fondata verso il sec. IX da profughi di Locri. Nei secoli IX-X era documentata ἁγία Κυριακή = *Santa Ciriaca*, ma a. 1179 si nota già ἐπίσκοπος 'Ιεράκος a. 1140 ἄστυ Γερακίον e proviene dal greco ἱεράκι 'sparviero' come *Geraci Siculo* (PA).

Nicotera (Itin. Anton.) viene dal greco νίκη 'vittoria' e τέρας 'miracolo', città sorta dopo la decadenza dell'antica

Medma o *Mesma*. Ma non si può escludere che l'origine risalga al nome di persona Νικότερος 'miracolo di vittoria'.

Crotone, dialettale *Cutronu*, *Cutruni*, *Cutruoni* (CZ) è l'antico *Croton*, nel secolo XVI *Chrotone*, ora casale di Oppido (RC). Trova riscontro preciso in Κοτρῶνι, contrada dell'Eubea (Grecia).

L'antica *Metapontum* (Lucania), greco Μεταπόντων, a Nord di Eraclea sulle coste del golfo di Taranto – ne rimangono le rovine – conserva l'antico nome fin verso la fine del sec. XI e si chiamò poi *S. Trinità* e poi *Torredimare*, ma essa era già disabitata nel sec. XVII. Ora *Metaponto* (nome resuscitato) è frazione di Bernalda (MT). Dal greco μετά e πόντος 'mare', cioè 'oltramarino'.

Heraclea o *Heraclia* gr. Ἡράκλεια, nome di varie città di origine greca in Sicilia e antica città nel golfo di Taranto a Sud di Metaponto, porto della Lucania presso il fiume *Siris* (onde *Nuova Siri* MT); si equivale alla "città di *Heracles*" (Ercole).

Nella Calabria meridionale Strabone menziona toponimi che sembrano quasi tutti greci, quali: Ἐμπόριον, Ἱππωνιον, Λόκροι, Μέδμα, Μαμέρτιον, Ῥήγιον, τὸ Σκύλλαιον, Σκυλλέτεον (νῦν δε Σκυλάκιον καλεῖται), Στυλίς (= *Ad Columnam* nell'Itin. Anton.), cfr. anche *Columna Regia quae nunc Stilos*" (Guido).

58. Qui potremmo allegare una amplissima documentazione di nomi locali di origine greca o trasmessici dal greco eventualmente d'epoca b i z a n t i n a (secoli VII-XI), specie per la Calabria meridionale. Cito qualche esempio tratto dal Rohlfs 1974, 197-215. Con la finale in -ò (-ὸς, -ὸν): *Atò*, monte presso Roccaforte < ἀετός 'aquila', *Condrò*, monte presso Nicastro < χονδρός 'grande', *Madarò*, altura presso Mammola < μαδαρός 'calvo', *Stranò* di Ardore e presso Riace < στονός 'stretto', *Zerbò*, monte presso Oppido < ζερβός 'mancino'. Nomi in *-à* da *-às* (in Grecia -ᾶς) che indica località in cui abbonda una pianta, corrispondente pertanto al latino *-ētum* dei fitonimi: *Agrappidà*, monte presso Palizzi < ἀγριάπιδον 'pero selvatico', *Cannavà*, presso Gioia Tauro e presso Borgia < κάνναβις 'canapa', *Carnà* presso S. Luca e presso Majerato < bovese *carro* 'cerro', *Caridà* presso

Laureana < καρύδιον 'noce', *Cardà* presso Caulonia < καρδός 'cardo', *Cavurà* frazione di Gimigliano < κάβουρος 'granchio', *Ciminà* presso Gerace < κόμινος 'comino', *Daffinà* presso Mileto e presso Tropea < δάφνη 'alloro', *Liserà* presso Caulonia < λιθάριον 'pietra' (cfr. latino *petrētum*), *Marasà* presso Favelloni e presso Gerace < μάραθον 'finocchio', al pari di *Maratea* (PZ) che viene dal medesimo fitonimo; *Nafrà* presso Monterosso, dal reggino *mafri* 'alloro' che è il greco δάφνιον; *Scifà* presso Siderno < ξίφος 'giaggiolo' (spada), *Scinà* presso Siderno Riace < σχίνος 'lentischio', *Spartà* presso Siderno < σπάρτος 'ginestra' ecc.

Formazioni in *-ì* (-ή, -ίον): *Cefalì* contrada presso Caulonia, *Crisì* contrada di Caulonia, *Lestì* monte presso Bova < ληστής 'brigante' (?); *Platì*, contrada in Aspromonte cfr. Πλατύ 'largo', vari nomi locali in Grecia, *Vasì*, torrente presso Sinopoli, e frequente come nome di contrada < βαθί 'profondo'.

Altro suffisso indicativo per il bizantino, frequente in Calabria (meridionale) è *-ace*, *-aci* (greco -άκιον): *Calamaci* presso Nicotera 'cannello', *Calopinace* fiume presso Reggio < καλοπινάκιον 'piatto bello', *Castellace* frazione di Oppido < καστελλάκιον, forma greca del latino *castellum*; *Presinaci* < πράσινον 'verde', *Riace*, presso Stilo, < ῥυάκιον 'ruscello'. Anche la desinenza *-adi* è indicativa e si equivale al greco (-ᾶδες), plurale del suffisso -ᾶς (v. qui sopra). Ha valore di patronimico ed indica anche un gruppo familiare, ad es. *Bagaladi* da *Bagalà*, nome di famiglia di Reggio o *Cafaradi*, contrada di Polìa, i discendenti di un *Càfaro* (di origine araba), *Cenadi* da un *Cinà* nome di famiglia in provincia di Messina. Un suffisso produttivo nella toponomastica è anche *-oni* con accento sdrucciolo dal greco -ωνες, cfr. plurale greco Παννάκωνες > *Pannàconi*. Pertanto questi nomi di luogo provengono dall'antroponimia, ad es. *Barbalàconi* (Tropea) < *Barbalaci* = Βαρβαλάκης, nome di famiglia in Calabria ecc.

Nomi di origine greca bizantina sono frequenti anche in Sicilia, ad es. *Bronte* (CA) < βροντή 'tuono' cfr. Βρόντης 'nome di un ciclope' e *Vronde* – nell'isola di Scarpanto (Grecia) –; *Calispera* frazione di Messina 'buona sera' parallelo a *Calimera* (LE) 'buon giorno'; *Cheti* presso

Tripi < greco χαίτη ‘criniera’ e ‘cresta di monte’ comune nei diplomi greci del Cusa; *Cumìa*, casale presso Messina < τὰ κωμία ‘i villaggi’; *Furi* “casalia prope Messanam”, oggi *Castanea delle Furie* < χωρίον ‘villaggio’ cfr. *Forìo* nell’isola d’Ischia (χ è reso spesso con *f*); *Naso* ad Ovest di Patti dipl. greco τῆς Νάσου che il Rohlfs tenta di spiegare dalla forma dorica νᾶσος per νῆσος (f.) ‘isola’; *Nasidi* a Sud di Patti < νασίδα ‘isola’; *Pirgu*, contrada a Novara Sic. < πύργος ‘torre’; *Potame* frazione di Tortorici < ποτάμιον ‘fiumicello’ e *Potàmi*, contrada di S. Domenica ‘idem’; *Sìnnaro* ad Ovest di Messina < greco σύνορον ‘confine’. E non mancano toponimi greco-bizantini nel Salento anche al di fuori dell’area grecanica: *Camarda*, contrada tra Messagne e San Donaci, < καμάρδα ‘specie di tenda’; *Chiatamone* a Sud di Otranto, e cfr. la strada di Napoli *Chiatamone* < πλαταμῶν ‘zona di lido’ con *pl-* > *kj-*; *Còrice*, sulla riviera di Gallipoli (gr. κόραξ ‘corvo’); *Leuca*, ant. τὰ Λευκά ‘terre bianche’ (Strabone); *Suda* loc. (torre) a Sud di Gallipoli, cfr. Σούδα toponimo di Creta e del Peloponneso < greco volg. σοῦδα ‘fossato’; *Potamisco* fiumicello ad Ovest di Taranto < gr. ποταμίσκος ‘fiumiciattolo’.

59. Anche se rari, non mancano toponimi greci nell’alto Tirreno, quali *Nizza*, fondazione greca nell’antica Liguria, latino Nicaea, Nicēa, greco Νίκαια, colonia di Marsiglia, come altre città omofone dal greco νίκη ‘vittoria’; *Monaco*, città e promontorio dell’antica Liguria detta *portus Herculis Monoeci*, *Arx Monoeci* (Virgilio); dall’epiteto greco di Ercole Μόνοικος ‘che abita da solo’ (Plinio). Non lontano si trova *Antipolis*, Ἀντίπολις > *Antibes* la ‘città che sta difronte’.

In Sardegna è ritenuta di origine greca *Olbĭa* (*Ulbia*), greco Ὀλβία, una fondazione massaliota forse derivata dal greco ὄλβιος ‘felice’, ‘fortunato’, qualora non sia invece una paraetimologia (cfr. in Spagna *Huelva*??); nel medioevo e fino al 1862 era *Terranova* (Pausània). Di fondazione greca pare fosse anche *Gurulis Nova* a Sud di Bosa.

L’influsso della Chiesa bizantina nell’isola è dimostrato, tra l’altro, dalla fondazione di numerose chiese dedicate a santi greci quali *Agata*, *Antioco*, *Barbara*, *Basilio*, *Cecilia*, *Elena*, *Elia*, *Giorgio*, *Lucia*, *Procopio*, *Sofia* ecc. (Wagner 1950, 165). Tali nomi hanno lasciato tracce nella toponomastica ecclesiastica (v. § 160) oltre che nell'antroponimia. Il greco μοναστήριον si riflette nel nome del villaggio detto in dialetto *Muristeni* e in italiano *Monastir* (CA).

60. Sulla costa adriatica sono di origine greca ad es. 'Ancona' da Ancōn femminile (e accusativo *-ōna*, Catullo), *Ancona -onitani* in classici e iscrizioni. Strabone (5.4.1) ci dice che era una fondazione siracusana. Verrà dal greco ἄγκων 'gomito' con allusione alla curvatura della costa. Ciò è detto da Mela 2.64: "a Grais dicta *Ancon*" o da Giovenale (4.40) che ci parla della "Dorica... *Ancon*" in relazione all'origine dorica di Siracusa. La navigazione greca aveva nel "gomito" del *Cònaro* un punto preciso di riferimento. Anche *Numana* (AN) pronuncia locale *umàna* è già 'Umana', fu un emporio greco v. Plinio 3.3 "*Numana* a Siculis condita, ab iisdem colonia Ancona adposita promontorio *Cunero*" (ma non si può escludere che sia di origine prelatina). Di origine preromana è invece il Fiume *Aspio*, Ponte dell'*Aspio* e *Aspio Terme* (AN) che nella Tab. Peut. è attestato come *Aspia flumen*. Non è certo che si possa derivare dal greco ἀσπίς, -ίδα 'serpente', cioè dall'immagine di un fiume che si snoda nelle sue anse. Un filone bizantino si può individuare anche nella toponomastica urbana veneziana e in qualche denominazione della laguna; tra questi toponimi è probabile che si possa collocare *Olìvolo* e la comune designazione di tante località marittime e dell'entroterra del tipo *Còna*, forse dal greco λάκκωμα 'voragine' 'stagno' (con *La-* deglutinato), Pellegrini 1987, 140-144.

Etrusco(*)

61. Le difficoltà di assegnare ad un toponimo di origine etrusca un qualche significato – prescindiamo per ora

(*) Come è ben noto, la lingua degli *Etruschi*, verosimilmente non dai nomi, sicuramente assai numerosi, di origine antroponimica – sono obiettivamente poco incoraggianti e più spesso insuperabili. Bisogna riconoscere che l'individuazione del filone etrusco nel settore geonomastico (che costituisce la fonte più ampia di formazioni toponimiche) è piena di incertezze; anche la caratterizzazione del toponimo mediante determinate suffissazioni e tipiche formanti non può considerarsi illuminante e senza eccezioni, per cui ci sembra che anche il Pieri abbia concesso una eccessiva fiducia nelle sue pur meritorie opere a codesta metodologia. Per assegnare un senso ad un toponimo giudicato etrusco si fa ricorso sovente alle lingue preindeuropee, "mediterranee" (v. § 30-31).

62. Nelle sue numerosissime e ampie ricerche G. Alessio ha spesso l'occasione di discutere problemi linguistici e storici dell'etrusco che egli include nella più vasta regione "tirrenica" e non pochi sono i suoi tentativi (più o meno

indeuropea, è solo in parte limitata comprensibile (i documenti rimastici sono assai numerosi, oltre 10 mila iscrizioni, ma quasi sempre assai brevi). I testi di una certa lunghezza sono in gran parte impenetrabili (ad es. il probabile rituale religioso iscritto sulle bende-mutile della mummia di Zagabria). Si riesce a comprendere il significato approssimativo delle epigrafi brevi (la maggioranza), si conosce assai bene la morfologia nominale, il senso di circa 300 parole e soprattutto si individua con sicurezza la ricca antroponimia (in buona parte recepita dal latino).

Quanto alla loro origine, è nota la teoria erodotea che li identifica con i "Tirreni" e li ritiene giunti in Italia dall'Asia minore (è la cosiddetta tesi "orientalista"). Secondo altri invece essi proverrebbero dall'Europa centrale (teoria "settentrionalistica"). Altri storici ed etruscologi recenti ritengono che la "natio" etrusca si sarebbe formata in Italia mediante una graduale e reciproca assimilazione di varie genti abitanti tra l'Arno e il Tevere (tesi detta "autoctonistica"). Gli Etruschi furono anche una grande potenza marinara ed ebbero rapporti con tutti i grandi popoli del Mediterraneo; essi possedettero una cultura straordinariamente sviluppata con l'assimilazione di vari elementi orientali ed italici, con il potere accentrato in caste aristocratico-religiose. I contatti con i Romani sono attestati oltre che dalla storia (alcuni re di Roma furono degli Etruschi), anche dalla lingua ove si notano vari prestiti reciproci etrusco-latini. L'area occupata dagli Etruschi in Italia (primo millennio a.C.) comprendeva soprattutto l'attuale Toscana (con eccezione del Nord) e si estendeva in gran parte dell'Umbria occidentale (fino a Perugia) e del Lazio settentrionale (fino alle porte di Roma).

Fig. 2.3 L'Etruria tirrenica

convincenti) di invocare la lingua etrusca concepita non solo come il prodotto di un popolo autoctono, ma come una lingua affine alle altre parlate in epoche remote nel bacino mediterraneo. Non accenneremo qui all'interpretazione degli etnici Τυρσανοί (cfr. τύρσις 'torre', relitto mediterraneo) o di *Etrusci/Etruria* che è spiegato anche nel suo *Lex. Etym.* (1976) per aplologia da un umbro *etro-rousia 'l'altro paese', spiegazione fondata su Paul. – Fest. 282: "*Rosea* in agro reatino campus appellatur...", cioè da un sabino *rous-ia, cfr. latino *rūs-rūris* (la voce sopravvive – secondo l'A. – nel latino medievale *rosia*, *Rusia* e moderni *Rosci*, *Rosce* dell'Italia centromeridionale). Né starò a ripetere interpretazioni tradizionali quali quella di Tusci (onde il medievale *Tuscia*) che si rifà ad un *Turs-koi e la forma umbra *turskum numen* 'Tuscum nomen', cioè 'popolo etrusco'. Tali problemi onomastici riferiti agli Etruschi sono stati oggetto di ampi e approfonditi dibattiti da parte di storici, archeologi ed etruscologi.

Anche secondo l'Alessio le iscrizioni retiche – unitamente alle informazioni sui Reti dovute agli antichi – fornirebbero una prova dell'affinità piuttosto stretta tra etrusco e retico; ma sono in ogni caso sempre preferibili i riscontri più puntuali con le iscrizioni di Lemno. Egli ne trae la conclusione (che può apparire per lo meno discutibile, poiché non è certo una prova per una concezione del resto abbastanza diffusa) che "le une e le altre lingue sono da considerarsi genealogicamente affini in quanto rappresentano dei resti sparsi di una primitiva unità linguistica preindeuropea sommersa dall'invasione degli Indeuropei che finirono con l'imporre il proprio idioma alle popolazioni assoggettate". È poi ben noto che gli Etruschi denominavano se stessi ῥασέννα (Dion. Hal. I, 30.1), cioè *rasna* (anche in iscrizioni). Lo Hubschmied (senior), 1960, 405 ha tentato di trovarne una sopravvivenza in *Rasen* (ant. *Rasina*, *Resina*; pron. della Val Badia *Rasùn*) nella Val Pusteria; ma è una ipotesi assai dubbia. Assai più verosimile appare la congettura del Pieri, TVA 44 che – dietro suggerimento dello Schulze 92 – riporta a *ras(s)ina, etr. rasna una serie di nomi locali toscani quali *Ràsina* (Castel Focognano), *Ràssina/Ràsina* (Pergo, Cortona) ecc.

63. La difficoltà maggiore – come abbiamo detto – per interpretare il significato dei nomi locali che, per varie circostanze verosimili, si possono ascrivere all'etrusco, consiste nella quasi totale assenza di parole o sintagmi delle epigrafi che possano rientrare in una sfera geografica di una nomenclatura geonomastica. Come si sa, i non molti significati accertati o probabili (anche se spesso essi non sono puntuali) che possiamo ricavare col metodo combinatorio dai testi etruschi, (assai più incerto, anzi spesso pericoloso, è il metodo etimologico) , si riferisce in grande maggioranza alla sfera sepolcrale, a quella votiva e religiosa. In molti casi le scritte etrusche corrispondono, come è ben noto, a delle "legende" riferite soprattutto a vari personaggi, specie mitici (e da codeste scritte potremo ancora attingere buoni suggerimenti per l'interpretazione del lessico etrusco). Poco ci trasmettono le iscrizioni della sfera civile ecc. Qualcosa tuttavia possiamo ricavare anche per la toponomastica italiana e della Tuscia dalle iscrizioni confinarie, e soprattutto dal "Cippus perusinus" (TLE 570, ove compare il termine *tular* (*tularu*) – non ignoto ad altre epigrafi ed in particolare a Perugia (TLE 571) ecc. – v. ora ThLE p. 347. A tale termine si attribuisce universalmente il significato di 'confine' ed è ben noto che il riscontro più vicino è rappresentato dall'umbro *tuder* 'confine'. Tale voce non era ancora spenta nel sec. XVI a Tivoli, ove essa compare come appellativo nella forma *torale*. Il DEI V, 3825 (se è esatta l'interpretazione) ne dà la seguente spiegazione: "ant. (a. 1305, 1524 Tivoli) 'pietra di confine, confine (*torales sive confinia*), cfr. etrusco *tular* 'confine', donde il paleoumbro *tuder* e *Tuder* la città di Todi, ligure *fundus Tullare* verosimilmente 'il fondo di confine' (tra due pagi). Quanto a *torale*, cfr. peraltro anche il toponimo *Torale* (Perugia) e si noti il significato di 'altura', 'monte', dal latino t o r u s (Verg. *Aen.* 6.674) 'rialzo di terra', latino medievale, *torale* 'colle, monticello'" (Du Cange).

64. Non ci soffermeremo qui a citare soluzioni alternative a quelle proposte dal Pieri 1919 nei suoi capitoli "etruschi"; non è difficile scoprire altre eventualità interpretative, ma più spesso le nuove proposte non servono a

distruggere del tutto le spiegazioni precedenti. Menzioneremo, tuttavia, un esempio che ci è capitato di illustrare, già da parecchi anni, e che si riferisce a *Caligi* (Putignano, Pisa) per il quale il Pieri (TVA 25) pensava ad una derivazione dal gentilizio Calisius (etrusco *Calisus*), Schulze 75 e precisava "se è **Calisi* (locativo)", rinviando a *Calisianu > (ibidem 129) *Caligiano* (Staggia, Poggibonsi), un particolare che sembrerebbe a prima vista dargli ragione nella spiegazione antroponimica. In realtà, mediante le forme antiche ed i contesti degli "Statuti pisani" in cui è evidente che la variante *Carisio-Carigi* corrisponde alla medesima località (un antico 'fosso di smaltimento') ci è stato facile spiegare tale toponimo assai diversamente. Il Pieri credeva che *Carigio* – si ripete altre volte nel territorio pisano – derivasse pure da un gentilizio, Carisius, mentre si tratta dell'arabo ḫalīǧ 'canale' ecc. (è da tener presente che negli *Statuti* si parla di un *carigi* che si deve scavare...; le ricerche arabo-romanze dell'Autore hanno avuto inizio a partire dallo studio degli arabismi pisani). Ma il Pieri è quasi sempre prudente e accanto alle spiegazioni dell'onomastica etrusco-latina egli spesso affianca altre possibili soluzioni, da appellativi di origine latina. Nella TVA 19, mentre *Àntina* (Borro Greve) è tratto, secondo noi correttamente, da un Antĭna, cfr. etrusco *Antinal*, *Antini* e latino *Antenius* (Schulze 123) – vedi ora ThLE p. 61: *antinal*, Senese 293 –, non direi invece che "sarà con mutata desinenza lo stesso nome *Antula*" (verso Poggibonsi, in Lami, *Eccl. Flor. Monumenta*, Firenze 1758), dato che il tipo toponimico *Àntole* è diffuso nel Veneto ed in genere nell'Italia settentrionale, cfr. *Monte Àntola* in Liguria e *Antolina*, *Àntole* presso Belluno, ecc. Si tratta del lat. antŭla, dimin. di anta 'stipite' con vari continuatori dialettali. Il Pieri vi aggiunge anche *Antèlla* (Vitereta, Later.) che deriva da Antĭn(ŭ)la, cfr. Antellus, Schulze 291, *Antèlle* (Bagno a Ripoli) ecc. Ma il medesimo Autore nel capitolo «Nomi locali di ragione oscura o incerta» a p. 364 riporta anche *Antécchia* (Antrìa, Arezzo) e, sia pure con punto interrogativo, lo dichiara da un *antĭcŭla tratto da antae 'pilastri'. È certo che anche in questo ultimo capitolo della sua opera, tra tanti dubbi, sarebbe agevole individuare toponimi da attribuire realmente al filone etrusco, secondo le caratteristiche formazioni. Delle indicazioni suffissali del resto si sono avvalsi più o meno tutti i toponomasti; ma in codeste ricerche non dovremo mai dimenticare che in vari dialetti italiani *-ena* può essere un sostituto di *-ina* (Rohlfs, *Gramm. st. it.* III, § 979) e così pure l'atono *-ĕna -ĭna* può risalire, per lo meno nel nostro Mezzogiorno, al greco. Per il Veneto ricordo ad es. *molena* 'mollica' o *crena* 'crino', inoltre *golena*, *carena* ecc.

Bisogna tuttavia riconoscere – pure col Rohlfs 1972, 51-52 – che molti toponimi della *Tuscia*, con accento proparossitono, possono realmente spettare al sostrato etrusco; così ad es. *Cètica* (Castel S. Niccolò AR), *Èvola* (affl. dell'Arno), *Rèmole* (Pontassieve), oppure *Àvena* (v. sopra), *Bièntina* (PI), *Ruòsina* (Seravezza LU) ecc. anche se si tratta di ipotesi non bene controllabili.

65. Qui ci limiteremo a riprendere un campionario di toponimi inseriti in testi epigrafici etruschi. Il rimando al *Thesaurus linguae etruscae* I. *Indice lessicale*, Roma 1978 è sempre un'ottima garanzia di una equazione toponimica corretta.

I nomi che figurano nelle epigrafi sono nella massima parte nomi etruschi ben noti per i quali è stato a volte proposto qualche collegamento, per ricavarne un significato, più o meno verosimile. Ma non è ovviamente accertato che un nome locale preromano, per il fatto di figurare in un testo etrusco, debba ritenersi automaticamente di origine etrusca.

Arezzo, lat. Arretium, etnico greco Ἀρρητῖνοι, sarebbe attestato nella forma *areuizie-s* (ThLE 667); si tratta di legenda monetaria proveniente proprio da Arezzo. Quanto ad una spiegazione il Devoto, *SM* II, 37-39 pensa ad un *arra preindeuropeo, proposta assai incerta e altri possibili riscontri sarebbero l'etrusco *Arnθ* (noto prenome latinizzato in *Arruns* e cfr. la *gens Arria* oppure cfr. *areaθ* a Cl. CII 477 *bis* ??).

Bolsena, latino Volsinii, in etrusco *Velzna*, *vels/zu*, aggettivo *velznaχ*, e *Velznal*, *Velznaχ*, *Velsina*, Pfiffig 309 riporta anche **velznani*, *velznaχ* 'Volsinienses'; v. ora

ThLE 139 *velznal* Tarq. 5473 (TLE 138) [(*hu*)*zenesc. velznalc*], Cl. localizzazione incerta 2421 (*velia*': *manθatnei*: *velznalc*], *velznaχ* Volc. 5269 (TLE 297) [*laris*, *papaθnas*: *velznaχ*]. La località si trova nelle vicinanze del santuario di *Voltumna*, il *Fanum Voltumnae*. È da notare che *Volsini veteres* fu detta anche *Urbs vetus* onde *Orvieto*.

Capena pare attestata da forme quali *capna*, *capisna* ed etnico *capenate*, v. ora ThLE 95 *capna* Cl. localizzazione incerta 1949 [*av. capna*] e Per. 4284 (*la*: *capna*) 4288 [(...) *θca*pna ls], p. 94 *capenati* Per. 3533 [*fasti.vi. capenati*]. *Capena* compare come antroponimo in falisco su oinochoe da Civita Castellana. In latino si ha Capena-nasenus. Secondo il Devoto, *SM* II, 247-8, deriverebbe da etrusco *cape* forse 'vaso' 'conca', con metafora geonomastica ('bassura, avvallamento').

Capua sarebbe attestato come *capu/va*, e come aggettivo etnico *capuan*, secondo Rix, *Cognomen* 176 e 307 che menziona l'etnico *capevane* = osco-greco καππανο, osco *Kapva-Capua*. Un derivato con mutamento fonetico potrebbe essere anche *cafate* da *cafvate*, *capvate* (ibid. 232 nota 132) e come etnico *capevane-Capevanus*; v. ora ThLE p. 94 *capevanes* Per. 4283 [(...) *snei*: *capevanes*], *capevani* Per. S. Sisto 4096 (*capevanial*: *clan*:). L'Alessio, *Panor.* 33 propone un collegamento di *Capua*, Καπύη con l'estrusco (nota glossa) *capys* 'falco', secondo Servio *ad Aen.* X, 145 (ThLE p. 415): "falconis... qui Tusca lingua *capys* dicitur" (come *Volturnus*, cfr. *vultur* 'avvoltoio').

Cecina, lat. Caecina (Livio) è documentato come *ceicna* in etrusco, v. TLE 401 da Volterra e ThLE 101 Vol. 52a [*v. supni. ceicnal*] e CL Cetona 1574 [*vl*: *vetu*: *caicnal*] v. anche 100 *ceicna* ... Vol. molte volte. Si confronti anche Rix, *Cognomen* 47-48 e 311 che menziona *Caecini* gentil. etrusco (gentil. etrusco di origine patronimica in *-na*), in realtà *cognomen*.

Cerveteri, cioè Caere + vetus-eris, si ritiene equivalente dell'etrusco *χaire*. Caere è comparso nelle lamine auree di Pyrgi alla riga 4 del testo punico nella forma KYŠRY, evidente adattamento di *Cisra* tramandato da Verrio Flacco negli *Scholia Veron. ad Aen.* X, 183 [v. § 36]. Il ThLE p. 363 registra *χaireals* Volc. 5314 (TLE

321) [b) *an*: *farθnaχe*: *marces*: *tarnes*: *ramθesc*: *χaireals*]; *χeritnei* Cl. Sarteano 1506 [*(la)rθia χeritnei* ...], localizzazione incerta 3064 [*θana χeritnei fnescial*].

Cortona, lat. Cortōna, gr. Κόρτων, aggettivo etnico Cortonensis-es, appare in etrusco nella forma *curtun*; il Rix, *Cognomen* 234 riporta come etnico *curθute*; v. ThLE 119 *curtun* Cort. [*mi*: *unial curtun*] e *curθuteś* Cl. localizzazione incerta 2470 [*larθi*: *minati*: *curθutes*:]. Un riscontro verosimile di tale toponimo si ha nell'Iberia, secondo Alessio, *Glott*. 247.

Chiusi ebbe un nome antico *camar(s)/χamar(s)*, v. ThLE 93 *camarineś* Cl. localizzazione incerta 1945 [*camarineś* lautni], inoltre *camarinei* Cl. loc. inc. 1943 [*hasθi*: *camarinei* ecc.], *camarine* Cl. localizzazione incerta 1942 [*aule camarine*]. Si deve precisare che *Camars* è umbro, v. anche Devoto, *AIt*. 106 il quale sottolinea l'affinità di *Camars* 'Chiusi' con gli umbri *Camertes* (Livio IX, 36) che abitavano sul versante adriatico dell'Appennino e cfr. *Camerīnum* (Camerino), oltre a *Camerīnum* e *Cameria* nel Lazio. Il nome etrusco (più recente) di Clusium è *Clevsi(n)*, cfr. il derivato *cleusinśl* come equivalente della nostra città; v. ora ThLE p. 111 *clevsinas* Tarq. 5474 (TLE 139) [... *larθal*: *clevsinas*] e *clevsinsl* Vols. Orvieto 5093 (TLE 233) [... *tenve*. *meχlum*. *rasneas clevsinsl* (...) *zilaχnve*...]

Felsina, antico nome di *Bononia* (Bologna) (v. § 75) – quest'ultimo di origine gallica – è registrata nelle epigrafi etrusche forse come *felśnal* (TLE 442) e v. ora ThLE p. 369 da S. Quirico d'Orcia 312 e cfr. anche p. 368 *felznal* sempre da S. Quirico. Il Devoto, *SM* II, 152-153 ritiene che si tratti di un gentilizio passato a toponimo e che esso si sia diffuso da *Velzna* 'Bolsena'.

Fiesole, lat. Faesulae, in etrusco sarebbe espresso da *Vipsul*, ma altri riporta l'equivalenza con *visul*, anche qui col passaggio di *v*- ad *f*-. Nel ThLE trovo a 159 *vipsl* proprio da Fae. = TLE 676.

Mantova, nota città etrusca della Dodecapoli nella regione padana; latino Mantua, in etrusco *manθva*, ed etnico *manθvate*, ThLE 233 *manθvate* Per. 4417 [*az*: *petru*: *manθvate*] e *manθvatesa* Cl. localizzazione incerta 2422 [*θa*(...) *felz*[*n*]*ei manθvatesa*] ecc. Secondo Servio *ad Aen.*

X, 200 il nome starebbe in relazione con la divinità infera *Mantus* (etr. *manθu* che non trovo in ThLE), Alessio, *Panor.* 77.

Populonia, latino Populonia e Populonium, etnico Populonienses. Il nome ha due tradizioni in etrusco e cioè *Pupluna* e *Fufluna*, v. *ThLE* 284 *pupluna* con numerose attestazioni e 373 *fufluna* Or. inc. (= TLE 794) [*χa vetalu fufluna*] e TLE 379 [*χa fufluna vetculu*] da Populonia, su monete. La forma con *f-* (posteriore) è generalmente associata all'etrusco *fufluns* equivalente di Bacco/Dioniso; si ricorda che la coltivazione della vite è in zona assai diffusa ("la città di Bacco"). Per la connessione con latino *populus*, voce che non pare di origine indoeuropea, v. anche DEI (Alessio) V, 3018, cfr. umbro *puplum*, *poplom* accusativo usato da Livio per indicare le 12 città confederate dell'Etruria. Come forma romanza popolare ci aspetteremmo: **Poppiògna*.

Sutri (Viterbo), lat. Sutrium, etnico Sutrini, presenta la forma etrusca *sutri suθri*; l'etnico *suθrina/ni* secondo Pfiffig 190 e ThLE p. 327 Per. 3485 [*lar. rafi. suθrina*] e 4467 [*la*: *suθrina*], *suθrinial* Per. 3484 [*au. rfi. suθrinial*); ma v. Rix, *Cognomen* 292 e cfr. *sutrinaś* Per. 4469 e *sutrinei* Per. 3486. Assona perfettamente, forse per puro caso (?), con *Sutrio* (Udine), località della Carnia.

Tarquinia, lat. Tarquinii *-ōrum*, etnico Tarquinienses, greco Ταρκυνία-κουίναι, in etrusco *tarχuna*, *tarχna*, [*t*]*arχna* su moneta, e v. ThLE 331 *tarχnas* da Cae. e Per. X con molte attestazioni, e *tarχna* Cae. 5911 [*ranθvla tarχnai. av.* [*s*]*ec. tarχnac*] e *tarχunies* Volc. 5275 (= TLE 300) (*cneve tarχunies rumaχ*) e da Cl., *tarχunus* Tarq. Tuscana, NRIE 759 [*avl tarχunus*]. Per i rapporti con l'osco-umbro *Tarpeia* v. Devoto, *SM* II, 360, adattamento fonetico-morfologico di *Tarquinia* (o etr. *Tarkvena*). È noto che il nome popolare di T. fu a lungo *Corneto*.

Veio in latino *Vei*, *Veji*-ōrum, *Veiens* e Veientes, Veientānus-āni; in etrusco *vei*, *veie* e come gentilizio etnico *veiane* da Montegurazza (TLE 707); il Rix *Cognomen* riporta l'etnico **veiaθe*; v. ThLE 136 *veiaθial* Per. 3507 [*vl. feθiu. au. veiaθial*] e *veianal* Per., NRIE 427, *veianeś* (V secolo), *veiani* Vols. Orvieto ecc.

Vetulonia, in latino Vetulonia, etnico *Vetuloni* e Vetulonienses. Il nome non pare continuato direttamente da forme neolatine; in tal caso ci saremmo aspettati un **Vecchiògna*. La forma etrusca dovette essere *Vetluna* o *Vatluna*. Su moneta *vatl* (TLE 367), Pfiffig 309 che riporta *vatl*(*u*); v. ThLE 154 *vetlnal* (?) Cl. localizzazione incerta 1959 [*aθ. carna. vetlnal*] e 134 *vatlui?* or. inc. (TLE 795 *vatlui*), inoltre il citato *vatl* da Talamone, Vet. e di origine incerta (= TLE 796).

Volterra, latino Volaterrae, in etrusco *velaθri* e gent. *velθrina*. Il ThLE 138 attesta varie volte *velaθri* Vol. CII 303 (TLE 406), inoltre in epigrafe da Monteriggioni (TLE 430), Casole d'Elsa, Cl. Castiglione del Lago e da località incerte; si veda anche *velθri* Vols. Orvieto 5126 [*cae*: *velθri*: *l*], *velθriti* Vols. Bolsena 5174 [*śeθra*: *velθriti*: *av*:].

Vulci in lat. *Vulci*, gr. Ὄλκιον, Οὔλκοι – pare che il nome sopravviva in una piccola località a 20 km a Nord-Ovest di Tarquinia, in *Pian di Voci* o Ponte della Badia – in etrusco *Velc-*/*Velχ-*; etnico *velχite*, ThLE p. 147 ?*velχe* Cl. Sarteano 1536 [*vel velχe*] ecc.; p. 148 *velχite* Cl. Bruscalupo ecc.

Non è affatto certo che si possano ascrivere allo strato etrusco città di origine preromana quali 'Lucca' < Luca (etnico *Lucenses*) oppure 'Pisa' < Pisa (etnico *Pisani* e tardo *Pisensis*). Maggiori probabilità di una origine etrusca ha 'Perugia' < Perusia (etnico *Perusini*). Forse etrusca è 'Siena' < Saena etrusco *seina* (?), Schulze 1904, 567, 'Viterbo' (? < vicu Elbu?!), attestato nell'Anon. Ravennate come *Castrum Viterbu*; pare sia sorto su di un vico etrusco (*Surrena*?).

66. Ma a questo punto si dovrebbero aggiungere molti altri casi di nomi locali attestati nelle epigrafi etrusche e ricavati soprattutto dagli etnici-gentilizi. Tale delicata operazione è stata spesso già attuata dallo Schulze e ancor più dal Rix, *Cognomen* specie 232-233 e 307-308, ove l'etruscologo ci presenta una buona serie di corrispondenze che sembrano tutte persuasive tra formazioni etrusche in *-te* o in *-ne* e nomi locali. Esse sono particolarmente bene accertate quando si riferiscono a nomi locali antichi,

d'epoca classica, e le località cristallizzate negli etnici hanno una certa notorietà. Meno certi sono i casi in cui dall'etnico etrusco si tenta di risalire a qualche toponimo per lo più poco noto. Ma rimane tuttavia una buona verosimiglianza quando il nome locale estratto si riferisce all'Etruria. Cito ad es. *scarnate* (v. ThLE p. 311 *scarnati*, Cl. Trequanda, NRIE 248 [*larθi*: *titne scarnati*] che deriverebbe da *Scarna* (forma moderna). Per quanto risulta dal suo poderoso volume *Cogn.* pare che il Rix non abbia mai utilizzato i lavori, sovra menzionati, di S. Pieri, i quali, nonostante varie incertezze, avrebbero potuto fornirgli qualche sussidio (abbiamo già più volte sottolineato: non sempre sicuro!). Il Pieri 1919, 27 ad es. riporta il paesino di *Scarna* (Quartaja, Colle Val d'Elsa) e lo sistema – direi con scarsa verosimiglianza – sotto C a r n a (etrusco *carna -nal*, lat. C a r n i u s, Schulze 146). Egli giustifica *s-* iniziale come una semplice prostesi e pertanto il toponimo starebbe insieme con *Carna*, *Garnia* ecc., una ipotesi che ci sembra assolutamente incerta.

Non pare invece si possa accogliere un'altra equazione presentata dal Rix, *Cognomen* 232 (ma che risale in sostanza allo Schulze) e cioè tra l'etnico *Carpnate* (v. ora ThLE 97 *carpnate*, Or. inc. *StEtr* 44, 228 n. 25 [*arnθ carpnate*] – che l'A. ci dice attestato 6 volte a Chiusi – ed il paesino di *Carpegna* (Pesaro) nell'antica Umbria (= *Ager Gallicus*). Il Rix, come abbiamo detto, rinvia allo Schulze 530; ma, a ben guardare, la connessione di *carpnate* con *Carpegna* pesarese è indubbiamente errata. Qui basterà rinviare alle forme medievali: a. 1290 *plebis Carpinei* e 1125 *Plebs sancti Johannis in Carpineo*, per cui pare verosimile derivare tale toponimo dal fitonimo c a r p e n -ĭ n i s, col suffisso *-ĭneus* che compare spesso unito a piante, cfr. *Frassegna* (Valle Castellana) che risale direttamente al lat. f r a x ĭ n e u s (attestato in Virgilio ed in Columella), e per la diffusione di codesto suffisso ci basti rinviare ad Alessio e de Giovanni 1983, 134. Di origine etrusca è il *Chianti*, a. 790 *curte in chanti*, in origine un idronimo, v. Mastrelli 1988.

67. Per concludere il capitoletto sullo strato etrusco è opportuno richiamare alcuni principi generali che possono

sembrare piuttosto ovvii nella individuazione e nello studio del filone toponimico etrusco in Italia.

I nomi di luogo etruschi vanno ricercati innanzi tutto: *a*) nell'area di diffusione storica, bene accertata, degli Etruschi e della loro civiltà; *b*) può giovare come indizio la forma 'canonica' del toponimo (purtroppo non sembra spiccata); ad es. la *f-* iniziale, qualora si escluda latino e italico, può fornire qualche buona spia per l'attribuzione all'etrusco e forse anche qualche combinazione fonetica; ma soprattutto è indicativa la presenza di determinate formanti suffissali che devono esser bene vagliate (molte infatti, qualora siano ritenute prove irrefutabili di etruschità, possono deviare l'onomatologo dalla retta spiegazione); *c*) è consigliabile l'utilizzazione delle poche glosse e degli appellativi toscani, qualora siano stati spiegati con verosimiglianza come di origine etrusca (i casi sono purtroppo assai pochi e si riferiscono quasi sempre a fitonimi); *d*) un nuovo mezzo di ricerca è costituito dal lessico etrusco di cui ora abbiamo un buon repertorio (il ThLE); *e*) ma la fonte principale e più accertabile per l'ipotesi etrusca resta sempre l'a n t r o p o n i m i a, assai bene studiata a partire dallo Schulze per giungere alla ottima monografia, più volte citata, di Helmut Rix.

Ed ancora mediante codesto strato si possono interpretare, con notevole verosimiglianza – come fece già Silvio Pieri – una notevole serie di nomi locali etruschi ed etrusco-latini.

Italia settentrionale

68. Passiamo ora all'Italia s u p e r i o r e prelatina ove incontriamo soprattutto un buon numero di toponimi c e l t i c i accanto a nomi l i g u r i (ed una posizione particolare ha il l e p o n z i o) nella sezione occidentale; pochi i nomi locali di sicura origine v e n e t i c a nell'Italia nord-orientale, unitamente, forse, a qualche traccia di "retico" (o di etrusco) peraltro assai incerta.

Quanto alla diffusione delle schiatte celtiche (indeuropee) provenienti dall'Europa centrale, al loro insediamento soprattutto nella Gallia e nell'Italia settentrionale, oltre che nell'Iberia, nella regione balcanica e nell'Asia Minore, si vedano qui alcuni dati ed una esemplificazione toponimica ai §§ 9 e 10.

Ma prima di passare in rassegna un buon campionario per la serie di nomi celtici (gallici) in Italia, è necessario premettere poche osservazioni generali metodologiche sulla posizione di alcune lingue preromane dell'Italia antica che hanno indubbi rapporti col celtico o che sono ritenute imparentate più strettamente con tale gruppo linguistico. E, d'altro canto, ci pare necessario accennare anche ad eventuali possibili convergenze toponimiche celto-venetiche. Una questione ancora dibattuta ed incerta è ritrovare sicure tracce celtiche in regioni che secondo gli storici antichi sarebbero state popolate dai Reti, una serie di tribù preromane etnicamente e linguisticamente mal definibili, specie sulla scorta delle poche epigrafi rinvenute e ad essi attribuite. Dovremmo inoltre discutere brevemente di temi toponimici già attribuiti ai Celti, e verosimilmente diffusi da tali schiatte nell'Italia superiore, ma appartenenti a lingue preceltiche, anzi preindeuropee, con buona concomitanza di consensi tra gli specialisti.

Ligure e leponzio

69. Importante, anche per gli studi toponomastici, è il giudizio che possiamo formulare circa il concetto di "leponzio" che con varie sfumature era stato definito "celto-ligure" (Whatmough 1933) e che in sede epigrafica è tuttora ritenuto sostanzialmente una varietà di celtico sovrappostasi ad uno strato liguroide. Anche se si tende ormai a distinguere nei non molti reperti epigrafici prelatini dell'Italia superiore e zone contigue, tra gallico e leponzio, appare evidente che le concordanze nei documenti sono numerose ed a volte non è facile operare un taglio netto tra le due lingue, come ci insegna anche l'iscrizione di Prestino (v. Lejeune 1971, 96-111).

Il Lejeune 1972 si è giustamente preoccupato anche del problema terminologico che risulta avere una incidenza non irrilevante su alcuni concetti linguistici i quali interessano da vicino la toponomastica. Così ad es. il Devoto

1962 (= 1967) attribuisce al termine "leponzio" (che dovrebbe riferirsi propriamente alla lingua di una popolazione stanziata nell'area del Canton Ticino e che ha lasciato il nome nella *Valle Leventina* da L e p o n t i n a) una estensione forse eccessiva e che ingenera qualche confusione. Al leponzio (o *lépontique*) epigrafico il Lejeune – considerata la diffusione dei documenti – preferirebbe assegnare, su basi geografiche, la denominazione linguisticamente non impegnativa di "luganien" (già si era parlato di un "alfabeto di Lugano" poiché tale località può essere considerata il centro dell'area di rinvenimento delle suddette iscrizioni "leponzie"). Come ha giustamente sottolineato lo studioso francese, la fonetica che si ricava dalla interpretazione delle iscrizioni leponzie non si accorda in molti casi col trattamento linguistico supposto dal Devoto per spiegare alcuni nomi locali ch'egli attribuisce ai "Leponzi", mentre per l'area di tali toponimi potrebbe convenire meglio la vecchia nozione di "ligure indeuropeo" (che peraltro risulta in parte equivoca).

Conviene comunque accennare ad alcune etimologie "leponzie" del Devoto, in parte tradizionali, quali ad es. *Genua* (Genova) analogo a *Genava* che presenterebbe una evoluzione più recente (Ginevra-Genève) e un *fundum Genavia* (nella Tab. di Veleia 6.23) – che il D. dichiara espressamente "pas nécessairement lépontique" –: toponimi che richiamano l'immagine del "ginocchio" (cfr. lat. *genu -ua* ant. indiano *jānu*, greco γόνυ) per indicare la curvatura sulla costa o la foce di un fiume. Oppure gli idronimi *Gandovera* e *Porcobera* (in Plinio, *n. h.* III, 48 *Porcifera* ora *Polcèvera*) già analizzati dal Bertoldi come "portatore (- b e r a da ie. * b h ĕ r -) di ciottoli" (*ganda* 'pietra', voce ritenuta di origine preindeuropea) e ie. * p o r k o -, cfr. a. irlandese *orc.* 'salmone' o 'trota'(?) (ma il Devoto preferisce una traduzione "porteur de sillons", cfr. latino *porca*). Questi ed altri nomi locali citati dal Devoto erano tradizionalmente attribuiti al l i g u r e, mentre di maggiore interesse per il leponzio dovrebbe risultare l'interpretazione di: *Aquae Bormidae* (localizzazione incerta) citato da Cassiodoro (*variae* X, 20) come 'acque calde, salutari contro la gotta' o *Lucus Bormani* (It. Ant. 295) il cui nome sarebbe affine a *Bormio* (Sondrio) presso le sorgenti dell'Adda, ove sono conosciute fonti termali (la forma medievale a. 822 è *Burmis*); ovvio appare il confronto col fiume *Bormida*, che passa per Acqui (da a q u i s, cioè le *Aquae Statiellae*, CIL V 7506 e Strab. V, 1, 11, che deve il nome alle celebri terme), antico *Burmia*, *Bormeda* (Olivieri, *DTL* 101) e v. anche Alessio 1959, 81 (cfr. anche il nome di divinità *Bormō* e *Bormānus*). Il Devoto, come altri autori, vi suppone un senso di "fiume dalle acque calde"; ma non mancano gli studiosi che ricorrono invece al tema *b h ĕ r -/ *b h ŏ r 'gorgogliare' 'ribollire', cfr. latino *fermentum*. Forme parallele sarebbero pertanto il latino *formus* 'caldo' o l'a. irlandese *gorim* 'riscaldo' per cui nel leponzio il trattamento dell'ie. g^wh (*g^wh o r - 'caldo') presenterebbe labializzazione come già aveva notato anche Whatmough 1933, 164 (*bormo* 'warm') e 590 (tale trattamento sarebbe tipico del ligure poiché nel celtico si perde la labiale ^{w} e l'aspirata per cui il risultato è *g*). Il Lejeune 1972, 269, osserva che finora si ignora il trattamento di g^wh in celtiberico, in gallico e nella "lingua di Lugano" (= leponzio epigrafico) e d'altro canto non si può escludere che linguaggi intermedi tra italico e proto-britannico e proto-gallico abbiano conosciuto l'evoluzione g^wh > *b-* e che essa fosse tipica del "luganien" e del leponzio estratto dai dati toponomastici "sans pour autant que *x* (lingua delle epigrafi) e *y* (lingua fondata sui dati toponomastici) soient una seule et même langue". In sostanza il Lejeune rimprovera al Devoto di aver attribuito al leponzio (toponomastico) i tratti che erano attribuiti al ligure, come abbiamo già osservato. Sempre secondo il Devoto apparterrebbero al leponzio il m e l (l) o 'rilievo del terreno' (e la forma aggettivale m e l i o -) di *Lebriemelus* (*fons*) "pierre au lièvre", secondo il Terracini (AGI XX, 135) ed ancora in *Blustiemelus* (*mons*) della "Sententia Minuciorum" (per la quale si veda soprattutto l'illustrazione di Petracco-Sicardi 1958/59). Spetterebbe alla medesima voce anche *Leucumellus* (*fundus*) della Tab. di Veleia (7.37 e 5.72), cioè la 'collina bianca', cfr. greco λευκός.

La connessione più evidente tra leponzio epigrafico – secondo Devoto – e toponomastica (ligure!) è indubbiamente offerta dal notissimo *Vindupale* (della "Sententia") di cui *Prealba* (< p e t r a a l b a) è un chiaro riflesso (ma non ci pare un argomento definitivamente dimostrativo; v. comunque Petracco-Sicardi 33). L'interpretazione, come si sa, si fonda sul celtico w i n d o - 'bianco' (cfr. a. irlandese *find* e i gallici *Vindomagus*, *Vindobona* ecc.) e p a l e, cfr. p a l a delle iscrizioni leponzie (più volte) 'tumulo', 'monumento', 'pietra sepolcrale' (o simile) e come toponimo 'pietra', 'roccia', elemento geonomastico tanto dibattuto (v. § 32). Tra gli elementi toponimici presi in considerazione dal Devoto figura anche d e b e l o - usato come toponimo, ma anche appellativo, presente nella "Tab. di Veleia" (*Debelos*, *Debelis* accompagnato da *fundus*). Di qui proviene verosimilmente *debbio* – come ha indicato il Serra 1931, 134 – 'abbruciamento di legna e sterpi per ingrassare il campo', derivato da un indoeuropeo *d h e g^{w}h -, cfr. latino *foveo* 'brucio' (*fomentum*), come se fosse in latino **fovilum* (ipotesi già abbozzata dal Pisani e preferibile all'inquadramento mediterraneo proposto dal DEI IV 1219).

Ma ai nostri fini, di individuare il filone toponomastico propriamente gallico nell'Italia superiore, abbiamo già potuto constatare, dai pochi esempi riportati, che il "leponzio" toponimico del Devoto si scosta notevolmente dalla tipologia più comune dei nomi di luogo gallici e non sono pertanto prive di fondamento le riserve esposte dal Lejeune 1972, il quale considera il "luganien" (cioè il leponzio epigrafico) sostanzialmente una varietà di gallico arcaico, importato in Italia con migrazioni che risalgono alla prima metà del primo millennio a.C.

70. Una buona sistemazione dei problemi toponomastici nel rapporto tra l i g u r e e c e l t i c o nell'Italia settentrionale è ora fornita da Petracco Sicardi 1981, 31-82, sulla linea di altri studi relativi ai due documenti più importanti per ricavare dal testo latino elementi liguri indoeuropei, e cioè la *Sententia Minuciorum* (o "Tavola di Polcevera") del 117 a.C. e la *Tabula Alimentaria* di Veleia (del II sec. d.C., ma con una documentazione toponimica catastale che riflette lo status del I secolo). L'Autrice in sostanza accentua il carattere indoeuropeo dei relitti liguri ed elenca accuratamente una buona serie di toponimi dall'a-

rea "ligure", in senso lato, con spiegazioni verosimili o ben fondate. Ne citiamo alcuni: *Aventia* (Tab. Peut.), torrente a S della Magra, oggi 'Avenza' da un *au̯^{e}ntos, cfr. lettone *avuôts* 'fonte', ant. indiano *avatá-* 'pozzo', etnico gallico *Auantici* onde l'idronimo *Avance* affluente della Durance. – *Bergiema*, monte dell'Appennino ligure (Sent. 19) da *bhĕr 'portare' e ĝheim- 'neve, freddo'. – *Bitunia*, *Bittelus*, nome di un bosco e di un fondo nella Tab. Vel. (passim) che si continua, il primo in *Bedonia* (PR) da *g^{w}etu- 'terreno argilloso', cfr. ant. indiano *jatu* 'gomma', ags. *cwidu* 'resina'. – *Bodincus*, nome ligure del 'Po' (Plinio) denominato "fundo carens" (cioè molto profondo) da un *bhudhno-, cfr. ant. indiano *budhná-*, greco πυθμήν, latino *fundus*, col suffisso preromano -inko- (l'Alessio ed il Battisti ne hanno invece proposta una interpretazione preindeuropea). – *Comberanea*, rivo della Val Polcevera (Sent. 7) da un *kom-bhĕro- 'confluenza', cfr. irlandese *commar*, cimrico *cymmer* idem. – *Eniseca*, rivo della Val Polcevera (Sent. 22), da *eni-* 'in' e radice *sek- 'tagliare' (latino *secō-āre*) quindi "rivo che incide il terreno". – *Neuiasca*, rivo della Val Polcevera (Sent. 9) da *neu̯io-, latino *novus* col suffisso ligure -asko-; oggi vi corrisponde il toponimo *Nei*. – *Roudelius*, nome di *fundus* (Tab. Vel.) da *rou̯dhro- 'rosso', cfr. a. irlandese *ruad*. – *Prenicus*, monte della Val Polcevera, oggi *Pernecco* (Sent. 20), verrebbe da un *k^{w}renno-, cfr. a. irlandese *crann*, cimr. *prenn* 'albero', ecc.

Per quanto concerne la diffusione del suffisso ritenuto ligure *-asko-* v. qui § 129.

Anche la Petracco Sicardi sottolinea la consapevolezza degli antichi circa la distinzione etnico-linguistica tra Λίγυες, *Liguri* e Κελτοί o *Galli*. È d'altro canto ben noto che il ligure "anepigrafico" e fondato sui nomi di luogo o di persona antichi, contiene in ogni caso vari elementi indeuropei. D'altro canto il leponzio (o celto-ligure) epigrafico, pur essendo una lingua sicuramente indoeuropea, rappresenta forse una varietà di celtico continentale ricca di elementi preindeuropei ed etruscoidi (tra questi soprattutto la desinenza *-al* e il sostantivo *pala*, molto comune nelle epigrafi sepolcrali). Alla Petracco Sicardi sembra inutile (per la toponomastica) utilizzare due denominazioni. Si tratterebbe infatti di un "ligure" che conosciamo ormai in epoca di poco anteriore alla romanizzazione o già durante il processo di romanizzazione.

Molto incerto è l'etimo di 'Savona' da *Sauone* (abl.) citato da Livio che lo definisce *oppidum* nel territorio dei Liguri Alpini: come attestazione si ha poi *Saona* (sec. VII). Qualora fosse di origine ligure indeuropea (ciò è incerto!) si potrebbe pensare alla radice *seu- 'umido, bagnato', cfr. l'idronimo *Sava* e a. a. tedesco *sou* 'umore'. È da notare che presso la città si trovavano i *Vada Sabatia*.

71. Un problema ancora più incerto, almeno secondo la nostra opinione, è di fissare quanto spetti realmente al gallico nella toponomastica del Veneto preromano, ove la lingua venetica ci è bene attestata da una serie di circa 350 testi che dal sec. V o VI a.C. si continuano sino all'epoca della romanizzazione dando origine ad epigrafi ibride venetico-latine. E d'altro canto sappiamo da Polibio che la lingua dei Veneti era diversa da quella dei Galli. Da alcune nostre esplorazioni – che riteniamo ancora sommarie e forse superficiali – si è potuto constatare (Pellegrini 1980) come non sia agevole riunire un gruzzoletto considerevole di toponimi preromani nella regione veneta – ed in particolare nelle aree in cui la presenza dei Veneti è confermata dall'epigrafia unitamente alle notizie degli storici antichi – da interpretare con elementi noti o ricostruibili della lingua venetica. Anche i nomi locali che si possono ricondurre con una certa sicurezza ad antroponimi venetici – i quali si ripetono spesso nelle epigrafi venetiche e latine – sono nel complesso assai limitati. D'altro canto bisogna riconoscere che anche nelle regioni popolate prevalentemente da Veneti non è invece difficile scovare alcuni toponimi celtici o attribuiti, con verosimiglianza, a tale lingua. E ciò vale in particolare per il Veneto centro-settentrionale ove le tribù celtiche si erano forse diffuse con maggiore intensità. Ma in realtà le difficoltà summenzionate possono forse derivare dalle conoscenze non equilibrate dei due linguaggi, e vorremmo aggiungere, prudentemente, che qualora non ostino chiare

difficoltà di ordine fonetico (ma i criteri di distinzione sono purtroppo assai circoscritti) potremmo immaginare, sempre come ipotesi di studio e per il Veneto meridionale (ove i Galli non si sarebbero insediati con fitte stazioni), alcuni casi di convergenza toponimica dovuta a qualche isolessi comune, ma ancora non decisamente provata. Tale ipotesi è appena sfiorata anche da M.P. Marchese 1978 a proposito dell'etimo gallico del *Monte Venda* (< gallico vindos 'bianco') tra i Colli Euganei e di *Vendévolo* che forse ha una analoga origine (?). Anche il Campanile 1970, in un articolo sull'onomastica celtica nelle iscrizioni venetiche, giustamente propone una suddivisione tra elementi celtici sicuri ed altri che in realtà potrebbero spettare anche ad altro filone (e noi aggiungeremo con maggiore convinzione a quello venetico).

Gallo-carnico

72. Per l'area friulana le condizioni dell'incolato venetico prima della romanizzazione dovrebbero essere diverse e la presenza dei Galli Carni (è noto il trionfo del console M. Emilio Scauro *de Galleis Karneis* del 115 a.C.) ivi appare bene attestata dalle fonti storiche, dai reperti archeologici e dalle legende delle monete gallo-carniche. Anche fondandoci sul diverso trattamento fonetico di ie. *gh-* in gallico – ove l'esito *g-* è sicuro – ed in venetico, ove conosciamo invece *h-* per lo meno sull'esempio, assai convincente, di *hostihavos* (Pa 7) da *ghosti- e *ghau̯-, cioè 'colui che invoca lo straniero', riteniamo di aver spiegato correttamente, già da qualche decennio, il nome *Gorto*, coronimo della Carnia, da *ghorto- > *Canale di Gorto*, lat. mediev. *gortus* 'canalis per quem acquae decurrunt' (si noti la tautologia). Ben noti sono inoltre i derivati gallo-romanzi di *gortia per i quali rinvio al *FEW IV*, 200. Ci sembra comunque che con una esplorazione meticolosa delle carte medievali del Veneto ci si possa imbattere in qualche toponimo o appellativo arcaico da riportare, con una certa verosimiglianza e con la semplice ricostruzione, allo strato venetico. Ed insistiamo ancora una volta che anche la notevole affinità

della nostra lingua, può avere oscurato la trasparenza di alcune etimologie. Nulla vieta che, ad es., *Tarvisium* = 'Treviso' che si ripete in Friuli nel meno noto *Tarvisio* (a. 1399 "ab aqua que dicitur *La Tarvisa*", a. 1447 "ai sudditi della *Tarvisa*", a. 1496 "versus *Tarvisiam*", Frau 1978, 115: può essere un toponimo di riporto), generalmente interpretato come nome gallico (v. anche De Simone 262: "Si tratta di un derivato in *-isio-* dell'appellativo gallico t a r v o s 'toro', cfr. m. irlandese *tarb*, cimrico *tarw*) possa invece essere attribuito al venetico. Anche la Karg 122 e 200 (che riporta le forme antiche a partire da quelle epigrafiche: *Tarvisio*, *Tarviso* CIL VI 2379a e b, *Tarvisi(o)* CIL VI 2381 a *Mun. Tar(visio)* CIL V 2109 (Tarvisium), *Tarbision* (*Trabium*) nel Geogr. Rav. IV, 30, *Tribicium seu Tarbision*, ivi IV 31, *Tarvisio* in Paolo Diacono *H. Lang.* III, 26 ecc.), spiega tale nome col gallico, mentre, secondo noi, nulla vieta che *tarvo-* 'toro' e *-isio-* fossero noti anche nel venetico (v. anche *Lingua venetica* I, 1967, 401). G. Alessio, *Lex. Etym.* 27-28 ha proposto di interpretare col venetico (si tratta ovviamente di una ipotesi incerta) il latino tardo *aregasta* 'opera di difesa delle sponde di un fiume' che ritroviamo più volte nella toponomastica veronese (Olivieri, *TV* 137); secondo l'A. si tratterebbe di un composto ibrido *a r e - g a s t a, semanticamente non lontano da *agger* (e *argere*) in cui *are-* sarebbe celtico 'davanti' e *-gasta* potrebbe invece esser ricondotto al venetico, da un indoeuropeo *g ə s - t o - = latino *gestus* agg. verb. di *gero* 'porto', cioè 'terra portata sulle due sponde dal fiume'. Anche se ci pare di dover attribuire a tale spiegazione una dose di intelligente fantasia, non vorremmo escludere che si possano individuare elementi venetici proprio mediante ricostruzioni analoghe.

73. Altra regione in cui le interpretazioni della toponomastica preromana si rivelano spesso in notevole contrasto tra gli specialisti è rappresentata dal Trentino-Alto Adige. Così, scorrendo ad es. i numerosi (e ponderosi) volumi del *DTA* si può constatare facilmente come il Battisti ed i suoi collaboratori (in specie per la prov. di Bolzano) di quella collezione (che tanti meriti si è acquisita; basterebbe la

raccolta delle documentazioni d'archivio), abbiano dato la preferenza, nella interpretazione dei numerosi nomi locali pretedeschi (in buona parte dubbia od oscura), alle etimologie che si appoggiano a temi ritenuti di origine preindeuropea (e non neghiamo che alcuni toponimi possano risalire a tale filone), trascurando le ipotesi che si fondano sui confronti con lingue dai contorni meno evanescenti. Bisogna tuttavia sottolineare che tanto il Battisti, quanto il suo (in certo senso), antagonista austriaco, Karl Finsterwalder, contrariamente ad una tradizione, in prevalenza ottocentesca e di certo scientificamente superata, non fanno quasi mai ricorso al "retico", come nozione linguistica ben definita. Purtroppo anche qui le indicazioni che ci possono venire in soccorso dalle cosiddette iscrizioni "retiche", anche ai fini toponomastici, risultano negative o inconsistenti (v. Pellegrini 1985). Crediamo tuttavia di avere indicato correttamente una corrispondenza di notevole rilevanza, anche storica, tra un *aruśnas*, da noi letto in una iscrizione preromana di Serso (Pèrgine, TN), e il noto *Pagus Arusnatium*, una *enclave* etnico-linguistica particolare ("etruscoide") in territorio veronese (Val Policella). Non neghiamo che proprio in *arúsnas* si possano cogliere tratti fonetici che, secondo una tradizione, si sogliono ascrivere ai "Reti" (ipotesi etrusco-retica ben nota agli storici antichi). Il Finsterwalder 1978, che interpreta molti nomi sudtirolesi da appellativi latini (secondo tale studioso tedeschizzati in varie epoche, ma assai spesso prima del 1000; la tedeschizzazione non sarà in molti casi unicamente cancelleresca?), concede largo spazio a proposte etimologiche che si appoggiano al gallico. Anche le sue interpretazioni, data la difficoltà intrinseca dell'argomento, non sono sempre convincenti.

Pregallico

74. Dovremmo ora accennare brevemente al problema delle voci attribuite al gallico – e probabilmente diffuse da tale lingua in molte aree europee – le quali, a ben vedere e sulla base di riscontri più ampi, si rivelano di origine pregallica e per lo più preindeuropea. L'Alessio 1946, 26-

42, unitamente a molti studiosi francesi, tra i quali A. Dauzat, non senza qualche esagerazione, ci dà un ampio campionario di toponimi francesi che spettano al preindeuropeo o di formazioni ibride in cui accanto al gallico troviamo elementi liguri od iberici.

Come esempio di un tema toponimico, ed in particolare idronimico già ritenuto celtico ed effettivamente diffuso ampiamente in regioni popolate da Celti, il quale invece va riportato a strati anteriori, come dimostra la comparazione, menziono il caso del preromano *duria che è stato investigato, in tappe successive, soprattutto da J. Hubschmid a partire dal 1949, 109-115. Tale idronimo figura nel *FEW* III (1934), 192, sotto la forma Duria 'Flussname' ed ivi sono riuniti i principali derivati, in particolare noti fiumi tra i quali le due *Dore* piemontesi (Aost. *Dwèra*) e una serie analoga che va da *Thur* (Svizzera) al *Duero/Doiro* della Penisola Iberica, ecc. Lo Hubschmid approfondisce i riscontri e pone in risalto soprattutto i significati vivi di appellativo, i continuatori di un gallico (o presunto tale) *duria e dei derivati quali *durasja (ad es. nelle Alte Alpi *edurìs* 'trombe d'eau', *dourisia* 'petite averse', *edurize* 'il pleut à torrents' ecc.). Si noti, come appellativo italo-romanzo, ad es. il ligure *doria* 'corso d'acqua' e i derivati verbali dell'Alta Savoia *diurà* 'mouillé', 'trampé jusqu'aux os par la pluie'. Dalla variante *duri- f. si ha ad es. *La Dour* affluente della Guisam (Besançon), *La Dor* affluente della Dordogna. E qui non stiamo a ripetere l'ampio campionario di idronimi e di appellativi riunito dallo studioso svizzero. In realtà i riscontri della nostra base si sono allargati oltre misura nella bibliografia specialistica tanto da raggiungere la regione basco-pirenaica con *Aturrus* (Ausonias), basco *Aturri* 'Adour', in *Aturri* (a. 1091), *aquam... Adureis* (a. 1427) ecc.; è parso dunque più verosimile che esista in realtà una relazione diretta tra la citata base *duria e il lessico basco il quale ha un tipico rappresentante in *iturri* 'sorgente, fonte': collegamento pare riconosciuto per la prima volta da Bezlaj 1956, 223 (che accenna all'inquadramento etimologico dei nomi di fiume *Idrijca*) e indipendentemente dall'Alessio. Su tutto ciò si veda Hubschmid 1965, 140-141. Si dovrebbe pertanto postulare una base preindeuropea *dura/*duria molto diffusa nell'idronimia europea ed in particolare nelle vaste aree popolate da genti celtiche (ma non soltanto da loro). Del resto già il Battisti aveva incluso **DUR-* idronimo in una lista di temi preindoeuropei ed aveva richiamato il confronto ad es. col *rio Durón*, in Fassa, Trento, Val di Tovel nelle Giudicarie. Potrei aggiungere anche *Durón-àn* in Friuli e presso Belluno e cfr. *Passo Durán* tra Agordo e Zoldo (BL).

Celtico

75. I toponimi di origine celtica si possono suddividere in quattro categorie: 1) quelli attestati fin dall'epoca antica; 2) attestati in epoca medievale (ma attribuibili con certezza al filone gallico); 3) toponimi prediali in *-acum* verosimilmente di origine gallo-latina; 4) derivati da appellativi di origine celtica con installazioni che possono essere anche recenti e pertanto di modesto interesse storico. Passiamo ora all'elencazione di un certo numero di toponimi che possono corrispondere a fondazioni galliche a partire da alcune città importanti, quali: *Mediolanum* 'Milano' (*PID* I, 310, *Tab. Med.* 91, De Simone 261); città attestata in Plinio, Tacito (*Hist.* 1.70) Polibio (2.34.10) ecc. con la variante *Mediolanium* in Livio (varie volte), ma anche *Mediolanensis* (iscrizione, CIL V 603 e 633). Le forme in *-aniu-* non erano evidentemente popolari poiché da esse ci saremmo aspettati *-agno*. La città fu fondata dagli *Insubres*, come narrano Livio (5.34), Strabone (5.1.6) e Plinio (3.17.124) e fin dall'epoca antica è stata oggetto di interpretazioni etimologiche fantastiche (ad. es. derivazione dai due fondatori eponimi *Medio* e *Lano*, oppure secondo Claudiano, *Carm.*: "moenia Gallis / Condita lanigeri suis ostentantia pellem", ecc.). Secondo Isidoro, *Orig.* 15.1.57: "Vocatum autem Mediolanum ab eo quod ibi sus medio lanea perhibetur inventa". Su tali leggende si veda anche *DTL* 345. In realtà l'etimo è facile e sicuro poiché nella Gallia sono attestate ben 8 località dal nome identico, v. Vincent 102, § 247, s.v. *Mediolanum* 'plan du milieu', ove si osserva che sono le fonti greche a preferire la variante *-lánion*. L'esempio più antico della

serie è comunque quello italiano, mentre alcuni centri omofoni in Gallia hanno avuto un ruolo politico assai modesto; v. anche Gröhler I, 129-130.

Si tratta dunque di un composto gallico con medio- 'mezzo' (cfr. lat. *medius*, got. *midjis*) e lanum, equivalente di *planum* (IEW 806), con la nota perdita di *p*- iniziale tipica del celtico. Per uno studio particolareggiato v. Longnon, "Revue celtique" VII (1887), p. 384 sgg.; l'elemento *lan- pare presente in altri composti, oltre che in *M.*, cfr. ad es. in *Vindolana*, nome di castello in Britannia. In Francia l'attestazione più nota si riferisce all'odierno *Château-meillant* (Cher) = *Mediolano* nella Tab. Peut., *ad Mediolanensim castrum* in Gregorio di Tours (*H.F.* VI, 22), cfr. anche *Miolan* (Rhône) = Tab. Peut. *Mediolano*.

Bononia, Βονωνία (Strab. 5.1.11) 'Bologna' è ampiamente attestata nei classici ed iscrizioni (v. *PID* I, 408, *Tab. Med.* 36); fu conquistata dai *Galli Boi* (sec. IV a.C.) che le imposero un nome celtico in sostituzione della vecchia denominazione etrusca di *Felsina* (Plinio 3.15.115: "Intus coloniae Bononia, Felsina vocitata tum cum princeps Etruriae esset..."). L'etnico è *Bononiensis* (classici e iscrizioni). Si tratta di un tipo toponomastico assai diffuso in Gallia e altrove nel mondo antico; esso rappresenta un ampliamento col suffisso *-ōn-ia* di bona 'fondazione', 'base', 'oppidum', cfr. in composti *Juliobona* (Tab. Peut. e It. Ant.), Tolom. 2.8.5, Ἰουλιόβονα la città principale dei *Caletes* = *Lillebonne*, e cfr. soprattutto *Vindobona* 'la città bianca' da vindo- 'bianco' = 'Vienna', 'Wien'; *Rades-bona*, *Ratis-bona* cioè 'Ratisbona'-'Regensburg'. Per *Bononia* in Gallia v. Vincent 60 § 150 e 88 § 206 s.v. bŏna, inoltre Gröhler I, 130-131. Dauzat-Rostaing 104, con nomi costantemente dissimilati in Bolonia, onde *Boulogne-sur-Mer* (Pas-de-Calais), ant. *Portus Itius* (Cesare), poi *Gesoriacum* (Pomp. Mela) e finalmente (dall'epoca di Costantino) *Bononia* ('*Gesoriaco*, quod nunc *Bononia*', Tab. Peut.); *Boulogne-sur-Seine* e varie altre. Tra esse è interessante notarne una anche in Pannonia (secondo Tolom. 2.14.4 e It. Ant. 243.1) ed altra nella Moesia Sup. divenuta *Vidin* (Bulgaria) = a. 963 *Bŭdin* (Alessio 1959, 26), v. § 10, 11.

76. Tipica formazione gallica è *Rigomagus* (*PID* I, 316; *Tab. Med.* 114, De Simone 261), una *mansio* (It. Ant. 340, 356; It. Hier., Geogr. Rav. IV, 30; CIL V 6758, 6781, 8065) non lontana da Vercelli e da Torino, ma di difficile localizzazione puntuale e forse perdutasi come nome. È peraltro incerto se le legende monetarie "leponzie" del tipo *riko/rikom* (*PID* II, 129-130) possano essere assegnate al nostro *Rigom[agus* piuttosto che a un *Rigom[arus* (non troviamo di ciò alcun cenno in Lejeune 1971, 127, sub *RIKOI*). Il nostro toponimo non è nemmeno ricordato dall'Olivieri, *DTP*; esso significa "campo del re" da r i g o 're' e m a g o - 'campo', assai comune come composto in luoghi di origine celtica, v. Gröhler I, 111-114, ove si nomina per la Gallia *Rigómagus* e *Ricómagus* (Greg. di Tours), *Riomum* ora *Riom* (Puy-de-Dôme) da r ī x - r ī g o s 're', cfr. irlandese *rī*, cimr. *rhi*, latino *rēx*, cioè "Königsfeld". *Magos*, oltre a 'campo', può significare anche 'mercato', cfr. a. irlandese *mach* glossato 'campus', *mag*, irlandese *magh*, cimr. *mais*, corn. *mêr* (da connettere con l'ant. indiano *mahî* 'terra'?); v. Vincent 96 § 222 e Dauzat-Rostaing 566 s. v. *Rians*, ove per *Riom* si riporta, per il sec. VI, *in Ricomagensi vico* (come altri casi – che avremo modo di incontrare più sotto – è probabile che l'oscillazione di *-g-* con *-k-* sia dovuta ad una tendenza di reagire al dileguo della sonora intervocalica mediante un rafforzamento a sorda). E qui potremmo aggiungere anche *Bardomagus vicus*, attestato in CIL V 5872 e 5878 (epigrafi di Milano), di localizzazione incerta (v. *PID* I, 310) in cui il primo componente è di spiegazione dubbia (manca in *DTL*); cfr. comunque in Francia ad es. *Bard* (Bouronche-la-Roche H-L), a. 922 *Barro*, a. 1429 *Bars* ecc. che il Vincent 98 § 234 sistema sotto il gall. * b a r r o 'extrémité boisée', cfr. irlandese *barr* 'sommet', gallese *bar* 'tête, sommet' (si tratta di voce divenuta appellativo assai comune anche nell'Italia settentrionale; ma come si spiega b a r d o - ??); per l'alternanza *rr* > *rd*, v. Dauzat-Rostaing 51 s. v. *Bar*. Qui ancora possiamo citare *Excingomagus* (*Escin-*) menzionato dal De Simone 262, una *mansio* nelle *Alpes Cot.* a Mp. XXXVIII da *Occelum* (Strab. IV, 13; Plinio II, 108, Amm. Marc. XV, 10: "summitas italici clivi") che la *Tab. Med.* 65 fa corrispon-

dere ad *Exilles* (Torino). Diversamente il *DTP* 155 trae tale toponimo da un nome di persona Aesiliae da Aesius (cfr. anche *Issiglio*??). Il toponimo antico si può interpretare come il 'campo' ('mercato') di un *Excingo-*, v. Gröhler I, 172 che rinvia all'antrop. gallico Excingus (CIL V 7221 e 7224; XII, 95 ecc.); su tale nome v. ancora Evans 202-203 e si noti *Excingorix*, *Cingorix*, *Vercingetorix*. Da un *Excingellus per *-illus* (attestato) verrebbe il toponimo francese *Yssingeaux* (Haute-Loire), a. 985 *Issinguaudum*, v. anche Vincent 273, § 695.

77. Anche i composti in *-dūnum* sono oltremodo tipici e diffusi nell'area gallica (v. soprattutto Longnon 27-34). In Italia si conosce un sicuro rappresentante in *Noviodunum* della Tab. di Veleia; in *Placentino pago Novioduno* (5.72) di localizzazione incerta. Per il gallico dūnum 'fortezza', 'rocca' basti rinviare a Gröhler I, 93-104, ove si citano i numerosi continuatori gallici con tale elemento, cfr. irlandese *dún* 'castrum, arx', cimrico *din* dalla medesima radice del germanico **tûn* 'luogo recintato', ingl. *town* 'città', a. a. tedesco *zûn*, tedesco *Zaun* 'siepe'. In gallico la voce ha assunto anche il senso di 'altura fortificata' o semplicemente di 'monte', 'collina'. Per il n. l. della Tab. di Veleia cfr. ad es. *Noviodunum* 'nuova fortezza' ben tre casi citati da Cesare di cui uno si trova sul Danubio, e v. le varie attestazioni in Vincent 91, § 209a. Anche Untermann 1980 55 riporta la distribuzione del tipo gallico in *dūnum* ecc. nell'area alpina e balcanico-danubiana, ove non manca, come abbiamo visto, *Noviodunum* oltre a *Singidunum* l'odierna Belgrado, come si sa.

È stato supposto che anche alcuni nomi locali in *-uno*, *-unum* possano risalire a *-dunum* gallico (v. qui sotto). Tale spiegazione è stata accennata in Pellegrini 1949, 4-5 per *Bel(l)unum*, già in Plinio III, 130 ed in iscr.; *Belluno* dell'Alto Veneto è formalmente identico a *Belluno* della Val d'Adige (al quale pare alluda Tolomeo III. 1. 30 con Βελοῦνο). Si tratta di una semplice ipotesi e bisogna supporre che un *Belo- dūnum si sia contratto (attraverso *Beldūnum, come suggerisce il Bonfante) in *Bellunum*, da un gall. *bel-(< *bhel-) 'splendente' (v. qui *Beligna*).

78. *Eporedia* Ivrea è attestata dai classici e da iscrizioni (*PID* I, 311 e *Tab. Med.* 64) ad es. da Tacito, *Hist.* I, 70, Cic., *Ad fam.* XI, 20, Plin. III, 123, Strab. IV, 6, 7 ecc. *CIL* V 6777. Rappresenta di certo un insediamento celtico. L'Olivieri, *DTP* 189 ricorda a. 1161 *Yporegia* ed *ecclesia Yporiensis* (ma già prima *Eporezio*, mentre il Geogr. Rav. IV, 90 ha *Eporedia*). Un primo riscontro è fornito dal personale gallico Epo–redo–rix (v. ora soprattutto Evans 197-99) e dal latino redarius 'conducente di una *reda*' noto veicolo gallico (IEW 861) e si noti che gli *eporediae* sono 'boni equorum domitores' (Plinio III, 123) da *epo- 'cavallo', cfr. latino *equus* (ie. *ek̂uos) e da dea gallica *Epona* (IEW 301). Una spiegazione precisa e brillante del nostro nome locale è stata data dal Serra 1943, il quale intuì che Epo-redia doveva rappresentare un derivato dal gallico epo–reda 'carro equestre' nel signif. del tedesco '*Wagen-burg*', cioè di 'barricata di carri', 'luogo fortificato da un vallo di carri equestri', corrispondente al nome ad es. della città scitica di Ἰσσεδών (secondo Erodoto, I, 46, anche gli Sciti dei loro carri facevano abitazione); ancor più chiaro è il riscontro con *Carro-dūnum* 'fortezza di carri' (v. anche Alessio 1959, 64-65) da cui si denominano parecchie città antiche in Baviera, Slesia, Croazia e presso il Dniester..., cfr. *Carbanto-rate* o *Carpento-rate* 'fortezza (gallico *rate-) di carri' (gallico carbanto- latinizzato in carpentum), oggi *Carpentras* nella Gallia Narbonensis.

Segusio ('Susa', Torino) è attestato da Plinio III, 17. 123 e CIL V 7264 ecc. (v. *PID* I, 312, *Tab. Med.* 122), etnico *Segusīni* (iscrizione) e Σεγοσιανοί (Strab. IV, 1, 11), Σεγουσιανοί (Tolom. III. 1. 40); oggi l'etnico è *Süsín*. All'a. 739 *civitate Segusia*, a. 888 (dipl. di Berengario) *Secusia*, sec. XI *valle Seuxia*. Proviene sicuramente dal gallico Segusia 'la forte', 'la potente' (cfr. *Potentia*) dal gallico *sego-, cfr. irlandese *seg* 'forza' (gotico *sigis*, tedesco *Sieg* 'vittoria'), *DTP* 333.

79. Generalmente si era soliti connettere *Brixia* ('Brescia'), etnico *Brixianus* (in class. e iscrizione, v. *PID* I, 239) e in greco Βριξία, Βρηξία (forse anche *Brixenetes* nel Troph. Alpium?) con una nota voce celtica, affine a

b r i g a, molto diffuso. Anche l'Olivieri, *DTL* 109 accenna a tale nome e ad altri di origine verosimilmente celtica, ad es. *Brexa* in Spagna, *Bressa* in Gallia e *Bressanone* (Alto Adige). Ma molti studiosi, tra i quali soprattutto Alessio 1948, tendono a riportare tale tema toponimico nel senso di 'rocca', 'altura' al preceltico preindeuropeo. Il Gröhler I, 198 sotto il gall. B r i x u s, B r i x i u s *saltus*, *La Bresse*, riportato al gallico * b r i c a /* b r i g a menziona anche la nostra *Brixia* e v. anche Vincent 88, § 207. Vorrei aggiungere qui anche *Brixellum*, più volte in Tacito e v. iscrizione CIL VI 2379[5], Βρίξελλον Tolom. III, I, 46, πόλις Βριξέλλων Macrob. I e III, v. *PID* I, 409 nella Regio Aemilia, tra Parma e Mantova, corrispondente a *Brescello* (Reggio Emilia). Comunque con b r i g a (e * b r i g u m?) – da indoeuropeo * b h r̥gha 'alta', v. anche Alessio 1959, 26 – cfr. gallese *brig* 'sommet' 'extrémité', bretone *brig*, irlandese *bri*, gall. e bretone *bre* 'monte', abbiamo proposto d'interpretare il coronimo alpino dolomitico *Cadóre*, ant. *Cadubrium*, *Catubria* (sec. X) che ci riporta all'epoca antica mediante il riscontro con C a t u b r ī n i, gli abitanti di tale regione ora attestati da due iscrizioni rinvenute ambedue a Belluno. Si tratta, secondo il nostro parere, di un composto gallico * c a t u b r i (g) u m - a 'roccaforte' (o 'rocca di un *Catu*'?) ed è da notare che *-brium* per *-brigum* è frequente nei nomi composti gallici. Su tutto ciò rinviamo, per non ripeterci troppo, a Pellegrini 1974 e 1977. I *Catubrini*, sempre in rapporto con "Cadore", sono stati nel passato confusi con i *Caturiges*, ben noti e menzionati da Cesare, da Plinio III, 17. 125 (".. interiore *Caturiges* Insubrorum exsules..." ed in iscrizioni; v. attestazioni in *PID* I, 312 e *Tab. Med.* 57; essi sono ricordati anche nell'arco di Susa e nel Troph. Alpium). Tale etnico si equivale ai "re della battaglia" (v. da ultimo Evans 171-173).

Il Lejeune 1968-69, 51, n. 120, accenna per il Cadore a **Catubriges*: ricostruzione non necessaria, fondata sul confronto con i citati *Caturiges*, dato che *Catubrini* risulta bene documentato nella zona.

Ed ora vorremmo tentare di proporre una spiegazione originale per *Seprio* (Varese) cioè *Castel-Seprio*, celebre roccaforte utilizzata anche dai Longobardi, oggetto di tanti studi, anche storico-giuridici, da parte di G.P.

Bognetti (una rivista storico-archeologica ne trasse il nome: "Sibrium"). La spiegazione che ne dà dubitativamente l'Olivieri, *DTL* 500-1: "potrà essere nome preromano, cfr. il nome pers. etrusco *Cipria* (Pieri, *TVA* 60) e forse ravvicinabile per l'etimo a *Séveso*" non convince affatto e pare anzi assai ingenua. Il Geogr. Rav. ha *Sibrium* e all'a. 992 *Castro Seprio* (Cod. Cremon. I), a. 1167 *de Seuria*, *Seurio* (ibid.). Fu centro del "contado di Seprio" nei secoli XII/XIII ed una frazione vicina ebbe il nome di *Vico-seprio*... Fondamentale è la pronuncia locale *Castèl Séver* che ci riporta verosimilmente a forme del toponimo in *-bre*, *-vre*. Pensare ad un -brium da -brigum, come in *Cadubrium*, *Catubria*, mi sembra una ipotesi corretta o per lo meno assai probabile, ed è inutile che sottolineiamo la verosimile iperlatinizzazione della forma odierna *Seprio* con *-pr-*. Per le forme in *-brium* da briga, basti rinviare a Vincent 89 § 207, ove si dice che "le premier élément du nom *briga* en composition s'atténue en *-bria*, *-brium*" e v. anche Gröhler I, 131-134, cfr. *Donòbriga* > *Châtel-Deneuvre*, *Sedobria* > *Suèvres* (Loir-et-Chel), accanto a *Sadebria* > *Sèvres* (Vienne). E si osservi anche *Arebrigium* (PID I, 314) attestato nell'It. Ant., Tab. Peut. e Geogr. Rav. VI, 26-30 a 25 miglia da *Augusta Praetoria* (Aosta) sulla via del Piccolo San Bernardo, v. anche De Simone 261, da gall. *are* 'avanti', 'presso' e *briga* 'altura', 'colle', cfr. *Are-late* (Cesare, *b. gall.* I, 36) > *Arles* ecc. La localizzazione rimane incerta e la *Tab. Med.* 26 lo fa corrispondere ad *Arvier* (Aosta) (diversamente l'Olivieri, *DTP* 77, che pensa ad *arwe* 'pino'). Più aleatoria appare, in *Seprio*, l'identificazione del primo elemento *Se-*, *Si-* iniziale e mi pare anche qui che *Si-* possa rappresentare semplicemente una scrittura, una falsa latinizzazione per il corretto *Se-*. È verosimile per l'epoca in cui il toponimo ci è trasmesso (non anteriore all'VIII sec.) che *Se-* iniziale possa risultare dalla contrazione di due sillabe.

Come ipotesi di studio proporrei pertanto che il primo elemento sia stato in origine il notissimo gallico *sego-, frequentemente nel senso di 'forte', 'vigoroso', 'potente' ed anche 'vittoria'. Siamo incoraggiati nell'avanzare codesta soluzione da un parallelismo evolutivo di un altro toponimo gallico, e cioè dal tipo Sego-dūnum (varie località) di cui uno menzionato nella *Not. Dign. occ.* (in Inghilterra) è detto *Segeduno*. Ma ci interessa assai di più l'odierno *Suin* (Saône-et-Loire) attestato nella forma *Seo-dunum*, *Seudunum* ed anche *Sedunum*, v. Gröhler I, 100 e Dauzat-Rostaing 665: *Suin*, sec. XI *Sedunum*. Appare dunque possibile che l'evoluzione di *sego- nell'alto medioevo abbia portato alla forma *se-* con la nota scomparsa di *-g-*intervocalico assai debole nella pronuncia. Non dovrebbe pertanto sorprendere una analoga trafila fonetica proprio per *Seprio*, in realtà **Sebrio* e cioè: Sego-bri(g)um > *Sege-* (con assimilazione) > *Se(g)ebrium* > *Sevrio* e dialettale *séver*, iperlatinizzato in *Sibrium* o in *Seprio*.

80. *Sena Gallica*, Senigallia, rappresenta il punto meridionale di espansione gallica lungo le coste dell'Adriatico ed in particolare dei *Galli Senŏnes* (v. anche IEW 908). Ma *Sena* del Piceno Sett. (detta *Gallica* per distinguerla da *Sena*, *Saena Etruriae*, cioè 'Siena') solo apparentemente ha rapporti con la tribù gallica citata poiché in realtà tale città trae il nome dal fiume omonimo che scorre nei suoi pressi (v. Lucano II, 404 e Schol. ad L. «*flumen Sena* a quo et oppidum dicitur»). L'origine del nome è quindi più probabilmente il gall. seno- 'vecchio', cfr. *Senomagus* 'mercato vecchio', 'Altfeld' 'Altdorf' (Tab. Peut.), v. Gröhler I, 112. Tale nome rappresenta il contrario di *Novio-magus* (*Leucorum*), Tab. Peut.; cfr. a irlandese *sen*, a. cimr. *hên*, corn., a. bretone *hēn* identici al lat. *senex*, greco ἕνος, gotico *sineigs*. Sul problema di *Sena* e delle varianti presenti in *Senia* (Liburnia) > *Segna*, *Senj*, tedesco *Zengg*, si veda ora M. Doria 1979, 11-35, specie 28-31 e Skok, ERHSJ. III 222.

Arelica (Peschiera, Verona) -v. *PID* I, 241, Tab. Med. 26 s. v. *Ariolica*- è attestata in CIL V 4016 *Arelicenses* (rinvenuta a Peschiera), mentre la Tab. Peut. ha *Ariolica* (tra Verona e Brescia) e il Geogr. Rav. IV, 30, 252 *Ariolita*, v. Hübsen, *RE*, II 825 s.v. *Arilica*; De Simone 261. È assai verosimile una interpretazione che isoli *are* 'davanti, vicino' e **lic(c)a* 'pietra', cfr. m. irlandese *lecc* e cimr. *llech*, brettone *lec'h*, da celtico *(p)lika, v.

Hubschmid 1950, 62-63 e *IEW 832 (s. radice *pla-k) *pl̥ká f. (con grado zero), ove si cita il nostro toponimo presso il Lago di Garda nel significato di "ad est della lastra di roccia di Sirmione", cfr. anche fassano *lia* 'pavimento del forno' (diversa è peraltro l'interpretazione proposta dalla Karg II, 199, pur restando nell'ambito celtico).

Voberna ('Vobarno' in Val Sabbia, Brescia) attestato in CIL V 4905 (iscrizione in versi databile tra il 42 e il 16 a.C., v. *PID* I, 441; *Tab. Med.* 146, De Simone 261 e *DTL* 584). In dialetto la forma è *boàren* = a. 1182 *Buarmi*, a. 1200 *plebe de Buarno*. L'Olivieri considera apocrifa la forma classica *Voberna* "di un presunto cippo sepolcrale di Attinio". Ma l'origine celtica resta sempre verosimile e precisamente da un *vo-bero (da *upo-bhĕro-s, ampliato in *-no-*) – cfr. per *vo-* 'unter' irlandese *fo-*, *fu*, greco ὑπό ecc., i riscontri francesi, v. infatti Vincent 104, § 251 *voberna* 'ruisseau plus ou moins caché', poi anche 'bois'. In Francia vi sono molti toponimi analoghi con *Vabr-*, *Vavr-*, *Véur*, *Voivr-*; nella regione di Vannes *gawero* designa 'des ruisseaux coulant sous bois' ed il passaggio di codesto concetto a quello di 'bosco' sarebbe comprensibile. Nell'Est, *Voivre* e *Woivre* sono nomi di boschi e di ruscelli. Nel Mezzodì *vabre* è 'ravin' (Mistral), nel sec. XIII *vaur* ha il senso di 'vallée étroite et profonde', v. anche Dauzat-Rostaing 692 s. v. *Vabre* con varie attestazioni tratte dal gallico *vobero, *vabero 'ruisseau (plus ou moins caché)'. Nel Lionese *Vavre* 'regain' e nell'Est la voce assume (come abbiamo visto) il significato di 'bois, ruisseau' e di 'terre autrefois humide'.

81. Polibio (2. 16,11) accenna alla biforcazione del Po nei due rami di *Padoa* e di *Olana* (Volano) presso una località denominata εἰς Τριγαβόλους; tale nome si può spiegare col celtico *tri* 'tre' e indoeuropeo *ghabh(o)lo- (IEW 409) 'Astgabel', 'Gabelung', 'Gabel', cfr. a. irlandese e m. irlandese *gabul* 'ramo biforcuto' 'forca', 'biforcazione', cimr. *gafl* 'forca' a. brettone pl. *gablau*, brettone *gavl*, *gaol* 'biforcazione', gallo-latino *gabalus* 'forca' e 'lancia', *gabulum* 'forca', cfr. ancora a. a. tedesco *gabala* 'Gabel'. Il Pokorny, l. cit. menziona la nostra località Τρι-γάβολοι come toponimo venetico (la Karg 182

ha invece la vecchia dizione di 'illirico') e ciò sembrerebbe escluso – secondo noi – dalla risoluzione in venetico di indoeuropeo *gh-* con *g-* che è invece gallico (il venetico avrebbe verosimilmente *h-*, v. qui sopra) per cui l'origine celtica appare assai più probabile e la presenza di tribù galliche anche nell'area a Sud del Po, in Emilia, è bene assicurata. Ho supposto che tale toponimo antico, equivalente ad un latino *trifŭrcum (cfr. lat. bifŭrcum, ecc.), alluda ad una biforcazione del Po che dà luogo a tre rami o lingue di terra paragonabili ad un tridente. Ho inoltre immaginato che il nostro nome sia riflesso in latino da un trĭvia che ha dato origine a *Trebba* (*Valle Trebba*), cfr. a. 1013 *Tribba*, accanto a un *Trebbo* dell'a. 1353 *Tribo* nella medesima area lagunare, una ipotesi quest'ultima che dovrebbe essere approfondita (Pellegrini 1959, 178). La Karg II, 182 confronta Τϱι-γάβολοι con *Tridente*, (Tab. Peut.), *Tridente* CIL VI 209, accanto a *Tridentum* (CIL V 4439 Brixia), *Tridentum* in Amm. Marc. XVI 10. 20), ecc., cioè 'Trento' (tedesco *Trient*). La medesima studiosa analizza il toponimo come *Tridente e lo sistema tra i nomi illirici, secondo la vecchia concezione. Non vorrei invece del tutto escludere che sia più probabile una interpretazione celtica (cfr. a. irlandese *dēt*, brettone *dant*, cornico *dans* 'Zahn' < *dn̥t-, sempre nel significato di 'triforcazione', significato pertanto trasparente; ma bisogna ricordare che il nostro toponimo è normalmente riportato ad uno strato linguistico preceltico, v. ad es. Battisti 1972, 31-32, che accenna ad una base generica **TAR-* (ed ivi bibliografia).

Anche in *Bedesis*, fiume in Plinio 3. 15. 115 (*cum amne Bedese*) e v. Cluv. *Ital.* I, p. 300 "... ab ortu *Bedeso* (sic)..." ora *Ronco-Bedese*, anni addietro, si è creduto di ravvisare, con buone probabilità (Pellegrini 1959, 177-78), una formazione analoga ad Athĕsis 'Adige'; si tratta di un celtico *bedo- 'fossa', 'canale' (IEW 113-114 s. v. *bhedh- 'graben'), cfr. gallico **bedo-* 'Kanal, Graben', cimrico *bedd*, cornico *bedh*, brettone *bez* 'Grab'. Tale base presenta anche sicure sopravvivenze romanze nell'Italia Superiore, in particolare nel ligure ed apuano *beu*, *beàl* 'canale' (REW 1016 e Bolelli, ID 17, 1941, 151 nr. 41, ove sono riuniti vari derivati liguri e piemontesi) e v.

soprattutto FEW I (1928), 312-13. Sembrerebbe pertanto che l'idronimo acquisti con tale interpretazione un significato verosimile.

82. Il nome classico del Lago di Garda *Benăcus lacus* (*Benaco* dativo in CIL V 3998, ἡ Βήναχος Polib. 3. 10, 19, Strab. V, 209, *Benace* vocativo in Virg., *Georg*. II, 160, *in Benaco* Plin. 2. 224, etnico *Benacensis*, v. Karg 106-7, *PID* I 239, *Tab. Med.* 33) è stato da tempo interpretato come celtico. L'Olivieri, *DTL* 79 accenna all'ipotesi – che risale al D'Arbois de Jubainville, *Recherches* 135 – secondo la quale il limnonimo verrebbe da un celtico *bennacus, cfr. irlandese *bennach* 'cornuto', cioè 'dai molti promontori'. Analogamente la Karg 199 – che sistema il nostro nome tra quelli di origine celtica – vi confronta l'irlandese *benn* 'Horn', 'Vorgebirge', gallico *bannon*, cimr. *ban* 'Horn-Spitze' < indoeuropeo *bhn̥d- v. anche IEW 97 ove il nostro *Bennācus 'der Gehörnete' è detto che alluderebbe alla 'penisola di Sirmione'. Anche l'Olivieri riconosce che è superfluo pensare al celtico benna 'carro di vimini'. Non è del tutto escluso che in una iscrizione "retica" (*PID* 196) da Caldaro (vicino a Vadena a Sud di Bolzano) la parola *pnake* da leggersi *Bnake* alluda al nostro *Benacus*, ma più probabilmente come nome di persona, del resto attestato (*PID*, *Ind.* 109, cogn.).

Anche la nota località dei *Campi Raudii* (Vell. Paterc. II, 12. 5 "... in campis quibus nomen erat *Raudiis*, ipse consul (Marius) et proconsul Q. Lutetius Catulus..."), ove avvenne la battaglia del 101 a. C. in cui furono sconfitti i Cimbri – localizzata tradizionalmente presso Vercelli, v. Plut., *Mar.* 25 – potrebbe spettare al celtico. In tale evenienza il significato sarebbe di "campi rossi" (v. *PID* 313, *Tab. Med.* 44) da indoeuropeo *reudh-/*roudho- 'rosso', IEW 872, ove il Pokorny definisce "illirico" il nostro toponimo, mentre sarà da confrontare con l'a. irlandese *rūad*, cimr. *rhudd* 'rosso' e l'antrop. gall. *Roudus*, *Ande-roudus*, celtico *roudo-* 'rot' e 'stark'; cfr. Schmidt 1957, 257, il quale cita ad es. *Raudo-maeus* (CIL III 3366) ma per *ou* > *au* pensa ad influsso illirico. La nostra ipotesi è veritiera se diamo credito al Gröhler I,

176-7, il quale osserva che *Raudium* con *au* per *ou* "ist die gewöhnliche lat. Umschreibung von gallicum *ou*" e *Raudium* "heisst bei Florus... *campi Raudii*" di Velleio cit. Secondo la *Tab. Med.* 62 *Duriae*, una *mutatio* dell'It. Hierosol. *mutatio Duriis* (: *Durii/Duni*) tra *Laumellum* (Lomello) e *Ticinum* (Pavia) a MP. XII da *Ticinum* e a IX da *Laumellum*, e v. anche Amm. Marc. XV, 8, 18 "locum duabus columnis insignem..." corrisponderebbe a *Dorno* (Pavia), v. anche *PID* I, 315 = *Dorno*. Se l'equazione è esatta ritengo che sarebbe da correggere il nome, com'è trasmesso dall'Itin., in *Durnii(s)*. L'Olivieri, *DTL* 215 spiega *Dorno* (toponimo che si ripete in Lombardia e altrove) col gallico e precisamente egli vi confronta i nomi locali francesi *Dourne Dourn* con rinvio a Skok 1906, 177; cfr. infatti Dauzat-Rostaing 253 *Dourn* a. 1261 *del Dorn* forse dal gall. d u r n o - "poing, employé avec une valeur oronymique *éperon*", v. anche Gröhler I, 319 *Dorna*, a. 900 *Dorne* (Nièvre) < gall. d u r n o s, f. *durna* propriamente 'pugno', cfr. anche *Durno-magus*, *Durno-varia*. Per il significato della voce gallica v. soprattutto Hubschmid 1949, 12-17 e FEW III, 192.

Gallico è certamente il nome del fiume *Reno* (che allude, come si sa, a più idronimi); il *Reno* emiliano è attestato *Rhenus fl.* (*parvi... Rheni*) in Sil. Ital. 8. 509 ed in Plinio 3. 16. 118 (*PID* I, 408). Discute a lungo di tale idronimo, con le relative varianti, Hubschmid 1949, 115-117. La forma base è il noto gallico * r ē n o - per cui si ha *Rhenus* in Cesare anche per il fiume maggiore, retorom. *Rain*, *Rein*, (*Renus* a. 879 > *Reins* un affluente della Loira). Ma accanto a tale base si deve supporre anche * r e i n o - e * r ī n o - e da questi ultimi provengono varie forme col valore di appellativo tra le quali il bresciano medievale *rinus* 'rivus' e l'idronimo *Rino* presso Brescia ecc. Alle numerose forme riunite da Hubschmid si può aggiungere per la regione orientale alpina il *rin* del Cadore che oltre a comparire come idronimo (ad es. *rio Rin* a Lozzo di Cadore) ha valore di comune appellativo (e si noterà anche il cognome cadorino, assai diffuso, *Da Rin*). L'etimo è naturalmente un gallico * r i n o - e più anticamente * r ē n o -, cfr. irlandese *rían*, che vale anche 'mare' ed 'oceano', 'sentiero', v. IEW 330 s. la radice * r e i ə -:

* r ī, * r o i o s, r ī - t ī 'fliessen'. Ricordo infine il *Forum Gallorum* tra Bononia e Mutina, Cic., *ad Fam.* 8. 30, Geogr. Rav. IV, 33 e *Foro Gallorum* nella Tab. Peut. = 'Αγορά Κελτῶν in App. *B. C.* III, 70 (*PID* I, 408).

Non sono invece di origine gallica città padane, importanti fin dall'antichità, quali *Cremona* nel territorio dei Cenomani (Polibio 3.40.5, Tacito, *Hist.* 3.34 "propugnaculum adversus Gallos"), *Parma* (*colonia Parmensis*, CIL V 8659) e *Piacenza* = P l ă c e n t i a, che non è nemmeno di origine etrusca, ma da confrontare con i tipi latini *Faventia*, *Florentia*, *Valentia* (l'origine gallica è esclusa anche dalla conservazione di *p*-). Di origine preromana (non sicuramente celtica) è *Varese* = a. 942, 995 *Varesio*, *Varese* da confrontare forse col fiume *Varus* e *Varone* (Riva di Trento), forse dal tema * v a r a 'aqua' (?).

83. Seguono qui alcuni toponimi della seconda categoria e cioè quelli attestati in epoca medievale con uguali possibilità di essere attribuiti ai Galli o ai Gallo-Romani. Essi spettano comunque ad un'epoca più antica rispetto ai numerosissimi toponimi che si possono facilmente interpretare con appellativi dialettali di origine celtica ed in qualche caso non è escluso che essi risalgano a formazioni anteriori a quelle trattate nella terza categoria, di *origine prediale*.

Avisio, fiume del Trentino che solca le valli di Fassa, Fiemme e di Cembra e sfocia nell'Adige a Lavìs (che trae il nome dall'idronimo); è di certo il nome più antico della Valle di Fassa, l'unico che si possa riportare ad una lingua preromana e di cui la pron. locale oscilla tra fass. *véis*, fiammazzo *ves* e cembr. *vis*. Nelle forme trasmesse da cancellerie tedesche si nota *Evis*, *Eveis*, *Eves*, *Neves* ecc. a partire dai secoli XI-XII e con esse si indicano tanto il fiume quanto la valle (verosimilmente disabitata fin verso il 1000), v. Elwert 1943, 9; a. 1050/1100 *flumen qui vocatur Auis*, 1202 *ponte Avisi*. Non escludiamo che provenga da un gallico * a b ī s j o - o * a p ī s j o - 'corso d'acqua' da un indoeuropeo * a b -/* a p - 'acqua', 'fiume', cfr. a. irlandese *ab* 'acqua' a. ind. *ap*- idem, IEW 51-52, cfr. forse *Abìs* presso Buia (Friuli) e v. Hubschmid 1949, 57 e 1950, 52 Pellegrini 1955, 27-28. Può esservi connesso anche il nome friulano di *Venzone*, a. 923 Clausas de *Abincione*, a. 1001 de *Aventione*, v. Frau 1969, 308-9. Ivi si deve tenere presente la formazione *a b - i n k o - che trova un parallelo probabile in *Aquincum* da *a k^w a -, il nome antico di Budapest (Ó-Budapest). *Brianza*, sottoregione lombarda e fraz. di *Colle Brianza* (Como), sec. XIII (Lib. Not.) *in Brianza*, *monte Brianza* risale al celtico *B r i g a n t i a che trova un sostegno in *Briançon* (H-Alp.) cioè διὰ Βριγαντίου κώμης in Strabone e *Brigantione* nella Tab. Peut.; un secondo *Brigantione* si trova in fonti carolinge e *Bréganҫon* (Var) tutti derivati di b r i g a (v. *sopra*) o meglio di *b r i g a n t - (+ *-one*) 'che emerge', 'che sovrasta' e il citato popolo dei *Brigantes* (a. bret. *Brientin*) nel senso di 'abitatori dei monti', 'montanari' o di 'alti', 'nobili', ed ancora si noti che il lago di Costanza è denominato anche *Brigantus lacus*, derivato dal B r i g a n t i o n di Strabone e di Tolomeo = *Bregenz*, v. Gröhler I, 136, Vincent 17, § 103 e Dauzat-Rostaing 115 (che peraltro tende ad attribuire b r i g a al ligure), *DTL* 109. Sembrerebbe connesso alla famiglia su menzionata anche il veneto *Breganze* (Vicenza) = a. 1091 *Brigantia*, 1175 *Breganze* che l'Olivieri, *TV* 3 preferisce derivare dal nome di persona gallico B r i g a n t i a. *Biella* (Vercelli), a. 826 (dipl. di Ludovico il Pio) *Bugella*, a. 1265 *communis Bugellae*; l'Olivieri, *DTP* 92 ne sospetta una origine gallica [attraverso **Buiéla* > *Biella*], senza altra indicazione. L'ipotesi sembra possibile e si potrebbe forse risalire al tema ie. *b h e u g / b e u g h - 'biegen' (IEW 162-3) che in celtico si continua ad es. in *fid-buc* 'arco di legno', m. irlandese *bog* 'weich' da *b u g g o - nel senso di 'curva', 'piega'. Ma riconosciamo che codesta ipotesi debba essere approfondita (non escludiamo del tutto, ad es., un'origine da "buca" > *buga* + *-ĕlla*, al pari del friulano *Buia*, v. Prati 1936, 58-59). *Bredunum* ant. (*loco et fundo*) a. 1130 presso Cantalupo di Alessandria, interpretato dal Serra 1943, 51, come probabile derivato di un *B r i g o - d ū n u m (v. sopra) e pertanto nome identico a *Brium* a. 1197, poi *Bredunum* cioè *Brione* in Val del Torre (Torino), v. *DTP* 100 e 102; qui va sistemata anche *Briona* (Novara) nota, tra l'altro, per la famosa iscrizione gallica, una delle pochissime della Cisalpina, v. soprattutto Lejeune in *Hom. Niedermann* 1956, 206-215 – che pertanto potrebbe derivare dal semplice b r i g a + *-ōna* al pari dei vari *Brione* (fr. di Brescia a. 1235 *Brioni*), *Monbrioni* colle a S. Colombiano di Lodi = *Mombriono* a. 1127 (formazione tautologica?), *DTL* 110. Cfr. anche *Brione* sopra Condino (TN) e *Brione* presso Riva sul Garda, *DTT* 80-81 (con attestazione *braidone* che sembrano far preferire qui il longobardo b r a i d a). È da osservare che in una moneta merovingia l'odierna *Brienne-le-Château* (Aube) è indicata come *Briona* e nel 452 compare *Brionenses* che si riferisce a *Brienne-la-Vieille* (*-g-* è dileguato in epoca assai antica), v. Gröhler I, 134-5. La derivazione di *La Briga* (Novara), dialettale *bría*, dal celtico b r i g a sembrerebbe ovvia cfr. *Briga Alta* (Cuneo) o *Briga Marittima* (già in prov. di Cuneo, passato alla Francia). Ma al pari di *Briga* vallese – secondo Serra e Hubschmied, "Vox Romanica" 3, 1928, 103-135 *la Briga* novarese potrebbe risalire invece al celtico b r ī v a 'ponte', *DTP* 101. A b r ī v a 'ponte' si collegano altri nomi cisalpini, ad es. *Brivio* (Como) – anche cognome – a. 969 *vico et fundo Brivio*, a. 1150 *loco Brivio*. Come osserva l'Olivieri, *DTL* 111 "poiché il paese sta sulla riva dell'Adda onde un tempo era diviso in *B. de zà* e *B. de là*, pare giustificata la supposizione che il nome derivi dalla voce gall. b r ī v a 'ponte' e cfr. *Brevia* fraz. di Casteln. Bocca d'Adda", *DTL* 109, forse *Brevine* (Giudicarie, TN), *DTT* 79. La base è assai comune in Francia v. Gröhler I, 141-2 e Vincent 89, § 208, cfr. *brio* 'ponte' nel Gloss. di Endlicher e i toponimi *Breves* = *vico Brivae Segnutiae*, CIL XIII 1156, *Brive*, *Brives-Charensac* (H-Loire) e Dauzat-Rostaing 117-118.

84. *Bondéno* (Ferrara) all'a. 753 (secondo Borgatti 127), fu in origine un nome di un canale sulla destra del Po e verrebbe forse dal gallico b u n d a 'conca' 'convalle' (REW 1392, cfr. irlandese *bonn* 'Sohle') con continuatori nella Val Sesia *bonda* 'verborgener Ort' e fr. mer. *bondo* 'sumpfiges Land', secondo Pardi 61-62. Tale spiegazione non è peraltro del tutto sicura al pari di *Bondeno* (Gonzaga MN = a. 818 *Bondeno*) derivato di *Bondo*, *DTL* 97-98 e vedi altri riscontri in *DTT* 63-64: *Bondo*, *Bondone*

ecc. E si noti anche *Bondiolo* a Faenza, a. 1290 *Bondiolo* che il Polloni 46 deriva dalla suddetta base. Tale voce non pare produttiva nella toponomastica francese ed il Dauzat-Rostaing 94 interpreta *Bondeval* (Doubs) come derivato dall'antroponimo germanico B o n d o e così pure *Les Bondons* Loz. Altrimenti bisognerà considerare la più ampia diffusione della voce come appellativo segnalata dalla *Topoless. Lomb.* (v. *DTL*, ove si registra *bonda, bundaccia, bondàr* 'convalle' 'conca' 'recesso di montagna', bresc. *bondài* 'gorgo'; in tal caso i nostri toponimi andrebbero inseriti nella *quarta categoria*). *Buthier*, torrente di Aosta che fornì il nome specifico alla Dora Baltea; secondo l'Aebischer 1922, 256 (v. *DTP* 105) verrebbe da *b a u t e i u s (le grafie a. 1024 *Bautegie* e poi *Bautegium* sarebbero arbitrarie), connesso con *Baltea, Duria Bautica* (Geogr. Rav.), derivati dal tema celt. *b a u t- *b a u t i o – 'recinto di spini' 'reticolato di spini' (v. anche ZONF X, 1-24 a proposito di un etimo errato di *Bauzanum* 'Bolzano'). *Carrù* presso Mondovì (Cuneo), secondo il Serra 1943, 53, potrebbe venire da un C a r r o - d ū n u m 'fortezza di carri' (v. sopra a proposito di Ivrea), ma codesta è piuttosto l'interpretazione dell'Olivieri, *DTP* 117-8. *Cerrione* (Biella) a. 1014 *Ceredono*, a. 1182 *Cerreono*, sempre secondo il Serra 1943, 51 potrebbe celare ugualmente il noto *-dūnum*, ma la prima componente rimane enigmatica, *DTP* 123, ove l'Olivieri opta inopportunamente per un derivato di c e r r ē t u m + *-ōne*. *Beligna* (*la belíña*), vasta pianura a Sud di Aquileia (Udine), 1155 *de Belinia*, a 1186 *de Belinia* (Di Prampero 19). Trae sicuramente il nome dal dio gallico (e dal suo tempio) venerato dai Galli Carni e attestato varie volte nelle epigrafi locali, ad es. *a Beleni numinis templo* (CIL V, 1, 84) e a. 571-86 "templum quoque Pagonorum quod *a Behel* (sic!) ydolum nomine dicitur, aliquantulum erat ad hoc stantem non longe ab Aquileia...", v. Pellegrini 1972, 295 e Frau 1968, 10. Anche una porta delle mura medievali era detta *Beligna* (sec. XIII *juxta portam Beligna*). Bisogna presupporre un B e l i n e a *porta* (e rispettivamente *terra, praedia* o simili). Il dio B e l e n u s - i n u s era venerato soprattutto ad Aquileia, ma anche nella Gallia meridionale (v. ora per le dediche a tale divinità in

Provenza: Lejeune, *Dedicaces provençales à Bélénos*, in "Études celtiques" XII, 1968-69, pp. 49-59). Il teonimo trae origine dal gallico *b e l - 'splendente' < ie. *b h e l- (IEW 118, v. sopra: *Belluno*).

85. *Chambave* com. di Aosta, a. 1181 *Chambava*, *Zambava* (*ecclesia de-*) da cui proviene anche una *Combe de-* (v. qui sotto). L'Aebischer 1922, 257 suppone che si tratti di un derivato del celtico c a m b - 'ricurvo' (col. suff. *-ava*) comune in tanti toponimi francesi, cfr. *Camboritum* 'guado presso la curva' (*DTP* 125) e v. vari esempi in Vincent 97-98 § 228, 257 *Cambodunum* e Gröhler I, 156-7, cfr. a. irlandese cimr. *camm* 'curvo', irlandese m., m. bretone *cam* 'piega', cfr. gotico *hamf* 'piegato', greco καμπή 'piega', latino *campus*. Dalla medesima voce può venire anche l'emiliano *gambina* (*gambén* = canale d'irrigazione) più volte nella toponomastica, attribuito dal Serra, "Riv. St. Lig." 1943 e Olivieri 1961, 10-11 alla nostra voce celtica. *Dormello* e *Dormelletto* due borghi nei pressi di Arona (Novara) potrebbero rappresentare un composto gallico del tipo d u r o - m e l l u m 'collina della porta', secondo Olivieri, *DTP* 149. Ma mentre l'origine di d u r o - 'porta', 'castello', come voce celtica, è bene assicurata (v. Gröhler I, 105, cfr. irlandese *dúr* 'fortezza' e nel Gloss. di Endlicher *doro* = *ostium* 'porta', cioè 'città munita con porta'. Vincent 92, § 210-11, *durum* 'forteresse'), m e l l o 'colle', 'collina' potrebbe essere di origine preceltica (ligure). Dovremmo menzionare qui anche *Mello* (Sondrio), *Castelmella* (Brescia) di certo dalla predetta voce preromana *m e l l o 'colle', *DTL* 338. – *Dervio* (Como) a. 814 *Derve*, 841 *Deuria*, 905 *de Dervi*, sec. XII-XIII *plebe Dervio*, *in Dervi* (*DTL* 211) deriva verosimilmente dal gall. *d e r v o - 'quercia', cfr. ad es. *Derval* cant. Loire-Atl. (a. 819 *in condita Derwalinse*) dal gallico d e r v o s, cfr. brettone *derv* 'quercia' e *Darvoy* Loiret cant. Jargeau (= a. 1137 *Darvetum*) da d e r v o - + *-ētum*, Dauzat-Rostaing 241 e 243; v. IEW 215, a. irlandese *derucc(-gg)* cimr. *derwen* 'Eiche'. Secondo l'Olivieri, *DTL* 211 anche *Dèrgano*, *Derganino* frazione di Milano (dial. *dèrĝen*) potrebbero risalire ad un gallo-latino *d e r v ŭ l u s da d e r v o s 'quercia'.

È interessante osservare la contrapposizione di *Issiglio* presso Ivrea (dialetto *iséi*) con *Usseglio/Usseaux* nell'alta Val Chisone. Secondo il Serra, 1955, 8 il primo proviene dal celtico *îxellos nel significato di 'basso' (anche 'i bassi, quelli che abitano in basso') o 'località nel più basso bacino della valle di Chy, presso il confluente del Chiusella e del Savenca", cfr. irlandese *ísel* 'basso' (Thurneysen, *Gr. old Irish* 225). *Usseglio* invece della Valle di Lanzo (as. 1188 *Uxellis*) e *Usseaux* ora frazione di Fenestrelle (alta val Chisone), a. 1091 *de Uxelis*, provengono dal gallico ūxellos 'alto', 'sublime' che sta ad indicare "gli Alti" "gli abitanti della valle alta", v. anche Serra, 1931, 130 e *Lin.* I, 182, *DTP* 189 e 351-2. Nella toponomastica francese uxellos 'alto' (cfr. irlandese *ússal*, greco ὑψηλός) è frequente ad es. **Uxellodunum* > *Exoldunum* > *Issoudoun* (Indre), *Uxellus vicus* > *Osselle* (Doubs) ecc., Gröhler I, 96. *Ingèure*, località indicata nelle mappe catastali di Pavone Canav. (Torino) – corrispondente a Castellatto di Pavone – appare nel nome ant. di *Castellana d'Ingeure* e quest'ultimo, secondo il Serra 1943, 49, verrebbe da un Ando-dūrum 'fortezza di un *Andius* (nome gallico, cfr. l'etnico gallico degli *Andes*, *Andecavi*, v. Evans 49), v. anche *DTP* 187. – *Lecco* (Como) = a. 841 *Leoquo*, a. 879-920 *loco et fundo Leuco* – che fu un *pagus* in epoca romana – deve venire da un gallico *leukos 'bosco', cfr. latino *lūcus* (venet. *louki* gen.) secondo il Dottin 263, v. *DTL* 294; cfr. anche *Leuc* (Aude) a. 1110 *de Leoco* che potrebbe venire qui dall'antroponimia e cioè dal gallico *Leucum* (dai *Leuci*, popolazione gallica), Dauzat-Rostaing 398. *La Molgora*, torrente a Vimercate Monza = a. 1288 *fluvius Mordula*, a. 1455 *Molgula* deve esser collegato a *Morge*, *Morges* svizzeri, secondo l'Olivieri, *DTL* 349, ed essi potrebbero risalire al celtico morga-murg- 'corso d'acqua', 'palude', oppure al gallico morga 'confine' (cfr. tedesco *Mark*); ma tali ipotesi non ci sembrano del tutto sicure.

Soana, nome di torr. e di valle, Cuorgnè, Ivrea, secondo il Serra 1943, 50, potrebbe equivalersi a Sequana > *Soa(v)ana* che egli ritiene peraltro di origine preceltica (v. anche *DTP* 323). L'idronimo, tranne l'accento, sarebbe omofono del fiume Sequana (Cesare) la

'Seine'. Anche secondo il Gröhler I, 13 *Sequana* non sarebbe gallico "da die gallische Sprache ursprünglich den Laut *q* nicht kennt..." (argomento assai debole e da scartare!). L'accento della forma francese potrebbe esser stato anche *Sequána* (Strab., Tolom. che scrivono Σηκοάνας), v. IEW 893.

86. Facciamo ora seguire una serie di toponimi documentati in epoca medievale che ci offrono l'attestazione probabile del gallico *-dūnum*. Innanzi tutto secondo l'Olivieri, *DTL* 218 il semplice *Duno* frazione di Cuvio (Varese), cfr. *in loco Duno* in pieve di Duirago, com. di Arconate, Milano; *Induno* frazione di Varese, ove esiste un avanzo di castello (*DTL* 281) e cfr. *Induno* frazione di Robecchetto Milano o *Linduno* che risalgono assai verosimilmente al noto *-dūnum* gallico. Inoltre i composti quali *Comenduno* frazione di Albino (BG), a. 1148 *loci Comenduni*, secondo il *DTL* 189 da Comeno < Comenius(?) e *Comini* (Cominius) + *-dūnum*. Più sicuro ci pare *Verduno* (Cuneo) a. 1026 *Verdunum*, a. 1147-84 *Virduno*. Lo stesso nome ricorre in quello di *Château Verdun* presso S. Oyen (S. Bernardo) = *castello Verdunensi* a. 1137 e 1206 (v. Aebischer 1922, 198), *DTP* 362. Corrisponde esattamente ai molti *Verdun* francesi, basti vedere il Vincent 91 e anche questi riproducono il gallico *viro-, *vero- 'saldo, vigoroso', cioè "fortezza salda". Anche *Pollone* com. di Biella, può rientrare nella serie se si tiene conto dell'attestazione a. 1150 a 1191 *Poledino*, *-edono* e a. 1200-22 *Poleono*, a. 1349 *Polonum*. Secondo l'Olivieri, *DTP* 271-2 potrebbe trattarsi di un latino pullētum, mentre il Serra, 1943, 51, credette, forse più verosimilmente, di riconoscervi un nome gallico col solito *dūnum*; *Veruno* (Borgomanero, Novara) corrispondente verosimilmente a *Inveruno* di Milano (= a. 922 *Euruno*, *DTL* 281) e verrà da Eburo-dūnum, cioè dal gallico eburos 'tasso', v. per tali composti anche Vincent 93, § 213 e per i composti onomastici Evans 346-47. Più incerti sono altri nomi locali lombardi e piemontesi con l'uscita in *-uno* che possono risalire a forme galliche, ma non è ivi sicuro che si celi il noto *-dunum*. Così ad es. *Ventuno*, nome di una regione a sinistra della Dora in cui la

tradizione archivistica si alterna tra la dotta *Viginti Uno* (a. 1120, 1220, 1264, 1290) e *Vinteuno* (a. 1199, 102). Ivi un ospedale fu fondato sul luogo della chiesa di S. Ambrosio *de Vigenti Uno* ed il catasto d'Ivrea del 1771 ne ricorda il nome *Ventuno*. Il Serra ritiene peraltro che il luogo debba esser connesso con un antico castelliere o fortino e la sua costruzione potrebbe spettare ai Galli onde *Vindoduno 'la bianca fortezza'. Potrebbe esser stato il nome originario, v. Serra, 1943, 49 e *Lin.* I, 177. Menzioniamo ancora pochi nomi che hanno qualche probabilità di risalire al gallico. Tra questi ad es. *Airuno* (Como), a. 1188 *Airuno*, *Eiruno*, ove, secondo l'Olivieri, *DTL* 50, la desinenza *-uno* potrebbe rappresentare una spia celtica anche se è difficile individuare una soluzione per il momento precisa. Così pure *Arluno* M. = sec. XIII *Arluno*, da confrontare, per il tema, con *Arlago* (plebe Roxate); l'Olivieri vi sospetta una derivazione non tanto da un nome di persona *Arulone* (cfr. gent. *Arulonius*), quanto da un composto gallico *Are-lunus (riduzione di un *Arellidūnum o simile). Anche se la spiegazione non è ancora evidente, converrà citare *Bettuno alto* e *Bettuno basso* a Gromo (BG), v. *DTL* 55 che accenna, senza convinzione, ad un rapporto col nome di persona *Bettone*. E per finire vorrei aggiungere anche *Calpuno* (Lurago d'Erba, Como) = ant. *Calpunum*, *DTL* 128, toponimo da chiarire nella sua probabile composizione (non convince il rinvio dell'Olivieri al nome personale Calpenus).

Per le numerose formazioni prediali in *-acum*, *-īcum* (terza categoria) v. qui § 129.

87. La quarta categoria di nomi locali di origine celtica, come è stata da noi delimitata, ha una scarsa rilevanza ai fini di recuperare elementi sicuri che ci attestino la presenza di Celti fin dall'epoca antica. Si tratta infatti di una schiera incalcolabile di toponimi o meglio di *microtoponimi* ("Flurnamen") che trovano una facile spiegazione mediante appellativi non ancora spenti – anzi spesso assai comuni nei dialetti – che hanno una origine celtica o meglio celto-latina. Non citerò pertanto una inutile esemplificazione di codesta categoria poiché il lessico dialettale

italiano settentrionale è assai ricco di appellativi geografici e di fitonimi di origine celtica che possono essere la fonte di numerosi nomi locali. Basterebbe scorrere la lista dei lemmi di origine gallica nel REW o nel FEW, commentati dal Bolelli 1941-42, per rendersi conto che i toponimi derivati da molte di codeste voci si contano a migliaia nelle nostre valli alpine, nelle Prealpi ecc. Sarebbe pertanto superfluo citare qui i derivati di beccus, betulla, broga, brogilos, brūcus, cumbo-, *camminus, cumba, *glasina, *lanca, ligita, nantu, *pettia, *rica, *tamisium, *tegia, verna ecc. (tutte voci ampiamente esplorate dai suddetti dizionari e dal Bolelli con allegati i principali derivati dei nostri dialetti; derivati che saranno di certo accresciuti dalla pubblicazione del *LEI* di M. Pfister). Così potremmo citare il caso di glasina 'mirtillo nero' (v. Pellegrini 1981) che ha dato origine ad es. a *I Glazenéi* (Livinallongo), Pallabazzer 1974, 322; oppure *Omblaréi* e *Omblé* (Livinallongo) risalenti al fitonimo *ambli* 'Alnus viridis' – Pallabazzer ivi, 346 – che riteniamo di origine celtica, affine ad amb(i)latium (FEW I, 83-84), v. Pellegrini 1974, 28-29: etimo da approfondire. Molti esempi di appellativi di origine celtica cristallizzati in toponimi delle Alpi occidentali si trovano in Hubschmid 1949 *passim*. Basti segnalare i derivati di brūcus 'erica' (v. soprattutto Hubschmid 1968) tra i quali anche il *Passo del Brocón* (Trento); oppure di *brogilos 'frutteto', da cui i vari *Broletti* della toponomastica urbana lombarda ecc. (*DTL* 111); i continuatori di *barros 'sterpeto', 'cespuglieto' (Hubschmid 1950, 106; *DTL* 71, *DTP* 84, *TV* 53), oppure di cumba (Hubschmid 1950, 63-64, *DTL* 189, *DTP* 135, *TV* 97) ecc. Si tratta dunque di toponimi che ben poco hanno da spartire con gli insediamenti celtici o che ci indizino una particolare gallicità della regione; essi ci confermano tutt'al più una generica diffusione di elementi celtici spesso accolti già dal latino o dal latino regionale, in vaste aree, ove le parlate hanno accolto tali tipi lessicali che riflettono bene un determinato paesaggio.

88. Un discorso particolare merita infine il Friuli-Vene-

zia Giulia che pare totalmente, ed inesplicabilmente, ignorato nel bel volume *I Galli e l'Italia* del 1978 (pubblicato in occasione di una Mostra). Non v'ha dubbio che l'elemento celtico o "gallo-carnico" in detta regione è largamente rappresentato tanto nei reperti archeologici (e si ricordino le monete!) quanto tra i nomi locali antichi (v. ad es. Pellegrini 1972, 285-304). Nomi di origine gallica sono stati studiati anche in recenti contributi di Frau, ad es. 1969, 1978 e altrove e da C.C. Desinan 1976, 1977 ecc. Il Frau (*Castelli e toponomastica*, in Miotti 1981) ha giustamente attribuito un etimo celtico al tipo *Vendoglio* (Treppo Grande, Udine) = 1146 *Vendoio*, 1201 *Vendoy* (Di Prampero 216) e *Vendoy* (presso Madrisio, Varmo) = a. 1229 *in Vendoio*. Tali toponimi corrispondono infatti, con precisione, a quelli francesi *Vendeuil* (Dordogna) che in moneta merovingia appare come *Vendogilo*, cfr. inoltre *Vendeuil* (Oise) ant. *Vindoilum, Vendeuil* (Aisne) o *Vandeuil* (Marne), tutti risalenti ad un gallico *v i n d ò i a l u m da v i n d o s 'bianco', cioè 'campo bianco', v. Gröhler I, 121 e Vincent 94, § 215. Analogamente *Vendasio* (Tricesimo Udine), a. 1341 *Vendas*, risale al gallico *Vindos*, *-us* 'bianco' come nome di persona (Frau 1978, 121 e Pellegrini 1958, 112), ma è qui incerto se *-asio* (gallico?) sia un suffisso o se esso rappresenti il noto *-acum* nella forma *-aci*, come supponeva il Salvioni. Proprio l'esplorazione approfondita dell'area friulana potrebbe portare all'identificazione di un ulteriore manipolo di toponimi celtici antichi dato che per tale regione, come ci confermano le fonti storiche, i dati epigrafici ed archeologici, la presenza di schiatte galliche pare assai bene comprovata.

Incerta è l'origine di 'Udine' = a. 983 *Udene*, a 1000 circa *Utinum*; si è pensato (Frau 1978, 119) alla radice *o u d h -/*u d h - 'mammella' e per traslato 'colle'.

Retico(*)

89. Nel secolo passato molti toponimi pretedeschi dell'area alto-atesina o sudtirolese erano spiegati da alcuni

(*) La popolazione dei *Raeti*, suddivisi in varie schiatte (si veda il studiosi (o da dilettanti) facendo ricorso alla lingua "retica" che si riteneva più o meno identica all'etrusco. Come si sa, chi per primo tentò di interpretare molti nomi di luogo dell'area retica (e zone vicine) mediante l'etrusco fu lo studioso tedesco Ludwig Steub 1843; egli si è poi spesso ricreduto in lavori posteriori, ove invece ricorre, più o meno correttamente, al latino nell'interpretazione dei toponimi, come del resto hanno fatto molti studiosi austriaci nel secolo passato e nel nostro. La figura dello Steub, indagatore della regione tirolese ed alpina in genere, è stata di recente rivalutata, per alcuni aspetti poco noti, da un autentico specialista di "ladino", il tedesco Johannes Kramer. Lo Steub spiegava i toponimi, nel contributo citato, da temi o basi che egli riteneva retico-etrusche; così ad es. anche *Bolzano/Bozen*, di cui egli cita la forma germanizzata *Pauzana* da fonti tedesche del duca bavarese Tassilone, accanto alla forma latina *Bauzanum* in Paolo Diacono. Egli aggiunge che le forme *Bolzanum*, *Bulsanum* compaiono presto, e dato che *al* si trasforma in *au* "nicht aber ungekehrt von *au* in *al* [ciò che invece – aggiungiamo noi – è ampiamente attestato nel veneto, causa > *colsa* ecc.] "wie aus dem etruskisch-römischer Volsinii > *Bolsena* geworden, so aus diesem *Vulsana*, *Volzanum* und *Botzen*". È ovvio che il ragionamento dello Steub era errato e che non v'ha dubbio che *Bauzanum* è un predio romano derivato dal gentilizio Bautius o Baudius. In epoca recente ha ritenuto di spiegare nomi locali alpini, mediante l'etrusco, il linguista svizzero J.U. Hubschmied 1961. Egli tenta di trovare spiegazioni verosi-

Tropaeum Alpium di Augusto alla Turbia) che forse parlavano lingue diverse (v. la sintesi di Pellegrini 1985) e abitavano nell'area alpina (ma anche nelle Prealpi ed in parte del Veneto) è ritenuta da pochi studiosi di origine illirica; più valida è l'ipotesi di una ascendenza preindeuropea e di una qualche affinità con l'etrusco.

Assolutamente errata è la tesi – che si legge ora spesso a livello giornalistico – che i Reti siano responsabili delle caratteristiche linguistiche del "ladino", detto erroneamente più spesso "retoromanzo"; le affinità del ladino dolomitico atesino o del grigionese con il complesso dei dialetti friulani sono quasi del tutto inesistenti. Per rapporti concreti (e non per poche convergenze dovute ad analogo arcaismo periferico) mancano interamente le premesse storiche.

mili facendo ricorso soprattutto all'onomastica etrusca e si sofferma anche sulla conservazione di *-s*; "bei den latinisierten etruskischen Sippennamen", ove le forme con *-s* (da *-ōs* o *īs*) avrebbero la sibilante conservata anche nelle varianti tedeschizzate: "sodass bei vielen Ortsnamen eine deutsche Form mit *-s* einer rätoromanischen ohne *-s* gegenüber steht...". Si noti ad es. *Sarn*, nei documenti *Sarnis* e le forme tedesche *Scharms*, retor. *Schoms*, *Schons*, ma anche senza *-s*: *Sexammo* a. 1239.

Sarebbero esempi di origine etrusca in Pusteria il tedesco *Ràsen* nella forma latina *Rasina* e, con *Umlaut*, *Resina*, nome che risalirebbe all'etrusco *r a s n a (nel ladino della Valbadia il villaggio si chiama *Raśùn* che risalirebbe alla variante etrusca *r a s u). Analogamente il tedesco *Ritten* (XI sec. *Ritina*, *Rittena*), italiano *Renón* (sopra Bolzano), a. 1281 *Ritenone* avrebbe come base etrusca *ritna* e *ritnu* ecc. Ma la spiegazione convince assai poco. Anche la *Valtellina* (tedesco *Veltlin*) verrebbe da un etrusco V e l t l i n a da *veltna*, *velθna*, *velθina* ecc. con varie sopravvivenze nella toponomastica retoromanza e lombarda alpina (*Feldis*, XIV secolo *Veldens*; retor. *Veulden* o *Viulden* ecc.). Pare invece accertato che la *Valtellina* tragga origine semplicemente da *Teglio* (Sondrio) e questo dal latino *tilius* o dal latino T i l l i u s gentilizio, già a. 918 *Valis Telina* e *Telìn* 'l'abitante di Teglio', v. Olivieri 1961, 432, Pellegrini 1983, 53-54. Anche *Sluderno*/*Schluderns* (Venosta) verrebbe da una famiglia etrusca insediatasi nella valle, **salu* o **salu-θun* o **salrna* o *s(a)lutrana* latinizzato in *S (a) l u t e r n o s; *Sluternos* si sarebbe evoluto in *Schluderns*. Dalla variante s a l u - *θ u r a* e **s a l r n a* verrebbe l'italiano *Saldura*, ted. *Saldur*, *Salurn* ecc.

Ci pare che codeste variazioni arbitrarie di temi e di suffissi siano indubbiamente assai peggiori di quelle a volte utilizzate anche da Carlo Battisti per la spiegazione di alcuni nomi alpini che egli frequentemente riporta a temi mediterranei preindeuropei (così la sua scuola). Come si sa, per tali basi mediterranee esiste una amplissima bibliografia, ma sovente forse si gioca eccessivamente su alternanze vocaliche e consonantiche non comprovate da norme relativamente precise. Così ad es. il Battisti nella spiegazione di *Sluderno* (v. DTA I, 2, 1938,

599-600) – a. 1163 *de Sluderns*, a. 1170 *de Sludern*, a. 1259 *sacerdos de Sludernes* – fa ricorso al prelatino *sala 'canale dell'acqua', cfr. *Saldura* a Mazia, col suffisso molto diffuso *-rn-*. Anche la spiegazione di nomi locali oscuri e verosimilmente preromani, dell'area alpina, mediante il costante ricorso alle basi preindeuropee con vari suffissi non è sempre convincente, ed in realtà molti toponimi sono spiegati con riscontri spesso incerti e perciò non ricevono una spiegazione plausibile. K. Finsterwalder – in certo senso antagonista del Battisti – in vari lavori fa ricorso assai più frequentemente al celtico, dopo aver abbandonato le numerose interpretazioni illiriche e aver dichiarato l'attuale impossibilità di ottenere una vera interpretazione per molti nomi di origine prelatina. Si veda una raccolta dei suoi scritti in "Tiroler-Heimat", Band 38-39, come illustrazione alle carte toponomastiche, da lui redatte per il *Tirol-Atlas*. Non abbiamo mai constatato – ma la nostra informazione qui non è forse completa – che il Finsterwalder o altri ricercatori tedeschi in epoca recente, salvo pochissimi casi, facciano ricorso esplicito al retico o all'etrusco nelle spiegazioni dei nomi locali dell'Alto Adige-Südtirol. Tuttavia riteniamo che tale eventualità – abbandonate le esagerazioni e le fantasie del passato – debba essere lasciata aperta in alcuni casi.

Non sappiamo giudicare con sicurezza se alcuni nomi antichi, sicuramente preromani, con corrispondenze abbastanza puntuali con nomi etruschi, siano tali unicamente per mero caso ingannatore. Ci riferiamo ad es. al nome locale di *Vipiteno* (in tedesco *Sterzing*, di origine germanica) e cioè Vipitenum negli *Itineraria* romani, a. 827 *Wipitina*, a. 985 *Wibitina*, cfr. anche a. 1288 *Wiptal* (verosimilmente da intendere come una attrazione paraetimologica), un nome locale che non so se solo fortuitamente trovi riscontro ad es. nell'etrusco *Vipiθenes* TLE[1] 256 (iscrizione sepolcrale da Orte). Si può menzionare anche *Veldidena* > *Wilten*, presso Innsbruck, luogo di cospicui rinvenimenti archeologici e sede di antico *castellum* romano (la germanizzazione è in questo caso anteriore al secolo 8°, come mostra l'avvenuta rotazione consonantica tedesca *d* > *t*). O. Menghin 1971, p. 13, che segue il Finsterwalder nella valorizzazione di un eventuale filone celtico (e aggiungeremmo anche l'eventualità di un filone paleovenetico), per la toponomastica dell'antica *Raetia* e del *Noricum*, dichiara che tra le varie denominazioni: "immerhin stehen aber auch zwei Ortsnamen *Veldidena* und *Vipitenum* in Verdacht etrusckischer Herkunft...", osservazione che sembra accettabile. E ci si può chiedere anche se *Pèrgine* in Valsugana e il torrente *Fèrsina* che vi scorre (son da ricordare i ricchi reperti di Serso!) non assonino, per puro caso, con nomi etruschi quali *Pèrgine Valdarno*, comune in provincia di Arezzo e *Felsina* 'Bologna'. Il Pieri 1919 derivava il primo da un *P e r g i n a, corrispondente all'etrusco *Percenas* (e cfr. *Pergonius* in Schulze, *ZGLE* p. 88 e 74 n.), cfr. inoltre anche *Pèrgine* (*Pian di* –), Laterina (Arezzo). Lo studioso toscano soggiungeva "Da cui forse non è separabile *Pergo* (Cortona) e *Pèrgine* (Trento)". *Fèrsina*, il torrente che passa per Pèrgine e per Trento (a. 1182 *de Fersena*, 1210 *in Burgo novo apud Fersinam*) ha attirato l'attenzione anche di C. Battisti 1972, 53, il quale osservava: "si noterà la parziale assonanza con *Pèrgine*. Il Malfatti confrontava l'idronimo con l'etrusco *Felsina* (Bologna)". Ma codesto esempio è passibile di diversa interpretazione per la quale si veda anche E. Lorenzi 1932, 21 (in buona parte, peraltro, senza fondamento).

90. Anche alcuni toponimi della Val di Nòn potrebbero spettare ad uno strato retico-etrusco. Tra questi soprattutto *Mechel/Meclo* (dial. attuale *mečel*), luogo ben noto di rinvenimenti e di iscrizioni retiche (PID 210-213) = a. 1259 *de Meclo*, un toponimo che viene derivato anche dal Battisti 1959, 338, da una voce preromana e v. ancor più Battisti 1972, 11 e 13: "*Mèchel...* nome che probabilmente ricalca l'etrusco m e t h l u n 'popolo', 'lega'" e v. anche Mastrelli-Anzillotti 1976, 249 s.v. *Mechel* (Cles) con analoga etimologia: *meθlun*, *metlun*; ma ciò che risulta assai importante è il richiamo anche di *Mècla*, l'antico nome locale di Sanzeno. È da osservare che un latino regionale m e c l u (calcato sull'etrusco) nel nònese avrebbe dato come esito fonetico regolare *mèkel*, cfr. v e c l u (< v e t u l u) > *vèkel*, *vèkla*, Quaresima 1964, VIII-500 (ove si citano le varianti *veclo*, *vecla*, *vecli*). Il medesimo autore

registra come pronuncia recente del toponimo: *Mèčel*, *Mecjel*, ma ant. solandro *Mèchel*. L'ipotesi etrusca ha dunque qualche verosimiglianza tanto supponendo una derivazione da etrusco m e χ l (TLE[1] 87 da Tarquinia... mexl: r a s n a l 'popolo etrusco'), quanto da *meθlum* 'lega' (Cristofani 1976, 72 e 183). Questa voce etrusca sarebbe stata adattata nel latino regionale come *metlum* e quindi *m e c l u m. Ma è probabile che altri nomi della Val di Nòn possano essere spiegati, con reale verosimiglianza, ricorrendo all'etrusco-retico, piuttosto che al generico sostrato preindeuropeo mediterraneo.

Chi volesse inoltre trovare riscontri tra nomi locali dell'area "retica" e toponimi etruschi (o presunti tali) può scorrere alcune ricerche del Pieri ed in particolare 1919 e 1928, contributo quest'ultimo assai debole e interamente sprovvisto di forme antiche. Come riconosceva anche il Battisti 1932, 221-22, il benemerito studioso della toponomastica toscana "non ebbe altra intenzione all'infuori di quella di presentare per indagini ulteriori delle serie omofoniche in cui l'etrusco offre, a tutta prima, una delle tante possibilità d'interpretazione". Bisogna aggiungere che i toponimi sono ricavati dal noto indice-repertorio del T.C.I. (curato dal Bertarelli) il quale riporta unicamente forme della toponomastica ufficiale.

Venetico(*)

91. Quanto a nomi locali di origine "venetica" non possiamo dire molto (v. Pellegrini 1980). Quelli più sicuri

(*) I Veneti adriatici, che – come attestano i documenti epigrafici – erano stanziati soprattutto nel Veneto meridionale, centro-settentrionale (ma non occidentale) con propaggini nella Carinzia meridionale e nel Friuli orientale (con aree di ritrovamento di reperti epigrafici a Idria della Baccia in territorio iugoslavo), sono stati a lungo ritenuti un ramo della famiglia illirica (anche per il fraintendimento di un passo di Erodoto I, 9). In realtà la loro lingua, di tipo *kentum*, è piuttosto vicina al latino, pur possedendo isoglosse in comune con altre lingue indeuropee.

L'etnico *Veneto* è attestato in varie regioni dell'Eurasia (Paflagonia, Vistola, Mar Baltico, Gallia, Epiro), ma non è assicurato che si tratti sono di certo derivati dall'antroponimia venetica, bene attestata nelle epigrafi locali. Così si può spiegare ad es. il villaggio di *Moldòi* (Sospirolo BL) dall'antroponimo venet. moldo (attestato più volte in venetico e casualmente mai nel latino regionale), precisamente da un *Moldonio, oppure da un plurale *Moldoni. *Carmignano* di Este viene da Carminius che è stato ritenuto un nome tipicamente venetico (**Caraminius* > *Carminius*, venetico *karamnos*). *Crimignano* (Este) verrà da un Crimilius o Crumilius delle iscrizioni locali anche preromane (attraverso un Criminius) e forse anche *Montagnana* pare venire da un *Monte* (femm. 'pascolo') ed Enniana, dato che nelle epigrafi latine locali figura un *fundum Ennianum*. Non è da escludere che *Zensón* di Piave (TV) contenga l'antroponimo venetico Gentios attestato più volte nelle epigrafi.

Pare sicura la derivazione di Vicenza dall'antica *Vice(n)tia* in forma venetica, affine al latino vīcus, greco οἶκος 'casa' nel senso di 'insediamento'. Anche *Iésolo* da Equilum può derivare da un venetico *ekvilo- 'pascolo di cavalli' (?) dato che ekvo- 'cavallo' è attestato nelle epigrafi di Este (vi fa eco il locale "lido Cavallino"?). Così 'Asolo' da Acelum può appartenere al medesimo filone linguistico e provenire da un ak'-ĭlo- 'aguzzo', 'parte terminante a punta', forse con allusione alla parte più alta del luogo, cioè la celebre 'rocca'. Non è certo che *Ateste* (forse da analizzare *Ates-ste*), la capitale dei Veneti, sia di origine venetica; sicura è invece la sua connessione con At(h)esis il fiume 'Adige' che vi scorreva vicino.

92. Ora ci soffermeremo più a lungo ad illustrare i nomi di Venezia e di Padova.

Abbiamo accennato più volte alla vicenda dei nomi *Venetia* e *Veneto*. Sull'etnico antico *Venetus*, *Veneti*, onde *Venetia*, la raccolta più ampia di attestazioni è stata messa insieme da A.L. Prosdocimi il quale ne ha tracciato anche

del medesimo popolo, la cui diaspora – eventualmente – sarebbe avvenuta nel secondo millennio a.C.; v. soprattutto Pellegrini-Prosdocimi 1967 e Lejeune 1973 (ora Fogolari-Prosdocimi 1988).

le possibili interpretazioni etimologiche indoeuropee, presentate tra l'altro da G. Devoto. *Venetia*, con allusione alla regio augustea, compare in Plinio (*n.h.* III, 126), in Servio ad Verg. Aen. I, 242 ed è già in Livio; si ha *in regione Venetiarum* (*Veneciarum*) nell'Anon. Rav. IV, 30 e 36; "in regione Veneciarum est civitas ipsa Venetia appellata, sed veteri more Venecia nuncupata, eo quod ita a quodam rege nominata est...", *ibidem* IV, 70; "in regione Venetiarum" in Guido 17 e 117. L'impiego del plurale *Venetiae -arum* per indicare la città lagunare, costituitasi nell'alto medioevo con i profughi dalla terraferma stabilitisi nelle isole, può essere variamente interpretato, e forse serviva per distinguere la città dalla Venezia terrestre occupata dai Barbari (l'uso di *Veneto* è assolutamente recente!). Si ha un'eco del plurale anche nell'uso del Ruzzante *Vegnesie* (pl.), mentre il friulano *Vegnésie*, forma schietta, popolare, è un singolare (NPirona 1522). I Veneti profughi dalle varie città della terraferma sono denominati nelle fonti altomedievali *Venetici* che, secondo la nostra opinione, è forma influenzata dal bizantino Βενέτικοι che trova una lontana ascendenza nelle fonti greche classiche, ad es: in Strabone che ha Ἐνετική (XIII, 1). Di V e n e t i c i si conosce anche la continuazione dialettale *Venèdes* con allusione ai "Veneziani", e precisamente in un sonetto scritto in trevisano dei primi del sec. XIV, trasmessoci dal Canzoniere di Nicolò de' Rossi secondo il manoscritto della Capitolare di Siviglia, sonetto illustrato egregiamente da Maria Corti 1972.

Per 'Padova' le fonti antiche concordano nel trasmetterci una unica forma *Patavium*. Dalle iscrizioni si veda ad es. *Patavium CIL* V 8117 (Trieste), *Patavi(o)* abl. *CIL* VI 2379a 3,28 (= 32520), *Patavi* locativo *CIL* VI 2701. Tra gli scrittori è fondamentale il passo di Virgilio (*Aen.* I 247) "Hic tamen ille (cioè Antenore) urbem *Patavi* sedesque locavit...", cioè *Pătăvi*; *Patavium* hanno inoltre Livio (X, 2, 9), Mela (II, 60), Plinio (*n.h.* III, 130), Svetonio (*Tib.* 14), Tacito (*Hist.* III, 6; 7; 11), Solino (II, 10), Strabone ha Παταούιον (V, 213) e οἱ περὶ Παταούιον (V, 218), Dione Cassio (XLI 61 e LXII 26) ἐν Παταουίῳ, Tolomeo (III, 1, 26) Παταύιον πόλις ecc. La Tab. Peut. ci trasmette *Patavis* locativo plurale mentre *Patavium* è nell'It. Ant.

275,8 accanto a *Patavis* (128,9 e 281,5); *Patavium* (*Patavia*) nel Geogr. Rav. (IV, 30) e in Guido (17; 20; 117). Così pure Paolo Diacono (*HLang.* II, 14; IV, 23 e *HRom.* XIV, 11) con numerose ed interessanti varianti dei mss. (*Patavum*, *Padavi*, *Paduam* ecc.).

93. Appare peraltro subito evidente che la forma classica *Patavium*, pur nella compatta tradizione, deve esser stata sostituita o affiancata (in modo non palese) da altre forme che potremmo definire volgari o locali poiché essa non può essersi continuata né in *Padova* e nemmeno nella forma popolare e assai caratteristica *Pava*, secondo il dialetto "pavano". Da *Patavium* si avrebbe infatti, con evoluzione fonetica perfettamente regolare, un *Padèbo (da **padaibo*) o **Padebio* (eventualmente italianizzato in **Padebbo*); si noti infatti lat. cavea che attraverso **cavia* > **caiva* > **caiba* ha dato origine a *chèba* 'gabbia' (venez. e poles.) o trĭvium > *Treb(b)o* e der. *Tribollo* (in Friuli *Treppo* e anche ven. e pad. *trepo* 'cricca'), onde si vede quale sia l'evoluzione del nesso *-vj-*. Per la forma *Padova* si può pensare ad un antecedente Padua già attestato nel *CDPad.* all'a. 952 e all'a. 1027 "et scio me et plurimi pueros in *Padua* crismatos"; in séguito tale forma diventa usuale nel latino dei documenti. Ma non si può escludere che anche *Padua* provenga da un anteriore *Patua (o teoricamente da *Pato(v)a); per il trattamento fonetico si confronti Mantua > *Mantova* o vĭdua > *védova*, come aveva già annotato l'Ascoli, *AGI*, I (1873) 429. Secondo il Lavagnini (*Athenaeum* IV, 1926, 172-6) *Padua* di Catullo (95, 7) non dovrebbe corrispondere all'omonimo canale del delta padano, bensì alla città qui indicata secondo una variante locale gallica. Tale ipotesi è parsa assai poco verosimile ai filologi per cui è difficile ammettere un *Padua* con *-d-* già in epoca classica. I rapporti risultano assai intricati per la presenza, forse non casuale, del suddetto canale denominato altrimenti *Padusa* e si noti Παδόα (Παδόσα) in Polibio (II, 16, 11) e assai comune *Pădūsae* gen. in Virgilio (*Aen.* XI 457) ed in Plinio (n.h. III, 119) "*Padusa*... quondam Messanicus appellatus". Si aggiunga l'assonanza col medesimo fiume *Padus* > *Pò* (con evoluzione pavana *-atu* > *-ado* > *-ao* > *-ǫ*), equa-

zione che richiederebbe un lungo discorso per accertare la possibilità di alternanza tra sorda e sonora (che noi riconosciamo valida soltanto se essa può esser chiarita mediante un intervento del sostrato etrusco o etruscoide). Ma ritorniamo alla forma *Patavium*; bisogna ormai ammettere con certezza che essa è stata affiancata nel linguaggio parlato da un *P a t a v a e ciò ci sembra ora confermato da due importanti spie finora trascurate. In una glossa antico alto tedesca ad un codice virgiliano conservato alla Biblioteca Comunale di Trento (con la segnatura 1660) si ha *bazzoua* come spiegazione di *Pataui* (*Aen.* 1, 247) per cui si potrebbero trarre utili deduzioni circa la forma della città, come essa era conosciuta dalle popolazioni tedesche (o genericamente germaniche occidentali) in epoca anteriore *a*) alla 2. rotazione consonantica (circa VI sec. d.C.) e *b*) in epoca anteriore alla lenizione consonantica dei dialetti veneti (sec. IV-V?) che in ogni caso deve esser collocata in un periodo anteriore alla 2. Lautverschiebung. Solo una forma non lenita **Patava* (o **Patova*?) poteva dare come esito antico alto tedesco il citato *Bazzoua* col regolare passaggio di *-t-* a *-zz-* (ma da *p-* in a.a. ted. ci saremmo aspettati *pf-*!). Le glosse del IX-X sec. d.C. attestano pertanto la notorietà della città di Antenore anche presso i vicini popoli germanici ed in età assai remota (circa il sec. IV) poiché essi ne hanno derivato una forma consona al loro sistema fonetico. Ma, a dir vero, è forse più probabile una confusione con *Bazzawa*/= *Passau* (v. qui sotto). L'altra indicazione ci proviene dalla fonetica del pavano, come giustamente ha sottolineato G. Ineichen il quale per la forma popolare *Pava*, ben nota al Ruzzante, presuppone (*civitas*, *urbs*) *Patăva* con regolare evoluzione: **padava* > **paava* > *pava*. Tuttavia riteniamo che tale toponimo non sia forse sufficiente per spiegare l'allotropo *Padova* (forse, ma non sicuramente da *P a t o v a) e che esso possa essere affiancato da una forma *P a t u̯ a. Si potrebbe anzi pensare che *P a t a v a sia dovuta ad accento venetico, poco intensivo, mentre da P a t a v a con accento gallico si sarebbe avuto **pateu̯a* > **patəu̯a* e * p a t u̯ a onde la forma *Padua* e la veneziana, veneta e italiana *Padova*. Del resto è verosimile, seguendo la fonetica pavana, che un antico *Padua* (con *d* originario) avrebbe dato origine a **Paoa* > **Poa* o **Pova*.

Resta comunque oscura la formazione del classico *Patavium* di circolazione letteraria. È stata avanzata l'ipotesi che esso rappresenti un genitivo plurale tratto da un supposto **Pataves* 'i Padovani', creato dai Romani e tratto da * P a t a v a. Si avrebbe pertanto una formazione *civitas Patavium* parallela al tipo toponimico *Lutetia Parisiorum* o ad *Augusta Taurinorum*. In realtà *Parigi* e *Torino* non derivano da genitivo plurale ma da P a r i s i o s, T a u r i n o s (accusativo plurale) anche se non mancano i fossili di genitivo plurale nella toponomastica italiana ad es. *Romanore* (MN) o *Saviore* (BS) da S u a v o r u m. Non è poi il caso di *Patavium* che comunque non ha avuto alcuna continuazione come abbiamo qui ribadito. L'interpretazione del dotto *Patavium* come forma di genitivo plurale suscita varie perplessità sulle quali ha insistito anche il Prosdocimi, *LV* I, 294-5. *Patavium* potrebbe essere un neutro che allude ad un collettivo (?) e secondo la tradizione alla riunione di vari *pagi* che vengono a costituire la città (?). Ma è poco credibile che tale forma preromana rappresenti un genitivo plurale venetico (una **touta/teuta Patavium*??) poi intesa come una formazione neutra singolare in *-ion* > *-iom* > *-ium*.

Restano da chiarire alcune possibili connessioni etimologiche e l'eventuale significato del toponimo che si può interpretare come formato da un tema * p a t - e da un suffisso *-ăvo- -ăva*, assai comune in nomi locali preromani e soprattutto negli idronimi, ma con *-ā-*, cfr. *Tim-āvu-s* ecc. Per il radicale * p a t - un giudizio preciso rimane difficile; possiamo ad es. verificare il suo ripetersi in toponimi e in antroponimi. Secondo Untermann (p. 123) * P a t - ă v u - s sarebbe affine all'attestato *Pat-ălu-s* [secondo l'U. "Godišnjak" VII, 5 Saraijevo 1970, p. 11 n. 16 in *Patavium* si potrebbe scorgere il nome di persona **Patavus*?]. Più puntuale era sembrato a molti il riscontro di *Patavium* con *Patava* in Pannonia da cui *Bazzawa* ora *Passau*; ma in realtà tale nome corrisponde a *Batava castra* che nulla ha da spartire con *Patavium*. Conviene a questo punto menzionare l'opinione degli antichi espressa ad es. da Servio (*Ad Aen.* I, 274): "Urbem *Patavi* hoc est *Patavium*. *Patavium* autem dictum vel a *Padi* vicinitate, quasi *Padavium*, vel ἀπὸ τοῦ πέτασται, quod captato augurio dicitur condita, vel quod avem telo petisse dicitur et eo loco condidisse civitatem. Alii a palude *Patina*, quae vicina civitati fuisse dicitur, *Patavium* dictam putant". E così pure gli Scholia Veronensia, *Ad Aen.* I, 247: "Sunt qui *Patavium* a *Patena* palude dictum putent, quae prope urbem fuit. Alii eam a *Pado* flumine vocatam volunt, ut littera una sit mutata postea ex *Padavio*...". È possibile che l'accostamento a *Padus* rappresenti una paronimia o etimologia popolare come ammette anche la Karg, 1942, 183-4. Rimane tuttavia di qualche interesse il richiamo alla palude *Patina* sulla quale non si hanno ulteriori informazioni. Di qui le deduzioni interpretative di molti studiosi circa il significato di 'luogo paludoso', 'pianura bassa paludosa', confortate da verosimili argomentazioni di archeologia preistorica. La pianura ove sorse Padova si presentava come una distesa bagnata da fiumi disarginati che continuamente uscivano dal loro alveo provocando ampi acquitrini. Ma per restare sul terreno propriamente linguistico, se vogliamo valorizzare le indicazioni degli antichi e il tema *pat- sotto il profilo ie. (lasciamo per ora da parte accostamenti più ampi che consentono di postulare trasformazioni fonetiche non bene verificabili), ci pare che esso possa spettare alla radice presente ad es. nel lat. *pateo* 'estendersi', 'essere aperto', quasi *patava fosse una distesa, un luogo pianeggiante, aperto (in contrasto con la regione dei Colli Euganei, popolata ugualmente da Veneti, assai più mossa). Per la radice *pat-basti rinviare per ora al Pokorny, *IEW* pp. 824-5 sotto *pet- *p^{e}t- *petə- ove è sistemato il lat. *pateō*, *pando*, *patĕra*, osco *pat[ít?]* 'patet' ecc.

Riassumiamo nel seguente specchietto gli allotropi della città di "Padova" nella loro attestazione ed evoluzione storica:

Patavium (cl.e iscr.)	*Patava (venet.? volg.)
**Padebbo* (inesistente)	*Pava* (pavano)

*Patua (volg.)
Padua (a. 952)
Padova (venez. e ital.)

Quanto all'etnico in epoca classica, esso è *Patavinus*, ad es. *CIL* V, 5813 (Milano), *Patavinos* acc. *CIL* V, 2491 e 2492 (cippi confinari tra Este e Padova), Plinio (*n.h.* III, 121). ... Cassium Patavinum in Svetonio (*Aug.* 51). Tale etnico non ebbe peraltro popolarità e nel medioevo è per lo più sostituito da *Patavenses*, *Patavienses*, ad es. all'a. 673 *foris urbe Pataviensi* (*CDPad.*), *Patavensi ecclesia*, mentre s'incontra presto la formazione più popolare tratta da *Padua*: a. 952 *sacerdos paduanensis ecclesiae*, a. 978 *sancte Paduanense ecclesiae* e nel 983 figura per la prima volta *Paduanenses* per designare i 'Padovani'. L'aggettivo *Patavus -a -um* è usato spesso dagli Umanisti ed il Petrarca (*Familiares*, passim) usa anche *Patavum* per Padova. La forma più popolare è comunque *Paduanus* > *Padovano* e di essa si ha bella testimonianza in un sonetto scritto in trevisano del sec. XIV, contenuto in un manoscritto Colombino della Capitolare di Siviglia, dovuto a Nicolò de' Rossi (notaio trevigiano), ove si legge *Padeguai* 'Padovani' (accanto a *Venèdes* 'i Veneziani' da V e n e - t i c i), testo illustrato da Maria Corti; tale forma corrisponde al dialetto dell'epoca con *v* reso con *-gu-* e *-ani* di pl. passato a *añ* > *ain* > *ai*. Il classico *Patavīnus*, qualora fosse passato attraverso la trafila popolare, avrebbe dato origine a *Pa(d)avìn* di cui non si ha ricordo per quanto si sappia (tranne nel cognome *Padoìn*). Da *Pava* si fece *pavan(o)* noto anche come cognome e come appellativo nella danza popolare *Pavana* (sec. XVI). Ma di *pavano* si ha un indiretto antecedente anche in *Padavensis* (*CDPad.*, a. 980) che presuppone *p a t a v a + *-ensis*. Secondo G. Alessio, *DEI* IV, 2723 l'italiano *paìno* 'giovanotto elegante, zerbino, domestico', v. romagnola giunta fino a Roma (*paìno* 'borghese ben vestito') rappresenterebbe P a t a v i n u s, usato in senso spregiativo, cfr. veronese *paìn* 'contadino'.

Diffusione del latino in Italia

94. La lingua latina arcaica costituitasi nel *Latium vetus*, richiama alla mente l'origine tripartita di Roma con le tribù originarie dei *Tities*, dei *Ramnes* e dei *Luceres* (Var-

rone, *LL* 55 e 89) in cui, accanto ai Protolatini, conviveva l'elemento etrusco e sabino. Il latino dell'età regia o "latino di Numa" presenta particolarità assai singolari (e solo in parte note attraverso i documenti epigrafici spesso esigui dei secoli VI-V a.C. e pochi altri indizi). Esso subirà, a partire dal V secolo a.C., una radicale trasformazione e si diffonderà nel corso dei secoli sino al fiume Po. È importante osservare, anche per la diffusione del latino, che con la *lex Julia* del 90 a.C. si estende la cittadinanza sino alla Cisalpina e con la successiva *lex Pompeia* dell'89 si concede la cittadinanza latina sino alle Alpi; tale cittadinanza sarà poi trasformata in romana da Cesare nel 49 a.C.

Sono veicolo e focolai di diffusione della lingua dei conquistatori le colonie di diritto latino, i cui cittadini, pur conservando le loro prerogative linguistiche, coltivano il desiderio di un inserimento nella comunità linguistica del latino (Devoto 1974, 133) e soprattutto quelle romane che si espandono rapidamente attorno a Roma a partire dai territori di Sud-Est della città, abitati dagli Aequi e dai Volsci. La colonia latina di *Velitrae* 'Velletri' risale al 494 a.C., quella di *Ardea*, nel territorio dei *Rutuli*, al 442; la prima colonia romana in territorio volsco è *Antium* e risale al 338. Ma la romanità attecchisce più rapidamente in quelle regioni che sono fornite di buona viabilità e ove le strade si irradiano ben presto da Roma in tutte le direzioni. Sono arterie principali: la *via Appia* che porta a Brindisi, la *Popilia* che, diramandosi dalla precedente (a Capua), raggiunge lo stretto di Messina; l'*Aurelia* che porta ai confini con la Gallia Transpadana, la *Flaminia* da Roma a Spoleto e poi a Rimini; la *Aemilia* da Rimini a Piacenza. Da Rimini si diramava la *Popilia* che, con vari tratti costruiti a partire dal sec. II a.C., portava ai passi alpini e successivamente al Danubio (tramite la via *Annia* e la *Claudia Augusta Altinate*).

Il latino a partire dai secoli VI-V cominciò ad imporsi e ad insinuarsi dapprima saltuariamente in regioni vicine e di lingua assai diversa. In un primo tempo la lingua dei conquistatori erode parte del territorio di linguaggio sabellico, etrusco e falisco (quest'ultimo, come abbiamo visto, affine al latino). Il suo potere di espansione e la sua

Fig. 2.4a Le fasi della latinizzazione

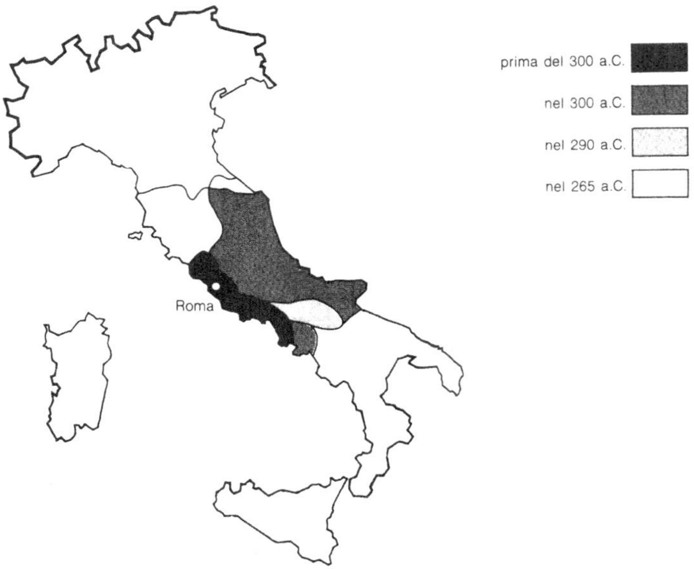

Fig. 2.4b Le fasi della latinizzazione

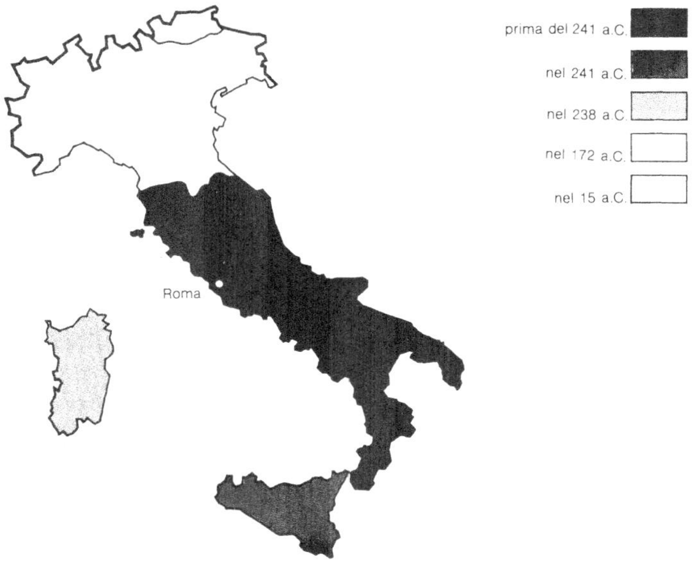

Fig. 2.4c Le fasi della latinizzazione

vitalità è sempre crescente e perdura senza interruzione per lo meno sino al sec. IV-V d.C. L'abile politica di Roma non adotta metodi e leggi d'imposizione della lingua dei padroni ai popoli conquistati nemmeno in atti ufficiali; questi passano gradualmente e spontaneamente ad adottare il latino. Roma conquista attraverso varie tappe, ben note alla storia, il Lazio, l'Italia centro-meridionale e successivamente l'Italia superiore; estende poi i suoi domini all'Europa sino al Reno e al Danubio, quindi alla Dacia. In precedenza l'Africa settentrionale ed il Mediterraneo dalle Colonne d'Ercole al Ponto Eusino, erano già suo dominio.

La lingua latina diventa lentamente la lingua ufficiale dell'amministrazione, degli scambi commerciali, dei militari, della scuola ecc. per sostituire alla fine i molti idiomi dei popoli soggetti anche nell'uso quotidiano. E precedentemente (§§ 28-29) abbiamo fornito un elenco di lingue e di popoli dell'Italia antica che, adottando la lingua latina hanno perduto interamente la propria, non mancandovi, tra le notevoli varietà idiomatiche soppiantate, vari relitti anche toponimici.

Ecco ora un brevissimo sunto cronologico della conquista romana in Italia:

1. Latino di Numa VII fine VI secolo;
2. a. 487 a.C. conquista del territorio immediatamente a Sud e poi a Nord di Roma (a. 505 a.C. disfatta degli Etruschi ad Aricia e a. 492 alleanza dei Romani con i Latini nella "lega latina");
3. a. 392 conquista di Veio e del suo territorio;
4. a. 340-338 conquista delle città della Campania ed estensione del territorio sino alla baia di Napoli;
5. a. 326-304 prima guerra sannitica ed inizio della conquista del territorio sannita; alleanza dei Romani con l'Apulia, con la Campania meridionale, con la Lucania, con i Marsi, con i Marrucini, Frentani, Peligni che diventano satelliti di Roma; annessione degli Hernici ed Aequi;
6. a. 298-290 seconda fase della guerra sannitica; alleanza con i Sanniti, Galli, Etruschi, Sabini. Soggiogazione del *Samnium*;
7. a. 285 disfatta dei Galli e degli Etruschi. Occupazione dell'*Ager Gallicus* e alleanza con le città etrusche;
8. a. 225-222 guerra con i Galli dell'Italia superiore; conquista della bassa e media valle del Po. La Sicilia è provincia dal 241 a.C., la Sardegna e la Corsica dal 238 a.C.

Nel 218 Roma estende la sua sfera d'influenza a tutta l'Italia (eccetto l'alta valle del Po e la Liguria), alla Sicilia (eccetto Siracusa), alle isole e al mare Tirreno; a. 212 caduta di Siracusa; a. 191-172 assoggettamento della Liguria.

La fondazione di colonie nell'Italia superiore avviene secondo la seguente successione: Cremona e Piacenza (colonia latina) a. 218; Bologna (colonia latina) a. 189; Pesaro (colonia romana) a. 184; Modena (colonia romana) a. 183; Parma (colonia romana) a. 183; Aquileia (colonia latina) a. 181. Si aggiungano nell'89 le colonie latine create con la *Lex Pompeia* e cioè Bergomum, Brixia, Comum, Laus Pompei, Mantua, Mediolanum, Nouaria, Vercellae e Verona. Segue la conquista della Raetia, a. 15 a.C.

Fig. 2.5 Le regioni augustee

Capitolo 3
L'elemento latino

95. Nella spiegazione di molti nomi locali, vale a dire nell'individuazione del loro significato, sarebbe a volte sufficiente ricorrere all'indicazione di appellativi geografici – soprattutto geonimi – di significato ancor vivo. È questo un caso assai frequente e alla raccolta dei "termini geografici" di varie località o regioni hanno contribuito vari studiosi e soprattutto i geografi (v. § 4). È peraltro un metodo più preciso e scientifico di non ignorare l'origine etimologica dell'appellativo che risulta poi la fonte, la motivazione, la spiegazione del nome di luogo. Può darsi il caso che tale appellativo si configuri di origine discussa, incerta od oscura, nel quale caso converrà mettere in testa al lemma tale termine nella sua forma locale, dialettale, con eventuale discussione sull'etimo; ma codesto è per lo più un caso piuttosto raro per cui la massima parte dei nomi locali, sia pure attraverso un appellativo, risalgono a chiare basi latine che costituiscono pertanto l'etimo. Tali termini latini che identificano il nome, normalmente si sono continuati in forma popolare nei vari dialetti italiani o italo-romanzi, in generale nella Romània. Ma si notano anche parecchi casi in cui la parola latina risulta arcaica e sopraffatta da altri tipi lessicali più recenti (innovazioni), per cui essa è a volte attestata soltanto dalle "cristallizzazioni" o fossili toponimici, oppure essa compare soltanto in aree romanze assai periferiche e isolate (quali ad es. il sardo, a volte il romeno o in zone particolarmente conservative della romanità).

Non rari sono gli esempi in cui un certo lessico latino fa capolino soltanto come nome locale e la normale voce latina classica pare totalmente sopraffatta già in epoca medievale o latino tarda (*pare*, dato che le nostre conoscenze lessicali delle lingue e dialetti neolatini di tradizione ininterrotta, pur sempre più perfezionate, non possono giudicarsi complete e perfette). Nei capitoli che seguono – i quali costituiscono il nocciolo del nostro quadro toponimico italiano – distingueremo i derivati dal latino in:

a) termini latini ben presto indeboliti nella loro vitalità e pertanto quasi sempre assenti come appellativi nelle lingue e dialetti neolatini (o limitati ad aree marginali);

b) termini latini comuni continuatisi come appellativi di significato per lo più vivo nei dialetti e che si riferiscono in maggioranza alla descrizione del paesaggio o attinenti alle condizioni del suolo (*geonimi*);

c) termini latini che hanno generato nomi di luogo in vari campi semantici;

d) aggettivi latini frequentemente fonte di nomi locali, a volte anche rari.

Tratteremo invece in capitoli autonomi i *fitonimi*, gli *zoonimi* e dedicheremo infine la parte finale del volume a varie categorie toponimiche tra le quali gli *idronimi*, gli *oronimi* ecc. Un capitolo autonomo tratterà pure dei numerosi nomi locali che traggono origine dall'*antroponimia* latina, tanto secondo formazioni tipiche, suffissali, quanto brevemente in quelle asuffissali.

Termini latini assenti (o rarissimi) come appellativi nelle lingue neolatine

96. Come abbiamo accennato, il lessico del cosiddetto latino volgare aveva perduto, per vari motivi che non intendiamo indagare qui, parecchie voci, assai comuni nella latinità classica, generalmente rimpiazzate da altre che per lo più si continuano nelle lingue e nei dialetti romanzi. Basterà menzionare soltanto alcuni esempi, tra i più significativi; tra i verbi, f e r r e è sostituito normalmente da p o r t a r e, cfr. italiano *portare*, francese *porter*, provenzale, catalano, spagnolo, portoghese *portar* (accanto a l e v a r e > spagnolo *llevar* ecc.), rumeno *a purta* (qualche minima traccia di f e r r e si ha tuttavia nel conservativissimo sardo); l o q u i da p a r a b o l ā r e (che

risale al greco παραβολή, parabola 'similitudo', poi 'esempio' evangelico ed infine, già nella Vulgata, semplicemente 'parola') > italiano *parlare*, francese *parler*, provenzale *paraular*, *parlar*, oppure da *fabulāre* > spagnolo *hablar*, portoghese *falar* (il rumeno ha *vorbi* da *vorbă* 'parola', di origine dubbia); oportēre, oportet per lo più sostituito da convenire, convénit > italiano *convenire*, *conviene*, francese *convenir*, provenzale *covenir*, catalano, spagnolo *convenir*, portoghese *convir*, rumeno *cuveni*; ĕdĕre da manducāre > francese *manger* (e di qua l'italiano *mangiare*), provenzale *manja*, rumeno *mînca*, oppure da *comedere* > spagnolo e portoghese *comer*; ludĕre da jocare > italiano *giocare*, francese *jouer*, provenzale catalano *jogar*, spagnolo *jugar*, portoghese *jogar*, rumeno *juca*; flere da plangere > italiano *piangere*, ladino occ. *plaunger*, friulano *plandzi*, francese *plaindre*, provenzale *planher*, rumeno *plînge* oppure da plorāre > francese *pleurer*, provenzale *plorar*, spagnolo *llorar*, portoghese *chorar*; discere da apprehendere > italiano *apprendere*, francese *apprendre*, provenzale *aprendre*, catalano *aprenrer*, spagnolo e portoghese *aprender*; il rumeno ha *invața* da *invitiāre (con un processo semantico particolare) ecc. Tra i sostantivi e aggettivi basterà richiamare: pulcher rimpiazzato nelle aree periferiche da formosus > spagnolo *hermoso*, portoghese *formoso*, rumeno *frumos*, o da bellus (area centrale) italiano *bello*, francese *bel*: *beau* (si sono perduti anche analoghi aggettivi, quali lepidus o venustus); tellus da terra > italiano *terra*, francese *terre*, provenzale catalano *terra*, spagnolo *tierra*, portoghese *terra*, rumeno *țara* ('regione', 'patria'); equus da caballus italiano *cavallo*, francese *cheval*, provenzale catalano *cavall*, spagnolo *caballo*, portoghese *cavalo*, rumeno *cal* (si mantiene invece, specie nelle aree laterali della Romània, il femminile equa > spagnolo *yegua*, portoghese *egoa*, rumeno *iapă* ecc.); ignis da fŏcus > italiano *fuoco*, francese *feu*, provenzale *fuec*, catalano *foc*, spagnolo *fuego*, portoghese *fogo*, rumeno *foc*; os, oris da bucca > italiano *bocca*, francese *bouche*, provenzale, catalano, spagnolo, portoghese *boca* (il rumeno ha invece *gură* da gula); vulnus da plaga > italiano *piaga*, francese *plaie*, provenzale *plaga*, spagnolo *llaga*, portoghese *chaga*, *praga*, rumeno *plagă*; cruor da sanguis > italiano *sangue*, rumeno *sînge*; bellum fu surrogato ovunque da un germanismo, probabilmente precoce, *werra italiano *guerra*, francese *guerre* ecc. (il rumeno invece ricorre allo slavismo *război*).

Numerose parole latine si sono inoltre mantenute, come si sa, soltanto in domini linguistici particolarmente conservativi perché isolati o periferici; è ad esempio il caso tipico della Sardegna e spesso della Dacia (cioè della Romanìa), ma è possibile rintracciare anche in altre aree neolatine preziosi relitti di parole che hanno avuto evidentemente fin dall'antichità una circolazione limitata.

La Sardegna presenta ad esempio continuatori di voci piuttosto rare nel mondo romanzo, quali magnus > *mannu*, domus > *domu* (nel senso originario di 'casa'), horreum > *orriu* (per granarium), ianua > *ǧanna* ('porta'), scire > *iskire* (per sapēre), cras > *kras* (per demane) ecc.

A) Arcaismi latini nella toponomastica

97. Ci limiteremo a citare qui sotto un campionario di tali parole che sopravvivono nella toponomastica: desunte perlopiù dalle principali illustrazioni delle varie regioni italiane.

acernus (manca al REW) 'di acero', ma in Venanzio Fortunato equivalente di 'acero' sostantivo, pare continuato dal veneziano antico (quindicesimo secolo) *aierno* (da acernus + *àier* 'acero'), ma come nome locale si tenga presente: *Acèrno* (Campania), *Masseria Acièrno* (Puglie).

agellus (REW 276), diminutivo di ager, 'campicello', è interamente sconosciuto alle lingue e ai dialetti neolatini, mentre è diffusissimo come nome locale in varie regioni; ad esempio *Agello* (Casale Monf. AL), *Aiello* (Cuneo), *Zelo* (Lodi MI) = a. 836 *Agello*, *Zelo* (Milano) = dodicesimo secolo *Azellum*, *Zelo* (Mestre, Venezia), a.

865 *Agello* (Valpantena, Verona), *Ajello* (Cervignano, Udine), *Gello*, *Agello*, *Agelli* (toponimi comuni in Toscana), *Ajelli* (catasto di Tèramo), *Aiello*, *Serra d'Aiello* (Calabria). Si noti anche *agellata* 'estensione di poderi' > lomb. *zelada*; *Agelli* (Roccafl. AP); *Agello* ant. (Ripatransone AP); *Montegelli* (Sogliano al Rubic. FO).

albus (REW 331), continuato dal rumeno *alb* e dal sardo log. *alvu*, è quasi ovunque soppiantato, come nome di colore, dal germanismo '*bianco*' (blank); ma esso appare spesso nella toponomastica come componente, ad esempio *Peralba* (Cuneo), *Qualba* (Cesana, Novara) < aqua alba, *Rivalba* (Torino), *Peralba* (Cadore), *Montalba* (Verona), *Calalba* (Verona), *Vialba* (Verona), *Cornalba* (Bergamo), *Fiumalbo* (Modena), *Coalba* (Valsugana, Trento), *Giralba* (Dolomiti), *Sassalbo* (Lucca), *Terralba* (San Miniato PI), *Villalba* (Arezzo), *Quàlbola* (Garfagnana) < aqua albula, Fiume *Arvo*, *Pietralba* (Calabria).

alluvies (manca al REW) 'luogo soggetto a inondazioni', 'luogo allagato' (in rapporto con lavo), ignoto come appellativo romanzo, appare invece nella toponomastica, ad esempio in Piemonte: *Ollòbia*, torrente affluente dell'Elvo, Biella (e, meno probab., *Oròpa* che trae il nome dall'omonimo torrente), *Libiòla* (fr. di Serravalle a Po, Mantova "ove passa la fossa" *Libiola* = a. 835 *Lubia*), *Lobbia* (Milano), *Lobbia* (roggia nel Cremonese), *le Lupie* (Padova), *Porta Lupia* (Vicenza), *Lupiòla* (Sandrigo di Vicenza), *Val di Lubbie* (Val di Fiemme, Trento), *Libba* (presso Pomposa, Ferrara) = 800 e 1000 *la Liba*, *Libolo* (canale di bonifica ricordato negli estimi di Ravenna).

amnis (manca al REW) 'fiume', 'corrente' era frequente nella toponomastica antica, cfr. Interamna, *-es* > *Tèramo*, *Terni* ecc.; ne deriva forse *Terno d'Isola* (Bergamo) = a. 774 *Teranis*; *Ontragna* (Como) < inter amnia, *Intragna* (Intra e Locarno); da *amniu (per amnis) viene, ad esempio, l'*Agno* (torrente di Vicenza) e di qui *Valdagno*. Anche il FEW I, 89 menziona solo esempi della toponomastica.

arvum (REW 692) 'campo' 'arativo', attestato solo dal sardo cfr. log. *arvu* e derivati; qui *Arvello* (Foligno PG), *Arvenis* (UD), forse *Arba* (PN); *Avreto*, *Avrito*, *Arvito* (Formia, LT); *Alvelli* (Rocca S. Maria TE); *Arvaglo* ant. (Cadore BL).

arx, arce 'rocca', 'altura' (manca al REW) si continua ad esempio in *Arce* (Caserta) e forse in *Contràs* (Pieve di Cadore BL) < contra arcem (località di rimpetto al Montericco); e la denominazione tautologica *Colle Arce* (Foligno PG), *S. Maria de Arci* (dioc. di Città di Castello PG); forse *S. Nicola Arcella* (CS), detto popolarmente *Casalìcchiu*.

assus (manca al REW), derivato di areo, 'arso', 'secco' sta alla base di *Fontassa* (Luco, Borgo S. Lorenzo FI), cfr. infatti il tipo assai comune *Fonteasciutta* o *Fontesecca*; cfr. anche *Terrassa Padovana*.

ater (REW 753) 'nero scuro', attestato solo nel semidotto italiano antico *atro* (Dante), portoghese *adro* 'oscuro', provenzale *aire*; nella toponomastica toscana pare attestato in *Caggiatro*, pod. Asciano (Siena) composto di *gahagi (longobardo) [cfr. *Caggio* e *Cafaggio*].

basilica (REW 972) 'chiesa' (ma anche 'edicola' o 'cella') si perpetua in lingue periferiche, ad esempio rumeno *biserică*, dalmatico *basalca*, log. ant. *vethiliga*, engadinese *baselgia*; ma la sua vitalità è dimostrata da nomi locali quali *Baselga* (Marzana, Verona), *Basalghelle* (Mansuè, Treviso), *Trebaséleghe* (Padova), *Baselga* (Trento), *Bascapé* (Pavia) = a. 879 *Basilica Petri*, *Basélica* (Bologna), *Basaglia penta* (Udine) da basilica pincta, *Basaluzzo* (Novi, Alessandria) = a. 969 *Basaregutia*, a. 981 *Basaligucia*, inoltre in Toscana: *Basélica*, *Baserca*, *Bassélica* ecc.

bucita "pascua ubi cientur boves" (manca al REW), più comune è bucētum 'pascolo per buoi'; secondo il Pieri avrebbe dato origine a vari nomi locali toscani del tipo *Buta*, *Butia*, *Buti* e *Butale*. Inoltre *Bùcita* (San Fili

CS, Rossano CS, Màrtone RC) e *Vùcitu* (S. Marco Argentano CS); *Buccetta* (Maenza LT).

b u s t u m (REW 1422, FEW I, 651), in relazione con b u r o, tratto da a m b - u r o di u r ĕ r e, ha conservato forse l'antico significato di 'tumulo' (?) ed è comunque presente ad esempio in *Busto Arsizio* (Varese) = tredicesimo secolo *Busti Arsizia* e in *Busto Garolfo* (Milano); è da osservare in *Arsizio* la probabile tautologia (con allusione all'aridità del terreno?). Non crediamo vi sia rapporto con la voce ibero-romanza esaminata da J. Hubschmid, ZRPh., 80, 1/2, 102-19 (cioè a. spagn., a. galiz. *busto* 'Weideland' und spätlat. *bustar* 'Ochsenstall').

c a e l i c u s 'celeste' (manca al REW) compare in più nomi calabresi del tipo *Célico* (FEW 2, 1, 34, raro!).

c a n a b ŭ l a (REW 1566 a, con incerti continuatori gallo-romanzi), termine tecnico dei gromatici "fossa di scolo per prosciugare i fondi", riaffiora nei toponimi toscani *Canabbia* (fosso, Maggiano Lucca), *Canabbio* (Bagni di Lucca), *Canabbi* ecc.; secondo l'Alessio (in "Actes 10e Congrès Linguistique", 322 anche in *Cadenabbia* (Griante, Como) con falsa ricostruzione da un *Canabbia* in *Cà de Nabbia*.

c a s u l a (manca al REW) 'casetta', 'capanna' figura con l'accento e il significato originario in *Càsola* (Lunigiana), *Càsola Valsenio* (Ravenna), *Càsole d'Elsa* (Siena), *Càsola di Napoli*, *Càsole Bruzio* (Cosenza); *Càsule* (PG), ecc.; da c a s u l ē t u m 'gruppo di case' viene *Casoleto* in Calabria (FEW 2, 1, 480). Anche c a s e t u m; *Càsule* (molte volte in documenti marchigiani, ad es. Montefeltro, Fermo, AP), anche *Casulo* (ant.).

c e n a c u l u m 'soffitta' (secondo il REW 1807, presenterebbe continuatori soltanto nella Francia sett., vedi infatti FEW, 2, 1, 577, 578) sopravvive in *Cinacchio* (Acquaviva, Montepulciano SI) e *Cenacchio* (Malalbergo, Bologna).

centuria (manca al REW), tipica voce dei gromatici, "misura di 100 iugeri (poi di 200)" ha dato origine ad esempio a *Centoja* (Cortona AR), *Cintoja* (Gagliano, Barb. Mug. FI), *Cintoja* (Acone Pontassieve), *Cintoja* (Scandicci FI) = a. 724 *Cintoria* e a tanti nomi analoghi delle plaghe toscane; si tenga inoltre presente *Centora* (Rottofreno di Piacenza), *Centòra* (sotto Capodistria), *Centore* (Verona), *Centore* (Limana, Belluno), *Centora* (Aversa CS) e un antico *Centore* (in Apulia, "Chronicon Vulturnense", a. 799, 814). *Centoia* (Città di Castello PG), *Centoie* (Umbertide, PG), *Centore* (Camerino MC).

coccinus (REW 2008) 'rosso'; prescindendo dal macedo-rumeno *coaţin* riferito a 'rosso o con tacche rosse sulla testa' (di montone), Papahagi 301, è tipico del ladino occidentale (*kočen*) e centrale. Nell'area bellunese (Agordo BL) è attestato *Valcòzzena* 'valle rossa', già spiegata dall'Ascoli, AGI, I, 402 (1873). Tale relitto dimostra che la voce non era tipica unicamente della latinità provinciale (retico-noricese), ma che essa era nota anche al (neo)latino cisalpino (alto-veneto).

compluvium (manca al REW) è noto soltanto come voce dotta (*compluvio*), ma col valore di geonimo 'cavità del suolo dove si raccolgono le acque' si riconosce in *Compiobbi* (Fiesole) = a. 1030 e 1031 *Complobio* e *Complobiolo*, con normale evoluzione fonetica, cfr. cavea > *gabbia*, rubeus > ant. *robbio*, Bovianu > *Bobbiano*.

confluentia, *-tes* (REW 2136, solo toponimi) 'confluenza', voce dotta, mentre si considerino i segg. nn. ll.: *Rio Confiènti* (affl. della Limestre, S. Marc. PT), *Gonfienti* (di Bobbio PC), *Chifenti*, *Confienza* (Pavia) = ant. *Confluencia*, *Confluenti* (Calabria); ben noto è l'esempio renano di *Koblenz* (Coblenza). Inoltre *Chifenti* affluente del Tronto < confluente.

custodia (manca al REW), riprodotto per via dotta in '*custodia*', presenta invece una filiera popolare, forse col significato di 'stazione di guardia', ad esempio in *Custogia* (Santa Petronilla, toponimo antico del Lucchese) e soprattutto nei veneti *Custoʒa* (Verona) = a. 1326 *Custozia*, *Custoza* (Vicenza) = a. 753 *Custozia*, *Custoza* e cfr. inoltre *Costoja* (San Tomaso, Belluno) (FEW 2, 2, 1595, raro).

decumanus (manca al REW) "limite divisorio dell'agro da levante a ponente" si continua in *Dicomano* (Firenze) = a. 1103 *Decomano*, a. 1299 *Comano* in Val di Magra, *Decumano* (Cascina PI) e forse in *Digomàn* di Agordo (Belluno) e in *Dusmano* (Padova) da un *decimanus.

domus 'casa' (rarità in tal senso, limitata alla Sardegna) > *Domo* (Iesi, presso Aspio AN), anche *Pennadomo*, *castri Penne de Domo*; in senso ecclesiastico invece *Domo* (Porto Valtravaglia VA) = *Domus Vallis Trium Vallium*; *Duomo* (S. Peder de Dom) (Rovato BS); così *Domodossola* (NO) (ove domus avrà il senso medievale di "matrice di un pieve" o "pieve").

fanum (manca al REW) 'tempio', 'luogo sacro' si perpetua ad esempio in *Fano* (Marche e Corsica), *Fano* (Poggio in Garfagnana LU) e in tanti altri nomi analoghi toscani *Fano* e *Fani*. Secondo il Rohlfs (*Gr. St.*, vol. I, 520) da fanulum, attraverso *flanum, avremmo *Fiano* (Torino) e *Fiano* (Roma) (continuatori provenzali in FEW 3, 412). Si noti anche *Fanu* (Rosarno RC) e *Fiano* (Pescaglia LU), *Fianello* (Montebuono RI), *Fiano* (PR) [meno probabile l'origine prediale]. Si noti pure *Fiano* (S. Lorenzo in Colpolina, *Fiastra* MC) e un ant. *Fanulo* (Fermo AP) che pare avvalorare l'ipotesi citata.

fig(u)lina *-ae* (manca al REW) 'bottega del vasaio' (*figulus* – 'vasaio' in rapporto con *fingo*) ha dato origine a *Fellina* (fr. di Castelnuovo nei Monti, Reggio) = a. 863 *Filina*, *Felino* (PR), *Figline* (Arezzo), *Fegghine* (San Tomato Pist.), *Fegghine* (Marliana, Pistoia), *Figline* (com. di Firenze), *Figline Vegliaturo* (Cosenza) ecc. (vedi continuatori gallo-romanzi limitati alla toponomastica in FEW 3, 512). Forse anche *Fegino* (nella Bassa Val Polcevera GE), specie se corrisponde alla località *ad Figlinas* (Tab.

Peut.) sulla via Aurelia tra Hasta (Voltri?) e Genua (oltre a 'bottega del vasaio' f. può indicare 'cava d'argilla').

filacterium (gr. φυλακτήριον) 'luogo fortificato, di vedetta' > *Filattiera* (MS).

flexus (REW 3369a, solo toponimi, tranne catalano *flex* e francese meridionale *fleix* 'soffice'), nel significato di 'curva', 'piega' (di strada o di fiume) è presente ad esempio in *Fiesse* (Gàmbara Brescia) = decimo secolo *Flexum*, cfr. anche *Fissiraga* (Lodi tra i fiumi Muzza e Lambro) da *flexurata, flexūra; *Fiesso* (Dolo, Venezia), *Valle di Fies* e *Fiessi* (Verona), *Fies* (Lozzo Cadore, Belluno), e in Toscana; *Fiesso* (Ràggioli, Pélago = a. 1079 *Fleso*) (FEW 3, 620).

fluvius (REW 3391, continuatori soltanto francesi) 'fiume', ha dato origine ad esempio a *Fiobbio* (Albino, Bergamo), *Fombio* (Lodi = a. 712 *Flumbum*), *Fibbio*, affluente dell'Adige = a. 905 *Fluvio*, *Fiobb(i)o* (torrente nelle Marche); un antico *Flovius* è menzionato da Paolo Diacono per i dintorni di Aquileia. Da fluviōne proviene *Fluvione* (affluente del Tronto) (FEW 3, 644).

formĭdus (Catone) 'caldo' (manca al REW), cfr. formus (idem), sta alla base di *Campofòrmido* (Udine); in forma veneta *Campofòrmio*, = a. 1219 *Campiformi*; cfr. una *Petra Furmia* in documento piacentino del 673 e forse *Pianca-fòrmia*, nome di una cima nel gruppo delle Grigne (Lomb.).

forum 'mercato' (REW 3459, con tale significato solo nel macedorum. *for* 'piazza', per via dotta ha dato l'italiano *foro*; ma numerose sono le vestigia toponomastiche, ad esempio Forum novum > *Fornovo* (di San Giovanni, Bergamo), *di Taro* (Parma), forum Livi > *Forlì*, forum Popilii > *Forlimpopoli*, forum Iulii > *Friuli* (in origine Cividale) ecc. (FEW 3, 737), *Forappio* < forum Appi; *Villa del Foro* (AL) a. 1176 *Forum* < Forum Fulvii (della Tab. Peut.).

fullonica (manca al REW) 'gualchiera', in rapporto con fullo, *-ōnis* (REW 3562) 'purgatore di panni', ha dato origine a *Follònica*, toponimo che si ripete varie volte in Toscana; *Pieve Fanònica*, *Fenònica*, toponimo assai frequente in Toscana, cfr. anche *Montefollònico* (Torrita di Siena), *Pieve Fanònica*, *Fenònica* (Foligno PG) = a. 1138 *Sancta Maria de Fellonica*, 1334 *de Montefelonice*, 1333 *plebis Feronica*; *M. Follonica* (Iesi AN) e *Castrum Fellonice* ant. (S. Paolo AN).

furvus (manca al REW) 'oscuro', 'bruno', voce arcaica e volgare, pare responsabile di nomi locali del tipo *Furba* o *Forba* nella valle dell'Arno, e in Lombardia della *Val Furva* (Bormio, dial. *Valforba*, quattordicesimo secolo *Vallis Furvae*).

glabru (REW 3769) 'liscio', 'senza peli' è noto nella forma dotta *glabro*, ma in Toscana, per via popolare, è passato a *gabbro* 'terreno sterile', frequente come nome locale, ad esempio *Gabbro* (Stazzema LU), *Monte Gàbbaro* (sprone nelle Alpi Apuane) e *Gabbreta*; nel Veneto vi corrisponde forse *Giàvera*, *-are*, monte e torrente ad Arcade (Treviso) = a. 994 *Glauram* (FEW 3, 138, 139).

latex, -ice (manca al REW) 'acqua corrente e sorgiva', 'umidità'; pare la fonte di *Montelàtico* (Firenze), *Pozzolàtico Galluzzo*, *Centulàtico* (Uliveto, Vicopisano PI) in territorio ricco di acque termali (FEW 5, 197, rarissimo e dotto).

lūcus (REW 5152) 'bosco sacro', 'bosco' (in genere) si continua in aree romanze periferiche (corso *luku*, sardo barbaricino *luo*, astur. *lugo*, basco *luku*), ma è diffusissimo come nome locale in tutta la Romània (a eccezione della Dacia); ad esempio *Lu* (Alessandria) = a. 1156 *Castro Lugi*, *Luco*, *Piano del Luco* (Varese), *Lugo*, *Lughetto* (più volte nel Veneto), *Lugo di Romagna*; e in Toscana numerosi *Luco* e *Monteluco* (FEW 5, 441, raro).

magnus (REW 5231) 'grande' è aggettivo assolutamente eccezionale nelle lingue neolatine, mentre è diffuso nella toponomastica, ad esempio *Camagna* (Casale Monf. AL), *Chamagnod* (Valpelline, Aosta), *Montemagno* (Asti), *Castelmagno* (Cuneo), *Scarmagno* (Ivrea TO), *Pra-magno* (Caprino Ver. VR); comunissimo in Toscana nei tipi *Campomagno*, *Montemagno*, *Pratomagno*, *Rigomagno*, *Villamagna*, *Fossamagna* ecc. (FEW 6, 1, 49-51).

maior, -ōre (REW 5247) di cui sono particolarmente interessanti i relitti toponimici nella forma di nominativo, quali *Valmaggia* che sbocca nel *Lago Maggiore* = a. 712 *Vallis Mazia*, *Monte Maggio* (Arsiero VI); *via Maggio* nella toponomastica urbana di Firenze (cfr. del resto il dantesco *maggio*, ad esempio... *s'altra è maggio*..., Inf. VI, 48) e *Via Maggio* a Bologna; inoltre in Toscana: *Campomaggio*, *Fontemaggio*, *Montemaggio*, *Riomaggio*, *Pratomaggio*, *Vallemaggio*, *Pianamaggio* ecc. (Premàdio), (FEW 6, 1, 55-60); *Calmazzo* (Fossombrone PS) < callis-, *Roccamaia* (Pievebovigliana MC).

medicīna > *Medicina* (BO), pronuncia locale *medſina*, a. 855 *massa integra que vocatur Medicina*, 1080 *in Medicina*. Notevole rarità per il significato assai probabile di 'ambulatorio' 'ospedale', equivalente del gr. ἰατρεῖον, senso attestato dai classici e dalle iscrizioni (CIL III 1292). Si ripete in prov. di LU.

melinus (REW 5478a) 'giallo', noto al logudorese e al soprasilvano; probabili continuatori nella toponomastica umbra in *Pietra Melina* (PG) e *Monte Melino* (Magione), cfr. *Pietragialla* (Città di Castello PG).

murulus 'muretto', diminutivo di murus (REW 5764), con probabili continuatori nella toponomastica toscana e umbra, ad es. *Murlo* (Città di Castello PG), *Montemurlo* e *Murlo* (PI, SI, AR, FI, PG).

nemus, -ore (manca al REW) 'bosco', pare fossilizzato ad esempio in *Nembro* (Bergamo) = a. 800-898 *de Nembro* e *Bocca di Nembra* (Limone, Brescia) inoltre *Membroni*, dial. *Nimbrù* (Caino, Brescia) e Sant'Ambrogio *ad Nemus* (chiesa di Milano) all'a. 1033 (poi alterato in *Andemm*) (FEW 7, 92, raro); inoltre *Namorella* (Cerenzia CZ), *Santa Maria in Nemore* ant. monte presso Pannàconi (Cessaniti CZ); forse *Nemi* (Roma) (da un bosco nero a Diana?), *Nemi* (Fiordimonte MC). Forse anche *Nemeggio* (Feltre BL).

oppidum (manca al REW) 'città', 'castello'; nell'ant. italiano *òppido* abbiamo un latinismo, mentre la voce non è ignota alla toponomastica, cfr. ad esempio in Calabria *Oppido Mamertina* (Reggio Cal.), *Oppido Lucano* (Potenza); in documenti greci (con riferimento al primo) a. 1126 κώστας τοῦ οπίδου, a. 1188 ἐπισκόπου ὀππίδου. Da oppidānu 'castellano' (manca al REW) viene forse *Fermata di Pudano* (Calabria), e nel Veneto *Oppeano* (Isola della Scala) = a. 895, 969 *Op(e)dano* (FEW 7, 375 dotto!).

ostentum (manca al REW) 'specola', 'apparizione miracolosa'. Secondo il Pieri, TTM 306, ne deriverebbero vari *Stenti*, *Stento* della toponomastica toscana, specie meridionale (*Vato dello-*, *Botro dello-* ecc.) (v. § 98).

ovīle (in it. pare di origine dotta). Si continua nelle Dolomiti e nell'Alto Adige; ad es. *Costa de Vil* (Rocca Pietore BL) ma v. anche § 139.

pagus 'villaggio': *Al Pago* (Diecimo, Borgo a Mozzano LU), *Pao* ant. (Castelnuovo Garf. LU), *Soppó* (Bagni di LU); ant. *Bonuspago* (zona di SI) a. 715; *Pago* (BN e AV), *Pago-Rovegnano* (Capitignano AQ); *Poo* (Bellano CO), *Povo* (Vilminore BG) (in origine avrà designato il paese *Oltrepovo*).

pelagus (REW 6369) 'mare', 'laguna', 'pozza d'acqua' non è ignoto del tutto all'it. ant., specie al veneziano (ma perlopiù è voce dotta); è invece frequente come toponimo, ad esempio *Pieve Pèlago* (Pavullo MO) = *Plebe de Pelavo* (il nome proviene da una lagunetta), *Pèrego* (frazione di Santa Maria Rovagn. Como) = a. 1097 *Pelego*. Il *Pèlago* (S. Albino-Montepulc. SI), *Pèlago* (com. di Firenze). Il *Pelagaccio*, *Pèlago* (Castelvecchio

PS), *vico Pèlago* (presso Lucca). Non è invece sicuro che da pelagus procedano ad esempio i nomi piemontesi del tipo *Pèlvo* (e tanto meno il nome del *Pèlmo* nelle Dolomiti).

praedium (manca al REW) 'possesso fondiario', onde le voci dotte *predio* e *prediale* ('imposta sui fondi rustici') si presenta in forma popolare, ad esempio, in *Prèggio* (Arezzo), oppure in *prezo*, più volte in carte medievali piemontesi (FEW 9, 292 raro).

praetorium (manca al REW) 'dimora del pretore', 'palazzo o casa signorile di campagna', 'accampamento romano con la tenda del capitano', offre interessanti sopravvivenze, ad esempio *Predore* (Bergamo), 'antica stazione militare', nel Veneto forse l'antica *Pretoricla* (Verona a. 1222), e molto comuni i derivati in Toscana: *Pretoio*, *Petroio* (undici attestazioni), *Petriòlo*, *Petrurio* (ant.) ecc. La voce latina è passata anche nel greco regionale di Calabria, ad esempio a. 1224 εἰς τὰ πρετόρια, onde si ebbe *Proteria* (presso Tropea CT). Inoltre in Umbria: *Petroro* (Todi), *Petroia* (Gubbio, Gualdo Tadino), *Monte Petriolo*? (PG) e nelle Marche: *Petriòlo* (MC) da *praetoriolum; ant. *fundo Pretorio* (Gubbio PG); *Pretore* (Olevano Romano, Roma), *Petrolo* (Rignano Fl., Roma).

praetoriātum 'dominio di un pretore' > *Pretoriate* antico nome di fiume nella zona tra Locri e Gioiosa, a. 1192 fiume πραιτοριάτον (Gerace RG).

pratula (manca al REW), diminutivo di pratum, si continua (attraverso *pratla > *pracla) in Toscana, ad esempio, in *Pracchia* (Mont. Pist.), *Pracchia* (Stiappa Pontito, Vellano PT), *Pracchi* (Tereglio Cor. LU); *Pràtola* può invece venire da *pràtora* (plurale in *-ora*). *Pracchia* (Terni); *Pracchio* (Fabrizia, CZ) 'praticello'.

*pratulicia (ulteriore diminutivo) > *Porlezza* (CO); prātĭca > *Pradia* e *Bradia* (LU).

quadratulus 'centuria agraria' ('gruppi di campi contenenti cento famiglie') > *Caraglio* (CU), *Quarlasco*, lomb. *Scaraglio*.

quadruvium (REW 6922) non è del tutto ignoto come appellativo (cfr. lombardo *karobi*, genovese *karuğu* 'vicolo'), ma nella toponomastica presenta grande diffusione; ad esempio *Carobbio* (Monte Marenzo, Bergamo e frazione di Cremona), *Carobbio degli Angeli* (Bergamo), *Carobbio* presso Milano, *Carobiello* (già frazione di Lodi), *Carrobiolo* (Mencònico, Pavia), *Carubio* (Monselice, Padova), *Corubio* (più luoghi nel Veronese), *Codroipo* (Udine), *Carobbio* (Tizzano Val Parma) e numerosi *Carobbio* in Toscana (FEW 2, 2, 1407).

subsicīvum (manca al REW), termine degli agrimensori, 'particella di terreno che rimane esclusa dalla misurazione di una *centuria*', 'avanzo di terreno rimasto fuori nella divisione delle terre ai veterani'; di qui *Succivo*, a 14 chilometri da Caserta, e cfr. *Subsicivo* (Itinerarium Antonini, ed. Cuntz, p. 16, 115, 2), un *oppidum* del Bruttium (come ha riconosciuto Aniello Gentile, *La latinità dell'agro campano alla luce dei suoi nomi locali*, vol. I: *Tracce della centuriazione romana*, Istituto di Glottologia, Napoli, 1955).

theatru (manca al REW) 'teatro', voce dotta, mentre qua e là affiorano interessanti vestigia nella toponomastica urbana di alcune città, in veste popolare, confermate del resto da cospicui avanzi archeologici; ad esempio a Brescia le carte medievali ci segnalano all'a. 1087 *un loco Zadri* (altre volte detto in *theatro*), a Padova all'a. 1077 compare *Zairo quod fuit antiquitus hedificium magnum* (altre volte si ha per lo stesso edificio *Zadrum*; da notare *dr* svoltosi eccezionalmente in *ir*, come nel provenzale); a Pola è ben noto il *Palatium Iadri* (a. 1253) e la contrada *Çadro* poi *Zaro*; a Roma, come giustamente ha riconosciuto il Migliorini, una contrada *Satro*, *Zatri*, divenuta poi, per paraetimologia, la *Piazza dei Satiri*, va indubbiamente riportata alla nostra base (lo confermano del resto gli avanzi di un antico teatro di Pompeo e una carta del quattordicesimo secolo in cui si menziona il *theatrum Pompei iuxta palatium eius ubi dicitur zatro*). Si aggiunga ora la bella testimonianza aquileiese: a. 1277 *in Arena in Cadris*, a. 1322 *in Aquileya in contrata de Zadris*..., vedi G. Frau, *La toponomastica del comune di Aquileia* (S.F.F., Udine 1968, 27 sg.) "da notare che il toponimo aquileiese, a differenza degli altri, compare sempre al plurale, il che potrebbe fare supporre l'esistenza di più edifici per spettacoli" (FEW 13, 299-301).

thermae (manca al REW) 'bagni caldi', 'stabilimento di bagni pubblici', nella forma italiana *terme* è certamente di tramite dotto (la documentazione non pare anteriore al sedicesimo secolo); nella toponomastica invece riscontriamo interessanti continuatori, ad esempio *Termini Imerese* in Sicilia = *Thermae Imerenses*, greco Θερμαὶ αἰ Ιμεραῖι (Polibio), passato anche nelle fonti arabe come *ṯirmah* (Edrisi, Ibn Giubair, Yāqūt); si confronti anche *Termini* (Stazione T.), a Roma, presso le terme di Diocleziano. È avvenuto probabilmente un incrocio con termen, -inis > *Terme* e *Tèrmini* (più luoghi in Toscana); da thermulae viene *Tèrmoli* (Campobasso) (FEW 13, 309 dotto).

tĭtŭlus (REW 8761) nel significato di iscrizione, epitaffio o di stele iscritta (o semplicemente di 'segno di confine') pare conservato, ad esempio, in *Téolo* (ora anche *Teólo*) presso Padova = a. 983, 1055 *Titulo*, *Tetholo*; nella località euganea si rinvenne infatti il grande cippo del secondo secolo a.C. che segnava i confini tra il municipio di Padova e di Este (come ha fatto osservare A.L. Prosdocimi); cfr. anche *Tidolo* (fr. di Sospiro, Cremona) (FEW 13, 359-62).

tonsus (REW 8785) 'tosato' si continua con significati particolari ad esempio nel lombardo e veneto *toſo*, *toſa* 'ragazzo', '-a' (significato in rapporto col tradizionale taglio dei capelli dei giovani, secondo costumanze germaniche); nella toponomastica appare col verosimile significato di 'pelato', 'diboscato', ad esempio *Monte Toso* (Verona), *Tos* e *Tosella* (più volte nel Veneto), e cfr.

anche una *Porta Tosa* = a. 1247 *Porta Tunsa*, a Milano (cfr. *Capratosa*, *Rigo tuso* (Siena) ecc.), (FEW 13, 32 sg.).

trifin(i)um (manca al REW) termine dei gromatici, 'luogo ove fanno capo tre confini', si perpetua, ad esempio, nel nome locale abruzzese *Trofigno* (tra Arsita e Penne = a. 1324 *Trifigno*), forse in *Trivigno* (Potenza) e in *Pizzo Trivigno* (Lombardia). Anche quadrifīnium (manca al REW) 'confine tra 4 possessioni' sopravvive in *Corfino* = a. 995 *Quarifine*, a. 1260 *Quarfinio* (Toscana).

tugurium: tegurium (manca al REW) 'capanna', 'tugurio' (voce dotta) appare di frequente nella toponomastica dell'Italia nordorientale, ad esempio *Teór* (Latisana) = a. 1270 *Thegori*, *Tigor* (topon. urbana di Trieste), ora con pronuncia erronea *Tìgor* ("dai miseri tuguri di cui era cosparsa la collinetta"). La voce era del resto diffusa come appellativo nei dialetti istriani (FEW 13, 398).

ŭltĭmus (manca al REW); non presenta di norma continuazioni per via popolare nelle lingue romanze; cfr. invece nella toponomastica cadorina *Val d'Óten* (doc. anche *Ultimo*) a Calalzo (Val Molinà). Nell'Alto Adige è noto *Ultimo*, ted. *Ulten*; vedi ora C. Battisti e G. Giacomelli, *I nomi locali del Burgraviato di Merano*, vol. 2, pt. I (Firenze 1970) 205 sgg. (quattordicesimo secolo de *Ultimis*).

urbs, -is (REW 9078) 'città' sarebbe testimoniato soltanto nell'ant. pavese e nella formula semidotta *vicario in orba*, ove *orba* è naturalmente *Roma*, mentre una notevole sopravvivenza toponimica è offerta, come si sa, da *Orvieto* cioè *urbs* (o *urbe*) *vetus* (cfr. italiano *vieto* da vetus) = *Urbs vetus*, *Urbis vetus*, *Urbevetus* (Paolo Diacono), *Orbevetus* (Gregorio Magno), *Urbivieto* (Fazio degli Ub.). Sostituisce il nome romano Volsinii veteres (e *Bolsena* è l'antico *Volsinii novi*). Probabilmente anche *Urbisaglia* (MC) < urbis Salvia, *Maʒòrbo* (VE) < maior urbe e *Bonorva* (SS) < bona urbe (?) (incerti!).

urbanus (manca al REW), *urbano* (voce dotta) ha dato origine ad esempio a *Villa Orbana* (Moriano Lucca), *Urbànula* (Arena Pisana), *Orbana* (Capannoli PI), antico *Urbano* (Pieve Cersino, Sesto Fior.). Suburbanu è pure presente nella toponomastica toscana nei tipi *Sorbano*, *Sorbanello*, ant. *Serbano*, *Surbano* (FEW 14, 59 sg.).

vepres (manca al REW) 'roveto' 'siepe di rovi'; con continuatori topon. in Umbria, Toscana ecc.; ad es. *Viepri* (Massa Martana PG), *Casale Vepre* e *Vepre* frequente in Toscana; *Vepricello* (AN) sinonimo di *spinétole*, *la Vepra* (Lombardia); *Bèura* (Domodossola NO = a. 840 *Vepra*, a. 1211 *Veura*.

vĕtus, -eris (REW 9292), nel signif. generico di 'vecchio' è perlopiù rimpiazzato da vetulus > veclus nelle lingue neolatine, mentre la toponomastica ha ampie tracce della forma primitiva; ad esempio *Castelvero d'Asti*, *Castelvero* (più volte a Verona), *Villavetro* (Gargnano, Brescia) dialetto *vilavèder*, *Molini vieri* (Velo VI), *Paviero*, ramo del Po (< Padum vetere); in Toscana: *Vicovietro*, *Vetroalvo*, *Colle a Vieto* ecc. (e cfr. anche *Santa Maria Càpua Vètere*) (FEW 14, 364, 365); *Vietri* (PZ), *Vetri sul Mare* (SA); *Castelvetere* = ant. nome di Caulonia (RC).

veterētu 'sodaglia': *Bitritto* (BA) = antico *Bitrictum*, *Vitrictu* e antico *Biturritum*, *Buterita* (a. 1072, 1172).

veterāle 'sodaglia' > *Viterale* (Nicastro, Lam. Terme CZ).

vetĕrnus 'sodaglia' > *Vederne* (Primiero TN).

veterānus 'vecchio': *torre Verana* (Polesine) = a. 1164 *Vedrana*; *Vedrana* (Budrio BO) *Monte Betrano*, *Vetrana* (Trabia PA e Terra d'Otranto), *Betrame/Betrano* (Soverate CZ), *Vitranu* torre (Tropea CZ); *Castelvetrano* (TP).

xenodochus (greco) 'albergo' 'ospizio' > *Senadògo* (Castione di Lodi, MI).

B) Toponimi di origine latina riferentisi alla geonomastica

98. Sotto la *base* latina (o greco-latina) sono citati vari derivati toponimici (una discreta campionatura) tratti da numerose regioni italiane (con una sensibile preferenza per la Toscana). Solo eccezionalmente abbiamo inserito negli elenchi brevi discussioni (o dubbi circa l'etimo).

agger (arger) 'argine': *Àrgine -óne* frequente in Toscana, *Gavargini* (Bagnoro AR), ant., *Argile* (Pieve di Sovigliana, Terricciola PI) a. 939, ant. *Argile* (Cascina PI) a. 970; *Argile* = a. 900 *Argele*, ant. *S. Martino in Argine* (FE), *Arzeda* (FE) (?); *Castello d'Argile* (BO) = a. 1220 *Argilis* (nel dialetto locale *èrʒan*).

andrōna 'vicolo angusto', 'luogo di convergenza di più vie': *Androna* strada (Caprino VR), *Androna* (Revine TV), a. 1416 *Landrona* (Vitt. Veneto TV).

angŭlu -are ('terreno angolato'): *Anghiari* (Cune, Borgo a Mozz. LU); *Agnari* (Benabbio, Bagni di Lucca), ant. *Angla* (Làmmari, Capannori LU, a. 962); *Anghiari* (Pontassieve FI), *Anghiari* (AR) (< angularis per *-ibus*, loc. pl.). *Angera* (VA), *Tarangolo* (Valle Clusone BG) < terrae-; *Agnone* (IS) (*agnone* 'lingua di terra'; ant. barese *anclone*), *Lagnone Tondo* (Lama Caldaro, Ginosa TA), *Agnone Bagni* (Augusta SR).

ansula 'ansa': *Àsola* (Ronco VR); *Àsola* (sul Chiese MN) a. 930 *fundo Asule*; *Asola* torrente = a. 1028 *fluvio Asula* (Marche) (se non è un dimin. di *Aso* fiume).

ante 'davanti': *Anti-corte* (Noventa VI), *Davanti Campo* (Tregnano VR); *Danta* (Comèlico BL) invece < anta 'imposta', 'pilastro' e *Àntole* (BL).

antrum (: andron) 'caverna': *Landro*, *valle del-*

(Vitt. Veneto TV), *Landri* (S. Maria Fel. TV), *Landre le-* (S. Lor. Vitt. Veneto TV); *Solandre* (Vigo Cad. BL) < s u b -; *Landròz* (Fadalto, Vitt. Veneto-BL); forse *Landrìs* (BL) che peraltro è ant. *Landredum*; *Antro* (Pulfero UD) = a. 888 *in Antro* (dialetto *landri*).

a q u a (> *acqua*): *Acqua-e* frequente in Toscana, ant. *Acqui* (ora Bagni di Casciana PI), *Piandaccoli* (Malmantile, Lari PI), *Diàccola* (Fondagno, Pescaglia LU), *Ridàccola* (Soraggio Garf. LU) (*rio* e * a q u u l a); *Acquagiusta* (Castiglione della Pesc. GR), *Quato* (Murlo SI) < a q u a t u 'terreno acquitrinoso'; *Acqua-grossa* (S. Martino VR), *Acqua-larga* (VE), *Acqua-monda* (Barbarano VI); ant. *Egua*, *Campo de l'-* (Colle, Vitt. Veneto TV); *Transacqua* (Comel. BL e Primiero TN), *Trasaghis* (UD) = ant. a. 1267 *Trasages*; forse *Pontebba* (UD) e cfr. *Pontaiba* (Tolmezzo UD); *Acquale* (Caldogno VI); *Aquàr* (VR) < a q u a r i u m, *Aguaròlo* (Valeggio VR), *Quaròle Val-* (Cavaion VR); *Acquadori* (Trevenzuolo VR) < a q u a t o r i u m; *Entova* (Val Malenco SO) < i n t u s a q u a m (con riferimento a 2 torrenti che la richiudono). Da a q u i s (locativo plurale) oltre a *Acqui* lucchese a. 823 *Aqqui*, 840 *ad Aquis*, proviene *Acqui* (AL) cioè < A q u i s S t a t (i) e l l i s o S t a t (i) e l l o r u m (CIL V p. 850), *Acqui* (AP) ed in Francia vari *Aix* (*-en Provence*, *-la Chapelle*), ecc.; *Qualba* torr. (Cesana di Orta NO) < a q u a a l b a; *Rio Acquafredda* (Caravonica-Borgomaro IM), *Acquacalda* (Cairo M. SV), *Acquabona* (Torriglia GE), *Malacqua* (Stella SV), *Acquaviva* (Noli SV), *Acquamorta* (S. Margherita Ligure GE), *Aqua marcia* (Sanremo IM), *Acquabianca* (Urbe SV), *Acquapendente* (Monterosso al M. SP), anche *Acquapendente* (Orvieto TR), *Acquapremula* (Spoleto PG), *Acquapuzza* (Gubbio PG), *Acquaotta* (Orvieto TR); *Acquaviva* molto comune, ad es. *-Collecroce* CB, *-delle Fonti* BA, *-d'Isernia* IS, *-Picena* AP, *-Plàtani* CL, *Acquaviva Panicale* PG, *-Roccaspinalveti* CH, *-Portoferraio* LI, *-Nérola* Roma, *-Montepulciano* SI, *-Cagli* PS, (*vivo* nel senso di 'fresco, corrente, naturale'). Da a q u ŏ l a per a q u ŭ l a 'acquetta' proviene verosimilmente *L'Aquila* (Abruzzo).

area, areola: *Aja*, *Ajalta*, *Jalta* frequente in Toscana, *Ajaccia* (Castel Focognano AR), *Ajaccio* (Presciano Pèrgine AR), *Ajale* (Castelfranco di Sotto PI), *Ajetta* (Poggio a Caiano, Carmignano FI), *Ajola* (Castiglione Fiorent.); anche *Rolle* passo (TN) = a. 1204 *areola*, forse corrispondente ad arealis > *Aiàl* comune delle Dolomiti 'carbonaia'; *Airole* (IM), *Casa Airetta* (Triora IM); *Ara* (NO), *Àrola* (Acquasanta AP) < arŭla, come *Àrola* (Langhirano PR), *Àrola* (NO); *Are* (Alfiano Natta, Casale Monf. AL), *Airola* (BN); *Aria cupa* (tra Acri e Bisignano CS) < cal. *ària* 'aia', *Tre Arie* (Bocchigliero CS e Antonimina RC) 'tre aie', e cfr. forse *S. Giovanni in Triario* (Minerbio, BO) a. 974 *in Treario* < *triarium 'complesso di tre aie' (?); *Forcatarola* (Castellalto TE) ant. *loco Arole*, a. 1130 *Arola* ('piccolo spazio aperto, piccolo cortile'), l'*Aria* (Pedara CT), l'*Ariedda* (Motta Sant'Anastasía), l'*Ariazza* (RG), l'*Ariazzi* (Buscèmi SR).

arena (*ha-*) 'arena, sabbia': *Camporena* (Greve FI), *Renaccio* (SI ant., S. Casciano Val di Pesa FI), *Rena* (Villa di Baggio PT), *Poggio Arenajo* (Lari PI), *Renicci* (Sillano Garf.); ant. a. 1222 *Valle Renara* (S. Vito Valp. VR), ('arenile'); *Arnàz* (AO) cfr. italiano *arenaccio*; *Sampierdarena* (GE), *Renone* (Sarzana SP), *Rio Arenón* (Varazze SV), *Arene Candide* (Finale L. SV), *Redarena* (Borghetto Vara SP), cfr. *insula Arenaria* (Tab. Peut.) forse = l'isola Palmaria (SP); *Colle dell'arena* (Atri TE), *Reniccio* (TE); *Rinaro* (IS), *Rena* (Castellalto TE); *'o Rrina* (Pedara CT); *'a Rrinedda* (SR), *u Rrinazzu* (CT e Bronte CT), *i Rrinazzeddi* (Piedimonte Etneo CT).

argentum: forse *Argenta* (Asolo, TV) (per il colore della roccia?); *Argenta* (Feltre BL), *Argenta* (FE); *Argentera* (CU), *Argentèra* (Rivarolo Canav. TO), cfr. *Argentiera* (Vallone della Ripa, Briançon) (qui alludono forse a miniere di piombo argentifero); *Perosa Argentina* (Pinerolo TO) (? ma è probabile l'origine da nome di persona).

aura: *Ora*, *Ca' da l'-* (Casaleone VR; Cavallaro Laghi VI).

aurum: *Crespadòro* VI (< crispa-), *Monti d'oro* (VI) (rocce con piriti di ferro); *Pra d'oro* (Malo VI e Povegliano VR), *Campodoro* (PD), *Vena d'Oro* (BL); *Conca d'Oro* (tra Barletta e Trani); *Lama d'Oro* (Trani BA), *Monte d'Oro* (Altamura e Nòvoli LE) (forse da una sabbia speciale sparsa di cristallini di mica).

balteum > *balzo*, 'colle, monte': *Balzo*, *-a*, *-i*, *-e* molto diffuso in Toscana, *Balzoni* (Figline Vald. FI), *Balzanella* (Roggio Garf. LU), *Balzastrada* (Castelnuovo Berard. SI) ('balzo a strada' presso la-); *Balzo* (Montegallo AP) (balzo 'luogo scosceso e rupestre'); *Balze*, *Balzoni* (Concerviano RI) ('gradoni che interrompono un pendio'); *Balzi* (Rocca S. Maria TE), *Valzi di frunti* (Valle S. Giovanni TE). In Sicilia: *'u Bausu* (Modica RG); *'u Bausittu* (Buccheri SR) (significa 'rupe, roccia', 'balza').

banca, *panca* 'elevazione': *la Banca* (Corella, Dicomano FI), ant. *Bancola* (Casentino AR), *Poggio al Banco* (Chiusdino SI); *Panca* (Massa, Incisa FI), *Pàncole* (Val Pesa FI), *Pàncole* (Poggibonsi SI), *Pancolaccio* (Castelnuovo Berard. SI); *le Banchette* (Fumane VR); ant. *Bancaria* (isola VE), *Bancade* (Tarzo TV); *Bàncola* (Lierna CO); *Bàncole* (Porto MN); *Panco Ravino* (Valle Castellana TE); *Bancaccia* (Guidonia Montecelio, Roma) ('terrapieno, argine').

barba, con metafora per indicare 'monte': *Barbazzina* mt. (Coreglia A. LU), *Barbona* mt. (Villabasilica LU).

*barga (di origine preromana forse nel senso di 'capanna' o di 'rocca, fortino' o 'poggio, colle'): *Barga* (LU), *Barga* (Castiglion-Fibocchi AR), *Bargi* (Porta Lucchese PT), *Bargi* (Certaldo FI) ant. a. 1164; *M. Barigazzo* (PR), *Barigazza* (BO); *Barghe* (Sebbio Chiese BS). Nei dialetti alto-veneti vi corrisponde *barca*, *barcia*, *barco* 'fienile', cfr. *Barce* (Rocca Pietore BL); *Barge* (CN) = a. 1169 *Barge*, *de Bargiis*; *Bàrcis* (PN).

boa, *boale* 'smotta' 'terreno melmoso', 'valanga' (di origine preromana o dal latino bova 'serpente'?): *Boale*

(VI); ant. *Buvale* (Soave VR) = a. 1228; *Boalón* (Primiero TN), *Boada* (Fossalta Port. VE); *Boazza* (*Valle-*), *Boazzi* (*valle dei-*) (Ballabio, Lecco), *Boàdega* (Val Trompia BS), *Boài* (Val Camònica).

bothros > *botro*, *borro*: *Botro*, *-i*, *Le Botra* frequente in Toscana, *Brotaccio* (Montopoli PI), *Botriccio* (S. Ermo Lari PI), *Brotino* (S. Miniato PI); *Buriella* (Candeli, Bagni a R. FI), *Bròta* (Volterra PI); *Botrone* (Rosignano LI), *Burione* (Marciana Elba), *Borèllo* (Montieri GR); *Bòro* (Teolo PD e Schio VI), *Buoro* (TV e Chioggia VE); *Burèle* (Cencenighe BL) < *burèla* 'chiasso'; *Butro* (Cantalupo in Sabina) ('concavità del terreno').

bucca 'imboccatura': *Bocca d'Ansiesa* (Brendola VI), *Bocca di Callalta* (TV), *Boccàra* (Malcesine VR), *Boccare* (Saccolongo PD), *Boccarona*, *-arazza* (Roverchiara VR), *Boccaóro* (Crespadoro VI) < *boccatōrium 'orifizio, sbocco'; *Boccapignone* (Borghetto Vara SP), *Bocca di Magra* (Ameglia SP) ('sbocco di un affluente' o 'foce'); *Vocca* (Torricella Sicura TE), *Bocca della volpe* (Fano Adriano TE).

bulla 'il pullulare di una sorgente dal suolo': *Bolla* (Tereglio, Coreglia A. LU), *Le Bolle* borro (Strada Greve Ch. FI), ant. *Sibolla* (Altopascio LU) (sub-), *Fontibolli* (Candeli, Bagni a R. FI) (< *fonte-*), *Baribolle* (Prato, Castel S. Niccolò, AR), *La Ribolla* torrente (Roccastrada GR); *Bolli* (IS).

busa, *buso* (ven.) 'buca' (nei Colli Bèrici 'polla d'acqua'): *la Busa* (Cerro VR), e molte volte; *Tre Buse* (Cansiglio TV), *Bùsola* (S. Anna, Chioggia VE), *Bus longo* (Formeniga, Vitt. Veneto TV), *Busoni* (Grezzana VR) = a. 1222 *Busonem*; *Vallón dei Busói* (Fadalto TV).

buscus 'bosco': *Bosco* freq.; *Villa del Bosco* (PD) = a. 1183 *villa Boski*, *la Boschetta* (Chioggia VE), *Boscasso* (Cansiglio TV), *Boscazzetti* (Ignago VI), *Boscaia* (Terrazzo VR), *Bosché* (Tovena TV), *Boschiera* (Piazzola Br. PD), *Boscarole* (Cucca VR).

c a c u m e n 'sommità': ? *Caùme* (Vico, Bagni di Lucca e Gioviano, Borgo a Mozzano LU).

c a l c e: *Calci* (Perga, Cortona AR), *Calci* (PI) = a. 823, 964; *Galceto* (Bagnolo, Montemurlo FI); *Calcajòla* (Piteccio PT) < c a l c a r i a 'fornace di calce', *Calcinaja* (S. Firmina, AR); *Còce* (Pescaglia LU), *Calcinajo* (Fabbr. di Caréggine Garf. LU), *Calcinaja* (Monteggiori Camajore LU e S. Michele Garf.) (presso a una cava di pietra calcarea), *Calcaia* (Asciano SI), *Calcinaia* (Buonconvento SI).

c a l a t h u s > *calto* (ven.) 'via infossata', 'borro': *Calto* (nei colli Euganei e Bèrici), *Calto* (Zovencedo VI), *la Calta* (Valli VI).

c a l l i s 'calle, strada': *Calle* comune in Toscana; *Callàgnolo* (Castel S. Niccolò AR) (*Agnolo* = Angelo), *Calecchia* (Barber. di Mugello FI) < c a l l i c u l a; *il Callone* (Castelfranco di Sotto PI); *Calla-grande* (Camaiore LU), *Callorino* (Rontano Garf. LU), *Callare -i* frequente in Toscana, *Calarocchia* (Crasciana, Bagni di LU), *Callaraja* (Fosciàndora Garf. LU); *Calle, Le-* (Cinigiano GR), *Calle* (Campo nell'Elba LI); *Calvedro* (RE) = ant. *Calvedra* ('strada vecchia'); *Calle* strada (Illasi VR) = a. 1168, *Calliscava*; *Calmaggiore* (Piove di Sacco PD), *Callalta* (Ponte di Piave TV); *Predicàle* (Cologna VR) 'prato di c.(?)', *Calletta, Vaio dela-* (Grezzana VR), ant. *Calesella* (S. Giacomo Vitt. Veneto TV) = a. 1569; *le Caleselle* (Arzergrande PD), *Caleseggi -igi* (Schio VI); *Cagli* (PS) con *-li* > *-gli* (ant. *Calli, Cali, Cales*); forse *Calòzzo* (Pianello Lario CO) (accresc.?).

c a m p a n e a: *la Campagna* (VR, territorio fino a Sommacampagna), *Campagnòla* (VR) = a. 1104; *Mezzacampagna* (Fregona TV), *Campagnàr* (Caprino VR), *Campagnari* (Laghi VI).

c a m p u s - ŭ l u s: *Campo -i* freq. in Toscana ecc.; *Campitello* (Loscove, Poppi AR), *Campitèlli* (Piteccio PT); *Campioni* (Colle, Buggiano PT), *Campiglia* (Gaville,

Figline FI), *Càmpora* pl. (Bellosguardo FI), *Camporella* (Colonnata, Sesto Fiorentino), *Camporucci* (Cardetole, Borgo S. Lorenzo FI); ant. a. 740 *vico Campulo* (LU); *Càmboro -a, -i, -e* frequente, *Càmpori* (Castiglione di Garfagnana); *Campolaja* (Coreglia LU); *Campaccio* (LI); *Campone* (Montieri GR); *Campetto* (Recoaro VI), *Campiti* (VI), *Campéa* torrente (Miane TV), *Campedello* (Ferrara, Monte Baldo VR), *Campedèl* (Cencenighe BL), *Campidiéi* (S. Lorenzo TV), molti *Campielli* a VE; *Chiampo* (VI) = a. 1091 *Clampo* cioè *Kjampo* con palatalizzazione (*cl* è solo grafico) al pari di *Chiampo* (Montecchio M. VI); *Campòrio* (Chiampo VI); *Campore* (PD) ant. a. 1171; *Camporàl* (Marano VR), *C'amp* (S. Lorenzo, Vitt. Veneto TV); *Regione Camporosso* (IM), *Camporeggio* (Castel Vittorio IM), *Campozzi* (Cairo M. SV), *Campéi* (Vezzi Portio SV), *Campasso*, *Campusso* (Neirone GE), *Casa Campovecchio* (GE), *Campora* (< pl.) (Campomorone GE), *Campegli* (Castiglione Chiav. GE), *Campolungo* (Stella SA), *Camporiundo* [rotondo?] (Loano SV); *Campiglio* (Campli TE); *Campiglioni* (Crognoleto TE). Specie nel meridione è diffuso il plurale *càmpora* 'campi' onde *Càmpora S. Giovanni* (Amantea, CS), *Càmpora* (Maierà CS); *Piedi le Càmpora* (TE).

canalis -ĭcŭlu: > *Canalecchio* (S. Lorenzo Garf. LU), *Canalecchia* (Lugliano, Borgo a Mozzano LU); *Canalicchio* (Montalcino SI); *Canalecchio* ant. a. 1178 *Canalecle* (Fiastra MC); *Canalongo* ant. (PD), *Canaleccia* (Breonio VR), *Canalazze* (RO); *Cannaregio* (VE), *Canaréio* (Adria RO) < canalĭcŭlu = a. 1167 *Canaleclo, Canareclo*; *Canàle* (Alba), *La Chianale* e *Pontechianale* (Saluzzo CN) (Si noti la palatalizzazione di *CA* che era anche del piemontese antico e il femminile come in Francia e in dialetti ladini e veneti); *i Canali* (Noto SR), *u Canalottu* (Bronte CT, Palagonia CT) i *Canalisi* (Noto) (specie 'acquedotto').

capulum 'manico', forse qui *Càpulo* nome di scoglio sulla costiera di Nocera Terinese (CZ).

caput: *Codevigo* (PD) = ant. *capitevici*; *Capo-bosco*

(Arquà RO), *Cao di sopra* (Mizzole VR), *Capovilla* (Caldiero VR), *Caomaggiore* (Portogruaro VE) = a. 1204 *Capite Maiori*; *Cavarzere* (VE) a. 967 *Caput Argeles - Aggeris*; *Cavedàl* (Torri Ben. VR), *Cavazzale* (Monticello VI e Cavalese TN) < capitialis; *Cavedón* (Adria RO) (poles. *cavedón* 'sostegno artificiale'); *Codevigo* ant. (BO) "capo di vico"; *Co'* (Castelpunzone CR), *Co' delle vigne* (Casteggio PV), *Codrèa* (FE) = a. 998 *Caput Reda* (cfr. toscano *reda*, *rédola* 'viottolo'?); *Capovilla*, assai comune anche in Piemonte (Lessona VC). *Capalbo* (dial. *Kaparvu*), inizio del f. *Arvo* nella Sila (CS) 'capo bianco', *Capodimonte* (VT).

catīnum: *Catino* ant. a. 1044 (AR), *Montecatini* (PT); *Catino* (Mulina, S. Giuliano LU) ('valletta'), *Catinuccio* (S. Mac. in Monte LU); *Caìn* (Caprino VR), *Caino* (Marano VR), *Cadini di Misurina* (Cadore BL), *Caìna* (Campese VI), (cadorino *cadìn* 'bacino roccioso, circo'); *Catino Rosanelle*, *Campo Catino* (cavità carsica) nel Lazio.

cauda, cōda 'parte estrema di qualsiasi cosa' 'terreno in forma allungata': *Coda* (Grezzana VR), *Coalonga* (VI e VR), *via Codalunga* (VR). *Coalba* (Valsugana TN) < cauda alba (?); *Codierta* (Fregona TV) = a. 1297 *Codaerta*; *Coetta* (S. Martino VR), *Coatta* (Megliadino S. Fidenzio PD); *Codara* (Cellino Attanasio TE).

cetina (tosc.) 'terreno disboscato e messo a cultura', 'maggese': *La Cetina* (Simignano, Sovicille; Montepulciano; Torrita), *Cetille* (Montespertoli FI), *Cetinèlla* (S. Casciano di Pesa), *Citinella* (Castel Fiorentino), *Cetinale* (Meleto, Cavriglia AR); *Cetina* (Roccastrada GR), *Cetinaglia* (Montecatini Val di Cècina PI), *Cetonaria* ant. a. 1191 (Montalcino o Murlo SI), *Cetinèlle* (Massa Mar. GR), *Cetille* (Trequanda SI), *Citille* (Rapolano SI), *Citinavecchia* ant. (Volterra PI) [forse da *caedita + *-īna*, come caesa + *-ina*].

cilium: 'orlo': ant. *Ceio*, *Ziello* (Calcada, Vitt. Veneto) a. 1397; *Ceggia* (S. Donà VE), *Zeggie* (Sarego

VI), *i Zei* (Follina TV), *el Zei* (Possagno TV); *Val Cìa* (Tasino TN) ant. *val cigia* e cfr. *il Céggio* torr. (tra Castelnuovo e Borgo Valsug. TN).

cinctum -a 'cintura' (cfr. frl. *cente* 'chiuso'): *Centa* (Colle, Vitt. Veneto TV), *Centa* (BL), *Cinte Tesino* (TN), *Centale* (Schio VI); *Misinto* (MI), ant. *Misentum*, a. 979 *Mediosente* (forse 'territorio la cui parte di mezzo è cintata'?); *Valle Cintrella* (Valle S. Giovanni TE), *Centa*, *Céntole* (Irsina-Grassano MT).

cingulum: *Cingolina* rio (Galzignano PD), *Cengio -a* comune in montagna (onde it. *cengia*), *Cengi alto* (Albisano, Torri B. VR), *Sengelle* (Soave VR); *Cingia de' Botti* (CR) = *Cingla Cengla*, a. 1013 ('striscia sottile di terreno'), *Cingoli* (MC), *Cingello*; *Cingagli* (dial. *šingài*) (Vendrogno CO); *Passo delle Séngie*, *Colle delle-* (Valle di Fozo TO), *Cengio* (SV) (cfr. *Cornice*, Sesto Godano 'aggetto').

cĭrcĭnus -are 'circolo', 'recinto': *Cerçen* (Cordignano Vitt. Veneto), *Ziérzen* (Santa Fior TV); *Cercenà* (Forno di Zoldo BL) e varie volte (cador. agord. *cercenà* 'tagliare in circolo una pianta perché si dissecchi').

circus, circĕllus 'cerchio' 'cerchietto': *M. Circello* (tra Simbario e Sant'Andrea Apostolo CZ); *Circello* (TA).

*clauditum 'chiuso': *Claut* (PN, pronuncia locale: *čolt* e *claut*) = a. 924 *villa ... Clauto*.

clavis 'porta, ingresso' (?): *Chiave* (Cort. d'Ampezzo BL) = a. 1438 *Clavis*.

clivus 'declivio': *Pieve di Chio* (Castgl. Fiorentino) = a. 1063 *Clio*, *Chio* (S. Giustino, Loro Ciuffenna AR); *Chievo* (S. Massimo VR), dialetto *cèo*, *Cio* (S. Bonifacio VR), *Samoclevo* (Caldes TN) < summo-; *Cleva* (Sappada BL). *Chieva* (Negràr VR), *Cèa* (Cencenighe BL); *Chiviello* (Pazzon di Caprino VR); *Cevo* (Valsaviore BS) dialetto *čef*; *Chieve* (CR) = a. 886 *Cleuba*, 900 *Cleba*; *Crìvora* (Botricello CZ), cal. *crivu* 'precipizio' nella forma pl.

collis: *Colle*, *Collina* comuni ovunque, *Collèoli* (Palaja PI) (+ Leo), *Tracòlle* (Calci PI), (oggi mutato in *Tre Colli*), *Poggiacolle* (S. Gimignano SI) (podia collis), *Monte Collaccio* (Terricciola PI), *Collazzone* (Paciano PG); *Corcello* (Sinalunga SI), come *Colcello* (Val Tiberina), *Collecchio* (Tizzana PT); *Trambicolli* (Lupinaia Garf. LU) (< intra ambo colles), *Soccolle* (Bagni di LU < sub-), come *Siccolli* (Vitojo Garf. LU); *Biscolle* (Bagni di LU); *Collinaia* (Ardenza LI), *Collinella* (SI), *Culécchio* (Casteln. Berardenga, SI); *Poscolle* (UD) (dial. *Puscuel*) a. 1292 *Postcolles*; *Collo* (Affi VR), *Colnù* (Conegliano TV), *Collalto* (Vitt. Veneto) a. 1138 *Collaltum*; *i Coi* (Vittorio Veneto TV), *Collàz* (Cencenighe BL); *Collisello* (Arsiero VI), *la Cola* (Avesa VR); *Colla* (f.!) (Diano S. Pietro IM) ('collina, dorsale, sprone'), *Cola Rossa* (Ventimiglia IM), *Colla Amedeo* (IM), *Passo Colletta* (Borzonasca-Rezzoglio), *la Colla* (Carasco GE), *Collabassa* (Airole IM), *Colle*, *Colli* (Canzano TE), *Accolle* (Roseto degli A. TE) < ad- con agglutinazione; *Collacchione* (Morro d'Oro TE) < colliculus col suffisso *-acchio* (abr. *cullacchje* 'balza montana').

*cotŭlus > *códolo* 'ciottolo': *Códolo* torrente (Osigo, TV), *Codolàz* strada (Soligo TV).

comba, cumba 'valle' 'cavità'; *Combài* (Miane TV), *Combài* (Arfanta TV) = a. 1031 *Combalio*; *Gomba* collina (Forni Av. UD), *Gombo* (Pieve di Teco IM), *Gombo Garassino* (SV), *Casa Gomba* (SV) (ligure *gumbu* 'frantoio' e *gomba* 'vallicella'); *Gomma* (Loreto Aprutino PE).

còna (greco εἰκών -α) 'immagine sacra' 'edicola': *Cona* (Basciano TE), *Conicella* (Atri TE); *Cona* (Accumoli RI) (qui 'piccola collinetta'); a *Gona* (Mascali CT), *l'Angòna* (Zafferana CT), *i Cunuzzi* (Francofonte SR), *'a Cunigghia* (S. Giovanni la Punta CT).

concha 'avvallamento', 'luogo basso e chiuso': *Poggio Conca* (Vaglia FI), *La Conca* (Calcinaia PI) ('podere'), *Conco* (Serravalle Pistojese PT), *Concóne* (Cedri, Peccioli PI), *Conchi* (Bagni di Casciana PI); *Cóncori* (Fiattone Garf. LU) < conchulae; *Fosso delle Conche* (Massa Marittima GR), *Vallini delle Conche* (Rosignano LI); *Conca* frequente nel Veneto: *Conco* (VI), *Cóncole* strada (Baone PD), ant. *Concolina* (Poiano VR), *Concoletto* (Onara PD), *Conchielle* strada (Vigodarzere PD); *Conca*, *Conchetta*, *Cóncola*, *Concolina* (Lazio) 'luogo basso e chiuso'.

contra 'designazione antitetica di un luogo dirimpettaio ad altro': *Contra* (Camaiore, LU), *Controne -i* (Bagni di LU); *Contra* (Barber. di Mugello FI), *Contra* (Sovicille SI), *Contrino* (S. Michele di –) (Rosignano LI), *Contrìn* (Dolomiti); *Contra* (Valli VI); *Contra* (Missaglia CO); *Contra* (Scandriglia RI, Accùmoli RI); *le Contre* (Rocca S. Maria TE), *Fosso di contro* (Valle Castellana TE).

cornus -ūtus 'forma arcuata' 'curva': ant. *Cornuta* (S. Angelo LU) a. 821, 980, 991; *Poggio del Corno* (Manciano GR), *Le Cornate* (Montieri GR), *Cornatoio* (Roccastrada GR), *Monte Cornuto* (Magliano GR), *Poggio Cornécchi*? (Roccastrada GR); *Corgna* (Lisciano N. PG) < cornua, cornia o pl. *corni* (?); *Corno* molto comune nel Veneto detto di monte; *Cornuda* (TV) a. 1142 *Cornuta*.

corōna 'estremità': 'margine esterno', 'corona di monti': *Corona* (Bagni di LU), *Succorona* (Vagli di Sotto Garf. LU) (sub-); *Corolla* (Fibbialla LU) (-onula), *Alla Coronella* (Gorfigliano Garf. LU), *Rio della Corona* (Bagni S. Giuliano PI), *Corolla* (fosso, Vicchio e Borgo S. Lorenzo FI), *Corolle* (Montepulciano SI), *Monte Corona* (Umbertide), *Corone* (Preci PG); nel Delta Padano *coronèlla* si ripete nel senso di 'arginetto'; *Corona* (Ferrara Monte Baldo VR), *Le Corone del Palù* (Valsugana TN), *Le Corone* (TE), *Crona* (Crognaleto TE), *Coronello* (Civitella del Tronto TE).

c o r r i g i u m -a 'striscia di terra': *Correzzo* (Sanguinetto VR), *Corrézzola* (Piove PD), ant. *Corezo* (Lobbia di S. Bonifacio VR); *Correggio* (RE) ('striscia di terra emergente da acquitrini'); molto comune nel Delta Padano: ad es. *Correggiolo*, *Correggioli*, *Correggio*, *Corrigia* ant.; *Coregio* (Gubbio PG); *Coregge* (TE); *Correse* (Montalto di Castro VT) (appezzamento di terreno); *La Coreggia* (Alberobello BA).

c o s t a 'fianco del colle o del monte': *Costa* molto comune; *Mezza-costa*, *Costaccia* frequenti in Toscana; *Costòzze* (Vernio FI), *Costòzzole* (S. Agata Scarperia FI), *La Còstia* (Calci PI), *Costaglia* (Tizzana PT); *Costi* (Cutigliano PT), *Costèlla* (Formentale LU), *Costone* (Casciana Garf. LU); *Costaglie* (Radicondoli SI), *Costiacce* (Castiglione della Pescaia GR); *Costa* freq. nel Veneto; *Costapiere* (Arfanta, Vitt. Veneto TV), *Costazzo* (Breonio VR), *Costarèi* (Tormeno VI), *Costeggiola* (Soave VR), *Costiole* (Caprino VR), *Còstolo* (Velo VI), *Costana* (Susegana TV), *Costame* (Vallonara VI).

c o s - c o t e (onde lucchese pisano *cotrozzo*, *catrozzo* 'grosso macigno'): *Cutone* (Capannori LU); *Cotone* (San Gimignano SI) = a. 1011 *Cotone*; *Catarozzo* ant. (Castelfocognano AR e in Faltona), *Cateròzzoli* (Poggibonsi SI), *Cotrozzo* (S. Giusto di Bràncoli LU) = a. 909 *Cotorotio*; *Cotrozzi* e *-ssi* (Sillico Garf. e Matraja Capannori LU); *Monte di Cote* (Marciana, Elba LI) ('scoglio', 'masso'), *Cotéte* (Elba), *Cotone* botro (Rosignano LI), *Cotoncelli* (Marciana, Elba).

c r ē t a: ('suolo argilloso') *Creta* (Montepulciano), *Creta/Greta* (Bùcine AR), *Greta* (Borgo S. Lorenzo FI), *Greti* (Greve Ch. FI); *Grétole* (Pontenano, Talla AR), *Grétole* (Castell. in Chianti) cfr. it. *grétola*; *Gretaiole* (Pienza SI), *Gretini* (S. Fiora GR); *Gradara* (PS) = ant. *Gredaria* (dialetto *greda*, *grea*). *Credaro*, *Credera*, *Creazzo* (VI); *Creta* (comune nel Lazio); *Cretone* (Mutignano TE); *Creòla* (Palù VR), *Crìdola* monte (BL), *Credazzo* (Farra d'Alpago BL), *Credòz* (S. Pietro F. TV); *Crita* (Noto), *Critazza* (SR).

crista 'cresta' (accezione orografica): *Colle a Cresta* (Stazzema LU), *Al Cristone* (Camaiore LU), *Cristogna* (Convalle, Pescaglia LU).

crupta > *Grotta -e*, molto comune; *Alla Suggrotta* (Coreglia A. LU), *Grotticino* (Stazzema LU), *Grottajo* (Fosciàndora Garf. LU); *la Grottaccia* (Campo nell'Elba LI), *Grottaccione* (Rio Mar. Elba LI), *Grottoni* (Castiglione d'Orcia SI); *le Grotte* (Caprino VR), *Grottine* (VR), *Groto* (*Monte-*) (Chies. VR) (veronese *gròto* 'tratto di monte spoglio di piante'); *Grottucce* (Torre di Passeri PE), *Grottolina* (Catignano PE); *Grutta*, *i Grutti* vari luoghi in Sicilia, *Gruttaddi* (Ferla SR), *i Grutteddi* (Militello CT).

cŭbŭlu > *cóvolo* 'caverna' (anche *ko(v)ol*): *Cóvolo* (Grezzana VR), *Cóal* (Monte Baldo VR), *Cóelo* ant. (Cazzano VR), *Colo* (Roncegno TN), *la Cóvola* (Asiago VI), *Covolòra* (Schio VI).

cucco 'altura tondeggiante': *Monte Cucco* (Stia AR), *Cùccoli*, *Monte-* (Barberino di Mugello FI), *Monte Muccheri* (Poggibonsi PI), *Monte Cùccolo* (Coreglia LU), *Cuccolino* (Gavinana S. Marc. PT), *Poggio Cuccolino* (Massa Marittima GR); *Monte Cucco* (VR e TV), *La Cucca* (S. Bonif. VR) ora *Veronella*; *Monte Cucco* (Celle L. SV; Chiavari e GE), *Rocca Cucca* (Magliolo SV), *Bosco Cucco* (Sassello SV); *Piano Cucco* (Catignano PE), *Colle Cùcolo* (Farindola PE), *Cucco* (VT) ('cima arrotondata di monte').

cucŭllus 'cappuccio' 'cocuzzolo': *Poggio Cocollo* (Prato), *Cocollo* (Loro Ciuffenna AR); *Cogollo* (Tregnago VR) a. 1000 *Cuculo*; *Cogùl* (Vallada BL), *Cagùl* (TN), *Cogolino* (Dolcé VR).

cūlus (nota metafora): *Cul-de-l'aqua* (Cresole VI), *Culatina* (Breonio VR), *Culazzo* del M. Enna (VI).

cuneu 'terreno di forma a cuneo', 'angolo', 'un cantuccio di terra': *Cogno* (Cutigliano PT), *Cogna* (Stazzema

LU), *Cògnori* (Pariana, Villabasilica LU), *Cugnòlo* (Capannori LU), *Cugnòli* (Ombreglio LU), *Cugnòle* (Villabasilica LU), *Cugnìa* (Querceta, Seravezza LU); *Cogno* (S. Giovanni in Bosco PD), *la Gogna* via (VI) e torrente a Schio (VI), *Cugnòlo* (Teolo PD), *Cugnàt* (Cordignano Vittorio Veneto TV); ant. *Valle Cugnola* (Caprino VR); *Cùgnoli* (PE), *Cogno* frequente a BS anche *Cognolo* ('angolo compreso tra due fiumi'); *Cugno* (Spinazzola, BA, Irsina MT, Castellaneta TA), *Cogno Longo* (Spinazzola BA), *Cugno* (Prali TO), *Cugnòlo* (Graglia, Biella), *Cugnón* (Champ. d. Pr. AO) ('punta di terra'). Verosimilmente anche *Cuneo*, sorto alla confluenza del Gesso con la Stura di Demone, dialetto *Kùni*; *Cima Gogna* (BL).

cuoro -a 'cotica di terreno fitogeno' (c o r i u m): *Cuor di Spin* (Caprino VR), *Corlungo* (Polesine di RO); *Cuorcrevà* (Bottrighe Adria RO) = a. 1224 *Corcrepato*; *Cuoio* molti luoghi nel Polesine (ad es. Lendinara e Monselice PD), *Cuori* (Brondolo RO); *Cuora* strada (Monselice) = ant. *Coriae*; ant. *Corio*, *Coiro*, *Coro* (*Cona da-* Corezzola PD), *Coràz* (Longhere Vitt. Ven. TV), *Cori* (Alonte VI).

cūpa 'profondità': *Le Cupe di Corciano* (PG), *Cerqua Cupa* (Todi), *Cupo* (Nocera Umbra), *Cupa della Ghianda* (Gubbio PG), *Cupa* (freq. in Abruzzo), *Cupello*, *Cupelle Atri* TE) ('luogo in valle oscura; grotta'), *M. Cuparo* (Norcia PG); *La Cupa* (Putignano BA), *Lama Cupa* (Andria BA), *Via Cupa* (TA), *La Cupina* (Martinafranca TA), *Cupa* (comune nel Lazio 'strada incassata' o 'luogo ombroso, oscuro').

d o r s u m 'dosso' 'rilievo di poca entità': *Dorsoduro* (ant. isola VE), *Dosso -i*, frequente nel Veneto; *Dossón* (Casier TV), *Dossegiòl* (Breonio VR), *Dossedèl* (Civezzano TN), *Dossiòi* (Avio TN), *Dossale* (Maserà TV); *Dossara* (Maserà TV); *Dossara* (Fiume Ven. PN); *Dosso* (Bassiano, LT), *Dosso* (FE) 'parte rilevata o schiena di monte'.

f a u c e, * f a u c u l a 'foce di monte': *Foce -i* frequente in Toscana; *Foce-monda* (S. Pellegrinetto Garf.), (< m u n -

dus), *Focicchia* (Capannori LU), *Fucicchiola* (Gramolazzo Garf.), *Alle Focette* (Viareggio LU); *Fòccola* (Convalle Pescaglia LU; Colle Garf.), *Focolaccia* (Vagli Garf.), *Focchia* (Pescaglia), *Fòcchiora* (Caréggine Garf. LU); *Le Fòci* (Portoferrario Elba LI); *Foce* (Montemonaco AP), ('gola'); *Foccièra* (Valli VI) < faucularia (?), *Bifoccio* (Molvena VI), < bi-fauculu (?)

*fodica da *fodicare (scavare) 'cavità' 'sprofondamento del terreno': *Fòca* e *Focobón* (Falcade BL), *Fòch* (Cencenighe BL), *Fòch*, *Fòca* (Alpago BL, e Prealpi trevisane), cfr. agordino *fòka del stòmek* 'epigastrio'.

fons 'fonte' – fontana: *Fonte -i* comune ovunque; *Trafonti* (Montefollonico Torrita SI), *Fontebuona* (Bibbiena AR), *Fonticchie* (Pontedera PI), *Fontino* (Lari PI e Signa FI), *Fontocchio* (Cortona AR), *Fontoni* (Cégliolo, Cortona); *Fontanicchia* (Marliana PT); *Fontecchio* (Barga LU), *Fontaccia* (Val di Cècina PI), *Fontanella* (Scansano GR); *Fontani* (Onzo SV), *Nove Fontane* (Calice al Corn. SP), *Fontana Fredda* (Murialdo SV), *Fontanacalda* (Zuccarello SV), *Fontaneggi* (GE); *Val da fons* (Revine TV) (o sarà < 'funghi'?); *le Fontecchie* (Prun VR) < *fonticulae; *Fontenozze* (Castelgomberto VI), (padovano *fontanazzo* 'polla bollente'), *Fontaniva* (PD), *Fontanafredda* (PN), *Fontanaviva* (Polcenigo PN), *Fontanile* (comune nel Lazio) 'abbeveratoio'; *Colle Fontellina* (Basciano TE). Si noti *Trifonzio* (AP) < trifontium, analogo nella formazione a *Triponzo* (a. 1333) di Cerreto di Spoleto con chiara allusione a 3 ponti, *Triponzio* (Iesi) = ant. *Treponcium* sul modello di *Septimontium*, *Septizonium* di Roma; si noti ancora *Tripontia* a BS a. 880 e *Trifinium* ("ager qui tres fines spectat") o *Triforium* = gr. τρίθυρον, anche *Tripozzo* (Fabriano e Sassoferrato AN) = a. 1066 *Tripoza* < *triputeum* 'tre pozzi').

foramen ('buca, grotta'): *Forame* (Asiago VI), *Sorgente del Forame* (Nervesa TV), *Foràn* (Follina TV), *Foramello* (Ronco VR), *Foràn*, *Foràm* più luoghi nel Friuli.

forra: *Forra*, *-e*, *-etta*, *-one* frequente in Toscana specie nel Pistoiese e Valdarno; *Forlì* = ant. *Forle* (Vaggio, Reggello), *Forratella* (Vinci FI), *Forròttoli* (Quarrata, Tizzana PT), *Forragna* (Castel Fiorentino); *Forlina* (Fosciandora LU), *Furlino* (Sillico Garf. LU) < forrulīna.

foras 'fuori': *Fore* (Codognè TV), *Fora*, *villa-* (Badia RO), *Branca-fora* (Pedemonte VI) = a. 1199 *Fura*; *Borgofuro* varie volte nel Veneto, *Portafura* ant. (S. Zeno VR), *Cal-fura* (PD); *Affori* (MI) < aforis 'extra civitatem'.

fossa: *Fossa -e* frequente; *Foscia* torrente (Lajatico) *Foscecchia* (ivi) < *fossicula; *Fòssola* (Paciano PG); *Le Fossàtole* (Greve FI), *Fòssola* (S. Romano Garf. LU), *Foscione* (Nozzano LU); *Fossonale* (Manciano GR), *Fosciatelli* rio (Volterra PI); *Fossalón* (Grado), *Fossata* (Farra d'Is. GO).

fovea 'fossa' 'buca': *Fòbbia* (Medicina Pescia PT), *Fobbi* (Gromignana Coreglia LU); *Foppa* (Isola BG e S. Zenone TV) e vari *Foppa*, *Foppo*, *Foppei* nel Bresciano, *Foppe* (Cadrasco SO); *Foiba* comune in Friuli e *Fopa* nelle Dolomiti; *Foggia*, cfr. pugl. *foggia* 'fossa', *Foggia* presso le foci del Crati e Pannàconi, Cessaniti (CZ).

frana < *fragina: *Fraina* (Castel Fiorentino), *Infraìne* (Montelupo FI), *Fraìlle* (Certaldo), < -inule; *Fragineta* ant. nella diocesi di Populonia, a. 1074, *Fraggina* e *Fragginina* (Volterra PI), *Le Fraine* (S. Luce PI).

fronte (*-ale*, *-īnus* 'che sta di fronte'): *Frontìn* (Trichiana BL), *Frontale* (Sòndalo SO), *Frontillo* (Bovigliana MC) -inulu; *Frontàl* (Follina TV), *Frontale* (Apiro MC), *Frontino* (PS, Urbino).

fūmus: *Mon-fumo* (TV) (forse indica la formazione di nubi attorno alla cima dei monti), *Fumane* (VR), *Fumanella* (VR) (cfr. emiliano *fumana* 'nebbia densa'); *Fumara* (S. Ambrogio VR), *Fumare* (S. Bonifacio VR).

f ŭ r c a 'biforcazione': *Forca* (Vaglia FI), *Forche* (Poggiola AR), *Forcelle* (Fucecchio FI), *Forcone* assai frequente; *Fórcole* (Panzano Greve PT); *Bifórcola* (Soraggio Garf. LU) (< **biforco* 'legno biforcuto'); ant. *Forca*, *Cal de-* (Vittorio Veneto TV) a. 1476, *Fórcole* (Arsiero VI); *Force* (AP), *la Forcella* (MC); *Forcatarola* (Castellalto TE), *Forcella* (TE); *Forca*, *Forcella*, *Forchetta*, *Forcarello*, *Forco*, *Furchia*, *Furcola* (comuni nel Lazio) ('passo di monte').

g l a c i e s, g l a c i a 'ghiaccio': *Giazza* (Badia VR), *Giazzoi* (BL) ant. *Glazonum*; *Giazzara* (Brognoligo VR), *Giassera* Pra- (Conegliano TV).

g l a r e a 'ghiaia': *Ghiaie* (Castel Focognano AR), *Ghiaione* (Fauglia PI), *Ghiereto* (Barber. di Mugello FI) = a. 1072 *Glerito*; anche *Djara*, *Glaja* ant. a. 989 (Pieve di Monsagrati), *Le Ghiaie* (Portoferraio LI); *Giralba* (Auronzo BL), *Geronét* (Fadalto TV), *Giarosa*, *Geraro* (Varese L. SP), *Case le Ghiare* (Borzonasca GE), *Cadighiara* (GE), *Le Giaire* (Pramaggiore VE; Calizzano SV), *Casa Giairéa* (Ceriana IM), *T. Ghiararo* (Lèvanto SP), *Gera*, *Gerola*, *Geroletta* molti luoghi in Lombardia ("in riva ai fiumi e ove le alluvioni hanno coperto i luoghi di ghiaia").

g l e b a 'zolla': forse ant. *Glovina* (Cologna V. VR) a. 1219.

* g r a v a 'area ghiaiosa': *Grave* (Cencenighe BL), *Grave* (Fadalto TV), *Gravazzo* (Breonio VR), *Gravón* (Cordignano TV), *Graonetto* (Annone Veneto VE), *Gronella* (Malo VI), *Gronéa* (Cologna VR); *Gravis* (Attimis UD); *Rio di Grava* (GE), *Graveglia*? (GE); *Valle Grave* (Valle Castellana TE), *Monte della Gravara* (TE) (abr. *gravate*, *ravate* 'materie sassose e ghiaiose portate dalle acque'); *Grava* (Foramalla BA) 'vasta e profonda voragine', *La Gravina* 'valle incassata nelle Murge', *Gravina* (Corato BA) ('canale di erosione'), *Gravinella* (Fasano BR).

greppo 'ripido risalto del colle o sopra una rupe scoscesa': *Greppo* e *Greppino* (Abbadia, Montepulciano SI), *Greppa* (Castiglion Fiorentino), *Greppatèllo* (Montaione FI), *Greppa -e* (Deccio LU), *Gruppeto* (Camaiore LU) (*u* per 'influsso di labiale'), *Fosso Greppa* (Campo LI), *Greppino* (Montalcino SI), *Poggio Gréppoli* (Rapolano SI), *Greppone* (Manciano GR), *Grepe* (Celléno, VT) ('luogo dirupato e scosceso').

grumus -ŭlus 'mucchio di terra' 'altura' 'cumulo': *Grumaggio* (Poggio alla Malva, Carmignano FI), ant. *Grumolo* a. 1371 (S. Miniato PI), *Grùmoli* (Fiano e S. Rocco Pescaglia LU), *Grumata* (Magliano Garf. LU), *Grumo* monte (Zugliano VI), *el Grun* (Feltre BL), *Grumale* torrente (Caltrano VI), *Grùmulo* più volte a VI; *Grumellina* (BG), *Grumello* (Paisco BS), *Grumèi* (Lerna CO), e vari *Grum/Grom* bresciani. *Grumo* (BA) a. 997 *in loco Grumo*; *Grumiti* (sec. X).

gúia (acucula da acus) 'punta aguzza di terreno' (o di monte): *Guia* e *Guietta* (Valdobbiadene TV) (così l'Olivieri 1961, ma l'accento è *guía*!); *Agoiolo* (Casalmaggiore CR); da acucula al pl. > *Odles* [< *(ag)ogla* > *odla*] catena di montagne nelle Dolomiti; da acucĕlla > *guʃela* 'ago' onde ad es. *la Gusèla del Vescovà* (BL).

*gunfus (γόμφος) 'curva, insenatura formata da un corso d'acqua': *il Gonfo* (Càscina PI e Collesalvetti LI); *Montegónfoli* (Ulignano, S. Gimignano SI); *Gonfo* (Borgoforte MN); anche nel Veneto *Gónfo*, *Gónfa* frequenti.

gurges, gurga -us (*gorga* 'strozza', 'situato nella strozzatura della montagna'; ma anche 'raccolta d'acqua, connesso alla coltura della canapa'); *Gorghe* (Pratovecchio AR), ant. *Gorgo* a. 1072 (FI), *Gorgaccio* (PT), *Gorgola -e* (Camaiore LU); *La Gorga* (Monteroni d'Arbia SI), *Górgoli* (Rio Elba LI), *Gorgolinato* fosso (Campo LI); *Gorgo* (Cartura PD), *Gorch* (anche 'maceratoio della canapa') (Revine TV), *Valle dei Gorghi* (Illasi VR), *Gorgón* (Follina TV); *Gorgazzo* (Polcenigo PN), *Gorgo* (Latisana UD); *Gorgo* (S. Benedetto MN), *Gorgone* (V. Sabbia BS); *Gorga di Mondrone* (TO); così molti toponimi

Gorgia, *Goria*; *Gorga* (Roma); *Gorgofreddo* (Martinafranca TA), *Gorghe di Fuoco* (Putignano BA), (pugliese *gurga*, calabrese *vurga*, siciliano *urvu* 'bacino profondo'), *Gorga* (Stio SA); *Gorga* (Valle Castellana TE).

gyrus 'curva' 'gomito di strada o fiume': *Giro* (Acone, Pontassieve FI) (presso un gomito della *Sieve*), *Girone* (Castel Focognano AR), *Gironi* (Quarrata Tizzana PT), ant. *Girulo* (Arsina LU a. 936); *S. Andrea dela Zirada* (VE).

hortus: *Ortón* (Clauzetto PN), *Ortuzzi* (Carlino UD); *Ortello* (= *Ortler* dei Tedeschi) (Oneta BG), *Ortsana* sorgente (Civiglio CO); *Orta S. Giulio* (NO), *Orta Novarese* = a. 962 *Horta*; *Lago d'Orta*; *Li Ortali* (Canavese TO); *Ortanova* (FG) = *Ortam* a. 1157; *Orte* (VT) in P. Diacono *Horta* (da horta passato da neutro pl. a f. sg.), *Ortello* (Gallipoli LE).

insula (*iscla*) 'isola' 'isola fluviale o lacustre': *Ischia* nota isola (NA); *Isola* (Castelluccio, Capolona AR), *Isola* (Fratta, Cortona AR), *Fosso d'Isoli* (S. Piero a Sieve FI), *Isoletta* (Vicopisano PI); *Ischia* ant. (Capanne di Sillano Garf. LU); *Isola d'Arbia* (SI), *Ischia* (Murlo SI), ant. *Cala d'Istia* (Elba LI) a. 1779, *Ischia* (Campo LI), *Istia d'Ombrone* (GR) = a. 1197 *Ischia*; *Isella* (Grignano TS) *Iselle* (Trasquera NO), *Isella* o *Isola Superiore*, una delle Borromee (da isolella); *Ischia* (AP) = a. 998 *Isla*; *Ischia* (Grottammare, AP); al maschile *Isolo* (Povegliano VR), ant. *Insul Superius* e *Inferius* (VR) ant. *Insulli* (Chievo VR); *Isca* scoglio (Amantea CS), torr. (a Nord di Paola CS), *Isca sullo Jonio* (CZ) = a. 1141 ἄστυ τοῦ Ἴσκι; *Isca romana* (Parenti CS), cfr. cal. di CS *isca* 'zona boscosa lungo il corso di un fiume'; in Sicilia *isca* freq. 'isola tra due fiumi o nel greto del fiume'.

jugum 'giogo': *Giogo* (Castel Focognano), *Giógoli* e *Giogolino* (Galluzzo FI), *Giogarello* (Stia AR), *Giovo* (Buti PI), *Giovi* (Castel Fiorentino), *Giovetto* (Vagli Garf. LU), *Giovi* (Càsoli, Camaiore), *Giovarello* ant. (Castiglione Garf.), forse *Giove* (Rio Marina, Elba LI); *Zovo*,

Zovello, *Zuello* frequente nel Veneto); anche *Dóvolo* (Mezzane VR); *Zivelongo* (Breonio VR), *Zughi* (Galzignano PD), *Zof* monte (Vittorio Veneto TV), *Żoìn* (Abano PD), scritto anche *Xon, Xom, Xomo* < jugōne, *Zovello* (*ʒuvièl*) (Ravascletto UD); *Zovo* dial *Suf* (Val Sabbia BS), *Zò* (Viadanica BS); *Doàff* (Corteno BS) (con *d* interdentale); *Capogioco* (Mutignano TE), *Colle Giova* (Città S. Angelo PE), *Colle giovatore* (Farindola PE), *Mon-giove* (AO), (*Mongiovetto*) pur essendo attestato come Montis Jovis; *Gioghetto* (Mentana, Roma) ('sommità allungata di montagna').

labes, *labea (da labes o labina, cfr. bormino *lèjna* 'lavina'): *Lave* (Fibbialla, Camaiore LU), *Lavacchia* (Montespertoli FI), *Lavacchio* (Bibbiena AR), *Lavacchio* (AR), *Lavacchio* (Stabbiano LU), ant. *Lavaclo* (Borgo a Mozzano LU, a. 853), *Lavacchino* (Capannori LU), ant. (a. 1107) *Lavaccli* (Castelnuovo Berardenga? SI), *Lavacchio* (Marciana Marina Elba LI), *Lavacchione* (Collesalvetti LI), *Lavinacci* (Piancastagnaio SI); *Lava* (Vestena VR), *Lavaio* (Volpago TV), *Lavagno* (VR) (?); *Lavé* (Azzago di Grezzane VR); *Làvena* (Ponte Tresa VA e Bienno BS), *Làveno* (Lozio BS), *Lavenone* (BS).

lacūna (anche 'depressione del suolo'): *Laguna* (Scarperia FI), *Cuna* (Stia AR), *La Cuna* (Corella, Dicomano FI), *Aulla* (Pontedera PI) < *(l)agulla* < lacunula (come *Aulla* MS); *Launa* (Vizzaneta, S. Marcello PT), *Guna* (Vico, Bagni di LU), *Culla* (Stazzema LU), *Cuna* (Monteroni d'Arbia SI); *Agolla* (Sefrio MC) = a. 1299 *Avolla* < lacunula; *Laguna* (S. Zeno Mont. VR), *Guna* (Caprino VR), ant. *Guna* (Pianiga VE), *Lagunàz* (Taibon BL).

lacus: *Lago*, *Lago-scuro* frequenti; *Lagoscello* (Fosciàndora Garf. LU), *Auscello* (Ponte Buggianese PT), *Lagacciolo* (Poppi), *Lagone* (Montevarchi AR), *Sollago* (Bagni di Lucca LU) < sub-; *Lagolino* (Sillano Garf. LU), *Lagoni* (Massa Maritt. GR), *Lagaccio* (Sovicille SI), *Lagaccioli* (Orbetello GR), *Auscelli*, *Auscellino* (Montieri GR), La *Guscella* (Castellina Mar. PI), *Botro dei Lagoni* (Pomarance PI); *Lagusèl* (Alleghe BL).

l a m a 'terreno paludoso' 'pozzanghera': *Lama -e* assai comune; *Làmole* (Barberino di Mugello FI), *Lamacchia* ant. (a. 1260 LU), *Lamino* (Poggibonsi SI), *Lametta* (Lorenzana PI), *Fosso della Mona* (Capolona AR) (deglut. di articolo), *Lamaia* (Capannori LU), *Làmbori* (Oneta, Borgo Mozzano), *Lamacce* (Cetona SI), *Lamaccione* (Arcidosso GR), *Lamarèllo* (Castelnuovo PI), *Lamone* (LI); *Lamón* (BL), *Lamaór* (Cison TV), *Lamaro* (Lonigo VI); *Lamàr* e *Làmis* (Friuli); *Lama* (Prégola PV), *Ama*, *Amora* (Aviatico BG), *Ma-longola* (Malanigno CR), *Mazzo* (Rho MI) (da *la-mazzo* con deglutinazione di articolo), *Mazzino* (ivi); *Valle di Lama* e *Costa Lama* (Carrodano SP) (anche 'vallecola'), *Lago delle Lame* (Rezzoaglio GE); *Le Lame* (TE), *La Lametta* (Rocca S. Maria TE), *Lamatura* (Rocca S. Maria) (abr. *lamatura* 'frana'), *S. Pietro in Lama* (LE), *Lama di Spino* (Gioia del Colle), *Lama Rossa* (a. 1163 = *l.* r u b e a), *Lamalunga* (Gravina) ('territorio quasi incolto', 'burrone profondo').

làmara (da l a m u l a) (vic. 'brughiera'): *Làmbara* (Enego VI), *Lambra -e* (Posina VI), *Lambarìn* (Velo VI); *Làmbara* (S. Zenone al Lambro MI).

lanza 'rivo, canale': *Lanza* (Lonigo VI e Chiesanuova VR), *Lanzalunga* (VE), *Lanzè* (Quinto VI) = a. 1262 *Lançade* (forse da un t e r r a e l a n c e a t a e 'in forma di lancia'?).

lasta, lastra (e m p l a s t r u m) > *Lastra -e* frequente in Toscana, *Lastra* (Fiesole e Signa FI) ('dagli strati di macigno posti verso il poggio'), *Valdastra* (Borgo S. Lorenzo), *Lastrone* (Galluzzo FI), *Lastruccia* (Scarperia FI), *Lastraia* (Castel Focognano AR), *Botro delle Lastre* (Suvereto LI), *Poggio alla Stella* (Massa Mar. GR), *Stellino* (SI), *Stellata* torrente (Manciano GR) < (*la*) *strellata* (?); *Lasta*, *Laste* comune anche nel Veneto; qui anche *Cima d'Asta* = *Cimalasta*; forse *Làstego* (TV), *Nàstego* (Fregona TV) [più probabile < a s t r a c u m 'pavimento' v. LEI].

*l i g i t a veneto *lea*, *leda* 'limo': *Lea*, *Campo di-*

(Melara di Sacco PD), forse *Lia* torrente (Oderzo TV), *Leàl* torrente (Tolmezzo), *Ledis* (Gemona UD) (frl. *leda* 'ghiaia minutissima').

līt u s: *Lido* di VE e *Lio Mazor* o *Pordelìo* (VE) e vari *Lidi*.

lŏcus 'podere', friulano *lūc* 'tenuta': *Logo* assai frequente, *Loghi* (Camisano VI), ant. *Col de Luogo* (Fregona TV), *Bel luogo* (Formeniga Vittorio Veneto TV); *Lūc* (Prato Càrnico UD); *Logo* (Plesio CO), cfr. lombardo *logh* 'podere, campo' e nel Bresciano: *Loch*, *Loghi*, *Loghétt*, *Due Luoghi*.

longaria -oria (o longurius 'pertica, stanga', 'forma di terreno allungata'): *Longoia* ('casali') (Créspina PI), ant. *Longoia* (Laterina AR) a. 1029; *Longara -e -arina* frequente nel Veneto; *Longhere* (Vittorio Veneto TV) = *de Longariis*; *Longarone* (BL); anche in Friuli *Langoris* molti luoghi, anche *Angoris* (con deglutinazione di articolo) e *Nangòris*; *Longare* (Lurago Erba CO), *Longhirone* (Pozzaglio CR), *Longherone* fosso (Borgonato BS); *Longuria* (Vidigulfo PV) = a. 919 *Longuria*, *Lingura* e *Ingorello* (BS).

lūna (a volte 'ansa o curva di strada o di fiume'): *Col di Luna* (Cozzuolo Vitt. Veneto TV), *Col della Luna* (Tramonti di Sotto PN); *Primaluna* e *Sopraluna* (Valsugana TN), *Lunazza* e *Luneda* (TN); *Lunetta* (Mombarcaro CU), *Lunella* (V. di Lanzo e di Susa) (con riferimento ad 'ansa' o 'curvature'). Se non è di origine etrusca qui anche *Luni* (Λούνης Strab., *Lunam colonia*... Livio) alla foce della Magra forse nel senso di forma 'lunata' del porto (?).

*lunāta 'cornuta': *Lunata* (Capànnori LU) (vi scorreva un ramo del Serchio); *Lunadèr* (Anzano, Vitt. Veneto TV).

lŭtum 'fango': *Loto* (Terranova Bracciolini AR), *I Lotacci* (Lucignano AR), *Borro di Loto*, ant. *Loto* (AR e

Civitella), (Castiglione della Pescaia GR) sec. XII, divenuto *Badiola al Fango*; *Loto* (S. Casciano dei Bagni SI) (con sorgenti rinomate per i fanghi); *Lutella* (Vèroli FR, Monte S. Giovanni FR), *Luto* (Ascrèa RI).

maceries -a: (abr. *macere* 'mucchio di pietre') *Macèa* e *Macìa* frequente in Toscana; *Macioli* (Pratolino, Vaglia FI), *Macerata* (Luco, Borgo S. Lor.), *Macereto* (Bùcine AR e Tavernelle); *Macera* (Stazzema LU), *Macèa* (Borgo a Mozzano LU), *Magera* (Capricchia Garf. LU), *Macìa* (Saltocchio LU), *Maceréto* (Sovicille SI), *Macìa* (Gaiole SI); *Macèa* (frequente nell'Umbria). Anche *Macerata* (Marche) [nome medievale; originariamente la città era divisa dalla località *Poggio San Giuliano*]; *Masiera -ón* (VI), *Masarole* (S. Giacomo TV), *Masaròlis* (UD), *Masaréi* (Fadalto Vitt. V. TV), *Masaré* (Alleghe BL), ('mucchio di sassi'); *Maseris* frequente in Friuli; *Costa Masere* (Sassello SV), *Macereto* (Vernazza SP) (lig. *maxea* 'muretto di sostegno in pietra a secco'), *Macerie* (Segni Roma) ('ruderi murari'), *Macerone* (frequente nel Lazio) ('muri a secco'), *Macera* (Orsomarso CS; Mongiana CZ), cfr. cal. *macera* 'muro a secco', *Macèra* (Canzano TE).

macies 'terreno sterile' 'scarsezza d'acqua': *Macciòla* (Macchie, Vecchiano PI), *Permaccia*? (Borgo a Mozzano LU), *Col di Maccione* (Vico, Bagni di LU), *Màccia*, *Macioli* (LU); *Mazzé* (S. Giovanni Lupatoto VR) = ant. *Macei*; *Mazzera* (Tarzo TV).

magida 'madia': *Màida* (CZ) = sec. XIII Μάγιδα; *Màida* (Santa Cristina, RC), qui nel senso di 'bacino'.

mammula 'poppa di donna', 'mammellone', 'collina': *Màmmola* (RC); cfr. pectus.

marca 'zona di confine': *la Marca* (Cavallaro, Laghi VI), *Marche* (Tretto VI e Povegliano TV); *Marcadór* (Mel BL) (?); *Marca* (Borbona RI), *Marchelletta* (Gallinaro FR), *Marchetta* (RI) ('zona di confine'); *La Marchesa* (TE), *Marcone* (TE), *Marcaccione* (Valle S. Giovanni TE).

marmor 'marmo': *Marmo* (Acquaviva Montepulciano), *Marmoraia* (Càsole d'Elsa SI) = a. 1047 *Marmoraria*; *Marmoreto* (Pratovecchio AR); *Marmello* (Sovana GR), *Marmaio* (Volterra PI), *Marmolaio* (Rosignano LI); *la Marmurìa* (Mezzane VR) = a. 1213 *Marmoria*; *Marmolari* (Pove VI); *la Marmolada* noto ghiacciaio (BL) < marmorāta; *Marmo* (Canelli, Asti e Massiola NO), *Màrmora* (CU) e *Ponte Màrmora* (< dimin. marmŭla); *Marmoriti* (Passerano e Aramengo, Asti).

massa 'fondo, podere' 'masseria': *Massa* (Ponte agli Stolli Figline FI), *Massa* (Incisa FI), *Massa* (Garfagnana LU); *Massa* e *Massa Marittima* (GR) = a. 738; *Massalucchio* (Cerreto, Borgo a Mozzano LU); *Massa* (Cesena), *Massa Fiscaglia* (FE), *Massa Finalese* (MO), *Massa Lombarda* (RA), *Massa* (Castiglione in Teverina, VT) ('vasto territorio costituito da molti fondi rustici'), *Massa* (Papasidero, Mormanno, Nocera CS).

masso: *Masso*, *Massi* assai comuni; *Monte Masso* (Bagno a Ripoli FI); forse *Massa* (pl. neutro?) in qualche caso; *Massoni* (Vaglia), *Massicaia* mt. (S. Godenzo FI), *Masseto* (Castel San Niccolò); *I Massi* (Guardistallo PI), *Massaccio* (Rosignano LI), *Massellone* punta (Campo nell'Elba LI), *Massoncello* (Piombino LI), *Montemassi* (Roccastrada GR).

materies -a 'materia', 'legno': *Matteraia* (Vicchio FI) < *mater(i)aria onde anche *Matraia* (Partino, Palaia PI), *Matraia* (Capannori LU), *Matraie* (Véneri Pescia PT), *Matrale* (Vitiana, Coreglia LU), *Materrata* (Stazzema LU), *Matèra* (Cetona SI), *Materaia* (GR), *Materaio* (Cingiano GR); *Matrara* (FE) (ricorda la lavorazione del legname), anche *Madrara* in Romagna; ant. *Materara* a. 1153 che forse non si trova nel Veneto e può corrispondere a *Marrara* (FE) [è comune il significato di 'legname'].

meātus 'passaggio': ant. *Fonte Amiata* (S. Casciano Val di Pesa FI) a. 1082; *Meati* (LU) = *Amiate* a. 970; *Amiata* (Massa Pisana LU); *Monte Amiata* (al confine tra SI e GR), cioè *ad meāta.

mensa: *mesa -ora* freq. nella regione apuana 'piccolo spazio di terreno tra due grotte', *Mesa* (Vagli di Sopra Garf. LU), *Mésore* (Stazzema LU); *la Mesa* monte (Rivoli VR); *Mesa* (Pontevico BS) ('tavolato' 'terrazza', 'terreno piatto e innalzato').

mensula 'tavola': *Mésola* ant. (Montalcino SI), *Montemensale* (Elba LI); *Mésola* (Mezzogoro FE); *Mésole*, *Mesòrs* (Memmo BS); *Mìsula* (Strongoli CZ) (cfr. cal. *mìsula* 'pezzo di terreno alluvionale'); *Montemésola* (TA), *Mésola* (S. Cassiano LE) 'isola tra due fiumi'; comune anche nelle Dolomiti: *Mésola* (M. Marmolada BL); *Mensorella* (Civitella del Tronto TE), *Mésole* (Crespadoro VI), mensāle 'tovaglia da tavola': *Mesale* (Bruzzano, RC).

meridies 'esposto a mezzogiorno', 'soleggiato': *Merizzo* (Vico, Bagni di LU), *Merizzacchio* (Motrone, Pescaglia LU), *Merizzacchia* (Rontano Garf. LU); *Merìch* freq. nelle Dolomiti.

mēta 'catasta' 'metato': *Metata* (S. Gaudenzio Certaldo FI), *Metaleto* (Poppi AR), *Metra* (Capricchia Garf. LU) < mētŭla; *Metaia* (Soraggio Garf. LU); *Meta* (Picinisco FR) 'pagliaio'; *Meda* (Negràr VR), *Mea* (Affi VR), *Médole* (PD); *Meolo* (VE); *Medìl* (BL) ('stollo del pagliaio'); *Meda* (MI), *Meda-lunga* (Materone CO), *Mede* (PV).

modju 'moggio' forse con traslato geografico: *Moio* (Sellia Mar. CZ), *Pian di Moio* (CS), *Moju* (Sinopoli RC).

miranda (b. lat.) 'specola': ant. *Miranda* (Val di Cècina), *Miràndola* (Vicchio FI), *Miràndola* (Strada, Greve FI), *Miràndola* (MO), *Miràndola* (Lazise VR).

mŏla 'macina da mulino': *Mola* (Valbondione BG), *la Mola di Casale* (Valcuvia VA), *Mololta* (Pertusio Grigna TO) (?); *Mola* (frequente nel Lazio), *Molaccia* (Lazio) ('molino'); anche in Sicilia *a Mola* (Modica, RG), accanto a *Mulina* (Comiso).

mons – monte: *Monte*, *-i*, *-icello* frequente ovunque; *Sammonti* (Strove, Monteriggioni SI) (sub-), *Tramonte* (Cascia, Reggello FI), *Tramonti* (Vicchio FI), *Tramontone* (Pontassieve FI), *Il Montaccio* (AR), *Montale Pistoiese* (FI), *Montaletto* (Casalguidi, Serr. Pist. PT), *Montecchio* (Sarna, Chiusi in Casentino AR); *Monzone* (S. Miniato PI) ant. *Montione*; *Montale* (Bagni di LU), *Monzone* (Borsigliana Garf. LU), *Moncione* (Campo dell'Elba LI), *Monticchia* (Sarteano SI), *Montioni* (Sovicille SI), *Capodimonte* (Sassetta LI), *Poggiomonti* (Pomarance PI); *Mospigolo* (Prun VR), *Sammonte* (Illasi VR), *Semonte* (S. Pietro Inc. VR) = *Summo-*; *Sovramonte* (BL), *Trasmonte* (Cologna VR), *Tramonti* (PN); *Cismón* (Bassano VI) a. 1275 *Cismono*; e anche *Cismontium* ant.; *Semonzo* (Borso TV) = a. 1085 *Semoncio*. Anche in Sicilia compare *montione*: *'u Munzuni* (Mascalucia CT); *Montale* Celli (Costa Vescov. AL), *Montalero* (Cerrina AL) < montalis forse 'situato su una strada in salita'; *Montariolo* (Alluvioni AL).

motta[1] 'frana' (< movita): *Motta* freq. in Valdarno e Mugello, *La Motta* (Fucecchio FI), *Motticcia* (Borgo a Mozzano LU), *Mòtta* poggio (GR) (?).

motta[2] 'elevazione del terreno' (preromano) 'cumulo di terra' (preromano da *mutt- 'sporgenza'), frequente nel Delta padano; *Motta* (Arenzano GE), *Casa Mottona* (SV), *Motta Montecorvino* (FG); *Motta* più luoghi nel Veneto, *Mottella* (Valeggio VE), *Mottón* (VI), *Mottarelle* (Villa Estense PD), *Mottarone* (NO), *Mòttolo* (Vo' PD); *Mòttola* (TA) 'altura'; anche in Sicilia *a Motta* (CA, RG) *a Mutaddisa* (Acireale CT). Qui forse anche *Modena* da Mutina (etrusco?).

orum -ŭlus, ora 'margine': *Orlo* torrente (Montaione FI), forse *Urlari* (Montaione), *Montorli* (spartiacque nella Val di Lima), *Montorlo* (Casàtico Garf. LU), *Urlari* e *Urlarino* (Ripabella PI); *Ora* (Negràr VR), *Orella* (Cordignano TV).

ostentum 'specola' o 'apparizione miracolosa': *Bello-*

stento (Massa, Incisa FI) ('luogo ove si gode una bella vista'), *Bellostento* (Strada, Greve FI), *Stenta* (Pontassieve FI), *Stento* (S. Luce PI), *Botro dello Stento* (Guardistallo, PI), *Pàstina dello Stento* (Bibbona LI), *Val di Stenti* (Castiglione d'Orcia SI), *Gli Stenti* (Cinigiano GR).

pabulum 'pascolo': *Frappòla* (Soraggio Garf. LU) ('campo a coltura e pascoli') da infra pabula; *-one* > *Pacchione* (Atri TE)?, *Piano Pavone* (TE); *Paola* (CS) = sec. XVI *Paula* e *Pàvula* < terra pabula 'terreno da pascolo'.

pagina: *Le Pànie* monti delle Alpi Apuane, cfr. it. *pània*.

pala 'pala' e 'pendio prativo' (di origine latina, non preromana): *Pale* comune nell'area alpina, specie orientale; *Palón* (M. Grappa VI), *Paloni* (Caprino VR); *Pale di S. Martino* (TN), *Pala* (Ampezzo UD); *Palara* (VT, Amatrice RI); *Pale* (Foligno).

palea 'paglia': *Pagliericcio* (Gattaia Chiusi in Casentino), *Pagliaio* (Lonnano, Pratovecchio AR), *Paglieto* (Chiusi SI), *Paglietta* (Torre LU), *Paglia* fiume (Radicofani SI) e *Pagliola* torrente suo affluente = *Pallia* nella Tab. Peut. (?), *Pagliaia* (Castelnuovo Berard. SI) = a. 1085 *Paliaia*; *Pagliarese* (ivi), *Pagliatelli* (Roccastrada GR), *Monte Pagliacce* (Campo nell'Elba LI); *Paiera*, Villa (Feltre BL), *Paiarole* (Caprino VR), *Paiarazzi* (Battaglia T. PD).

palus -ūde: *Padule* assai frequente; *Palure* (Montale Pist.), *Padolecchie* (Torrita SI), ant. *Padulecule* (Empoli e S. Miniato PI) a. 991, *Padolette* (Montevarchi); *Padula* (Vitoio e Casàtico LU), *Padulella* (Elba LI), *Acqua Padula* (Rosignano LI); *Palù* frequente nel Veneto e *Palùch* (Cismon TV), *Paluello* (PD); *Palùi* (Mezzane VR), *Paludèa* (Castelnuovo UD), *Paneveggio* (TN), 'palude vecchia' ant. *paluuege*; *Padule* (Sarzana SP), *Padule* (Ameglia SP), *Monte Padulo* (SP), *Palughetto* (Bassano VI), *Palugara* (Cologna VR), *Paludi* (Atri TE),

Padulicchio (Crognaleto TE); in Sicilia *Palu* (Militello CT e Bronte CT) (dal Nominativo!), *Padùla* (Barletta-Trani), *Le Padùle* (Terlizzi BA); *Padùla* (Cortino TE); *Padula* (SA).

paries -ete ('terreno o roccia che scende a picco'): *Parete -i, -èlla, -one* molti luoghi in Toscana; *Parétola* (Sillano Garf. LU).

pascuum 'pascolo': *Pasquo -i* (Garfagnana frequente), *Pasqueglio* (Verni, Sillico Garf. LU), *Pasquiglio* (Coreglia A. LU) *Pasquigliora* (Tórrite Garf. LU), *Pasquetto* (Ceserana Garf. LU); *Pasquaro* (Roncà VR); *Paspardo* (Cimbergo BS) = *Pasquartum* sec. XI, *Pascardo* a. 1123 ('pascolo arido'); *Fonte Pasquale* (Crognaleto TE); *Fonte Pasquina* (Cellino Attanasio TE).

pectus -ore 'petto' 'elevazione': *Rocca Pietore* (BL) presso la > *Pettorina* torrente; *Petto* (Castiglione, TE); *Pettorelle* (Amelia TR).

pede nel senso di 'parte inferiore': *Costa al Pié* (S. Giov. Valdarno FI), *Piedimonte* (Montefalcone, Castelfranco Sotto PI), *Piemonte* (fra il Monte Pisano e l'Arno); *Pedone* ant. (Camaiore LU) ('dalla larga base'); *Pedavena* (BL) (ai piedi del *M. Avéna*), *Pedecastello* (BL), *Pedetésina* (VI) 'sul fiume Tésina'; *Péol* (Mel BL), *Pédol* (Chies BL) < pĕdŭlus?

pedica -ĭculus (cfr. frl. *pécul* 'sommità, cima di colle' e agord. 'sentiero fatto di *pèke*, cioè orme'): *Pécol* (Longhere Vitt. Veneto TV), *i Pécoi* (Revine TV), *Pecòlo Curto* (Cavaso TV); *Pécol* (S. Tomaso BL); *Pecolét* (Primiero TN).

penta 'parte scoscesa del colle' (forse prelat.): *Penta* (Fisciano, SA), *Valle la Pentecchia* (Gravina, BA); *Pèntima*, *Péndeme*, *Péndova* (frequente nel Lazio) ('terreno in pendio').

pesco (italiano meridionale) 'roccia scoscesa' 'macigno':

Piesco (Andria BA), *Pescopagno* (PZ), *Pesco-costanzo* (Sulmona), *Pesco-lanciano* (CB), *Pesco-lamazza* (BN), *Pesco-rocchiano* (AQ), *Pesco-sansonesco* (PE), *Pesco-sòlido* (FR), *Pescassèroli* (Avezzano), ant. *Pesclo* (Troia); *Cozzo del Pesco* (Rossano CS), *Pesco* (Nocera Terinese CZ) dial. *piésku*. Da *pesclu < pessulu, anche *Peschio* (Lazio) 'rupe'; *Peschio* (Valle Castellana TE), a. 816 *pesclum*.

pětra: *Petraglia* (Barberino Mugello FI), *Lepretaia* (Poggiola AR), *Pietruccaia* (Lorenzana PI), *Petrucci* (Lari PI), *Petrischio* (Cortona AR) (cave di pietra), *Petroso* (Panicale); *Petraiolo* (Capannori LU), *Pietrétola* (Casàtico Garf.), *Perdétola* (Minucciano Garf. LU); *Pietrella* (Cetona SI); *Prea*, *Pria* frequente nel Veneto; *Val di Piera* (Alpago BL), *Peralba* (Comèlico BL), *Pederobba* (TV) = a. 1262 *Petraroyba*, *Pera-*; *Perón* (Follina TV e Sedico BL), *Predare* (Montecchia VR) < *petrarium 'massa di sassi', *Petretto* (Ospedaletto TN); *Parèch* (Agordo BL) = ant. *Pedredo*; *Peraròlo* (BL) 'terreno sassoso' 'mucchio di pietre'; *Petrìtoli* (AP < petrētum + *-ŭli*; *Petraro* (Ostuni), *Petrarolo* (Carovigno); *Fonte Pretella* (Castellalto TE), *Pitrara* (Avola SR) 'cava di pietre'; *Pitrera* (RG); *Pitrusa* (Bronte CT).

pĭnna: *Penna* ant. (Chiusi Casentino), *Penna* e *Pennuccia* (Laterina AR), *Monte Penna* (LU), *Soppenna* (Gallicano Garf. LU), *Pénnora* (Fiattone Garf. LU); *Poggia alla Penna* (Manciano GR); *Penna S. Giovanni* (MC), forse *Pennabilli* (PS) cfr. latino dial. pĭnnus 'acuto', forse dal sostrato, cfr. sp. *peña* 'roccia'.

piscaria 'mercato di pesce': *Pescara* (Paolo Diac. *Piscaria*) nome della città e del corso inferiore del fiume; *Pescara* (Rosarno RC).

piš- (*pisciare*) 'rigagnolo e cascatella': *Montagna del Pis* (Macello Pinerolo TO); *Sorapìs* (Dolomiti), *Pisadù* (VI); *Rio Piscia* (Montegrosso IM), *Rio della Pissa* (Armo IM), *Casa Pisciarella* (Bormida SV), *Casa dela Pìssula* (SV), (lig. *pisa* 'cascatella' e 'sorgente con acque sgorganti'); *Pisciarello*, *Pisciaro* freq. nel Lazio ('piccolo corso d'acqua'); *Pisciarelle* (Atri TE).

plaga ('striscia di terreno'): *Piàgola* (Carèggine Garf. LU), *Piegàio* (Pescaglia LU); ant. *Plagario* (forse Radicòfani SI) = *Pleg-* a. 1275-77 (e può essere facilmente *Piegaro* PG).

plagiu -a 'terreno in declivio': *Chiaźźa* (Bargecchia, Massarosa LU), *Spiaggi* (Pieve, Camaiore LU), *Piàggiola* (Castiglione Garf. LU); *Piaia* (S. Tomaso BL), *Piaz* < *Piaiàz* (Vallada BL); *Piaggia* (Brignalta CU), *Pièa* (Asti), *Piai* (Brozolo TO); *Monte Piaggia* (Follo SP), *Piaggia Scura* (Bardineto SV), *Chiaggia Lunga* (Roccavignale SV), *Casa Chiaggia* (Murialdo SV); *Fonte Plaja* (Civitacquana PE), *Plajarone* (Crognaleto TE), *Piagge* (Notaresco TE), *Praia a Mare* (CS), *Praja* (Grisolia CS, Nocera Terinese, Zambrone CZ), cal. *praia* 'piaggia' < plagia (gr. τὰ πλάγια, cfr. fr. *plage*); *Plaione* ant. (Terlizzi), *Le Chiasce* (Acquaviva BA).

planities 'luogo in pianura': *Pianézze* (Marostica VI e Segusino TV), *Pianézze* (Arcugnano VI), *Pianezze* (S. Tomaso BL).

podiu 'elevazione, rialzo, colle': *Pòggio -etto* molto comune in Toscana; *Trapoggio* (Castel S. Niccolò AR), *Poggiale* (Troghi, Rignano FI), *Poggiale* (Poggio a Cajano, Carmignano FI), *Alle Pòggiare* (Capannori LU), *Pogginone* (Volterra PI), *Poggialino* (Asciano SI); *Poggio Rusco* (MN); *Poggio ad Agnano* (Cellino Attanasio TE), *Poggio delle Rose* (Cermignano TE). Da podiŏlum > *Poźźolo* (Barbarano VI).

plumbum 'piombo': *Piombino Dese* (PD) (dovuto a qualità del terreno?), *i Piombini* (Brendola VI), *Piombà*, *Piombarola* (Baone PD), *Pimbola* (Cervarese PD), ant. *Plumbiolis de-* (PD) = sec. XIII; *Torrente Piomba* (Cellino Attanasio TE), *Capo di Piomba* (Cermignano TE) = *in fluvium qui dicitur Plomba*, a. 1324 *Plumma*; *Piombino* (LI).

post: *Pos-colle* (UD), *Pescòlle* (Cison TV), *Pescosta* (Falcade BL), comune nelle Dolomiti; *Po-castello* (Magré VI), *Possoligo* (Vigo BL), *Pomagagnón* (Cortina d'Amp. BL), *Po-pera* (Cadore BL) [-petra].

pratum: *Prato Carnico* (UD) = a. 1300 *Prato de Carnea*; *Praturlone* (Fiume Ven. PN), *Pravisdomini* (PN = '*prato del Vicedomino*'), *Prelo* (Spotorno SV), *Praetto* (Erli SV), *Pré* (GE) (<= prati), *Prau* (Alassio SV); *Pratalia* ant. (Camerino MC), con *-alia*: *Fonte Prataglie* (Penna S. Andrea TE), *Praglia* (PD); *Praia* (Grottasecca CU), *Praie* (Ormea CU); con *-ora*: *Pratura Grande* (Canzano TE); *Pratolino* (Vaglia FI), *Prato* (FI).

progno (nel Veronese 'vari torrentelli col letto ingombro di ciottoli'): *Progno di Àvesa* (Mezzane VR), *Selva di Progno* (VR) (non di origine cimbra!!), *i Progni* (Lavagno VR), *Prognetta* (Pescantina VR), *Prognolo* molti luoghi: *le Prognàre* (Illasi VR).

quadrum, quadra: *Caralte* (Cadore, BL), *Carón* (Pinidello Vitt. Veneto TV) = a. 1185 *Carone*; *Squadrone* (Piove PD); *Quara -e -oni* (VR), *Chiere* (Telve Valsug. TN) < *quaire* < quadrae (?); *Quaere* (Valsugana TN); *Caramagna* (Saluzzo CN) < quadra magna, come *Cara-mezzana* (Mosso di Biella VC).

quadrātum 'centuria quadrata dell'agro romano': *Lama Quarato* (Corato BA), *Corato* (BA), *Quatrone* (Spinazzola BA); forse *Carrè* (Thiene VI) = a. 1000 *Carrade*.

quadratio -ōne: 'un quadrato come tracciato' (deverbale di quadrāre): *Quadraccione* (Cellino Attan. TE).

quadratōrium ('quarta parte di un terreno'): *Carturo* (Piazzola PD) = a. 1114 *Carturo*, *Cartorio -urio* e vicino *Carturetto*; *Cartura* (PD), *Costa Cartura* (VI e TN).

quartārium 'misura agraria' (o 'ager. qui ad *quartam*

partem tenetur'): *Quartaio* (Leccio, Reggello FI), *Quartaia* (Colle d'Elsa SI), ant. *Quartaio* a. 1115, 1118; *Quartara* (NO), *Quartera* (Cereseta AL).

ramus ('canale secondario', 'braccio di fiume'): *Ramo* freq. a VE riferito a canali; *Ramalta* (RO) a. 1316; *Ramo-di-Po* (Lendinara RO), *Ramelli* (Valeggio VR), *Ramedello* (Cento FE), *Remedello* (BS) ('diramazione, specie di fiume'), *Ramón* (Tezze TN); *Ramàt* (Chiomonte TO), *Ramàta* rivo (Virle Pinerolo TO), *Ramello* (Casabianca NO).

regula 'linea di confine': *Reglia* frequente in Valdichiana (AR) (anche 'gora, canale').

rīpa 'riva': *Ripa* frequente in Toscana; *Ripalta*, *Sorripa* (Quorle, Poppi AR), *Campo Ripano* (Cireglio PT), *Monteripoli* (Cavriglia AR) = *Monte Ripuli* a. 1070, *Ripoli* (Cascina PI), *Bagno a R.* (FI), *Sorrìpoli* (Montespèrtoli FI), *Ripafratta* (S. Giuliano Terme PI), *I Ripacci* (S. Fiora GR), *Ripaccia* (Piancastagnaio SI), *Ripaia* (Volterra PI), *Riva* freq. nel Veneto; *Riba*, *Ribis* (Friuli), *Rivaggi* (Breonio VR), *Rivaro* (Arsiero VI), *Riviera* frequente nel Veneto; *Riparia Dora-* e *Rivarolo Canavese*, *Rivara* (TO) < *riparium; *Ripa Grande* (Penna S. Andrea TE), *Fonte Ripa* (Cermignano TE), *Le Ripe* (Castellalto TE).

ri(v)us 'ruscello' 'torrente': *Rio* molto comune in Toscana; *Antrivo* (Val di Tora), *Antrìa* (AR), *Terrìo* (AR), *Trarìo* (Pergo, Cortona, AR), *Rigo* (Monte S. Savino AR), *Rìgoli* (Loro Ciuffenna AR), *Rìgoli* (S. Giuliano PI), *Rigoleto* (Campolémisi Garf. LU), *Rigocchio* (Roccastrada GR) < rivuculu; *Botro del Rione* (Massa Mar. GR); *Rivo* e *Rif* (Agordo BL), *Ri* (Affi VR), *Rito* (Mizzole VR) a. 1209, *Val del Rite* (Cibiana BL); *Rimenór* (Vigasio VR) = a. 1217 *Rido Minore*; *Ri-alto* (VE); *Riello*, *Rivelìn* (VI, VR), *Ridello* ant. a. 1148 (Boione PD); *Riale* (Caprile VC), *Rial-Mosso* (Quittengo VC) (*riale* < rivālis 'rivo'); *Tramberìgori* (PC) (< intra ambos rivulos); *Rio Canale* (Castellalto TE) tautologico.

*rogius (arrugia) cfr. bellunese *rui* 'rivolo, canaletto' e *roia* 'roggia': *Róza*, *Roia* frequente nel Veneto; forse *Rosà* (Bassano VI), *Rosade* (Pagnacco UD) (?) < rugiatae; *Rui* (Osigo Fregona TV), *Rugiòl* (Vittorio Veneto TV), ant. *Ruia granda* (Castel S. Martino Vitt. Ven. TV) a. 1546.

ronco (runcāre 'mettere a cultura'): *Ronco, Ronchi* frequente *Roncaccio* (Montecatini PT), *Roncacci* (Piteccio PT), *Ronconi* e *Selva R.* (Montepulciano SI), *Roncuccio* (Vaglia FI), *Roncolino* (Pontassieve FI), *Roncali* (Buti PI); *Alle Ròncole* (S. Romano Garf. LU), *Roncagliana* (Barga LU), *Roncato* (Borgo a Mozzano LU), *Roncella* (Volterra PI); *Ronchéi* (Cologna VR), *Ronchessoi* (Fumane VR), *Roncón* (PD), *Ronconi* (Breonio VR), *Caracoi* (Rocca P. BL) = ant. *Corachono*, *Colronchono*; *Ronco Scrivia* (GE), *Roncagliolo* (Bardineto SV), *Roncagli* (Diano S. Pietro IM) (con *-alia*), *Ronchetto* e *Roncazzi* (Rezzoaglio GE); *Roncaglia* (Pecorara PC), *Roncaglia* (Casale Monferrato AL); *Ronca*, *Roncale*, *Roncone*, *Ronci* (frequenti nel Lazio) ('terreno scassato e divelto da mettersi a coltura').

rupes -ina: Rupino (S. Godenzo FI), *Rupinato* (Restone Figline FI) = a. 1085 *Ropinata*;? *Rubbicola* (Cogna Garf. LU), cfr. *rupinoso* 'dirupato'; *Rupinate* ant. (Val di Chiana AR).

rŭpta > *rotta*: *la Rotta* molti luoghi ad es. *Vo de Rotta* (Lonigo VI) a. 1544 *Rotta-nova* (Cavarzere PD); ant. *Derrota* (Montorio VR) a. 1214.

ruina: ant. *Ruina* (S. Giorgio VR), *Ruine* a. 1224 e 1213; *Ruina del Tezzón* (Abano PD); *Val Rovina* (Bassano VI) (dai disastri naturali che vi causarono grandi rovine), *Rovina* (PD) si affianca a via *Rudena* (da *rudena* 'calcinacci, ruderi'), *Rovinazzo* (Vazzola TV), forse *Revine* (TV).

sabulum 'sabbia': ant. *Campo Sabuli* (Massa Pisana, LU), *Sabbieto* (Coreglia A. LU), ant. *Rivo Sabuli* a. 1074

(Populonia GR), *Sabule* (Asciano SI) ant. a. 1024; *Sabbionante* (dosso Chiesanuova VR), *Savalón* (Grisignano e Tretto Schio VI); *Savalóns* (Mereto di Tomba) a. 1290 in *Savalons*; *Sabbioneta* (MN).

saccus 'insenatura', 'via senza uscita': *Sacco* (Torrebelvicino VI), *Piove di Sacco* (PD), *Saccolongo* (PD), *Sacco* (Cogollo VR), *La Sacca* (VE), *le Sacchette* (Cervarese PD), *Sàccole* (Grezzana VR), *Saccón* (Trichiana BL), *Sacchét* (Vallada BL), *Sacile* (PN) = a. 1150 *Sacilo*; *Saccaro* (Ronco VR).

saepes: *Siepe -i*, assai frequente; *Siepi* (Castellina in Chianti SI), *Il Sepale* (Brollo Figline FI), ant. *Sepale* (Poggibonsi SI) a. 1120; *Sivigli* (Borgo a Mozzano LU), *Sceponi* (Tramonte LU), *Sièvoli* (Pescaglia LU) < saepulae; *Sepulicchia* (Fosciàndora Garf. LU), *Scepato* (Tòrrite Garf. LU), *Le Sièpole* (S. Casciano dei Bagni SI); *Sieve* monte (Arquà, PD).

saltus 'bosco', 'bosco da pascolo' anche 'podere': *Salto* (Pulicciano, Borgo S. Lorenzo FI), *Saltecchio* (Gracciano Montepulciano) (è un podere), *Salticchio* (Strada, Castiglione del Lago PG), *Saltino* (Reggello FI); *Saltello* (Barga LU), *Saltocchio* (LU), *Pieve a Salti* (S. Giovanni d'Asso SI), *Poggio Salto* (Pienza SI), *Il Salto* (Manciano GR), forse *Salta* ant. (Castelnuovo Berardenga SI); *Saltara* (PS); *Salto, Salt* frequente nel Veneto; *Saltèl* (Torri VR), *Saltoi* (S. Gregorio BL), *Saltare* strada (Este PD), *Saltarèi* (Fadalto TV).

sappellus 'inciampo', 'gradino' 'sentiero a orme': *Sapellu* e *Saper* (Pigna IM) ('gradino di roccia piuttosto alto').

saxum: *Il Sasso* (Bagno a Ripoli FI), *La Sassa* (Castiglion Fiorentino); *Montesassi* (Vicchio FI), *Sassèllo* (ivi), ant. *Sassello* (AR) a. 1115; *Sassatello, Poggio-* (Fauglia PI), *Sassina* e *Sassa* (Poggibonsi SI), *Sassuolo* (Borgo S. Lorenzo FI), *Sassaia* (Puliciano AR); *Sassina* (Ripafratta S. Giul. e Casciana PI), *Sasseto* (Coreglia A. LU), *Sasseta*

(Camporgiano Garf. LU), *Sasso d'Ombrone* (Cinigiano GR), *Sassetto* (Bibbona LI), *Sassa* (Montecatini V. Cec. PI), *Sassetta* (LI), *Sassicaia* (Castagneto LI); *Sassói* (S. Lucia TV) (< -oni), *Sassàro* (Sarego VI); *Col-sassè* (Valdobbiadene TV) < saxētum; *la Sassina* (Prun VR); *Sassara* (frequente nel Lazio) ('luogo ciottoloso', 'picco acuto' 'viottolo ingombro di frammenti di roccia').

scala 'conformazione del suolo a scala': *Borgo della Scala* (Chianciano SI), *Le Scalette* (Quarrata Tizzana PT), *Allo Scalocchio* (Vitiana Coreglia LU), *Scalera* (Giuncugnano Garf. LU), *Scalìa* (Castelnuovo Berard. SI), *Montescalocchi* (Radicondoli SI); *Pede-scala* (Rotzo VI), *le Scalelle* (Vestenanova VR); *Passo dele Scaline* (Selva Progno VR); *Scalamussa* (Tarzo TV); *a Scala* (Caltagirone, Noto SR), *Scaletta* (Scicli RG), *u Scalanazzu* (Modica RG) ('via a scalini').

scamnum 'scanno' (dalla conformazione del terreno): *Poggio di Scanno* (Antria AR), *Scranna* (Salutìo Castel Focognano AR), ant. *Scana* (S. Casc. val di Pesa FI) a. 1267; *Scanicchi* (Castelnuovo Cavriglia AR); *Scanello* (Loiano BO); *Scagnèllo*, *Scannèlla* (S. Quirico d'Orcia SI), *Scanno* (AQ); *Scanni* (Amatrice RI) ('spazio di terra tra due fosse'); 'banco di rena': *Scanello* (laguna a VE), *Valle Scagna* (Delta padano); *Scano* (Goro FE).

scapulae col valore geomorfico di 'dorsum montis': > *Villa Scàpoli* (Notaresco TE), *Scàpoli* (IS).

sella ('scrimolo del monte'): *Foce di Sella*, *Passo di Sella* nelle Alpi Apuane e nell'Appennino; *Valle di Sella* (Valsugana TN), *Selle* (Selva di Progno VR); *Monte Sella* (Dolomiti); *Sella* (Tavigliano VC), *Sellette* (Pontechianale CN); *le Selle* (Pigna IM), *Sella di Bavari* (GE), *Monte Sella* (Montoggio GE) ('una depressione della linea di cresta'); *Sella* (Cori LT) ('valico a forma di lieve insenatura').

serra 'sega', 'cresta di monte seghettata', 'monte': *Serra* freq. in Toscana; *Altasèrra* e *Serralta*, *Serraccia*

(Càsole d'Elsa SI), *Serèlle* (Barberino d'Elsa) = *Serille* a. 998; *Serilli* (S. Quirico Verno FI), *Serróne* (Chitignano AR), *Serraia* (Villa di Baggio PT); *Serre* (Capannori LU), *Posserra* (Borgo a Mozzano LU) (< post), *Sèrlia* (ivi), *Sierli* (Fibbialla, Villabasilica LU) < serrulae; *Serla* (Albiano Garf. LU); *Serraiola* (Massa Marittima GR), *Serriciòlo* (Montieri GR); *Serralta* (Castiglione della Pescaia GR); *Serralunga* (GE), *Monte Serra* (Framura SP), *Serra della Gatta* (Airole IM), *Serra* (Lerici SP); *Serauta* (Marmolada BL); *Serra* (Asti, AL) ('catena di monti dentellata'); *Serra* (FR, Roma, RI, LT) ('cime montuose'); *Serróne* (FR) (dai monti che fanno corona al paese); *Serra* (Corato BA), *Serralonga* (Monte Milone PZ), *Serra-capriola* (FG), *Sierritella* (Spinazzola BA); anche m.: *I Serri* (Turi BA).

sĭlex -ĭce (spesso con riferimento a 'strade lastricate'): *Sélice* Mt. S. Savino = a. 1040 *Silice*; *Selciaia* (S. Albino Montepulciano SI), *S. Bartolomeo in Silice* (LU), *Selce* (S. Fiora GR), *Via dei Selci* (Volterra PI); *Conselice* ant. Caput Silicis (RA) = ('termine della via lastricata'), *Salgheta* (ant. *Selegata*) (FE); *Monsèlice* (PD) = ant. *Monte Silicis*; *Vadum Silicis* (PD) che fu il vecchio nome di "Prato della Valle" (a. 1079); forse *Malcesine* (VR) = a. 1169-1193 *Malasilice*, a. 1145 *Malasicine*, 1202 *Malseseni* ('cattiva strada selciata'); *Selciata* (freq. nel Lazio) (strada, pietra per pavimentazione).

solium 'rialzo di terreno': *Soleggio* (Tretto VI e Lugo e Forni VI), *Soi* (Posina VI), *Suoi* (Pieve Soligo TV), *Soggioli* (Schio VI).

spelu(n)ca: *Speloncа* (LU); *Spronca* (Sillano Garf. LU); *Spelonga* (Arquata del Tronto AP) anche *Aspelonga* ('grotta che serve da abitazione'); *Spelunga* (Lusiana VI), *Spluge* ant. (Cavaion VR) sec. XIII; *Sparùgola* (Orgiano VI), *Spruga* (Schio VI); *Spionca*, *Vaio-* (Grezzana VR); *Spluga* ant. (Isolato SO), *M. Spluga* (Lago di Mezzola CO); *Spluca* (Crognaleto TE), *Sperlonga* sec. XVI e XVII, *Sperlinga* ant. nome di Brancaleone (RC), *Sperlunga* (oggi contrada di Brancaleone), *Sperlinga* (EN), *Sperlonga* (LT).

spicŭlum (forse 'punta' 'angolo'): *Spicchio* (Castelluccio, Capolona AR), *Spicchio* (Vicolagna e Celle, Dicomano FI), *Spicchio* (Vinci), ant. *Spiclo* (Bibbiena AR) a. 1134; *Spicchiello* (Lari PI, Signa FI); *Spicchio* (Castiglione d'Orcia SI); *Mo-spìgolo* (Prun VR); *Spicchietto* (Campli TE).

sponda: *Sponda* (Cerro VR), *Spondeiola* (Breonio VR); *Le Soponde* (Val Biois BL).

stagnum: *Stagno* (vari luoghi in bassura o palude), *Stagno* (Pisa e Collesalvetti LI), *Stagno* (Montespèrtoli FI), *Stagnòlo* (Lastra a Signa FI), *Col di Stagna* (Bargecchia Garf. LU), < plurale *stagna*; *Stagnelli* (Pienza e S. Giovanni d'Asso SI), *Stagno* (Asciano SI), *Stagnone* (Capoliveri, Elba LI); *Bistagno* (AL, lungo la Bormida), *Bestagno* (Pontedassio IM), *Bestagno* (Sospello, Nizza), *Bestagnu* (Pigna SV) < bis (qui peggiorativo) e stagnum 'terreno molto acquitrinoso'.

sulcus 'solco': *Solca* (Sillano Garf.), *Trasolca* (Pescaglia LU), *Solcola* (Véneri, Pescia, PT), *Sorcino* (Palmata LU) = *Sulcini* a. 980; *Solcina* (Corfino Garf. LU); *Solco*, via del- (Valeggio VR), *Solchiello* (Arre PD) = a. 1164 *Solchedelli*.

tabula 'terreno pianeggiante': *Tàvola* (Prato FI), *Tavolaia* (S. Maria a Monte PI), *Tavella* (Panicale PG) < tabella; *Tavoleto* (Buonconvento SI); *Tàvole* (Baone PD), *Tavolera* (VR), Porto *Tolle* (RO), *Toleo* (Piazzola PD) = ant. *Tauledum*; *Toledo* (Zimella VR); *Tàvole* (Ponzano R. Roma), *Tavolaro* (Montalto di Castro VT), *Tavolara* (Spigno S. LT) ('terreno pianeggiante'); *Tavoliere delle Puglie* (< tabularium).

terra ('possesso', 'argine', 'città') *Tiera* (BL) e *Mezzaterra* (BL e Feltre) (via che attraversa la città antica); ant. *Terragneo* (Belfiore VR) a. 1217, *Tragno* (Brentonico TN), *Terrùggia* (Casale AL) < terrŭcula, come *Terruggia* (BS); *Tiricella* (Calci PI), *Terricciola* (PI), *Terrina* (Gattaia Vicchio FI), *Terruzze* (Marciano Bibbiena AR),

Terraio (Burchio Incisa FI e Castel Fiorentino); *Triccella* (Stazzema LU), *Trina* (Barga LU), *Trìgola* (Ponteccio Garf. LU); *Terraio* (Capannori LU), *Terraio* (Roccastrada GR); *Tiera* (oggi 'Via Casón' Vittorio Veneto TV); *Terranova di Pollino* (PZ); *Terraglio* (TE) 'terrapieno'; *Terricolo* (Torricella Sicura TE); *Tresinaro* torrente (RE) < *terricionaria da *terra ('torrente melmoso'); tĕrrŭla 'piccolo podere' e terrella, terricella > *Trecella* e *Fonte Trigella* (in Basilicata) e forse *Terlizzi* dial. *Terrizza* (BA) = a. 1241 *Terlitium*.

tĭtŭlus 'segno di confine', 'piccola basilica': *Teolo* (meglio *Téolo*) (PD) a. 983 *Titulo* (allude ad una colonna confinaria romana); *Tidolo* (Sospiro CR) ('chiesa dipendente dalla parrocchiale'); *Ticchiu* (Canolo Nuovo RC) attraverso *ticlus qui 'segno', *Tecchia* (molti luoghi in Lucchesia) < lucchese 'rupe': *Sopertecchia* (Minucciano Garf. LU) [v. anche § 97].

tramite: *Tràmite* (Borgo a Mozzano LU), *Tràmito* (Arsina LU) ('passaggio').

turbine > *tórmeno* 'cima o gruppo di monte in forma di cupola': *Tórmene*/*Tórmeno* (Mozzacane VR e Baone PD); *el Tórmen* (S. Stino VE), *Tórmine* (Tregnago VR); a. 1544 *Al Tórmen* (Arcugnano VI); *Tormenèt*/*Termenét* (UD); *I Tórmeni* e *Tormenón* (Valsugana TN); *Tórmeni* (Villafranca VR) = a. 861 *Turbinas*; *Tórmini* (Salò BS).

tumba 'elevazione', 'monte', 'dosso', 'prominenza di terreno': *Tomba -e* frequente nel Delta padano: *Tombone* (FE); frequente nel Veneto *M. Tomba* (TV), *Tombétta* (VR), *Tombelle* (Cerea VR), *Tómbolo* (Cittadella PD), pineta di *Tómbolo* (LI), *Tombe*, *Tombaiolo* (Dolcè VR), *Tombarìl* (Fadalto TV); *Tómbolo* (Montalto di Castro VT, Roma), *Tomoleto* (Fondi LT), *Tumoleto* (Cisterna) ('deposito sabbioso litoraneo').

ŭltra 'oltre': *Doltra* (Is. Scala VR); *Oltra* (Fonzaso BL), *Oltr'Agno* (Trissino VI), *Oltrardo* (BL) = a. 882 *Ultra Ardum*, *Oltra-fossa* (Abano PD), *Oltre-Rugo*

(Castelnuovo UD) ("oltre rivo"); *Oltris* (Ampezzo UD) = a. 1260 *Oltras*; *Oltre-fiume* (Baveno NO), *Oltre-Orba* (Capriate d'Orba AL), *Oltre-Soana* (Ponte Canav. TO); *Outrefer* (Donnaz AO), *Outre-Leve* (Valchiusella TO) (*l'eve* 'acqua').

umbra (forse il 'fianco settentr. o qualche parte meno alta del monte'): *Sombra* (*sub-*) (Vagli Garf. LU), *Ombraia -glia* (Vico, Bagni di LU), *Ombraio* (Borsigliana Garf. LU); *Ombra* strada (Torrebelvicino VI), ant. *Umbraria* (Tomba-, Chioggia VE) a. 1175; ant. *Ombriola* isola (VE) < umbrīvus; *Lombra* torrente (Limbiate MI) (?), *Malombra* (Malagnino CR) (vi era un folto di piante).

ŭnda 'onda' (ma con significato toponimico vario): *Londa* (FI) = a. 1028 *Unda*, *Londi* (Cardétole, Borgo S. Lorenzo); *Ridonda* (Fosciàndora Garf. LU), *Ondaio -glio*, *Rio-* (Pariana, Villabasilica LU), *Londa* (Valstagna VI, lungo il Brenta).

vadum 'guado', 'acqua bassa' 'palude' 'bassifondi': *Vado* (Strada, Castel S. Niccolò AR), *Vada* (Poggibonsi PI), *Vadarèllo* (Pratovecchio); *Guado* (Loro Ciuffenna AR), *Guado* (Cavriglia), *Guado* ant. (Castel Fiorentino) a. 1222; *Vado* (Camaiore LU), *Vada* (Rosignano LI), *Vadaccio* (Scansano GR), *Vadamorta* (oggi *Valle-morta*) (Capoliveri LU); *Vado* (Fossalta VE), *Vadalto* (Sacile PD), *Guà* fiume (Lonigo VI); *Vo'* (Malcesine VR), *Vado* (Vigasio VR), *Vò* (PD); *Vò* (Brendola VI); *Vada Sabatia*: ad Vada (Cicer.), Οὐάδα (Strab.) corrisponde a *Vado* (SV); *Dovàdola* (FO) = ant. *duo Vadora* (< *duo vadula* 'due guadi'); *Vado Arcone* (PE), *Vadicella* (Crognaleto TE), *Vadillo* (Fano Adriano TE), *Vado* (Roma, FR, VT, LT) ('angusto passaggio nella siepe', 'valico montano' 'guado'); *Vado Aperto* (ant. Carovigno, BR), *Badelli* (Monopoli) e forse *Badistella* o *Vaditella* (Molfetta BA) sec. XII-XIII; *Badolato* (CZ) 'guado largo'.

vallatum 'fossato o luogo protetto da un vallo': *Valà* (Pressana VR), *Vallà* (Forni VI), *Ballò* (Mirano VE) =

ant. *Ballato -ado*, a. 1309 *Valladum*; *Baledello* (ivi), *Vallaìn* (Bussolengo VR).

vallis: *Valle -i* frequente; *Travalle* (Vicchio FI), *Pietravalle* (S. Gimignano SI), *Vagli* (ivi), *Vaglia* (FI), *Le Vaglie* (Calci PI), *Valacchi* (Barber. d'Elsa FI), *Varcelli* (Pèccioli PI), *Vallecchio* (Castel Fiorentino), *Le Vàllore* (Colognole Collesalvetti LI), *Vallùcciole* (Stia AR), *Vallaia* (Palaia PI), *Vallàtico* (Vinci FI); *Convalli* ant. (Garfagnana), *Vagli* (Garfagnana); *La Valle* (BL), *Serra-valle* (Vitt. Ven. TV); *Savàl* (Quinzano VR) (*sub-* o *su a*?), *Valzella* (Puos BL), *Valléne* (Breonio VR), *Vallecchia* (Canzano TE) < vallĭcŭla, *Vallése* (Oppeano VR), *Vallés* passo (sopra Falcade BL); *Vallói* (Revine TV) [da *-oni*], *Vallone* (Basciano TE) ('burrone').

*valleus 'valloncello': *Vaio* torrente (alto VR), *Vaggio* (VI), *Vai-alto* (Grezzana VR), i *Vaggi* (Prun VR), *Vaggimàl* (ivi) (con malus), *Vallio* (Roncade TV), *Vaèl*, *Vaiolét* (Dolomiti di Fassa TN); *Vaiónt* (tra BL e PN di triste memoria); *Vaglio* (via di Andria BA), masseria di Locorotondo e com. PZ.

vannus 'capisteo' > *van/vant* 'specie di circo o catino roccioso': *Van* (Follina TV), *Van* (Fregona TV), *Van* comune nelle Dolomiti; *Vanàl* (Revine Vitt. Ven. TV), *Vanón* (Tovena TV), *Vanói* torr. (TN).

(a)vanzo 'ritaglio o dosso di terreno in luogo paludoso': *Vanzo* (Breonio VR e S. Pietro Vim. PD), i *Vanzi* (Longare VI), *Vanzella* (Santa Fior TV); ant. *Vanzariola* (canale di VE).

varco, valico = *Montevarchi* (AR) = a. 1079 *Monteguarco*; *Valico* frequente; *Valicaia* poggio (Val di Pesa FI); *Bàrico* (Pedona, Camaiore LU); *Barco* (Guardistallo PI), *Varco* (Trequanda e Cetona SI), *Valicone* (Roccalbegna GR), *Barco* (Sommacampagna VR e Parona VR); *Vargo* affluente del Cornio (PD) = ant. *fovea Vargi*; *Varchi* (Cellino Attanasio TE), *Valcatori* (Crognaleto TE).

vena 'vena d'acqua, sorgiva': ant. *Vena* (Romagnano VR) a. 1215, *Val Vena* (Forni VI), *Vena* canale (Chioggia VE) a. 1170, *Vena d'Oro* fonte (BL), *Vena* (Rialto SV); *Venarelle*, *Vénola* (Marzabotto BO); *Venàl* monte (Chies d'Alpago BL), *Venàs* (Cadore BL).

vĕntus: *Casa al Vento* e *Poggio al Vento* frequente in Toscana; ant. *Ventulini* (Bibbiena AR) a. 1051; *Cerventosa* (Pergo, Cortona AR), (< cerru ventosa), *Poggio ventoloso* (Banzena, Bibbiena AR), *La Ventosola* (Serravalle PT); *Ventolone* (Arquà Petr. PD).

verrūca 'rialzo del terreno': *Verruca* ant. (Gattaia Vicchio FI), *Verruca* (Vico Pisano), *Verruchino* ant. (Calci PI), *Verrùcola* (Seano, Carmignano FI), *Verrùcole* (Restone, Figline FI); *Verruca* ant. (Collodi, Pescia PT), *Verruchino* (Capannori LU), *Verrùcola* (Bagni di Lucca), *Verrucoletto* (Gorfigliano Garf. LU), *Verrucchia* (Canigiano Garf. LU), *Verrùcola* (Castellina Mar. PI), *Verucchio* (Rimini FO); *Verucchia* (Zocca MO); *Verrùa* (PV); *Verùgola/Varùgola*, Bosco dela- (Palazzolo VR); *Verrùa Savoia* (Chivasso TO) = a. 999 *Verucham* ('poggio').

villus 'suolo rivestito d'erba' (?): forse *Velo* (VR e VI) ant. *Vello* sec. XIII; *Vello* (Marano BS), *Velo* (nella Oltresarca TN) [ma l'origine è incerta].

volta 'curva di fiume o di strada': *Volta* freq. nel Veneto; *la Volt* (Sarmede TV); *Mal-olt* monte (Farra d'Alpago BL); *le Volte* (Follina TV), *Voltetta* (Fadalto TV), *Voltoline* (Sarego VI), *Volta-barozzo* (PD); *Voltarossa* (Montepagano = Roseto degli Abr. TE), *Rivolta della via* (Carpineto della Nora PE).

zoppa 'zolla' (ven.): *Zoppa* (Revine TV), *Zope* (Olar. e Anzano, Vittorio Veneto TV), *Zòppola* (PN) (?), *Zoppère* (Revine TV), *Zoppéo* (Camisano VI), *Zopo* (Tovena TV) = a. 829 *Zopeto*; *Zoppè di Cadore* (BL in Val di Zoldo) ant. *Zopedina* (Pesina di Caprino VR) a. 1212.

zucco 'poggio', 'altura tondeggiante' (cfr. il friulano

zucch. chiucch): *Zucco* (Artegna UD), *Zùccola* (Cividale UD), *Zùccolo* (Porcia PN); *Zucco* (S. Pietro in C. VR); *Borgo-Zucco* (PD), *i Zucchi* (Castelcerino Soave VR); *al Zucco* (Follina TV); *Zucco, Zuccone, Zucchei* (in Brianza, 'varie groppe collinose').

C) Toponimi di varia originazione

99. abbatia 'badia': *Abbadia San Salvatore* (SI); *Badia Calavena* (Tregnano VR), *Badia Polesine* (RO); *Batia/Badia* (Nicotera CZ, Rizziconi RC, Cosoleto RC), *Batia* (Calanna RC), *Abatia* (Capistrano CZ), *Abbatia* (Caraffa del Bianco RC), cal. *batìa* 'badia'.

altare (come *ara*): *L'Altare* (Vaglia FI; Peccioli PI), *Pian dell'Altare* (Ruota, Capannori LU), *Artale* (Cune Borgo a Mozzano e Pescia PT); *Altaretto* (Barga LU); *Altare* monte (Vitt. Veneto TV) (?); *Altare* (SV); altariolu 'tabernacolo' > *Triól de la cros* (Cencenighe BL), *Altarióll/Altaról* freq. nel Friuli occidentale.

alveus 'conca' 'pozzo' 'truogolo': *Albi* (Marano VR), *Arbi*, *Albioni* (Moruri di Mizzole VR), *Albi* (Arsiero VI), *Labbi* (Borso TV), *Pecol del Làip* (Revine TV); *Làip* freq. in Friuli; *Abbio/Labbio* (Val Sabbia BS) ('pozza d'acqua'), *Albiolo* (CO).

ancona 'nicchia', 'altarino': ant. *Lancona* (Borgo S. Lorenzo) a. 1138; *Fosso dell'Anconella* (Bagno a Ripoli FI), *Pede Ancona* (Trevenzuolo (VR) a. 1214; *Anconetta* (VI e BL), *Anconetto* (Grezzana VR), *Anconese* (Megliadino PD); *Cona* (Atri TE), *Conicella* (Atri), *Madonna della Cona* (TE) [v. anche cona § 98].

ara (utilizzato anche come confine): *Pian d'Ara* (Bagni di LU), *Col d'Ara* (Soraggio Garf. LU).

aqueductius: ant. *Avedocio* (Montorio VR) a. 1197-99; ant. *Acquadozo* (CR).

arca: *Arca* (Montevarchi), *Arca* (Staggiano AR), *Fontarca* (Montecchio, Cortona AR), *Camparche* (Città della Pieve, PG); *Arca* (Bardolino VR), *Arche* (Poiano VR), *Arcole* (S. Bonifacio VR), *Triàrcole* (Quinzano VR) < tres arcŭlae; *Arcella* (PD); *Arcumeggia* (Casalzuigno VA) forse < arca media.

arcus, arcuata 'fatta ad arco': *Sei-àrcole* (Porta S. Marco PT), ant. *Arcora* (FI) a. 1094; arcuatu (curvo): *Arquata* (S. Lorenzo delle Corti, Càscina PI), ant. *Arcoata* (FI) a. 1159, *Arcovata* a. 1192; *Arcaio -a* (Arsina LU), *Arcaiola* (Roggio Garf. LU), *Arquata* (Moriano LU) equivalente di flexus detto del Serchio; *Arcón* (Cerea VR), *Arcade* (TV) ('da arcate costruite come argine sul Piave'), *Àrcola* (Barcis PN); *Arquata del Tronto* (AP), *Arquà Petrarca* (PD), *Arquà Polesine*, *Arquata Scrivia* (AL) o anche *via dell'Arcovata* (FI) < it. ant. *arcovata* 'fila di archi di un acquedotto' (arcuata via o villa ecc.).

arula 'porcile', 'terra ammucchiata ai piedi dell'albero': *Forca dell'Àrola* (Castellalto TE).

attegia > *téʒa* 'tettoia' (ven.), 'fienile'; *Tezze* assai frequente nel Veneto e Trentino; *Tezzón* (Pozzonovo PD), *Tezzeto* (Malo VI), *Tezzola* (Chiesanuova VR), *Le Cede* (Valsugana TN) (da *tjeza* > *t-*> *č-* e l'interdentale); *Tesis* (Vivaro UD) = a. 1186 *Tesam* (?).

bal(i)neum 'bagno': *Birigno* (Quarata AR), *Berigno* (Monte S. Savino), *Berignolo* (Bibbiena AR) (cfr. aret. *baregno*, *birigno* 'lavatoio'); *Bagno -i* molto comune; *Bagnaccio* (Radda SI), *Bagnacci* (Palaia PI), *Bagnetto* (Calci PI), *Bagnòlo* (Montemurlo), *Bagnone* (Scarperia FI), *Bagnaia* (S. Firmina AR), *Bagnolo* (Tassignano, Capannori LU), *Bagnorello* (Suvereto LI), *Bagnaie* (Gaiole SI), *S. Casciano dei Bagni* (SI) (ant. Balnea Clusina); *Bagnole -oli* più luoghi nel Veneto; *Bagnara* (Gruaro VE), *Ponte Bagnarolo* (Galzignano PD); *Bagnòlo* (Saluzzo); *Bagnorea* (VT) ora *Bagnorégio* < balnea regia; *Bagnaia* (VT) < balnearia, *Bagnara*

(Calabra) (RC) = sec. XIV *Balnearia* 'luoghi di bagni', *Bagnara di Romagna* (RA), *Bagnara* (S. Angelo a Cùpolo, BN).

b a s t i a 'costruzione'/'casa rurale': *Casa Bastìa* (IM), *Bastia* (Albenga, Sassello SV), *Monte Bastìa* (GE), *Poggio Bastìa* (Montegrosso IM).

b e r b i c a r i a 'ovile': *Barbegara* (Bovolenta PD), *Barbeghèra* (Crespadoro VI), *Barbegara* fossa (Cavarzere VE).

b i v i u m 'bivio': *Bebbio* (Barga LU)?; forse ant. *Bubblajo* rio.

brento 'recipiente' 'conca': *el Brent* (sorgente del Meschio, Vitt. Veneto TV), *Brentón* (mt. Calvarina VR), *Brentino* (Dolcé VR); forse *Bréndola* (VI) (venez. *bréndolo* 'trogolo dell'arrotino') e cfr. qui B r i n t a > *Brenta* § 41.

bricco, specie in Liguria (*bric*) 'monte' o 'regione montuosa' (v. qui § 79): *Bricco* (GE), *il Bricco* (Murialdo SV), *i Bricchi* (Triora IM), *Bricchetto* (Campoligure GE), *Briccazzo* (SV), *Casa il Bricco* (Dego SV), *Costa del Brichetto* (Varese L. SP).

b u c ĭ n a 'tromba': *Bùcine* (Camaiore; Filettole Vicchio FI), *Bùgino* (Stazzema LU)?, *Bùcino* (Pescaglia LU), *Bùcini* (Brandeglio, Bagni di LU); *Buseno* (Sacco PD), *Strabùzene* (Sovizzo VI) < e x t r a -? *Businello* (PD) (ant. acquedotto), *Businaro* (Villa Estense PD), *Busnèra* (Cencenighe BL 'antico acquedotto').

b u r g u s (di orig. germanica e greco πύργος?): *Borghetto* (SI), *Borgo vecchio* (SI), *Borgo largo-stretto* (PI); *Borgo Valsugana* (TN) = ant. A u s ū c u m; *el Borch* (Follina TV), *Borghetto* vari luoghi nel Veneto; *Borghèl* (Vitt. Ven. TV), *Borgoletto* (S. Bonifacio, Arcole, Cologna Veneta VR); di origine incerta *Borgolecco* (Montebello VI, Locara e Monteforte VR [anche toponomastica urbana di VR ora scomparso] ant. *Burgo Leco* (a. 1220); *Borgo-franco* d'Ivrea (TO), *Borgo-male* (CN) (per *-malo*), *Borgomanero* (NO) (da *maniero*); *Borgo-masino* (Ivrea TO).

buris 'curvatura dell'aratro', 'svolta': *La Bure* torr. (PT); *Bure* (Allumiere, Roma) ('svolta') e *Croce di Bura* (Roma).

cacare: *Cagaoro, Valle del-* (Arsiero VI).

calata (*calare*) > *calada* 'sentiero in discesa' (Cadore e BL), poles. *calà* 'stradicciola per salire sugli argini': *Calà della Boara* (RO), *la Calà* mulattiera (Sasso-Valstagna VI); *Calaón* (Cinto Euganeo PD) = a. 1222 *Calaonis* = *Val Calaona*.

calcaria 'fornace da calce': *Calcara* (Cerea VR), *Calchéra* (Forno di Zoldo BL), *Calcaròle* (S. Ambrogio VR); *Calgaretto* (Comeglians) a. 1491 *Chialgiareto de Canale Gorti*; *Calchera* top. freq. anche in Friuli.

caldaria *-ium* 'caldaia' metafora geonomastica = 'depressione' 'buca' 'conca': *Caldiera* (Malborghetto UD) frl. *cialdèria*, *cialdère* 'paiolo, caldaia'; *Caldieroi* (Longhere Vittorio Veneto), *Caldarola* (Camerino MC); forse *Calderara di Reno* (BO); *Cagliera* (Asiago VI), *Caglierón* (Fregona TV); *Caldè, Rocca e Castello di-* (Oggebbio Pall. NO), *Caldè* (VA), *Caldiero* (VR).

camera 'soffitto a volta' (e 'misura agraria'): *Càmbora*, *Cambra* (Garfagnana). *Camerella* frequente, ad es. *Cambreta* (Nicciano Garf. LU) (Travalle, Calenzano), *Cameretta* (Cerreto Guidi FI), *Camerata* (Pontassieve FI) ('fatta a volta'), *Camerata* (Fiesole; Carmignano, Empoli), *Romitorio di Camerata* (Monticiano SI), *Camerone* (Asciano SI); *Cambra* (Valli VI), *Camaron* vaio (Mizzole VR); *Camerata Nuova* (Roma) (dagli edifici con stanze a volta), *Camerata Cornelio* (BG), *Camerata Picena* (AN), *Camerata* (Todi PG).

camīnum 'fornace': *Caminino* (Roccastrada GR); caminata 'stanza con camino' > *Camenata* (Cavriglia AR) = a. 1162 *Caminata*; *Soccamino* (Borgo a Mozz. LU); ant. *Caminata* (Segromigno, Capannori LU); *Camìn* (PD), *Caminàda* (Castagnaro VR), *Caminada* (S. Polo TV); *Camino* (Buttrio UD), *Camino al Tagliamento* (UD), *Caminetto* (Buttrio) (anche qui 'fornace, fornello').

canaba 'canova' 'magazzino per biade': *Cànova, -étta, -ovale* molto comune in Toscana; *La Cànova* (Pomarance PI), *Piano delle C.* (ivi), *Canovaio* (Rio LI); *Càneva di Sacile* (PN), *Càneva di Tolmezzo* (UD) = a. 1263 *canipa*; anche il *Canavése* in Piemonte (ant. *Canapisius*); *Canébola* (Faedis UD).

canonica: *Calònega* (VI e altra S. Pietro in Gú PD) = *Canonica* a. 1186 (dove era un bosco dei *canonici* di VI), *Calòneghe* (Negrar VR), *Calòneghe* (Rocca Pietore BL), (ant. proprietà dei Canònici di BL, ora = "S. Maria delle Grazie"), forse *Cadòneghe* (PD).

cantherius 'trave o pertica di sostegno': *Cantèo* (Bagni di LU e Barga), *Il Cantèo* (Pomarance PI), *Cantèo* fosso (Radicondoli SI) (o sarà dall'antrop. Canterius?); ant. *Canterio* (Marano VR) a. 1211, *Cantarello* (Monselice PD).

capanna (*cavanna*, *camanna*): *Capanna -e, -one, -uccia* freq.; *Capànnole* (Bùcine AR), *Capànnoli* (PI), *Capalle* (Rapale, Bucine AR), *Capalle* (Lamporecchio e Carmignano FI), *Capannile* (Lari PI), *Capannora* (Colle Garf.), *Capànnori* (LU) = ant. *Capannule*; *Capannelle* (Campagnatico GR); *Casa Cavanna* o *Bric Cabanna* (GE), *Cabanne* (Rezzoaglio GE), *Cavanna*, *Cavanella di Vara* (Beverino SP).

capitulum forse 'piccolo capo', 'poggetto' > *Capécchio* (Manciano GR).

cappella 'chiesa soggetta alla chiesa matrice': *Cappella Maggiore* (Sacile PN), *Cappella* (Scorzè VE).

carnarium (spesso 'cimitero' o 'fossa comune'): *S. Pietro in Carnario* (VR) a. 1184; ant. *Carnario* (Lavagno VR) a. 1169; *Valle di Carnèra* (Roncà VR).

carrus: *Carràggine* (Gallicano Garf.) (forse 'carreggiata'), *Carraia* molto frequente ant. *Carraria* (Capannori) a. 988; *Carraione* (Stazzèma LU), *Cariòla* (Làmmari e Vorno, Capànnori), *Carriotte* (Stazzèma); *Carroccia* (Pienza SI); *Carrara* (PS) > carraria (via) e così *Carrara* (PD), *Carrera* (BL e Gosaldo BL), *Carriera* (Chioggia VE); *Carraròla* (Arcole VR), *Carraria* (Cividale UD) a. 1257 *Carraria*; anche in Sicilia: *'a Carrera* (Scicli RG), *Carraredda* (Leonforte EN).

casa, casalis: *Casaglia* (Borgo S. Lorenzo e Barberino di Mugello FI), *Casagliòla* (Poggibonsi SI), *Casàlico* (Barberino di Mugello FI), *Casaleccio* (Piteccio PT), *Casalecchio* (Castel Focognano AR); *Casella* (Pieve a Elici, Massarosa LU); *Casagli* (Gaiole SI), *Casaglia* (Massa Mar. GR); *Casaccia* (GE), *Casazza* (Cairo M. SV), *il Casone* (SV); *Casale* frequente nel Veneto ecc., *Cassóla* [c. sola] (S. Colomba di –, Godego TV), *Le Cavèce* (Valsugana TN); *Casaleglio* (Romagnano VR) forse ant. a. 1215 *Casaleclo*, 1053 *Casaleglo*; *Caselle* (Altivole TV); *Casale*, *Casaletto*, *Casalotto*, *Casalicchio* (comuni nel Lazio) ('costruzioni rurali in muratura'); *Casalini* (Cisternino di BR), *Casaleni* (Spinazzola BA) (pugl. *casile* 'casale a terreno di un vano ... per bottega e deposito'); *Casale Borgo* (GE), *Casalino* (Montoggio GE), *Casalecchio di Reno* (BO), *Casalicchia* (Amandola AP); *Casalicchio* (Terranova di Sibari (CS) < casale + *-iculu*; e si noti *Cadeo* (PC), *Cadè* (RE) e *Casadio* (BO) da casa Dei ('sacro edificio con annesso ospizio per la accoglienza dei poveri'); *Casarile alto* e *basso* (S. Colombano C. GE); *i Casuddi* (Noto SR), *i Casitti* (Ramacca CT).

casearius -a (*casèra* 'l'edificio principale della malga'): *Casiero* (Arcole VR), *Casiér* (TV), *Col de Casierét* (Fregona Vitt. Ven. TV), *Casàra* (Marano VR), *Casarola* (Roncà VR), *Casaròle* (Belluno VR).

castellum: *Castello* e *Castiglione* molto frequente; *Castellonchio* (Luco, Borgo S. Lorenzo), (< *castellunculu), *Castiglionchio* (Troghi, Rignano FI), *Castiglioncello* (LU); *Castione* (Magliano GR); *Castello* frequente nel Veneto; *Castelnuovo*, *Castelvecchio* molto comuni; *la Castella* (S. Pietro di Feletto TV); *Castellaro* (Monteforte VR), *Castellìr* (Cordignano TV) = a. 1348 *Castelarium*; *Castellerio* (Pagnacco UD) (luogo ove sorgeva una vedetta d'epoca antica); *Castellinaldo* (Alba CN) a. 1014 *Castrum Aynaldi*; *Castel Gandolfo* (Roma), cioè *dei Gandolfi* potente famiglia romana del sec. XII; *Castel Madama* (da Margherita d'Austria figlia naturale di Carlo V); *Castellana* (BA), *Castellaneta* (TA) (da *castellano* 'gruppo gentilizio di sedi fondate in epoca romano-barbarica'); *Castellania* (AL) ('proprietà di un gruppo di famiglie dei Castellano'); *Castelsaraceno* (PZ); *castellione > *Castiglione* (Asti) a. 899 *Castellionus* e vari: *Castiglione delle Stiviere* ecc. e *Castión* (BL).

castrum: *Castro* torr. (AR), *Castro* (PT; Figline FI), *Gastra* (Pullicciano, Castelfr. sopra AR), *Castroncello* (Castiglion Fiorentino); *Monte Castro* ant. (S. Mauro Sal. VR)? *Castrón* (Revine TV), *S. Martino di Castròzza, Le Castrozze* (TN); *Castro dei Volsci* (FR, regione abitata dai Volsci); ant. *Castro Vetere* (a. 1121 TE), *Castrocaro* (FO), *Castrovìllari* (CS), sec. XI *Castrivilla*, a. 1225 τοῦ Καστροβίλλαρης, a. 1324 *castro Villarum*; *Socastro* (Aieta CS) sub-; *Castro-mediano* (LE), *Castri* (LE) forse *Crasta* (Canosa BA) forma metatetica (?); *Castronuovo di Sant'Andrea* (PZ).

cavea 'recinto' 'gabbia': *Gabbia* (Castelvecchio, Vellano LU), *Cabbiola* (Coreglia LU), *Gabbioli* (Vàllico Garf. LU), *Cobbiata* (Gugliano LU), *Poggio a Gabbia* (Pomarance PI), *Gabbiola* (Marciana, Elba LI), *Gabbia* (Isola della Scala VR), *Gàiba* (Roveredo di Guà VR), *Gabbiola* (Lazise VR), *Ghebbiòla* (Chiesanuova VR), *Cappiòla* (Susegana TV); *Cabiaglio* (VA) sec. XIII *Cabialis* (?); *Cabiate* (CO)?; *Gabbia*, *Gabbie*, *Gabbiana* (Castellucchio MN); *Gabbi* (ora "Canneto Pav." PV) < caveum; *Gabbio* (Casale Corte NO e Malesco NO),

Gaby (AO) (forse caveu 'proprietà privata'); *Cagghi* (Avola SR).

cella: *Cèlla* frequente; *Cincèlli* (Quarata AR) = *Centumcelli* a. 1115; *Céoli* (Vinci), *Cévoli* (S. Giovanni alla Vena, Vico Pisano), *Cévoli* (Lari PI) = *Ceule* a. 980; *Cellole* (Sesto Fiorent.); *Ceoli/Cevoli* (Bagni di LU); *Ceule* ant. (LU); *Cèllole* (Radda SI); *Maceula* (Monteluro PS) < ma(jor) cella (?); *Celàt* (S. Tomaso e Vallada BL); *Cella* (CR), (forse 'oratorio'), *Cellàtica* (BS), (*cella* come 'deposito di alimenti'), *Celle Ligure* (SV); *Celletta* (Sagliano Crema PV), *Cellina* (Leggiuno VA); *Celle* (CN), *Cellamonte* (Casale Monf. AL); *Cella* (Celleno VT) ('cavità naturale o artificiale adibita a cantina o dispensa'); *Cella* (Zagarise CZ) qui 'cella di eremita'; *Cellino S. Marco* (LE), *Cellino Attanasio* (TE), *Cellito* (Pietracamela TE) (?), *Cellasco* (Valle Castellana TE).

cellaria 'cantina': *Cilaro*, *Cillaro* (a. 942-1119) nel Barese (*ciḍḍaru* 'cantina'), *Cellara* (CS).

cinis- cinere: *Monte-cendere* (Castelvecchio Barga LU); *Mon-zènere* (Alonte VI), ant. *Centro* (Illasi VR); *Cénere* (Brentonico TN), *Cendrole* (Riese TV), *Sendraro* (Caldiero VR), *Montecenere* (Pavullo MO), *Cendrara* valle- (M. Malo VI); *Mon-Cenisio* a. 726 *Cenisiu*, cfr. *Cenischia*, affl. della Dora Riparia, < *ciniscula da cinisia 'cenere', "allusiva al colore cinereo della roccia"; cfr. i lombardi *Cernusco* (ant. *Cexenusgio*) e *Cinisello Balsamo* (MI).

cisterna 'serbatoio in forma di pozzo per acqua e altri liquidi': *Cisterna* (Capannori LU), *Citurnino* (Gragnana Garf. LU); *Citèrna* (Campiglia Marittima LI), *Citerna* (Pomarance PI), *La Cisterna* (Andora SV) e *Valle della Cisterna* (Badalucco IM), *Fonte Cisterna* (Cellino Attanasio TE) (abr. *češternë*, *četèrnë*), *Cisternale* (Vitigliano LE), *Cisternino* (BR e Locorotondo BA).

civitas: *Cividale* (UD) con *-ale*, *Civitate* (Serracapriola FG), *S. Paolo di Civitate* (Torremaggiore FG). Dal

Nom.: *Civitella Marittima* (GR), *Civitella vecchia* (S. Fiora GR), *Civitavecchia* (Roma), *Civitella San Paolo* (Roma), *Civitella del Tronto* (TE) e tante altre nell'It. centrale.

c l a u s u m 'luogo chiuso': *Chioso* (Vessalico IM), *Cioso* (Calice L. SV), *Ciosi* (Lorsica GE), *il Chioso* (Zignago e SP) (anche 'podere').

c o l o n i a 'stazione di coloni': *Cologna* (Montecatini V. di Cècina PI), *Colognòla* (Puliciano AR), *Colognòle* (Pontassieve FI), *Colognòle* (Greve FI); *Colònica* (Prato FI); *Cològnola* (Piazza al Serchio Garf. LU), *Cològnora* (Capannori LU); *Cologna* (Roseto degli A. TE) = a. 1056? *in Colongia*; *Cologna* (VR), *Colugna* (Feletto di UD), *Cologne* (Grezzana VR) = a. 1218; *Colognine* (Negrar VR); *Cologna* (Brianza CO), *Cologno* (MI) = a. 1290 *Cologna* (da preced. *kolòñ* pl.), *Cològnola* (PG), *Montecològnole* (Magione PG); *Colognòla* (Cingoli MC).

c o l ŭ m n a: *Colonne* (Ràggioli, Pèlago FI), *Colóndole* (Gello PT), *Colonnato* (Ginestra, Montevarchi AR), *Colonnata* (Sesto Fiorentino), *Colonna di Buriano*, già *Colonnata* (Gavorrano GR); *Colona*, *Costa-* (Pianezze VI), *Colonello* (Vedelago TV), *Colonello* (Pieve di Soligo TV), *Colonelli* (Casale Scodosia PD) (cfr. friulano e agordino *colmèl* 'casale con poche case' cadorino *colonèl*, 'striscia di terra prativa' e bellunese *colmèl* 'divisione teritoriale di un comune'); *Corogna* (Albavilla CO) (mil. *corogna* 'colonna').

c o m p ĭ t u m 'crocicchio, trebbio': *Còmpito* (Stazzema LU) e vari toponimi identici in Toscana, ant. *Cumpito* (Capannori LU), *Cumputo* a. 864; ant. *Compeo -edo* (S. Martino VR); *S. Giorgio in Còmpito* (FO?).

c o n c i l i u m 'unità consortile dipendente dalla comunità di più paesi', onde *Conzeglio* (TO), *Concia*, *Conzilia* ant. (Piemonte); forse *Calle da Concia* (Piove di S. PD) a. 1165 e *Conziolo*, *Conceliolo* (CR). Pare derivarne anche il bosco del *Cansiglio* (BL-TV) ove i boschi sono ancora in parte comunali o demaniali. Le attestazioni ant. creano qualche difficoltà (dovuta ad errori del notaio?); a. 923 *Silva Cansilii* e 1185 *Campus Silius* (forse falsa ricostruzione).

co(h)orte (*curtis*): *Corte -i* assai frequente; *Cortella* (Pieve di S. Pietro a Sieve), *Cortina* (Vicchio FI e Montespèrtoli) ('villa signorile'), *Cortine* (Barber. d'Elsa), *Cortinelli* (Lari PI), *Cortille* (Rapale, Bucine AR); *Pian di Còrtia* (Sermezzana Garf. LU), *Cortiòla* (Verrucole Garf. LU), *Cortinella* (Camporgiano Garf.); *Corticella* (Buonconvento SI), *Cortilla* (Cinigiano GR), *Cortini* (Pomarance PI); *Corte* più luoghi nel Veneto e si terrà in considerazione il significato di 'cortile' e di 'letamaio', *Cortazza* (S. Anna VR). Der. è anche cohortale (cfr. prov. *cortal* 'parco di animali') onde *Cortale* (CZ) a. 1324 *Curtalum*; *Cortàl* (Cima Gogna di Auronzo BL) e ant. *Cortale* (Minerbe VR) a. 1184, *Cortale* (Reana del Roiale UD); *Cordenons* (PN) = a. 1028 *Cortis Naonis*.

confinium 'confine': ant. *Confignum*, *Confinium* nella laguna di VE (a. 991, 1162, 1232); *Configni* e *Configno* (Acquasparta TR).

corbis, corbula ('cesta di vimini' e metafora oggettuale): *Còrbola* (FE), *Corbella* (FE); *Corbera*, *Corbara*, *Corbolone* (S. Stino di Livenza VE); *Corvo* (freq. nel Lazio) ('dolina').

crates, craticiu: *Graticcio* (Sciano, Certaldo FI), *Graticciaia* (Orbetello GR); *Graìzzo* (Caprino VR), *Gravizzi* (Stanghella PD), *Graizzella* (Vigasio VR), *Graticcioli* (Urbino), *Grazzarola* (Mezzane VR).

cultura 'terreno coltivato' nel vicent. 'appezzamento coltivato presso la città; ant. *Cultura* (monte Agudulo, VR) a. 1078; *Coltura* molti luoghi a VI; *Coltura* (Caprino VR), *Coltura* (Pocenigo PN), *Culturis* (Chiusaforte UD).

cumulus 'mucchio': *Cùmoli* (S. Miniato PI); *Grombe* (S. Gem. di Controne, Bagni di LU), *Gomboreto* (Bagni di LU), *Montegomboli* (S. Giovanni d'Asso SI); *Gombio* (Castelnuovo ne' Monti RE), *Gómbola* (Polinago MO).

cuniculus 'meato sotterraneo': *Conicchio* (Pozzo Foiano AR); *Conicchio* (Cetona SI), *il Cunicchio* (Orbetello GR); *Conicchio* (BS) e da *cuniculanus > *Conegliano* (TV) (?) = a. 1179 *Coneclani* e *Conoglano* (Cassacco UD) a. 1240 *Coneglano*.

dolium 'botte'; da doliolum: *Diòlo* (Soragna PR), *Dogliolo* (Budrio BO), *Doglio* ('cupa maior') (Todi); *Duggio*, *Val-* (Varallo VC) (cfr. piemontese *duia* 'boccale, brocca', latino medievale *dolea*). *Duglia* (Acri CS), *Duglia* (Terranova del Pollino in Basilicata).

ducea > 'doccia' 'condotto': *Doccia*, *-o*, *-óne* frequente in Toscana; *Doccio*, *Docciarello* (Torrita SI), *Doccino* (Castellina in Chianti SI), *Docciolina*, *rio* (Incisa FI), *Doccione* (Acone, Pontassieve FI); *Dozza* (BO), *Dozza* (Forno di Zoldo BL).

ecclesia: *Valichiesi* (Forcoli Palaia PI) = a. 980 *Valle ecclesie*; *Quiesa* (Massarosa LU); *Matrichese* ant. (Montalcino SI) = *S. Maria Matris Ecclesiae* all'a. 715; *Gesia* (Revine TV), *Sogesia* (Formeniga, Vittorio Veneto TV), *Cesiòl* (Cimetta, S. Vendemmiano Conegliano TV), *Gesiòl* (Sarm. Vittorio Veneto TV), *Gisiola* (Malcesine VR); *Glesia*, *Laglesie* (UD).

epitaffio 'barriera confinaria' > *Epitaffio* (Fondi LT), *Pataffio*, *Petaffio* (Sant'Apollinare, FR).

faber, fabrica: ant. *Fabroro* (oggi 'Badiuzza') (Troghi Rignano FI), *Fabbrécola* (Londa FI), *Fabbrecchia* (Ulignano S. Gimignano SI); *Fabbrello* (Portoferraio LI), *Fabbriche di Vàllico* (LU); *Fàvrega* e ant. *Costa de Fabrica* (VI), *Faverga* (BL), *Farega* (Vittorio Veneto TV), *Faverghera* monte (BL) < *fabricaria; *Fabbrica Curone* (AL), *Fabbrica di Roma* (VT) (da qualche importante officina).

fabula 'luogo bandito': *Fàvola* (BL) = a. 1172 *Fabula*; *Fàole* (Revine TV), = *Favolla* ant. e *Favola* anche in Friuli; *Folateisa* (Ronco Canav. TO) a. 1684 < fabula + tensa; *La Fiavola*, *Fiaula* (Rocca Canavese) a. 1719; *Fàule* (CN); *Fàvole* (San Polo Cav. Roma), *Favoglia* (Leonessa RI) ('bosco posto sotto bandita perpetua').

falce nel senso di 'curva': *La Falce* (Rotta, Pontedera PI), *Borro della Falcina* (Strada GR), *Falce* (Gallicano Garf. LU), *Farzuola* (Stazzema LU) < falceola; *Falcione* (S. Giuliano LU), *Rifalcione* (S. Casciano dei Bagni SI).

falda (basso lat.) 'ovile' (di origine germanica) *Falda* (Vittorio Veneto TV), *Falde* (Quinzano VR), *Faldina* (Cansiglio Vittorio Veneto TV); *Faldón* (S. Pietro di Feletto TV), *Faldèr* (Negrar VR) = a. 1224 *Falderio*, *Fardella* (PZ) ('recinto in cui i pastori racchiudono il gregge'; *faldare* 'immettere il gregge a pernottare sul campo').

fata plurale neutro onde il femminile, 'fata': *Le Fate* (Terranova Bracciolini AR), *Fonte delle Fate* (Poppi), *Poggio delle Fate* (Castel Fiorentino), *Poggio delle Fate* (Collesalvetti LI); *Val de le Fade* (Bussolengo VR), *le Fate* (Susegana TV).

ferrum, ferraria: *Portoferraio* (Elba LI), *Poggioferro* (Seggiano GR), *Fontana Ferrata* (Castagneto LI), ('acqua ferruginosa'); *Ferrara* emiliana dovrebbe risalire a una 'ferriera' o 'fucina', cfr. *Ferrara* (dialetto *la frara*) presso Palàgano (MO); *Ferrara* (Monte Baldo VR), *Ferrara* (Fimón VI), *Ferrera* torrente (Conegliano TV).

*fetaria 'stallo o pascolo per pecore' (*feda* 'pecora' < ovis fēta): *Fedaia* passo (Dolomiti), *Fedèra* e *Sot-* (Selva di Cadore BL), *Fedèra* (Longh. Vittorio Veneto TV), *Fedèr* (Canale d'Agordo BL), *Fedàre* (Val di Cembra TN).

finālе 'termine': *Finàle* (Villa Estense PD), *el Finale*

(Agugliaro VI), *Alfinale* a. 1364, *Finalvero* (VR) < vetus -ere; *Finale Ligure* (SV), *Finale Emilia* (MO), *Finale* (Pollina PA), *Finale di Rero* (Tresiglia FE).

fio, *feo* (feudum) 'testatico, tributo': *Fioli* (Rocca S. Maria TE) come nel Lazio: *Fioio*, *Fioglio*, *Fioggio*, *Fioglie*; *Poggio al Fio* (Poppi AR). Mentre in Sicilia: *'u Fàitu* (Cerami e Mineo), *u Figottu* (RG, Scicli, Fiumefreddo, CT).

folum (fullāre) 'gualchiera': *Fòlo* (Gazzo PD), *Fól, Bosc de-* (Cismon di Valm. TV), *Fól* (Mel BL e BL); *Follina* (TV) = *Fullina* a. 1170; *Foladór* (Revine TV) (mestiere e cogn.), *Follón* (Cogollo VI).

fŭrnus: *Forno* assai frequente; *Fornoli* (Montòpoli PI), *Fornello* (Vicchio FI e Pontassieve); *Poggio al Forno* (Campiglia Mar. LI), *Fórnoli* (Trequanda SI); *Forno*, *Fornello*, *Fornase* molti luoghi; *Fornale* (Marano VR); *Bocca de For* (Cison TV), *For* (Nove TV).

gaudium: *Monte Gaudio* (Assago MI); *Mons Gaudii* = *Montegaudio* equivalente di *Monte Zoia* (AN); *Mangioia* (Satriano CZ; Africo RC e Monasterace RC) corrisponde all'antico francese *monjoie* "noto grido di guerra dei crociati" < mons gaudii, monte gaudia; anche *Mongio* (Sant'Onofrio CZ) e *Mungio* (Badolato CZ), *Mongioia* (Brognaturo CZ).

granza (granica): (fr. *grange* > *grancia*, *grangia* 'masseria, deposito di grano'; denuncia influsso degli ordini benedettini e cistercensi): *Granza*, *Granze* (PD), comune nel Veneto; *La Grancia* (AN), *Grancia* (AP), *Grangia* (TO), *Grange* (TO e CN); *Grancetta* (Chiaravalle AN) e forse *Rancia* (Tolentino MC). Anche in Sicilia: *'a Gancia*, *'a Gancía* (Noto SR).

groppo (lig.) 'rilievo tondeggiante': *Groppo* (Sesta Godano SP), *Groppo* (Orcofeglino SV), *Groppini* (S. Stefano d'Av. GE), *Gropparo* (ivi) (di origine germanica: kruppa 'massa tondeggiante'). Anche in Toscana: *Grróp-*

poli (Porta Lucchese PT), *Groppa* (S. Rocco, Pescaglia LU), *Groppaja* (Vagli e Gorfigliano LU), *Gròppoli* (Rapolano SI); *Groppo* (Pozzol-Tortona AL) (*groppo* 'altura');

habitaculum 'abitazione'; *Vitacchio* (Serra S. Bruno CZ).

hasta 'asta (arma)' o 'incanto': *Hasta* (Tab. Peut.) = forse *Voltri* (GE); *Asti* piemontese (da Hastae o -is).

hospitale: *Ospedale*, *Ospedaletto* vari nomi nel Veneto e nel Trentino; *Ospedalicchio* (Umbertide PG; VT, Bolsena), *Spedaletto* (Gallese VT; PT).

hospitium: *Spèzi* (Pieve d'Elici, Massarosa LU) = a. 984 *Spetio; Spixi* ant. (S. Giorgio di Piano BO) = a. 1072 *Spixe*, a. 1392 *de Spisi* (l'espressione è tipica del latino balcanico); *Spiti* torrente (presso Sinopoli RC) < gr. σπίτι 'casa' (< hospitium).

horreum 'granaio': ant. *Orrea* (AR), *Orria* (SA).

imago -ine 'immagine sacra' 'altarino' 'tabernacolo': *Maggine*/*Margine -inetta*, *-inina* frequente; *Alla Mània* (Aquilea LU), *Maine* ant. (Castelnuovo Berardenga SI); *Màgine* (Marano Valp. VR), *Mane* (Limana BL), *Man* (Telve Valsugana TN), *Imana* (Predazzo TN); molto comune in Friuli: *Maine*, *Maina* (Sauris UD), *Mainuzza* (Farra d'Isonzo GO); *Imagna* (Val Brembana, Lecco), *Lomagna* (Missaglia CO?).

infernum: 'luogo basso e oscuro': *Inferno* (S. Orso VI); *Inferno* (Borno BS e Montagna SO); *Valdinferno* (Garessio CN); *Infernale* (Rosciano PE), *Infernello* (TE), *Inferno* (Roma) ('luogo di aspetto cupo'); *L'Inferno* (Irsina MT) ('luogo fresco'?).

iudaica 'quartiere degli Ebrei': *Zuècca*, *S. Giacomo della-* (Paluello PD) = a. 1067 *Zudeca*, *Zuècca* (Bassano VI e Feltre BL), *Giudecca* (VE) a. 1225 *Iudechae -ula* (già

Spinalonga); *Giovècca* (FE); *Giudecca* (rione di Trani = *Iudeca* a. 1192-5), *Iudaeca* ant. (Nardò e Lecce a. 1495), *Judeca* (Gallipoli LE).

janua 'porta' forse *Zunaia*, ant. *Zanaia*, torrente (Alleghe BL) < *ianuaria reso in seguito (nella sezione alta) con *Ru de Porta*; *Fondo Zànula* (Senigallia AN).

lapideus 'laveggio' (metafora orografica): *Pigge* (Trevi PG) = a. 1201 *Lapegio*, 1213 *Lapigium*, 1334 *Lapidio* (cfr. abr. *lapijjë* 'laveggio'); *Laveggio* (Casteggio PV) e *Ponte-* (Vergiate VA).

lateraria, laterina 'mattonaia': ant. *Lateraja* (Montopoli) = a. 793 *Lateraria*; *Laterina* (Quorle Poppi AR), *Laterina* (AR), *Latereta* (Laterina) < *lateretum.

latus *-ere*: *Làtera* (VT) (forse per la posizione sui fianchi della montagna?).

levata (*via-*) 'strada romana costruita generalmente più alta del suolo': *la Levà degli Angeli* VI; *la Levà* (Piovene VI); *Levada* (tra Pianzano e Codognè, tratto della via romana da Oderzo a Ceneda TV); *Levada* (PD, VE), *Levada* (Fiumicello UD), *Levaduzza* (S. Giorgio di Nogaro UD); *Levata* (Curtatone MN e Grontardo CR); *le Leade* (Vighizzolo di Montichiari BS); *la Levada* (Moniga BS), ant. via *Levata* (MI).

limen 'soglia', 'limite': *Lìmena* (PD), *Lémene* fm. (Portogruaro VE) (?).

limes *-ite* 'confine' 'margine': *Lumialto* (S. Maria St. VR); *Lìmito* (PR), *Lìmidi* (MO), *Limidalto* (RA), *Solimite* (BO) = ant. *Sublimite*; *Limido* (CO) dialettale *Limid*, *Limito* (Pioltello MI), *Limiti* (comune nel Lazio) ('pietre confinarie'), *Lìmiti* (Atri, TE).

lintea: *Lenze* (FR) ('appezzamento agricolo della misura della *lenza* o di forma allungata); *Pratolenza* (Piegaro PG); in Sicilia: *'a Lenza* (Ragalbuto EN), *i Lenzi* (RE e Militello CT); *Lenzavecchi* (Noto SR).

lumen: *Bus dela Lum* (Cansiglio TV); *Lumini* (S. Zeno di Mont. VR); *Luminària* (Susegana TV) < luminaria ('luogo appartenente alla fabbriceria'?).

machina 'macina', 'filtro di mulino': *Màcine* (Prato FI), *Macelle* (Castiglion Fibocchi AR), *Fosso Macinante* (FI), *Macinaia* (Bùcine AR), *Alle Macine* (Cogna e Cerretoli Garf. LU), *Macéndore* (LU), *Macinaia* (Monticiano SI), *Macinelle* (Campo LI); *Masne* (Bovegno BS), *Masnado*, *Masnadura* (Bagolino e Paratico BS) (lombardo *masna* 'macina').

mansio *-ōne* 'casa con podere': *Macinàtico* (Ulignano S. Giminiano SI) = a. 1034 *Mascionatico*; *Magia* (Monteriggioni SI) (< Nom.), *Magiola* (Roccastrada GR), ant. *Masio* (Bibbona LI) a. 850; *Masio* a. 1275 = *Magia*; *La Masone* (RE); *la Mason* (Marostica VI) = *Mansionis* a. 1265; *Masone* (Maisano, Casteggio PV), *Li Masoni* (Tossicia TE); in Sicilia *u Masu* (Biscari, RG), *u Masugranni* (Mistretta ME), *a Masedda* (Buscemi SR) (sic. *ammasunari* 'alloggiare').

mansum: 'maso' 'villa vel *locus familiae*': *Mas* frequente nel Veneto settentrionale; *Masi* (Chiesan. VR), *Masa* (Arsiero VI); *Masi* (PD), *Mas* (Vallada e Sedico BL), *Masotto* (Sommacampagna VR); *Pra Masón* (Barzio CO) e forse *Mazzunno* (S. Angolo BS) (dialetto *maſù*; accrescitivo di *maſo*); *Maso* (S. Maria Rezz. CO).

mausoleum 'tumuli o monumenti di confine dei campi': ant. *Musuleo*, *Musileo*, *Muslea*; anche *Smilea* (Montale PT); tale termine trova riscontro in Corsica: *Musuleju* (Rogliano CS) e ant. *Mosoleo*, *Musleo*, *Musileum* frequente in documenti marchigiani; *Mausoleo* (Canale Monterano, Roma) ('tumulo o ruderi di monumenti antichi').

mira 'belvedere' (deverb. di *mirare*): *la Mira* (VE),

Mira (Tregnago VR), *le Mire* (Mizzole VR), *Mira-bella* frequente nel Veneto (e Sandrigo VI).

molleus > *moia* 'terreno acquitrinoso'; friulano *Mueia* frequente, *Moia* (Roncà VR), *Moie* (Ferrara M. Baldo VR), *Moiola* (Castion VR), *Muggina* (Torrebelvicino VI), *Moè* (Rocca Pietore BL), *Moglia* (Rovegno GE), *Moglio* (Alassio SV), *le Mogliazze* (Pontinvrea SV), *Moglioni* (Rovegno GE), *Moggia dell'Urso* (Cogoleto GE); *Moglia* (MN; Sermide MN), *Moia* (Roveto BS, Albosaggia SO), *Moliazza* (MI); *Moglia* (Moncucco, Asti), *Moiola* (CN); *Moglie* (frequente nel Lazio); *Moie* (Fermo AP), *Moglie* (Fabriano).

monachus e *monachiaticu da monachium 'monastero' (cioè 'pertinenza, podere del monastero'): ant. *Monaciatico* (vico Antràccoli LU); *Mònaca* (Troghi Rignano FI), *Monicòro* (Vaggio, Reggello FI) = a. 1083 *Monacorum*; *Monacale* (S. Piero a Sieve FI).

monasterium, -eriolum: ant. *Mosterio* (Pieve di S. Felicita): ant. *Mustiolo* (LU) = a. 1260 *Mustollio -olio*; *Monistero* e *Monisterino* (Castelnuovo Berard. SI); *Monastero* (*munistir*) (Aquileia UD); *Monastero*, più luoghi in Lombardia e *Monasterolo* (Castello Lovere BG), *castro Monasterolo* dell'a. 989; *Monastirolo* di Robecco d'Oglio (CR); *Monastier* (TV).

monumentum (*molimento*): *Monumenti* (Costarca VI); *Molimenti* ant. (Custoza VR), ant. *Mormenta* (Povegliano VR) a. 1214, ant. *Mulmenta* (Chioggia VE) a. 1186; *Marmentino* (Gardone, Val Trompia BS) e *Marmentèra* (Anfo BS) ("al piede di rocce incombenti"); cfr. friulano *monumenz* 'massi bianchi con piani solcati'; *Bolimento* [*Volimento*] (Rossano CS). Può indicare anche 'sepolcro'.

murus: *Monte Muro* (S. Polo Greve FI), *Muriccia* o *Moriccia* molto frequente in Toscana; *Moriglione* (Calci PI), *Muraiòla* (Bagni di Casciana; Lari PI); *Muràttoli* (Verni Garf. LU), *Murèlle* (Cològnora Capannori LU);

Moriconi (Tereglio, Coreglia A. LU); *Moriccia* (Chiusdino SI), *Moriglioni* (Massa Mar. GR); *Mur-longo* (Este PD), *Murla* (Bussolengo VR), *Murle* (Pedavena BL), *Murlone* ant. (Barbarano VI); *i Murazzi* 'le dighe che limitano le lagune veneziane', *Murara* (Torrebelvicino VI).

muſile nell'alto Veneto 'prato chiuso per pascolo': *Muſìl* (Conegliano TV) = a. 1397 *Moxil*, *Muſile* (Feltre, Belluno, S. Donà di Piave) e *Muſil* anche a Pola (a. 1431 *Musilis*), *Musil* (Cordenons PN). Di origine incerta (prerom.? oppure da *moſa* 'luogo pantanoso'?) < limōsus (?).

muta (ove si cambiavano i cavalli): *Ponte della Muda* (Cordignano TV); *Premuda* (Zenson TV) < pratum (?); *la Muda* (Sedico BL); *Muda* (Tarvisio UD) (e cfr. frl. *mùde* 'porto ove si pagava un dazio doganale o il pedaggio'); *Mua* torrente (Locana, Ivrea TO) da *muda* 'dazio, gabella'.

nebula: *Négola* (Magliano LU), *Negoleta* (Agliano Garf. LU), *Nebbiaccio* (Càsoli, Camaiore LU), *Nievole* onde *Valdinièvole* (Bagno a Ripoli FI); da nubila: *Nuvile* ant. (presso SI); *Poggio alle Nuvole* (Fucecchio FI), *Collenùgoli* (Lorenzana PI); *Nibionno* (CO) a. 851 *Nebiono*; *Neblòc/Niblogo* (Valfurva SO) (si noti anche il latino medievale *neblus* 'torrente alimentato dalle nevi'); *Nuvolera* (BS) = a. 961 *Nuvellaria*, a. 1041 *Nigularia*, a. 961 *vico Nublaria*.

oculus: *l'Occhio* scolo (Isola della Scala VR), *Occhiobello* (RO), ('bella vista'?); *Valle dei Occhi* (Marostica VI) (vi sono piccole sorgenti), *Occét*, *Col de l'-* (Longhere Vittorio Veneto TV); *Occhiarolo* ant. (Gavardo di Salò BS) < ocularium 'belvedere' (?).

opera: *Opera* (MI) dialetto *Ovra* nel senso di 'fabbrica' o 'fabbriceria' (forse 'proprietà di qualche fabbriceria'); *Malòpera* (canale, Badia Polesine RO).

organum forse ‘edificio idraulico’: *S. Maria in Organo* (VR) ricordata all’a. 1039; badia fondata nel sec. VII onde *Porta Organa* (VR) secolo XII; *Ca’ dell’Organo* (CR) (sarà ‘organo’ o ‘edificio idraulico’?).

ovīle (v. anche § 139) non è voce tradizionale in italiano e in varie regioni italiane (anche nel Lazio *Ovile*): *Costa de Vil* (Rocca Pietore BL); comune nella toponomastica pretedesca dell’Alto Adige. *Oviglia* (Lanzo TO) = a. 1311 *Uvilia*, *Oviglia* (Capriglio d’Asti) < ovilia plurale neutro, *Oviglio* (AL) < oviliis (pl. loc.).

pagense: *Paese* (TV) = a. 1315 *Villa de Paese*; *Cal Paesa* (ivi).

palanca, planca ‘asse piatta di legno’: *Palanche* (Arena S. Giuliano Terme PI; Torre del Lago; Stazzema LU), *Palanconi* (Borgo a Mozzano LU), *Palancaia* (Giuncugnano Garf. LU); veneto *planca* ‘passatoio’: *Piancalunga* (Godega TV), *Pianche* (Vittorio Veneto TV); *Pionca* (Vigonza PD).

*palata da palus ‘palo’, cioè ‘palafitta’: *la Palà* (S. Ambrogio VR e Ceregnano RO); *Torre della Palada* (Margh. VE), *Tre Palade* (VE), *Palado* vaio (Marano VR); *Palata* (Crevalcore BO) = a. 1068 *Palada*.

palatium: *Palazzuolo* (Monteverdi PI), *Palazzuolo* (Sarteano e Radicòfani SI); *Palazzo* frequente, ma anche *Palaſi* (Vittorio Veneto TV) (rovine di castello ant.); *Palazzetto* (Fiumicello UD), *Palazzuolo dello Stella* (UD) = a. 762 *Palaciolo*; *Borgo Palazzo* (BG), *Palazzòlo* (Paderno Dugnano MI) = sec. XIII *Parazolo*; *Palazza* (Bagnolo BS), *Pallanza* (Verbania NO) (mansio romana registrata nella Tab. Peut. come *ad Palatia*), *Pallanzeno* (NO) (ipotesi dubbia, non accolta dai sostratisti).

passus ‘valico’: *Mal-passo* (Grezzana VR); *Pasubio* (VI) < *passubulus (?), *Malpasso* (Accùmuli RI), *Malepasso* (Pescorocchiano RI); *Passo di Civita* (Civitella del Tronto TE).

pastĭnum 'terreno divelto, scassato': *Pàstina* (AR), *Pàstina* (Bagno a Ripoli FI), *Pàstine* (Vico, Barberino Val d'Elsa); *Pàstina* (S. Luce PI), *Pastinello* (ivi); *Pàstene* e *Porto-* ant. nome di Portosecco (VE) e nome di canale a Piove di S. (PD); il *Pàstino* (TE), *Pàstina* (S. Maria del Cedro CS), *Pàstani* (Rocca Imperiale CS), (cfr. cal. *pàstanu* 'vigna giovane').

pausa-pausatorium 'luogo di sosta, di riposo': *Pòsa* (Castelcucco TV), *Paussa* e *Pausse*, assai frequente (ad es. Valli VI, Auronzo BL, Cencenighe BL), *Polsafredda* (Revine TV), *Polse/Posse* (Fregona, Vitt. Veneto TV), anche al maschile: *Ponso* (PD) = ant. *Palso* a. 1075; *Polsadór* (Tarzo TV), *Ponsadór* (Quinzano VR) = *Pausaduro* a. 1035; *Polsaora* (Caprino VR); forse anche *Possagno* (TV) da un *pausaneus = a. 1079 *Pusagno*; *Posa* (Campiglia, Soana) 'luogo di sosta', *Pousaòr* (Pigna IM).

pavaion(e) (papiliōne) 'padiglione', 'tenda': *Pavagión* (Cavaso del T. TV), *Pavaión* (Galzignano PD), *Paveón* (Vito d'Asio PN); *Pavión* mt. (Feltre BL). Nei nomi di montagna si tratta di una metafora oggettuale, da "tenda"; nel cador. *pavión* è la 'casa comunale'. *Pavaglione* (Chianocco TO) (voce applicata ad 'abitazione temporanea alpina'?).

pertica 'misura agraria' o 'complesso di un territorio centuriato': *Pèrtica* (Recanati MC), *Perticarella* (ivi); *Pèrtega* (Affi VR), *S. Giorgio dele Pèrteghe* (PD) = ant. *Perticis*; *Pertegada* (Prun VR) < perticāta 'misura agraria'; *Pèrtica* malga (Primiero TN), *M. Pèrtica* (M. Grappa); *Costa delle Pertiche* (Ronco Scrivia GE), *Casa Pertegara* (Brugnato SP) (sempre dalla 'misura agraria'): *Monte Pertegone* (Davagna GE), *Monte Pertego* (SP).

pīla 'recipiente ad uso di abbeveratoio', 'truogolo', 'lavatoio': *Pila* (Tereglio, Coreglia LU), *Pille* (Medicina, Pescia PT), *Pillarella* (Cogna Garf. LU), *Piletta* (Pomezzana, Stazzema LU), *Pillone* (Pieve, Camaiore LU), *Piluzza* (Tegoleto, Civitella di Chiana AR); *Pilette* (Volterra PI), *Pilone* (ivi); *Pila* (Piansano VI), *Valle delle Pile*

(Revine TV), *Monte Pilón* (Segusino TV), *Casa della Pila* (Albissola Sup. SV) ('conca in cui l'acqua si raccoglie'); *Pila* (AO). Nel Lazio: *Pila*, *Piletta*, *Pilozzo* 'sorgente'.

piscina: *Pessina* (CR); *Pessina* Castelveccana (VA), Valsassina (CO); *Piscille* (PG) < *piscinulae.

pistrinum 'mulino' 'frantoio' (lomb. *pistrìn* 'forno'): *Pistrino* (AP); *Pistrino* (Citerna); ant. *de Pestrino* (Fermo AP). Da pistorium -a (da *pistorius*) viene *Pistoia*.

plebs, plebe: *Pièvina* (Pienza SI e Asciano); *Pieve* più luoghi; *Piove di Sacco* (PD) = a. 988 *Plebe* e *Piovà* 'territorio di Piove'; forse *Piovéne* (VI), *Piviera* (Bovolone VR); forse *Blevio* (CO), dial. *bief.*

pŏrca -ula: *le Porchie* (Valle Castellana TE), (ascol. *porchia* 'fazzoletto di terra coltivato in montagna'); *Porca -che*, *-etta* è frequente in Toscana; *Centoporche* ant. (LU), *Porcata* (Ponteccio Garf. LU); *Porchia* (Montalto nelle Marche AP).

presa 'parte di terreno conquistato alle acque', poles. *presa* 'terreno prosciugato': ant. *Pressa* (Cologna VR) a. 1206; *Presa* (S. Bonifacio VR); *Prese* (Maccastorna MI), *Prese* (Sondalo SO), *Prise* varie volte (BS).

pullus 'conca' (da pullāre) *Polina* (Primiero TN) ('polla'); *Pola* (Tremezzina CO), *Pola* (Castello d'Acqua SO), *Polada* (Lonato BS); qui anche *Polèſine* (RO) (latino pullus 'terreno molle'); *Pulo* (Molfetta), *Pulo dei Modesti* (BA), cfr. cal. *vuddu* 'ricettacolo d'acqua'.

puteus: *Pozzo* frequente, *Pozzotorelli* (LU), *Pozzola* (S. Romano e Minucciano Garf. LU), *Pozzuolo* (LU), *Pozzale* (Pontedera PI), *Pozzàcchia* (Sovicille SI), *Pozzagli* (Suvereto LI), *Pozzatelli* (Portoferraio LI); *Pos-nuovo* (TV), *Pozza* (TN), *le Pozze* (Valsugana TN), *Pozzato* (Schio VI), *Pozzarola* (Torri B. VR); *Pozzecco* (Bertiolo UD), (*-secco*), *Pozzuolo del Friuli* (UD); *Cal de Poz* (Vittorio Veneto TV), *Pos* (ivi), *Pradipozzo* (Portogruaro

VE), *Pozzuola* (Lonigo VI), *Pozzo-chiano* (Trani BA) ('pozzopiano?'); *Pozzilli* (IS e CB); *Trepuzzi* (LE)? *Cento-pozzoli* (Altamura BA); *Pozzali* (Castellalto TE) < puteāle; *Pozzale* (Pieve di Cadore BL); puteoli > *Pozzuoli* (NA).

quadruvium (per *-ivium*): *Carùbio* (Monselice PD), *Carùbio* (S. Bonifacio VR), *Crobbio* (Prun VR) = a. 1107 *Quadruvium*, *Corobbo* (Schio VI); *Codroipo* (UD), *Carobbio* (Tizzano PR). Da *-ivium*: *Crebbio* (Abbadia Lariana CO), *Crebiòlo* ant. (Casteggio PV). *Carobbio* (Monte Marenzo BG e CR), *Carrobbio* (piazza di MI) [v. anche § 97].

receptum 'luogo di sosta': *Ricetto* (Campana CS), *Ricetta* (Papasidero CS), *Riccetta* (Castrovillari), (cfr. calabrese *riciettu* 'riparo' 'capanna').

reda, *rédola*, 'sentiero, viottolo' (tosc.): *Rédola* (Borgo a Mozz. LU), *Redolóne* (Tofari, Capànnori, LU) (di origine incerta, forse lat. vereda?).

regasta 'massicciata di sassi, opera di difesa delle sponde di un fiume': *le Regaste* più volte (VR) = a. 947 *Aregasta*; a. 1085 *Regasta* (VR).

regia 'strada': *Reʒa* ant. calle (Chioggia VE), *la Rezzola* (Sommacampagna VR), ant. *Riçola* (Affi VR) a. 1217; *Rezzole* strada (Pozzonovo PD); *Rezzinella* scolo (RO) (dovette indicare una 'via maestra'; regia era denominata anche la 'porta principale delle chiese').

rocca: *Rocca d'Orcia* (Castiglione d'O. SI), *Roccaccia* (Piancastagnaio SI); *Rocca di Papa* (Roma) (dipendente dal pontefice), *Roccagorga* (LT) (fortilizio della *gorga* < gurges).

rota (in rapporto a 'mulini'): *Ruota* (Capannori LU), *Rotaio* (Montéggiori, Camaiore LU) = a. 855 *Rutario*; *Rotaiola* (Strettoia GR, Pietrasanta LU); *Ruota* (Fiesole FI), *Le Ruote* (Pàncole, S. Gimignano SI), *Rotone*

(Casciana PI) 'mulino'; *Pian di Rota* (LI), *Rote* (Castelnuovo, Val di Cècina PI), *Rotelle* (Castelnuovo Berard. SI); *Val de Rode* (Arsiero VI); *Rua* (Torreglia PD), *Vò di Rua* (Vigasio VR) (o ruga?).

ruga 'via' (appellativo nel contado lucchese): *Ruga* (Gragnano Capannori LU), *Rugghia* (Borgo a Mozzano LU) < rugula; *Rugàggine* (parte di una via tra S. Gennaro LU e Collodi PT, Capannori LU, Pescia PT) ('solchi impressi dai veicoli'); *Rue di Fabriano* e *Ruarella* (ivi) (*ruva*, *ruga* cfr. francese *rue*, 'viuzza'), *Ruva* e *Rua dei Longobardi* (AP); *Ruga* (Crevalcore BO); *Ruga* (Povegliano TV e Paese ivi), *Ruga* (VE) e varie volte nel Veneto; *Rugabella* (via di MI); *Ruva* (AQ) ('canale in cui corrono acque sporche'), *Le Rovelle* (Loreto Aprutino PE) (abr. *ruva* 'vicolo, chiassuolo, viottolo tra due siepi').

sagitta: *Saettella* (Chiatri LU) ('piccola selva di castagni che ha la forma di saetta'); *Taglio della Saetta* (Caorle VE), *le Saette* (Grezzana VR), *Valle delle Saette* (Arsiero VI), *Site* ant. (Caprino VR) sec. XIII; *Sittara* (Vestena VR), *Sittada* (Tovena, Vitt. Ven. TV) (varie motivazioni, ad es. 'luogo colpito dal fulmine' o 'forma di terreno a punta' o 'canale').

salaria, -arium cfr. bellunese *salèra* 'sorgente salata' o 'grondaia' 'canale': *Salara* (RO), *Salarine* (Prun VR), *Salaròla* (Colli Euganei PD); *Salèra* (S. Pietro di Feletto TV), *Val Salere* (Vittorio Veneto TV) = a. 1397 *Sellera*; *Salàr* (Val Pantena VR), *Salaròlo* ant. (Borso TV); *Salariis* (Treppo Grande UD) e vari luoghi; *Salera* (Casape, Vicovaro, Roma) ('pietre su cui si depositava il sale per nutrimento degli ovini'). Da *sala (preromano) 'smotta, solco d'acqua, acquitrino' forse *Sala* (Avoscan e Alleghe BL) e il mt. *Salubio* (Valsugana TN), cfr. per il suffisso *Pasubio* (VI); anche *Salò* (BS) a. 1016 *Salaude*, sec. XII-XIII *Salodem* forse < salatu (per 'un rivo la cui acqua è ricca di salsedine'). Vi può fare concorrenza, in qualche caso, il longobardo sala, v. § 106.

salebra 'luogo aspro e difficile d'una via': *Salabra* (Stiappa, Vellano PT), *Salabrella* (V. Collemandina Garf. LU) (voce rara e pare non passata al neolatino).

salina, sale: *Salino* (Paularo UD) 'sorgente salata' 'terreno sterile ricco di sale'; *S. Mauro di Saline* (VR), *Saline* (Borso TV) e *Scolo Salino* (Canaro RO).

semĭta -itariu 'sentiero': ant. *Simitula* (LU) a. 981 (cfr. *semìtola* 'viottola'); *Sémiti* (Montalcino SI); *Sémita* (Usella, Cantagallo FI), *Simitieri* (Macerata; Càscina PI) 'viottolo'; *Semea* ant. (S. Giorgio di Valpolicella VR) a. 1213; *Sémide* (Tricesimo UD), *Somiera* (Telve TN); *la Sandella* (Prun VR) < semitella; *Senterone* affluente del Noncello (TV), *Semitècola* (Pernumia PD); *Senda, strada dela* – (Clusone BG), *Séndine* (Cerveno BS); *Sandello* (Vertova BG), *Sandone* (Lodi).

solarium (anche 'meridiana' e 'fabbricato per essa'): *Solaio* (Pietrasanta LU), *Solaio* (Fratta, Cortona AR), *Solaia* (Capannoli PI) = a. 983 *Solaria*; ant. *Solaiolo* (Traiana, Terranuova Br. AR); *Solaia* (Monticiano SI) = *Solagio* a. 1004; *Solaia* (SI); *Solara, Soliera* (MO), *Solarolo* (RA); *Salare del Pero* (Atri TE), *Salarotta* (Notaresco TE); anche 'casa rurale': S. Maria in Solaro (VR) dall'a. 744; *Solèr* (Tovena Vitt. Ven. TV), *Solaro* (MI) (solaio, terrazzo?), *Solaròlo* (Goito MN).

sorte 'terreno comunale diviso tra privati' 'pezza': *le Sorte* vari luoghi, *le Sort* (Follina TV).

speculum (forse anche 'specchio d'acqua'): *Specchio* (S. Miniato PI), *Bello-specchio* (Quartaia, Colle Val d'Elsa SI), *Spicchiaiola* (?) (Pignano, Volterra PI); ('luogo di osservazione'): ant. *Montespeclio* (Montalcino SI), ant. *Montispecchio* (Sovicille SI); vari *Specchio*, *Specchia* (LE) in Puglia e Salento da specula equivalente al greco φρουτώρια 'vedette fortificate'; anche *Spécola* (CS) 'luogo di osservazione'. Da specus ad es. lo *Spiego* (Amelia TR) 'spelonca' (?).

s t a b u l u m ‘stalla’: *Stàbbio* (Compito, Capannori LU); *Stabbia* (Garf. LU), *Postabbia* (S. Romano Garf. LU) < p o s t-; *Stabbiato* (Forno Volasco Garf.), *Stabbia* (Barberino Mugello FI), *Stabbi* (Montalcino SI), *Stabbiati* (Campo, Elba LI), *Stabbiatelli* (Cinigiano GR), *Stabbio* (Casella GE); ant. *Stabli* ant. (VR) a. 1223; *Stabie* (BL), *Stalis* (Gemona UD), a. 1259 *Staulis*; *Stabiuzzo* (Ormelle TV), ant. a. 1152 *Stablucio*; *Stavolone* (Cesio M. BL); *Stàvoli* molti luoghi in Friuli; *Stàbile* frequente in Abruzzo (abr. *stabbələ* ‘concime’); *Stàvoli* (Mélito RC) qui forse dal gr. σταῦλος ‘stalla’ cfr. in Grecia Σταῦλοι, top. a Rodi e Σταῦλος due comuni.

s t a t i o > *Stazzo*, *Stazze*, *Stazzetto*, *Stazzotte* (frequente nel Lazio) (‘ricovero per ovini’, ‘abitazione rurale con ricovero per ovini’), *Stazzo* (Loreto Aprutino PE); *u Stazzuni* (CT e Minèo CT).

s t r a t a ‘via’ *Strada* comune ovunque: *Strà* (VE), *Strà di Caldiero* e *di Belfiore* (VR), *Stramaggiore* (PD toponomastica urbana), *Strada Alta* (Mogliano TV), *Stradalta* (S. Stino VE), *Stradonèi* (S. Lucia P. TV).

t a b e r n a: *Taberna* (Sesto di Moriano LU), *Tabernella*/*Tav-* (S. Quirico LU); *Tavernuzza* (Massa, Incisa FI), *Taverna* (Campiglia, Colle Val d’Elsa SI), ant. *Tavelle* (Palaia PI) = a. 1195 *Taverle*; ant. *Tavernule* a. 980; *Tavernelle* (Cégliolo, Cortona AR), *Tavernacce* (SI), *Tavernelle* (Montalcino SI); *Tavernole* (Osimo AN); *Tavèrnole* (S. Mauro VR), *Tavèrnole* (Cencenighe BL); *Tavernèlle* (VI), *Tavernàle* (Torrebelvicino VI); *Taverna* (Concorezzo MI), *Tavernelle* (Gussola CR), *Tavèrnole* (BS), *Tavernario* (CO); *Taverna*, *Tavèrnole*, *Tavernucole* (Ausonia, FR, S. Gregorio da S., Roma, Guidonia M. Roma) (‘luogo di sosta’ oppure ‘buca del terreno’); *Taverna* (Roseto degli Abruzzi TE), *Tavernara* (Val Castellana TE).

t a b u l ā t u m > *tabià* ‘fienile’ (alto veneto): *Tabiadón* (Falcade BL), *Tabiadèl* (Cencenighe BL); ant. *Tabladello* (Vitt. Veneto TV) a. 1397; *Tolvà* mt. (Primiero TN),

Tabladàss (Cortenedolo BS) una baita (bresc. *tablàt* 'fienile').

tēctu 'tetto' 'costruzione in montagna'. *Sostetto* (Bagni di LU), *Sostecchio* (Orbicciano, Camaiore LU) < subtus tectum?; *Tetto Bianco* (Càrcare SV), *Casa Tecchio* (Roccavignale SV), *Tecchiano* (Mallare SV), *Tecci* (Vado L. SV), *Tetti di Panigazze* (Borghetto d'Arr. IM).

tegula: *Pietrativoli* (Verbicaro CS), cfr. calabrese *tìvula* 'lastra di pietra', *Tegulata* (Itin. Anton. 294) non lontano da Portofino (GE) significa 'abitato coperto di tegole'.

termen 'segno di confine': *Terme* (Pascoso, Pescaglia LU), *Termi* (Verni Garf. LU); *Terme* e *Tèrmine -i* molto frequente in Toscana; *Terminalto* (Sassetta LI); *Tèrmine* (Valle Castellana TE); *Termine* molti luoghi nel Veneto, *Tèrmen* (Feltre BL), *Terminón* (Negrar VR), *Tramegna* (Soave VR) < terminea; *Termine* (Villafall. CN).

tofus/tufus 'tufo': *Tufo* (Poppi AR), *Tufa* (Pian di Scò AR), *Tufone* (Stia AR), *Tófori* (Capannori LU); *Fosso della Tufillara* (Valle Castellana TE), *Li Tufi, Tufelle, Tufaro* (TE), (abr. mol. *tufë* 'zolla di terra' 'tufo'); *Tuffo* (Cocconato Asti) *Tuvi* (Sanremo IM); *Tuvetto* (Pigna IM), *Bric Tovi* (Stella SV), *Tuvo* (Levanto SP), *Tufo* (Oriolo, CS), *Vallone del Tufo* (Lungro CS), con suffisso *Tufara* (CB), 'cumulo di terra', (Acri CS e Montesarchio BN) 'cava di tufo', *Tufino* (Roccarainola, NA), *Tufillo* (Vasto CH).

torculare: ant. *Torclare* (Pieve di Sesto LU); ant. *Torcular* (Montorio VR) a. 1160 (v. il seguente).

torculum 'strettoio': *Tòrcolo* più luoghi VR; *Tòrcoi* Piaia di- (Osigo Fregona TV), *Turco* (TE).

torus 'altura' (ma può esser d'origine preromana): *Toro* (Subiaco, Roma), *Torello* (Minturno LT) 'monticello'; *Tuoro* e *Torale* (PG); *Tuora* (FE).

trajectus 'passaggio', 'tragitto' (veneziano *traghetto*): *Traietta* (Gallina, RC) qui 'guado di fiume'.

trapētum 'frantoio': forse ant. *Trippita* (Reggello o Pelago FI), *Trappetola* (Fosciàndora e Ceserana Garf. LU), *Trappeto* (Corvara PE).

trifŭrcium 'tridente' 'trivio', *Triulzo* (San Donato Milan. MI), cfr. *Triulcio* (Triulzio) cognome in RC; *Triforce* (Medicina BO) < trifurcus -ae; *trifinium ('luogo ove fanno capo tre confini'): *Trefigno* (Fabriano AN), abr. *Trofigno*, *Pizzo Trivigno* (v. § 97).

trivium: *Trebbio* frequente in Toscana, *Trebbiale* (S. Godenzo FI), ant. *Tribbia* (Palaia PI) a. 980; ant. *Tribio Maio* a. 1085; *Tribbio* (S. Giovanni d'Asso, SI); *Trebbio* (PS), *Trebbio* (Poggio Berni FO); *Treppo* (UD), *Tribollo* affluente del Tesina VI = a. 1178 *Trebellus*; *Tribelli* (Montefinio TE), *Trivello* (Ancarano TE).

tumulus: *Tómbolo* (PI) = a. 1151 *Tomulo*, *Tombo-rèllo* (Stagno Collesalvetti LI), *Tombolaia* (Vecchiano LU), *Tumulo* ant. (Bibbona LI), *Tómbolo* (Orbetello GR).

turris: *Torre*, *Torretta -ione* molto frequente; *Torricchio* (Chiesina, Uzzano PT), *Torrita* (Staggiano AR), *Torrita* (SI); *Tórrio* (Borgo a Mozz. LU) (< *torraio* 'custode della torre'?); *Torretta* (Collesalvetti LI), *Triturrita* (LI), *Torrazzo* (GE), *Torretta* (Toirano SV), *Torri* (Ventimiglia IM), *Tórria* (Chiusonico IM), *Torriglia* (GE) (con *-ilia*); *Torre*, *Torri* frequente ovunque; *Torrazzo* (Valdagno VI), *Torreglia* (PD) < turrĭcula; *Torille* (Verres AO), *Torriggia* (Vinzaglio NO); in Sicilia: *'a Turri* frequente, *a Turretta* (Militello CT, Nicosia EN), *a Turricchia* (Ragalbuto EN), *'a Turracchia* (Melilli SR).

vervactum 'maggese': *Barbatti* ant. (Molfetta BA) e ant. *Barbettus*, *Barbacti* (Puglia); *Barbati* ant. (forse presso Acquaviva BA).

via: *Viareggio* (LU) e rege, *Violo* (Garfagnana, più volte); *Via maggiore* (Borgo Valsug. TN) (dial. *Giamaór*), *Vi-storta* (Sacile PN), *strada dele Viatelle* (Soave VR); *Viazzola* (S. Orso VI); anche *Vià/Vial* (Cadore e area dolomitica) (anche 'stretta rocciosa').

vīcus -ŭlus: *Vico* e *Vicchio* frequente in Toscana; *Vico* (AR), *Vico* (Campiglia, Colle Val d'Elsa), *Vico* (Scarperia FI), *Vicchio* (Staggiano AR) = a. 1031 *Viclo*; *Vico* (Stazzema LU), *Vicello* (Ponteccio Garf. LU); *Vicarello* (Cinigiano GR), *Vicchio* (Roccalbegna GR); *Vigo* (GE), *Vigo d'Orero* (Serra Riccò GE), *Vico* (Bargagli GE), *Vicosoprano* e *Vicomezzano* (Rezzoaglio GE); *Vigo*, *Vi-* vari luoghi nel Veneto; *Vilmezzan* (Caprino VR) = a. 1228 *Vigomeçano*; *Vighi* (Vo' Eug. PD), *Codevigo* (PD), *Caldevigo* (Paese TV), *Vighizzolo* (Este PD), *Vigazzolo* (Montebello VI), *Vigazzoli* (Cerea VR); *Vigo di Cadore* (BL), *Vigo di Fassa* (TN); *Mondovì* (CN) = a. 1214 *Monte de Vico* detto poi *Monte Regale* 'monte del dominio regio' (cfr. l'etnico *monregalesi*); *Vico nel Lazio* (FR), *Vico Canavese* (TO), *Vico del Gargano* (FG), *Vico Equense* (NA), *Vicoforte* (CN); *Vicofertile* (PR), *Vigolante* (PR), *Vigolone* (PR), *Voghenza* (FE) (< vicus Abentia).

vigĭlia 'torre, vedetta': *Veglia* (dialetto *veia*) (S. Giacomo di - Vittorio Veneto), *Cal dela Veia* (Anzano, TV), *la Veglia* (Malo VI), *Veggiola* (ivi), *le Veglie* (Sarmide VI).

villa -ŭla 'podere' 'fattoria con podere' *Villa -e* frequente in Toscana: *Villora* (S. Ginese Capannori LU), *Villuzza* (Ulignano S. Gimignano SI), *Vìllole* (Montevarchi AR), *Villore* (S. Giovanni d'Asso SI), *Villori* (Montieri GR), *Rigovilla* (Roccastrada GR) < rivo villae, *Villa* (Garlenda SV), *Villavecchia* (Ronco Scrivia GE), *Villanova d'Albenga* (IM); *Villa* comune nel Veneto 'villaggio', *Sovilla* (Arcade TV), *Villatella* (Cessalto TV); *Villa* numerosi luoghi anche in Lombardia (indica spesso il centro minimo periferico dell'abitato), nel Bresciano *Ila* o *Ela*; *Francavilla Bisio* (AL) (*franco* 'esente da pesi fiscali')

Francavilla al Mare (CH), - *Angitola* (CZ), - *Bisio* (AL), - *d'Ete* (AP), - *di Sicilia* (ME), - *Fontana* (BR), - *in Sinni* (PZ), - *Marittima* (CS); *Villafranca di Forlì*, *Villafranca* (Garlenda SV), - (Medolla MO), - *d'Asti*, - *di Verona*, - *in Lunigiana*, - *Padovana* (PD), - *Piemonte* (TO), - *Sicula* (AG), - *Tirrena* (ME); *Villar* (< villāre 'piccola villa') varie volte (TO ecc.); *Virle Piemonte* (Torre Pell. TO), *Virle* (Rezzato BS) < vilulae per villulae.

vinaria (*Cella-*) 'cantina': *Vinèra* (Vitt. Veneto TV) = *Vineria* a. 1517; *Costa Vinaroli* ant. (Orgiano VI) a. 1181.

D) Derivati toponimici da aggettivi

100. absconsu 'nascosto'; *Prato Ascoso* ant. (Gazzo VR) a. 1331; *Acquascusa* (Belsito e Mormanno CS), *Acquascosa* (Aieta CS); *Portoscuso* (CA).

acūtu 'appuntito': *Monteacuto/Monteaguto* frequente ovunque; *Montaguto* (Chianciano SI); *Poggi(o)aguto* (*-aùto*) (Montemignaio AR); *Montaùto* (Fiano FI, Pescaglia LU); *aguzzo*: *Poggioauzzo* (Colle Val d'Elsa SI); *Monteacuto* (SI); *Monteauto* (Sovicille SI); *Monte-gù* (VR), *Agù* (Marostica VI), *Sottoguda* (Rocca Pietore BL), *Anguìn* (Caprino VR) a. 1213 *Agudino*; *Acuto* (FR) poiché il paese sorge sulla vetta di un monte 'aguzzo'.

altu: *Altaserra* (Bucine AR), *Altociglio* (Vaiano, Prato FI), *Jalta* (Monte S. Savino AR) = a. 1083 *Area alta*; *Cerretalto* (Carmignano FI) e qui *Certaldo* (FI) (?); *Ripalta* (Figline FI), *Peralta* (Pugliano e Sillano Garf. LU), *Pennalticchia* (Vergèmoli Garf. LU), *Altopascio* (LU), *Piaggerta* (San Rossore LU) (?), *Vierta* (Fiattone Garf. LU), *Serrelta* (Vagli di Sotto Garf. LU); *Altori* (Castel del Piano GR); *Alta-villa* (VI), *Callalta* (TV); *Altura* (Lonigo VI); *Montalto di Castro* (VT) (appartenente all'antico ducato di "Castro"), *Montalto delle Marche* (AP), *Montalto Ligure* (IM), *Montalto* (PV) *Montaldo* ecc., *Altamura* (BA) (a. 1232) così detto per le mura 'ciclopiche'.

amāru: *Acquamara* (S. Gimignano SI), *Fonteamara* ant. (Val di Chiana) a. 1040; *Costamara* (Palleroso Garf. LU) 'costa ripida'; *Fontamara* (SI); *Pozza Amara* (Cisano Gard. VR), *Valle Mara* (Grezzana VR). *Maru* molti nomi di contrade nella Calabria meridionale le quali serbano il nome di una persona defunta: *Maru Vincenzu* (Melito), *Maru Rocco* (Samo), *Marumulu* (Delinova), *Maru Valentu* (S. Lorenzo), cfr. calabrese *maru* 'povero' 'infelice'.

amplu 'ampio, largo': *Vallòmpia* (S. Romano, Borgo a Mozz. LU), *Gallàmpio* (Montalcino SI), forse < calle amplu (?); *Via Ampia* (Abano PD); *Ampledum* ant. (Vangadizza, Legnago VR?).

antiquu (*-icu*): *Fonteantica* (Castel Focognano AR), *L'Antica* (Rignano sull'Arno FI), *Antica* (Morrona Terricciola PI) = *Antiqua* a. 1119 (anche 'parte del campo volta ad oriente'), *l'Antiga* (S. Pietro di F. TV), *le Antighe* (Colle Vitt. Veneto), *Callantiga* (Caldiero e Soave VR); *Antiga* torr. (Limido CO), nel pugl. *antica* 'via di campagna poco praticata' > ant. *via antica* a Molfetta BA (a. 1137-41).

apertu: *Montaperti* (Villamagna, Volterra PI), *Montaperto* (Val D'Arbia SI); *Maloperta* (Barga LU), forse anche *Vèrtona* (BG) per *vèrtola 'terra aperta, comune'; *Pèrtina* (Casabasciana, Bagni di LU, Medicina Pescia PT), *Perchio* (Coreglia A. LU) < apĕrtŭlu; *verta* 'terra aperta, comune', *Averto* (Colle-, Solagna VI), *Vert* (Tovena, Vittorio Veneto), *Navert* (Follina TV), *Vertura* (*Colombara-*, Castelnuovo VR), *Vèrtola* (Atri TE), *Valle Perto* (Val. S. Giovanni TE).

aprīcu 'aperto': *Aprico* (AR), ant. *Calabrica* (Fiesole FI a. 1032) < calle-; *Brìcoli* (Lastra a Signa FI), *Brica* (Sillano Garf. LU), *Brico* (Tereglio Coreglia LU), *Bricchio* (Bagni di LU), *Le Brìcole* (Castiglione d'Orcia SI), forse *Aprica* (Placànica RC) attraverso il greco *ἄπρικος; *Verica* (MO) ('terra solatia').

aridu: *Campardo* (PI), *Riardo* (Pescaglia LU) < *rivu-*;

Poggiolardo (Roccalbegna GR); *Riardo* (Massa Marittima GR), *Rialdo* (Riparbella PI) (con *ld* < *rd*); *Ardo* due torrenti (BL); *Calle-arda* (Schio VI), *Cell-arda* (Feltre BL), *Campo ardo* (Godega e Colle Umberto TV), *Ardosa* (Crespano TV); *Ardena* (Brusimpiano VA), *Ardenno* (SO), *Ardesio* (BG) = a. 1026 *Ardexie*; *Fonte Nardo* (= *in Arido*) (Fonte Castellana TE).

arsu: *Casarsi* (Bagno a Ripoli FI), *Montarso* (Ponte a Elsa FI); *Arsiccia* (Castel San Niccolò AR); *Casarsa* frequente (Barberino Mugello, Campiobbi, Fiesole FI), *Arsoli* (Montegonzi Cavriglia AR), *Arsìccioli* (SI), *Casarse* (Castelnuovo Val Cecina PI); *Camp-arso* (Dolcè VR), *Casarsa* (Monteforte VR e PN), *Arsié* (Fonzaso BL) = *Arseo -edo* a. 1085, 1188; *Arsòn* (Feltre BL) (incerto per *-òn*); *Arsiccio* (Crognaleto TE).

aspĕru 'aspro': *All'Aspro* e *Aspruccio* (Palaia PI), *Montaspro* (Buti PI), *Vallaspre* (Sillico Garf. LU), *Naspro* (Convalle Pescaglia LU), *Naspraglia* (Vàllico Garf.); *Spretto* (Castelnuovo Berard. SI) < *aspreto 'luogo aspro e sassoso', *Val d'Àspra* (Massa Mar. GR); *Asparetto* (Cerea VR), *Sprea* (Badia Calavena VR e Schio VI), *Spredino* (Grezzana VR); *Sparaone* ('pra asparón') (nelle Grigne SO); *Sperella* (Pianella PE), *Monte dell'Aspro* e *Costa Aspra* (Gravina, BA); *Terre Asprose* (Barletta BA) < *asprōsus (?); *Monte Aspro* e *Aspromonte* (M. *aspro* o bianco gr. m. ἄσπρος).

aureu: *Castello Montòrio* (Sorano GR); *Porta e Contrada Oria* (Feltre BL); *Port-orgia* (BL), *Auriola* ant. (Monselice PD) a. 898, *Oriòla* porta (Bassano VI), *Oriolo* Romano (VT), *Oriolo* (CS) (ma è più probabile < hordeolu).

bassu: ('piccola bassura, spesso umida); *Pratobasso* (Castel Focognano AR), *Villabassa* (Montespèrtoli FI), *Bassa* (Cégliolo Cortona AR), *Lago della Bassa* (Orbetello GR), *Le Basse* (Montescudaio PI), *Basso* (Sorano GR); *Laste-basse* (VI); *Bassor* colle (Orsago TV); *Bassana* (S. Mich. e Peschiera VR).

bellu: *Belfiore* (Castel Focognano AR e Centoia, Cortona AR), *Belforte* (Bagno a Ripoli FI), *Bellagio* (Bibbiena AR), *Montebello* (Pratovecchio; Terricciola PI), *Querciabella* (Panzano, Greve FI); *Bellòca* (Seravezza LU), *Belloga* (Borgo a Mozzano LU) < bella loca (?); *Mirabello* (Camaiore LU) 'luogo ridente e soleggiato'; *Belsedere* (Trequanda SI) (*sedere* o *sedile* 'dimora stabile di servi nel fondo'); *Belvedere* (Suvereto LI); *Belvedere* (VR) e vari luoghi.

bifŭrcu: *Biforco* (Chiusi in Casentino), *Biforco* (Serravalle Poppi), ant. *Biforca* (Bagno a Ripoli FI, a. 1178), *Bifolco* (ivi); *Castelluccio Biforchi* (Val d'Orcia, Pienza SI) ant.; *Biorca* (Revine TV), *Borca* (Cadore BL) = ant. *Bevorcha*; *Beorchia* (UD) onde *Beorchiàn* (Tarcento UD) e *Bevorchians* (Moggio Udinese).

blancu: *Biancona* (Lari PI, Signa FI), *Biancanelle* (Chianni PI); *Verbiancana* (Giuncugnano Garf. LU) (*ver* 'verso' *biancano* 'campi con terreno, calcare bianco';) *Biancana* (Volterra PI e Rapolano SI), *Biancanelle* (Scansano GR); *Ru-bianco* (Longarone BL).

bonu: *Bonagio* (Radda in Ch. SI), *Ariabuona* (Montespertoli FI), *Borriboni* (Ponte agli Stolli Figline FI), *Ribonello* (Castel del Bosco Palaia PI), *Valibona* (Filettole, Prato FI); *Val(l)imona* (Fibbiano Camaiore LU), (con *b* > *m*); *Montebuono* (Volterra PI); *Dosso-buono* (Villafranca VR), *Pria-bona* già *-mala* (Malo VI) (*pria* 'pietra'), *Ri-bon* rivo (Velo VI); *Valbona* (Cortina BL).

bretto 'brullo': *Poggio al Bretto* (Castelfalfi, Montaione FI) ('casolare in cima a un colle').

bruno: Campobruno (Dicomano FI), *Roccabruna* (Vicchio FI), *Roccabruna* (Porta Lucchese PT); *Poggiobruno* (Castiglione della Pescaia GR); *Campobruno* (Recoaro VI), *Motto-bruno* (Roncà VR), *Calbruna* (Conegliano TV), *Villabruna* (Feltre BL) (*bruno* 'oscuro').

brustolà 'bruciato': *Brustolà* ant. (Teolo PD), *la Brusto-*

làa (Valsugana TN), *Brostolài* (Cencenighe BL). Anche ustulatu > *Ostellato* (FE) = a. 985 *Ustulado*; forse *Stelata* (Cento FE) < ustulata? *Listolade* (Taibon BL) = ant. *Ustolatis*; *Ustulati* ant. (Ariano Trev. Roma); *Uschione* (Chiavenna SO). Si noti anche *Abbruciato* (Anzio Roma, Montelibretti Roma) ('terreno ove viene effettuato il debbio') (< ustulus 'bruciacchiato'). Da ustrinare: *Strina*, *Pizzo Strinato* (TN); da *brufà* 'bruciato' > *Brusadèl* (Peschiera VR), *Brusegana* (PD) a. 1026-7 *Burzigana*, *Burcigana* (?).

būriu: *Borbuio* (Cavriglia AR) < *borro-*; *Fontebuia* (Chianciano SI), *Forrabuia* (PT), *Vallebuia* (Lastra a Signa FI), *Viabuia* (Bagno a Ripoli FI); *Canalburo* (M. Altissimo Seravezza LU), *Buglio* (S. Concordio di Moriano LU); *Vallebuia* (Massa Mar. GR).

caesu, (in)cisa 'tagliato': *La Cesa* (Pergo Cortona AR): *Incisa* (Prato FI, Castel S. Niccolò AR), *Incisa* (Montecchio, Castiglion Fior.), *Incisa* (Piteccio PT); *Ciesa* (Borgo a Mozzano LU; Bagni di LU), *Cesalde* (Borgo a Mozz. LU); *Malga Ces* (Primiero TN) (dal bosco tagliato), *Cesàre* (Gonzaga MN) cfr. lomb. *sces* 'siepe'; meno probabile *Cesate* (MI); *La Cisa* passo (Pontremoli MS); *Cesina* (Dàvoli CZ, Vibo Val. CZ, Altomonte CS) (< calabrese *cesina* 'disboscamento'), anche *Gesina* (Isca, CZ); *Cesine* (Ginosa TA), *La Cesàglia* (Minervino LE) (v. qui *cesina*, *cetina* § 98).

calidu: *Acquacalda* (Prato FI); *Calda* molto diffuso, *Caldana* rio (Lari PI), *Le Caldine* (Fiesole FI), *Caldìo* (S. Casc. val di Pesa FI), *Caldiole* (Bucine AR); *Caldanello* (Barga LU), *Caldalla* (Lombrici e Càsoli Camaiore LU) < *-anula*; *Caldìa* (Casciana PI e Gramolazzo Garf. LU); *Caldane* e *Caldanello* (Montecatini Val Cècina PI); *Fonte Caldo* (Teolo PD); *Caldón* (Vo' Euganeo PD), *Fuscaldo* (CS) a. 1326 *castrum Fuscaldi* < fons calidus vicino alla stazione idrominerale di "Terme Luigiane" con acque calde di 5 sorgenti (si trovava in comune di Guardia Piemontese CS!).

calvu 'calvo', 'diboscato'; *Fosse Calve* (Vigasio VR) a. 1217, *le Calvere* (Revine TV), *Calvarìn* mt. (Soave VR), *Calbarine* (Magrè VI); *Monte Calvo* (Tiglieto-Rossiglione GE); *Monte Calvo* (PG), *Calva* (molti nel Lazio) (zona disboscata), *Calbo* (pr. il Gargano), *Calvella* (Irsina, MT); *Calvello* (PZ) ('raso').

cassu 'cavo', 'cavernoso': *Pietracassa* (Orciatico, Laiano PI) = a. 1028 *Petracassa*; forse *Casso* (PN) (?) (non da *quassu da quassare 'scuotere' (?) data la pron. locale *čas*).

cavu -atu: *Borcavo* (Gaville, Figline FI) < *borro-*; *Forracava* (Castelfranco di sopra AR); *Cave* molto frequente; *Gavina* (Candeglia PI), *Gavazzole* (Barber. di Mugello FI); *Via cavola* (Magliano Garf. LU) = *via caula* ant.; *Gavina* (via o sentiero o ruscello incavati e profondi) assai diffuso; *Cavatello* (Gallicano Garf. LU), *Cavaticcio -i* (Oneta, Borgo a Mezz. LU); *Caìna* (Gualdo MC) ant. (Maremma), *Cavi* (Montieri GR); *Cavi di Lavagna* (GE); *Cal-cava* (Cellore di S. VR) a. 1222; *Cavazze* (Cerro VR), *Cave* (Roma) (dalle cave di marmo), *Rucavà* (Livinallongo BL), *Cavàa* (Valsugana TN); *Cavaìzza* (Saletto PD).

cessu 'remoto, impervio': *Cesso* (Arzergrande PD) = sec. XIII *Zessum*; *Cesso* ant. (Conche PD) a. 1065; *Cesso* ant. (Isola Porcaricia VR) a. 1212; *Cess-alto* (TV).

circularis: *Cerchiaru* (S. Giovanni in Fiore CS), *Lo Cerchiaro* a. 1533 (presso Caccuri CZ).

claru: *Chiarafonte* (Rignaro sull'Arno), *Chiaravalle* (Quarata AR), *Chiaro* (Chiusi), *Chiarine* (Acquaviva Montepulciano SI); *I Chiariti* (presso LU) ('campi bassi e paludosi'); *Collechiaro* (Massa Marittima GR), *Montechiaro* (Montalcino SI); *Chiaramonte* (Cinigiano GR) (si noti il femm.!); *Re-chiaro* valle (Castelgomberto VI); *Ciar* mt. (S. Stefano BL).

clausu, clūsu: *Fontechiusa* (Moncioni e Montevarchi AR), *Valchiusa* (Terranuova Bracciolano AR), *Chiusi* (AR), *Chiusura* molto freq.; *Chiusori* (Camaiore LU), *Conchiuso* (Stazzema), *Conchiuse* (Sassi Garf. LU); *La Chiusa* (Cetona SI); *Chiusdino* (SI) (< *chiusolino*); *Chioso* (Lazise VR), *Chiossa* (Valli VI), ant. *Chiossetto* (Alonte VI); *Chiusa* freq.; *Ciùs* (M. Malo VI), *Ciusso* (Arzergrande PD); clausura > *Cesura -etta* molti luoghi; *Clusone* (BG) a. 830 *Clisione*; forse *Giusa* affl. della Vepra (MI); *'a Ciusa, i Ciusi* (Noto SR), *i Nchiusi* (Agira EN).

coccinus 'rosso': *Valcòzzena* (Agordo BL), *Sot cuòzen* (Rocca Pietore BL). Forse da cocceus 'rosso': *Cocèlli* (Cento FE) [v. anche § 97].

cocibilis nel pugliese 'terra fertile': *Coccévole* (Andria BA), *Li Cocévoli* (Montrone, Adelfia, BA), *Monte Le Cocévole* (Canosa BA), *Cocelvini* (Santéramo in Colle BA).

communis: *Poggiocomune* (Antria AR), *Comuno -i* (Casalta, Lucignana AR), *Comugni* (Terranuova Bracciolini AR), *Comùgnoli* (Montòpoli PI), *Comunaglie* (Staggiano AR); *Comunéta* (Seravezza LU); ant. *Comungne* (forse Gaiole o Radda SI) sec. XI; *Comùne* ant. (Grezzana VR), *Comunazzi* (Lazise VR), *la Comùna* fossa (Battaglia PD), *I Comunali* (Fumane VR).

cordu 'immaturo' 'tardivo': forse *Còredo* (Val di Non TN) = ant. *Corda*, *Cordo* (Friuli), e *Corda* ant. (Gallio VI) *Cordella -ellón* (BL) (?); *Cordisco* (Sora FR, Leonessa RI) ('granaglie minute' o 'agnelli nati presto').

cūpu 'profondo' it. ant. *cupo* abr. *cupë* 'profondo, concavo' [v. sopra cūpa]: *Fonte Cupa* (Canzano TE), *Fonte Cupo* (Castellalto TE), *Fosso Cupo* (Notaresco TE), *Valle Cupa* (Penna S.A. TE), ant. a. 1076 *Rivo Cupo* (TE); *Vallecupa* (Fagnano Alto AQ e Bomba CH); C. *Pozzocupo* (AN).

curtu 'corto': *Campocorto* (Cavriglia AR), *Pantancorto* (Tobbiana, Prato FI), *Roncocorto* (Scandicci FI);

Cùrtole (Conegliano TV, Fregona TV), *Cùrtoli* (Magré e Pianezze VI), *Curtolé* (Revine TV). Da *curtiu, *Il Curcio*, colle di Gioia del Colle, *Curcioni* ant. (Molfetta BA), *Monte Curcio* (nella Sila, CS), cfr. calabrese *curcio* 'basso corto', anche cognome.

deructus: *Deruta* (Orvieto), italiano antico *diruto*; *Derotta* (Pozzuolo MN) ant. *Derrotae* < diruptus.

*dianu 'volto a levante': *Monte Zano* (Vorno Capannori LU), *Zana* (Vergémoli Garf. LU), *Zandori* (Diecimo, Borgo a Mozz. LU); *Fontana-diana* (Montemagno, Calci PI), *Diana* (Vinci); *Dianella* (Vinci FI), *Zano* (AR), *Zano* (Greve FI), ant. *Zano* (S. Miniato PI) a. 983; forse *Zanè* (Thiene VI); abr. *Valle jana*.

dolātu 'squadrato': *le Dolade* (Taibon BL) (sono rocce liscie), *M. Dolada* (Alpago BL).

domesticu: *Coldomèstico* (Cardoso Garf. LU); *Pra Mèsteghe* (Tarzo TV).

domnicu (dominicus) 'del *dominus*' ("padrone"): ant. *Valle Dominica* (verso FI) a. 1018; *Campodònico* (Bibbiena AR), *Casa dònica* (Vaiano Prato FI); *Valdònica* = a. 948 *Valle dominica* (Senigallia AN), *Valdònega* (VR), *Dònega* (Torreglia PD), *Fonte dònico* (Monteferrante CH, Cugnoli PE), *Valle dònnica* (Controguerra TE); *Montetònaco* (Cigoli, S. Miniato PI) = ant. *Montedonico* a. 991; *Valdònica* (Càpoli Garf. LU); *Montedònachi* (Monteroni d'Arbia SI); *Donnici* (CS), secolo XVI *i Donnici* < campi dominici; *Terre Donniche* (Fiumefreddo Br. CS) < terrae dominicae.

dom(i)nicalis: *Val Domenegàl* (Selva di Progno VR), *Donegàl* (TV), *ai Menegàli* (Roncà VR e Grezzana).

dulcis: *Acquadolce* (Rio Marina LI); *Dolza* rivo (Fregona TV), *la Dolza* palude (Chioggia VE); *Dólzole* (Orgiano VI), *Dolçello* scolo (Este PD), *Dolcè* (San Pietro Incariano VR); *Dolzale* fosso (Maserada TV).

duplu: *Doppio* (Posina VI) (luogo posto su due rive di un torrente).

dūru: *Ca' del Duro* (VR), *Dorsoduro* (VE) ant. isola; *Terradura* (Carrara S.G. PD), *Durlo* (Crespadoro VI) = *Durlum* a. 1264 < dūrŭlu (con riferimento alla terra?).

èrto, < erctus 'ripido pendio': *Acquerta* (Castellina Mar. e Riparbella PI), *Aquerta* o *Aguerta* (Cècina LI), *Casaerta* (Càsole d'Elsa SI); *Erta* (Agordo BL), *le Ierte* (Tovena, Vitt. Veneto TV), *Col Iert* (Cison V. TV), *Erto* (PN); *Coll'Erto* (Brittoli PE), *L'Erta* (Formia, Gaeta LT).

falcātu: *Falcade* (pron. loc. *falčade*; BL), ant. *Falcatis*.

famelĭca > *Famèlica* (Anagni FR), 'terra magra, infeconda'.

fetente: *Pozzo Fetente* (Gravina BA), *Laghetto Fetente* (Maschito di PZ). Da *fètido*: *Laco Fètido* e *Gurgo Fètido* (Conversano BA a. 910), *Fontem Fetidum* (MT a. 1195).

fictu: *Massafitta* (Rignano FI) ('massi fitti'), specie in composizione con petra- indica una 'pietra quadrangolare infissa nel terreno come delimitazione confinaria': *Pietrafitta* (Piegaro, PG), *Pietrafitta* (Settefrati FR), *Pietrafitta* (CS); *Pietrafitta* (Avegno GE) [cfr. *Casa Pietrafissa* (Rocchetta Vara SP)]; *Prea Fitta* (Montorio VR), *Parafitte* (Tovena Vitt. Ven. TV) < petrae (?) *Pietrafitta* (Villa, Stia AR); *Fitte* (Luco, Borgo S. Lorenzo FI).

fĭssu: *Pretafessa* (Ponteccio Garf. LU) (oggi si dice *Prata-*), *Pietrafessa* colle (Castiglione della Pescaia GR) (?); *Fissi* boschi (Fadalto TV) (qui 'fitto'), *Monfisso* (Pastrengo VR), verrà invece da fiscu (che significa anche 'fitto').

fortis: *Borgoforte* (Gambassi, Montaione FI), *Campoforte* (Querce, Lucignana AR), *Massaforte* (Bagno a

Ripoli FI), *Montefortino* (Puliciano AR), *Grottoforte* (Soraggio Garf. LU) ('luogo sassoso e scosceso'); *Acquaforte* (S. Fiora e Castell'Azzara GR), *Poggiofortino* (Rio nell'Elba LI), *Fortetto* (Manciano GR); *Borgoforte* (Anguillara e Rovolón PD).

forātu: *Pra Forà* mt. (Arsiero VI), *Forade* (Illasi VR); *Forcella Forada* (Selva di Cadore BL).

formōsu: *Col Formós* (Tarzo TV), *fossa Formosa* (Piavon TV) (pare strano codesto eventuale arcaismo per 'bello'), *Formoso* (IS).

fractu: *Ripafratta* (Borgo S. Lorenzo), *Fratta* frequente in Toscana, *Frattone* (Vizzaneta, S. Marcello PT), *Fiattone -i* (Garfagnana LU), *Fratta* (bosco Rigo, S. Giovanni d'Asso SI), *Frattina* (Bonconvento SI); *Fratta* più volte nel Veneto; *Fratta di Fossalta* di Portogruaro (VE), *Ca' di Fratta* (Rezzoaglio GE), *Fracciosa* (SV); *Soffretta* (Mareno di Piave TV); *Fracchia* (Spino d'Adda CR), *Fracce* (Cittiglio VA), molti luoghi: *Fracetta*, 'bosco reciso' 'boscaglia di difesa'; *Fraissa*, *Fracione*, *Fracchiacce* (Voghera); *Fratta*, *Frattacci*, *Frattarelli*, *Frattoni* (comune nel Lazio) 'siepi'.

frĭ̄gĭdu 'freddo': *Acquafredda* (Badia a Prataglia, Poppi AR), *Acquifredula* (S. Moro PT), ('polla'); *Rifreddolo* (Sillano Garf. LU), *La Freda* (Villabasilica LU), *Freddone* (Stazzema LU), *Freddeta* (Matraia Capannori LU), *Rifredi* (FI); *Montefreddo* (S. Casciano dei B. SI); *Colle freddo* (Borea Pen. PE), *Paglia fredda* (CB).

fundu ('profondo'): *Fondura* ant. (presso il Serchio a LU) a. 1086; *Fondone* (Azzano, Seravezza LU), *Fondie* (Camaiore LU), *Fondeto* (Ripafratta S. Giuliano PI), *Fondo* frequente nel Veneto ('podere'), *I Font* (Agordino BL), *Calto fondo* (Vo' Eug. PD).

fuscu (scuro, nero): *Montefusco* ant. (Stia AR) a. 1191; *Terrafosca* (Pagnano, Empoli), *Prade- Morafosca* (S. Giovanni in Persiceto BO) (*mora* forse 'pozza, palude'), *Colle fosco* (IS), *Fosco* (S. Pellegrino Garf. LU), *Foscarello* (Sillico Garf. LU), *La Fóscola* (Sarteano SI); *Colfosco* (Susegana TV e Val Badia BZ).

galbus 'giallo': *Pietra Galla* (PZ); galbinus > *Galbino* (Anghiari AR) (+ albīnus?).

gelātu: *Rio Gelato* (Gemona UD), *Terra gelata* (Crognaleto TE).

gemellus: 'duplice', *Zumelle* = ant. *castrum zumellarum* a. 1170, 1183 (unitamente al vicino *Castelvint*), onde anche *Mel* (BL); *Zimella* (VR) = *Zumellae*, *villa-*, *Giumellino* (Val Malenco SO), *Giumella* (Val di Ledro BS), *Valli Gemelle* (Bovezzo BS), *Rio Gemella* (Val Trompia), *Val Dumèla* (Valcamònica).

geminus: *Val Zémola* (Roccavignale SV) e *Rio-* (ivi).

grossus: *Bosco-grosso* (Chiusdino SI), *Pietragrossa* (Marciano, Elba LI), *Grosseto* = a. 973 *Grosito*, a. 803 *Grosseto*; *Grossetèllo* (S. Fiora GR).

hibernu 'freddo': ant. *Liverno* rivo (Campodarsego PD) e *Codiverno* (ivi); anche *Codivernarolo* (vic. al precedente).

hostia nel senso di 'foci': *-Tiberis* = *Ostia* (Roma).

īmu 'profondo': *Mocampo* (Tèsina, Pelago FI < *(i)mo*) *Mocampo* (S. Quirico Pescia LU) = a. 988 *Imo Campo*; *Mavalli* (Cològnora, Villabasilica LU) = *īma vallis*; *Movico* (Cardoso Garf. LU) = *Dimovico* a. 995; da *imariu > *Imèr* (Primiero TN) e da *imolānu > *Primolano* (BL) = ant. *Prato imolano*; *Nimotorre* (Torre Boldone BG) < in ima turre; *Nimolcampo* (Clusone BG).

lapillōsus da lapillus (cfr. a MT *lapiḍḍo* 'sasso') > *Torre Pelosa* = ant. *Lapellosa* o *L'Apellosa* (Noicattaro, BA) e cfr. *Serra Lapidda* (MT).

latu 'largo' 'ampio': *Borrilati* (Vecchia, Reggello FI) (*borri-*), *Collato* (Stia AR), (colle-), *Fontilata* (Casole d'Elsa SI), *Pietralata* (ivi); *Pretalata* (Gorfigliano Garf. LU) < petra lata; *Costilati* (Pienza SI) forse per coste late; *Lato* (Montieri GR); *Calle Lada* ant. a. 1115 (Pontepossero VR); *Preta lata* 'pietra larga' (Valcastellana TE); *Badolato* (vadu latu) CS = sec. XII. εἰς Βαδουλᾶτον, sec. XVI *Vadolato* < vadum latum 'guado largo'.

longu: *Campolongo* (Fiattone Garf. LU), *Porcalonga* (Bolognana Garf. LU), *Collelungo* assai frequente, *Collelùngari* (Pescia), *Debbilungo* (Gallicano Garf. LU), *Greppolungo* (Camaiore LU), *Vallelungora* (Fibbiano Camaiore LU) < lungula a. 1061; *Acqualunga* (S. Tomato PT), *Torrelunga* (Monteluco SI), *Vallelunga* (Villamagna, Volterra PI); *Campilunghi* (Cècina LI), *Torre di Collelungo* (GR); *Longone*, poi *Porto Longone* (ora "Porto Azzurro", Elba LI): *Mur-longo* (Este PD), *S. Maria la Longa* (UD), ant. *Longole* canale (Chioggia VE). = 920 (?); *Valle Longori* (Quinto VR).

lūcĭdu 'lucente': *Fluvino Lucidus* ant. (S. Giov. Persiceto BO), *Lusiera* fonte sul Montello (TV) < *lucidaria (?); *Lusia* (Predazzo TN) (se non è preromano?).

luridu: *Cortelorca* (Dalli Garf. LU) < *lorico < lŭrĭdu (?), con scambio di suffisso.

lŭteu 'sporco' 'fangoso': *Lozzo* (Cadore BL), *Lozzo Atestino* (PD); *Lozza* (VA), ant. *Lotia*.

macru: *Villamagra* (Bibbiena AR), tipo che si ripete varie volte; *Magrate* (Poppi AR); ant. *Macretulo* (Vàccoli LU) a. 981; ant. *Macritula* (S. Vito LU) da *macrētum 'terreno magro e sterile'; *Costa di Magro* (Magrè VI), *Magrino -e* (Valeggio e Prun VR), *Magrè* (Schio VI); *Magredis* freq. in Friuli ('varie terre di zone alluvionali, aride').

malu: *Malacqua* (Gallicano LU), *Malapiana* (Caréggine Garf. LU), *Malapietra* (Rigoli PI, S. Giuliano PI), *Malòca* (S. Cassiano di Controne, Bagni di LU) < mala loca, cfr. *Belloca*; *Malborghetto* (Gambassi, Montaione FI), *Malpasso* (Cavriglia AR), *Malasalita* (Poggibonsi SI); *Calimala* (FI) < calle; *Pietramala* (Antrìa AR); *Malerba* (Castel del Piano GR), *Malpassino* (Pitigliano GR); *Malentrata* (S. Pietro Barb. TV), ('cattiva rendita?'), *Mali* (*Campi-* Schio VI), *Malavolta* (Colle Vitt. Ven. TV), *Mala-notte* borgo (Conegliano TV); *Malanotte* mt. (Frabosa, Mondovì) = a. 1292 *Mala Nox*; *Colle Malanotte* (S. Gorio in V. Susa TO), *Malanotte* (Val Chisone TO) (località rivolte a mezzanotte rispetto ad un centro rurale?), *Rumala* (Fumane VR) < (?) ruga-; forse anche *Malo* (VI) (?). *La Malanotte* (Valle S. Giovanni TE), *Malavorga* 'cattivo gorgo' (Valle Castellana TE).

mancu 'mancino', *Ponte Manco* (Carrara S. Stef. PD); calabrese *manku* 'lato settentrionale di un monte' > *Manco* (Longobucco, CS) anche 'a bacìo', *Serra Pietramanca* (Gravina BA) e *Manchi del Brigante* (Gravina).

marcidu: *Acquamarcia* molto frequente; *Marciceto* (Bagni di LU), *Margidore* (Capoliveri, Elba LI, ant. *Marcidore* a. 1791); *Marzi* (Chioggia VE), *Marza* str. (Battaglia PD), *Cal Marza* (Cimadolmo TV), *Marzòla* str. (Megliadino S. Fid. PD), *Marseghina* (S. Maria St. VR), da *marzo* 'paludoso' forse *Marcésina* (Valsugana TN), *Pietra marcia* (Brittoli PE).

maritimus -a: *Maremma*; *Marittima* (Diso LE) e ... *terra de Maritima* (Bitetto BA, a. 1009-1032).

maternu: (ereditato dalla madre): *Materno* (S. Casciano val di Pesa FI), *Materno* (Orzale, Castiglion Fiorentino); *Materno* e *Maternaccio* (Radicondoli SI) = ant. *Maternaccia*; *Maèrne* (VE); *Maderno* (BS).

mediu: *Mezzocolle* (Val di Pesa FI), *Meźźomonte* (Troghi, Rignano FI), *Mezzopiano* (Isola, S. Miniato PI), *Mezzopoggio* (Filettole Prato FI), *Mezzacosta* (Barber. di Mugello FI), *Mezzastrada* (Scarperìa FI); *Menzomonte* ant. (Bràncoli LU) a. 961; *Mezzo-monte* (Illasi VR), *Mezzacampagna* (VR), *Col de Mies* (Alleghe BL).

mediānu: *Montemezzani* (Stia AR), *Meźźana* (Barber. di Mugello FI), *Meźźana* (Prato FI), *Meźźane* (Fiesole FI), *Meźźalla* (S. Agata Scarperia FI) < *-anula*; *Collemezzano* (Tereglio, Coreglia LU), *Meźźano* molti luoghi; *Meźźano* (Primiero TN, tra Imèr e Siròr); *Meźźana* (Monteu da Po TO e – Mortigliengo, Biella VC).

minor -ōre: *Poggio minore* (Sammontana, Montelupo FI), *Valminore* (Treggiaia, Palaia PI); ant. *Re-menor* (Vigasio VR) a. 1213-7 *Riminore*, *Rio-*, *Rido-*; ant. *Riminoro* (VR) a. 1224.

minūtu: *Pietraminuta* (Ciciana LU), *Minùtola* (Stazzema LU); ant. *Rivo Minutolo* (VE) a. 1075.

*mĭscu -ŭlu 'mescolato': forse il torrente *Meschio* (Vittorio Veneto TV) = a. 962 *Misco*, *Miscum*; *fosso Mescolino* (Pinidello Vitt. Veneto TV).

mollis: *Metamolle* (Consuma, Pèlago FI) (meta qui forse 'sterco dei bovini'), *Mollaia* (Padule, Sest. Fiorent.); *La Molla* (Cetona SI), *Mollarella* (Gavorrano GR).

mŏrtuu 'stagnante' o 'sterile': *Fiume morto* (S. Rossore PI), *Acquamórtura* (Tereglio, Coreglia LU), *Campomorto* (Agliano Garf. LU); *Calimorti* (Corella, Dicomano FI)? < calle *mortui*; *Filimòrtula* (Tavola, Prato FI) < fila mortua (rettilineo d'acqua quasi stagnante), *Pietramorta* (Staggiano AR), *Riomorto* fosso (Pulicciano Borgo S. Lor. FI) = *rivo mortuo* a. 1134; *Omomorto* (Murlo SI); *Str. dela Morta* (Lonigo VI), *Lago Morto* (Vitt. Ven. TV), *Morture* (Chiesanuova VR); *Fiume morto* (Montesilvano PE), *Cavallo morto* (Atri TE), *Morti* (Affile, Roma), *Morticine* (Montefiascone, VT) ('luogo sterile con acqua stagnante').

mundu 'pulito', 'spoglio di vegetazione': *Fattimondo* (Borgo S. Lorenzo FI) < fagētu mundu; *Mondello* (ivi); *Focemonda* (S. Pellegrinetto Garf. LU), *Monda* (Cascinella Garf.), *Rimondina* (Stazzema LU), *Capomondo* (Pomarance PI); *Monte Mondo* (Tregnago VR), *Monda* cima (Revine TV), *Mondezze* (Ronco VR), *Mondadór* (Sommacampagna VR), *Col Mont* (Falcade BL); *Casa monda* (Valle S. Giovanni TE), *Colle rimondo* (Torricella Sicura TE); *Monna* (FR e Roma) ('rilievo isolato')?, *Monnarello* (Lénola, LT).

mutilu: *Motolone* (Càpoli Garf. LU), *Motolato* (Gramolazzo Garf. LU), (si dice di una pianta cui abbiamo tolti i rami grossi e la cima).

*mutius 'mozzo': *Permozzo* (Caréggine Garf. LU) < pirus-; *Collimozzi* (S. Leonardo in Treponzio LU), *Mozze* (Borgo a Mozz. LU).

nĭgru: *Bosconero* (S. Moro PT), *Cetinanera* (S. Moro, Càsole Val d'Elsa SI), *Fontenera* (Val di Pesa), *Manonera* (S. Albino Montepulciano SI), *Massanera* (S. Casciano val di Pesa FI), *Selvanera* (Vaglia FI); *Boźźonero* (Pescia PT), *Fossanera* (Porcari LU); *Acquanera* (Roccastrada GR), *Boccanera* (Cinigiano GR), *Montenero* (LI); *Acquanegra* (M. Baldo VR) e varie volte; forse *Negrár* (VR) = a. 1125 *Nigrario* (dal colore della terra?), *Valnegra*, *Negrisia* (Ponte di Piave TV), *Negrisiola* corso d'acqua (Vitt. Veneto TV).

nŏvu, novāle (*ager-*) 'terra recentemente ridotta a culture': *Borgonuovo* frequente, *Ronconovo* (PT) ant. a. 1150; *Terranuova* assai comune; *Nòvoli* (Palaia PI), *Nòvoli* (FI) e vari altri; *Novale* (Vallombrosa, Reggello FI), *Novello* e *Poggio-* (Peccioli PI); *Castelnuovo* molto comune (Val di Cècina PI), *Cortenuova* (Sovicille SI), *Villanova* (Asciano SI); *Nova* ant. (Conco VI); più luoghi; *Novella* (Montefumo VR), *(le) Nove* (Marostica VI), *Novarine* (Bovolone VR); *Novale* (Valdagno VI) *Noale* (VE), *i Noai* (Revine TV); forse *Noventa* (VI, PD, VE) a. 1084 *Noventa*; ? *Novara* piem., pur essendo attestata in epoca classica (e nella "Tab. Peut." *Novaria*), Procopio: Νοβάϱιν, colonia latina nell'89 a.C., poi romana, potrebbe non essere anteriore alla romanità. *Novi Ligure* (AL) a. 1191 *de Novis* < abl. loc. pl. *novis* (*casis*) (?).

nūdu: *Alla Nuda* (Caciaia e Saltello, Barga) ('luogo senza alberi sulla cresta dell'Appennino'); *Col-nù* (Conegliano TV).

obscūru: *Lagoscuro* (Quartaia, Colle Val D'Elsa SI), *Selvascura* (S. Gimignano SI), *Vergascura* (Marliana PT) (da fitonimo?); *Riscuro* (Lucchio Bagni di LU), *Vallescura* (Pescaglia LU); *Fossoscuro* (Sorano GR), *Lagoscuro* (Manciano GR), *Montescuro* (Volterra PI); *Valle Scura* (Avesa VR); *Scurelle* (Valsugana TN) (?).

opācu 'esposto all'ombra, a bacìo': *Lubaco* (S. Brigida Pontassieve FI) = *Lobaco* a. 1208; *Baco* (Corella, Dicomano FI), *Bacigno* (Palaia PI); *Obaco* (Pescia PT), *Bàcio* (Sillano Garf. LU) < *opacĭcu; *Baciolo* (Montieri GR), *Bago* ant. (Radda o Gaiole SI); *Vaga* (Schilpario BG) e *Vago* (Clusone BG); *Opàco* (dial. *Ovà*), (Venasca CN) o ('volto a tramontana'), *Ovago* (Valsesia), *Ovada* (Novi Lig. AL) = a. 991 *Ouuaga*; *Obaco* (FR e Roma), *Sciobbaco* (Fondi LT), *Ubaco* (S. Vito Romano), *Upachi* (Città di Castello PG), *Lobbaco* (Jenne, Roma), *Abbaco* (Jenne, Vallepietra Roma); *Screje da Baco* (Crognoleto TE).

opacīvu > *Bacìo* frequente in Toscana; anche *opĭcus onde frequente nelle Marche è *Òppico* ad es. a Fabriano e a Cacciano (Fabriano AN) indicherebbe anche oggi 'luogo dove non batte sole, ombroso'; *Baźiva* (Pra della-, Ferrara VR) (o vacīvus 'sterile'?).

*opacīnus 'a tramontana': *Vacino* (? Fabriano AN), *Pacina* (comune RI e Roma) ('luogo esposto all'ombra'), *Le Pacine* (TE), *Vacino* (Valle Castellana TE), *Pacinetti* (Crognaleto TE), *Pacine* (Canzano TE), *Bacigno* (Palaia PI) < *opacineu.

orbu 'cieco': *Casorba* (Castel S. Niccolò AR), *Casòr-*

bica (Camucia, Cortona AR); *l'Orba*, *i Orbi* (Tretto e Posina VI), *Vill-orba* (TV e UD), *Òrbole* (Caprino VR). Da orbis? Forse ne deriva *Orve* (Fabriano AN) (o sarà urvus 'circuitus civitatis').

orphanu: ant. *Pons Orphanus* (S. Zeno di VR) a. 1157; ant. *Canale Orphanum* (VE) a. 1287 ('privo di qualcosa'? o 'isolato' 'solitario'); *Montòrfano* (CO) = sec. XIII *Monte Orphanum*; *Montòrfano* (Cocciglio BS).

paganu: *Pagànico* (Massa Mar. GR), *Pagànico* (Civitella GR)? *Castel pagano* (distretto presso Tricesimo UD); *Pietra-pagana* (Polcenigo UD), *Strada Pagana* (Cismon TV); *Troi* (sentiero) *Pajàn* (Dolomiti), *Montepagano* = a. 1176 *Montem Paganum* (Roseto degli A. TE).

Più luoghi dell'Italia merid. forse a ricordo delle incursioni specie dei Saraceni: *Castel- pagano* (Martinafranca TA), *Pesco-pagano* (PZ) e cfr. ant. *Mactapagana* (Polignano BA) a. 1164; e *Pagani* frequente in Calabria; *Paganìa* (Acri CS) forse 'quartiere di pagani o eretici'.

paternu: *Paterno* assai frequente; *Paternuzzo* (Pontassieve FI), *Paterna* (Vicchio FI); nel senso di 'podere ereditato dal padre'; cfr. nel "Cod. Bavaro" molti esempi di *fundum Paternum* (Osimo AN, Montefeltro PS ecc.). Nell'Italia settentrionale vi corrisponde *Paderno* assai frequente (ad es. *Paderno* TV, *Paderno* BL), *Paverno* (Marano VR); *Paterni* masi (Spera TN); *Paterno* (AN, AP e Fabriano); *Paterno* (Atri TE), *Paterno* (PZ), *Lama Paterno* (Bisceglie BA), *Paterno* (Monopoli BA), cfr. *loco Paterno*, *Paternum* a. 1008, 1131; *Paterno Calabro* (CS); *Paternò* CT < Πατερνόν (v. § 58).

paupere: *Poggio-pòvero* (Querce, Lucignano AR); *Castel-pòvero* (Illasi VR), *Val Pora* (Vigasio VR) a. 1224; *Fontana pora* (Almisano, Lonigo VI); *Monte Pore* (Colle di S. Lucia BL); *Monte Pora* (Castione della Presolana BG).

pelato ('disboscato'): *Monte Pelato* (Manciano GR), *Poggio Pelato* (Sorano GR), *Poggipelati* (Castiglione d'Orcia SI); *Monte Pelà* (Soave VR); *Colle Pelato* e *Monte*

Pelato (Amelia TE e Gualdo Tadino PG); *Monte Pelà* (Riccò del Golfo SP), *Monte Pelato* (Maissana SP), *Costapelata* (S. Stefano d'Av. GE).

petrosu: *Col Pe(d)rós* (Cordignano TV), *La Preosa* via (S. Ambrogio VR), *Preosa/Prosa* ant. (S. Bonifacio VR), *la Priosa* (Torrebelvicino VI), *le Preosole* (Sandrà VR); *Pedrosa* (Faedis UD); *Predosa* (Bagolino BS); *Perosa Argentina* (Pinerolo TO), *Villar-Perosa* (ivi); *Monte-Pietroso* (Corato BA), *Castel Petroso* (IS); *Petrosa* (Castrovillari), *Petrusu* (Squillace CZ); *Monte Pietroso* (Corato BA), *Castel Petroso* (IS).

pilōsu ('ricco di vegetazione, boscoso'): *Piloso* (Bagni di LU), *Pilosetto* (Stazzema LU), *Poggio peloso* (Borgo S. Lorenzo FI); *Pelosino* (Monteverdi PI); *Monte la Pelosa* (Polino TR); *Strapelosa* (PD), *Pelós* (Vigo BL), *Col Pelós* (Cencenighe BL), *Col Pelosét* (Vittorio Veneto TV), *Montepeloso* (in Lucania), *Montis-pilosi* (Corato BA) a. 1245; *Piluso* (Majerà, CS).

pĭnctu: *Basaglia-penta* (Basigliano UD), *Ca' Impenta* (VI); *Villimpenta* (MN), *Villapinta* (Buglio in Monte SO); *Casapinta* (Biella VC).

planu -ŭlu 'piano': *Pian(o)* assai frequente; *Montepiano* (Careggi Fiesole FI), *Poggiopiano* (Vicorati, Dicomano FI), *Portapiana* (Casciana Lari PI), *Selvapiana* (Greve FI); *Pianello* molti luoghi; *Pianano* (Migliano Camaiore LU); *Pian(o)* molti luoghi nel Veneto; *Pianetto* (Breonio VR), *Pianàl* (S. Pietro di F. TV), *Pianàz* (Zoldo Alto BL); *Planàz* (Fontainemore AO), *Planèt* (Gignod AO), *Planavilla* (Quart AO), *Pianella* (PE) = a. 1273 *Planella*, 'a *Chiana* più luoghi in Sicilia, *Chianazzu* (Noto RG), *u Chianittu* (Linguaglossa CT).

plautu 'piatto': *Piòto* (Terrinca Stazzema LU); *Malga Pioda* (Zoldo Alto, BL); *Pioda* (Vertemate CO), *Piodiscia Alta* (Pasturo CO), lomb. *pioda* 'lastre di pietra scistosa' e 'parete di roccia scistosa, assai inclinata'). Sicuramente da plautus: *Pioltello* (MI) e *Pioltino* (Zibido S.

Giacomo PV); *Pioda* (Premia NO), *Pioda* (Domodossola NO), *Piode* (Valsesia, VC).

posternu -erla 'a baciò': *Pusterno* (Arsié BL), *Valle Posternìa* (Valstagna VI), *Posterula*, *Posterla*, *Posterna* (Foligno PG).

primariu: *Valpromaro* (Camaiore LU) = *Valleprumaria* a. 1260; *Primiero* (TN) a. 1140 *Primeja* (con *rj* > *j*) a. 1184 *Primerio* (la prima parte della regione feltrina?).

*primĭtiu 'precoce': *Bramezza* (Rocca Pietore BL) = a. 1158 *Primezae*; *Premezzo* (VA).

prior-ōre: *Prato priore* (IS).

profundu: *La Profonda* (Vinci FI), *Profonda* (Buonconvento SI), *Valle dei Fondacci* (Suvereto LI), *Fondale* (Asciano SI).

pronus: *Pronacci* (Rocca Gorga LT) ('luogo in pendio').

publicu: *Montepùlico* (Borgo S. Lorenzo FI), *Pùlica* (Barber. Mugello FI), *Pùlica* (Sammontana, Montelupo FI); il *Pióvego* (PD), *Piovetto* canale (Vigodarzere PD), *Pióvega* (Pressana VR), *Piova* (Lorenzago BL), *Piove-ghella* (Piove di Sacco PD), ant. *Publicella*; *Piovegano* (Polesine RO); *Pióvega* (*plovie*) (Gemona UD) = a. 1311 *Ploviam; Biuba* (Claut e Sacile PN); *Piùbega* (MN); ant. *Piubega* (Bruzzano MI), *Pobbia* (Azeglio TO) = a. 1171 *via Ployba*; *Valle della Piobica* (Pisticci MT), *Chiobica* (masseria ad Ostuni); *Chiùbica* (Corigliano Cal. CS), cal. *chiùbbica* 'via pubblica', *Piòbbico* (PS); *Plùvica* (Radicofani SI) ant.; *Piùvica* (Porta Carratico PT) = *Publica* a. 805; *Publico* ant. a. 1179 (Pomarance PI); *Fontebùlica* (Radicofani SI) (?).

putidu, putridu: *Acqua Putida* ant. (Corezzo, Chiusi in Casentino AR) a. 1046; *Acquapùtoli* (Montale PT), *Valle Putida* (Lorenzana PI), *Puticeta* (< *puticu)

(Borgo a Mozzano LU), *Potrettoli* (ivi) < *putreto; *Pùtito* (S. Fiora GR), *Ripùtine* (Càsole d'Elsa SI); *Acqua puzzola* (Pienza SI); *Re-pudio* (S. Daniele UD), *la Pùdia* sorgente solforosa (Arta UD), *Podie* (Calalzo BL), *le Puie* (Pieve di Soligo TV); *Fontana Pùtida* (Altamura BA).

quadru: *Castel-caro* (Codevigo PD), *Caro* ant. (Mezzane VR); forse da *quadrīvus > *Carìgole* (Fiemme TN) (a Predazzo 'valletta trasversale di un pendio montano').

quadrata (divisione di centuria romana): *Quarta* = ant. *Quarata* (Modigliana FO), *Quarada* (Castelbolognese RA); *Squarà* fiume (Montorio VR) = a. 920 *Squarada*.

rabiōsu: *Rabioso* fosso (Arcole VR), *Raboso* torrente (Valdagno VI); *Rebósola/Arbósola* scolo (Corezzola PD).

rapidu > *ratto*: *Rapida* ant. (Calcinaia PI) a. 1193; *Ratta* (Limite, Capraia FI), *Mezzaratta* (Settignano FI), *Prata ratta* (Diecimo, Borgo a Mozzano LU), *Rattina* (Stazzema LU); *Ratto* mt. (Collebeato BS), *Ratt* "erto e boscoso" (Ballabio CO), *Rata* (ivi) 'strada in salita', *Ràttole* (Cogozzo BS); *Ràvita* (*Ràvata*) torr. nella zona di Verbicaro (CS).

rasu: *Collerasoli* ant. (presso Salteano? SI) a. 1224; *Poggio-raso* (Magliano e Orbetello GR); *Monte Raso* (Lazise VR); *Roccaraso* (AQ); *la Raſa* (Lendinara RO), *Rasa* (Alonte VI), *Rasài* (Serén Feltre BL), *Rasaoro* (Velo VI).

rectu 'erto': *Caporitto* (Poppi AR), *Sassoritto* (Serr., Pist. PT), *Vicoritto* (Candeli, Bagno a Ripoli FI); *Caserta* (Montespertoli FI) (?).

retractu 'scassato, liberato dalle acque': *Campo Retratto* (Erbezzo VR), *Ritratto* (PD), *i Retratti* (Boara Polesine RO).

revĕrsu 'volto a tramontana': *Revèrso -èrsa* (Velo e

Villaverla VI), *Ca' Roverse* (S. Michele VR), *Roversello* (Cologna VR), *Reversìn di Pasturo* (CO) "posto al *rovèrs*".

*revoltu: *Revolto* (Selva di Progno VR), *Revolto* (*reólt*) (Bagnolo Mella BS), *Valle Rivolto* (Minervino BA) 'volto a settentrione' (?).

ricco: *Burgo Richo* ant. a. 1004 (nel Senese), *Poggio ricco* (Sorano GR); *Borgoricco* (PD), *Montericco* (Monselice PD e Pieve di Cadore BL), *Monte Rich* (Susegana TV).

rotundu: *Monte-rotondo* (S. Brigida Pontassieve FI, S. Miniato PI), *Poggio-rotondo* (Ossaia Cortona AR)) *Bosco-tondo* (Gambassi, Montaione FI), *Ritondolo* ant. (Montaione FI), *Campo-tondo* (Foiano AR), *Pratotondo* (Vaiano, Prato FI); *Monte-rotondo* (Livorno), *Macchiatonda* (Orbetello GR), *Querce-tonda* (Pomarance PI), *Ripatonda* (GR); *Riondo* (Fumane VR) = a. 1184 *Reondo*; *Fontana Rionda* (Negràr VR), *Periondo* ant. (Breonio VR); *Tondo* (Piove PD); *Col Torónt* (Cison TV), *Tiróndola* (Malo VI); *Cuell Toront* (Buia e Treppo UD), *Rotonda* (PZ) (originato da qualche costruzione rotonda), *Torre Tonda* (Barletta BA), *Macchia Tonda* (Gravina BA), *S. Giovanni Rotondo* (FG) la cui chiesa sarebbe stata preceduta da un tempio in forma rotonda dedicato a Giano; *Monterotondo* (Roma); *Terre tonne* (Crognaleto TE).

rubeu 'rosso': *Terra Rubea* ant. (Castel Fiorent. FI) a. 1127, ant. *Robbiolo* (S. Casc. val di Pesa FI) a. 1139; rufus > *Terra Rufa* ant. (Castel Focognano AR) a. 1131; *Ripa-robbia* (Radicondoli SI); *Petrarubbia* (PS) 'pietra rossa'; *Val Robbia* (Lazise VR), *Pederobba* (TV) = a. 1262 *Petra royba* (perché ai piedi del Monfenera vi sono cave di pietra rossa); *Robbiolo* (Cesano Bosc. MI), *Robbione* (Appiano Gentile MI). Da rubrīca nel senso di 'terra rossa' viene *Nubbrica* (tra Rossano e Crosìa CS).

ruptu: *Casarotta* (S. Casciano di Pesa), *Castelrotto*

(Figline FI), *Poggio-rotto* (Borgo S. Lorenzo FI); *Rotta* (Pontedera PI); *alla Rotta* vari luoghi ('rottura d'argini per l'impeto dell'acqua'); *Dirotta* ruscello (Massa Mar. GR), *Castel-rotto* (S. Pietro VR), *Castel-rotto* (Rovolon PD); *Chiesa-rotta* (Selvazzano PD), *Carotta* (Avesa VR); *Rottura* (Torrebelvicino VI); *Derotta* (Pozzuolo MN), *Pietri rotti* (Valle Castellana TE).

rŭssu: *Acqua-rossa* (Reggello FI), *Campo-rosso* (Ortignano AR), *Cetina rossa* (Casole d'Elsa SI), *Costa-rossa* (Stia AR), *Ripa-rossa* (Chianni PI); *Terrarossa* (Capannori LU), *Lama rossa* (Vibbiana Garf. LU), *Costarossa* (Montieri GR), *Fonterosso* (Montecatini Val di Cecina PI); *Monte-rosso* (VI), *Rossón* (Rivamonte BL); russeu > *Roscia* (Roma, RI) 'altopiano carsificato' (dal colore della terra 'rossa').

rūstĭcu: *Rùstica* ant. (Terricciola LU) a. 1051; *Rustega* (Camposampiero PD), *Rusteghello* (Piove S. PD), *Rustigài* (Tarzo TV), *Rùstica* (Roma) [di certo con vari significati!].

salsu 'salato': *Acquasalsa* (Gambassi, Montaione FI), *Salsero* rio (Montecatini PT), *Acqua-salata* (Staggia, Poggibonsi SI), *Salatino* (Collesalvetti LI), *Risalso* (Volterra PI); *Salsa* via presso sorgenti *salse* (Vitt. Veneto TV); *Salsone* vaio (Grezzana VR); *L'acqua salza* (Rocca S. Maria TE), *Salze* (Pietra Camela TE) (abr. *salsë* 'vulcanello di fango in cui oltre all'acqua si associa il sale'), *Villa Salsa* (Cellino Attanasio TE); *Salsomaggiore Terme* (PR).

sanctu: *Acqua-santa* (S. Francesco, Pelago FI), *Acquasanta* forra (Casalguidi, Serravalle Pistoiese), *Pietrasanta* (Montemagno, Calci PI), *Via-santa* (Vicchio FI), *Santarello* (Castiglione d'Orcia SI), *Scala-santa* (Castiglione della Pescaia, GR); *Colsento* (Cesio M. BL), *Colsantìn* (Longhere Vitt. Veneto TV) (divenuto *Col Visentin* con paraetimologia), *Santiello*, *Ponte di-* (Locara, Lonigo VI).

sanu: *Campo-sano* (Montespèrtoli FI), *Poggio-sano*

(Diacceto Pèlago FI), *Silva Sana* ant. (Gaiole SI) a. 1130; *Valle Sana* = ant. nome di *Follina* (TV).

serēnu: *Col-sereno* (Massarosa LU), *Serenàla* (Dalli Garf.) 'campi spogliati senz'alberi', *Castel-sereno* (Sorano GR); nel senso di 'spoglio d'alberi' *Serén* (BL); forse *Sernaglia* (TV)? < *serenalia.

sĭccu: *Castelsecco* (AR) a. 1177 *Castelsicco*; *Fonte-secca* (Pendici, Castiglion Fiorentino), *Monte-secco* (Bibbiena AR), *Poggiosecco* (Figline FI), *Mulin-secco* (Borgo S. Lorenzo FI); *Risecco* (Bagni di LU), *Ri-séccoli* (Colle di Compito, Capannori LU); *Lago Secco* (Orbetello GR); *Seccariccio* (Suvereto LI), *Seccheto* (Campo, Elba LI); *Val del Secco* (S. Orso VI, Schio VI), *La Secca* (Ponte nelle A. BL).

sĭlvātĭcu: *Salvàdega* (PD), *Salvàighe* (Tregnago VR), *Salbègo*, Pomaro- (Tretto Schio VI), *le Salbèghe* (Bassano VI).

solānu 'solatio': *Solano* (Quinto VR); solaneu 'località esposta al sole', *Piane sotto la Solanetta* (Mutignano TE), *Solagna* (VI) (per antifrasi?), *Solagne di Casoli* (Atri TE), *Solagne* di S. Maria (Cermignano TE), *Solagne* (Monte Romano VI).

sol(i)du ('terreno non dissodato, incolto'): *Sodo*, *-i* freq. in Toscana; *Corpo Sodo* (Città della Pieve PG), *Sòdole* (Montecastello Pontedera PI), *Sòdera* (Barber. Mugello FI); *Sordiglia* (Vetriano, Pescia PT); *Saldo -i* (Garfagnana LU), *Saldina* (S. Lorenzo Garf. LU), *Saldone* assai comune; *Camposodo* (Asciano SI), *Sòdole* (Chiusdino SI), *Sodèlli* (Radicofani SI); *Soldera* (Pinidello Vitt. Ven. TV), *Salde* (Ceneselli RO); saldus > *sodo*: *Sodi*, *Soda*, *Sodarelle* (FR, Vitorchiano VT) 'terreno non lavorato'.

solīvu 'solatio': *Solivo* (Arsiè BL), *Solivi* (Velo VI), *Possoligo* (Vigo Cadore BL); forse *Soligo* e *Solighetto* (TV).

spĭssu 'fitto': *Spescia* (Santa Sofia FI) ant. *Spiscio* (forse Castigl. d'Orcia SI); *le Spesse* (Vitt. Ven. TV), *Spessa* fosso (Mizzole VR), *Spessa* (Cologna VR), *Spessa* (UD), *Spesso* (Revine TV); *Spessa* (Novi L. AL) < spĭssa silva.

subtānus 'che sta di sotto': *Sottana* (Davagna GE), *Mattina Sottana* (Gravina BA); *Monte Sottano* (Montegiordano CS).

sŭmmu: *Sommaia* (Calenzano FI) 'contrada in declivio sull'estrema pendice del M. Morello', *Sommavilla* (Tosina, Pelago FI), *Sommopiano* (Subbiano AR); *Sommocolle* (Cardoso Garf. LU), *Sommoselva* (Soraggio Garf. LU), *Sommorlo* (Vetriano Pescia PT); *Sommacampagna* (VR), *Monte Sansòm* (Cencenighe BL) "su in sommo".

superior -ōre: *Sirór* (Primiero TN) a. 1206 *Siuroio*, *Sibrore*; *Sevror* (Praso TN).

supīnus: *Supino* (FR) (paese in pendio?).

suprānus 'che sta di sopra' *Colla Sovrana* (Pigna IM), *Case Soprane* (Nè GE); *Sopranìco* (Vallo BS) (dial. *suernìk*)?; *Pezza Suprana* ant. BA a. 1025; *Mattina Soprana* (Gravina BA); *Monte Soprano* (Montegiordano, CS).

sŭrdu: *Val-sorda* (Predazzo TN) (forse 'senza eco'), *Sorda* (Bardolino VR); *Sordina* (Lonigo VI), *Surdo* (Rose, CS), *Surda* (Palizzi RC) (cal. *surdu* 'inadatto alla cultura, oscuro'); *Sordi* (Guidonia M. Roma), ('località poco illuminate'); *Colle sordo* (CB), *Montesordo* (Cermenate CO).

tĕpĭdu: *Tiévora*, *Teverone* (Sassi Garf. LU), *Tiégola* (Pruno e Cardoso, Stazzema LU); *Tepolini* 'colletto esposto a mezzodì' (Castel del Piano GR); ant. *Tivido* (Solagna VI) a. 983, 1168.

tetru: *Valetreta* o *Bal-* (Bagni di LU) < valle tetra 'un fondaccio d'aspetto orrido'; *Treto* (Ripafratta S. Giuliano LU).

*tineosu (da tĭnea) 'di aspetto scabro e squallido': *Monte-tignoso* (Corfino Garf. LU); *Montignoso* (Gambassi, Montaione FI); *Monte Tignoso* (Portoferraio LI); ant. *Tinnioso, Tignoso* (Angiari VR) a. 1059, 1221; *Tegnàs* (Taibón BL); *Tognazza* (Primiero TN) ant. *Tegnazze*, *Pian Tignusu* (Vicoli PE), *Tignoso* (Crognaleto TE).

tōnsu 'detto di prato o campo dopo la falciatura o mietitura' / 'luogo diboscato': *Tósori* (Casoli Camaiore LU; Cardoso Garf. LU) < *tonsŭli *-ae*; *Tosorata* (Camaiore LU); *Tonso* ant. (Castelnuovo Berardenga SI), *Tosa* (Gaiole SI), *Tósoli* (Massa Mar. GR); *Colle Toso* o *Colle Pelato* (Amelia TR e Gualdo Cattaneo PG) [e vedi qui sopra III A § 97].

tortu: *Acquatorta* rio (Dicomano FI), *Falce-torta* (Soci, Bibbiena AR), *Ponte-tòrto* (Prato FI), *Ritorto* (Massa Marittima GR); *Rio Torto* (VR, Arzignano VI, Revine-Lago TV); *Tortazza* fiume (Valdastico VI), *S. Antonio Tortàl* (Trichiana BL), *Tortói* (Candide BL) (da 'sentieri serpeggianti'), *Colle Torto* (CB).

tostu 'tosto' 'duro': *Campotòsto* (Sillano Garf. LU), *Tostéto* (Pitigliano GR) 'luogo così detto perché costituito da tufo'; *Tostón* (Arsiero VI); *Pera tosta* (Valle S. Giovanni TE), *Tostara* (Montefino TE).

traversu (e *tresso*): *Maltraverso* (Staggia, Poggibonsi SI), ant. *Traversagna* (Poppi) e *Traversagna* (Massa e Cozzile) ('via o fosso che traversa'); *Traversaia* (Lucolena, Greve FI); *Traverseto* ant. (Bacchionero, Barga LU); *Traversale* strada (Roncà VR), *Traversara* strade (Magrè VI), *Traversà* (Altipiano di Asiago VI), *Tressa* (Camponogaré VE) ant. a. 1843; *Tresse* (Chioggia VE).

tŭrbĭdu -ulu 'torbo': *Forra-tórbida* (Serravalle

Pist.), *Fosso-tórbido* (Montepulciano SI); *Tórbola* torrente (Vernio), *Turbóne* (Montespèrtoli FI); *Torbécchia* rio (Piteglio San Marcello LU) < * tŭrbĭcu; *Botro-torbo* (Volterra PI); *Torbe* (Prun VR) = *Torbe* a. 1184; *Rettorgole* (Caldiero VR) = ant. *Ritorgoli*.

umbrīvus (veneto *ombrìa* 'ombra'): *Strada Ombriana* (Castellalto di Brenzone VR) < *umbrivānu.

umbrōsu: *Vall-ombrosa* = *Valle umbrosa* a. 1043 (Reggello FI).

variu: *Costón del Varo*, *Variòla* (Schio VI), *Varolo* (Torrebelvicino VI), *le Vare* (Conegliano TV) (?); *La Varesina* (Barco di Susegana TV); *Varedo* (MI) [se non è viridetum?].

vastu, vastare: *Il Vasto* (CH) che sostituisce l'ant. *Histonium* è denominato nel medioevo *Guasto d'Aymone* presso *Guasto Gisone*; Histonium città dei Frentani (Mela II, 65, Plinio III, 166) può essere confrontato con Ἱστώνη monte di Corfù. Non si può escludere che ne sia connesso anche *Ostuni* BR (a. 1272 *castrum Ostunii*, a. 1324 *Hostunium*); *Guasto -i* (Veggiano PD), ant. *Vasto* (Trevenzuolo VR).

vetŭstus: *Bitosto* (S. Martino in Tremoleto, Poppi AR).

vĭrĭdis (e viridia): *Bosco-verde* (Badia a Prataglia, Poppi AR), *Monte-verde* (Forcoli, Palaia PI), *Sasso-verde* (AR); ant. *Verzaia* (FI) a. 1084; *Verzure* (Fugnano S. Gimignano SI); *Verdella* (Tregnago VR), *Verdara* strada (Altichiero PD).

vīvus: *Acquaviva* (Montepulciano SI), *Acquaviva* (Panicale FI) e varie volte ('acqua potabile'); *Acquavìvola* (Pieve, Lucignano AR), ant. *Acquavivola* (presso AR), a. 1033, *Fonte-vivo* (Scala, S. Miniato PI), *Pietra-viva* (Bucine AR); *Ri-vivo* (Monteverdi PI); *Vivo* torr. (Castiglione d'Orcia SI); *Qua-viva* vaio (Grezzana VR) (< aqua-).

zoʃáno < ven. *ʃóʃo* (< jusum, deorsum 'parte bassa'): *Tomba Zosana* (VR) uno dei 7 colmelli del Veronese; ant. *Calle Çusana* (Povegliano VR).

Capitolo 4
Elementi postlatini (germanici, arabi, slavi)

Influsso germanico

101. Le tracce dell'influsso germanico(*) alto-medievale nei nomi di luogo italiani non sono di scarsa rilevanza. Con le invasioni "barbariche" che sono in grande prevalenza dovute a popoli germanici si riversano nella nostra Penisola varie schiatte che parlavano diverse lingue e che lasciarono importanti orme della loro presenza anche nella nomenclatura toponimica (oltre che nella lingua e nei dialetti). Rispetto alle varie genti, spesso presenti anche in alcuni toponimi come indice d'insedia-

(*) I popoli germanici che invadono l'Italia durante il periodo delle "migrazioni" o "invasioni barbariche" appartengono a tre rami diversi della grande famiglia germanica. Fanno parte del ramo orientale i *Goti* (che lasciarono come vediamo qui sotto abbondanti tracce del loro dominio); per l'Italia particolarmente importanti gli *Ostrogoti* penetrati in Italia con Teodorico nel 489 (che ebbe di mira durante un trentennio di unificare Germani e Romani in un solo popolo) e furono sconfitti definitivamente dai Bizantini nel 553/555; inoltre i *Vandali*, i *Burgundi* (non molto importanti per le vicende italiane). Al ramo occidentale appartengono invece gli *Svevi*, gli *Alamanni*, i *Bavari* (o Baiuvari) e soprattutto i *Longobardi* (la popolazione germanica che lasciò il numero più cospicuo di tracce linguistiche sul nostro suolo e nelle nostre parlate); questi ultimi, di lingua abbastanza vicina all'antico alto tedesco, dominarono in Italia dal 568 fino al 774, sconfitti dai Franchi ed ebbero in Paolo Diacono (sec. VIII) il loro storico ufficiale. I *Franchi* quando giunsero in Italia parlavano già in prevalenza una lingua neolatina e cioè un antico francese, sia pure molto pregno di elementi germanici. Al gruppo nordico (costituito ora dall'islandese, norvegese, svedese e danese) appartennero i *Normanni*, gli ultimi invasori della Romània, già in buona parte francesizzati quando occuparono l'Italia meridionale.

mento, spicca soprattutto l'influsso dei Goti (in particolare degli Ostrogoti) ed ancor di più dei Longobardi. Tra le invasioni germaniche più antiche dovremmo menzionare quella dei Cimbri e Teutoni sconfitti definitivamente da Mario nel 101 a.C., popoli che hanno lasciato il ricordo del loro nome in leggende inventate da eruditi vicentini che ritennero i Cimbri responsabili di una colonizzazione antica, rivelatasi in realtà medievale e dovuta a Bavaresi, in aree trentina e soprattutto vicentina e veronese (v. qui 129). Di altri popoli, quali i Marcomanni dell'epoca di Marco Aurelio ci resta ben poco; mentre nel V secolo furono soprattutto i Germani orientali che si spinsero nella Penisola Balcanica alla conquista successiva dell'Italia. Tra questi in un primo tempo i Visigoti con alla testa Alarico i quali espugnarono Roma nel 410 e conquistarono poi la Francia meridionale e la Spagna (ivi preceduti dai Vàndali che con Genserico passarono nel 429 in Africa). Pure orientali erano i Burgundi i quali crearono un forte regno nella Francia meridionale e spostatisi a Nord, lasciarono il loro nome alla *Borgogna*. Sono tribù in cui prevaleva l'elemento germanico orientale quelle degli Eruli, Sciri, Rugi e Turcilingi guidati da Odoacre che depose l'ultimo imperatore d'Occidente, Ròmolo Augustolo nel 476. Ma di questi popoli germanici "minori" poco ci rimane di impronte linguistiche (qualcosa ci resta degli Eruli), mentre ben diversa è la situazione con la penetrazione in Italia e la fondazione del noto regno da parte di Teodorico, re degli Ostrogoti (488). A questo punto le tracce germaniche anche nella toponomastica cominciano a divenire più sicure e numerose, anche se non mancano del tutto quelle dei Gèpidi, dei Baiuvari, degli Svevi, dei Sassoni, dei Taifali e di altre popolazioni non germaniche (venute generalmente al seguito dei Longobardi), quali i Bulgari, gli Alani, i Sàrmati e assai dubbie quelle degli Avari, dei Boemi (?) e soprattutto degli Ungari i quali, peraltro, non sono in generale responsabili di "toponimi d'insediamento" (v. qui § 111).

Goti

102. I Goti ebbero lunghi contatti e scontri con i Romani; ma i rapporti non furono sempre ostili ed essi acquisirono presto una cultura parzialmente romana fin dall'epoca del loro stanziamento nella Dacia (ove Ulfila – 311-382 – tradusse la Bibbia in lingua visigotica). Ben pochi i documenti linguistici dei Goti in Italia (conservati in parte) e di scarsa rilevanza; qualcosa si può attingere dai testi in latino, ma una Gothia che sostituisse la Romània non si attuò mai nemmeno nel nome (Bonfante 1977[4] (15-16). I numerosi stanziamenti gotici in Italia sono invece bene individuabili attraverso i numerosi relitti toponomastici (nel lessico italo-romanzo i termini di origine gotica non superarono il centinaio). Particolarmente frequenti (come del resto in Spagna) sono i nomi locali che li documentano in varie forme dell'etnico, il quale compare spesso soprattutto nell'Italia settentrionale. Ricorderemo pertanto un caso particolare e cioè quello di *Gossensass* subito a Sud del Brennero (in italiano ribattezzato *Colle Isarco*), che pare provenire da un *Goʒʒonosaʒi nel senso di "Gotensitz", cioè 'stanziamento di Goti' con *-t-* passato a *-ss-* per intervento bavarese e regolare applicazione della rotazione consonantica tedesca (cfr. inglese e olandese *Water*, tedesco *Wasser*); ma potrebbe anche trattarsi dell'insediamento di un tale di nome Goto. Altro caso discusso è rappresentato da *Bussolengo* (VR) che era in antico *Gusolengo* (con *g- > b-* per influsso di labiale), verosimilmente dal personale germanico *Gauzilo (più che da Gozilo), da confrontare con *Gossolengo* di Piacenza (= a. 972 *Gauseningo*, *Gussilingi*, *Cusiningo*) forse di più probabile origine longobarda. Secondo uno storico, invece, *Gossolengo* al pari di *Gussenago* (o *Gussago* BS) deriverebbe da un *goss- a sua volta dal Got- di origine gotica (poi longobardizzato). Il citato *Bussolengo* è attestato all'a. 825 *Gusilingus* ed in seguito *Gusselingo*, *Gusolingo*, *Gutholingo*, *Guxolingo* sempre in carte veronesi. A proposito di toponimi germanici in *-engo* è interessante *Gottolengo* (BS) di sicura origine gotica da un Gautiliggs in cui *Gautz-* è un epiteto di Odino, di contro ai citati *Gossolengo* di

Piacenza e Verona, di origine longobarda. Ma citiamo ora i nn. ll. derivati dall'etnico, spesso nella forma aggettivale in *-ĭcus*: *Castello di Gódego* (TV), *Gódega di S. Urbano* (TV), *Gòdeghe* (VI), *Montegòdi* (Sommacampagna, VR) che presuppone un Nom. G o t h i contrariamente a G o - t h o s del galloromanzo e dell'iberoromanzo. E continuiamo con *Valgòda* (VI), *Gòdia* (UD) < g o t h i c a, *Godio* (Gemona, UD) < g o t h i c u s, *Gòdo* (RA) da g o t h u s, *Godaria* ant. (Romagna); particolarmente interessanti (e poco noti) in Emilia *Monghidoro* (BO) < m o n s G o t h o r u m, bel fossile di Gen. pl. e presso Medicina (BO) l'ant. *villa Gothica* che ricorda la formazione ispanica *v i l l a G o t h o r u m* > *Villatoro*. In Lombardia: *Gudo Gambaredo* (Buccinasco, MI), *Gudo Visconti* (MI), *Gudio* (Mairago, Lodi MI), *Gòito* (MN), *Goido* (Mede, PV), *Godi* dial. *gud, guč* (Lograto, BS), *Godi* (S. Giorgio Piacentino), *Godio* (Casale Monferrato, AL), *Goidi* (Castelnuovo Scrivia, AL); eccezionale è la presenza nell'Italia meridionale di *Sant'Agata dei Goti* (BN).

103. L'individuazione di precisi insediamenti gotici, a prescindere da quelli sopra menzionati, non riesce sempre incontestabile e in ogni caso si ricorre sempre all'antroponimia, ove parecchi esempi studiati soprattutto dal Gamillscheg 1935, 6-16, possono esser giudicati dubbi o errati. Citiamo qui alcuni toponimi tra i più probabili: molto antico potrebbe essere il composto con v i l l a, *Aimivilla* (CR) forse di un got. H a i m a; all'a. 905 (Cod. Longob.) *Audalvico* composto col visig. A u d i l a; *Caionvico* (BS), ant. *Calionvico*, fondazione assai antica (cfr. long. C a i l o). Meglio accertato è il "tipo settimanico" [con un tipo di composizione onomastica più consona alla sintassi neolatina e cioè con sostantivo (neo)latino e antroponimo germanico e l'appellativo a sinistra]. Si noti: *Villalfonsina* (Chieti) ove A l f o n s ì n è tipicamente gotico; ant. *Vico Alais* (LU) dal got. A l a g î s; *Vigalfo* (Albuzzano, PV) da v i c u s e got. A l f s (: *Alfo*); *Castel Alfero* (AL) dal got. A l f a h a r i j i s latinizzato in *Alferius* (fonte di noti cognomi); *Cortetano* (Sesto ed Uniti CR), XII sec. *Cortatano*, dal gotico a t t a - a n i s 'padre' (nel sec. XIII

Curte Attoni pare forma longobardizzata); *Campaldani* (AR) dal gotico Alda -anis (di contro al longobardo Aldo); *Montegrimano* (PS) dal gotico Grîma (equivalente al longobardo Grimo); *Sesta Godano* (La Spezia) dal nome di persona Goda *-anis*; *Monte Gilberto* (AP) dal gotico Gailabaírhts con *ai* > *ei* passato presto a Gel- Gilabertus tanto da subire la palatalizzazione davanti ad *e*, *i* ed analogamente *Pragilardo* (Novara ?) dal gotico Gailahardus > Geilhardus. Ecco ancora qualche esempio in cui si vede che il gotico ha *e* in corrispondenza del longobardo *a* (tra gli appellativi si noti ad es. il veneto *bèro* 'partita del carro' dalla radice baíra 'portare' < *bher- greco φέρω, che corrisponde al longobardo *bar(a)* onde ad es. il friulano *bâr* idem): *Montegridolfo* (Forlì) dal got. Gredwulfs che corrisponde al longobardo Gradolfus cfr. a. nord. grâđr 'Gier'; *Roccatederighi* (Roccastrada GR), ant. *arx filiorum Tederighi* dal gotico Theudrîks ecc.

È da tener presente che in parecchi casi è difficile poter distinguere tra nome di persona gotico e longobardo e che nelle zone di contatto tra aree con presenza gotica e longobarda spesso i toponimi gotici sono stati longobardizzati o si nota una fusione tra i due strati. Così ad es. in *Albaredo Arnaboldi* (PV) si sono incrociati il gotico Arawalds ed il longobardo Arnwald (*Arnualdus*).

Ma in molti casi l'elemento romanzo che designa la cosa può essere caduto, mentre sopravvive il personale germanico in forma latinizzata: *Adro* (BS) a. 820 *corte quae dicitur Adro*, a. 1049 *vico Adri* dal gotico Adra; *Affi* (VR), a. 870 e 1203 *vico*, *loco Affi* e 1224 *Affio* (ma a. 878 *vico qui appellatur Affes*), al pari di *Ortaffá* dei Pirenei orientali, verrebbe dal gotico Affa; *Aisone* (Cuneo) dal gotico Agisa poi Agiso *-one*; *Andrigo* presso Torcegno (TN) dal gotico Andiriks (latinizz. *Andricus*) ed analoga origine potrebbe avere *Andrìch* di Vallada Agordina (BL); *Daglio* (Carrega Ligure, AL) dal gotico Dagila; *Dasindo* nelle Giudicarie (TN) potrebbe essere il gotico Dagisinds; *Frola* (BG), come *Villafruela* nella Spagna del Nord-Ovest verrà da gotico Froila < Frawila; *Gualderago* ant. (FI) è il gotico Waldhariacum; *Inverigo* (CO), XII sec. *Aiguerigo, Eiguirigum* è il gotico

Aihvarîks; *Medolfe* (MN) è il gotico Medwulfs; *Molgisio* presso Como, sarebbe il gotico Munigîs (corrisponde al longobardo Munichis); *Mondaino* (FO) è il gotico Mundawins (forse anche *Mondovì*, CN; ma è ipotesi che contrasta con le forme ant. e cfr. l'etnico *Monregalese*); *Rovigo*, a. 838 *Rodigo*, 1000 *Ruvigo*, sarebbe il gotico Hrotheigs 'vittorioso' e cfr. *Ródigo* (MN) che ha tuttavia altro accento (!); *Tollegno* (VC) dal gotico Tolwins e *Vidigulfo* (PV) dal gotico Widwulfs (a. 1280 *Videgulfi*).

Sono inoltre caratteristici di insediamenti germanici, spesso gotici, i toponimi di *-engo* (: *-ingo*); così ad es. *Aringo* (Montereale AQ) < got. Ariggs; *Buttanengo* (presso Novara) forse < got. Bôtil-iggs; *Gifflenga* (VC) < gotico Gibila, *Gisfengo* (presso Torino) forse < Geiswins); *Ingenga* presso Rabbi (TN) < gotico Inga e *Offanengo* (CR) a. 966 *Aufonengo*, forse dal gotico Aufa (in forma tarda Offa); analogamente *Ovanengo* (Orzinuovi BS). Come abbiamo accennato, nomi locali gotici derivati da appellativi – contrariamente al filone longobardo – sembrano mancare del tutto; ciò viene a confermare la notevole latinizzazione degli Ostrogoti insediatisi in Italia.

Longobardi

104. Tra i Germani occidentali (i Franchi ebbero un ruolo fondamentale in Francia) sono quasi esclusivamente i Longobardi che segnarono un'impronta non trascurabile nella nomenclatura geografica italiana, per non accennare agli oltre 300 termini che essi cedettero all'italo-romanzo. Al seguito di Alboino, penetrati in Italia nel 568, provenienti dalla Pannonia, con al séguito vari popoli tra i quali soprattutto Sassoni e Bulgari, i Longobardi nel volgere di pochi anni conquistarono gran parte dell'Italia, riducendo di molto i possessi bizantini. Come afferma il Bonfante (1977, 19), "fu soprattutto il loro orgoglio, la loro feroce tracotanza, la loro implacabile volontà di dominio che assicurò ai Longobardi quell'influsso decisivo nella storia d'Italia che i Goti non ebbero mai". I nomi locali di

origine longobarda sono assai più frequenti rispetto a quelli gotici ed un buon numero deriva da appellativi spesso tipici d'insediamento quali fara e sala. I nuovi invasori giunsero in Italia verosimilmente senza alcuna conoscenza del latino e pertanto essi introdussero denominazioni della propria lingua nei luoghi ove prendevano dimora. Il longobardo *fâra* è ora noto come appellativo – così pare – soltanto nel dialetto friulano di Barcis: *fara* 'famiglia immigrata, piccolo podere, villaggio' (incerte le sue diramazioni balcaniche in neogreco e albanese). Il senso originario dovette essere quello di 'comunità di tribù, spedizione di conquista condotta da una lega di tribù'. Le prime attestazioni latine risalgono all'a. 569 (*Chronaca minora* II in MGI XI P.I, Berlin 1893) e poi nell'Editto di Rothari. Risulta evidente la connessione col germ. fâran 'andare (in veicolo)' cosicché *fara* venne a significare 'ciò che cammina insieme, ciò che durante il viaggio si aggiunge o viene portato appresso' per poi passare al senso di 'differenti tribù longobarde riunite in comunità di viaggio' e finalmente 'insediamento di una comunità di viaggio longobarda' (Pfister 1982, 119-22).

105. Il nostro toponimo si ripete assai spesso in varie regioni italiane e qui ne diamo un elenco essenziale: *Farra d'Isonzo* (GO) (da notare che spesso *Fara* è stato sostituito, nella grafia, dall'erroneo *Farra*), *Farla* (Maiano UD), forma diminutiva, analogamente *Farella* (Aquileia, UD), *Farra d'Alpago* (BL), *Farra di Mel* (BL), *Farra di Feltre* (BL), forse *Far-énzena* di Agordo (BL), *Farra di Soligo* (TV), *Farra di Fonte* (TV), *Farra di Paderno* (TV), *Farra Vicentina* (Maròstica, VI), *Fara di Gera d'Adda* (Treviglio, BG), *Fara, Monte della-* (BG), *via Fara* (Gallarate, VA), *Fara Olivana con Sola* (BG) = a. 915 *Fara Livani*, *Fara Basiliana* ant. (MI), *Fallavecchia* (MI), *Fara Novarese* (NO), *Faravella*, *Falavella*, *Falaveta* ant. (Tortona, AL), *Fara* ant. (MO), *Faramània* ant. (MI), *Fariola* (Salussola, VC), *Fara* (Novi Ligure, AL), *Casa Fara* (Valle Castellana, TE), *Fara* (Configni RI), *Passo Fara* (Poggio Bustone, RI), *Fara in Sabina* (RI), *Fara S. Clemente* (Guardia Vomano, Notaresco TE), *Farindola* (Penne, PE), *Fara di Carpineto* (TE), *Fara* presso Tor-

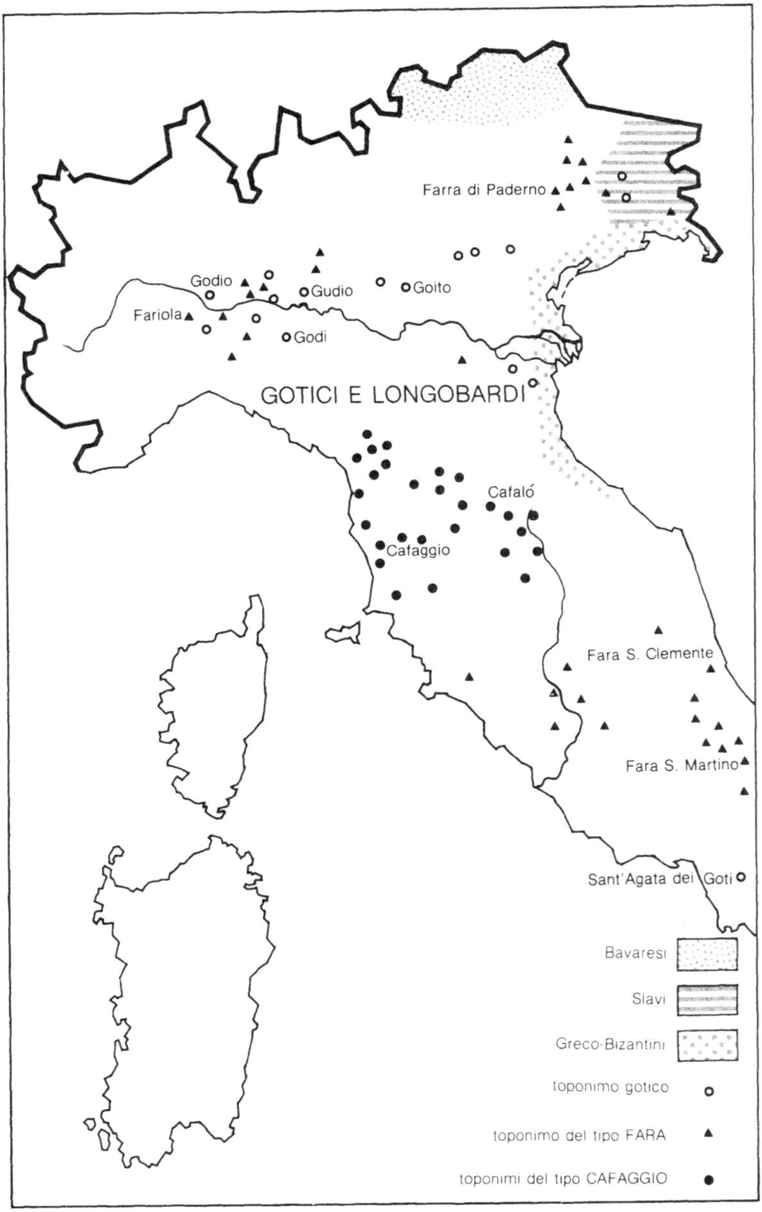

Fig. 4.1 Toponimi gotici e longobardi nell'Italia settentrionale e centrale

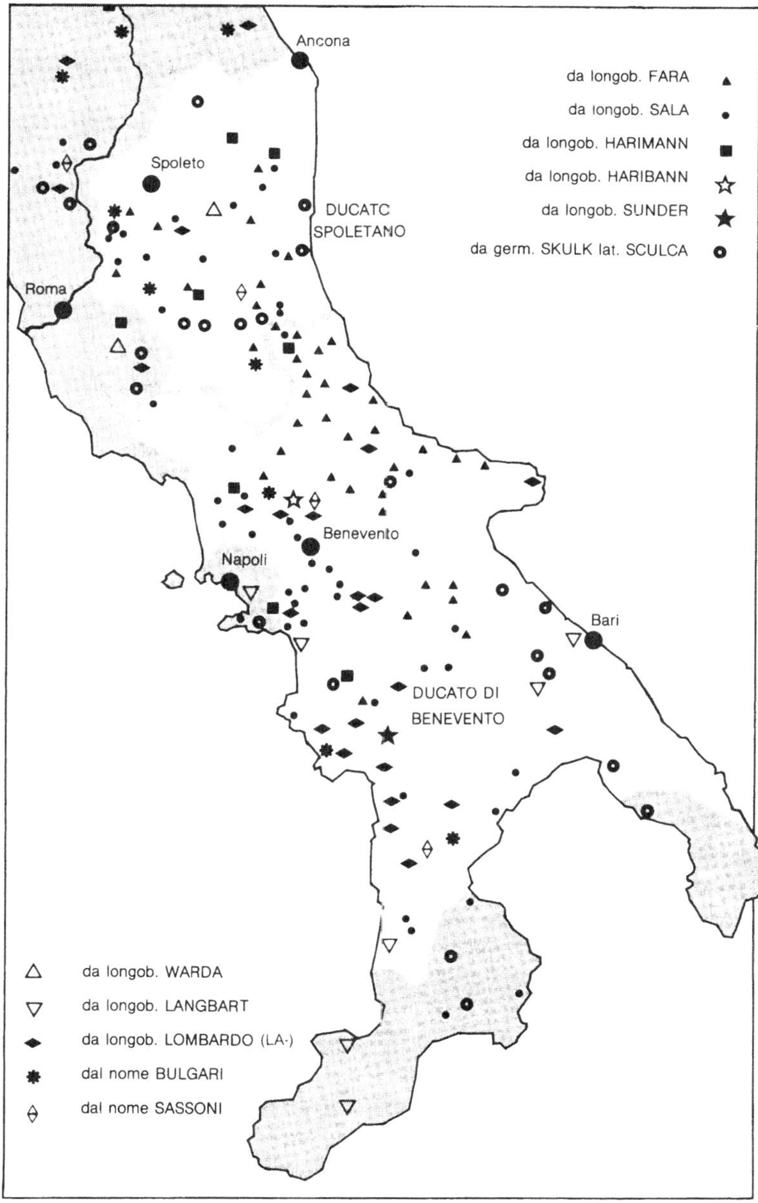

Fig. 4.2 Toponimi longobardi nell'Italia centrale e meridionale

nimparte (AQ), *Fara* presso Corfinio (AQ), *Fara* presso Bolognano (PE), *Fara* (Serramonacesca PE), *Fara* presso Lanciano (CH), *Fara S. Martino* (CH), *Vallone Fara* presso Tormaneccio (CH), *Fara* presso Gissi (CH), *Vallone della Fara* presso la foce del Trigno (CB), *Fara di Cigno* (S. Martino in Pensilis, CB), *Fara* presso Lupara (CB), *Fara* presso Celenza (CH), *Fara* presso Bagnoli del Trigno (CB), *La Fara* presso Carpinone (IS), *Fara* presso Ailano (CE), *Colle Fara* presso Toro (CB), *Fara* presso Gambatesa (CB), *Fara* presso Castelnuovo Daunia (FG), *Fara di Cacciafumo* presso Volturino (FG), *Casa Fara* presso Ururi (CB), *La Fara* presso Lésina (FG), *Fara* presso il Lago di Varano (FG), *Fara di Lavello* presso l'Ofanto (PZ), *Fara sull'Ofanto* (PZ) a N-E del precedente, *Vallone Farinola* presso Cava dei Tirreni (SA), *Fara d'Olivo* presso Menfi (PZ), *Fara* presso Minervino Murge (BA), *Serra Fara Cafiero*, presso Genzano di Lucania (PZ), *Grotte di Farinnola* presso Teggiano e Sala Consilina (SA).

Abbiamo attinto per l'Italia meridionale a Sabatini 1963, 30-33 che presenta un elenco più lungo; soltanto dalla diffusione centro-meridionale del tipo toponimico "fara" si può comprendere come gli stanziamenti longobardi fossero assai diffusi anche verso Sud (si ricorderanno i ducati di Spoleto e di Benevento).

106. Anche il longobardo s a l a – che in origine significava, come nel francone, 'costruzione con un solo grande vano' per assumere in long. il senso di 'casa per la residenza padronale nella *curtis* o per la raccolta delle derrate dovute al padrone', poi semplicemente 'casa di campagna' – è abbastanza diffuso nell'area italiana longobardizzata con testimonianze, sia pure ridotte, anche al Sud. Non si può escludere che in qualche caso vi possano fare concorrenza altre "sale" di diversa origine (ad es. il prelat. *s a l a 'canale, acquitrino').

Ecco dunque un breve campionario: *Sala* attestato nelle province di BG, CO, PV, TV, VE e forse di BL; *Sale* (AL e Gussago BS), *Sala al Barro* (Galbiate CO), *Sala Baganza* (PR), *Sala Biellese* (VC), *Sala Bolognese* (BO), *Sala Comacina* (CO), *Sala Monferrato* (AL), *Sale Castel-*

nuovo (TO), *Sale delle Langhe* (CN), *Sale Marasino* (BS), *Sali Vercellese* (VC); per il Meridione va menzionata *Sala Consilina* (SA), e dalla raccolta Sabatini 1963, 35-38 (con vari toponimi tratti dai documenti e non localizzati) ad es.: *Sala* presso Montèlparo (AP), *la Sala* presso Comunanza (AP), *Sala* (Leonessa, RI), *Case Colle Sala* presso Magliano Sab. (RI), *Sala* presso Ficulle (TR), *Podere Sala* presso Fara Sabina (RI), *Sala* presso RI (a. 1046 *vocabulum de Sala*), *Sala Rossa* (Cagnano Amiterno AQ), *Sala* (CE), *Sala* presso Dugenta (BN), *Sala* presso Ascoli Satriano (FG), *Sala* (Serino, AV), *Sala* (Corbara, SA), *Sala* presso Vico Equense (NA), ecc.

107. Tra gli appellativi longobardi (a volte spenti nei dialetti) che hanno maggiori riscontri tra i nomi locali, ricorderemo: *auja (ted. *Au*, isoletta nel fiume), attestato all'a. 975 come *Augia* in Lombardia e cfr. *Olgia* (Domodossola, NO), che si ripete varie volte nel Comasco nella forma *Olgiate* e *Olgiate Olona* (VA) (?) e *Olza* presso Lodi (MI);

berg equivalente del ted. *Berg* 'monte' > spesso *Perga* e *Berga* frequente nel Trentino, Veneto e Lombardia, cfr. *Valperga* (TO);

binda 'striscia di bosco o di campo' > *Binda* (Lazise VR), a. 1222 *Binda Grimalo* (VR) e *Binda Faroni* (Trevenzuolo, VR), *Binda* presso Stresa (NO), ant. *Terra in Binda* (Lodi, MI); *biunda 'pezzo di terra recintato', cfr. a.a. ted. *biunda*, *piunda*, > *Bionde di Porcile* (VR); a. 951 "*... constat me Gisivertus filius q. Hadam de Biunde ex langobardorum genere*" (VR), *Bionda* (BG), *Pionte* ant. (presso Pistoia e Arezzo), le *Bionde* presso Urbania (PS), *Rio della Bionda* (Valfabbrica, PG);

*blahha 'campo incolto', latinizzato in blaca propriamente 'terra nera' > *Corno Blacca* (monte presso Bovegno, BS), *Biaca* (a. 1219 *Blaca*) presso Marostica (VI), *Biache* (Belfiore, VR), *Biacqua* presso Fabriano (AN) = ant. *fons Biacque*;

braida 'distesa di terreno piano presso la città' anche 'frutteto e vigneto recintato', molto frequente con varianti: *Braida*, *Braido* (TN), *La Bra* ora nota piazza a VR, *Braglia*, *Brèda*, *Brèra* in Lombardia (celebre è *Brèra*, topononimo urbano a MI), *Braida* (GE), *Bra* (CN) = a. 1034 *Braida*, *Braida-Croce* presso Valberga (TO), *Brarola* (VC), *Bra Guarnae* (VR) ecc.

b u r g latinizzato *burgo* (IX sec.) > *Purga di Velo*, *di Bolca*, *di Durlo* (VI, ma può essere cimbro!) e B u r g - s t a l l 'castelliere' > *Postàl* e *Postèl* (TN);

g a b u r o 'contadino' > *Gaburo* (PD), *Gaburi* (S. Giorgio in Salici, VR), ma è frequente come appellativo e divenuto cognome;

g a h a g i 'luogo, bosco recintato' cfr. tedesco *Gehege*, molto comune ha dato origine a tante varianti; compare come *gahagium*, nell'editto di Rothari nel senso di 'terreno (bosco, pascolo od altro) riservato, bandito' e ne ha trattato a fondo l'Aebischer 1938, 51-62. In Toscana è tipica la forma *Kahagi* e con *h* > *f* [con *h* ancora nettamente aspirato] che ha dato luogo, nelle carte, a *cahagio* e più spesso nella toponomastica a *Cafaggio* (in documenti lucchesi fin dal secolo VIII); ne deriva anche il sostantivo *cafaggiaio* 'Flurhuter' 'guardiano di campo'. Nella Valle dell'Arno sono indicati dal Pieri 1919, 331 circa 60 *Cafaggio* o *Caggio* ed altrettanti si individuano nelle Valli del Serchio e della Lima. Nelle regioni it. meridionali compare ad es. il tipo *Cafaio* nel Beneventano, ma non manca *Gaio*, e nell'Italia mediana, si ha tanto *Cafaggio* (ad es. presso Città di Castello, PG o presso Cagli PS o presso Acquasanta AP), quanto *Gaggio* e *la Gaggia* presso Novafeltria (PS), *Monte Gazzino* presso Mercatello (PS), inoltre *Gaiolo* presso Baschi (TR), *la Gaggiola* presso Montalto (VT), *Caio* a Bomarzo (VT). Nel Settentrione è più frequente *Gaʒʒo* (a. 889 *monasterium S. Maria de Gazo*, VE); *Gaʒʒo* veronese nella carta regia di Aspo (fin dal sec. VIII), ma all'a. 864 si ha un *Gaio* e si noti la forma popolare con *a* > *e* per influsso di palatale, *Sancte Marie in Geio* (a. 918) e la forma *ğèi* compare nel frl. e nel Veneto settentrionale. Le forme *Gaʒʒo* e *Gaggio*, *Gaʒʒera*, *Gaggino* sono frequenti nelle province di BS, VE, MN, CR, MI, CO, SO, NO e BO.

Attestato anche come n. l. è g a s t a l d onde 'gastaldo' e *gastaldatus*, si noti ad es. *Gastaldi* (VI e TO), *Gastaldo* (Chioggia VE), *Gastaldia* (PD), *Valgastaldo* a. 1269 presso MO;

hari-mann latinizzato in (h)arimannus e tradotto con *exercitalis* 'uomo libero longobardo addetto alla milizia' ci documenta l'insediamento di gruppi arimannici.

I derivati del termine giuridico longobardo in qualche caso possono confondersi con i continuatori di *Romanus -i, Romanius*. Sembrano sicuramente longobardi ad es. *Romanore* (Borgoforte MN) (meno sicuro o da escludere invece è *Romanoro* di Frassinoro MO), con attestazioni a. 1096 e 1165, *Armannorio*, *Armanore* (cioè harimannō-rum); si ha una *Arimannia* presso Sorgà e presso Erbè di VR da arimannia 'proprietà concessa agli arimanni'. Nell'Italia centrale: *Arimannie* nell'alta Val Tiberina, sec. XI-XIII, *la Rimmanna* presso Fara (Tornimparte AQ), *Colle Ramanna* presso Vicovaro (Roma), forse *Selva Romana* presso Fara Filiorium Petri (CH).

haribann 'bando militare' > *Erbanno* e *Derbanno* (BS).

Di origine longobarda (ma qualcuno ha pensato agli Eruli) sarebbe anche la *Val Lagarina* (TN) da lâgar 'campo militare' ed in Paolo Diacono si menziona un *Ragilo, comes Langobardorum de Lagare* (nel Geografo Ravennate si legge *ligars* latinizzato in *Ligeris*) che richiama piuttosto il gotico e l'erulo;

laubja 'tettoia', 'portico' 'pergola' è divenuto l'appellativo italiano e dialettale *lòbbia*, molto comune come è ben noto, ad es. *la Lobia* (S. Bonifacio VR) o il derivato *Laubiara* (Caprino Veronese), a. 1194, 1203, 1217 *Laubiara*, *Lobiara*;

skuldhaizo, latinizzato in *sculdahis*, *sculdasius* 'un amministratore longobardo', onde *sculdasia* era 'il territorio retto da uno sculdascio': si individua ad es. in *Contrada Sculdascia* ant., nome del Fiume Novo di Cologna (VR) e poi trasformato in *Casale di Scodosia* (PD) a. 935 *Sculdaxia* ed in *Scaldasole* (PV).

Del longobardo staffal 'fondamento', 'palo di confine', 'cippo' ha allargato di molto le attestazioni verso Sud il Sabatini 1963, 67-75; si noti *Stàffolo* (MN), *Stàffola* (Casalmaggiore CR), *Ca' di Stàffola* (VR) a. 915 *aqueductum de Stafulla... Stafull* (VR), *Stàffolo* (AN), *Stàffolo* (Torre di Mosto, VE), *Stàffora* (PV), a. 714 *Stafula, Stàffoli* presso Aringo (AQ), *Stàffoli* (RI), *Stàffoli* presso

Agnone (CB), *Stàffoli* presso Omignano (SA);

stodigard 'recinto per cavalli' (cfr. tedesco *Stuttgart*) che si individua in *Scoegarda* di VI e VR o in *Scoegarda* ant. presso Olivè Ver. (a. 1221), *Ponte della Stongarda* presso BG e *Stoerda* (Poirino TO);

sunder, latino medievale *sundrium* 'terreno tenuto e lavorato dal padrone' spiega *Sondrio* = a. 994 *Sunder*, 1180 *de Sondrio* e il derivato *Pons Sunderascus*, *Sondrizza* (Gaiarine TV), *Sòndalo* (SO);

warda 'luogo di osservazione, di guardia' di cui il derivato più famoso è *Garda* che ha dato il nome al lago in sostituzione di *Benăcum*, già attestato *Garda* nel Geografo Ravennate IV 30 ed in Guido 16; i derivati oscillano tra *Varda* e *Garda* o *Guarda* e cfr. *Gardone* (BS);

wardistall 'posto di guardia' ha dato *Guastalla* presso Gaggiano (MI) e *Guastalla* (RE).

Una enorme diffusione, anche nel meridione, hanno i derivati di wald 'bosco' che si presentano al Nord spesso come *Valt* (ad es. a Falcade BL), mentre *gualdus* mediolatino aveva il senso più ampio di 'insieme di terreni coltivati a bosco o no', ad es. *Gualdo Tadino* (PG), *i Gualdi* presso Urbania (PS), *Gualdo* (MC), *Gualdo* presso Offida (AP), *Gualdo Cattaneo* (PG), *Gualdo* (Narni TR), anche *Gaudo* presso Alatri (FR) = a. 1294 *Guallo*, a. 1328-35 *Gualdo*, *Gualto de Alatrio*, *Gàudi* presso M. Vergine (AV).

Molto comune è anche la voce giuridica *snaida (cfr. ted. *Schneide*) in origine 'tacca, segno che si fa su un albero', 'segno di confine' (onde ad es. l'abr. *seneide* 'termine, pietra di confine tra due poderi'); è venuta ad incrociarsi con signum onde *signayde*, ad es. a Brindisi a. 1107, ma spesso con finis onde *finaita*, ad es. *Finàita* presso Atella (PZ), *Fineta* presso Forenza (PZ), *Finàide* presso Moliterno (PZ); *Finàide* presso Francavilla Mar. (CS) ed il verbo *senaitare* 'confinare', non tipico soltanto dell'Italia mediana, ma noto nella forma *sentare* anche al Veneto.

Ricordiamo infine qualche derivato di wiffa 'ciuffo di paglia come segno di possesso' – che è stato confuso con un inesistente *wizz(j)a 'multa', anche dal Gamillscheg 1935, 68 –. Nel bresciano si ha *gufa* 'segno di confine nei boschi' e cfr. *Ghiffa* (presso Marco di Rovereto, TN), *Ghiffa* (NO), *Alla Ghiffa* (presso Camajore LU); in area veneta *-f-* è stato mutuato già in epoca antica con *-θ-, z* per cui assai numerosi sono *Vizza*, *Vizze* specie in Cadore (BL) e *Guizza* (PD, VI); si noti anche *S. Michele in Ghiffa* (poi al Monte) presso Cingoli (MC).

108. Interessante è la sopravvivenza di Longobardia in *Lombardìa* e *lombardo* che nell'italiano antico venne a significare 'italiano settentrionale'. Nelle regioni italiane meridionali *Longobardo* o *Lombardo* offrono a volte difficoltà interpretative (Sabatini 1963, 39-44); nel Sud si conservò generalmente la forma non sincopata tanto che nel sec. XII si faceva distinzione tra i *Lombardi* 'Italiani del Nord' e i *Longobardi* 'Italiani del Sud' e tale distinzione è in sostanza valida anche per la toponomastica per cui *Guardia Lombarda* (AV) e l'omonimo *Pesco Lombardo* (Sannio) non sono indici della dominazione longobarda nel Sud. Altrimenti i nomi locali che richiamano *lombardo* come "longobardo" sarebbero troppi, specie in Campania e Lucania (ove invece indicheranno le tracce dei gallo-italici provenienti dall'Italia del Nord-Ovest). Tra i toponimi che ricordano i veri "Longobardi" si può forse ricordare: *Longobardia* presso Montecorvino (SA), *Campus Langobardorum extra menia Bari* (a. 1338), *Longobardi* (Fiumefreddo BR, CS), *Longobardi* (Vibo Valentia CZ) = a. 1324 *Longobardi* in dioc. Tropea, *Longobardi* presso Cinquefrondi (RC). Nell'Italia Superiore si noti a. 1028 *Casalicho de Longovardi* (MN), a. 973 *de loco Olegio* [NO] *qui dicitur Langobardorum*, *Lombardore* (TO) = a. 1014 *castellum Langobardorum*, *Lombardone* (CO) = XIII sec. *Cixinuscolo Lombardore*, *Longardore* (Sospiro, CR) = a. 970 *castrum Longobardorum* (tutte formazioni col fossile di Genitivo plurale).

109. Assai numerosi sono inoltre i toponimi antroponimici di origine longobarda sia col suffisso *-engo*, che asuffissali. Ne menzioniamo solo un piccolo gruppo: *Barengo* (NO) < Baro, *Mucengo* (NO) < Môzo, *Olcenengo* ant. (NO) < Ausiling (Auso), *Odalengo* (AL) < Ôdilo, *Farisengo* (CR) a. 1104 *Farixingo* < Fâro,

Fârisi, *Ticengo* (CR) a. 1059 *Tocingo* < Theuzo, *Bollengo* (TO) < Bôlo, *Verolengo* (TO) < Wirilinc, *Pozzolengo* (BS) (XII sec. *Puzzelingi*) < Bozzo, *Rodengo* (BS) a. 988 *Rodingus*; *Valdinga* (FI) < Waldo, *Vidalengo* (BG) a. 915 *Vidalingo* < Wîdo; *Massalengo* (MI) < Mazzo; *Corte Rolandinga* (poi *Corte Orlandini*) (LU) < Hrôdland; *Toringo* (LU) = long. Turingus; *Dardengo* (TV) < Ardingus, attestato all'a. 901; *Clusure Ubertenge* a. 1072 (AR) < Ôdbert, *Anselminga* ant. (PI) < Anshelm, *Rosenga* (AN) < Rauso, *Bodengo* (SO) < Bôdo.

Ed ora pochi toponimi con formazione asuffissale: *Ansoli* (FI) < Anso, *Arbi* (CN) Arbo, Arbjo, *Aschi* (AQ) < Asko, *Olda* (BG), *Oldelle* (VI) < Audo, *Baldo* (PD), *Baldani* (LU), *Baldella* (AR), *Baldi* (TN) < Baldo, *Pandino* (CR) < Bando, *Berni* (TN) < Berno, *Bodio* (VA) < Bodo; *Bosone* (AR) < Bôso; *Farlenda* (VI) < Farlinda, *Fridoli* o *Friola* (VI) < Frido, *Garino* (Vinovo TO) e *Carengo* (NO) < Gairo (cfr. long. *gair* 'lancia'), *Gandino* (BG) < Gando, *Gerno*, *Gernetto* (MI) < Gerno, *Colle d'Enghezzone* a. 1172 *Ghezoni* < Gezzo; *Igoli* (FI) < Îgo ecc. Abbiamo qui seguito in gran parte le interpretazioni del Gamillscheg 1935, 72-108, forse non tutte ineccepibili.

Quanto ai toponimi ibridi (latino-germanici), eccone pochi esempi: *Gello Biscardo* (AR) < agellus e Wîsgard; *Teça* (attegia) *Guntari* ant. (VR) < Gundhari; *Bosco Marengo* (AL) da Mâring (?); *Campaldino* (AR) da Aldo; *Busto Garolfo* (MI) da lat. bustum 'bruciato' e Gairulf; *Campalvaro* (NO) < Albhari; *Camaldoli* (AR) ant. *Campo Malduli* e anche *Camaldoli* (FI) da Maldo; con casa: *Cagança* (VR) ant. da Ganzo, *Ca' Emo* (RO) da Immo, *Ca' Oddo* (PD) da Ôdo, *Ca' Toalda* (VI) da Theudwald; con castellum: *Castellinaldo* (CN) da Aginwald; *Castelmanardo* (AQ) da Maginhard; *Castelletto Uzzone* (CN) da Uzzo; con collis: *Collattoni* (MC) da Atto e *Collazzone* (PG) da Azzo; *Collebrincioni* (AQ) da Berinzo; con curtis: *Curtarolo* (PD) = sec. XI *Curte rodalo* da Hrôdilo; *Curtatone* (MN) a. 984 *Curte Atoni* da Ado, mentre *Cortazzone* (AT) da Azzo.

Tracce di altri etnici germanici

110. Dei Marcomanni (unitamente ai Quadi) del periodo di Marco Aurelio e di Commodo (ma forse ripresentatisi anche successivamente in Italia) avremmo un ricordo in Lunigiana in *Marcomannia*, cfr. in Francia *Marmagne* (etimo supposto dal Pasquali 1938, 199).

Dei Gèpidi (*Gibedae*) si ha una chiara traccia in vari toponimi dell'Italia settentrionale, ad es. *Zevio* (VR) a. 861 *Gebidus* poi *Gebeto*, *Gebito* e *Zibido*, e di qui anche la *Ziviana* (Marano VR) ed in Lombardia: *Zivido*, *Zévedo*, *Zibido*, *Zébeo* (PV, BS, MI), in Piemonte *Zublasco* (a. 999 *Zebedasco*) e *Zebedassi*, toponimi accolti nella nomenclatura locale in epoca antica prima della lenizione di *-p-* intervocalico.

Dei Sarmati (*Sarmati gentiles*, in origine di stirpe iranica e germanizzati ormai), in *Sermide* (MN) a. 753 *Sarmata*, *Sarmazzano* (MI) sec. XIII *Sermazano*, *Sarmazza* (Casale Monferrato AL), *Salmour* a. 901 *Sarmadorium* (CN), *Sarmeola* (Rubano PD), a. 1027 *Sarmedaula*, a. 1182 *Sarmedeula* accanto a *Sarmedella* (ove *-ll-* ha dato *-ul-*).

Dagli Alamanni derivano i toponimi calabresi *Manno*, *Campo di Manna*, *Colle dei Manni*, *Lamanna* (a. 1196 ἀλαμάννος, a. 1183 ἀλαμάννου); *Monte Lemanna* presso Casina, *Monte Lamanna* v. Alessio 1939, 132 e 1959, 56-57.

Dagli Eruli venne forse *Verolengo* (TO), Olivieri 1965, 365 (ma si tratta di etimo incerto).

Più sicuri sono invece i derivati da Baiuvari (*Bavaresi*) onde il n. l. trentino *Baovario* a. 845 *de Baouarius* ed il veneto *Bavèr* (Gòdega TV) = a. 1279 *regula de Bavaro*, poi *Baverii* e *Bavarìa* fraz. di Nervesa della B. TV; forse in Piemonte *Bàiro* (TO) e in Friuli *Beivàrs* (?).

Sicuri sono inoltre i continuatori di Svevi (*Suabi*), tedesco *Schwaben* (cfr. il *vento di Soave* dantesco) onde *Soave* (VR) a. 874 *Soave*, 1145 *Suavium*, 1226 *Soavo*, 1270 *Soavii* e *Soave* (fraz. di Porta MN) = a. 1014 *vico Suave*, a. 1037 *de Suave* e di qui a. 1028 *Prato qui dicitur Suavela*, inoltre *Soavia* nel Canavese (a. 1039 *Suavis*). [È da notare che non era ancora avvenuto il passaggio di *a* ad *e*].

Forse hanno una sopravvivenza toponomastica i B a t a v i nell'ant. *Badabiones* della Val Lagarina (TN) attestato all'a. 927 e 928 (*ubi dicitur Badabiones*) ed anche in un diploma di Ottone II del 983.

Dei V a n d a l i è ovvio che non resti nulla in Italia, mentre in Spagna essi dettero il nome ad una regione vastissima qual è l'*Andalusia* (spagn. *Andalucía*) da V a n d - ed in arabo *Al-Andalus* che venne ad indicare la Spagna.

Così pure scarse sono le tracce dei B u r g u n d i (che dettero il nome alla *Borgogna*, francese *Bourgogne*) i quali si infiltrarono nel Piemonte occidentale come propaggine del regno burgundo di Francia (che ebbe un tempo la capitale in Lione). Rimane traccia del loro etnico verosimilmente in *San Nazzaro dei Burgondi* PV (Olivieri 1961a, 487), forse anche in *Borgogna* (Crema, CR), *Borgognina* (BS), *Borgogna* (AL) e *Borgognona* (PV).

Dei F r a n c h i (*Franci*) si ha chiara impronta nel n. l. piem. *Refrancore* (AT) = a. 1236 *ecclesia de Rifrancore* da un r i v u s F r a n c ō r u m.

Dai B o e m i, un popolo in origine celtica, poi germanizzato, venuto in Italia al seguito dei Longobardi, pare provenga il n. l. *Biumo* (a. 1038 *Bemmio*) e *Biemo* (o *Biemmo*) BS.

Ma di grande interesse è la sopravvivenza toponimica del popolo germanico orientale dei T a i f a l i (: *Theifali*) che, secondo le attestazioni degli storici, furono deportati dalla Dacia in Emilia all'epoca di Graziano (IV sec.) e insediati nelle province di Reggio, Parma e Modena, oltre che in Gallia, specie nel Poitou. Ci rimangono due toponimi *Tìvoli* (*tàjval*) presso S. Giovanni in Persiceto (BO) = secolo VIII *Taivalum* ecc. inoltre nel Poitou: *Tiffauges* (1055-59), *castelli ... Theophalgia* e *Touffailles* nel sec. IX *Theufales*, a. 1262 *apud Thafalles*.

E menzioneremo infine i S a s s o n i (*Saxones*) e anche S a x i di cui si ha una ricca attestazione, ad es. *Sassi* presso Torino, in Romagna *Sassinoro* (a. 1309 *Saxonorum*), identico a *Sassinoro* merid. (BN), *Sassogna* (Orvieto TR), *Sassonia* (Farindola PE), *Sassònia* presso Castrovillari (CS) = νέα Σαξόνια a 1088, *Saxonia* a. 1445.

Altri etnici medievali

111. Tra i popoli non germanici assai ampie sono le tracce lasciate dai Bulgari (ma molti toponimi sono stati contestati dal Serra il quale spesso preferisce pensare a burgulus, burgora passato a *bulg-* con semplice dissimilazione e riportato pertanto a burgus 'borgo'), ad es. a. 788, 819, 829 *Bulgari* (Vicopelago LU), *Bòlgheri* (Castagneto Carducci LI), a. 1021 *Bulgari* (Pèrgine Valdarno AR); *Bòrgheri*, *Borgheria* (Pieri 1919, 75) ed in Lombardia *Bòlgare* (BG) = a. 830 in *Bulgaro*, *Bòlgari* (Voghera AL), *Borgovercelli* che in antico era *Bulgarus* ed ancora oggi il torrente che lo lambisce si chiama *la Bùlgara*. Nell'Italia centrale e meridionale spesso *b-* passa a *v-* e si noti pertanto a. 1048 *in loco Vulgari* presso Città di Castello (PG), *Bùlgari* presso Chiusi (SI), *Borgària* presso Narni (TR), *Valle Vulgara* presso Sulmona (AQ), *Vulgaro* presso Castrovillari (CS). Riguardo ai *Bulgari*, al seguito dei Longobardi, sono da ricordare le notizie che ci fornisce Paolo Diacono (*H.L.* V 29) il quale afferma: "Qui usque hodie in his ut dicimus locis (cioè *Sepinum*, *Bovianum*, *Iserniam*) quamquam et latine loquuntur, linguae tamen propriae usum minimum amiserunt": ciò che significa che ai primi del sec. IX i Bulgari erano ancora bilingui e parlavano anche la loro lingua (turca), Doria 1980, 166-67.

Dal trasferimento nell'Italia meridionale da parte dei Bizantini (a. 887) di un contingente di Armeni, avremmo traccia dell'etnico in Calabria e in Sicilia, secondo Alessio 1939, 32, e cioè: *Vallone Armèno* e *Monte Armèno* in Calabria, l'*Armènia* in Sicilia ed i cognomi siciliano, calabrese e pugliese *Armeni, Armènio, Armenise, Armenius* (a. 1232).

Degli Unni mancano vere tracce, ma ha avuto grande fortuna, come si sa, nella toponomastica, il re *Attila* per cui nelle cronache medievali Aquileia si è a volte trasformata in *Attileia* (v. Serra 1954, 11).

Dagli Alani (popolo iranico) pare derivi *Alagna* (PV) e *Alagna Valsesia* (VC), forse *Alano di Piave* (?) (BL) e *Alanno* presso PE.

Dagli Avari di sicuro non deriva nemmeno un nome

Fig. 4.3 L'Italia all'inizio del secolo XI

locale e *Varengo* (Gabiano AL) è assai incerto al pari di *Varena* (ant. *Avarena*) presso Cavalese (TN).

Una posizione particolare hanno i numerosi toponimi disseminati in varie regioni derivati dagli Ungari; essi infatti non ci attestano particolari insediamenti del noto popolo delle steppe, feroce e assai temuto per le rapide incursioni, ma soltanto il ricordo delle tremende orde. Molti nomi sono formati col suffisso *-ĭscus* > *-esco* e si riferiscono a tratti stradali; sono particolarmente frequenti nel Veneto e nel Friuli, ad es. *Strada Ongaresca* (presso Conegliano TV) = a. 1546 *cal Ongaresca*, ma anche altrove, ad es. *strata que Ungarisca dicitur* non lontano da Bologna e così pure una *fossatula de Ungariotum* presso Medicina (BO) nel 1155, ecc. (Pellegrini 1989).

Influsso arabo

112. Anche se non si conoscessero gli avvenimenti storici per cui la Sicilia cadde sotto il dominio saraceno(*), che durò per circa due secoli e mezzo (827-1091), basterebbe esaminare la toponomastica dell'isola (con le propaggini in Calabria) per comprendere il ruolo politico e culturale che spetta agli Arabi in quel periodo in cui essi diedero luogo a vari insediamenti. Abbondanti impronte permangono sino ad oggi, tanto nella nomenclatura geografica, quanto nei dialetti, oltre che in altre manifestazioni della vita isolana. L'elemento arabo tra i nomi locali siciliani (e assai meno calabresi) è bene rappresentato, ma su molti elementi della microtoponomastica l'investigazione non è

(*) L'accesso alla Sicilia da parte dei *Saraceni* fu favorito dalla ribellione a Bisanzio di un alto funzionario con poteri militari, Eufemio. Questi, secondo le fonti arabe, si recò in Africa per chiedere ad al-Qayrawān l'intervento in Sicilia di Ziyadat Allāh. Il comandante della spedizione partita da Susa fu il giurista Asad ibn al-Furât. I Musulmani sbarcarono a Mazara nell'827; nell'estate successiva Asad morì, i saraceni faticarono assai in un primo momento a penetrare nell'isola. Con difficoltà espugnarono Agrigento che fu poi per breve tempo abbandonata.

Nell'831 fu occupata Palermo e da quel momento la situazione fu a loro assai più favorevole. Le vicende dei Musulmani in Sicilia (827-1091) furono descritte con grande informazione e competenza da M. Amari (si veda Amari-Nallino 1933-1939; v. in breve Peri 1961). Non bisogna dimenticare che anche in Sicilia gli Arabi non debbono considerarsi un popolo barbaro, dato che essi rappresentarono, culturalmente per tanti aspetti scientifici, i continuatori della civiltà greca. Essi introdussero in Sicilia varie piante (tra le quali gli agrumi) e lasciarono nell'isola – pur dominandovi soltanto per due secoli e mezzo – tracce non trascurabili di cui una chiara spia sono anche i nomi di luogo qui sopra esaminati molto sommariamente; il lessico siciliano contiene circa 500 voci di prestito arabo e, a volte, anche parole di uso assai comune.

ancora molto progredita. Ma è da considerare anche il ruolo avuto in Sicilia dalla lingua araba nell'adattamento e nella trasmissione di numerosi toponimi prearabici d'epoca classica (e spesso di origine pregreca e prelatina), come vedremo qui sotto.

Molti elementi della terminologia toponimica araba si ripetono spesso e sono facilmente individuabili. Citeremo pertanto qui una esemplificazione con termini geografici che si riscontrano in molti nomi.

Così è molto frequente l'arabo qalʿa (pl. qilāʿ, qalūʿ) 'castello, cittadella', 'fortezza' che figura ad es. in: *Calatafimi* (TP) < qalʿat fīmī 'la rocca di Eufemio' detta anche negli scrittori arabi *ḥīṣn fīmī* (che per il senso si equivale) e a. 1240 *Calataphim*; *Calatamauro* (ant.) qalʿat mawrū 'la rocca del Moro'; *Calatubo* (ant.) = a. 1408 *Calatajubi*, 1110 *Calathabubi*, a. 1093 *Calatub* < qalʿat awbī 'la rocca di Awbi'; *Calatthac zaruc* ant. (presso Corleone) a. 1095, forse < qalʿat aṭ-ṭarīq 'la rocca della via' (attestato negli scrittori arabi); *Calatrasi* = a. 1155 *arcem textoris* 'rocca del tessitore' equivalente a 1183 qalʿat aṭ-ṭirazī e χαλατατράζη; *Caltabellotta* (AG) qalʿat al-ballūṭ 'rocca delle querce', detta anche ḥisn al-ballūt; *Caltavuturo* (PA) < qalʿat abī ṯawr 'la rocca di quello del toro', a. 1131 *Calatabutur*, a. 1198 *Galatabutur*; *Cunsarìa* (Caltagirone CT) < qalʿat al-ḫinzārīa 'la rocca della cinghialeria'; (la rocca) di *Buscemi* (SR) < qalʿat abī šāma 'la rocca di quel dal neo'; *Collesano* (PA) in epoca araba (negli scrittori) era detto qalʿat aṣ-ṣirāt 'la rocca della strada'; ant. (sec. XI) *Calathaelfar* < qalʿat al-fār 'rocca del topo'; *Mineo* (CT) era denominato qalʿ at mināū, oppure ḥisn mināū; quanto a *Caltanissetta* v. qui sotto; anche *Giato/Iato*, a. 1095 *Iath*, *Iatum* era detto qalʿat ǧātū/*calaiati*; *Calatabusamar* era un castello presso Corleone forse la 'Rocca Busabra', in arabo qalʿat bū samara/*kalatabusamara* (tratto dall'antroponimia); *Gelso* (Lipari ME) era qalʿat ǧālṣū/*calatialcii*; per *Castrogiovanni/Enna*, detto anche qalʿat qaṣr yanā(t) siqiliya v. qui sotto. È attestato anche il diminutivo, ant. *Culeam* = ar. qulayʿa/*coleya* ed in greco a. 1190... εἰς τὴν τοποθεσίαν τῆς κουλαίας... Rientra nella nostra categoria anche *Calatabiano* (CT) in cui non è chiara la seconda componente.

113. Assai frequente è pure l'arabo qaṣr (pl. quṣūr) 'castello' che proviene dal bizantino κάστρον a sua volta dal latino *castrum* (molto noto in Spagna nella forma *Alcázar*). In Sicilia ne deriva anche l'appellativo *càssaru* che ha preso il senso di 'strada principale, corso' (che in origine faceva capo al 'castello'); si noti ad es. al-qaṣr 'il Cassaro' di Palermo (mezionato da Edrisi), qaṣr ǧaᶜfar 'il castello di Giafar'; qaṣr al-ḥadīd 'il castello di ferro' oppure – 'aguzzo'. Inoltre *Cannita* che si denominava qaṣr saᶜd 'il castello di Saᶜd; *Partanna* (TP) che corrisponde forse al qaṣr mankūd 'il castello di *M.*' a. 1098 *Partanna*; qaṣr nūbū certamente 'Castelnuovo'; per qaṣr yānī 'Castrogiovanni' v. qui sotto. Si noti inoltre che *u Càssaru* è attestato a Modica, a Noto e a Siracusa.

Frequente è pure manzil (pl. manāzil) 'luogo di sosta, casale' 'mansio', 'domus', 'stazione' 'bivacco'; ad es. *Misilmeri* (PA) < manzil al-amīr 'casale dell'emiro', in greco ἡ γέφιρα ἡ λεγομένη τοῦ μισηλμέρι; *Mezzoiuso* (PA) < manzil yūsuf 'il casale di Giuseppe' e non lontano il manzil sindī 'il casale di Sindi' (oriundo del *Sind* nel basso Indo) o manzil hindūn/*mezele hendun* da *Hind* 'India'; manzil zarqūn/*menzelsarcun* da zarqūn 'rosso vivo', onde il cognome e nomignolo sic. *i Zarcuni*; attestazioni di manzil sono assai comuni. Un significato simile ha raḥl (pl. riḥāl) 'sosta, casale' 'mansio'. Si noti ad es. raḥl al-armal 'casale della vedova' che corrisponde all'a. 1155 *Mesel Armal* vicino a Gibellina (TP); *Belice* (TP) era raḥl balīǧ/*casale belich*; *Buffarera*, *Bufurera*, presso Corleone, era raḥl bū furayra: *bufurere* (dall'onomastica); il *Casalis Benbarek* dell'a. 1132 era raḥl ibn barka(h)/*casalis benbark* (dall'onomastica).

E si noti a. 1178 riḥal ruǧīr 'i casali di Ruggero', gr. χωρίον ῥογερίου; e *Mineo* è pure denominato anche raḥl al-mināuī = χωρίου μινέονι; *Regalbuto* è in greco ῥαχαλβοῦτα, ove la prima parte corrisponde all'ar. raḥ(a)l. Si noti inoltre una contrada di Pantelleria denominata *Rahale* e pure fuori di Sicilia *Ràcale*, *Rachele* in provincia di Lecce. Da osservare che in Spagna vi sono nomi equivalenti quali *Ráfal*, *Rafalel*, *Ráfel*, *Ráfol*.

Rappresentato è anche marsā 'porto', 'ancoraggio', 'rada' che è pure appellativo, sic. *marsa* (e si noti la tautologia *Marsascala* a Malta e *Beccimursà* a Pantelleria); un bell'esempio è la *Marsa* (CT) che corrisponde a marsā al-bawāliṣ 'porto di Ulisse' (?); *Cala del Corvo* era marsā al-ḥaḏ ḏāq 'porto dell'astuto'; *Punta di Circia* si equivale a marsā aš-šagara 'porto dell'albero'; *Falconara* (Butera CL) era marsā aš-šalūq 'porto dello scirocco'; *Marsala* (TP) viene da marsā ʿalī 'porto di Ali'; il *Brolo* (ME) era forse marsā dālya 'il porto della vite'; *Marzamemi* (Pachino SR) < marsā al-ḥamām 'rada delle tortore' e si noti anche *'a 'Marsa* (Noto SR).

Abbastanza testimoniato è pure l'arabo fawwāra 'fonte', 'polla' che è divenuto anche appellativo; si noti *Favara* (AG) 'La Polla'; al-fawwāra 'la favara piccola e grande' (PA): "il nome resta alla minore delle due sorgenti... l'altra si chiama oggi *Maredolce* o *Santo Ciro*" (Amari). Si noti che in Sicilia è nome di luogo più volte presente. Comune è soprattutto ʿayn (pl. ʿuyūn, ʿayūn, aʿyun) 'fonte', 'sorgente'; l'adattamento avviene anche con *Donna* 'fonte' e si noti pertanto *Donna Lucata* (Scicli RG) < ʿayn al-awqāt 'la fonte delle ore'; *Guidomandri* (Scaletta Zanclèa, ME) era forse ʿayn as-sulṭān 'fonte del sultano'; *Dannisinni* (PA) forse ʿayn abī saʿīd 'fonte di -' (onomastica); le *Tre Fontane* corrisponde a ʿuyūn ʿabbās 'fonti di ʿabbās'; *Torre Archirafi* era probabilmente ʿayn al-qaṣab 'fonte delle canne'.

La nostra 'fonte' è resa nella toponomastica siciliana in molti modi, variamente adattata: *Anna*, *Donna*, *Canna*, *Scianni* ecc. e dimin. *Ainiddu*.

Frequente, specie nella toponomastica urbana, era l'ar. bāb (plurale abwāb, bībān) 'porta' 'passo'; a PA incontriamo bāb rūṭah 'porta della Rota' *Porta Rotae*, bāb al-baḥr 'porta a mare' ant. *Bebilla(u)cal*, bāb ar-riyaḍ 'porta dei giardini', bāb al-abnā 'porta dei giovanotti' (plurale di *ibn* 'figlio'), divenuta *Bebbene* (sec. XII) e storpiato in *Billiemi*, *Bibiletti*, bāb aṣ-ṣūdān 'porta dei negri', divenuto *Porta Busuldeni*, *Busuemi*, *Bisaldumi*, *Belsuden* ecc. Cfr. anche *Babelagenin* (PA) < bāb al-ḥağğārīn 'porta dei tagliapietra' e *Beblerìa* < bāb ar-riyah 'porta dei venti' e qua e là in Sicilia affiora *u Bebbu*, *'a Babbìa*, *'a Babbinedda* sempre dall'arabo bāb.

Non manca bīr, bi'r (plurale bi'ār, ābār, abiār) 'pozzo, cisterna', ad es. *Bir-di-Scala* (Noto SR); *Bir-di-sini* (Caltagirone CT);

dālya (plurale dawālin) 'vigneto', ad es. *'a Dèlia* (CL e Biscari RG), *Delianuova* (RG);

dār (plurale dūr, diyar, diyārāt) 'casa' 'tenda' e si ha qua e là *Dieri, Dieru, 'a Dieria*;

darağ(a), darğa 'scala', 'via a gradini' onde ad es. la tautologia *Scala della Targia* (tra Monreale e S. Giuseppe, PA) e varie *Targia*, *Targhetta*, *Targiteḍḍa*;

faḥṣ 'piano, campo', onde *Fassimeria* divenuto *Fausumeli* nota campagna presso PA < arabo faḥṣ al-amīr 'il podere dell'Amir', anche *Falsomiele*;

ğabal (plurale ğibāl, ağbāl) 'monte', onde Erice era denominata ğabal ḥāmid 'monte di -' oppure ğabal abī mālik 'monte di quello del re' e l'Etna era detto ğabal an-nūr 'monte del fuoco' e notissima è la tautologia *Mongibello*.

Comune era ğazīra 'isola', divenuto anche appellativo, sic. *gisira* 'isola fluviale' (come il romanzo *isca*, *iscla Ischia* da insula) onde *Gesira*, *Gisira*, *Gisiredda*, *Gisirotta* e *Scoglitti* era detto ğazīrat al-ḥamān 'penisola delle colombe', *Favignana* = ğazīrat ar-rāhib 'isola del romito', *Lampione* (Lampedusa e Linosa AG) = ğazīrat al-kuttāb 'isola della scuola' e nel medioevo era detta *Schola*, *Scola* ecc. v. Pellegrini 1972, 237-332 ed ora Pellegrini 1989, 134-152.

114. Ma assai importante, oltre alle testimonianze di toponimi in Sicilia, è anche la mediazione fonetica araba nella trasmissione e fissazione di nomi locali classici prearabici. Tipico è il caso di *Agrigento* (v. § 56) che attraverso le attestazioni degli scrittori e dei diplomi redatti in arabo ci documenta due tradizioni. L'una si rifà al greco per cui il toponimo compare nella forma karkint, kar-

k e n t, k i r k i n t i, ove tale variante deve riflettere un greco-bizantino k a r k a n t (a) per Ακράγαντα. L'altra variante ǧ a r ǧ i n t, ǧ a r ǧ a n t riflette una forma *Ǧirǧentu* per A g r i g - con metatesi e assimilazione di *g* al secondo *ǧ* palatalizzato in latino tardo (cfr. un caso analogo in *giaggiolo* < g l a d i o l u ove ci attenderemmo solo *ghiaggiolo*). Ha avuto fortuna la tradizione latina, onde attraverso l'arabo si ebbe *Girgenti* (forma dialettale *ǧǧurgenti*), poi ripristinato, per ricordo della romanità, in *Agrigento* v. § 180).

Singolari sono i casi di paraetimologia araba per cui l'ant. Ἕννα, *Henna*, poi *castrum Ennae* fu conguagliato dagli Arabi con Y a n n a h Y a n n i ed interpretato come 'Giovanni', onde divenne q a ṣ r Y a n a h (sec. IX, Ibn al-Aṯīr), q a ṣ r y ā n ī (Edrisi), q a ṣ r y ā n n i h (Yāqūt) e nelle carte latine compare presto, a. 1091 *Castrum Ioannis* o in greco a. 1142 κάστρου (Gen.) ιωάννου, cioè *Castrogiovanni*, poi sostituito da *Enna*.

E Caltanissetta presenta un analogo processo; in Edrisi è attestato nella forma q a l ʿ a t a n - n i s ā ʾ che in arabo significa 'la rocca delle donne', ma in realtà la forma classica era N i s a, trasmessaci da una iscrizione latina (v. qui sotto).

Pure importanti sono gli esempi in cui si vede che nelle fonti arabe è conservato *-s* finale che può essere di tradizione greca, ma non si può escludere l'eventualità che la sibilante rifletta anche forme latine con *-s* conservato. Abbiamo ad es. m ī l ā ṣ 'Milazzo', b u l i s 'Polizzi', r a ġ ū s 'Ragusa' n ū ṭ (u) s 'Noto', q a r i n (i) š 'Carini', t a r - ǧ ī n (.) s 'Traina', b a q ṭ i š 'Patti' e ġ u d (.) š 'Gozo' (Malta). È poi sicuro che forme quali *Milazzo* e *Polizzi* provengono da quelle arabe con *s*, *ṣ* mutuati con l'affricata dentale (cfr. it. *zucchero* < ar. s u k k a r).

Ma conviene aggiungere alcune osservazioni particolari circa le mutuazioni avvenute in Sicilia, secondo moduli particolari, dei quali è responsabile la lingua araba.

115. All'esempio di *Agrigento*, veramente perspicuo, se ne possono aggiungere altri, ma essi si rivelano più incerti a causa del possibile intacco del bizantino *k* + *e*, *i*. Così *Cerami* (Enna, *čirámi*, etn. *čiramísi*), proviene dal gr.

κεράμι(ον) "tegolino", "mattone", "coccio", tale etimo è confermato dalle forme bizantine, ad es. a. 1142 (?)... τοῦ γέροντας κεραμίου... a. 1157... πρωτοπαπᾶ κεραμίου. Le forme arabe sono attestate in Edrisi: *ğ(a)rāmī* per cui possiamo essere certi che alla base di tali forme vi è un toponimo che ha subito l'intacco palatale poi riflesso anche nella forma italiana e siciliana, ma non possiamo esser certi se anche il bizantino non avesse operato l'intacco e quindi il caso rimane non risolto definitivamente, se cioè il nome sia di tramite greco o latino. In latino si hanno forme prevalentemente con *Ci-*, ad es. *Cirame*, *Cirami* ed anche *Ceramum* (accus.); all'a. 1283 *Chirami* potrebbe esser letto anche *čirami* poiché la grafia con *ch* per la palatale è assai diffusa nel siciliano antico. E per la palatalizzazione bizantina si potrebbero citare molti esempi; ci basti ricordare dal Cusa 276 a. 1183 un *manzil* ("casale, sosta") *n(i)ğītah* che nel bizantino corrisponde a μίνζιλ νικήτου, evidentemente con greco *-ki-* reso con *ğīm* e non pare qui verosimile una mediazione latina. *Gelso/Celso* (Lipari, ME), toponimo che si ripete altre volte in Sicilia, è spiegato col sic. *cerzu*, *cersu* "terreno incolto" dal greco χέρσος, cfr. anche *Jerso* contrada a Sud di Lungro (CS); le forme arabe sono *ğal(i)s(u)h*, *ğal(i)suh*. Il toponimo corrisponde a. 1182 *per ialcium, divisa terrarum ialcii* = ar. *ğālṣū*, a. 1145 *ğālṣū*. Da notare la grafia latino-siciliana con *i-*, cioè un *j-* che indicherà una prepalatale *g'* con la quale si rende il greco χ o una forma comunque intaccata. – *Geraci Siculo* (PA) risale al greco m. γεράκι (ἱεράκι[ον]) 'sparviere', cfr. *Gerace* (Reggio Cal.) fondato verso il sec. IX da profughi provenienti da Locri RG ("Le monete di Locri mostrano l'effige di un falco"). Nel bizantino all'a. 1130-40 (?) il nome sic. è attestato ἐν τῷ ἄστει γερακίον, ed in arabo, Edrisi *ğárāš*. La forma greca con γε- è pertanto resa in arabo con la palatale *ğim* (che forse aveva già una sfumatura fricativa, come ci indica anche la grafia greca, assai comune, con τζ) e la pronuncia di *j-* era di certo assai vicina alla affricata sonora *ǵ*, *ğ* (prepalatale).

116. Anche *Cefalù* (PA), pronuncia locale *čifalù* etn. *čifulutánu* sembrerebbe a prima vista originato da una

mediazione latina se non sapessimo che un lieve intacco di *ke* era già avvenuto anche nel bizantino di Sicilia; e bisogna osservare che la struttura del nome è più greca che latina. L'Alessio lo deriva da un greco bizantino Κεφαλούδιον (sec. IX) che risale al cl. Κεφαλοίδιον (Strab., Diod.), Κεφαλοιδίς (Ptol., Strab.) passati nel latino come *Cephaloedium* (Cic.), *Chephaloedis* (Plin.) *-itano* (Cic.). In arabo si hanno forme con *ǧīm* iniziale: Edrisi *ǧ(a)flūdī*, *ǧ(a)flūḏī*. Ma non manca la resa con *š*; Ibn Ǧub. *Š(a)f/ūḏī, š(a)lfūda*, inoltre nei diplomi: a. 1145 *ǧ(a)flūdī*, ed in bizantino a. 116 ὁ ἐπίσκοπος τοῦ κεφαλούδου, a. 1172 κεφαλουδίου (gen.) a. 1180 (?) τοῦ κεφαλούδου, a. 1145 κεφαλουδίου ivi 615; ed in latino a. 1172 *cephaludi* (gen.).

Anche *Cefalà Diana* (PA) offre i medesimi quesiti di *Cefalù* e risale al greco moderno κεφαλᾶς 'testone', 'testa grossa'; nei diplomi a. 1182 pure *ǧ(a)f(a)lah* Cusa 209 r. 16 = latino *divisa chefala*; a. 1242 *ǧ(a)f(a)lah* ivi 604 = lat. *in tenimento chifale*. Come si sa, è possibile che la grafia *ch* celi una palatale.

117. *Iato* (*San Giuseppe Jato*, PA), dial. *jatu*, *sančusèppi i̯átu* con l'etnico antico *Iatino*, *-ini*, proviene sicuramente dal cl. *Jetae*, *I e t a s* (Sil. Ital.), etnico *Ietinus*, *I(a)etensis* (Plin.) e Ἰεταί (Steph. Byz.), etnico Ἰαταῖνος (Diod.), Ἰεταῖος (Steph. Byz.). In arabo abbiamo in Edrisi *ǧāṭū*; *Iath Iatum*, a. 1182 *divisa iati* = arabo *ǧāṭū* e *ǧāṭī* aggettivo etnico con valore antroponimico (Cusa 165a) *ibn Ǧāṭī* in trascr. greca ἔπιν τζάτι (col noto digramma τζ per *ǧīm*). Aggiunganſi anche le attestazioni medievali di *Iatina* deriv. di *Iato* e cioè a. 1182 *ǧ(a)tīnah* e nel testo latino *yatina... divisa iatini* a. 1183 *al maḥallat bi ǧaṭīnah* = bizantino ἀπὸ τῶν μαχάλλετ τζατίνε, a. 1093 *Per divisiones Latinae* [sic!] *et Chephalae*, a. 1133 *de Jatino*... ed anche *magister castelli Jacinensis* (lege *Jatinensis*). Negli scrittori arabi *ǧaṭīn*.

L'Alessio si limita a constatare l'origine del nome verosimilmente preclassica e di tramite latino, ma egli non spiega l'alterazione assai notevole di *e* > *a*, mentre è normale *j-* > *ǧ* o *g'*(*j*-). Si potrebbe pensare ad una interpretazione analoga a quella per *Malta*, e cioè ad una specie di ipercorrezione per cui alla diffusissima tendenza araba dell'*imâla*, per cui *a* ed *ā* passano ad *e*, specie nella pronuncia maghrebina e araba siciliana, si restituisce qui un presunto originario *a* per il corretto *e* (lat. *Melita*, gr. Μελίτη).

Anche *Gangi* (PA; pronuncia locale *ánği* e *ġġánči*, etnico *anğitánu* e *ġġanğitánu*) presenta un fenomeno analogo; esso risale infatti al cl. Ἔγγυον (Diod., Ptol.), *Engyon* (Sil. Ital.), etnico *Enguinus* (Cic.). Non convince che l'alterazione fonetica iniziale possa essere avvenuta per l'influsso di *ḫağğ* 'pellegrino', cfr. *Kaggi* = *Chagi*, Cusa 187, *Gaggi* provincia di ME. È da tenere presente invece la tendenza dei dialetti meridionali a portare *g* + *a* alla fricativa γ: *a γamma* (cal.) 'la gamba', definita "affatto evanescente", oggi perduta in tante varietà del Mezzogiorno – si noti infatti sic. *áḍḍu, ámma* 'gamba' *ana* 'gana', ecc. Si può pertanto ritenere che la forma ufficiale con *g*-, già antica, sia dovuta ad una falsa restituzione. In dipl. bizantino all'a. 1155 ἐν τῇ περιχώρῳ γάγγε, Cusa p. 361 e in documenti latini, a. 1211 *Gangium* accusativo. In Edrisi figura una forma scorretta *ğ.flah* da raddrizzare in *ğankah*.

Un caso simile di vocalismo alterato è fornito da *Noto* (SR) pronuncia locale *nuótu*, *nótu* etnico *Noticiano* e dotti *Notinese* e *Netino*, dial. *nutičánu*, *nutišánu* e si veda anche *Dioecesis Netensis*. Proviene sicuramente dal cl. *Nētum* (Cic., Sil. Ital.), Νεητον (Ptol.) ed etnico Νεαιτῖνοι (Diod.), *Netīni* (Cic., Plin.) e "l'alterazione di timbro della vocale deve essere avvenuta sulla bocca degli Arabi (ci saremmo aspettati sic. **Nitu*)". Nelle fonti arabe si nota l'alternanza verosimilmente all'origine della forma siciliana e cioè Edrisi: *nūṭ(u)s*, la Cron. Cambr. ha invece *an-nāṭ.s* (p. 166 r. 11), a. 1093 *Nota*, a. 1136 *Nota* (abl.), a. 1130 *Notho* (ablativo), ecc. e le forme con *o* sono prevalenti, ma non mancano del tutto le tracce della forma originaria, ad es. a. 1212 *Neti* e a. 1249 *Neti* (genitivo). Quanto all'alterazione vocalica è verosimile che la *e* originaria sia retrocessa in arabo ad *ä/a* e che abbia risentito del potere velarizzante della enfatica *ṭ* la quale ha spostato il timbro di *a* ad *å* poi *o* (e nella grafia anche *ū*). È quindi assai verosimile che

Noto abbia avuto un antecedente di pronuncia dovuto all'intervento arabo.

118. *Punta Pachino* (SR; pronuncia locale *bbakínu* e *pakínu*, etnico *bbakinísi* e *pakinísi*) oggi *Capo Pàssero* nel distretto di Noto (SR). Risale a Πάχυνος (Strab.), *Pachynus* (cl.), *Portus Pachyni* (Cic., Verr. 5.87) ed è verosimilmente di origine greca, cfr. *Pàχina* (nelle carte *Pàchina*) torrente nei pressi di Cànolo (Reggio Cal.), affluente del fiume Novito. In Edrisi compare la forma *qarṭīl bašinū* e la variante araba indica di certo un *č*, cioè *Pačíno* di tramite latino (e si noti l'accento latino e non greco, ma la velare originaria è rimasta in italiano).

È notevole come l'interdentale greca θ (tale era la pronuncia in epoca medievale) sia resa con grande regolarità da *ṯ* nelle forme arabe; così ad es. *Termini Imerese* (Palermo) che risale a *Thermae Imerenses* o assai meglio alla forma greca (per le attestazioni arabe) cioè a Θερμαὶ αἱ Ἱμεραῖαι (Polyb.) – Ἱμέραι (Ptol.), Θέρμα (Diod.); anche Steph. Byz. (64,14), ricorda il fiume Θέρμος, (cfr. *Termini* frazione di Castroreale Bagni, ME e *Tèrmini* da *Thermae Segestanae*). Bisogna inoltre riconoscere, come per *Termini*, *Stazione* –, presso le terme di Diocleziano a Roma, un incontro col latino *termen -inis* che dava origine ora a *Tèrmine* ora a *Tèrme* (più luoghi in Toscana) (v. qui § 97). E come abbiamo accennato, le forme arabe invece riflettono la base greca: Edrisi *ṯ(i)rmah* e così gli altri scrittori arabi; a. 1134 εἰς θερμὰ, Cusa 14. Come si vede θ è costantemente rappresentato dall'interdentale sorda araba, pronunciata con la fricazione e non come dentale. Analogamente *Santa Tecla* (Acireale, CT) = Edrisi *šant š(a)q.la* da correggere in *-ṯ(a)qla* greco Θέκλα, oppure *Sant'Agata* in Ibn Ḥawqal *šant(a)ġaṯ* Cron. Cambr. *šant aġaṯah* in bizantino a. 1146 ἱερεύς τῆς ἁγίας ἀγαθῆς. Ritengo pertanto che l'etimo tanto discusso di *Butera* (CL), qualora si escluda l'ipotesi araba, sia da ricercare in una voce greca con l'interdentale. È pertanto preferibile (anche se l'ipotesi è soltanto un tentativo di spiegazione) ricorrere ad es. al tipo βουθερής 'che fornisce pastura estiva', piuttosto che a βουτῆρα accusativo di βοτήρ 'pastore', contrariamente alla preferenza di Alessio. Le forme arabe sono infatti con *ṯ*:

Edrisi *buṯīrah*, Alʿ Um. *b(u)ṯīrah*, Cron. Cambr. *idem*, Ibn Aṯīr *idem* forse Ad-Dim. *yaṭiah* (?) da leggere *buṯirah*(?) a. 1093 *Butera*; a. 1141 εἰς Βουτέραν, Cusa 18 ed anche a. 1143... τῆς Βουθύρας.

119. Una nuova osservazione merita anche *Caltanissetta* a proposito della geminata *-ss-* che da tempo è invalsa nella forma ufficiale (etn. *nissèno* o *Caltanissettése*, *kartanittísi* o *kartanissitísi* sg. e pl., inoltre latino ecclesiastico *Calathanisium*, *Dioecesis Calatanisiadensis*) come si sa si tratta di un caso tipico di paronimia (v. qui sopra).

È innanzi tutto da sottolineare che un tempo si scriveva spesso *Caltaniscetta*, *Caltanixetta* (ove *x* = *š*) e di tali forme si hanno varie documentazioni nei secoli XI/XIII. Anche il Pirro ha *Caltaniscetta*, a. 1178 *Calataniscettae* genitivo e tale forma è più volte attestata nelle carte latine. Ora ci si spiega meglio le forme che sembravano aberranti e che invece sono normali. Gli Arabi hanno mutuato *s* prearabico con *š* (forse prima della loro paronimia citata e di tradizione dotta), per cui *Nisa* diveniva in bocca araba *Niša* e di qui - *nišetta* (con una uscita apparentemente suffissale che si rifà verosimilmente all'influsso dei plurali femminili arabi in *-āt* > *-ät*, onde l'adattamento in *-étta*). Pensiamo dunque che sia stata la sibilante palatalizzata *š* degli Arabi a provocare l'uso di *-ss-* secondo corrispondenze frequenti di *š*/*s* e l'interpretazione di *š* come consonante fortemente articolata resa poi con la geminata.

120. *Corleone* (PA), *kuniğğúni*, *kurliúni*, etn. *kunuğğunísi*. È inutile dar credito a chi propone etimi arabi impossibili e non ci convince interamente la spiegazione dell'Avolio, 82 che propone come etimo c o r y l u s 'nocciolo', ove il suffisso e la postulazione di un *c o r y l u - i - ō n e creano alcune difficoltà. Dalle forme arabe tuttavia si ricavano buone indicazioni decisive per escludere l'intervento di "cuore" e di "leone". Si veda Edrisi: *qurlīūn*, Yāqūt, *qurullūn*. Inoltre nei diplomi a. 1145 *q.r.lūn*, a. 1115 *idem*, a. 1178 *idem*, = lat. *corilionis* (gen.), a. 1183 *idem* = greco Χορουλλούνη, a. 1141 (?) κοριλλιούνη, a. 1166 κουρελλουνίου, a. 1151 κουρουλλιούνη. Tra le attesta-

zioni latine vi sono forme medievali quali a. 1170-76 (?) *Corrileonis* (genitivo), a. 1182 *Corilioni* (genitivo), 1095 *Coraiglioni*, a. 1147 *Corilionis* ecc. Accanto al'ipotesi dell'Avolio – scartati ovviamente gli etimi arabi e greci – vedremmo l'eventualità di ricorrere all'antroponimia latina, e cioè ad un gentilizio cristallizzatosi nella forma asuffissale (caso assai frequente) e cioè ad un **Cor(r)iliō -ōnis* (*Corilius* è ben noto in toponimi prediali del tipo *Corigliano*) tratto dal gentilizio *Corius*/*Corrius*, Schulze 78, 156.

Tra i nomi locali che paiono ricalcare forme arabe direttamente, oltre ai casi ben noti quali *Milazzo*, *Polizzi*, *Ragusa* (v. § 134), bisogna aggiungere ad es. *Fanusu*, località di San Giuseppe Iato, *Fanusi* e forse (?) *Randazzo*. *Fanuso* o *Fanusi* può riflettere l'arabo *fānūs* 'fanale' 'lanterna' a sua volta dal greco φανός. Per *Randazzo* (*r̃rannázzu*, etn. *r̃rannazzísi*) saremmo invece assai dubbiosi nell'accogliere l'ipotesi di una resa diretta della forma araba, ed in Edrisi abbiamo *r(a)ndāǧ*. Il Cusa 640 in dipl. bizant. ha all'a. 1143 ῾Ρανδάκιον e secondo il medesimo Alessio la fonte sarebbe l'antroponimo greco (eponimo) ῾Ρενδάκης, cfr. *Renda* da ῾Ρένδης (nome proprio) riduzione di un Λαυρέντιος (p. 75), ipotesi indubbiamente ardita.

Quanto a *Rometta* (ME) l'ipotesi di origine greca pare sicura. In arabo Edrisi ha *r(.)mṭah*. Il Seybold (*Analecta* 312-13) vi aggiunge l'attestazione di Yāqūt che era sfuggita all'Amari, e cioè *ramṭah* "nome straniero di un castello forte nell'isola di Sicilia..."; "*Ramṭa* con *a*, villaggio nell'isola di Sicilia...". È qui chiaro che la forma del tipo *rīmṭah* procede direttamente dal greco (ἐ)ρύματα, ῥήματα 'fortezza' (cfr. greco ἔρυμα neutro 'fortezza' ed ἐρυμάτιον, *idem*; cfr. anche in bizantino a. 1172 ῥημότας, a. 1148 ῥίμετας, ivi 621 e l'Alessio che cita all'a. 1088 *Rimecta*; "forte, asilo in tempo di guerra; famosa per la battaglia ed assedio arabo, dopo la quale questa città ripiglia l'antico lustro". L'Alessio aggiunge: "nell'adattamento arabo che vediamo anche in *Mistretta* < Αμήστρατος, 'fortezza', l'alterazione di *a* in *e* si spiega anche per tramite arabo (*â* = *a* dial. *e*)". Noi riteniamo invece che in *-étta* si tratti soprattutto dell'attrazione di *-āt* > *-ät* dei plurali femm. arabi, come in *Caltanissetta* (v. sopra). In realtà qui dobbiamo riconoscere un doppio filone fonetico poiché la forma che è prevalsa, e cioè *Rometta*, è di mediazione araba e premette la variante già considerata e frequente *ramṭah* dalla quale si ebbe *Rametta* e successivamente *Rometta*, ove non è escluso che *a* > *o* sia dovuto all'influsso velarizzante dell'enfatica *ṭ* e forse anche all'attrazione di *Roma* ecc.

121. *Sanfratello* (ME; pronuncia locale, *fraréu*, sic. com. *sanfrareḍḍu*, o *sanfradeḍḍu*, etnico *Sanfratellano*, *sanfrardéu-déi* o *sanfrardeán*). "Ebbe il nome da tre fratelli (*Filadelfo*, *Alfio* e *Cirino*) martiri cristiani del tempo dell'imperatore Valeriano, corretto poi nella forma attuale" (*Enc. It. Trecc.* XXX, 645). Anche secondo Alessio dal greco Φιλάδελφος e v. a. 1105 εἰς τὴν [ἐκκλησίαν] τῶν ἁγίων φιλαδέλφων, a. 1178 *Sanctus Philadelphus*; a. 1240 *Filadellus et Fratellus*. Anche in Edrisi si ha la conferma della forma originaria: *filaḏ.nt* ove si suggerisce la correzione ovvia in *fīlāḏ(.)lf*. In latino anche all'a. 1145 *Sant(os) Philipp(os)*, ecc. e a. 1172 *sanctus philadellus*, più volte, con assimilazione di *lf* > *ll*.

La conoscenza delle fonti arabe di Sicilia consente di evitare inutili ipotesi etimologiche; così ad es. per *Naro* (AG); *náru*, etn. *narisi*, la supposizione dell'Alessio che – oltre all'eventualità di un confronto con Νάρων dell'iscrizione di Centuripe o con *Nar fl.* in Umbria, Νάρων *fl.* in Dalmatia – insiste sulla concorrenza dell'ar. *nahr* 'fiume', è subito destituita di fondamento da Edrisi che ci offre *nārū*, nome evidentemente prearabico; si noti anche in dipl. bizantino a. 1141 νάρου, a. 1144 *idem*.

Quanto a *Palermo* (*paliémmu*, *palèi̯mu*, *palèrmu*, etnico *palermitánu*, *palurmitànu*), non v'ha dubbio per noi che esso risente per la forma moderna di un intermediario arabo. Risale, come si sa, al cl. Πάνορμος (Thuc., Polyb. Strab.), *Panhormus* (Sil. Ital.). *-um* (Plin.), di origine greca, da *pâs* 'tutto' e *hórmos* 'ancoraggio', con allusione ad un ampio porto (v. qui § 56). Ma il toponimo è passato poi attraverso il latino. L'etnico ant. è *Panhormitanus* e greco Πανορμίτης (Polyb. I, 56.11; Diod. 13.63.4). Le prime attestazioni della forma moderna si hanno in arabo, ad es. Ibn Ḥawq. *b(a)l(a)rm* Edrisi, *idem* p. 18 r. 11, così Ibn Ǧub. *b(a)lārmah*, Ad Dim. *b(a)l(a)rmuh*, Moq. *balarm*, Al-Ḥim. *balarm*. E si veda anche nei diplomi: *madīnah b.l. rm*, a. 1182 *idem*, ivi. Nei diplomi del Cusa come si sa, è più semplicemente definito *madīnah*, cioè "la Città" (per antonomasia). In bizantino a. 1095 Πανόρμος, a. 1142 καὶ πέτρος δε παλέρμου; in latino ancora spesso *Panormus*. Pensiamo pertanto che *Panormus* sia stato reso con *Balermus* soprattutto in bocca degli Arabi, cioè con *balarm*, ma pronunciato, con la nota *imâla*, *balerm*.

Viene invece sicuramente dall'onomastica arabo-islamica *Àlcamo* (TR), in Edrisi ʿa l q a m a h (p. 39 r. 13 e r. 17) e così in Ibn Ǧubayr e Yāqūt, nome di persona che proviene da nome di pianta.

Elemento slavo

122. Durante l'espansione e le migrazioni nell'Europa(*) centrale e nella Penisola Balcanica, specie nei

(*) Sulla diffusione delle genti *slave* in Europa v. qui § 11 e Pellegrini 1983. Circa la datazione precisa delle prime ondate slave su suolo italico della zona del Nord-Est regnano varie incertezze.

È accertato che gli Slavi si erano insediati in Carniola (Slovenia), in Carinzia ed in Stiria fin dalla fine del secolo VI. Ma è assai dubbio che fin da quell'epoca avessero stabilmente popolato anche la fascia orientale del Friuli (ove si parlano tuttora dialetti sloveni spesso mescolati fortemente con l'elemento friulano).

Soltanto dopo che nel 568 i Longobardi abbandonarono le sedi della Pannonia, con la guida di Alboino, per conquistare ampie regioni italiane ed in primo luogo il Friuli, Slavi ed Avari ebbero l'occasione di lasciare la regione carpatica e di occupare l'antico *Noricum*. Da tali sedi essi compirono in Italia varie scorrerie narrateci anche da Paolo Diacono (durante il regno dei Longobardi). Ma l'insediamento stabile di Slavi alpini (progenitori degli Sloveni) avvenne soprattutto con la ricolonizzazione delle *pustote* o 'poderi abbandonati' a causa delle invasioni ungare e di calamità naturali. In queste aree deserte si insediarono forse a partire dal IX secolo (o anche prima) vari coloni sloveni richiamativi dai Patriarchi di Aquileia, spesso tedeschi. Da tali insediamenti agricoli derivano nella massima parte i nomi locali slavi che incontriamo, relativamente fitti, in varie aree del Friuli. È verosimile che tali colonie slave siano poi state rapidamente assorbite dall'elemento neolatino che era ovviamente prevalente.

sec. VI-VII, gli Slavi raggiunsero anche la Stiria e la Carinzia donde fecero frequenti irruzioni anche in territorio friulano, come ci narra Paolo Diacono.

Ma gran parte dei toponimi slavi del Friuli (un numero discreto, mentre pochissimi sono i prestiti sloveni nei dialetti friulani) risale al ripopolamento delle cosiddette *pustote* o poderi abbandonati (a causa delle incursioni degli Avari e degli Ungari, oltre che per calamità naturali), spesso mediante contadini slavo-alpini inviativi dai Patriarchi aquileiesi. È ovvio che la maggior parte dei toponimi di origine slava sono concentrati nella fascia orientale della regione, ove sopravvivono dialetti sloveni, più o meno mescolati con l'elemento friulano, e nel Carso triestino, ove nomi locali slavi o slavizzati da tempo risultano assai frequenti. Ma un contingente di nomi del nostro filone si nota soprattutto lungo alcune vie antiche, spesso d'epoca romana, che erano state percorse dalle orde ungare. Così ad es. nell'area attorno a Codroipo o a Palmanova ecc. Eccezionalmente le tracce toponimiche slave si ritrovano anche sulla destra del Tagliamento con alcune rarissime punte nel Veneto orientale.

Altra zona ove si addensano toponimi slavi in Italia è il Molise con le tre colonie alloglotte serbo-croate di Acquaviva Collocroce, di San Felice del Molise e di Montemitro; un tempo l'insediamento era assai più vasto e la riprova ci viene anche dalla toponomastica (v. qui sotto).

Non mancano inoltre stanziamenti slavi nell'Italia meridionale orientale, specie sul Gargano e la sopravvivenza dell'etnico "slavo" "schiavo", "schiavone", "schiavania", ecc. può essere un indizio di una antica presenza slava o di singole persone nella zona, tanto nell'Italia meridionale, quanto nel Nord-Est.

123. Tra i nomi di origine slava (slovena) del Friuli ricorderemo alcuni tra i più sicuri ed importanti:

G o r i z i a, a. 1001 *medietatem predi Solikano et Gorza nuncupatum* (cancelleria ted.), a. 1015 *medietatem unius ville que sclavica lingua vocatur Goriza*, a. 1064 *Meginardus de Guriza*, a. 1139 *Comes de Gorza*, a. 1146 *Heinrichus de Guorze*, a. 1150 *Goritiam*, 1166 *de Goricia*, a. 1174 *Egelbertus et Hertinc de Gorz*, a. 1221 *Maynardo de*

Gorze, a. 1224 *Comitum de Gorizia*, a. 1228 *Meinardi de Goriza*, a. 1247 *Plebs de Goricia*, a. 1260 *in Goritscha*, ecc. La spiegazione dallo slov. gorica 'piccolo monte', 'collinetta' da gora 'monte' è assicurata (ma il sign. di *gorica* può esser vario). Qui interessa sottolineare alcune particolarità delle forme storiche che denotano spesso la componente di cancellerie tedesche. Va detto inoltre che la forma friulana *Gurizze* riproduce bene l'originaria slovena, mentre il tedesco *Görz* trova i suoi normali antecedenti nelle forme sopra riportate. È interessante notare come la forma 'dotta' con *-tia, -cia* dei notai traspaia già negli atti del secolo XII, dovuta all'attrazione delle forme del tipo *Venetia* da cui il dotto *Venezia*; tale forma ha avuto presto il sopravvento nell'uso ufficiale italiano (ma in un primo tempo *Goritia*, *Goricia* dell'uso scritto doveva riprodurre *Goriz(z)a* del parlato). Il Quarina 251 menziona anche *Gorizzo* (Codroipo UD) cui corrisponde la forma all'a. 1297 *inter villam S. Vidotti et villam Guriz* (Frau 269) e a. 1377 *in villa Goricii* (Prampero 70); *Goricizza* (Codroipo, Basiliano UD) a. 1311 *de Goricicia*, a. 1320 *Guriziza* (Frau 269), inoltre *Gorizìz* (Basiliano e Campoformido UD).

Belgrado (friulano *belgrât*) (Varmo), a. 1132 *in loco qui dicitur Velgradu*, a. 1184 *curtem de Belgrado*, a. 1266-67 *in loco cui dicitur Velgradum*, a. 1279 *silve seu nemoris quod appellatur Gramongla supra Belgradum*, da sloveno bel 'bianco' e grad 'castello', 'fortezza'.

Prepotto, friulano *prepôt*, *prapôt*, a. 1161 *in villa que Prapot vocatur*, a. 1200 *de bonis de Prapot*, a. 1235 *in villa de Prapoth*, a. 1257 *mansus de Prapot*, *in curtina de Prapot*, a. 1244 *montem vineamque de Prapot*; dallo sloveno dialettale prapot 'felce' per praprot; con dissimilazione aplologica (Plet. II, 210 *prapot* 'das Farnkraut'), (*praprotna draga* 'valle delle felci'). Si noti anche *Prapotnizza* a Drenchia (Val Natisone), diminutivo del precedente; nella toponomastica friulana vi corrisponde ad es. *Feletto Umberto* (Udine) da filictum (REW 3300) 'luogo coperto da felci' (a. 1293 *Felet*).

Percotto friulano *perkût* (Pavia, Udine) a. 1184 *Jacobus de Percoto*, a. 1202 *habebat advocatiam in Percoto*, a. 1211 *gastaldio de Percoto*, a. 1275 *in villa de Perchuit*, a.

1279 *in villa de Percodio*, a. 1292 *de Percodo* (*prehod* 'passo, valico'), dallo sloveno prehod 'passaggio' 'traghetto'. Il Frau osserva giustamente che il paesino – che ha dato origine al cognome della nota scrittrice friulana – si trova presso il fiume Torre; cfr. inoltre *Percot* e *Precot* in comune di S. Leonardo (Val Natisone).

Lonca, friulano *lonke* a Rivolto (Codroipo UD) a. 1311 *de Loncha*, a. 1403 *in Loncha*, anche *Lonche* di Zoppola; da sloveno lo(n)ka 'palude', 'prato paludoso'.

Virco, friulano *vuerk* (Bertiolo UD) a. 1174 *villam de Wirco*, a. 1275 *in villa de Wirch duodecim mansos*, a. 1366 *in villa de Wirco*. La derivazione dallo sloveno vrh 'sommità' 'cima', pare poco verosimile poiché il paese si trova in aperta campagna pianeggiante. Si deve inoltre osservare che *r* sonante dello sloveno nei dialetti della Slavia italiana è normalmente reso con *ar* o *er*, e pare pertanto preferibile ricorrere allo sloveno virek, diminutivo di vir 'sorgente', 'fontana'.

Zellina, friulano *ziline* (S. Giorgio di Nogaro UD e rio che da Castions di Strada mette nella laguna di Marano) a. 1239 *quantitatem paludis de Castello pertinentem ad Capitulum, silicet a Sclusa veteris Ziline usque ad Levatam per quam itur Marianum recta linea versus occidentem*; da confrontare ad es. con *Zelinis* di Codroipo e con a. 1489 *duos campos in loco dicto sora Zilinis* (a Carlino UD) [più incerto è invece il collegamento con *Zelina*, cioè *torrente Cellina* e *Val Cellina*, a. 984 *infra decursum aque que vocatur Zelina et rivi qui vocatur stortus* – poiché può esser ivi allettante il richiamo a *Celina* di Plin. NH III, 131, o meglio la derivazione da *Cella* ant. *Cellis*, villa nel canale di Barcis ora scomparsa, a. 1319 *Ecclesia S. Georgei de Cellis* a. 1339 *de villa Celle*]. Pare verosimile la derivazione dallo sloveno celina 'terra incolta'.

Samotis (Martignacco UD), già interpretato dallo sloveno samota 'solitudine'. Fa venire alla memoria una situazione analoga a quella dei *deserti* prelatini e cioè ad "inculta et solitudines" della pianura friulana al tempo delle invasioni galliche menzionate da Livio (XXXIX, 22).

Rupa, friulano *rupe* (Basiliano UD), inoltre *La Rupa* (S. Giorgio della Richinvelda PN ed a Valvasone PN);

come osserva il Frau "gli Sloveni chiamano *rupa*, una buca profonda, un burrone, una cavità con pareti ripidissime"; *rupa* 'grotta, abisso, fossa'.

Grobies (Flaibano UD), *Grovie* (Basiliano UD), *Grovies* ivi, *Grovis*, Basiliano, Codroipo, Lestizza, Mereto, Sedegliano (UD) ecc.; provengono dallo sloveno groblje 'cumulo' 'depositi di ghiaia', cfr. latino *maceries -ia*, friulano *maſérie*.

Ialmicco, friulano *ialmík* (Palmanova UD) a. 1120 (ca.) *in foro Aquileje in villa de Jamnich*, a. 1211 *in Janich*, a. 1238 *Razonis militis de Jamnico*; normalmente è derivato dallo sloveno jama 'fossa' 'grotta' col suffisso *-ik*, ipotesi verosimile e che richiede un perfezionamento di ordine fonetico: forse attraverso una antica metatesi di *-mn-* (sloveno *jamna* da *jamina* 'die Grube', *jamnat* 'voll Gruben') e da *-nm-* per dissimilazione *-lm-* (??). È da notare che in sloveno *jâmnik* significa 'abitatore di grotte'.

Gradisca d'Isonzo, friulano *gradisča*, a. 1160-1182 *in loco qui dicitur Gradisca*, a. 1176 *Gradisca*, a. 1275 *in Gradisca superiori*; vi corrisponde *Gradisca* di Sedegliano (UD), *Gradisca* di Spilimbergo (PN) (a. 1190) *in Pozzo, in Gradisca*, a. 1204 *in Plebe Cose scilicet in villa Gradisca*; inoltre la forma diminutiva *Gradiscutta*, fr. *gradiscúte* a Varmo (UD), a. 1289 *de decimis Belgradi et de decimis Gradische super Belgradum*, ed è da notare che il toponimo si ripete altre volte. La derivazione dallo sloveno gradišče 'fortezza', 'castello', è assicurata; *gradišče* (slov.) 'luogo dove stava un castello'. È da notare che l'adattamento friulano e italiano della voce slovena è perfettamente regolare dato che lo sloveno *-šče* è stato reso in friulano con *-sk'e* > *-sće*, italianizzato poi, secondo la norma, in *-ska* (è nota la palatalizzazione friulana di *ca* in *k'a*, *ća*).

124. Citiamo ora in breve una ulteriore serie di nomi locali di origine slovena in Friuli: *Zompicchia* (Codroipo UD), in friulano *Zupicje* e *Čup-* a. 1150 *Malzupiche* da malo 'piccolo' e forse čop 'cespuglio' (con suffisso), affine a *Zompitta* (Reana del Roiale UD), friulano *čumpite*, a. 1170 *de Zumpita* (con suffisso friulano); *Iutizzo* (Codroipo UD) a. 1206 *Jutiz* da ljut (> *jut*) 'selvaggio',

cioè 'regione selvaggia'; *Lestizza*, friulano *Listizze*, a. 1174 *Lestiça* forse da lestica derivato di lesu 'legname', 'bosco'; *Sclavonicco* (Lestizza UD), friulano *sklaunì*, a. 1290 *Sclaunico* che allude a sclavus 'slavo', sclavone col suffisso *-icus*; *Glaunicco* (Camino al Tagliamento UD) a. 1341 *Glaunich*, friulano *Glaunì*, forse da hlevnik da hlev 'stalla'; *Dolegnano* (S. Giovanni al Natisone UD) al pari di Dolegna del Collio (GO), proviene da dolenj 'posto in basso'; *Giàssico* (Cormons GO), a. 1329 *Yasicho* da jasa 'radura' col suffisso *-ĭcus*; *Crauglio* (S. Vito al Tagl. PN) frl. *Craùi*, a. 1296 *Craulg*, a. 1426 *Cravugl* da kravij 'di mucca' (agg.) da krava 'vacca', cfr. la vicina *Bovara*; *Redipuglia*, a. 1295 *Radopolia* 1399 *Rodopoglum* sicuramente di origine slovena e la seconda componente è polje 'campo' (plurale polja), mentre è incerto se la prima parte sia sredi 'mezzo' 'in mezzo' (contraddetta dalla forma d'archivio). *Doberdò del Lago* (GO) a. 1469 *Doperdop* da dober 'buono' e dob 'quercia'; *Visco*, a. 1196 *Vuisco* da višek 'sommità', 'altura' e ne deriva anche *Viscone* (*Chiopris-*) a. 1020-1040 *de Viscone*; *Poiana* (Attimis UD) e *Poianis* (Prepotto UD), a. 1471 *in Poglanis* da poljana 'campagna' da polje 'campo' (molti luoghi), anche *Puglie* (Basiliano UD); *Gomila* (Cordenons PN) da gomila 'tumolo' 'collinetta'; *Patocco* (Chiusaforte UD e vari luoghi) da potok 'ruscello'. E si noti *Sclavons* (Cordenons PN), a. 1480 *columellis Sclavonsii* che denota insediamenti slavi contrapposto a *Romans* 'i Romani', cioè i Friulani; anche *Schiavoi* (*sčavói*) a Sacile PN, a. 1341 *mansus in Sclavoy* e *Sclaf* (Tramonti di Sotto PN).

Il Kos 1950 ha segnalato varie *pustote* (dallo sloveno pustiti 'abbandonare'), cioè 'poderi abbandonati' in Friuli, specie nelle carte medievali. La voce è presente anche nella toponomastica antica di Mereto del Tomba, Beano, Mortegliano, Zompicchia, Bicinicco, Tramonti di Sopra, Amaro, Basaldella, Tricesimo ecc., tutte in prov. di Udine.

È inoltre da notare il termine *pustòca*, attestato a Vittorio Veneto (TV) – uno slavismo rarissimo – nel senso di 'incolto, terreno che non viene lavorato' e venez. *pustoto* 'maggese' 'campo lasciato sodo'.

125. Gli elementi lessicali sloveni cristallizzati nella toponomastica friulana conservano sovente interessanti arcaismi anche fonetici. Ci basti segnalare la conservazione della vocale nasale che si è perduta poi nella lingua slava; ad es. l'antico slavo lǫka (ove ǫ è voc. nasale) 'prateria' 'acquitrino' è rappresentato nei nomi locali varie volte in Friuli come *Lonca*, *Lonche* (v. qui sopra); cfr. anche *Canal Loncòn* sulla riva sinistra del Livenza nella regione di Portogruaro (?), oppure *Sammardenchia* (Ciseriis) che in sloveno è smardeča, ma in friulano *samardenk'e*, viene dal verbo smrdeti 'puzzare' e cioè da un neutro smerdeče 'che puzza' da confrontare con *Sammardenchia* (Pozzuolo) a. 1174 *villam Samardenghiam* presso *Pozzuolo* (UD) da *puteolo, putescere 'puzzare'. Anche *Drenchia* (Val Natisone) conserva la vocale nasale (a. 1295 *Tranche*), in sloveno moderno *dreka*, cfr. *drenek* 'corniolo'.

Quanto a rapporti tra denominazioni slovene e friulane nella zona di contatto de! Friuli orientale si possono individuare per il comportamento della toponomastica sei categorie:

1) Nomi locali friulani di origine slovena che non rientrano nella fascia orientale; di essi abbiamo segnalato qualche esempio;

2) nomi locali che offrono adattamenti alla parlata slava quali Aesontius 'Isonzo/Soča', oppure Aquileia > *Aolee*, *Olee*, in sloveno *Oglej*, *Voglej*, Civitatem > *Cividale/Čedad*;

3) nomi locali slavi della fascia orientale da tempo adottati nella lingua italiana quali *Gorizia*, *Gradisca*;

4) nomi della fascia di origine latina o romanza con adattamento allo sloveno, quali *Cormons* (da Cormones in Paolo Diacono) – forse di origine prelatina –, adattato nello sloveno come *Karmin*; *Taipana*, friulano *Taipane* (a. 1329 *Teypana*) – di origine prediale – sloveno *Tipane* (UD); *Masarolis* friulano *maſaruolis* (Torreano UD), a. 1244 *Masarollis* da maceria con suffisso *-eola* (pl.), in slov. Mažerole;

5) Nomi di luogo della fascia che hanno una duplice tradizione onomastica, friulana e slovena e un significato assai simile (a volte saranno calchi o traduzioni?), ad es.

Montefosca, friulano *monfosk'e* (Tarcetta, Pulfero UD), cioè 'monte nero' (lat. fŭscus) e sloveno *Črni vrh* idem (cima nera); *Vedronza* (Lusevera UD), friulano *Vedronze*, forse da vetus -ere nel senso di 'maggese', 'sodaglia' e sloveno *Njivica* (da njiva) 'campetto'; *Castelmonte* (Prepotto UD) e sloveno *Stara Gora* 'monte vecchio';

6) Toponimi della fascia che presentano una tradizione onomastica diversa per cui le denominazioni friulane e slovene divergono, ad es. *Pradielis* (Lusevera UD) a. 1161 *in villa que Pradelle vocatur* (da pratum con *-ellus* al pl.), mentre lo sloveno usa *Ter* che proviene dal fiume Turrus 'il Torre', di origine preromana; oppure *Lusèvera* che il Desinan 1977, spiega dal latino lucĭfĕra 'posta ad oriente', mentre in sloveno si ha *Bardo* 'colle' 'monte' (*brdo*) e proprio dalle valli del Torre si hanno vari esempi di "sdoppiamento".

126. I toponimi slavi molisani si addensano soprattutto nelle tre colonie sopra citate e nel dialetto locale abbiamo *Kruč* o *Živa Voda* (Acquaviva Collecroce CB), *Stifilič* o *Filič* (S. Felice del Molise CB) e *Mundimîtar* (Montemitro CB). Tali colonie risalgono alla fine del sec. XV e provengono dall'altra sponda dell'Adriatico, dalla zona tra la Cetina e la Nerenta (*Neretva*). Come ha dimostrato il Rešetar 1911, il dialetto è serbo-croato di tipo *štokavo-ikavo*, non senza influenze *čakave*.

La toponomastica della zona circonvicina, ricca di slavismi, è stata studiata a fondo dal De Giovanni 1987 e possiamo pertanto disporre di parecchi esempi che attestano l'antica espansione slava. Ci limiteremo a segnalare i seguenti: *Masseria* e *Fonte Berchicci* (Palata CB) da Brkić, derivato dal serbo croato *brk* 'mustacchio'; *Masseria Mirco* (Acquav.) dall'antroponimo slavo *Mirko*; *Marzovizza* (Tavenna CB) da mrazovica 'luogo battuto dal vento freddo' (*mraz* 'gelo'); *Topolizza* (San Felice del Molise CB) da topol -a 'pioppo'; *Contrada Brigo* (San Felice) da brijeg 'altura', 'costa', 'riva'; *Contrada Dolazzo* (Montem.) da dolac 'valletta'; *Glavizza* (Montem.), *Galavizza* (Mafalda CB), *Colle Aglavizza* (Cupello CH) che risalgono a glavica 'collina'; *Gora* (Tavenna CB) da g o r a 'monte', ecc.

127. Il Rohlfs 1958 ha poi individuato le tracce di un filone slavo nei dialetti e nella toponomastica del Gargano, ad es. *Lèsina* e *Péschici* potrebbero essere di origine slava; il primo da confrontare con l'isola di *Lésina* da l e s i n o aggettivo di l e s ĭ 'legno' 'bosco' ed il secondo risulterebbe vicino ad es. a *Peščitz* in Boemia, cfr. serbo croato *piješak* 'sabbia'.

Ma colonie slave isolate sono segnalate nel Meridione da toponimi quali *Schiavi di Formìcola* (Caserta) (v. § 184), *Castrum Castelutii de Sclavis* o *Castelluccio*, *Castrum sclavorum* oggi *Castelnuovo della Daunia* (FG), *Schiavi d'Abruzzo* (CH), *Ginestra degli Schiavi* (BN), *Schiavi* (NA), *Policarino degli Schiavoni*, poi *Villanova del Battista* (AV). Esistono anche quartieri denominati dagli Schiavi/Slavi che vi abitavano, ad es. *Schiavonìa* (Urbino), *Schiavonìa* fraz. di Este (PD), *Schiavonìa* (PD) e una *Schiavonìa* meridionale, contrada di Corigliano (CS). Quartieri di Slavi erano assai noti nelle città della Sicilia, come attestano gli scrittori arabi.

Capitolo 5
Antroponimia

128. Non v'ha dubbio che moltissimi luoghi in Italia e altrove traggono la loro origine da nomi di persona antichi, medievali e anche moderni. Bisogna distinguere innanzi tutto i toponimi che provengono da antroponimi mediante particolari ed indicativi suffissi che sovente denunciano l'antichità (essi segnalano di norma "appartenenza"). Si può supporre che, nella massima parte, essi spettino all'epoca romana o tardo-antica (solo raramente all'alto medioevo). Ma accanto a codesto filone, assai cospicuo, con una certa varietà di formazioni, molti nomi locali riflettono anche nomi latini di persona rimasti nella loro forma primitiva, ed in tal caso si definiscono formazioni "asuffissali".

La categoria antroponomastica più importante, anche a fini storici, è indubbiamente costituita dai cosiddetti toponimi prediali o fondiari; essi sono molto comuni e ci consentono di trarre sovente deduzioni di ordine antropogeografico e storico circa il processo e l'intensità (o la scarsità) di romanizzazione. Tali toponimi, facilmente individuabili, si accompagnano generalmente alle tracce di centuriazione (parcellazione del terreno); dallo studio congiunto topografico (spesso anche archeologico) e toponomastico si possono trarre indizi o prove importanti anche in assenza di fonti storiche dirette.

129. Il toponimo fondiario è di norma costituito da un antroponimo, quasi sempre un gentilizio romano (assai più raramente da un *cognomen*) munito di suffisso aggettivale con una formazione che sottintende *praedium* o *fundus* e al femminile *villa*, *casa* o simili. Si tratta dunque di una proprietà fondiaria, più o meno estesa, espressa

soprattutto mediante il suffisso latino *-anus*, *-ana* (e forme di plurale, più rare); ad es. dalla *gens* Julia si ha Julianum (*praedium*) cioè fondo, proprietà di tale *gens* o di un Julius, Juliana (*villa*) 'podere di...' onde le forme toponimiche derivate sono, a seconda della fonetica locale, *Zugliano -a, Giugliano -a* ecc. Tali toponimi si contano a migliaia soltanto in Italia, ma essi sono in realtà diffusi in quasi tutta la Romània (cioè nelle regioni ove il latino ha dato luogo a lingue romanze) in particolare in Francia, in parte della Spagna (specie in Catalogna), nei Balcani romanizzati; sono invece assai rari in Sicilia e Sardegna e assenti in Romanìa. Per individuare con certezza o verosimiglianza tali formazioni è necessario disporre di forme d'archivio relativamente antiche. Inoltre il luogo così designato deve corrispondere, di norma, ad un ampio appezzamento di terreno sul quale si possa immaginare che fosse sorta una fattoria con un podere. Difficilmente tale filone toponimico è attestato in montagna sopra i 1100-1200 m.s.m., ove i Romani non impiantavano quasi mai stazioni o stanziamenti stabili. Anche se *-ānum* è il suffisso più diffuso nella romanità, bisogna tenere in considerazione altre formazioni e soprattutto quelle in *-ācum -āca* di origine gallica e diffuse di norma in territori in cui il sostrato era in prevalenza celtico. È facile constatare che tale suffisso, comunissimo in Gallia, è per lo più limitato all'Italia superiore con qualche propaggine nelle Marche settentrionali. Anche *-īcus -a* designa tali proprietà ed è di origine gallica o venetica, limitato alle aree di diffusione di *-ācus*. Analoga funzione ebbe spesso anche *-ascus* tradizionalmente ritenuto di origine ligure, ma utilizzato anche per formare etnici (v. qui § 176), cfr. *Comasco*, *Bergamasco*. Per il suffisso *-ēna* ed *-ĭna*, ritenuto etrusco, v. qui § 62. Si può aggiungere anche -asiu, verosimilmente gallico, particolarmente comune nell'alto Veneto e forse anche in Friuli con esiti romanzi che, attraverso l'internamento di *j*:*-ajsu*, danno per lo più *-és* (it. *-ésso*) e forse anche *-às* (v. qui sotto qualche esempio § 131). Una funzione simile ha pure il suffisso *-ate* particolarmente insistente nell'area lombarda di cui citiamo pure qui sotto qualche esempio. I nomi locali in *-aticu* sembrano di origine più tarda (tardo antica o medievale) e tra questi ricordiamo ad es. *Albignàsego* (pron. locale arcaica *Albiñàδego*) PD, da un Albinius.

130. Diamo qui sotto una esemplificazione relativamente ampia di toponimi prediali formati col suffisso più diffuso e cioè *-ānum -a*. Essi sono stati scelti tenendo in considerazione varie regioni italiane; abbiamo dato la preferenza ai gentilizi, in ogni caso più comuni nelle formazioni prediali. Alcuni sono anzi ricostruiti con accorgimenti ben noti e rappresentano spesso ampliamenti suffissali assai conosciuti (in tal caso, se non sono attestati nei comuni repertori di antroponimia, essi sono contrassegnati dall'asterisco). Non di rado abbiamo aggiunto – anche come sostegno della validità dell'etimo ricostruito – le forme parallele che si riscontrano quasi sempre in Francia (ma anche nella Spagna settentrionale).

Le fonti del nostro campionario sono gli ampi trattati regionali dovuti al Pieri e all'Olivieri. Abbiamo utilizzato spesso anche il lavoro complessivo del Bofinger 1938 (qua e là con correzioni delle sue spiegazioni).

Toponimi prediali in *-anum* e *-acum* si ritrovano in gran copia nella "Tabula alimentaria di Veleia" (PC) = CIL XI 1147) dei primi anni del II sec. d.C. I nomi locali di tale documento sono elencati in PID I, 1933, 379-400. Per le attestazioni delle carte alto-medievali, che contengono una ricchissima rete dei nostri toponimi, menzioniamo soprattutto il cosiddetto "Codice Bavaro" o *Breviarium Ecclesiae Ravennatis* che ci offre documenti dei secoli VII-X (recente edizione: Roma 1985). Si notino alcuni *fundi* (non tutti bene localizzati) della *Tabula:* Acilianus, Albanianus, Aconianus, Acutianus, Aemilianus, Albianus ecc. e con *-acus* ad es. Crossiliacus, Pisuniacus, Quintiacus ecc. Incontriamo a volte anche forme di plurale ad es. Auliani, Caerelliani, Vettiani, Eburcianis o *praedia* Valeriana e non manca ad es. *casa* Valeriana.

Dobbiamo qui segnalare alcuni sviluppi fonetici particolari come nell'alto Veneto, ove la finale *-ani* presenta spesso una uscita *-ài* che può confondere un toponomasta poco esperto; così si ha ad es. *Bivài*, *Mugnài*, *Cergnài*, *Marsiài*, *Lentiài* (da *Lentiliani) ecc. tutti in provincia di BL (l'evoluzione fonetica è -ani > *-añ* > *ain* > *ai*). Se ne ha una conferma nel doppione *Fiabài* (Feltre BL) da Flaviani, di contro al femminile plurale *Fiabane* (BL) < Flavianae (*villae*), ambedue dal gentilizio Flavius (cfr. anche *(s)letrai*, trevisano ant., plurale di *letrán* 'letterato'). Analogamente molti nomi locali alto-veneti in *-ói* presuppongono *-ōni* (o il suffisso *-oneus*) e derivano per lo più da antroponimi, ad es. *Fiammói*, *Castói*, *Comarói*, *Carfagnói*, *Dussói* ecc. (v. Pellegrini 1959).

Ecco dunque l'elenco esemplificativo (si citano, a volte, accanto ai toponimi italiani, gli equivalenti francesi o spagnoli come conferma dell'esattezza del gentilizio che sta alla base del nome locale).

Aburcius: *Borzano* (Albinèa RE); *Borzàgo* (Spiazzo TN).

Acadius: *Agazzano* (PC).

Accius (o Attius): *Acciano* (?) (AQ), *Acciano* (MC), *Ciani* (Pian di Scó AR); *Azzano* (Marcorago TO) (mentre *Azzano d'Asti* = a. 939 *Agiano* < Ad(d)ius), *Azzano* (Mezzegra CO), *Azzano* (Premariacco UD), *Azzano Decimo* (PN), *Azzano Mella* (BR), *Azzano* (Torlino CR), *Azzano* (S. Paolo BG) = a. 875 *Aciano*; cfr. in Francia *Acy* (Oise, Aisne), *Assy* (Calvados), *Assé* (Mayenne Sarthe).

*Adilius (da Adius): *Iddiano* (Pavullo nel Frignano MO) = ant. *Adianum*.

Acutius: ant. *Aguciano* (VE) a. 1144/1145; forse *Lughezzano* (Chiesanuova VR) ant. secolo XIII *Laguçano*, *Lugoçano*; *Aguzzano* (Orzinovi BS) = a. 993 *Agutianum*; forse *Gussago* (BS) = a. 960: *Gussiago*; *Guzzano* (LU, BO, TE).

Aemilius (e Mellius): *Emiliana* (MS), *Emiliani* (RA), *Emiliano* (BO); *Migliano*, *Migliana* (FI), *Migliano* (Fosciandora LU), *Meàn* (S. Giustina BL); *Miliés* (Segusino TV) (< *Miliasiu -aisu*?), *Lumiago* (Grezzana VR) = ant. *Limiago* e forse *Miiago* (a. 1202).

Albanius / Albinius: *Albagnano* (Bée NO), *Alvagnano* (Cascia PG); *Bagnano* (Certaldo FI), *Bagnana* (Lèzzeno CO); *Albignano* (Tuccazzano MI) = sec. XIII *Albignano*.

Albucius: *Albuzzano* (PV); *Albusciago* (Sumirago VA) = ant. *Elbuzagum*, *Albutiaco -ciago* (a. 829, 852).

Allius: *Agliano*, *Agliana* (PI, FI); *Agliè* (: *Gagliè*, TO), *Agliano* (AT) e *Agliasco* (Paesana CN).

Ancharius: *Ancarano Sopra* (Rivergaro PC), *Ancarano* (TE; Norcia PG), *Ancaiano* (Sovicille SI a. 959; Spoleto PG).

* Antinius: *Antignana* (Istria), *Antignano* (AT), *Antignano* (LI).

Antius: *Anzano del Parco* (CO), *Anzano* (Cappella Maggiore TV), *Anzano degli Irpini* (FG), *Anzano di Puglia* (FG), *Anzano* (Piverone TO).

Antonius: *Antognano* (Lugagnano Val d'Arda PC; Minucciano LU; PR); *Antonianum* ant. (Sicilia); ant. *Antoniaco* a. 912 ora *Antignàtica* (Villavesco, Tavazzano MI). Cfr. in Spagna *Antoñana* (Álava), in Francia *Antonianes* (H.te-Loire), *Antogny* (Indre-et-Loire).

Appius: *Appiano Gentile* (CO), *Appiano/Eppan* (BZ) (già *Appianum* in Paolo Diacono), *Acciano* (AQ); in Francia *Aché*, *Achey* (H.te-Saône), in Alsazia *Epfig*.

Apponius: *Pugnano* (S. Giuliano LU) ant. a. 727 *Aponiano*, 728 *Apuniano*; *Pognana* (CO e BG) cfr. in Francia *Appoigny* (Yonne).

Aprilius: *Aprigliano* (CS) e *Aprigliànello* (Crotone CZ), cfr. in Francia *Avrilly* e *Avrillé* (parecchi).

Arellius: *Arigliano* (Gagliano del Capo LE); *Arliano* (S. Lorenzo FI e LU); cfr. in Francia *Arlay* (Jura).

Aruncius: *Ronzano* (BO; Castel Castagna TE, Cortona AR).

Attius: *Azzano* molto comune nell'Italia superiore e centrale; *Azzago* (Grezzana VR), ant. *ripa Açani* (Arcole VR), *Lazzago* (Breccia CO) (se non è < Lacius).

Attilius: *Attigliano* (PG, TR), *Attigliana* (Sorrento NA); in Francia *Attily* (Seine-et-Marne).

Aurius/Orius: *Orano* (GE), *Orago* (VA), *Orani* (NU), *Aurano* (Pallanza NO) (ma è più verosimile < *Laberius?).

Aurelius: *Oriano* (Sesto Calende VA) = a. 903 *Aureliano*; *Oriano* (Pedergnano BS) a. 1085 *Orliano*; *Origlian* (Val d'Aosta); *Oriago* (VE) = a. 1142 *Orlaci*, 1295 *Urgiago*.

*Bacadius (da Bacadus CIL III 5922): *Bagaźźano* (Nonantola MO) = a. 1014 *Bagazano*.

Balbius: *Balbiano* (Colturano MI e frazione di Lezzeno CO), *Balbiana* (Manerba BS), ant. *Balbiana* (FI?) a. 1020.

Barbius: *Barbiano, Barbiana* (FI) parecchi; *Barbianello* (PV).

Barbarius: *Barbagliana* (LU), ma a. 818 *Barbajana*; *Barbarano Romano* (VT), *Barbarano Vicentino* (VI); cfr. in Francia *Barbayrac* (Hérault) = a. 1185 *Barbarianum*. Anche in Spagna *Barbariana* (Málaga e Logroño) (nell'Itin. Anton.), *Barbará* (Tarragona, Barcellona) in Francia molti *Barbery*.

Barbilius: *Barbaiana* (Lainate MI); *Barbianello* (PV), *Barbiano/Barbian* (BZ); *Barbiano* (Cotignola RA), *Barbiano* (Felino PR).

Basilius: *Basiano* (MI) = forse a. 942 *Pasilianus*;

Basiano (Morimondo MI); *Basiago* (RA). In Francia *Bazilly* (Mayenne).

*Bovilius (da Bovius): *Bovigliano* (SI), *Bovigliana* (MC) = a. 1299 *Bovegliano*; forse *Bogliaco* (Gargnano BS) (se non viene da Bullius).

Caecilius: *Ceciliano* (AR), *Ciciliano* ant. (Poppi o Castel Focognano AR) = a. 989; *Cicigliano* (Roma); cfr. in Portogallo *Caeciliana* ant. (Itin. Anton.).

Calventius: *Calvenzano* (Vergàto BO), *Calvenzano* (BG) = a. 984 *Calvenciano*, a. 1026 *Calvenzano*; *Calvenzano* (Rogeno CO; Caselle Lurani MI; PV); *Calbenzano* (Vogognano, Subbiano AR).

Calvinius: *Calvignano* (PV), *Calvignano* (MI); cfr. in Francia molti *Chauvigny*, *Chauvigné*, *Chauvignac* ed in Svizzera *Chauvigny* (Neuchatel).

Calvisius: *Calvisano* (BS) = a. 1167 *Calvisano*; ant. *Calbixago* (Cesano Boscone MI), *Calvisana* (Sona VR); ant. *Calvisiana* (Sicilia, nell'Itin. Anton.).

Cannius: *Cagnano* (Poiana Maggiore VI), *Cagnano Amiterno* (AQ), *Cagnano Varano* (FG); *Pontecagnano Faiano* (SA); in Francia molti *Chagny*, *Chigny*, *Cagny*, *Caniac*, *Chignac*.

Cantinius: *Cantignano* (Badia di-) (Capannori LU) = a. 783 *Cantinianu -ano*) *Chantignan* (Valle d'Aosta); in Francia *Chantigné* (Deux-Sèvres), *Cantigny* (Somme), *Chantignieu* (Ain).

Capertius: *Cavarzano* (BL), *Caverzago* (Travo PC) v. qui § 134.

Casperius: *Caspriano* (MC) cfr. *Caspèria* (RI).

Castrinius: *Castrignano* (Langhirano PR), *Castrignano de' Greci* (LE), *Castrignano del Capo* (LE).

Cominius: *Comignano* (Cortino TE): *Cumignano* (CR) = a. 795 *Camuniano*, a. 915 *Cuminianum*; *Comignago* (NO) e *Comnago* (Lesa NO).

Cornelius: *Cornegliana* (Carrara S. Stefano PD), *Cornegliano Laudense* (MI), *Cornegliano* (Truccazzano MI), *Corneliano* (S. Giorgio Piacentino PC); *Corneliano d'Alba* (CN), *Cornegliasca* (Carezzano AL).

Crispius: *Crispiano* (TA), *Crispano* (NA), *Crespiano* (Comano MS), *Crespano del Grappa* (TV); in Spagna *Crespiá* (Gerona) = a. 800 *Crispian*.

Crispinius: *Crespignaga* (Maser TV), *Crespignano* (Calci PI) = a. 984 *Crispignano*; *Crispiniano* (BN).

Cupricius: *Conversano* (BA) = ant. *Cupersano*.

*Dominius: *Domagnano* (PS) (Domanius non pare attestato), cfr. in Francia *Dominiacus* ant., ora *Domagné* (Ille-et-Villaine).

Domitius: *Domazzano* (Borgo a Mozzano LU) = a. 988 *Domuzano*; forse *Dimezzano* (Lucolena, Greve FI), ant. *Domitiano* (PT).

*Dulcius: *Dolzana* (PC), *Dolciano* (Chiusi SI) (e *Dolcianello*); *Dolzago* (CO) = ant. *Dulciagum*, a. 1456 *Dolzago*; *Dulzago* (Bellinzago NO).

*Fabrius: (o Faberius): *Fabriano* (AN); *Fabriago* (RA) = a. 1114 *Fabriaco*, cfr. in Francia *Favray* (Savoia).

*Festilius (da Festius): *Festigliano* (Pratolino Vaglia FI) = a. 1018 *Festil(l)ano*, a. 1299 *Fiscilliano*; cfr. in Francia *Festillé* (Mayenne).

Firminius: *Formignana* (FE), *Formignano* (Cesena FO), *Fermignano* (S. Donato, Tavernelle FI) [o v. Forminius (?)].

Flaccius: *Fiacciani* (Tuori, Civitella di Chiana AR); con accento greco *Frazzanò* (ME); in Spagna *Flassá* (Gerona).

Florentius: *Forenzano* (Pànole, S. Gimignano FI) < Florentianu (?) (ma è forse preferibile Ferentius con *e* > *o* per influsso di labiale).

Forminius: *Formignana* (FE) (?), *Formignano* (Cesena FO), cfr. in Francia *Formigny* (Calvados) = sec. XII *Forminiacum*.

Frontinius: *Frontignano* (Rùfina Pèlago FI), *Frontignano* (Todi PG e Ussita MC), *Frontignano* (Barbariga BS).

*Fuscinius (cfr. il cognome Fuscinus): *Fossignano* (Roma), ant. *Fusciniano* (Maggiano LU, Càsole di Val d'Elsa SI) = a. 1047; cfr. in Francia *Fussigny* (Aisne), *Foussignac* (Charente).

*Fustinius (da Fustius): *Fustagnano* (TE), cfr. in Spagna *Fustagná* (Gerona) = a. 839 *Fustiniano*, *Fustiñana* (Navarra).

Galerius: *Gallerano* (CR), *Galleriano* (Lestizza UD); cfr. in Francia *Jaleyrac* (Cantal).

Gavinius: *Gavignano* (Poggibonsi SI), *Gavignano* (Roma), *Gavignano* (Chiesa-, Monte San Paolo BO), *Gavignano Sabino* (Forano RI); in Francia *Gavignan* (Gard).

Geminius: ant. *Gimignano* (Figline Valdarno FI), *Geminiano* (GE), *Giminiani* (Roma), *Costageminiana* (Bardi PR); in Francia *Gemigny* (Loiret).

Gentius: *Genzano di Lucania* (PZ), *Genzano di Roma*, *Genzano* (AQ), *Genzana* (Sala Comacina CO).

Granius: *Gragnano* (Chiusi SI), *Gragnano* (Staggiano

AR), *Gragnano* (Serravalle Pistoiese), *Gragnana* (Carrara MS; Piazza al Serchio LU), *Gragnano* (Capannori LU), *Gragnano* (NA).

Horatius: *Durazzano* (RA) = ant. *fundo Horatianus*; forse *Ariscianno* (Barletta); forse *Urassano* (Bitonto BA).

Hostilius: *Stigliano* (RA; MT; San Severino Marche MC; Santa Maria di Sala VE, Canale Monterano Roma); *Stián/Steán* (Valle di Cadore BL).

Julius: *Zugliano* (VI e UD); *Giugliano in Campania* (NA), *Giuliana* (PA), *Giuliano* (PZ), *Giuliano di Roma*, *Giuliano Teatino* (CH); in Francia *Juillans* (Bouches-du-Rhône), *Julian* e *Julliens* (Drôme), *Juilly*, *Juillac*, *Juilliat* molto comuni.

Junius: *Giugnano* (Lamporecchio PT), *Giugnano* (Barberino d'Elsa FI) = a. 946 *Gugnano*; ant. *Badia di Giugnano* (Maremma di GR), ant. *Iuniano* (Albegna GR), *Giungano* (SA) (?); in Spagna *Junyá* (Lérida).

Labius: (Lavius): *Laviano* (SA); in Spagna *Llabiá* (Gerona).

Laberius: *Laviano* (Tófori, Capannori LU) < ant. *Laveriano*, *Lavaiano* a. 807, 880 (?); *Lavaiano* (Lari PI), *Lavaiano* (S. Giusto Volterra PI), *Laviano* (Pozzuolo, Castiglione del Lago PG); *Lavriano* (AL), *Lavrano* (RE); cfr. in Francia *Lavry* (H.te-Savoie).

Laelius: ant. *Liliana* (Campo Garfagnana LU) = a. 991 *Lillano*; *Ligliano*; ant. *Lilliano* (Gaiole SI) = a. 1111, a. 1081 *Liliano*; *Ligliano* (S. Agata, Scarperìa FI), *Ligliana* (Pontassieve FI), *Ligliano* (Fonterútoli, Castellina in Chianti SI), *Lillianes* (Val d'Aosta); *Liano* (Gargnano BS) = a. 1153 *Liani*.

Laevicius: *Levizzano* (Báiso RE), *Levizzano* Rangone (Castelvetro di Modena).

Laurentius, Lor-: molti *Laurenzana* (PZ, NA) e *Lorenzano* (S. Martino, Capolona AR) = a. 1089 *Laurenzano*; *Lorenzana* (PI) = a. 927 *Laurentiana*; *Lorenzaga* (Motta Liv., TV) = a. 963-98 *Laurenciaca*; *Lorenzago* (BL).

*Lavarius: *Lavariano* (UD); in Francia a. 1050 *Lavariacum* > oggi *Lavaré* (Sarthe).

*Lentinius (cfr. *Lentinus* CIL III e II): *Lentignano* (Staggiano AR) = a. 1064 *Lentignano*; *Intignano* (Tramezzina CO) = forse *in Nintiniano* all'a. 1185; *Lintignano* ant. *Lintignanum* (forse presso Nizza Monferrato) a. 1178; cfr. in Francia *Lentinianum ... in territorio Narbonensi* a. 983, *Lentigney* (Loire).

*Leprinius: *Leprignano* (= ora *Capena*) (Roma), *Leprignana* (Roma) (si noti l'etrusco *leprnal*).

*Levius (Laevius): *Leggiana* (Foligno PG) (ma non si può escludere ad es. Alledius, Alleius o Lidius); cfr. in Francia *Lévy* (Seine-et-Oise), *Légé* (Loire Inf.), *Leviac* (Gers).

Liccius: *Lizzano* in Belvedere (BO), *Lizzano* (TA), *Lizzana* (Rovereto TN) (mentre *Liźźano* di San Marcello Pistoiese PT) a causa di ʒ sonora verrà da Lidius o Allidius).

Livius: *Libbiano* (Legri, Calenzano FI; Pomarance PI; Peccioli PI) e molti altri; *Libàno* (Sedico BL).

Livinius: *Livignano* (Piazza al Serchio, Garfagnana, LU), ant. *Libiniana* (Sicilia); cfr. in Francia ant. a. 1110 *Liviniaco*, *Livinhac* (Aveyron).

Longinius (Longenius): *Longhignana* (Peschiera Borromeo MI) (secondo il Bofinger 24, ma non mancano le difficoltà fonetiche; meglio *Longonius onde ad es. *Longognano* ant.).

Lupatius: *Lupazzano* (Neviano degli Arduini PR) (la pronuncia locale sarà con *-v-*).

*Maccanius: *Maccagnana* (Ponte- PG), Macconius: *Macognano* (Montefiorino MO), *Macugnano* (Casse, Canavese TO) = a. 1181 *Macugnanum*; *Macugnaga* (NO) = a. 989 *Macuniaga*; (*Macconago* presso Quintosole MI = sec. XIII *Macconago* verrà da un Macconus). Cfr. in Francia *Macogny* e *Macquigny* (Aisne).

Maelius, Melius (ma anche Aemilius!): *Migliano* ecc. v. qui sopra.

Mallius: *Magliano* (Torrita SI) e *Maglionello* (Chianciano SI), *Magliano* (Barberino d'Elsa FI), *Magliano Alfieri* (CN), *Magliano Alpi* (CN), *Magliano de' Marsi* (AQ), *Magliano di Tenna* (AP), *Magliano in Toscana* (GR), *Magliano Romano* (Roma), *Magliano Sabina* (RI), *Magliano Vetere* (SA), *Maiano* (TN, UD, PC).

Marcius, Martius: molti *Marciano della Chiana* (AR), *Marciano* (Bibbiena AR; Massa Lubrense NA, San Severino Marche MC), *Marciana* (LI), *Marciana Marina* (LI), *Marciana* (Càscina PI); *Marciaga* (Costermano VR); *Marzago* (Provaglio BS); *Marzano* (PV), *Marzano* (Merlino Lodi MI e Gavirate CO); *Marzana* (Ucria ME), *Marzano* (Capriglia Irpina AV).

Marcilius (e Marcellius): *Marcigliana* (Roma), *Marcigliano* (S. Pietro a-, Capannori LU) = a. 909 *Marcilliano* [*Marcellano*, Città di Castello < Marcellus]; *Marziaga* (Castion VR), *Marzeiago* (Grezzana VR) = *Marceiaga* a. 1210.

Marinius: molti *Marignano* (Montereale AQ; Motta Santa Lucia CZ; Collesalvetti LI; Pieve di Chiassa AR); ant. *Vico Mariniano* (S. Maria a Monte PI) = a. 987 *Marignano*; *Margnano* (Bassano VI) = *Mariniano* all'a. 998; *Maregnago* (Marano VR).

Marsius: *Marsciano* (PG) = a. 1213 *Marsiano*; *Marsciano* (Città della Pieve PG).

Martinius: *Martignana* (Empoli; Montespertoli FI), *Martignana* (Gello e S. Rocco, Pescaglia LU); *Martignago* (Volpago TV), *Martignacco* (UD), *Martignago* (Ome BS e Sale Marasino BS), *Martignana di Po* (CR); *Martignano* (LE).

Matrius (Materius): *Madrano* (Pèrgine TN), *Madrano* (Bellinzona in Svizzera); in Francia ant. *Materiacus* > ora *Mairy* (Meurthe-et-Moselle), *Mérey* (Eure-et-Loire).

Matrinius (Maternius): *Madrignano* (Càlice di Cornoviglio SP), *Matrignano* (Staggiano AR e Spoleto PG e AP), *Madrignano* (MS).

Messius: *Missano* (Bettola PC; Castiglione Chiavarese GE; Zocca MO); *Mesciano* (Montecastrilli TR) = a. 1299 *Mesciana*.

Mestrius: *Mestrianis* una *statio* in Pannonia (Itin. Anton.) che viene a confermare l'etimo di *Mestre* (VE) = ant. a. 994 *Mester*; anche *Mestràgola* (Torrebelvicino VI) con *-acus* e dimin. *-ŭlus*.

Mucius, Mutius: *Mucciano* (Borgo S. Lorenzo FI) = a. 1107 *Muciano*; *Mucciana -o* (S. Casciano val di Pesa FI); *Muzzano* (Zelobuonpèrsico MI) = a. 879 *Muciana*; *Muzzana* (Vittadone MI), *Muzzana del Turgnano* (UD), *Muzzano* (VC). In Francia molti *Mussy*, *Mussey* (H.te-Marne).

Mulius (Mullius): *Mugliano* (Viciomaggio Civitella AR); ant. *Molglano* (Montespèrtoli FI) = forse a. 1070 *Moliano*, a. 1227 *Mogliano*; *Mogliano* (TV), *Moiago* (Prun VR), *Muiach* (S. Gregorio BL) ant. *Muyachum*; *Mogliano* (MC) = a. 1167 *Molliano*.

*Musinius: *Musignano* (S. Polo a Ema, Greve FI),

Musignano (Stabbio, Cerreto-Guidi FI); *Musignano* (Maccagno Sup. VA) = a. 1299 *Mussigiano* (da Musonius?).

Naevius (Nevius): ant. *Massa Neviana* (VIII sec. Roma), *Neviano* (LE; PR); *Nibbiano* (LI), *Nebbiano* (Camaiore LU); *Nebbiana* (Barga LU), *Nibbiano* (MC) = a. 1290 *Nibbiano* e anche *Niblano* falsa ricostruzione (?); *Nibbiano* (PC).

Nerius: *Nerano* (Massa Lubrense NA), *Nirano* (Fiorano Modenese MO); *Nirana* (Pieve di Teco IM); *Neyran* (Valle di Aosta). In Francia *Nayranne* (Drôme).

*Octavicius: *Tavazzano* (Villavesco, Lodi MI), *Tavazzano* (Lezzano CO).

Octavius: *Tabiano* (Bagni, Salsomaggiore PR); *Ottaviano* (NA); *Taviano* (LE); *Taviano* (Ramiseto RE; Sambuca Pistoiese); *Tabbiano* ant. (S. Miniato PI o Empoli FI) all'a. 991; *Tabbiano* (Poppiana, S. Giuliano PI).

Orbicius (Urbicius): *Orbicciano* (Camaiore LU) = a. 900; in Francia *Orbessan* (Gers); *Orbessy* (H.te Savoie), *Orbassy* (H.te Savoie).

Paccius, Pacius: *Pac(c)iano* (PG) e molti *Pacciano* in Toscana [*Pacciano* NA e TE < Papius]; *Pazzano* (RC; Serramazzoni MO).

Pagnius (Panius): molti *Pagnano* (S. Agata, Scarperìa FI), *Pagnana* (Rignano sull'Arno e Spicchio Vinci FI; Empoli FI); *Pagnacco* (UD); *Pagnano* (Asolo TV), *Pagnàn* (Trichiana BL), *Pagnaghe* (Tregnago VR) = a. 987 *Paniago*, a. 1113-25 *Pagnage*.

Papius: *Pacciano, Torre-* (Bisceglie BA) = ant. *Papiano* (?).

Partinius: *Partignano* (NA); *Partignana* (S. Maria a Monte PI).

Passius: *Pasciano* (AQ; Amatrice RI).

Passerius: *Passirana* (Rho MI) ant. *Passerana*; *Passirano* (Carnate MI e CR), *Passirano* (BS) = sec. XII *Passiranum*; *Passarano* (TE); *Passariano* (Codroipo UD); *Passerano* (P. Marmorito AT).

Petacius: *Petacciano* (Rùfina, Pelago FI); *Petazzano* (Gubbio PG) = a. 1063 *Petazano*; in Francia *Piassac* e *Piassé* (H.te-Loire).

Petinius (Paetinius): *Pitignano* (PG) = a. 1332 *Pitignano*, 1045 *Petiniano*; *Pitignano* (Lucolena Greve FI); *Petignana* (Campolèmisi, Garfagnana LU); *Petiliana* ant. (Sicilia, nell'Itin. Anton.).

Petronius: molti *Petrognano* (Barberino Val d'Elsa FI; Capannori LU; Piazza al Serchio LU; S. Godena FI; Spoleto PG).

Pinius: molti *Pignano* (Vicolagna, Dicomano; Volterra).

Pisinius (Pisenius): *Pisignano* (Cervia RA), *Pisignano* (Vèrnole LE); *Pisignano* (S. Lorenzo, Barberino Val d'Elsa FI e S. Casc. val di Pesa FI); ant. Montespèrtoli (FI).

Plotius: *Piozzano* (PC).

Pontius: molti *Ponzano*, *Ponzano di Fermo* (AP), *Ponzano Monferrato* (AL), *Ponzano Romano* (Roma), *Ponzano Veneto* (TV); *Ponzano* (Bagnoregio VT; Castello di Serravalle BO; Civitella del Tronto TE; Empoli FI); *Ponzana* (Casalino NO).

Pontilius: *Ponteacco* (pron. loc. *ponteá*, sloveno *petiah*) a. 1257 *Ponteglaco* (S. Pietro al Natisone UD); in Francia *Pontiliacus* ant. > oggi *Pontailler-sur-Saône* (Côte-d'Or), *Pontillé* (Mayenne).

Pontinius, Pontenius: ant. *Pontignano* (S. Maria a Monte PI) = a. 846; *Pontignano* (Val d'Arbia SI), *Pontignanello* (ibid. Castelnuovo Berardenga SI), forse *Pontenano* (Talla AR) (non mancano le difficoltà fonetiche!); in Francia *Pontigny* (Yonne, Moselle).

Primius: *Prignano* (Bozzano, Massarosa LU), forse *Prignano sulla Secchia* (MO), *Prignano Cilento* (SA); in Francia *Premian* (Hérault).

*Primarius: *Promiana* (Molazzana, Garfagnana LU) < *Promajana; *Premariacco* (UD) = a. 1015 *Primariacus*; in Francia *Primeriaco* ant. a. 887 > oggi *Prémery* (Nièvre).

*Primilius: *Premiano* (Lumazzane BS), in Spagna *Premiá* (Barcellona) = a. 929 *Primiliano*, a. 997 *Primiano*.

Pudentius: *Podenzano* (PC), *Podenzana* (MS).

*Pusius (Pusaeus, Pusilla): *Pusciano* (SI), *Pusano* (Almenno S. Salv. BG) = a. 1028 *Pusslano*; in Francia ant. *Pusiaco* a. 1070 > oggi *Puzé* (Vienne), *Pusy* e *Pusey* (H.te-Saône).

*Pusilius: *Pusiano* (CO) = a. 1288 *Pucilliano*; *Pusigliano* (Casore, Marliana PT).

*Pusinius: *Pusgnano* (Cremia CO); in Francia *Pusignan* (Isère) = ant. *Pusiniacus*.

Quin(c)tius: *Quinzano* (Langhirano PR), *Quinzano d'Oglio* (BS) = a. 1095 *Quinzano*; *Quinzano Veronese*, *Quinzano* (Force AP), *Quinzano* (Loiano BO).

Quintilius: *Quintigliano* (S. Maria a-, AR); *Quintilago* (Presceglie BS) = a. 1192 *Quintilaci* (forse è preferibile < Quintilla o Quintulus?).

*Rabinius: *Ravignana* (PS), *Ravignano* (Foligno PG); cfr. in Francia *Ravignan* (Landes), *Ravigny* (Seine-et Marne).

Rabilius (Ravilius): *Ravigliano* (Città della Pieve PG), *Ravigliano* (TE).

Raetius: *Rezzano* (Carpaneto Piacentino PC); *Rezzago* (CO, ma se la pron. è ʒʒ, < Regius); *Rezzano* (Gagliano, Barberino di Mugello FI) = a. 1222; *Rezzano* (Antella, Bagno a Ripoli FI), *Rezzano* (Montemagno, Calci PI) = a. 964 *Rhethiano*.

Rantius (: Rancius): *Ranzano* (Fontanafredda PN; Palanzano PR); *Ranciano* (Castiglione al Lago PG).

*Revilius (cfr. Revidius): *Revigliano* (Isola, NA); *Revigliasco d'Asti* (AT) = a. 886-99 *Ruviliasco*, *Roviliasci*; *Revigliasco* (Moncalieri TO e Valle Piovà, Ivrea TO) (forse < Rubellius/Robilius?).

Revinius: *Revignano* (AT) = a. 1193 *Ruvignano*, *Rugné* (presso Bairo, Ivrea TO) = *Revignaco* a. 1720; in Francia *Revigny* (Meuse, Seine-et-Marne, Jura).

Sabellius: *Savigliano* (Saluzzo CN) = a. 1252 *Savillani*; *Savigliano* (BA); *Sevegliano* (Bagnaria Arsa UD) = a. 1275-1300 *Śevigliani* (ma *s*- è sonora, per cui è preferibile Givillius), forse *Soviglianа* (Terricciola PI; Villa S. Marco) = a. 1260, *Suvilliana* (forse è preferibile < Suillius).

Sabinius: *Savignano* e *Sofignano* (Prato FI) e vari altri; *Savegnago* (Valdagno VI ?); *Sovignana* (Valdobbiadene TV). In Francia *Savinianis in Narbonense*, a. 884, *Saviniano* a. 1020 (Roussillon); *Savignac*, *Sévigny* ecc.

Sartius: *Sarzana* (SP) (etimo dubbio dato che la pron. locale è *Sarʒana* per cui è preferibile Sardius), *Sarzano* (RO), *Sarzano* (Casina RE).

Scandilius: *Scandiano* (RE).

Secundius: *Sigugnano* (di incerta ubicazione LU) = a. 991; *Secugnago* (Lodi MI) = ? a. 1156 *Seggugnagum*.

Serenius (: Serinius): *Seregnano* (Civezzano TN); *Serignano* (Castagno, S. Godenzo FI), *Serniana* (Pontito, Vellano, Pescia PT); *Serignano* (Castiglione della Pescaia GR).

Servilius: *Sorbigliano* (S. Casciano val di Pesa FI), *Sorbigliana* (Castel Fiorentino), *Servigliana* (S. Marcello PT), *Servagliana* (S. Lucia, Camaiore LU); *Servigliano* (AP) = ant. anche *castrum Sorvelliani.*

Similius: *Semiana* (PV); *Simigliano* (Castroreale ME), *Simiago* (RE); in Francia *Semillac* (Charente-Inf.) e molti *Semilly.*

Siminius: *Simignano* (Sovicille SI); cfr. in Francia *Semignan* (Gironde) e ant. *Seminiaca* a. 869.

Sorinius (*Saurinius; v. Saurius): *Surignano* (Bagni di LU) = a. 951 *Sorignana*, a. 985 *Surrignana*, a. 1260 *Sorignana*; cfr. in Francia a. 950 *Sauriniano* > oggi *Sournia* (Pyr-Or.) e *Sorigny* (Indre-et-Loire), *Sourniac* (Cantal).

Staterius: *Stadirano* (Lesignano de' Bagni PR).

Statilius: *Standiana* (RA) = ant. *silva q.v. Statiliani*; *Statigliana* (Cireglio Pistoiese); *Statigliana* (CE).

Taurius (: Torius, Thorius): *Taureana* (Palmi RC) (dalla antica città di *Taurianum*), *Taureana* (Longobardi CS), *Travianu* (Gioia del Tauro RC) (ant. *Taurianum*); *Taurano* (AV); *Tauriano* (Spilimbergo PN) = a. 1204 *in villa Taureani*; *Torano Castello* (CS) (può venire < Turius); *Torano* (Borgorose RI), *Torano* (MS), *Torano* (Roccamonfina CE), *Torano Nuovo* (TE).

Tauricius: *Taurisano* (LE); in Francia molti *Torcy*, *Torcé*, *Torsac*, *Toursac* (ma è da tener presente < Turcius).

Taurinius: *Turignano* (Montespèrtoli FI), *Turignano*

(Capannori LU) = a. 853 *Turugnano*; *Turignano* (Stazzema LU); *Taurignano* (CS?); in Francia *Tauriniacum* a. 854 > oggi *Taurignan* (Ariège); *Tauriniano* a. 855 > oggi *Taurinyá* (Pyr-Or.).

Terentius: molti *Terenzano* (Rignano sull'Arno FI), *Terenzano* (Settignano FI), *Terenzana* (Barberino di Mugello), *Terenzano* (Fivazzano MS); *Terenzano* (Pozzuolo del Friuli) = a. 1139 *Terenzano*.

*Tortius: *Torzano* (CS) = a. 1324 *Turziano* (o < Turcius?); in Francia *Torçay* (Eure-et-Loire), *Torcé* (Mayenne, Sarthe).

Tortilius: *Tortigliano* (AR), *Tortiano* (Montechiarùgolo PR); in Spagna *Torteliano* a. 966 > oggi *Tortellá* (Gerona).

Trebinius: *Trivignano* (VE), *Trivignano Udinese, Trevignano Romano* (Roma).

Turelius (: Turillius): *Turlago* (Fivizzano MC) (?); in Spagna *Torrellá* (Valencia), in Francia *Tourliac* (Lot-et-Garonne).

Urbius: *Urbiano* (Mompantero, Susa TO); cfr. in Francia *Urbé* (Maine-et-Loire), in Spagna ant. *Urbiaca* (stazione romana).

*Urinius: *Urgnano* (BG) (ma può essere anche Aurinius).

*Urius: *Urano* (AQ, un monte?); *Urago* (BS), *Urago d'Oglio* (BS) = a. 1187 *castro Uradi*; *Urago* (Tavernerio CO), *Orago* (VA) (o da Aurius?).

Valerius: ant. *Valeriana* (LU, non bene identificato) = a. 768; *Valiano* (Gattaia, Vicchio FI) (< **Valeiano*), *Valiano* (Borgo S. Lorenzo FI; Barberino di Mugello FI) ecc.; *Valeriano* (Pinzano al Tagliamento UD) = a. 1184 *Plebem de Valeriano*; *Vaiano* (CR) = a. 964 *Valeriano*; *Lerano* (Viadànica BG) (< Lerius) [erroneo Bofinger 49].

*Valinius: *Balignano* (Longiano FO); ant. *Valignano* (Pieve S. Lorenzo in Piazza, Fauglia PI) = a. 1372; *Valignano* ant. (Pieve di Coiano, Montaione FI); *Valignani* (TE); in Spagna *Balenyá* (Barcellona).

Varius: *Vaiano* (Barberino di Mugello FI; Castiglione del Lago PG; Pratovecchio; Prato FI) parecchi esempi; *Vairano* (Vidigulfo PV e AL); *Vairano Patenora* (CE), *Varano* (Fabriano AN; AN) = a. 1290 *in Villa Variani*; *Varano* (TE), *Varano* Borghi (VA); *Varano de' Melegari* (PR).

Varinius: *Barignano* (Centrone, Bagni di LU), *Varignano* (Arco TN e MS), *Varignana* (Castel S. Pietro Terme BO), *Variney* (Val d'Aosta).

*Varisius: *Barisciano* (AQ); in Francia *Varzy* (Nièvre), *Varzay* (Isère, Charente-Inf.).

Venetius: *Venezzano* (Castello d'Argile BO).

Vespinius: *Vespignano* (RA e Vicchio FI) = a. 1134 *Vespiniano*.

*Vetrinius: *Vedrignano* (Istria), cfr. in Francia *Védrignans* (Pyr-Or.).

Vibius (Vivius): *Bibbiano* (Pergo, Cortona AR; Marciano; Diacceto Pelago FI; Campiglio Colle d'Elsa SI; Poggibonsi SI); *Vibbiana* (S. Romano Garfagnana LU); *Viggiano* (PZ).

131. Quanto agli analoghi prediali in *-īcus -a* che, nell'Italia superiore sembrano forse più frequenti nel Veneto (e un antecedente è verosimilmente il suffisso *-ikos* del venetico settentrionale con funzione di patronimico, in particolare nelle iscrizioni di Làgole di Calalzo, ad es. *Futtos Aplisikos* = nome individuale + patronimico), citiamo soltanto alcuni esempi veneti: *Ornigo*, *Lanzenigo*, *Formigo*, *Bottenigo*, *Gaianigo* (PD) e al femminile *Meianiga* (PD), *Carniga*, *Formeniga* (TV), *Marteniga*; al plurale

Barbarighe, *Cernighe*, *Cencenighe* (BL) (a meno che non si tratti di un antico m. in *-ik* adattato con *-e* di appoggio).

Quanto ai nomi locali in *-asius* (hanno, secondo noi, dei precedenti negli antroponimi gallici in *-asius*, non ignoti al Veneto, ad es. *Medovasius* ecc. v. Untermann 1960), essi si riscontrano soprattutto nell'alto Veneto (in prov. di BL) ad es. *Torés* ant. *Toraisum* a. 1172 da *-asium*, cfr. il gentilizio Torius; *Trichés*, ant. *Tricaisum* poi *Trichexium* da *-asium*, cfr. Triccus; *Tignés* (BL) ant. *Tignaisum* a. 1184 *-asium* cfr. Tinius ecc. (v. Pellegrini 1975, 185).

Ricaviamo alcuni toponimi in *-ate* da Rohlfs 1956, 127-167: *Abbiate* Guazzone (VA) < Avius, *Agliate* (BS) < Allius, *Albairate* (MI) < Albarius, *Albiate* (MI) < Albius, *Antegnate* (BG) < Antinius, *Barate* (MI) < Barus (cogn.), *Bernate Rosale* (CO) < Berinus (cogn.), *Bugnate* (NO) < Bunius, *Cairate* (VA) < Carius ecc. L'origine del suffisso è ancora dubbia (probabile l'ipotesi di una derivazione dall'ant. *-ates*, molto comune negli etnici) e molti toponimi di codesto filone hanno una finale dialettale in *-à* per cui non è escluso che *-ate* sia una ricostruzione in forma italiana (e sono frequenti gli scambi di suffisso). Pare comunque che i nostri nomi locali (quasi duecento) abbiano una origine analoga e che presentino sempre (o quasi) nel tema un antroponimo. Una giustificazione della mancata lenizione di *-t-* in Petracco-Sicardi 1985.

132. Abbastanza ricca è anche la categoria dei toponimi che provengono da antroponimi antichi in una forma asuffissale. È da osservare che nomi di persona in funzione di toponimo non sono infrequenti ad es. negli *Itineraria romana* e sono a volte dei gentilizi. Essi stanno sovente ad indicare delle *stationes* lungo il percorso stradale ove forse abitava un personaggio di una certa notorietà, cristallizzatosi poi nel nome. Anche nella "Tabula Alim. di Veleia" (citata sopra) non mancano nomi locali rappresentati da personali senza suffisso e spesso essi si riferiscono a *pagi* o a *vici*. Se tali nomi rappresentano delle proprietà fondiarie appartenenti ad una *gens* è difficile stabilirlo con certezza. Potrebbero indicare il posto, la fattoria, ove il personaggio designato aveva la sua dimora

o la sua stanza più o meno abituale, ma sono possibili tante altre eventualità con varie incertezze per una soluzione sicura (a proposito di tali nomi nella "Tabula Peuting." v. anche il preciso commento di Bosio 1983). Risalendo a ritroso nel tempo, dall'epoca moderna alla medievale e tardo-antica, si potrebbe forse facilmente individuare un numero assai cospicuo di antroponimi divenuti toponimi senza che ci sia data una reale possibilità d'indicarne il motivo, la situazione, l'origine e la funzione. Sono comunque il segno di un insediamento e non è strettamente necessario che le persone menzionate fossero i proprietari delle terre, dei fondi o fattorie circostanti, pur essendo questa una ipotesi che non si può teoricamente escludere. Vi sono comunque casi paradigmatici in cui non lontano da un toponimo sicuramente prediale che ci attesta una determinata *gens* romana, non manca la traccia della medesima anche secondo la forma asuffissale.

133. Citiamo dunque qualche esempio concreto e sicuro: *Resana* (TV) da un *Resiana (*villa*) cioè dal gentilizio R(a)esius e non è lontana da Riese (TV) che ne rappresenta un bel fossile senza suffisso e con *-e* restituito; così si ha ad es. in Mestre (VE) < Mestrius o *Tarzo* (TV) ant. *Tarçe* (in dialetto *tarẑ-e*) < gentilizio Tartius. Aggiungiamo l'esempio bellunese di *Sossài* da Sossiani (*fundi*) da Sossius che – secondo noi – ha dato origine anche al non lontano *Sois*, ant. *Suixum* (verosimilmente pronunciato *soš/suoš*) con sdoppiamento di *š*. Analogamente *Cesio* (BL) – pronuncia locale *tses* o *ẑes-* trova un bel riscontro nella non lontana *Cesana*, ambedue da Caesius.

Riportiamo qui pochi esempi della categoria asuffissale da antroponimi romani, limitatamente alla Toscana, al Veneto e alle Puglie.

Per la Toscana si veda ad es. *Agno* (Montepulciano) < Annius, *Pogni* (Nebbiano Certaldo FI) < Aponius, *Signa* (FI) < Asinius = a. 931; *Pian d'Atri* (Dicomano FI) < Atrius, *Agosta* (Uzzano PT) da Augusta, *Candeglia* (PT) < Candilius, *Cascio* (Chianciano SI) < Cassius, *Corezze* (Chiusi in Casentino AR) < Curretius, *Doglio* (Dicomano FI) < Dullius, *Fagna* (Scarperia FI) < Fannius, *Fabbio* = a. 1024 *Flabio* (Sofignano Prato FI) < Flavius, *Fologno* (Vicarello, Collesalvetti LI) < Fulonius, *Spelle* (AR) < Hispella, cfr. *Spello* in Umbria; *Labbia* (Barberino di Mugello FI) < Labius, *Lari* (PI) < Larius, *Leccio* (Reggello FI) < Licius = a. 1169 *Licio*; *Libbia* (Antrìa AR) < Livius ecc.

Per il Veneto si veda *Loreggia* (PD) < Aurelius -a = a. 1152 *Aurelia*; *Oregne* (Sospirolo BL) < Aurinia, *Bragonza* (VI) < Bragontius, *Breganze* (VI) < Brigantia = a. 1013 *Burganzo* (?), *Caleipo* (BL) < Calavius = ant. *Calaypo*, *Cagna*, *Cagnòla* (Cartura PD) < Canius, *Carmegn* (Sedico BL) < Carminius (forse il personaggio, ricco di cariche e di averi, menzionato in due epigrafi bellunesi); *Fortogna* (Longarone BL) < Fortunia, *Galliera* (Cittadella PD) < Galeria, *Igne* (Longarone BL) < Ignius, *Melégna* (Arsiero VI) < Mellinius; *Pavia* (UD) < Papilius, anche *Paviòla* (Cittadella PD) (?); *Poveglia* (isola VE) < Popilius = *Pupilia* a. 1283; *Postiòma* (Paese TV) < Postumius = a. 1021 *Postomia*; *Samprogno* (Mel BL) < Sempronius; *Solagna* (VI) < Solanius (?); *Trissino* (VI) [dial. *Drésseno*] < Tersina = a. 1175 *Drexeno*; *T(h)iene* (VI) < Tilliena (Tillius); *Visome* (BL) < *Visomius per Visonius = a. 1122 *Visoymae*.

Per le Puglie e Basilicata citiamo soltanto: *Forenza* (Banzi PZ) < Ferentius; *Modugno* (BA) = a. 1025-1178 *Meduneo*, < *castro* Medunii poi Modunium < Metonius (?); *Tricàrico* (MT) da Tricarius = a. 1169 *Trecarico*; *Trivigno* (PZ) < *Trebinius, sec. XII *Trivinea*.

134. Nello studio dei nomi locali derivati dalla antroponimia latina è sempre opportuno un esame della diffusione delle singole *gentes* attestate nel toponimo. Se infatti esse figurano nell'ambito regionale o ancor meglio locale, attestate nelle epigrafi, è ulteriormente accertata l'origine del toponimo che trova conferma nelle iscrizioni. Così ad es. *Cavarzano* (BL) è un antico predio Capertianum dato che la *gens* Capertia (assai rara nella romanità) [cfr. anche *Cavarzano*, Vernio FI] è attestata ben due volte nelle epigrafi romane rinvenute in loco, anche di recente.

Capitolo 6
Fitotoponimia e zootoponimia

Fitonimi

135. Numerosi nomi locali traggono origine da denominazioni fitonimiche e per lo più in rapporto con la reale presenza di particolari vegetazioni in loco.

La presenza antica di piante, frattanto scomparse, anzi è a volte indiziata soltanto dal toponimo (v. qui § 5), per cui lo studioso del territorio ne deduce un mutamento del paesaggio, delle coltivazioni ecc. dovuto a varie cause, al cambiamento di clima, a calamità naturali e all'azione dell'uomo. Il fito-toponimo si può presentare in varie forme e spesso anche in formazioni di derivazioni dirette senza suffissi. Ma è forse più comune il caso che il nome sia nato dalla rilevanza nel paesaggio di una associazione di alberi di una particolare specie ed in tal caso (molto frequente) il toponimo assume forme derivative soprattutto caratterizzate dal suffisso collettivo *-ētum* (meno comune è *-arium*). Qui sotto abbiamo riunito un campionario di fito-toponimi espresso da un centinaio di fitonimi particolarmente produttivi nel settore dei nomi di luogo. Si tratta ovviamente di una esemplificazione in cui, forse, sono state privilegiate, come altrove, la Toscana e l'Italia settentrionale.

136. abellana 'nocciolo': *Vellano* (Vico, Bagni di LU), *Varvellandure* (Casciana, Bagni di LU) < valle avellanulae; *Bellano*, *Poggio-* (Stia, Gagliano, Barber. Mug. FI), *Vilbanecchio* (Barb. di Mug. FI) < *avellanētula; *La Bellana* (Guardistallo PI); *Vellana* (Paludi CS).

abies 'abete': *Aghezzi* (Vitiana, Coreglia LU) < *avezzo* (noto anche all'Italia sett.), *Biteto* (Vagli sotto, Garfagnana LU); *Bezzeto* (Petroio, Londa FI), *Abetella* (Petrognano, S. Godenzo FI); *Poggio all'Abetina* (Pomarance PI), *Abétola* borro sulla cima del M. Amiata; *Vezzo* (Campagnàtico GR); *Cal Avezzo* (Boscochiesanuova VR e Malcesine VR); *Navezze* (Gussago BS), *Navedano* (Senna CO).

acer 'acero': *Àcera* (Vergèmoli Garf. LU), *Acereto* (Conio, Cutigliano PT), *Agereta* (Soraggio Garf.); *Acerone* (Montefollònico, Torrita SI), *Aceraia* (Montepulico, Borgo S. Lorenzo FI), *Naceréto* (Reggello FI), *Ciriòlo* (Fratta, Cortona, AR); *Làcera* (Monticiano SI); *Asero* ant. (Valdobbiadene TV), *Aʃarèa* mt. (Laghi VI), *Nazarét* (VR), *Azarìno* (Velo VR). Dalla forma contratta acru > *agre* (bellun.): *Agre* (BL), *M. Àgaro* (Feltre BL), *Agrèda* (Primiero TN), *Garés* (Canale d'Agordo BL) < acere(n)se.

alica 'spelta': *Àlgola* (Soraggio Garf.), *Àlica* (Palaia PI), forse *Gàliga* (?) (Acone, Pontassieve FI); forse anche *Àlleghe* (BL) a. 1185 *Aleguae* per il quale fa notevole concorrenza *àlega*, *àlga* (di palude), cfr. *Al(e)ghère* (Agord. merid. BL) e *Aleghèro* (Chioggia VE), *Valleghèr* (?) (Cordignano TV). [Sempre più probabile < *àl(e)ga*].

allium 'aglio': *Poggio degli Agli* (Pian degli Ontani, Cutigliano PT), *Aglieto* (Benabbio, Bagni di LU); *Montagliara* (Panzano, Greve FI), *Poggio Agliài* (Suvereto LI); *Ca' dell'Aio* (S. Martino VR), *Ai* ant. (Anzano TV) a. 1546; *Ca' dell'Aglio* (S. Daniele CR), *Agliate* (Carate Br. MI) (? onomastica).

alnus, *alnētānus 'ontano': forse *Ànja* (affluente del Serchio, Barga LU) (< alnea); *Arnicèlla* (Soraggio Garf. LU), *Onecchia* (Fabbriche Garf. LU), *Oneta* (Borgo a Mozzano LU) a. 985 *Onita*; *Antano* (Stiappa, Vellano PT); *Neto* (Montecatini PT), *Arnétolo* (Figline FI), *Untanito* ant. (Bibbiena AR), *Arnétolo* (Vecchia, Reggello FI); *Ontanéta* (Campagnatico GR); *Alne* (Vidor

TV), *Aune* ant. *Aunio* (Sovramonte BL), *l'Aune* (Torcegno TN), *Onàri* (Recoaro e Torrebelvicino VI), *Onè* (Caprino VR e Fonte TV); *Arnère* (Cison TV); *Agnedo* (TN), *Aonédis* (S. Daniele UD); *Oneda* (Sesto Calende VA), *Onea* (BG), *Onedello* (Remedello BS); *Agneto* (Carrega AL), *Agnona* (Borgosesia VC), *Oneglie* (Sagliano Micca VC), *Oné* (Tesino TN), *Onèa* (Borgo Vals. TN), *Oneda* (Càffaro, Lodrone TN).

apium 'appio', 'sedano': *Piali* (Tereglio, Coreglia LU), *Appiaia -glia* (Sommocolonia, Barga LU), *Appiata* (Corfino Garf. LU), *Piàdola* (Pieve di Controne, Bagni di LU); *Piale* (Castelnuovo Ber. SI); *Lapium* ant. (Altavilla VI) (?); *Vaccaraccio d'Accetta* (Corato BA) < *acciu* 'sedano'; *Vallone dell'Acci* (Santa Sofia d'Epiro CS).

arbor, albulus quest'ultimo 'populus alba' come albarus: *Albaro* (in Val di Serchio LU) a. 762; *Albarolo*, *Serra di-* (presso Barga LU), *Baròzzo* (Minucciano Garf. LU), *Albarìa* (Ponteccio Garf. LU), *Albarito* ant. (Colle di Torre LU); *Alberoro* (Monte S. Savino AR), *Alborèllo* (Torrita SI), *Alberoni* (Soci, Bibbiena AR); *Arbolón* (Susegana TV), *Albaredo* molte volte nel Veneto, *Albarìa* (Gazzo VR); *Albarédo* (Vallarsa TN), *Albaré* (Pèrgine TN); *Albarello* (Iesi AN).

avēna 'avena': *Vena* molti luoghi in Toscana; *Venaio* (Farnocchia, Stazzema LU), *Vanéto* ant. (Vecchiano PI) < avenētum (?); *Vena-grossa* (Lucolena, Greve FI), *Venaio* (Bùcine AR); *Venaio* (Massa Mar. GR), *Fonte alla Vena* (S. Quirico d'Orcia SI), *Venaie* (Roccastrada GR), *Venella* (Volterra PI) (in alcuni casi può trattarsi di *vena* 'polla d'acqua'); *M. Avéna* e *Pedavéna* (Feltre BL); *Davena* (Vezza d'Oglio BS), *Avenale* (Cingoli MC).

bētŭla -us 'betulla': forse *Bieta* (Roggio Garf. LU), *Biètora* vari luoghi, *Biètore* (Arliano LU); *Biètule* ant. (Barber. di Mug. FI); da *betuleu > *Bidoggia* (VE) fosso, *Bidoià* (Oderzo TV), *Budòia* (PN); *Biòglio* (Biella VC) = a. 949 *Bedulium*; *Bedolé* (Primiero TN).

betulla 'betulla': *Bitolla* (Pomezzana, Stazzema LU), *Bitollo* (Bagni di LU), *Bitolli* (Valdottavo LU), *Vitollo* (Borgo a Mozzano LU), *Bitolleta* (Piteglio, S. Marc. PT), *Botelleto* (Massa Garf. LU); *Beolo* (Anguillara VE), ant. *Bedolum* (Erbè VR a. 1213), *Biólo* (Revine TV), *Bodól, Valle del-* (Montello TV), *Biòlo* (Ardenno SO), *le Bovolare* (Ignago VI) cfr. -vic. *bovolara* 'betulla', ant. *Buvalaria* (Battaglia T. PD); *Biviglione* (Luino VA) (pron. loc. *bevijón*); *Bioggio* (Morbegno SO)(< betulleu), *Bedollo* (TN).

buxus 'bosso': *Busso*, *Bussi* (forse *Buzzo*), *Bossi*, più luoghi in Toscana; *Busciarello* (Stabbiano LU), *Bussato* (Tereglio, Coreglia LU); *Bòssolo* (S. Pietro in-, Tavernelle FI), *Busseto* (Castelluccio, Capolona AR e Marti Palaia PI); *Pianbossolino* (Montalcino SI); *Bussólo* (S. Margherita PD), *Valbossara* (Cison TV), *Bussé* (Legnago VR) = a. 1227 *Busseo*; *Bússero* (MI) = sec. XIII *Buxoro*; *Boeuscer* (*Bòscero*) (Laveno VA) (lomb. *böussor* 'bossolo' 'rovo').

caepa *-ŭlla* 'cipolla': *Cepéto* (Villa a Roggio Pescaglia; Toringo Capannori LU), *Ciétola* (Vitoio Garf. LU) < *civetola, *Cipollaio* (S. Maria Madd. in Arni, Seravezza LU); *Cipeto* (Pieve a Maiano, Civitella di Chiana AR), *Cipollàtico* (S. Tomato PT); *Cipito* (Castelnuovo Berard. SI), *Cipollona* (Asciano SI); *Zeolàra* (VR), *Zivolara* (Villafr. VR), *Zeolé* (Follina TV).

canna: *Canévoli* (Pescaglia LU) (< cannellae con *-ell-* > *eul-*); *Cannéto* vari luoghi; *Cannoréto* (Montéggiori Camaiore LU; Valdicastello Pietrasanta LU), *Canùciori* (Valdottavo LU); *Cannèlla* (Montaione FI); *Canicce -i* (Borgo S. Lorenzo FI), *Cannicciaia* (Barb. Mugello), *Cannelleto* (Massa e Cozzile PT); *Valcanaia* (SI), *Cannicci* (Campagnàtico GR); *le Canèlle* (Anzano TV), *Piano di Canaie* (Cansiglio TV), *Val Canara* (Negràr VR), *Canazza* (Centrale VI), *Cané* (BL), *Canéa* (Sommacampagna VR), *Canévoli* (Arcole VR), *Canacede* (S. Tomaso BL); *Cané* (Vione BS), *Canédole* (Porto MN); *Canosse* (Brivio CO), *Canossa* (RE) (?), *Cannòbio* (NO) col suffisso raro -ubulus.

cannabis 'canapa': *Cànapa -ipa, -epa* vari luoghi; *Canapale* freq., *Canipaia* (Gramolazzo LU); *Canipaiole* (Gugliano LU), *Canepula* (Soraggio Garf. LU); *Canapaia* (Chianni PI) = a. 1073 *Canaparia*; *Canipaiazza* (Asciano SI), *Canàpule* (Gavorrano GR); *Canevói* (Ponte A. BL) (?), *Canavìn* (Galzignano PD), *Canevale* (Sarego VI), *Canavère* (Cona VE), *Canavé* (Cittadella PD), *Canavedo* (Este PD); *Canevare* (Fanano MO); *Canapile* (Barchi PS).

carduus 'cardo': *Gardícciola* (Caréggine Garf. LU), *Cardoso -a* molti luoghi, *Cardeto -a, -étolo* più luoghi; *Cardo* più luoghi, *Carduccio* (Gràssina, Galluzzo FI), *Cardosa* (Val di Brana PT), *Cardétole* (Borgo S. Lor. FI); *Cardoso* (Scansano GR), *Cardéte* (Cetona SI), *Cardellato* (Cinigiano GR); *Gardaròla* (Velo VI), *Gardéi* (Piove di S. PD), *Garzé* (Arquà Pol. RO) < cardeus.

carex -ĭce 'carice': *Cima Càrici* (Motrone, Pescaglia LU), *Càrica* (Coreglia LU), *Caréggine* cast. (Garfagnana LU) < *carĭcĭnae; *Carcaia* (S. Mart. in Freddana, Pescaglia LU), *Carcéto* (Palmata LU); *Carécchi* (S. Gervasio, Palaia PI) = *Carectule* ant. a. 916; *Scarceta* (Castiglione d'Orcia SI) < cariceta (?); cariceu > *Carezzóli -azzóle* (VI e VR), *Carazzài* (S. Gregorio BL), *Carezón* (Teolo PD); *Caréttolo* (Bonemerse CR), monte *Carét* (Ledro BS), *Careggia* (Lurago Erba CO) (lomb. *carec̆* 'giuncheto') < carĭctum.

carpinus 'carpino': *Càrpino -i*, molti luoghi; *Carpinazzo* (Gallicano Garf. LU), *Carpinelli* (Montemagno Camaiore LU), *Carpinécchio* (Renaio, Barga LU), *Carpinòcchio* (Boveglio Villabadia e Borgo a Mozzano LU), *Carpinosa* (Sassi Garf. LU), *Carpinetra* (Coste, Stazzema LU), *Carpellecchio* (Piegaio Pescaglia LU); *Carpinèlla* (Pèrgine AR), *Carpignone* (Figline FI), *Carpinéto* frequente, *Carponéto* (Paglilericcio, Castel S. Niccolò AR); *Càrpina* (Magliano e Orbetello GR); *Càrpi* (VR e MO), *Carpón* (Follina TV), *Càrpen* (BL), *Carpenèra -e* (BL e Conegliano TV), *Carpenedo* (Vedelago TV), *Carpagnón* (VI); *Carpineti* (RE), *Carpaneto* Piacentino (PC); *Carpegna* (PS) = a. 1290 *Carpinei*; *Carpineto* (S. Fili CS),

Carpinà (Bodolato CZ), *Carpinetto* (Mesoraca CZ), *Carpiniti* (Delianova RC).

castaneus 'castagno': *Castàgnola* (Vagli Sopra LU), *Castagnaia* (Cappella e Azzano, Seravezza LU), *Castagné* (Albiano Garf. LU); *Castagneto* frequente; *Castagnecchio* (Pieve di Triano, Lari PI); *Piancastagnaio* (SI), a. 1114 *Plancastagnaia*, *Castagnòli* (Gaiole SI), *Castàncoli* (Campo, Elba LI); *Castagnaro -agné* più luoghi nel Veneto; *Castagnèro* (VI); *Casnedo* (Rovenna CO), *Casneda* (Agra VA), *Castagnic* (Gargnano BS).

cerasus 'ciliegio': *Ceragio -a* frequente (ant. *Cerasca* = *š*), *Ceràgiola* (S. Andrea di Còmpito, Capannori LU), *Ceràgioli* (Farnocchia Stazzema LU), *Ceresèlla* (Bagni di LU), *Cerageto* (Garfagnana LU); *Seragio* (Puliciano AR), *Saragio* (Montepulciano SI), *Ciliegiòle* (Porta Lucchese PT), *Ceragiòla* (Calci PI), *Ciliegeta* (S. Donato, S. Gimignano SI); *Seragiòlo* (Sovicille SI), *Val del Seragio* (Castiglione della Pescaia GR); *Cerésa* mt. (Castelnuovo VR), *Cereʃól* (Belfiore VR), *Zeresàre* (Zevio VR), *Celeʃéo* (Strà PD); *Cerasa* (S. Costanzo PS), *Ceresòla* (Fabriano AN).

cerrus 'cerro': *Cermaggiore* (Casciana Garf. LU), *Soccèrri* (Fondagno, Pescaglia LU) < sub-; *Cericcia* (Càsoli Camaiore LU), *Cerrecchio* (Tereglio Coreglia LU); *Cerreto* freq., *Cerrétolo* (Massa Garf. LU), *Cerlécchio* (Bolognana Garf. LU); *Cerrone* (Faùglia PI), *Cerraia* (Acquaviva, Montepulciano SI), *Certaldo* (FI) (?), *Certalla* ant. (Volterra PI); *Cerretèlle* (Guardistallo PI), *Cerretaie* (Monteriggioni SI), *Certopiano* (Roccastrada GR), *Cerrino* (Chiusdino SI); *Du-cerri* (Grezzana VR), *Cereda* (VI e TN), *Cerèa* (VR) = a. 1352 *Cereda*; *Ceradello* (Dolcè VR), *Ceràola* (Gazzo VR) < *cerratula; *Cerreto* (MI), *Castel Cerreto* (Treviglio BG), *Cereda* (Erve BG), *Cerea* (Guardamiglio MI), *Ceradello* (Pizzighetone CR); *Cerré Sologno* (Villa Minozzo RE); *Cerlongo* (Iesi AN).

cĭcer 'cece': *Monte Cèceri* (Fiesole FI), *Cèceri* (S. Polo a Ema FI), *Cecerale* ant. (S. Gervasio, Palaia PI); *La Ceciàia* (Montescudaio PI); *Cicerali* (Ostuni BR) < *ciceralis da cĭcer.

coliculus 'brassica, cavolo': forse *Colécchio* (Fiano, Pescaglia LU), *Culicchiaia* (Pruno Stazzema LU).

cornus 'corniolo': *Còrnola* (Corsagna e Dezza Borgo a Mozzano LU), *Valicòrnoli* (Lugliano, Bagni di LU); valle cornuli; *Còrnia -e* (Medicina, Pescia e Bagni di LU), *Crògnolo* (Vico Bagni di LU), *Quornia* (S. Cass. Bagni di LU); *Corniccio* (Brandeglio, Bagni di LU), *Cornétoli* (Borgo a Mozzano LU); *Cornio* (Torrita SI), *Crògnolo/Corniolo* (Mucciano, Borgo S. Lorenzo FI); *Cornia* e *Corniaccia* (Maremma di Massa Marittima GR), *Corgno* (Roccastrada GR), *Crognoleto* (Manciano GR); *Scornello* (Volterra PI), *Cornedo* (VI) = a. 974 *Corneti*; *Corné* (Pastrengo VR), ant. *Corneo* (sec. XIII) (Marz. VR); *Cornéi* (Puos BL); *Cornadella* (Sacile PN) < *cornata 'piantagione di cornioli'; *Cornaré* (Portobuffolè TV); *Corneda* (Cinto PD): *Curno* (Curdomo BG); *Cornèra* (S. Maria Rovagn. CO), *Cornarédo* (MI) < cornarjētum 'cornioleto'.

corŭlus, *colurus 'nocciolo': *Collùra* (Crasciana, Bagni di LU) (< *colurea), *Colloreto* (Pieve di Bràncoli LU) = a. 961 *Collerito*; *Colloré* (S. Lorenzo a Vàccoli LU), *Collorétolo* (Minucciano Garf. LU); *Corlo* (Montecatini PT), *Quorgli* (Ginestra, Lari PI), *Quorle* (Poppi AR), *Coloreto* (Montecatini PT); *Coloreto* (Pomarance PI); *Collorito* ant. (Gaiole SI); *Corlo* (Dolcé VR), *Córoli* (Cerea VR), *Cólari* (Breonio VR; Piovene VI), *Colarella* (Legnago VR); *Colaré* (Illasi e Dolcé VR); *Còllere* (Dezzo BG), *Colerina* (Nerviano MI); *Collereto* (TO); *Còler* (Terlago, Noriglio, Rovereto TN), *Colaré* (Sovér, Cembra TN); *Coloreto* (PR), *Colorno* (PR) (?); *Coloreto* (Morano CS), *Colloreto* (torr. Catona RC); *Corleto* (PZ); *Colloredo* (UD).

ĕbŭlum 'ebbio': *Libbiaio* (Cune, Borgo a Mozzano LU); *Lebbio* (Castelfalfi, Montaione FI), *Vallebbiaia*

(Fauglia PI), *Nebbiaia* (Cancelli, Reggello FI), *Montebbi* (Trequanda SI) < m o n t e m e b u l i, *Nebbio* (S. Casciano dei Bagni SI), *Nebbiali* (Radicòfani SI); Valle dei *Egoi* (Fregona TV), ant. *Eguol* a. 1548 (Rindola, Vitt. Veneto TV) (veneto *ègano*, *éghelo*, *diégol*, *ǧégol*); *Nibbio* (Ballabio CO), *Nibbiolo/Nebiolo* (Villavesco MI); *Éghen* (Grigna Sett. CO), *dosso Eghen* (Navono BS) (comasco *éghen* 'ebbio'); *Jévoli* (Feroleto Antico CZ); *Èbuli* (Longobucco CS).

e r ĭ c a: *Ragala* (Soraggio Garf. LU) < *e r i c a l e; *Ricàtoli* (Càsoli, Camaiore LU), *Crecchia* (Bagni di LU); *Arcetri* (FI) (< *e r c e t 'l o); *Lerceta* (GR) (?); *Arceto* (Scandiano RE) 'ericeto'.

e r v i l i a 'rubiglia': *Orbigliaia* (Gello, Pescaglia LU); *Roviglione* (Sermezzana Garf. LU), *Rovigliaia* (S. Pellegrinetto Garf. LU); ĕ r b u m > *Èrbolo* (Gaiole SI).

esca (italiano) 'Boletus fomentarius': *Liscaccio* (Vergèmoli Garf. LU), *Scaia* (Minucciano Garf. LU); *Esca* (Scarperia FI), *Escaia* (Pignano, Volterra PI), *Scheto* (Barb. di Mugello FI); *Vallescaia* (Rosignano LI), *Scaiòla* (Pomarance PI), *Escaiòle* (Càsole SI).

e s c ŭ l u s 'ischio' 'rovere': *Escheto* (LU) = a. 838 *Scleto*; *Éstio* (Paciano PG), *Aschieto* (Sieci, Pontassieve FI), ant. *Escleto* (Laterina AR) = a. 1029; *Schio* (VI) = a. 983 *Ascledo*, a. 1168 *Scledo* (etnico: *Scledense*); ant. *Scledo* (Caprino VR) sec. XIII e *Costa Schio* (S. Mauro di Saline VR).

f a b a 'fava': *Faùla* (Sillano Garf. LU) (con *-ūle*), *Faùglia, Fag-* (Pariana Villabasilica LU), *Fibbiaia* (Gramolazzo Garf. LU) < f a b u l a r i a; *Favarello* (Ossaia, Cortona AR), *Favale* (Poppi AR), *Faùle* (Greve FI), *Favule* ant. (Borgo S. Lorenzo FI); *Faùle* (Castelnuovo Berard. SI); *Favale* (Rio nell'Elba LI); *Favàl* (Brentino VR), *Favalìn* (S. Tomìo VI), *Favèri* (Alano BL); *Palafavèra* (Zoldo BL); *Favaglie* (Cornaredo MI) < *f a b a l i u m; *Favale di Màlvaro* (GE), *Favale* (Civitella del

Tronto TE), *Favale* (Roccafluvione AP); *Favale* (Castellaneta TA), *Fabali* ant. (Molfetta BA).

fagus 'faggio': *Fò* (Vitoio Garf. LU), *Sofò* (Tereglio, Coreglia LU); *Faeto* (Vitiana, Coreglia LU e Molazzana Garf.), *Faéta* mt. (Vorno LU), ant. *Faito* (Vico di Compito LU), *Faétolo* (Brandeglio, Bagni di LU); *Faite* (Ciciana LU): *Fanja -e* passim < *fagina; *Fao* (Villa di Baggio PT), *Monte di Fò* (Barb. di Mugello FI), *Faeto* molti luoghi in Toscana (ant. *Faitulo* a. 1011). Da fageus: *Faggiola* (Rincine, Londa FI), *Faggiolo* (Moggiona, Poppi AR), *Faggione* (Pàrtina, Bibbiena AR); *Faggiaie* (Arcidosso GR), *Faino* ant. (Asciano SI) a. 1048 < *fagino; *Monte del Fò* (Belluno VR), *Fa-maóro* (Badia VR), *Fai* (Pieve di Soligo TV e TN) [< fageu]; *Faedo* frequente nel Veneto, *Faéo* (Monte di Malo VI), *Faé* (Cencenighe e Longarone BL); *Faidèl* (Tovena TV), *Fadéi* (Colle, Vittorio Veneto TV); *Faìs* (Savassa Vittorio Veneto TV), ant. a. 1388 *Faesso* (anche BL) < fagense (?); *Fagaré* (Cessalto TV), *Fadalto* (TV) = a. 1228 *Faedo alto*; *Fo-redond* (Pasturo CO) "faggio rotondo"; *Faìdo* mt. (Domaso CO), *Faida* (Gavardo BS) cfr. *Faido* e *Faidaldo* di Bellinzona (Svizzera), *Faito* (P. Tonale), *Fanovo* (Endine BG), *Alfaedo* (Forcola SO), forse *Alfeo* (Cella Dati CR) < *alfaeo (?); *Faetto* (Perrèro TO), *Failungo* (Piode VC); *Fò* (Val del Sarca TN), *Fof* (Cavèdine TN), *Fovo alto* (Pinè TN), *Fai* della Paganella (TN) < fageu; *Faédo* (Lavis TN), *Faédolo* (Giudicarie TN); *Fagaré* (Fiera di Prim. TN) < *fagariu + *-ētum*; *Faeto* (Serramazzoni MO); *Faetano* (PS) (cfr. *alnētanu > *ontano*); *Faeto* (FG), *Faicchio* (BN) < *fagēt(u)lum; *Faeto* (Aiello CS), *Faito* (Rocca di Neto CZ); *Fagheto* (Longobucco CS) (cal. *fagu* 'faggio').

far 'farro': *Farrale* (Colle di Còmpito, Capannori LU), *Farriòla* (Gragnanella, Garf. LU); *Ferrale -ano -aglia* passim in Toscana; *Ferrale* (Vinci FI), *Feraglia* (Pontenano, Talla AR), *Ferraia* (Cascia, Reggello FI); *Fariuòlo* (Massa Mar. GR), *Ferraiòla* (SI), *Ferraie* (Sovicille SI), *Ferale* (Marciana, Elba); *Farrò* (Follina TV) < *-ātum*; *Canforàl* (Castion VR), Monte *Forale* (Mel BL) < *faralis (?).

farfarus 'farfaro', 'tussilago farfara L.': *Farfaro* ant. (PT) a. 1134 *Farfalo*; *Farfereta* (Ronta, Borgo S. Lorenzo FI); *Farfareto* più luoghi in Toscana; *Forfolèra* (Tàrtaro SO) <farfararia (?) cfr. pav. *farfanalla* 'fàrfaro'.

farnus -a 'farnia': *Farno* (Gallicano Garf. LU), *Farni* (Pomezzana, Stazzema LU), *Farignòla* (Roggio Garf.) < farneola (?); *Farnocchia* (Stazzema LU), *Farneto* freq.; *Farneta* (LU), *Farnocchieta* (Montebono, Barga LU); *Farnita* ant. a. 1005, onde *Farnitana* ant. (Pàrtina, Bibbiena AR), *Farnetino* (Treggiaia, Terranuova Br. AR), *Farnetella* (Sinalunga SI); *Farnia*, *Farnaiola* (Foiano alla Chiana AR), *Farnieto -a* vari luoghi; *Farnese* (Asciano SI), *Fargnina* (Magliano GR), *Farnicchiaia* (SI); *Farnello* (Este PD), *Farneda* (Breganze VI), *Farneo* (VI); *Farneta* (Montefiorino MO).

fĕrŭla 'ferola' (ombrellifera): *Fierli* (Fratta, Cortona AR), *Fèrli* (Carda, Castel Focognano AR), *Farlare Poggio-* (Cavallina, Barberino di Mugello FI); *Ferlita* ant. (Bibbiena AR) a. 1046; *Colle Fierle* (Campiglia Mar. LI), *Montefarleto* (Roccalbegna GR); *Forlarèa* (Sarego VI) < *ferularēta (?); *Filorera* (Val Masino SO) metatesi di ferularia; *Feroleto* Antico (CZ), *Ferlito* (RC) 'luogo di ferule'.

fīcus 'fico': *Fico*, *-étto*, *-arello* vari luoghi in Toscana; *Ficchio* (Tereglio, Coreglia LU) [< fīculus] *Ficaio* (Stazzema LU), *Ficaia* (Pieve a Elici, Massarosa LU), *Fucecchia* (Borsigliana Garf. LU), *Fugattaia* (Borsigliana Garf. LU) forse dal collettivo *ficatta (?); *Figelle* ant. a. 1196 (Pelago FI), *Ficòcchio* (S. Maria Buggiano PT), *Ficaia* (Pontelungo PT); *Fucecchio* (FI) = a. 1027 *Ficicclo*; *Fichereto* (Borgo S. Lorenzo FI); *Ficaiòla* (S. Luce PI), *Ficaia* (Asciano SI), *Ficareto* (Sovicille SI); *Valle delle Fiche* (Rio nell'Elba LI); *Figàra* (Bussolengo VR); *Ficareto* (Todi PG); *Ficocchia* (Comunanza AP); *Fichicelle* (Corato BA), *Murgia di Serra-ficaia* (Poggiorsini BA).

filix -ĭce 'felce': *Félicia* (Dalli Garf. LU), *Filliccioni* (S. Quirico Pescia PT); *Felecchio* (Gragnana Garf. LU),

Filucchia (Stazzema LU) < *filucula -ĭcula; *Filicoso* (Poggio Garf. LU), *Felacchia* (Vico, Bagni LU), *Filicaia* (Borgo a Mozzano LU), *Felciaio* (Càsoli, Camaiore LU), *Felceto -eta* freq.; *Filichino* (Borgo S. Lorenzo FI), *Fulicaia* (S. Giovanni Valdarno AR), *Filetto* (Poppi AR, Pontedera PI), *Filéttole* (Prato FI); *Felcino* (Ossaia Cortona AR); *Filegàre* (Nogarole VR), *Filiſedo* (Vallonara VI), *Falzé* (Sernaglia TV). Da filĭctum > *Feletto* (TV), *Foletti* (Tretto Schio VI); *Folgaria* (TN); *Falghèra* (Omobono BG), *Falghèr* (Pasturo CO) < *filicaria; *Falletti* (Sagliano VC); *Felegara* (Scandiano RE); *Filetto* (Iesi AN e Castignano AP).

fraxinus 'frassino': *Frasso* (Querceta, Seravezza e Stazzema LU); *Frassétti* (Torre del Lago LU), *Frassinaia* (Tòfori Capànnori LU), *Frascinaia* (Pruno Stazzema LU), *Frascineto* freq.; *Frassinéta* (Corezzo, Chiusi in Casentino AR); *Frassinello* (Montecatini Val di Cècina PI), *Frasseta/ Frassetaccia* (Montieri GR); *Frassa-longo* (Spercenigo TV), *Frassanelle* (Teolo PD), *Frassignón* (PD), *Frassené* (*farsenék*) (BL), *Fraseneo* ant. a. 1215 (Pastrengo VR); *Frassinara* (Sorbolo PR), *Frassineta* (Monghidoro BO).

frumentum 'frumento': *Formentale* (LU) = a. 773; *Formentala* (Crasciana, Bagni di LU), *Fromentaria* ant. a. 973 (Populonia, Piombino LI).

genesta 'ginestra': *Ginestra -e* frequente; *Ginestrone* (Capezzano, Pietrasanta LU), *Ginestraio -eto* frequente; *Ginestrule* ant. a. 984 (Pieve a Elici Massarosa LU); *Ginestrella* (Petroio, Dicomano FI), *Ginestruzze* (Montespèrtoli FI), *Ginestreto* (Vitolini, Vinci FI); *Ginestrèlle* (Gaiole SI), *Ginestraia* (LI); *Genestàro* (Ambìvere BS), *Ginestoro* (Pontida BG), *Genestrello* (Montebello PV); *Ginestreto* (Sogliano al Rubicone FO).

graminea 'gramigna': *Gramignaio* (Ponte Buggianese PT), *Gramignata* (Vitolini Vinci FI), *Gramigneto -eti* freq.; *Gromeneda* (Crespadoro VI), *Gramenosa* (Lonigo VI), *Gremégna* (Ronco VR), *Gramegnosóla* (Legnago VR).

h e d e r a 'edera': *Èllera* (Ginestra, Lari PI), *Montèlleri* (Rupecanina, Vicchio FI), *Elleraccio* (Settimello, Calenzano FI); *Èllera* (SI e Sovicille SI); *Erene* (Schio VI) (vic. *èrena* 'edera'); *Elerósa/Illeroso* Silva – ant. (Vedelago TV); *Croz de l'Erla* (presso TN).

h e r b a 'erba': *Nerba* (Garfagnana LU), *Erbi* (Sillano Garf. LU), *Erbareto* (Coste e Vendiloni Stazzema LU); *Erboli* (Cavriglia AR), *Erbaia* (Gagliano Barg. di Mugello FI); *Orbetello* (Vicchio FI) diminutivo di **Orbeto* cfr. *Erbé* (VR); *Orbetello* (GR), *Erbolina* (Sovicille SI), *Nerba* (Sorano GR), *Nerbona* (Càsole SI); *Erbézzo* (VR).

h o r d e u m 'orzo': *Orźone -i* (Montéggiori, Camaiore LU), *Orźale* (Stazzema LU), *Arźale* (Càsoli, Bagni di LU), *Orzaglia* (Riana e Lupinaia; S. Romano Garf. LU), *Orźaiola* (Borgo a Mozzano LU); *Camporgiaglia* (Vàllico LU); *Orgiale* (Maggiano, Càsole d'Elsa, SI); *Arźale* (Villore, Vicchio FI); *Orgia* (Sovicille SI), *Montorgiali* (Scansano GR), *Orźaio* (Marciana Mar. e Campo nell'Elba LI); *Orźòli* (Murlo SI); *Orgiaglia* (Volterra PI); *Orźaia* (Sacile PN); *Orçoledo* ant. a. 1215 (Legnago VR).

ĭ l e x- ĭ c e e * i l i c e u 'leccio': *Elici/Ilici* (Massarosa LU) = a. 862 *Ilice*; *Traélici* (Vitiana, Coreglia LU) (< i n t r a); *Lecchio* (Lucignana, Coreglia LU), *Culilecchio* (Stazzema LU) < c o l l e * i l i c ŭ l a e; *Leccio/Liccio* frequente; *Montìrici* (Casalguidi Serravalle PT), *Lécore* (Signa FI) < i l i c ŭ l a e (?); *Leochi* (Poggibonsi SI), *Oliceto* ant. a. 883 (S. Miniato PI); *Elci* (Radicòndoli SI), *Montalcino* (cioè *-elcino*) (SI) = a. 1214 *Monte Ilicino*; *Elzi* (Dolcè VR), *Elisei* (Camisano VI) < i l i c e t u m; *Lassón* (Tovena TV); *Lessona* (VC) = a. 1191 *Lexona*; *Elcito* (S. Severino M. MC); *Leccia* (Serra S. Abbondio PS); *Deliceto* (FG) – (dial. *Liceto*, *Iliceto*).

imbréntina 'cistus, erica': *Brenti* (Camaiore LU), *Brentino* fosso (Viareggio LU), 'fosso dei brenti'; *Brento* (Vicchio FI), *Bréntine* (Quartaia, Colle di Val d'Elsa SI), *Rimbréntolo* (Gaville, Figline FI), *Ombréntine* (Montale PT).

iuncus 'giunco': *Giuncona* (Seravezza LU), *Giuncaio* (Caréggine Garf. LU), *Giuncheto* (Tiglio Barga LU), ant. *Juncita* (S. Stefano di Moriano LU); *Giuncarelli* (Sinalunga Fiesole FI); *Giuncaio* frequente, *Giunchese* (Gattaia, Vicchio FI), *Giuncheto* frequente; *Giuncaia* (Scansano GR), *Le Giuncaie* (Montescudaio PI), *Botro della Giunca* (Rosignano LI); *Giùncoli* via (VI); *Ʒonʒèlla* (Pastrengo VR); *Zoncé* (Gòdega TV); *Doncaròle* strada (Prun VR); *Zoncheto* ant. (Canavese TO).

junĭperus 'ginepro': *Zinèpro -i* e *Ginepro* vari luoghi; *Gineprone* (Maggiano, Càsole Val d'Elsa SI), *Ginepruzzi* (Impruneta, Galluzzo FI); *Ginepraio* (Scarperia FI), *Ginepraia* (Pignano, Volterra PI), *Ginepreto* (Créspina PI), *Ginepraie* (Castagneto LI); i *Zenevrelli* (Badia VR), *Cal Denevrèr* (Cison TV), *Zenevre* ant. (Vittorio Veneto TV e Valnogaredo PD), a. 1177; *Zembrè* (Bormio e Valdidentro SO) < iuniperētum? *Zenevredo* (PV) = a. 1046 *Zenvredo* 'ginepreto'; *Zenevré* (Pèrgine TN).

laburnum 'avorno, -iello': *Bórnoli* (Montrone, Pescia PT), *Avornéta* (Careggine Garf. LU); *Laórno* (Boscochies. VR), *Salaórno* (Roveredo VR) a. 1376 *Salavorna* < sub-(?).

lampone (italiano): *Namporaia -glia* (Bagni di LU) (sarà *lamponaia*); *Lamponéta* (Stazzema LU), *Amponéto* (Corfino Garf. LU); *Lamporecchio* (FI) = a. 1057 *Lampore-clo*; *Lampaggio* (incerto!).

lappa, *lappola*: *Lappato* (S. Gennaro, Capannori LU), *Lappita* (S. Quirico Capannori LU), *Nappato* (Anchiano, Borgo a Mozzano LU); *Lappina* ant. (AR) a. 1014; *Lappeto* (Poggibonsi SI), *Pecchio* (Galleno, Fucecchio FI); *Lapleto* ant. (Sòcana, Castel Focognano AR) a. 1028.

larix -ĭce 'larice': *Réggina* (Livignano Garf. LU) < *larĭcĭna (?); *Argetana* (Soraggio Garf. LU); *Làreſe -i* (Cornedo e Asiago VI), *Àreʒo* (Negràr VR), *Resera*, *Reseretta* (Tarzo TV), *Lareſéi* frequente nelle Dolomiti;

Larieto (Cadore, BL) < larĭctum; *Larzonéi* (Livinallongo BL) < *lariciōne + *-ētum*; *Aréit* mt. (Bormio SO) = sec. XIV *Areite*; *Larècc* (Pagnona CO) < larĭctum; *Larissé* (Verzuolo di Saluzzo CN); *Lareſé* (Brésimo TN).

laurus 'alloro': *Pian d'Allori* (Ruota, Capannori LU), *Arato* (Stazzema LU), *Lerata* (Brandeglio, Bagni di LU) (con *au* > *o* > *a* o *e*), *Orata* (Mastiano LU), *Loreto* (Retignano, Stazzema LU e vari luoghi), *Reta* (Pieve Camaiore LU); *Loro* (AR), *Monteloro* (Pontassieve FI), *Montoro* e *Montorino* (Greve FI), *Oro* (Ròsina, Chitignano AR); *Allòra* (Campo all'Elba LI), *Poggio all'Oro* (Montalcino SI); *Oré* (Grezzana VR), *Lorèo* (RO) = a. 1165 *Lauredo*; *Oredo* (Ronco VR); *Loreto* (AN) = a. 1181 *Laureto*; *Loro Piceno* (MC).

līnum 'lino': *Linara* (Soraggio Garf. LU), *Linari* (S. Maria del Giudice LU), *Linaio* (Stiava Massarosa LU); *Linari* e *Linaruzzo* (Cavriglia AR); *Linari* (Soville SI) = a. 1004 *Linaria*; *Linaglia* (Guardistallo PI); *Linàle* (Belfiore VR), *Cengla Lenara* ant. a. 1213 (VR), *Linàr* (Montello TV), *Linaròli* (Ignago VI).

lupīnus 'lupino': *Lupinaia* (Seravezza LU) = a. 1127 *Lupinaria*; *Lupinari* (Gello, Pescia PT); *Lupinelli* (Orciatico, Laiatico PI), *Lupinata* (S. Piero a Sieve FI), *Lupineto* (Lari PI); *Lupinari* (Castelnuovo Berardenga SI), *Collupini* (Montalcino SI).

malus/*mēlus 'melo': *Malocchio* (Piansinàtico, Cutigliano PT), *Maleto* (Fibbialla, Villabasilica LU), *Maleta* (Borgo a Mozzano LU; Vagli), *Maleti* (Bagni di LU); *Méla* (Caréggine Garf. LU), *Melaio* (Nocchi, Camaiore LU), *Meleto* freq., *Merecchia* (Molazzana Garf. LU); *Meletto* (Sofignano FI), *Meletta* (Gambassi, Montaione FI), *Melòcco* (Fognano, Montale PT), *Meletro* (Chianni PI) (< meletoro), *Meletro* (Sovicille SI), *Meletello* (Pitigliano GR), *Melone* (Orbetello GR), ant. *Melitoro* (Casalnuovo Berard. SI) a. 1111 < *meletulum*;

Melàra (Malo VI), ant. *Melarole* (Marano VR) a. 1191; *Menaré* (Conegliano TV); *Meledo -eda* (Asiago VI), *Meléa* (Chioggia VE); *Mels* (Colloredo di M. UD) = a. 1126 *Meles*; *Melàra* (TS); *Villambrera* (Paullo, MI) = a. 972 *Villa Melaria*; *Meleti* (MI) = ant. *Meletum* 'podere a meli'; *Melétole* (Castelnuovo di Sotto RE).

malva 'malva': *Malva/Malba* (Querceto, Loro-Ciuffenna AR); *Malvoneta* (Pitigliano GR); *Malvaglio* (Robecchetto MI), *Malvaglia* (Ticino Svizzera); *Molvedo* (S. Maria Rezzon BG) < *malvētum; *Malvito* (CS) e si noti *Malahà* (S. Giovanni di Gerace RC) = a. 1170 Μολοχά (Scilla RG) < gr. μολοχάς/μαλαχάς 'luogo di malve'.

marrubium, *robbio* 'marrubbio' (labiata): *Marrubbio* (Vicchio FI) = a. 1244 *Marobbio*; *Robbio* (Vaglia FI); *Marùbio* (presso il M. Pasubio, Rovereto TN), *S. Pietro di Morubio* (Legnago VR).

mespĭlus 'nespolo': *Nèspolo* più luoghi; *Sonnèspuli* (Palleroso Garf. LU), *Naspraio* (S. Romano, Borgo a Mozzano LU); *Vispereglia* (Vergémoli Garf. LU)? < *mespilet(u)la; *Nespolino* (Biéntina PI); *Vèsporo* e *Vesperino* (Chiusdino SI), *Vèspero* (Asciano e Buonconvento SI); *Val Nespolèra* (Revine TV) ant. a. 1355; *Nespoledo* (Lestizza UD) (dial. *gnespolêt*) = a. 1302 *Nespoleto*; *Nesporédo* (Locate Triulzi MI) = a. 1045 *Nespoleto*.

milium 'miglio': *Miglio* frequente; *Migliari* (Pescia PT), *Migliarello* (Coreglia LU), *Migliarino* (Vecchiano PI; FE), *Migliarina* (GE), *Migliaro* (FE); *Migliari* (Presciano Pergine AR); *Migliaio* (Lastra a Signa FI); *Migliari* fosso (SI), *Migliarina* (Massa Marittima GR), *Migliorina* (Orbetello GR); *Meiàro* (VR), *le Miàre* (VI), *Meiarìn* (VI), *Meggiaro* (Este PD), *Mièr* (BL) = ant. *Milliario*.

morus *-um* 'moro' (gelso): *Pian di Mora* (Cune, Borgo a Mozzano LU), *Pianimori* (Medicina, Pescia PT), *Mòrli* (Bagni di LU)? < morŭli; *Moraio* (Gignano di

Br. LU), *Moraia* (Centoia, Cortona AR), *Moraiola* (Sasseta, Vernio FI), *Moreto* (Montereggi, Fiesole FI), *Moreto* (Casale Marittimo PI); *Mòrle* (Soave VR) < m o r u l a e? *Morarón -arette* (VI); *Moraro* freq. in Friuli, anche *Moraràt* (Tavagnacco UD).

m u r t u s (e m y r t u s) 'mortella': *Commòrtoli* (Casabasciana, Bagni di LU) < c a m p u s m u r t u l a e; *Morticce* (Brandeglio, Bagni di LU), *Morteto* (Camaiore LU); *Mortella -ino* freq.; *Mortelleto* (S. Mac. in Monte LU e Gombitelli LU); *Morticci* (S. Gimignano SI), *Morticcioli* (Scarperia FI); *Mortaio* (Sovicille SI), *Morteto* (Volterra PI), *Mortelleto* (Scansano GR), *Mortelloni* (Suvereto LI); *Mortélle* (Montorio VR), *Mortazzóne* (Pianezze VI), *Mortizze* (Zimella VR), *la Mortìs* (BL); *Mortàl* (Prun, VR), *Mortisia* (S. Urbano PD).

m u s c u s, *muschio*: *Mescosa* (Soraggio Garf. LU), *Moscato* (Piazzana, Coreglia LU), *Muscéta* (Bagni di LU), *Mosceta* (Stazzema LU), *Mostioso* (Bagni di LU); *Moscaio* (Bibbiena AR), *Moscaia* (Poppi AR); *Mùscoli* (Fiesole FI), *Muschieto* (S. Godenzo FI); ant. *Colle Muscari* (Volterra PI) a. 1060 < c o l l e m u s c ŭ l i (?); *Moschié* (Possagno TV); *Muscletto* (Codroipo UD).

n o v ĕ l l u 'piantone, specie di castagno': *Novelleto* (Fibbiano, Camaiore LU); *Novellare* (Foiano alla Chiana AR), *Novelleto* (Tèsina, Pelago FI), *Novelletro* (Vitolini, Vinci FI) < *-et(o)ro*; *Novelletta* (S. Silvestro, Sesto Fiorentino FI); *Novèllo* (Cetona SI), *Novelleto* (Campagnatico GR), *Novellari* (S. Giovanni d'Asso SI); *Nuvolèa* (Minerbe VR) = a. 1014 *Novoletum* (?); *Novoledo* (Villaverla VI); *Nuvolèra* (BS) = a. 961 *Nuvellaria*.

n u x - n u c e 'noce': (*nocello* 'nocciuolo'): *Nocella* vari luoghi; *Nocelli* (Vorno LU), *Nicciola* (Borsigliana Garf. LU), *Nocicchi* (Boveglio, Villabasilica LU), *Nocchi* (Camaiore LU), *Nocinato* (Seravezza LU); *Noceto* frequente; *Nocetello* (Puliciano AR), *Noccioleto* (Larciano PT); *Nocicchia* (Radicòfani SI), *Noccioleta* (Monticiano SI), *Nòcola* (Castellina Mar. PI); *Noſetta* (VI), *Nosedulo* ant. (Tione VR) a. 1190 < nucētulum; *Nosié* (Tovena TV), *Nosiéda* (Sospirolo BL), *Nosegéo* (Teolo PD); nucaria > *Nogàra -are*, *Nogaré* freq. nel Veneto; anche *Nogarédo -eda*; *Noglaréit* (Barcis PN); *Nogaredo* (Cordenons PN) e *Noiaretto* (Comeglians UD); *Noṡedo* (MI); *Nosédole* (Roncoferraro MN) < *nucetulae; *Nusiggia*, *S. Stefano in-* (MI) < nucĭcŭla; *Nosé* (Sparone, Ivrea TO); *Nogaré* (Pergine TN); *Nocicchia* (Montemarciano AN).

olīvum 'oliva': forse *Olecchia* (Farnocchia, Stazzema LU) < olet(u)la? *Ulivella* (Camaiore LU); *Uliveto/Oliveto* freq.; *Olivetacci* (Capànnori LU); *Uletto* (Marti, Palaia PI), *Campolivo* (Ponte, Signa FI), *Ulivacci* (Cavriglia AR), *Ulivelli* (Bagno a Rìpoli FI), *Collulivo* (Castagneto LI); *Poggiolivo* (Cetona SI), *Ulivella* (Massa Mar. GR), *Olivuzzo* (Càsole d'Elsa SI); *Ulivastraia* (Campagnàtico GR); *Olivetti* (Marano VR); *Olivàra -àri* (Magrè VI), *Liviéra* (Schio VI), *Olivór* (Quinto VR), *Olivédo* vari luoghi.

opŭlus 'Acero campestre': *Montòppio* (S. Marcello PT), *Lòppia* (Barga LU), *Lòppora* (Barga), *Oppiéta* (Pescaglia LU), *Loppieto* (Pruno e Cardoso, Stazzema LU); *Oppi* (Puliciano AR), *Oppièllo* (Montecchio, Cortona AR), *Oppieta* (Puliciano AR); *Oppi* fosso (Rapolano SI); *Oppi* frequente nel Veneto; *Loppie* (Pèsina, Caprino VR), *Obole* (Cordignano, TV), *Ovol*, *Bosc de l' -* (Tarzo TV); *Oppiàra* (S. Bonifacio VR), *Ovoleto* (Zoppola PN) (*dovoléit*) a. 1318 *Ovoleto*; *Obbio* (Domaso CO) (*obbi* 'oppio'); *Nobiallo* (Loveno CO) < in *opulae; *Lobbi* (AL) (piem. *obi* 'acero'); *Occhiatello* (affluente del Locone, Minervino LE) < *opulētum (avell. e basil. *òchiano* 'acero'); *Occhito* (Verzino CZ) (calabrese *occhiu* 'oppio').

ŏrnus 'orno' 'avorniello': *Montorno* (Camaiore LU), *Vallòrnia* (Pascoso, Pescaglia LU) < *valle* *ornea; *Montornato* (Stazzema LU), *Ornéta* (Vagli sotto Garf. LU); *Ornaccio* (Ginestra Montevarchi AR), *Montornello* (Campiglia, Colle d'Elsa SI), *Ornina* (Castel Focognano

AR); *Orneta* (Scansano GR), *Ornellaia* (Castagneto LI), *Montornese* (Montecatini Val di Cecina PI); *Strada Orna* (Salboro PD), *Val Orna* (Feltre BL); *Ornàr* e *Ornedo* (ornéit) (Aviano PN); *Orné* (Tezze Valsug. TN).

p a l u s (indica anche 'piante di palude'): *Palaio* (Vitoio Garf. LU), *Palaia* (Camaiore LU), *Palaiola* (Capannori LU); *Palaia -e* vari luoghi (anche PI = a. 980); *Palaiola* (Vico, Barberino di Mugello FI); *Paline* (Larniano, Poppi AR); *Palaia* (Gaiole SI), *Le Palaie* (Massa Mar. GR), *Montepalini* (Asciano SI); *Pài* torrente (VR) = a. 1396 *Pali*; *Palisecchi* (Tregnago VR).

p a n ī c u m 'panico': *Campanice* (Stazzema LU) < c a m p u *p a n i c a e; *Panicale* (Ricetri Massarosa LU), *Panigale* (Gragnanella Garf. LU), *Panicala* (Dalli Garf.; Lucignana Coreglia LU), *Panicaglia* (Bagni di LU); *Panicastra* (Colle d'Elsa SI), *Panicucci* (Pontedera PI), *Panicale* (PG) e vari altri; *Pànego* (Prun e Angiari VR) = a. 1194 *Panigo*; *Panìgo* (chiesa VE); da *panicale* 'pianta o gambo del panico' > *Panigalla* ant. (Povegliano VR) a. 1156; *Panegài* (Vittorio Veneto TV); *Paniàl* (Ovaro UD), *Panigài* (Aquileia UD); *Panchià* (TN) < p a n (i) c (u -) l a t u; *Borgo Panigale* (BO), *Pangone* (MO).

p a p y r u s 'papiro' (it. *paporino* 'centonchio' e *papero* 'cyperus papyrus'): *Paperello* (Polcanto, Borgo S. Lorenzo FI), *Paperino* (S. Giorgio, Prato FI), *Paperina* (Terranuova-Bracciolini AR); i *Pavarazzi* (Noventa VI) (ver. *pavera* 'giunco').

p ĭ c e u - a 'abete' 'pezzo': *Pécciola* (Benabbio, Bagni di LU), *Péciori* (Limano, Bagni di LU), *Piella -e* frequente; *Pïola* (Colle, Garf. LU) < *p i c e o l a? *Pïelléta* (Pedona, Camaiore LU); *Pèccioli* (PI) = a. 793 *Picciole* (?); *Piggella* (Colle, Dicomano FI); *Pigelleto* (Piancastagnaio SI) (pist. *piggello* 'abete'); *Pezzo*, *Pezzi*, *Péz* vari luoghi nel Veneto sett.; *Pezzagù* (Alleghe BL) < - a c ū t u; *Pezzói* (Torri Benaco VR), *Pezzón* (Valeggio VR), *Pezzaróle* (Mizzole VR); *Pezzé(i)* (Rocca Pietore BL), *Pezzéi* molto comune nelle Dolomiti (< p i c e ē t u m); *Pezzéit* (Chiusaforte UD e vari luoghi), *Pezzettes* (Clauzetto PN); *Pezzolo* (CN) (piemontese *pess* 'abete'), *Pecetto* Torinese (TO), *Pecetto* (Macugnaga NO).

pīnus (pineus) 'pino' (varie specie): ant. *Pinocclo* (Segromigno Capannori LU) = a. 983; *Pillo* (Collodi, Pescia PT) = forse a. 976 *Pinulo*, *Pineta* frequente; *Pinèlla* (Lamporecchio PT), *Pinòcchio* (S. Miniato PI), *Pinuccio* (Stibbio, S. Miniato; Montòpoli PI), *Pineto* (Staggiano AR); *Pigneto* (Doccia, Pontassieve FI), *Pigneto* (MO); *Pilli* (Sovicille SI), *Costalpino* (SI); *Pigna* (Campagnàtico GR), *Pigne* (Roccastrada GR), *Pignòla* (Massa Marittima GR); *Pinaròlo* (Torrebelvicino VI), *Pinedo -a* vari luoghi; *Pinié* (Vigo BL); *Pinedo* (Claut PN); *Pignóle* (Godego TV), *Pignàra* (Monselice PD); *Pineto* (TE), *Pinocchio* (AN).

pĭrus 'pero': *Perbòno*, *Perlungo*, *Permozzo* (Lucchesia); *Perétto* (Vecchiano, LU), *Perotto* (Lago, Pietrasanta LU), *Peratèllo* (Sillico Garf. LU), *Pereta* (Bagni di LU), *Peréto -a* vari luoghi; *Perétola* (Acone, Pontassieve FI), *Perétolo* (Barberino val d'Elsa FI); *Perucci* (Monteverdi PI), *Perèlli* (Monteroni d'Àrbia SI), *Peruccio* (Volterra PI), *Peruzzo* (Asciano SI); *Perós* (Sàrmede TV), *Peràle* (Arsiero VI), *Parécchia* (Erbè VR) = a. 1217 *Parecla* < pĭrĭcŭla; con *-arius*: *Peràra* (Torrebelvicino VI), *Peràro* freq., *Perèr* freq. (Altivole TV); *Pers* (Maiano UD) = a. 1265 *de Piris*; *Pers* (Lusevera UD); *Piràcine* (Minervino LE) cfr. calabrese *piràjinu* 'pero selvatico'.

pisum 'pisello': *Pisali* (Bagni di LU), *Pesetto* (Monticiano, Massarosa LU); *Pisello* frequente; *Bìso* canale (Chioggia VE) = ant. *Bisum* e *Visso* a. 1186; *Pisés* (Ponte nelle A. BL) (?).

pomum (e *-ariu*) 'melo' 'pomo': *Pomba* (Orzaglia Garf. LU) (*pombo* 'melo'); *Pomaio* (Pieve a S. Paolo, LU), *Pomoréto* (Calómini Garf. LU); *Pomine* (Sciano, Certaldo FI), *Pómboli* (Donnini, Reggello FI), *Pomaio* (Staggiano AR); *Pomèlla* (Zevio VR), *Pomaròle* (Breonio VR), *Pomaro* (Schio VI); *Pomellón* (Sorgà VR); *Pomara*

(Gazzuolo MN), *Pomàro* (Dongo CO); *Pomeo* (Olgiate Calco CO), *Pomedo* (Lecco), *Pomerio* (Erba CO).

populus 'pioppo': ant. *Plopito* (S. Piero a Vico LU); forse *Ripòpoli* (Suvereto LI) (< *rio-*); *Póvoli -ole -olédo* vari luoghi nel Veneto; *Povolàro* (Dueville VI) = a. 1391 *Povolarii*; *Povolàre* (Este PD). Da *ploppeto o polpeto viene *Polpét* (Ponte nelle A. BL) = a. 1172 *Polpetum* e anche *Porpetto* (UD); *Pioppazza* (Cerea VR); *Pobbio* (Cabella Lig. AL), *Pobietto* (Morano Po, AL); *Pluppo* (Roccaforte di Roghudi RC) < bovese *pluppo* 'pioppo' < gr. πλοῦππος (lat. populus); *Polpà* (Oppido RC), *Pruppà* (Stilo RC) 'luogo di pioppi'.

prunus 'pruno': *Prunaca -achella* (Lombrici, Camaiore a Càpoli Garf. LU); *Prunello* (Piteglio LU), *Prunarèlla* (Capricchia Garf. LU), *Prunecce* (Chiatri LU), *Pruniccia* (Mastiano LU), *Prunicci* (Camaiore LU); *Pruglio* (Giuncugnano Garf. LU) (< prulleu < prullus < prunulus); *Prunese* (Soraggio Garf. LU); *Prunaccia* (Talla AR), *Prunaia* (S. Agata Scarperia FI), *Pruneto -a* frequente, *Impruneta* (Cedri, Péccioli PI); *Prugnolaia* (Tòsina Pèlago FI); *Prugnòlo* (Sovicille SI), *Prugnolaie* (Montecatini Val di Cècina PI); *Prun* (VR), *Prunéa* (S. Ambrogio VR), *Brognólo* (Sommacampagna VR), *Prugnàli* (Lavagno VR), *Brugnàro* (Zero Br. TV); *Brugnèra* (PN); *Broni* (PV) = a. 1047 *Brona*; *Brugnèr* (Mori TN); *Brugnetto* (Senigallia AN).

quercus 'quercia': *Cèrchia* (S. Macario LU) = a. 779 *Cercle*; *Cerchiòla* (Soraggio Garf. LU); *Quarqueta* (Dalli Garf. LU) a. 970 *Querquita*; *Querceto -a* freq.; *Cerqueto* (Bagni di LU), *Curcheta* (Aquileia LU). Anche *Bèrci* (Castelvecchio, Vellano Pescia PT), *Berceta* (Pariana, Villabasilica LU), *Berceti* (Vellano PT); *Quercecchio* (Cambiano, Castel Fiorentino FI), *Querciolaia* (Presciano, Pèrgine AR); *Cerchiaio -a* freq.; *Querci* (Pienza SI), *Quercetano* (SI), *Querciola* (Castiglione della Pescaia GR), *Querciolетta* (Rosignano LI); forse *Quérs* (Pieve d'Alp. BL) = ant. *quercus*; *Sarcédo* (VI) = ant. *Sarceto*, *Celseto*, *Cercedo* a. 983-1033; ant. *Cercleto* (Angarano

VI) a. 1173, _Sarcié_ (Sommacampagna VR); _Cerclaria_ ant. (Strassoldo UD) < *cerc(u)laria per *querq-; _Cerchièra_ (Ambivere BG), _Cerchiera_ (Pontida BG) < *quercularia > _cercl-_; _Cerqua_ (Senigallia AN), _Cerqueto Vecchio_ (Corridonia MC), _Circitano_ (Terlizzi BA) < *querquetānu.

radius _raźźo_ 'specie di ulivo': _Raźźo_ (Pòggiola AR), _Raźźuolo_ (Borgo S. Lorenzo FI e Montale PT), _Raźźoléto_ (Londa FI) [raźźuolo 'tralcio lasciato corto']; _Razzaia_ (Sovicille SI e Montecchio SI), _Razzaione_ (Montalcino SI), _Razzolaia_ (Càsole SI), _Razzine_ (Monteverdi PI), _Razzana_ (Seggiano GR).

radix -īce 'radice' (e varie piante): _Radicosa_ (Soraggio Garf. LU), _Radicato_ (Carèggine Garf. LU), _Radicata_ (Filettole Vecchiano LU); _Radicchia_ (Tassàia Borgo S. Lorenzo FI), _Radicchia_ (Meleto, Cavriglia AR); _Radicata_ (Manciano e Orbetello GR); _Radichéto_ (Castell'Azzara GR); _Ràdego_, _Pra de-_ (Follina TV); da _regada_ 'bosco tagliato e ridotto a cultura col bruciare le radici' > _Regade_ (Passo, TN).

rapa e _rapino_: _Rapi_ (Ghivizzano, Coreglia LU), _Rapecchio_ (Capannori LU), _Rapaio_ freq., _Rapaia_ (Cascianella Garf. LU), _Rapile_ (Capraia Garf. LU); _Rapino -a_ freq.; _Rapignori_ (Limano, Bagni di LU), _Rapinata_ (Camaiore LU); _Rapaccio_ (Montemurlo FI), _Rapale_ (Bagni a Ripoli FI), _Rapinale_ (Villa Vinci FI); _Rapolano_ (SI) = a. 1175; _Ravi_ (Casale Scodosia PD), _Ravizza_ (S. Orso VI), _Ravazzòlo_ (Marano VR), _Ravàro_ (Arsiero VI); _Ravèo_ (UD) = a. 1311 _Ravey_ (< rapum); _Ravaglia_ (Arzano di Geradadda BG).

robur 'rovere': _Rogoio_ (Bagni di LU) (< robureu), _Roveraio_ (Seravezza LU); _Roveraia_ (S. Giustino, Loro-Ciuffenna AR); _Ròvere_ (VI, TV, VR); _Ròari_ (RO), _Rovergrosso_ (Breonio VR), _Camporòvere_ (Asiago VI), _Roro_ (Quero BL), _Rori_ (S. Vendemmiano TV), _Rovaréllo_ (Cinto Eug. PD); _Roveredo_ e _Roveré_ frequente nel Veneto e Trentino; _Roré_ (Conegliano TV); _Roràì Grande_ e *Piccolo* (Porcia PD) = a. 1298 *in Riurai* < *roburarium; *Lòvere* (BG), *Lòvero* (SO), *Lòvere* (Gargnano BS), *Lòver* (Mezzolombardo TN) (da *róver* 'quercus sessiflora'; *lóer* per *róver* è del berg.).

rosa 'rosa': *Rosale* ant. (Tereglio, Coreglia LU) = a. 1523; *Rosaia* ant. (LU); *Rosaiolo* (Àvane, Vecchiano LU); *Rosine* (Palaia PI), *Monteròsoli* (Partino, Palaia PI) < rosulae; *Rosolano* (Sofignano Prato FI); *Rosaio* (Ponte a Ema, Bagni a Ripoli LU); *Roseto* (Laiatico PI) e vari luoghi; *Rosario* (SI); *Rosìa* (Sovicille SI) = a. 1186 *Rusia*; *Rosàro* e *Mezzorosàro* (Grezzana VR), *Rosàra* (Codevigo PD), *Rosazzo* (UD) (a. 1084 *Monasterio Rosacensi*); *Rosara* (Varzi PV), *Rosasco* (PV).

rŭbia 'robbia': *Robbiola* (Sòrico, Pescia PT); *la Robbia* (Bagni a Ripoli FI); *Robiaia* ant. (Pieve di Cavriglia AR); *Robiaia* ant. (S. Casciano val di Pesa FI), a. 1192.

rubus 'rovo': *Rovaio* (Camaiore LU), *Roveta* (Campolémisi Garf. LU), forse *Gruvitano* (Bagni di LU) < *rovetano* (?); *Rovellini* (Camaiore LU), *Rovelléto* (Camaiore LU); *Rovaio* (Capannoli PI); *Rogheto* (Badia a Ruoti, Bùcine AR), *Rogheta* (Pomarance PI), *Rogarelli* (Montalcino SI), *Roghiccioni* (S. Fiora GR); *Rove* (Valdobbiadene TV), *Roasso* (Marano VR), *Ròvoli* (Torrebelvicino VI), *Rovàra* (Belfiore VR), *Rovèa* (Piove di S. PD); *Roàta* (Centallo CN), *Roatta* (Torre Mondovi CN), *Roatto* (Asti); *Roveda* (Valle del Fèrsina TN).

rumex -ĭce 'romice': *Romécchio* ant. (Barga LU) < rumĭculu; *Romicaia* mt. (Sillano Garf.) < rumicāria; *Romiceto* (Boscolungo, Cutigliano PT); *Remiceto* (Val Bidente, Romagna) (*rumseda*), *Monterùmici* (BO).

ruscum 'pungitopo': *Rosceto* (Terrinca, Stazzema LU), *Brusca* (Pieve a Sa' Stefano LU) (= 'equisetum'), *Bruceto* (Monte di Vecchiano LU), *Brusceto*/*Bruceto* (Tereglio, Coreglia LU); *Rusceti* (Castell'Azzara GR) (collina a bosco), *Rusceto* (Pitigliano GR); *Roscheto* ant. (Caldara VR), secolo XII; *Russe* (Posina VI), *Costa del*

Rùssel (Revine TV), *Russare* (Schio VI); *Rosceglio* (Val di Dentro SO) < ruscu + *-ilio* (?).

saggina: *Sinale* (Borgo a Mozzano LU) < *sainale; *Sanaiòla* (Rontano Garf. LU), *Sagginale* frequente (anche Borgo S. Lorenzo FI); *Sainella* (Bibbona LI).

sala 'sala palustre': *Saletaia* (Porcari, Capannori LU); *Salétro* (Castagneto LI) < *saletolo -oro* (collettivo).

salix -ĭce 'salice': *Sàliga* (Vibbiana Garf. LU); da *salĭca > *Sàlita* (Borgo a Mozzano LU); *Posàlia* (Sermezzana Garf. LU) (post-); *Salicóne* (Agliano e Magliano Garf. LU); *Solocòtto* (Bagni di LU); *Salecchia* (Roggio Garf. LU) < salĭcŭla; *Saletto* freq. < salĭctum; *Saléttori* (Camaiore LU), *Salicòtti* (Mensano, Càsole d'Elsa, SI), *Salcheto* (Montepulciano SI); *Sàlica* (GR), *Salicastro* (Radicondoli SI), *Salciàia* (Pienza SI), *Salcione* (Castiglione d'Orcia SI); *Val Sàlega* (Osigo TV), *Salegóna* (Vigo Cad. BL), *Saleſèllo* (Tomba VR), *Saleſéi* (Livinallongo BL), *Salcedo* (Marostica VI), *Saletto* (Montagnana PD); *Salecchia* (Rovetta BG); *Saletta* (AN).

sambūcus (: sabūcus), 'sambuco': *Sambuca* (Garfagnana LU), *Sambuco* frequente in Toscana; *Sambuchèlla* (Pergo, Cortona AR), *Sambucone* (Antria AR), *Sambucaia* (Bientina PI), *Sambuceto* (Orticaia, Dicomano FI), *Sambusceta* (Quarrata, Tizzana PT), *Sambucheta* (Londa FI) = a. 1062; *Sambuca* (LI), *Sambuchetulo* ant. (Volterra PI) a. 1028; *Saùgo* (Schio VI) a. 1285 *Saiugo* (anche a Chioggia VE a. 1306); *Sambugo* (Valstagna VI), *San Bovo* (Primiero TN) v. § 161; *Sambughé* (Vazzola TV); *Sambughedi* (Orio Litta MI) = a. 1207 *Sambugheta*; *Sambusita* (Bracca di Costa Serina BG); *Sambuco* (CN), *Sambughetto* (Valstrona NO); *Sambuy* (S. Mauro TO); *Saùc* (Cembra TN); *Saudé* (Val Rendena TN); *Savucci, Monte-* (Peracchia AP), *Valle Sabucchi* (Rosciano PE); *Savucà* (Acquaro e Sorianello CZ) < greco * σαβουκάς 'luogo di sambuchi'; *Sàvoca* (Bova RC).

scandala -ŭla 'scandella' (specie di orzo): *Scando-*

laio (Convalle, Pescaglia LU), *Scandolaia* (Gorfigliano Garf. LU), *Discandolaia* (Torcigliano, Camaiore LU); *Scandicci* (FI) = a. 993 *Scandiccio*; *Scannicci* e *Scanniccino* (Terricciola PI) = a. 1286 *Scandicce*; *Scandelaia* (Ponte agli Stolli Figline FI); *Scandri* (Montecatini Val di Cècina PI), *Scandelli* (Rio Marina, Elba LI) (?); *Scandolara* (Badia VR), *Scandalò* (Legnaro PD), *Scandolé* (Boscochies. VR) = a. 833 *Scandoleto*.

s c o p a 'erica scopina': *Scopa* (Magliano Garf. LU), *Scopícchiori* (Tereglio, Coreglia LU), *Schióppari* (Vergémoli Garf. LU), *Scopaio* (Coreglia LU); *Scopeto* frequente; *Scopiccio -i* frequente; *Scopone* (Quorle Poppi AR), *Scopaio* (Castelfalfi, Montaione FI), *Scopicciaio* (Larniano, Poppi AR); *Scopeta* (Montecatini Cèc. PI), *Scopetello* (Sorano GR), *Scopaione* (Gavorrano GR), *Scoàro* (Gambugliano VI e S. Orso VI); *Scopinara* (Ostuni BR) < *scopina* < *scupa* 'erica'; *Scopparella* (Corato BA).

s e c ă l e (e s e c ā l e) 'segale': *Ségale* (Vécoli LU) e *passim*; *Segalare* (Massarosa LU), *Segalato* (Arsina LU), *Segarule* (Pontemàzzoli, Camaiore LU), *Segoréta* (Magliano e Nicciano Garf. LU); *Segalari* (Figline e Vicchio FI); *Ségola* (Chiusdino SI), *Segalàie* (Sovicille SI), *La Segalina* (Massa Mar. GR), *Segolino* (Asciano SI), *Segalina*, *Segalari* (Castagneto LI). Con *ā*: *Segàla* str. (VR), *Segalìno* valle (VR), *Segalàra* str. (Lozzo At. PD).

s ĭ l v a 'selva': *Salvalèo* (Massa Mac., Capannori LU), *Selvareggi* (Valbasilica LU) < s i l v a r e g i s; *Sosselva* (Coreglia LU) < s u b -; *Sélvoli* (S. Marcello PT), *Selvano* (Massa Mac. Capannori LU), *Selvaneto* (Collodi, Pescia PT); *Sèrvolo* (Greve FI), *Sèrboli* (S. Martino; Capolona AR); *Camporsèvoli* (Cetona SI) < *camposervoli* (con metatesi); *Sélvole* (Castelnuovo Berard. SI), *Sélvole* (Pomarance PI), *Monteselvi* (Sorano GR), *Selvèlla* (Radicòfani SI), *Selvalta* (Chiusdino SI); *Selba* (Chioggia VE), *Mezza-selva* (Roana VI), *Conselve* (PD) = a. 1183 *Capite Silve*; *Sélvole* (Caprino VR), *Selvaròlo* (Bonaldo, Arcole VR); *Selvis* (Remanzacco UD), *Selvuzzio* (Pavia UD);

Salvareggio (Robecco CR), *Salvarizzo* (Guidizzolo MN) < silvarium 'luogo boscoso', con *-iculus* o *-īcius*; *Servino* (Ronco Canavese TO), *Cervino* M. da *Silvino e ant. *Silvium* (*Josias Simler* a. 1574); *M. Serva* (BL).

sŏrbus 'sorbo': *Sòrbo* vari luoghi in Toscana, *Sòrboli* (Massarosa LU), *Sorbeto* (Lagonero, Cutigliano PT); *Sorbèllo* (Montegiovi, Subbiano AR e Cortona), *Sorbeto* (Impruneta, Galluzzo FI); *Sorbino* (Càsole d'Elsa SI), *Sorbitèlla* (Monteroni d'Arbia SI), *Sorbigno* ant. (Montescudaio PI) = a. 1082; *Sorbizzi* (Bibbona LI); *Sorbolàre* (RO), *Sorbolèra* (Conegliano TV), ant. *Sorbareo* (Cellore VR) = a. 1188; *Sorba* (Casteggio PV), *Sorbara* (Asola MN), *Lago del Sorvo* (Palazzo S. Gerv. PZ), *Sorbolongo* (Sant'Ippolito PS).

spelta 'spelta': *Alle Spelte* (Giuncugnano Garf. LU), *Spoltale* (S. Michele LU), *Colle Spoltaio* (Càpoli Garf. LU), *Spèrtali* (Calcione, Lucignano AR), *Sperdale* (Lari PI) (*spelda* per 'spelta'); *Spertaglia* (Tegoleto, Civitella AR), ant. *Spiltari* (Castelnuovo Berardenga SI) = a. 1190.

spīnum 'arbusto spinoso': *Spino -a* frequente; *Serraspina* (S. Giusto Volterra PI), *Forraspina* (Serravalle PT); *Spillo* (Poppi AR), *Spillocchi* (Montaione FI), *Spinella* (Montepulciano), *Spinoso* (Vicchio FI), *Spinaia* (Bagno, Talla AR), *Spineta* (Ossaia, Cortona AR); *Spineti* (Mogliano GR), *Spinicci* (Pitigliano GR), *Spinarello* (Pienza SI), *Spinoglio* (S. Quirico d'Orcia SI); *Collespina* (Chiozza Garf. LU); *Spìgnola* (Sillano Garf. LU); *Spin* (Nogara VR), *Spini-bassi* (Valli VI), *Spinùccia* (Alano BL), *Spinàre* (Torrebelvicino VI), *Spinà* (Lendinara RO).

stipa 'erica arborea': *Stipareccia* (Calci PI), *Stipeto* (Parrana S. Giusto, Collesalvetti LI).

stipŭla (: stŭpula) 'stoppia': *Stoppiette* (Cerageto Garf. LU), *Stiopporì* (LU) (v. *scopa*?), *Scioppato* (Capannori LU); *Stoppia* (Casole d'Elsa SI) ant. a. 1135; *Stoppiacce* (Murlo SI e Pomarance PI), *Montestoppioni* (Ripabella PI); *Stoppaie* (Castagneto LI); *´Etroubles* (Aosta) (dialetto *Etroble*) = a. 1100 *de Stipulis, ultra Stipulas*.

stĭrpe 'sterpo': *Sterpi* (Camaiore LU) = ant. *Sterpe*; *Sterpaio* (Palaia PI), *Sterpeto* ant. (tra l'Era e il Roglio) = a. 1149; *Sterpai* (Rosignano LI), *Sterpeto* (Buonconvento SI e GR), *Sterposa* (Radicòfani SI), *Sterpate* (Trequenda SI); *Valle Stérpa* (Valli VI) = a. 1544 *Stirpa* ('improduttiva'); *Sterpét* (UD), *Sterpo* (Bertiolo UD); *Sterpeto* (Barletta) = a. 1215 *Stirpeto*; *Sterpito* (Molfetta) a. 1220; *Sterpeto* (Avigliano PZ).

suber 'sughero': *Sùghera* vari luoghi in Toscana; *Sugheréto* e *Suv-* (Seravezza LU); *Sùvera* (Maggiano, Càsole d'Elsa SI), *Sugherèllo* (Monteriggioni SI); *Sùghera* (SI), *Suveréto* (LI), *Macchia Sugherana* (Manciano GR), *Sugherino* (Massa Mar. GR), *Sugheroni* (Guardistallo PI), *Sughereccio* (Castagneto LI); *Sugarèlla* (Sorano GR); *Sóvera* (Carlazzo CO), *Sóvere* (BG) = a. 837 *Suberas*; *Sovrino* (Castione di Clusone BG)? *Zoverallo* (Verbania NO) < suberālis (?); *Sovereto* (Terlizzi BA) = a. 1098 *Seberito*, *Suberitum*.

tàmaro 'vite nera' (frutice di siepe): *fosso di Tameraio* (Ronta, Borgo S. Lorenzo FI); *Tamarécchio* (Castelnuovo Berard. SI) < *tameret(u)lu?

taxus 'tasso': *Tàsciori* (Corsagna, Borgo a Mozzano LU); *Tasseto* (Colle di Còmpito Capannori LU), *Tasceto* (Stazzema LU), *Tassétora* (Vagli di sotto Garf. LU), *Tassinaia* (Ciciana LU), *Tassonaia* (Camaiore LU); *Tassi* frequente; *Tassaia* (Borgo S. Lorenzo FI); *Tasseto* ant. (Palaia PI) = a. 992; *Tasso* e *Tassino* (Abbadia S. Salvatore SI); ant. *Colle Tassori* (Castelnuovo Berard. SI) = a. 1217 < colle taxuli (?); *Tasso* torr. (Affi VR); *Tasséi* e *Tassìn* (BL); *Tassera* (Orsenigo CO e Val Sabbia BS), *Tassère* (Rivoltella BS e Vitt. Veneto TV) < taxaria; *Tassè* (S. Bernardo di Rabbi TN).

tilia 'tiglio': *Tiglio* frequente; *Tiglia* (Gromignana, Coreglia LU); *Sottiglia* (Verni Garf. LU) < sub-; *Tìgliora* (Bagni di LU), *Tiglieto* (Vagli sopra Garf. LU), *Tiglieta* (Pruno e Cardoso, Stazzema LU); *Montetiglioli* (Barberino di Mugello FI), *Tigliaio* (Troghi, Rignano FI),

Tiglieto e *Tiglietuzzo* (Donnini, Reggello FI); ant. *Tilio*. "Heremus S. Marie de T." (diocesi di Chiusi, Cetona? SI), *Tigliolo* (Castiglione d'Orcia SI); *Teglio* (VE) = a. 1186 *Tileo*; *Tegge* (Sarego VI); forse *Tione* (VR e TN) < tiliōne (?); *Taiedo* (Chions UD) = a. 1260 *Tagletum*; *Tiola* (Val di Sotto SO), *Tiolo* (Grosio SO), *Tellina* (Valle) = a. 918 *Vallis Teline* deriv. di *Teglio* (dial. *téj*); *Palazzo del Tè* (MN) = ant. *Teieto* < tiliētum; *Tigliole* (Asti), *Tiglione* (Vigliano AT), *Cortiglione* (Acqui AL); *Tiédoli* (Borgo Val di Taro PR), *Tiola* (Castello di Serravalle BO); *Monte Teglia* (AP).

tremŭla 'pioppo tremolo': *Trémoli* (Vagli Garf. LU), *Tremoleto* frequente (Poppi AR, Lorenzana PI); *Trémoli* (Radicondoli SI) = a. 976 *Trimali*; *Tremolini* (Càsole SI); *Tremolada* (Colzano MI).

ŭlmus 'olmo': forse *Monte Méto* (Massarosa LU), *Postometa* (Vàllico Garf. LU) < post ulmēta; *Olmo -i* frequente; *Valdormo* (Marti, Palaia PI), *Olmaccio* (Montepulciano SI), *Olmastrello* (Vitolini Vinci FI), *Olmicino* (Monteriggioni SI), *Olmaia* (Valvigna, Terranuova-Bracciolini AR); *Olmeto* (S. Giusto, Volterra PI), *Meta d'Olmo* (Pratovecchio AR); *Olmaia* (Monteverdi PI), *Olmino* (Monteroni d'Àrbia SI), *Olmastrello* (Montecatini Val di Cècina PI); *Olmàre* (Scorzé VE), *Olméo* (Villafranca PD); *Ormelle* (TV), *Campormò* (Valli VI), *Ormedo -eolo* (Isola Rizza VR), *Armédola* (PD) = a. 1078 *Ulmidola*.

urtīca 'ortica': *Orticaio -aglio* (S. Ilario di Bràncoli LU) = a. 763 *Urticaria*; *Orticaiola* (Vagli sotto e Casciana Garf. LU), *Orticeto* (Camaiore LU); *Orticaia* (Dicomano FI) = a. 1100 *Orticaie*; *Orticaia* (PI), *Orticai* (Poggio degli -, S. Godenzo FI), *Orticheto* (Pratovecchio AR); *Orticacchio* (Roccastrada GR), *Ordìcole* (Marciana Elba LI); *Ortigara* ant. (Caprino VR, Valli VI, Altip. Asiago), *Orteghedo* (Setteca VI), *Ortiʃé* (Telve TN), *Ortiséi* (BZ, Valgardena).

verātrum 'veratro' 'elleboro': *Veladro* (Roggio Garf.

LU); *Velatro* ant. (Mormanno CS) (cal. *vélatru* 'elleboro bianco').

verbascum 'verbasco' (tasso barbasso): *Barbischio* (Gaiole SI) = a. 1010 *Barbisclo* a. 1097 *Barbisco* (?).

verbena, vermena: *Barbinaia* (Bucciano, S. Miniato PI) = a. 898 *Berbinaria*; *Verminiccia* (Cistio, Vicchio FI); *Vermenagna* (CN) (< *verbenanea), v. qui § 158.

vĭcia 'veccia': *Vecciale* (Vico, Bagni di LU), *Vacciule* (Fondagno Pescaglia LU), *Vecciullo* (Stazzema LU) (?); *Vezzòla* (Casàtico Garf. LU), *Vizzata* (Bagni di LU); *Veccione* (Oliveto, Civitella AR), *Vecciale* (Ortignano AR), ant. *Valvicaria* (S. Gimignano SI) = a. 1097 'valvecciaia'; *Vecciaio* (Manciano GR); *Pra Vazzàr* (Caprino VR) (ven. *vessa*).

vimen 'vimine' (vetrice): ant. *Viminiccio* (Vicchio FI) = a. 1024 *Viminicio*; *Viminelle/Vimenelle* ant. (PD) = a. 1144; ant. *Viminario*, S. Pietro in- (Monselice PD) = a. 1054; *Omegna* (NO) = ant. *Vemenia*, *Vemegna* < *viminea (*salix*).

*vincum 'vinco' (specie di salcio): *Vincula* ant. (LU) *Ecclesia S. Petri-* a. 876; *Vinciora* (Pescaglia LU), *Vinceta* (Agliano Garf. LU), *Vincigliaio* (Coreglia LU), *Vincigliata* (Lupinaia Garf. LU); *Vinco* (Bibbiena AR; S. Godenzo FI); *Vincio di Brendeglio* ecc. frequente; *Vinci* (FI), *Vinchereto* (Acone Pontassieve FI), *Vincigliaia* (Piteccio PT), *Vincigliata* (Settignano, Fiesole FI); *Vinci* (Gaiole SI), *Vincaia* (Castelnuovo Berard. SI), *Vincaiolo* (Monticiano SI); *Vincilliate* ant. (Chioggia VE) a. 1306; *Vanchiglia* (TO) (it. *vinchiglia*); *Vinzaglio* (NO) 'terreno piantato a salici'.

vinea 'vigna': *Povigna* (Fiano Pescaglia LU) < post-, *Vígnori* (Vico, Bagni di LU); *Vignolo* (Caprignana Garf. LU), *Vignola -e* freq.; *Vignale* freq.; *Vignaia* (Pappiana, S. Giuliano PI); *Valvigno* (Terranuova Bracciolini AR) =

a. 1051 *Valvigne*; *Piantravigne* (ibidem), *Sovìgnoli* (Lari PI) < sub-; *Campovignoni* (Civitella FI) (?); *Vignòli* (S. Quirico d'Orcia SI), *Vignone* (Castagneto LI), *Vignaccio* (GR), *Vigneria* (Rio Marina, Elba); *Vignaglia* (SI); *Vigne* (Lamon BL), *Introvigna* (Tarzo TV), *Vignòl* (Caprino VR), *Vignùi* (Feltre BL), *Vignale -i* (Cerea VR); *Vignazzo* (Mandello CO), *Vignòla* (Cremia CO); *Vignale* (Irsina MT), *Vignassa* (S. Antonino di Susa TO), *Vignòlo* (CN).

vĭrga (varie piante e 'piantone'): *Vergoloni* (Pescaglia LU), *Vergali* (Borgo a Mozzano LU), *Vergaio*, *Col-* (Fosciàndora Garf.), *Vergaiolo -i* (Caréggine e Fiattone Garf.), *Vergata* (S. Lucia Camaiore LU); *Vergucci* (Fucecchio FI), *Vergaia* (S. Gimignano SI), *Vergaiolo* (Montecatini PT), *Vergato* (Lamporecchio PT), *Verghereto* (Carmignano FI); *Colle-vergari* (Castel del Piano GR), *Vergheria* (Campagnàtico GR); *Valle di Verga* (Castello Brenzone VR); *Verzil*, *Verzilón* (Fadalto TV), *Vergàglia* (Zimella VR); *Verghèra* (Samarate VA), *Vergagni* (Mongard. Lig. AL).

vitex -ĭce 'vetrice': *Véticia* (Soraggio Garf. LU), *Vetrice -cia* freq.; *Vétrici* (Albàvola, Vecchiano LU), *Vetricetta* (Cerasomma LU), *Vetrina* (Soraggio Garf. LU) < *vetrigina -cina; *Vetriceto* (Campolémisi Garf. LU); *Vitetto* e *Vitattello* (Lamporecchio PT) < *vitĭctum (cfr. salĭctum, ecc.); *Viteccio* (Sovicille SI), *Viticcio* (Marciana Mar. Elba LI); *Vetrice* (SI), *Vetrica* (S. Casciano dei Bagni SI), *Vetricella* (Gavorrano GR); *Vidiſói* (Cison TV) (ven. sett. *vidiſón* 'tralcio'), *Vidisséit* (UD) < viticētum; *Vidizze* ant. (Anzano TV) a. 1755; *Visello* ant. (Preseglie BS); *Viera* (Coggiola VC) < **viticaria* (?) (piemontese *viiaro*); *Vidiciàtico* (Lizzano Belv. BO); *Bitetto* (BA) = a. 958 *Vitecte*, *Bitecte*, *Butecte* < vitĕctum = *viticētum* (cfr. abruzzese *véteca* 'vetrice').

vitis 'vite': *Viticchia* (Strettoia, Pietrasanta LU), *Vitecchia* (Colóngnora, Pescaglia LU), *Rivitaglio* (Gioviano, Borgo a Mozzano LU) < *rio-*; *Vitétoli* (Tereglio,

Coreglia LU); *Fortevitaia* (Rosignano LI); *Valle della Vi* (Vittorio Ven. TV), *Vi/Vich* (Lago TV), *Vidòt* (Tarzo TV), *Vidór* (TV) (?), *Vidorét* (Susegana TV), *Pra-vidàl* (Anzano TV) ant. a. 1420, *Pre-vidal* (Longhere Vittorio Veneto TV), *Mal-Vidai* (Vitt. Veneto TV), *Monte Viale* (VI) = a. 1210 *Vitali*; *Vidulis* (Dignano UD) = a. 1268 *Vidolis*; *Vidèlle* (S. Felice BS), *Vidosa* (Pontevico BS).

Zootoponimi

137. Anche i nomi locali derivati da zoonimi sono assai numerosi; ma in questa sede – a differenza dei fitotoponimi – non ne daremo un elenco esemplificativo con i toponimi sistemati sotto i singoli etimi, ma cercheremo di individuare alcune categorie per le quali citeremo un campionario sufficiente a dare un'idea delle varietà di tipi. Mentre infatti il fitotoponimo allude quasi sempre alla presenza *in loco* di una particolare flora più o meno addensata – tipica comunque in epoca antica o moderna o vale soltanto come indicatore di un determinato paesaggio spesso mutato nel tempo – lo z o o t o p o n i m o non necessariamente ci segnala la presenza di particolari animali che caratterizzano l'ambiente naturale o la fantasia dell'onomaturgo, anche se codesto è di certo un caso assai frequente.

Segnaleremo poi i nomi locali, assai comuni, che alludono a particolari stalli o pascoli di animali domestici che sono spesso caratterizzati da alcuni suffissi (soprattutto da *-īle*). Va inoltre ricordato che proprio attraverso il nome locale – come nel caso della paleobotanica – possiamo attestare in determinate plaghe la presenza più o meno antica di determinate specie animali ora estinte in quei paesaggi, mentre esse erano un tempo ancora piuttosto comuni.

Un inquadramento generale della zoonimia toponomastica, peraltro limitata alla regione emiliana, con alcune osservazioni classificatorie, è stato presentato in un lavoro antiquato dello Zanardelli 1907. Qui seguiamo solo parzialmente le classi isolate da tale studioso mentre cercheremo di fornire una esemplificazione assai limitata, ma estesa a varie regioni italiane. Quanto al mutamento dell'*habitat* di alcune specie animali lo Zanardelli cita ad es. "Le *Cervare* e *Cervaròle* del Modenese, del Parmense e del Reggiano che si fanno risalire ad un'età antichissima in cui il *Cervus elaphus*, il *daino* e il *capriolo*, ospiti già disturbati di quel territorio, erano però lontani dalla loro totale distruzione nei secoli successivi. La *Pichera* del comune di Piozzano in quel di Piacenza evoca forse il tempo in cui il *Picus martius* o un suo congenere s'annidiava coll'aquila, il *Tetrao urogallus* ed altri augusti rappresentanti dell'avifauna nei gioghi inaccessibili e nei pendii scoscesi delle nostre montagne...". Ma esempi paradigmatici e assai diffusi nell'area alpina ed in genere nel Settentrione sono rappresentati dall'orso e dal lupo, di cui si hanno abbondanti tracce proprio nei fossili toponimici (mentre di essi permangono vestigia modestissime ai nostri giorni), come si vede anche qui sotto.

138. Una categoria, ancora assai ampia, è rappresentata dunque da 1) Nomi (anche in forma derivativa) di animali che soggiornano ancora nelle zone ove essi sono menzionati dai toponimi, i quali alludono, in questo caso, ad un loro addensamento in tali zone tanto da averne caratterizzato il paesaggio con il ricordo nel nome locale; così i derivati di agnus 'agnello' > *Agnelli* (Coli PC), *Val dell'Agnello* (Bibbiana, Palazzuolo sul Sénio FI), *Agneta* (Roccalberti, Camporgiano LU), *Ogneta* (Sillico, Pieve Fosciana LU); *Agnelezza* (Longhere Vitt. Veneto TV), *Agnellezze* (Sospirolo BL), *Agnelezza* (Primiero TN), *Agnèr* (mt. Voltago BL), *Fonte di Agnello* (TE).

asĭnus 'asino' > *Fontana degli Asini* (MO), *Colle Asinaio* (Càsoli Camaiore LU), *Acinaia -aglio* (Castelvecchio, Vellano LU), *L'Asinaia* (Galluzzo FI), *Ponte Asinaio* (Porto al Borgo PT), *Poggio all'Asino* (Guardistallo PI), *Asenaro* ant. (Tesino, TN) ("vi mandavano gli asini al pascolo"), *Valle Asnina* (BG) ("sarà da mettere in rapporto con l'allevamento di asini").

*avica 'oca' > *Cà delle Oche* (Montese MO), *Poggio delle Oche* (Agazzano PC), ant. *Campus aucarius* (Villa

Gotica = S. Matteo della Decima, S. Giovanni in Persiceto BO), *Ocara*, *Locàra* (VR), *Ochèra* (Cison TV).

b o s, b o v e 'bue' > *Campo de' buoi* (ant. nome di Borgo S. Leonardo BO), *Boaro* (Castelnuovo dei Monti RE), *villa Boaria* ant. ("in Comitatu Forlivii"), *Buara* (Pellegrino Parmense), *Bovera* (Medicina BO), *Bovala* (Vagli di Sotto Garf. LU), *Bovàlica* (Castelfalfi, Montaione FI), *Bovecchio* (Cavallina, Barberino di Mugello FI), *Bovàlico* (Campo, Elba LI), *Boarióna* (Abano PD), *Bogozza* (Moràtica, Sorgà VR).

c a b a l l u s 'cavallo' > *Cavalli* (Collecchio, PR), *Costa dei Cavalli* (Medesano PR), *Cavallaro* (Montefestino MO), *Cavallaia* (S. Andrea di Còmpito, Capannori LU), *Fonte dei Cavalli* (Bibbiena AR), *Cavallaia* (Santomato e Lamporecchio PT), *Fosso delle Cavallacce* (Cècina LI) , *Cavallara* (Castelnuovo Berard. SI), *Cavallara* molti luoghi nel Veneto e Trentino (anche *Cavalèra*) (pascoli per cavalli o 'stazione di muta dei c.'), forse *Cavalése* (TN).

c a n i s 'cane' > *Canaja* (Sillano Garf. LU) 'luogo atto a cacciar le lepri, forse detto così dal clamoroso latrare di cani' (toscano specie pisano *canaio* 'chiasso'), *Ca' dei Cani* (Berceto PR), *Casa dei Cani* (Molinella BO), *Cagnaro* (Mirano VE) [?].

c a p r a 'capra' > *Colle Capraio* (Ruòsina Stazzema LU), *Caprareccia* (Massarosa LU, e Orciàtico, Laiàtico PI), *Capraia* (SI), *Capraia* (Romecchio, mt. tra MO e MS), *Caprara* (Pavullo MO), *Capreno* (GE), *Caprera* (SS), *Càorle* (VE) < C a p r u l a e a. 600, *Cavrera* (VR).

c e r v u s 'cervo' > *Cervaio* (Farnocchia, Stazzema LU), *Cerbaiòla* (Arsina, LU), *Cervaia* (Tòsina, Pèlago FI), *Cerbaia* (Cavallina, Barberino di Mugello FI), *Cerbaiòla* (Barberino Val d'Elsa FI), *Cèrvia* (Piombino LI e RA), *Cervara* (Montalto PR), *Cervarezza* (Busana RE), *Cerbàro* (VI), *Zervare* (Caldiero VR), *Cervèra* (Fadalto BL/TV).

*c o r n a c u l a 'cornacchia' > *Cornacchia Poggio–*

(Monteverdi PI), *Cornacchiaia* (Gambassi, Montaione FI), *Cornacchiara* (tra Borghi e Poggio Berni, Sant'Arcangelo di Romagna), *Cornacchiale* (Civitella di Romagna).

corvus 'corvo' > *Corvo*, rupe del – comune in Toscana, *Corvaia* (Seravezza LU), *Corbaia* (Parrana S. Martino Collesalvetti LI e Tavernelle AR), *Corvàia* (Cetona SI), *Sassocorbaio* (S. Fiora GR), *Crovara* (Castelnuovo nei Monti RE), *Croara* (ant. *Crovara*) e *Corvara* (S. Lazzaro di Savena BO), *i Corf* (Follina TV), *Corvara* (Magrè VI e Val Badia BZ), *Corvèr* (Vitt. Veneto TV), *Serra dei Corvi* (Irsina MT) (cioè 'monte' dei-), *Corvara* (Penne TE).

formīca 'formica' > *Formicaio* (Montebono, Barga LU), *Formicaglia* (Vagli sotto e Vergémoli Garf. LU), *Formicosa* (Banzena, Bibbiena AR), *Formigliaio* (Pelago FI) < *formig'lariu (?), *Formicaiolo* (Arcidosso GR), *Formicolaio* (Sovicille SI), *Formigara* (a N del Monte Penna al confine della prov. di PR), *Formighé* (S. Martino VR), ant. *Formigaro* (S. Giorgio VR) = a. 1213.

hirundo 'rondine' > *Rondonaia* (Cascianella e Magliano Garf. LU) (< rondone), ant. *Rondinaia* (Stia AR), *Rondinaie* (Lèvane, Montevarchi AR), *Rondinaia* (Pomarance PI), *Rondinicchio* (Càsale d'Elsa SI), *Rondinara* (Carpineti RE, Scandiano RE e Travo PC), *Costa dei Róndoi* (Cencenighe BL).

lepus *-ore* 'lepre' > *Leporaia -e* (Villa, Vinci FI e S. Moro e Piteccio PT), *Lepraio* poggio (Manciano GR), *Levra* (Bardi, Firenzuola PC), *Leoràra* (Albaredo VR), ant. *Lepreto* (Zevio VR) = a. 1219, *Torre*, *Masseria Levrera* (Canosa BA).

lupus 'lupo' > *Lupaia -e* (Casciana Garf., Ruosina Stazzema LU), *Lupareccia* (Pedona, Camaiore LU), *Lupaia* (Signa FI), *Lupeta* (Vicopisano PI), *Lupaie* (Campagnàtico GR), *Lupicàia* (Montecatini Val di Cècina PI), *Macchione dei Lupi* (Suvereto LI), *Fosso Lupeto* (Pitigliano GR) ("luogo abitato da lupi", non solo come elemento toponomastico), *Valle Lupara* (Manciano GR), *Fossa Luparia* ant. (nel territorio di Rimini e in carta del 968) (tipo toponimico comune anche nell'area alpina ove indica una specie di fossa-trappola per catturare i lupi), *Lupara* (Selva verso Molinella BO), *Lovoleto* (Granarolo, BO), *Lovreto* (Pompeano MO); *Valle del Lof* (S. Lorenzo, Vitt. Veneto TV), *Fossa de Lova* (Sacco PD) = a. 1124; *Lovadina* (Spresiano TV). *Fossa Lovara* (Stra VE). *Loara* (Casale Scodosia PD), *le Lovare* (S. Bonifacio VR), tipo toponimico comune anche nel Meridione, ad es. in Calabria nella forma *Fossa del Lupo*.

merula 'merlo' > *Merlaia* (Pieve a Elici, Massarosa LU), *Merlacchiaia* (Castelnuovo Garf. LU), *Merlaia* (Tobbiana, Montale PT e Massarella Fucecchio FI), *Merlaie* (Civitella GR), *Merlaschio* (Faenza RA) = ant. *Merlasculum*, *le Merle* (Tussino, Brisighella, Faenza RA), *la Merla* (Breonio VR e Selvazzano PD), *Merlara* (S. Vito, Legnago VR, Montagnana PD; via a VI).

palumbus 'colombo' > *Palombaia* (Poggiola AR, Campo, Elba LI), ant. *Palumbaria* (Roccastrada GR) = a. 1076; *Palombaro* (Bitonto BA), *Palumbariello* (Trani BA) (calabr. *palumbaru* 'colombaia');

porcus 'porco' > *Porcari* (Capannori LU), *Porcareccia* (Fiattone e Sillico Garf. LU), (*porchereccia* 'stalla di porci'), *Porcinaia* (Montefollònico, Torrita SI), *Porcareccia -e* frequente nella Val d'Arno, *Porchereccia* (Sarteano e Castiglione d'Orcia SI), *Campoporcino* (Sarteano SI), *Porcara Casa-* (Cantalupo Selice, Imola), *Porcaria* ant. nel Mirandolese e nel Ferrarese (diploma di Astolfo e Desiderio), *Porcarezza* (Castel Bolognese RA), *Porcara*, *Porcaròla*, *Porcarina* frequente nel Veneto, *Isola Porcarizza* (VR), *Porselèra* (Malo VI), *Porcari* masseria (MT).

taxō -ōne 'tasso' > *Tassinaia* (Fronzola, Poppi AR) = a. 1051 *Tassinaie*, tipo toponomastico frequente, *Tassinaia* (Monteroni d'Arbia SI), *Tassinaie* (Castellina Mar. PI), *Tassonaie* (Roccalbegna GR e Castell'Azzara GR),

Tassara (Levignano dei Bagni PR), *Tassinaria* ant. (MO), *Tassinara* (S. Giovanni in Persiceto BO).

ŭ r s u s 'orso' > *Rio dell'Orso* (Barga LU), *Cavorso* (Boveglio, Villabasilica LU) < c a v a u r s i (anche il Pieri 1898, 116 osserva "nessuna meraviglia che s'abbia a che fare con questo feroce plantigrado, giacché l'orso era ospite de' nostri monti alcuni secoli addietro..."), *Valorsaia* (Sillicagnana Garf. LU), *Orsaia* (Prato, Castel S. Niccolò AR, e Piteccio PT), *Montorsaio* (Campagnàtico GR), *Orsaia* (Pitigliano GR), *Collorsi* (Castellina Mar. PI), *Fossa Ursaria* (RA) ant. a. 992, *Orsara* (Boccolo dei Tassi PR), *Orsarola* (Lagaro, Castiglione dei Pepoli BO), *Val d'Orsa* (S. Elena PD), *Col-ors* (Fregona TV), *Orsaro* (Legnaro PD), *Orsara* (Grezzana VR), *Orsère* (Valdobbiadene TV), *Serra e Masseria Orsera* (Gravina BA).

v ŭ l p e s 'volpe' > *Vòlpia* (Sillano Garf. LU), *Prevolpaio* (Vàllico Garf. LU) < *prato-*, *Golpaia -e* e vari nomi in Toscana; *Volpaia* (Radda in Ch. SI), *Volpaie* freq. (ad es. Bùcine AR), *Volpinaia* (Luco, Borgo S. Lorenzo FI), *Volpaio* (Cinigiano GR e Volterra PI), *Volpara* (Bedonia PR), *Volpera* (Faenza RA), *Volpare* (Mortizza PC), *Volparòle* (Sestola MO), *Volpara* (Valle S. Giovanni TE), *Volpàdego* (Chioggia VE, canale) = a. 1329 *Bolpadico*, *Volpara* e *Volparetta* vari luoghi nel Veneto, al pari di *Volpère* (Mezzane VR e BL), *Volpinàra* (Camisano VI) (si terrà tuttavia presente che il rovig. *volparo* significa 'terreno coperto di detriti di vegetali palustri' e *volpara* 'zolla erbosa rivestita di strame', nella zona di Chioggia *volpèra* significa anche 'argine').

139. Abbiamo qui sopra riuniti vari toponimi esemplificativi che di norma (non sempre!) si riferiscono ad animali, specie alla loro presenza in gruppo, forse anche a luoghi di allevamento e di pastura. Tali nomi locali sono, come abbiamo veduto, caratterizzati prevalentemente dal suffisso *-arium*, ma per le dimore ed i pascoli sono ancor più tipiche le formazioni con *-īle* ed *-īlia* per le quali ci accontentiamo di menzionare ad es.:

caprile o caprilia > *Capriglia* (Pietrasanta LU; Coreglia), *Caprile* S. Andrea in- (Capannori LU; Massaciùccoli, Massarosa LU), *Capriglia* (Petrognano, S. Godenzo FI), *Caprile* (Marciana, Elba LI), *Caprili* (Buonconvento SI), ant. *Caprilia* (Volterra PI) = a. 996, *Caprile* (Bardi PC; Ligonchio RE; Pecorara PC), *Capriglio* (Tizzano, Val di Parma PR), *Caprilia/Cavrilia* ant. (in carte emiliane del sec. XI/XII), *Caprile* (pronuncia locale *čaurì*) (Alleghe BL), *Caorìa* (Primiero TN), *Caorìe* (Cencenighe BL);

bovīle (italiano ant. *bovile* 'stalla dei buoi') > *Bovile* (Perrero TO) attestato anche in Corsica, e forse *Boville Érnica* (FR);

ovīle (mentre ovis 'pecora' non pare continuato nell'italo-romanzo, cfr. invece romeno *oaie*) > *L'Ovile* (Montaione FI; Coiano, Castel Fiorentino; Migliana, Cantagallo FI), *Vécoli* (LU), *Ovìlico* (Vergémoli Garf. LU), *Ovile* (Asciano SI), *Il Vile* (Volterra PI) (= *l'ovile*), *Costa de Vil* (Rocca Pietore BL);

*pecorile > *Pecorile* (Asciano SI), *Pecorile* (SI) (oltre a *Pecoreccia*, Pomarance PI); *Pecorile* (Vezzano sul Crostolo RE), *Pegorile* (Cinto Euganeo PD), ant. *Val Peccorile* (PD) (accanto a *Val Pegorèra* Follina TV). Il tipo *feda* < (ovis) foeta 'pecora', diffuso nel Veneto, Piemonte ecc. ha di preferenza il suffisso *-aria*: *Fedèra*, *Fedàra*, *Fedàia*);

porcīle gli esempi sono assai numerosi ovunque, ma spesso il nome locale *Porcile* è stato sostituito (v. § 180); frequente è pure porcilia > *Porcìa* (PN), *Porciglia* (via, PD), *Porzìa* (via, Vitt. Veneto TV), *Porzìe* ant. nome di S. Tomaso (BL); interessante è invece la rarissima sopravvivenza medievale di:

haedīle da haedus 'pascolo o stalla per capretti', si noti ad es. *Adile* (presso Riolo in Emilia MO) = a. 759-760 *in Adili* a. 888 *Adili*, a. 993 *Pastorini qui vocatur Adili* (haedus si conserva in Sardegna e in Romania) e non mancano forse altre formazioni in *-īle*.

140. Non si dimenticherà che molti nomi di animali hanno fornito varie metafore (anche nel settore fitonimico) che non è sempre facile chiarire con sicurezza, cfr. i numerosi derivati di *falcone* (non sempre il tipo *Falconara* allude ad allevamenti di "falconi"), mentre più comprensibile è l'uso di *Dragone* torrente tortuoso che scende dall'Alpe di S. Pellegrino o *Dragone* vulcanello nel fondo del Rio di Sassuno. Sono abbastanza trasparenti i traslati nell'oronimia alpina fondata a volte su metafore zoonimiche. L'allusione ad animali, nella toponomastica, è a volte casuale e non sempre bene interpretabile; si noti (con lo Zanardelli) ad es. *Fontana degli Asini* a MO o *Rio dei Cavalli* alla Creara (BO) e ancor meno decifrabili sono i toponimi zoonimici che si riferiscono a fatti accidentali occorsi in determinate località o a particolari leggendari ed aneddotici di cui non conosciamo nulla di sicuro (lo Zanardelli menzionava ad es. la *Buca del Gallo*, Cereglio Vergato BO, oppure *Gallina Morta*, detta anche *Niviano*, presso Pavullo MO od ancora *Otto Cani* a Nord di Valsinera in Emilia ecc.). È forse inutile rammentare che tanti nomignoli e nomi di persona anche antichi (si pensi al latino!) traggono origine da nomi di animali per cui tale filone, assai ricco, viene a svisare l'apparente presenza di un autentico zoonimo come fonte del toponimo; sulla base di quest'ultimo, in realtà, stanno spesso dei cognomi del tipo *Agnello -i*, *Capra*, *Gallo*, *Leone* (e vari derivati), *Lupo*, *Orso* (*Orsini* ecc.), *Porco -u* (pronunciato anche *Porcù*), *Vacca*, *Volpe -i* ecc. E nella spiegazione di parecchi nomi locali si può restare incerti se ricorrere allo zoonimo o al nome di persona anche antico (si pensi ad alcuni *prediali* v. qui § 104) che pure ne deriva. Alcuni toponimi sono inoltre storpiati per etimologia popolare e pertanto essi sono dei "falsi zootoponimi" e tra questi lo Zanardelli menziona ad es. il caso di *Via della Scimia* a BO che in realtà proverrebbe dalla famiglia *Simi* (con grafia a volte *Simij* o *Simy*), mentre la *Calle della Scimmia* a VE ebbe il nome da osterie all'insegna della "scimmia" (e tali insegne, indispensabili per gli analfabeti, si perpetuano nella nomenclatura degli alberghi di vecchio stampo: *al Leone*, *all'Elefante*, *all'Aquila nera* ecc.). Una *Fontana della Biscia* (*Fontana d'la bèssa*) a Modena era in

realtà la *Fontana dell'Abisso*. Un caso particolare e assai raro è inoltre rappresentato dall'uso di un determinato animale, bene caratterizzato per il suo colore, per indicare per l'appunto il colore. Tale pare essere – ma non è stato bene accertato – il caso di *Pietra di Corvo* (al confine S-E della provincia di PV), nel dialetto locale *Pekrova* ove "corvo" sembra essere usato in funzione aggettivale come equivalente di 'corvino' cioè 'nero', cfr. forse anche *Pietra Corva* monte sopra Varano de' Melegari (PR) ed anche i numerosi derivati di p a l ŭ m b u s 'colombo' che indicano colore 'grigio-colombo' 'grigiastro' e 'giallo scuro' potrebbero essere stati utilizzati, a volte, nella toponimia, con analoga funzione [v. Mossi 1987].

Capitolo 7
Idronimi e oronimi

Idronimi

141. Ci siamo occupati finora prevalentemente di toponimi che denotano stanziamenti umani, ma è utile accennare anche ai nomi locali che si riferiscono alla natura (*Naturnamen*) ed in particolare alla categoria degli idronimi (cioè nomi di corsi d'acqua) o ai limnonimi (cioè ai laghi) e agli oronimi (nomi di monte). Circa l'antichità di tali denominazioni si può subito notare come gli idronimi in generale abbiano ricevuto un nome in epoca assai più antica degli oronimi (tranne l'eccezione dei nomi di catene di monti). Il motivo è di ordine pratico: i corsi d'acqua hanno interessato anche le popolazioni preistoriche e sono stati sempre utilizzati (specie i fiumi) per la circolazione di uomini e di merci. Perciò è frequente il caso che gli idronimi abbiano conservato per millenni denominazioni antichissime, solo adattate a causa del mutamento di popolazioni e di lingue in determinati territori (anche se non mancano anche in questo settore, casi di sostituzione ad es. nel passaggio dall'evo antico a quello medievale). La idronimia ha offerto materia di studio e di ipotesi spesso contrastanti tra gli onomatologi. Si potrà comunque notare che i nomi di fiumi in Italia possono facilmente essere ascritti a strati linguistici antichissimi, forse anche preindeuropei, accanto a termini di lingue indeuropee più recenti in loco, e non sempre è facile indicare quale è la fonte esatta. Al problema dell'antica idronimia ha dedicato vari contributi specifici soprattutto H. Krahe (citiamo soltanto 1954, 48-63, e soprattutto Krahe 1964) il quale analizza i nomi di fiume dell'Europa centro-settentrionale facendo costante ricorso a varie lin-

gue indeuropee nella sua più recente interpretazione (pure assai discutibile) dell'"alt-europäisch".

142. Apparterrebbero a codesto filone in Italia ad es. il *Sarius* (Rav. 4.36), ora *Serio* in Lombardia, (dialettale *'l Sère*; affluente dell'Adda, a. 882 *ad Sario*, di qui *Serio* frazione di Casnigo (BG) e la *Val-Seriana*), confrontato con nomi analoghi di varie aree europee e tratto dalla radice indo-europea *s e r-/*s o r- 'scorrere' (cf. ind. a. *saráḥ* 'scorrevole', *sarā́* 'fiume, ruscello', latino s e r u m 'siero'). Di qui anche il nome del *Sarca*, immissario del Lago di Garda, la *Sermenza* affluente del Sesia nel Novarese, il *Sarnus* (Verg. *Aen.* VII 738) > *Sarno* fiume del Napoletano.

Il nome della nota fonte termale di *Abano*, latino A p ŏ n u s verrebbe da una radice indeuropea *ă̄ p- 'acqua, fiume' attestata ad es. nell'ind. a. *ap-* 'acqua' e cf. *Apos* (Tabula Peutingeriana), fiume in Dacia (ora *Caraşu*) e molto comuni sono le formazioni in *-s-*: *Apsos* nell'Illirico meridionale (Caes., *b.c.* III 13) ora *Semeni*, *Apsa* affluente del Foglia nel Pesarese ed anche *Aposa* presso Bologna, oppure *Apusa* variante di *Ausa* anche presso Rimini.

Anche il nome dell'*Arno* (in Etruria, *Arnus*: Plin. *n.h.* III 50), secondo tali teorie andrebbe inquadrato nella radice indo-europea *e r-/*o r- 'mettere in movimento, agitare' e troverebbe corrispondenze ad es. in *Arn* nella Francia meridionale o *Arna*, *Arne* affluente della Suippe nel dipartimento della Marna (a. 1066 *Arna*). Assai numerosi sono gli *Arno* anche nell'Italia superiore e basterebbe menzionare *Arno* torrente VA = a. 976 *flumen Arne*, *Lago d'Arno* e *Solarno* nell'alta Val Camònica ecc. (il DEI I, 296 opta invece per un tema mediterraneo forse 'alveo').

Molti derivati avrebbero la radice ie. *e l-/*o l- 'scorrere' (cfr. lettone *aluõts* 'fonte'), tra i quali anche *Ala* ruscello e borgo presso l'Adige (?) e con ampliamento *Olona* affluente del Po (VA, MI), nel Rav. IV 36 *Olonna* (e anche ant. *Oronna*) che non si potrebbe staccare dal ramo del Po *Olana* (Ὄλανα in Polyb. II 16) ora 'Po di Volano'.

Molto produttiva sarebbe la radice indoeuropea *u̯er-/ *u̯or-/ *ur- 'acqua, pioggia fiume' (cfr. ind. a. *vār*, *vāri* 'acqua', avest. *vār* 'pioggia', *vairi-* 'lago', toc. *wär* 'acqua'); di qui: la *Vara* affluente della Magra in Liguria, e *Varo* e qui anche il Varămus (Plin. *n.h.* III, 126) ora *Varmo* in Friuli.

Anche l'*Adda* (< Adua) affluente del Po, risalirebbe ad un tema *adu-/ *adro- 'corso d'acqua' (cfr. avestico *aδu-* 'ruscello, canale' a. persiano *adu-*);

Da *pel-/ *pol- 'versare, scorrere' (cfr. lit. *pilti* 'versare') deriverebbe il *Palia* (a. 742) > *Paglia* affluente del Tevere presso Orvieto.

Anche i vari idronimi *Alba* e derivati (tra i quali *Albula*, un nome del Tevere) non dovrebbero risalire ad un tema mediterraneo, ma essere riportati all'indoeuropeo *albh- 'bianco' (cfr. umbro *alfu* 'alba', gr. ἀλφός); spetta a tale radice anche *Albinia* (Tab. Peut., Rav. V2) > *Albegna* in Etruria [ma v. anche § 54].

Da ie. *bhel- 'splendore' deriverebbe il *Balētus* (nel Bruttium, Plin. *n.h.* III, 72) ed il *Tronto* (< *Truentus* onde anche *Truentinus*) presso Ascoli Piceno, rientrerebbe in una famiglia idronimica che fa capo all'indo-europeo *dreu-/ *dru- 'correre, affrettarsi' (cfr. ind. a. *dravati* 'corre').

Assai produttiva è la radice indo-europea *eis-/ *ois-/ *is- 'muoversi velocemente' (cfr. ind. a. *iṣnati* 'si affretta') e di qui verrebbe ad es. l'*Aesontius* (in iscrizione latina) > *Isonzo* e l'Αἴσαρος (Theokr. 4, 17) > *Ésaro* affluente del Coscile (Castrovillari CS), cfr. *Isara* (εἴς τὸν Ισάραν, Strab. IV 207) = *Isarcus* (ted. *Eisack*); *Isar* (Baviera).

Il Krahe interpreta *Meduna* nel Friuli occidentale come derivato della radice indo-europea *medh- 'mediano' 'che si trova in mezzo'.

Più sicuri sono certamente i collegamenti di idronimi dell'Italia settentrionale col celtico, ad es. del *Reno* (tedesco *Rhein*), identico al *Reno* emiliano, da un indo-europeo *Reinos con variazioni nel vocalismo e la sopravvivenza come appellativo anche nel cadorino *rin*, *rim* che significa 'ruscello', come in aree gallo-romanze.

Ma il Krahe si è occupato anche di individuare la

morfologia, i suffissi che caratterizzano spesso, a seconda delle regioni, i vari idronimi antichi. Sono ad es. indicative le formanti con *-nt-*, specie *-ntia*, ad es. *Aventia* (Tabula Peutingeriana) > *Avenza*, presso Carrara, che può essere confrontato per il tema ad es. con *Avena* nel golfo di Taranto in Calabria. *Avène* (Dipart. Gard e Dipart. Hérault) ant. *Avens* presso Rieti (Sabina), ora *Velino*, e l'origine andrebbe ricercata nella radice *a v - / a u - 'fonte, corso di fiume' (cf. ind. a. *avánі-* 'corso, letto di fiume' greco ἄν-αυρος 'asciutto, senz'acqua').

143. A dir il vero, le ricostruzioni indeuropee di gran lunga prevalenti nelle ricerche di Krahe non sono condivise da molti studiosi, specie italiani e francesi, i quali riservano larga parte delle spiegazioni idronimiche a presunti temi preindeuropei, specie per le formazioni in cui prevale il vocalismo *a*, anche qui non senza varie esagerazioni. Si invocano spesso "basi" preindeuropee del tipo *c a l a, *f a l a, *m a l a, *p a l a, *s a l a, *t a l a ecc. che, munite di suffissi o senza di essi, costituirebbero il filone preindeuropeo dell'idronimia prelatina e non soltanto di questa (v. qui § 33). Le esagerazioni più evidenti si possono facilmente riscontrare nel volume di Trombetti 1942[2] sovra menzionato. Un quadro generale dell'idronimia dell'evo antico in Italia ci è stato fornito da Trauzzi 1930 che ha dato ampio credito ad ipotesi etrusche e mediterranee (con alcune esagerazioni). Un buon contributo anche all'idronimia italiana è costituito da Rohlfs 1960, ove l'autore, sul fondamento di una grande quantità di idronimi facilmente analizzabili e suddivisi per categorie, per lo più di origine latina, propone una serie di motivazioni onomasiologiche parallele che forse stanno alla base di tanti nomi di fiumi di origine sostanzialmente oscura. Non mancano i nomi derivati da colori, dalla geomorfologia, da metafore strumentali, da piante, da animali, da nomi di divinità o da personificazione di esseri mitologici e fiabeschi. Cito una breve esemplificazione delle categorie che si riferiscono all'"acqua": *Acqua Calda* (ME), *Acqua Longa* (BS), *Acqua Viva* (assai comune), *Acquapendente* (VT), presenti soprattutto in Umbria, oppure le varie qualifiche di r i v u s: *Riosecco* (asciutto),

Rio Tòrbido, *Rio Tosto*, *Rio Grande*, *Riomaggio* (< major 'maggiore'). Oppure idronimi che si rifanno genericamente a "fiume" ad es. *Fibbio* (Veneto), *Fiobbo* (AP) = a. 1039 *Fluvio* < fluviu, *Fluvione* affluente del Tronto (v. § 97), e si noti anche padovano *fime* (< flumen) onde *Fimón* (VI). In Calabria sono numerosi i *Potàmi* (< ποτάμιον 'torrente') anche nel composto ξηροπόταμος 'torrente asciutto' onde ad es. *Serrapòtulu*, *Sciarapótamo*, *Sciarapóttolo*, *Zarapòtamo*, tutti torrenti in Calabria. Allude a zona di confine il tipo idronimico *Finale* specie in Piemonte (che si ripete in Liguria, Emilia, Veneto, Sicilia ecc.). È analizzabile in Piemonte il fiumiciattolo *Confienzo* < *confluentium e sull'indizio di buoni confronti si può capire anche Consentia > *Cosenza* come un *consentia 'confluire insieme', cfr. *Cousance* (Ain, Meuse); la città si trova sulla confluenza del Busento col Crati. Tra le metafore fluviali è interessante l'interpretazione del fiume *Martello* in Sicilia (siciliano *Marteḍḍu*) che si ripete in Sardegna; tale nome dovrebbe essere collegato alla forza dell'acqua che viene paragonata all'azione martellante dello strumento. L'immagine si ripete ad es. nel fiume lettone *Cirvitis* che significa 'piccola ascia' o in idronimi del tipo *Lima* (Lucchesia) o *Lesina* (ivi). Si ricorda a questo proposito il *Bacchiglione* che trae la motivazione dal veneto "baccagliare": *bakağare* 'rumoreggiare' 'ciarlare', cfr. anche *Bacchiglioncello*. Sono inoltre interessanti gli idronimi che traggono ispirazione e motivazione da esseri immaginari, da antiche divinità – quali ad es. i derivati di "drago" e *Drakon*, secondo Procopio, era il nome del *Sarno* presso Pompei, nome che si ripete in varie aree europee quali *Drago* (Sicilia) o *Dragone* (Appennino sett.).

Ma non mancano teonimi classici quali *Mèrcure* (da Mercurius) nella Calabria ai confini con la Lucania presso Laino e soprattutto i richiami alla dea Diana, ad es. nel *riu de Giane* in Sardegna; dal derivato *dianaria si avrebbe in Campania la forma *janara* 'strega' e di qui l'idronimo *Janare* non lontano da Benevento. È ovvio che i nomi di fiume di origine latina siano abbastanza numerosi e, nel complesso, bene spiegabili. Ma una grande quantità di idronimi è in realtà di origine prelatina ed a prescindere da un manipolo che risale al celtico, ove la trasparenza è ancora relativamente buona, bisogna ammettere che tanti problemi interpretativi non si possono considerare risolti, per cui anche il Rohlfs riconosce che in molti casi in codesto settore: *Mysteria sunt et mysteria permanebunt.* Per l'esame di altri idronimi v. qui § 43 (*Tiberis/Tevere*), § 70 (*Bodincus/Po*), § 74 (*Dora, Durón* ecc.), § 81 (idronimi gallici) e come esempio di limnonimo § 82 (*Benacus/Garda*).

Oronimi

144. Ben diverse sono invece la situazione e le reali possibilità di interpretazioni corrette per gli oronimi. Come abbiamo detto, tranne casi eccezionali di catene quali: *Alpi* Ἄλπεις (Polybios II 14, 9 ecc.), *Arduenna* (*silva*), le *Ardenne*, il *Vosgus mons*, cioè i *Vosgi*, le *Caravanche* = *Caravanca mons* ecc., i nomi dei monti sono recenti e di spiegazione assai spesso trasparente. I monti non hanno avuto quasi alcun interesse per gli Antichi e – si può dire – sino al secolo passato quando si diffonde la pratica dell'alpinismo. Naturalmente non mancano le eccezioni che sono peraltro comprensibili qualora si pensi ad es. all'*Etna* (*Mongibello*) (v. § 113) o a monti quali il *Falterona* al quale si suole attribuire un'origine etrusca (cfr. la glossa etrusca *falado* = '*coelum*'). Studiando le carte geografiche dei secoli XV/XVIII si vede facilmente quanti siano gli errori nella trascrizione dei monti e nella loro localizzazione dato che il cartografo non aveva familiarità con codesto oggetto geografico, specie se si trattava di oronimi posti ad una discreta altezza. Anche nel regno delle Dolomiti si constata facilmente come la massima parte delle denominazioni non risalgano indietro più di due secoli o anche meno. I montanari cui spetta tale "onomaturgia" nutrivano un modesto interesse per visitare le località alpestri e si accontentavano di denominare l'area montagnosa sino all'altezza dei pascoli. Buona parte dei nomi di monti è tratta dalle denominazioni attribuite alle zone sottostanti. Tale è ad es. il caso dei numerosi oronimi derivati di pala che, a volte, dai pendii prativi

sottostanti alle cime, sono stati attribuiti alle zone rocciose (ad es. le *Pale di S. Martino* in Primiero, TN).

Alcune cime (per ragioni di ordine pratico) ricevevano il nome dai pastori locali anche secondo la culminazione del sole, come ha indicato G. Serra (1954, 111-126). Così sono frequenti le *Cime Undici*, *Dodici* o il *Sas delle Undici*, *di Mesdì* ecc. Il Serra sottolinea la presenza di due tipi di "quadrante solare": il sistema antico e latino medievale delle ore: *prima*, *tertia*, *sexta*, *octava*, *nona* e quello orario moderno, ove la tipologia citata *Cime delle-*, *Sasso delle-* non risale di certo ad epoca più antica della metà del secolo passato. È assicurato che duodecim sostituiva meridies, medius dies, medius diurnus (cioè *Mezzodì*, *Mezzogiorno*). Su *dodici* si formò poi la serie *undici*, *dieci* ecc. (quest'ultimo "quadrante" è tipico delle Alpi orientali, specie tridentine, cfr. invece *Becca di Nòna* sopra Aosta) (dal lat. nona[hōra] con allusione alle ore 15).

145. Uno dei sistemi assai diffuso per attribuire ai monti ed alle loro particolarità delle designazioni che via via diventavano ufficiali è costituito dal largo impiego di metafore.

Esse possono essere suddivise in: antroponimiche, zoomorfiche e oggettuali o strumentali (v. Valentini 1973-1974).

Tra le prime ricordo ad es. bŭcca > *Bocca*, *Bocchetta* nel senso di 'valico stretto', dens-dente 'guglia dolomitica', costa nel senso di 'costa di monte' (ad es. *Bocia del Val*, Colfosco BZ, *Malga Bocia*, Alpe di Siusi, *passo Bocche*, vari in Lombardia, *Bocchetta* Prealpi Pennine; *Dente d'Ecôt* Alpi Graie, *Dente del Gigante* Alpi Pennine, *Denti di Gavala* Valsesia; *Costalta* Comèlico BL, *Costa Rossa* Alpi Marittime ecc.).

Tra le seconde ad es. *bòa* 'frana a zig-zag' da bova 'serpente', beccus (gall.) frequente nell'oronimia anche nella forma femm. *Bècca* (ad es. *Bòa* e *Bissabòva* 'frana', *Bech de Mezdì* nel gruppo del Sella; e si ricordi che *Mulàz* (Falcade BL) viene da mūlu, al pari di *Colle del Mulo* nelle Alpi Marittime).

Ma assai più comuni sono le metafore oggettuali:

sella, "campanile", mēnsa > mēnsula, pĭnguia (*olla*) 'zangola' > *peña* 'idem', acŭcula > *odla* 'guglia', acucĕlla > *guſèla* 'idem', fenestra, fŭrca, furcella, pŏrta, jugum, catīnum, vannus 'capisteo' (cioè 'vaglio per mondare il grano'), camīnus, corōna, caldaria, patella 'padella', canalis, castellu, cūna, saccus, tabĕlla, turris, vēna ecc. Menziono qui pochi derivati come esemplificazione: *M. Sella* (Dolomiti BZ), *Pizzo della Sella* (Alpi Leponzie), *Punta Sella* (Alpi Pennine), *Sella Boera* (valico Prealpi Pennine-Valsesiane); *Campanile* o *Pizzo Martello* (Gravedona, Lago di CO), *I Čampanìs de Val de Mezdì* (M. Sella); *Mésola* (Rocca Pietore e Livinallongo BL), *Mëisules* (M. Sella); *Pegna -e* (Agordino BL); *Òdles* (Val Gardena BZ), *Odla de Mesdì* (Colfosco BZ); *Guſèla del Vescovà* (Dolomiti bellunesi), *Gusella* (sopra il Passo Giàu, BL); *Finestra* passo (Primiero TN), *Bocchetta di Finestra* valico (Prealpi Pennine-biellesi), *Colle della Finestra* (Alpi Pennine); *Forcia* (valico tra Pian di Corones e Piz da Peres), *Forca-rossa* (presso la Marmolada BL-TN); *Forcella Grande* valico (S. Vito di Cadore BL), *Forcelletta* valico (Gallio VI); *Pòrta*, *Colle della-* (Alpi Graie), *Portèlla* monte (gruppo del Gran Sasso); *Passo del Giovo* (BZ), *Zovèllo* passo (Prealpi lombarde), *Xon di Posina* (Schio, Val Leogra VI); *Punta di Cadini* (Misurina, Auronzo BL), *Cadino* passo (Alpi orobie BG), *Catinaccio* (BZ); *Ru de Vagn* (Medio Cordevole BL), *I Vanons* (Livinallongo BL), i *Vanói* (Primiero TN); *Camino* mt. (Alpi Pennine), *Cima di Camino* (Prealpi lombarde); *Corona Trozzi* mt. (Alpi Leponzie), *Plan de Corones* (Marebbe BZ) (*koróna* 'sporgenza della roccia'); le *Cialdires* (Alpe di Sennes BZ), *Caldera* (Val Cavargna); *Sasso della Padella* (Primiero TN); *M. Canale* (Valtellina), *Canali* passo (Primiero TN); *Ciastelin* (Col di Lana, Livinallongo BL), *Castellaccio* (Ponte di Legno BS); *Cuna*, *Cunetta* (alto Veneto); *Sacco* passo (Valtellina), *Saccarèllo* mt. (Alpi Marittime); *Taèla* pianori prativi (Livinallongo BL), *Pizzo Taviela* (Valfurva); *Colle della Torre* (valico Alpi Graie), *Torre di Ovarda* (Alpi Graie); *Coi da Vënes* (S. Cassiano Badia BZ), *Passo della Vena* (Arsiero VI) ecc. Particolarmente interessante è la spiegazione dei numerosi *Antermóia* dell'area alpina orientale, i quali non risalgono, come si era creduto, a un inter *mollia 'tra i luoghi paludosi', ma semplicemente a trimodia 'tramoggia', dalla forma di tali montagne, e si noti infatti *Tremoggia* (Val Malenco), *Tremozìn* (Verona), *Tramòza* e *Tramogia* nei Grigioni ecc. Anche *la Moiazza* nel gruppo del M. Civetta (sempre Dolomiti), data la forma archivistica *mons de tramoiaza* altro non è che una trimŏdia col. suff. *-acea*. Amplissima diffusione ha anche in Italia la metafora serra 'sega' che viene ad indicare 'catena di monti' o 'monte frastagliato' e le attestazioni non si riferiscono solo all'Italia centro-meridionale, ma anche settentrionale, cfr. la *Seràuta* 'serra alta' nel gruppo della Marmolada.

Nel complesso possiamo ribadire che i nomi di cime montuose e in genere gli oronimi hanno la caratteristica di aver ricevuto una denominazione in epoca recente con una fissazione univoca assai tarda e dopo varie oscillazioni. E non accenniamo qui alle varie intitolazioni "alpinistiche" di vette, di particolari vie (ascensioni) ecc. che non risalgono ad epoca anteriore alla seconda metà del secolo passato e che possono, a volte, trarre in inganno l'onomatologo inesperto dell'argomento e non fornito di adeguate *Guide* alpinistiche. Gli oronimi – come abbiamo accennato – derivano assai spesso da appellativi a volte banali e trasparenti con la frequente utilizzazione di varie metafore, tratte sovente dalla vita dei contadini e dei pastori ed in particolare dai loro comuni strumenti di lavoro o simili. Citeremo ancora qualche esempio dalle Dolomiti bellunesi ove si nota ad es: la *Dambra* da *dambra* 'zoccolo un tempo assai comune' (< lat. dalmata 'specie di calzatura'), *Col de le Ole* da *ola* per olla 'recipiente', 'pentola' (ha assunto il senso di 'depressione, dolina'), *Porta della Serra* dal lat. serra 'sega' e 'seghettatura di monte' 'catena di monte' (cfr. spagnolo, *sierra*), *Gusela del Vescovà* (v. qui sopra) 'pinnacolo' e *Guslón* da *guſelón* (Alpago BL), *Padeón* e *Pavione*, da papilio 'tenda', *Forcella della Puìna* da *puina* 'ricotta' (dalla forma?), ecc.

Capitolo 8
Altre categorie

Toponomastica urbana

146. Molti tipi toponimici si ripetono in varie città italiane con riferimento frequente alla topografia antica della città e dell'area un tempo suburbana. Tali nomi sono a volte trasparenti, ma capita sovente che essi non siano più compresi (sostituiti spesso da nomi recenti delle contrade e strade intitolate a personaggi illustri) o che si rinvengano soltanto nei documenti antichi. Si tratta di nomi che si riferiscono ai quartieri, alla varia divisione della città (ora in *terzieri* specie per le piccole città, ora in *quartieri*, dal sec. XIII, *sestieri* ecc.); ad es. la vecchia divisione per *dodicesimi* è stata magistralmente illustrata dal Serra 1954, 127-131. Tale divisione era denominata *per horae* 'settori'. Presentano tale ripartizione ad es. Genova e Spoleto ed h o r a e sono le 12 contrade dette anche *vaite* (francone w a h t a) legate all'organizzazione militare di difesa delle mura, dato che la *vaita* era il posto di guardia.

Alcuni quartieri erano destinati agli Ebrei (o ad altre popolazioni) per cui molte città conoscono una ant. i u d a i c a ad es. *Giudec(c)a*, *Zuecca*, *Giovecca*, *Judica*, *Judeca*. Ma un nome che ebbe diffusione mondiale è, come si sa, il *Ghetto*, in origine con riferimento a quello di Venezia ove furono relegati gli Ebrei nel 1516. Dapprima tale nome era un toponimo e cioè una isoletta veneziana con molte fornaci ove si fondevano ("ghetavano") delle bombarde. Molte città avevano dei quartieri per gli Slavi, cioè gli "Schiavoni". Anche in Sicilia è spesso attestato, nelle fonti arabe, lo *ḥārat as-saqāliba* o *ḥārat isqalība* (cioè 'quartiere degli Slavi', ad es. a Palermo e ad Enna). Nella nomenclatura urbana di Venezia figurano le contrade (e calli) destinate agli *Schiavoni*, agli *Armeni*, agli *Albanesi*, ai *Greci*, ai *Bergamaschi*, ai *Padovani*, ecc.

Del castello cittadino si hanno sempre menzioni tanto nei derivati di castrum, quanto di castellum o nel Meridione di *Càssero* (dall'ar. qaṣr a sua volta di origine greco-latina). Menzionati sono pure particolari edifizi cittadini tra i quali il *palatium* o il *praetorium*, fonte di innumerevoli nomi locali italiani, come abbiamo già visto qui sopra (§ 97).

Nominati sono i mercati, i *fora*, onde nomi quali *Friùli* da forum Juli, *Forlì*, *Fornovo* da forum novum. *Profiamma* che proviene da un forum Flamĭni; la forma si spiega da **Forfiamma* (Olivieri 1934). Comuni sono pure le *sale* di origine long. (cf. a.a. tedesco *saal*) in origine 'una costruzione con un solo grande vano', poi casa 'per residenza padronale nella *curtis*' (v. § 106). Frequenti sono pure le *Lobbie* (longobardo laubja) o *logge* che vennero ad indicare 'portico', 'pergolato'.

Non mancano i ricordi dei culti pagani di cui una spia è fornita anche da *fanum* e **fanulum* > *Fano* e *Fiano* (v. § 97).

Anche basilica per 'chiesa' ci è sovente trasmesso da tanti toponimi e nel valtell. *basélga* ha conservato il significato di 'chiesa malandata'.

Nomi particolari hanno le porte, le mura, i canali, le fognature, le terme (di cui una bella sopravvivenza è "Stazione *Termini*" a Roma nelle vicinanze delle Terme di Diocleziano), le torri, i teatri (di cui abbiamo citato il caso singolare di *Zairo*, *Zaro*), con gli anfiteatri (molto discusso è il termine *parlascio* e simili che lo designava), le fontane; si noti *Fontemaggio* in Toscana, cioè fonte maggiore, da major, *Fontanaingorda* 'abbondante' a Genova ed a Bobbio che si contrappone, a Trento, a *Fontana pioclosa* a. 1330 'avara' (che si ripete ad es. a S. Fiora, Grosseto).

Comuni nella toponomastica urbana sono i nomi di fosse e buche, quali, a Milano, *Fòppa* (fovea) e da fossa si ha *Fossato*, *Fossàtole*, *Fossadolto* 'fossato alto', *Fossolone*; da fossa militaria abbiamo *Monedera*, *Mondera* tra Modena e Nonantola (a. 1300 *Minutaria* da Milid- > Mold- > *Mondera*).

Tra i nomi di ponti va menzionato ad es. *Triponzio* (Lucca) da *Tripontio* che si ripete a Brescia e che ricorda, per la formazione, *Trifonzo* (Ascoli Piceno) sul modello di Septimontium e Septizonium.

Molto numerosi i tipici nomi di strade urbane, di crocicchi ecc. quali ad es. i derivati di fŭrca, fŭrcŭla, bifŭrca, cioè *Forca*, *Fòrcola*, *Biforcola* (in Toscana ed Abruzzo), *Biforco* (Chiusi in Casentino) e nel Veneto *Beorca*, *Borca*; altrettanto dicasi della frequenza di trivium, quadrivium (*-uvium*), quadrifurcum o di compĭtum 'bivio' da compĕtĕre 'incontrare' onde ad es. *Còmpito* in Toscana e *Còmpedo* a Milano.

Va pertanto notato come la toponomastica urbana interessi spesso l'onomatologo per i suoi arcaismi che stanno a lumeggiarci squarci di vita medievale e ad attestarci voci arcaiche che non hanno avuto a volte continuatori nella Romània (v. qui § 97).

147. Quanto ai nomi della città va ricordato che il nome latino classico della città era urbs-urbis in opposizione ad arx -cis e a rus; si tratta di denominazione non indo-europea (cfr. forse la voce sumero-anatolica *uru* 'città' e basco *uri* 'idem'. Già in latino venne a designare presto l'*urbe* (che in italiano è voce letteraria), cioè la città di Roma. Nei documenti medievali *urbs* è ovviamente assai comune anche se nell'uso popolare di tutta la Romània tale parola fu presto rimpiazzata da altre espressioni. Si è creduta una continuazione diretta l'espressione dell'a. pavese *vicario in orba* 'cardinale vicario', mentre altri osservava prudentemente che si tratta di una semplice traduzione o meglio adattamento del latino ecclesiastico *vicarius in urbe*. Nella toponomastica italiana si conservano tuttavia tracce sicure e ben note quali *Orvieto*, cioè urbs o urbe vetus (cfr. *vieto* da vĕtus Nomin.); le attestazioni medievali sono infatti *Urbs vetus*, *Urbis vetus*, *Urbevetus* (Paolo Diacono), *Orbevetus* (Gregorio Magno), *Urbivieto* (Fazio). *Orvieto* rimpiazza il nome romano di *Volsinii veteres*, mentre *Bolsena* continua l'ant. Volsinii novi. Anche *Urbisaglia* (Macerata), ricca di ruderi romani, riproduce l'ant. Urbs Salvia nel Piceno la cui fondazione risale probabilmente al I sec. ed è collegata

alla *gens Salvia* che, con la concessione di terreni, diede il nome alla città. Secondo altri studiosi, il nostro arcaismo si ripeterebbe in *Bonorva* (Sassari) ed in *Mazzorbo* nell'estuario presso Venezia da maior urbe. Tracce di urbs sono conservate anche nell'Africa proconsolare nella forma arabizzata *al Urbus*. Più sicure e frequenti sono le continuazioni del derivato ŭrbānus presente ad es. in *Villa Orbana* (Moriano, LU) e in *Urbànula* (Arena Pisana), *Orbana* (Capannoli PI). Anche sŭbŭrbānu ha dato origine a *Sorbano* (Sassina presso Forlì) e ai toponimi toscani *Sorbano*, *Sorbanello*, *Serbano*, *Surbano*. Da sŭb ŭrbe o sŭbŭrbium verrebbe *Surbo* a N. di LE.

148. L'arcaico urbs cede presto di fronte a cīvĭtas e a vīlla; il primo è in origine un collettivo (di significato analogo alla *touta* italica) ed indica la comunità dei *cīves*; ma già in epoca classica assume il senso materiale di città, in Seneca e Tacito con riferimento a Roma, cioè all'*urbe*. Tutte le lingue neolatine offrono continuatori col senso di 'città' tranne il sardo logudorese e campidanese in cui *kita*, *kida* ha una storia particolare; il rumeno *cetate* acquista piuttosto il valore di 'cittadella', 'fortificazione' (*città* in rumeno è detto *oraş*, dall'ungherese *város*). Anche nel gallo-romanzo si nota ben presto il senso di cīvĭtas 'cité' che trova peraltro un concorrente in vīlla (nelle Glosse di Reichenau definita 'minor civitas'); cīvĭtas acquistò anche il senso di 'diocesi', 'sede vescovile' (ad es. in Gregorio di Tours). In Italia sono interessanti i casi di derivazione dal Nomin. cīvĭtas (non da cīvĭtātem) di cui fornisce un elenco nutrito A. Prati (1931, 915-217); *Cìvita* si affianca a *Civitèlla*. Tali nomi si trovano in grande maggioranza in una "zona che abbraccia le Marche, l'Umbria, il Lazio, l'Abruzzo, il Molise e la Calabria". Osserva il Prati che gran parte delle *Cìvite* e *Civitèlle* sono poste su monti e colli e spesso conservano avanzi delle mura che le circondavano. Anche le *Civitèlle* toscane, spiegate anche diversamente, non possono staccarsi per l'etimo dalle precedenti, ad es. *Civitella* in Val di Chiana (AR); *civitella* deve pertanto corrispondere a 'cittadella'. L'Italia Sett. a cīvĭtas preferisce civĭtātem e di qui *Cividate* e *Civi-*

dale del Friuli = *Civitas Austriae* a. 760 e ancor nel 1209 *Cividade*; va aggiunto ad es. *Cividàl* (ant.) con allusione a *Cividàl de Belùm* (Belluno). Non mancano trasformazioni fonetiche più profonde – oltre all'adattamento sloveno *Čedad* – quali *Civié* e *Civé* a Correzzola presso PD ecc. Numerosi i composti di cui ricordiamo solo *Civitavecchia*, *Civitanova*, *Cittanova*, *Città di Castello* ecc.

149. Il latino vīlla in origine indicava 'dimora di campagna' o 'una fattoria con podere'; nel periodo imperiale si oppone pertanto a cīvĭtas. Ma col tempo *vīlla* acquista il senso di 'insediamento modesto', poi diventa quasi un equivalente di 'paese'. Col mutare delle condizioni economiche e sociali in parecchie regioni acquista il significato di 'piccola città' e tale uso si nota nel *Capitularis de villis vel curtis imperii*, ed anche in Eginardo. Accanto al valore di 'piccola città' si sviluppò l'accezione di 'possesso fondiario', 'fattoria'. In italiano antico *villa* continua ad avere il significato di 'paese' e tale senso è mantenuto in vari dialetti ove la voce indica spesso la 'frazione più importante di un comune', il centro del villaggio. Nel galloromanzo a partire dal 1000 *vīlla* diviene un equivalente esatto di *cīvĭtas* e tale senso è presente anche nell'iberoromanzo. Anche in Italia non è assente codesto valore a partire dal sec. XIII al XVI, ma tale particolare pare dovuto ad influsso francese. Nel corso dei secoli in Francia *cité* pare appartenere di più alla sfera ufficiale, mentre *ville* a quella familiare. *Vīlla* è divenuto 'città' per l'accrescersi della popolazione e spesso *cité* 'città vecchia' si contrappone a *ville* 'città nuova'. In Italia non sono infrequenti i toponimi *Villa Villafranca*, *Villanova*, *Altavilla*, *Codevilla*, *Sovilla* (da sŭb-) e dal derivato vīllŭla viene *Vìllora* ecc. Comune è pure vīllāris specie in Piemonte ad es. *Villàr Perosa* e nell'a. piemontese *villare* ebbe rispetto a *villa* un valore di lieve inferiorità.

Anche lŏcus e tĕrra ebbero il senso di 'città o luogo abitato' e di qui nella toponomastica urbana i nomi di vie quali *Mezzaterra* a Feltre e Belluno che indicano il quartiere centrale della città medievale entro le mura. Si noti *via della Terra* (Rovereto) da terra 'paese, città, antico rione', cfr. *Terravecchia* (Vibo Valentia, Catanzaro) e

Porta di Terra (Catanzaro); per la Toscana, t ĕ r r a 'ager, praedium, possessio'.

150. Si ricorderà anche la fortuna di v ī c u s (v. anche § 99) che in origine indicava 'gruppo di case prossimo alla città', 'villaggio' o un 'quartiere cittadino', 'una via' (connesso con la radice indo-europea *w e i k – che indica l'unità sociale superiore alla famiglia, come ci segnala l'a. indiano *vis*, a. sl. *vĭsŭ* 'villaggio' o il greco *ϝοίκος* 'casa'). Esso si continua nell'a. italiano *vico*, napoletano *vikə* (pl. *vécolə*) ed in dialetti alpini. Normale è in italiano il diminutivo *vicolo* (roman. *vicolo* 'passaggio tra due letti, come nel veneto *canesèla* da c a l l i s); comune il senso di 'chiasso', 'via stretta'. La voce era molto frequente in epoca imperiale nelle Gallie e nella regione renana ove ha lasciato ampie tracce nella nomenclatura locale. V ī c u s è inoltre noto come prestito in lingue germaniche e celtiche (cfr. a. irlandese *fich* 'municipium'). Anche nell'Iberia si ha spesso il nome locale *Vigo* al pari dell'Italia che conosce *Vico* ed in composizioni *Vicoforte* (CN), *Vicofertile* (PR), *Vicopisano* (PI); nell'Italia superiore *Vigo*, *Vigodàrźere* ('argine', PD), *Vidigulfo* (PV, – di *Landolfo*), *Vimercate* (MI) e qui anche *Voghera* 'vico I r i a' (dal nome del torrente ora denominato Stàffora), *Mondovì* (– *de vico*). Dal genitivo plurale proviene *Viganò* (Como e Bergamo e via a Milano) cioè t e r r a e (o p l a t e a) v i c a n ō r u m da v i c ā n u s 'abitante del vico'; v i c ā n u m designa 'la proprietà dei possessori di fondi del distretto' e dopo il 1000 la 'proprietà comune *loci*' (Bognetti). Dal diminutivo v ī c ŭ l u s si ebbe *Vicchio* frequente in Toscana, inoltre si noti *Vicarello*, *Vigarolo* (Milano), *Vighizzolo* (Cantù CO). Da v ī c ĭ n i a si ebbe *Visegne*, *Visignola* e *Visigna* (Como), *Visigna* (Maderno, Brescia) e da v ī c ĭ n ā t u m, vecchia istituzione 'l'insieme dei vicini, cioè degli abitanti del *vīcus*' venne ad es. *Visnà* e *Visnadello* nel Veneto.

Di p a g u s, etimologicamente un 'segno confinario piantato in terra' (da p a n g o) poi 'territorio rurale delimitato da confini', 'distretto' (di cui il *vīcus* è in genere il centro) si hanno continuazioni toponimiche non molto numerose. Si noti tuttavia *al Pago* (Diecimo, Borgo a Mozzano LU) o *Pao* (vico verso Castelnuovo Garfagnana

LU) = ant. *Pau* e *Soppò* (S. Cass. di Controni LU) che il Pieri spiega da pagus, *sub-*, TSL 185; cfr. anche *Pago* (BN e AV), *Pago del Vallo di Lauro* (AV). Qui forse anche *Povo* (BS) e *Poo* (Bellano, Como).

Non mancano continuatori di pagānus in origine 'abitante del *pagus*' (in opposizione a *oppidānus*), poi con vari significati che spesso si debbono ancora precisare; cfr. il *Troi* (< *trogium) *Paiàn* nelle Dolomiti (che univa più *pagi*?) o *Strada dei Pagani*. *Pescopagano* (PZ), *Castel Pagàn* e *Paganella* (a volte si riferisce a popolazioni straniere: arabi, ungheresi ecc.). Anche pagānĭcus è noto alla toponomastica urbana (*Piazza Pagànica*, Roma).

Perdette ben presto vitalità nella lingua popolare la voce oppĭdum che tuttavia aveva preso il posto di *urbs* già in epoca classica quando questa si identificò con l'Urbe. Oppĭdum significò 'città fortificata', 'piazzaforte', poi genericamente 'città' ed in francese *opide* è di origine dotta. In Italia viene direttamente dalla voce latina, nel Sud *Oppido Mamertina* (RC), dial. *òppitu*, ant. *Oppidus*, *Opedum* e in documenti greci κώνστας τοῦ ὀπίδου (a. 1126),... ἐπισκόπου ὀππίδου (a. 1188), cfr. *Oppido Lucano* (PZ) forse non popolare (v. § 97). Molto discussa è la derivazione nella Gallia di *Oppède* (Vaucluse) riportato ad oppĭdum, mentre altri richiama oppĭdum per spiegare *Oppe* (a. 1214) nel territorio di Lugnacco (TO). Da oppĭdānus viene forse *Fermata di Pedano* in Calabria, e, con maggiore verosimiglianza, nel Veneto, *Oppeano* (Isola della Scala VR) = a. 895 *Op(e)dano* (ma avrà il senso di *oppidum*??).

Di arx-arce 'la parte più elevata della città', 'la cittadella' (cfr. greco ἀκρόπολις), connesso con *arceo*, rimane qualche traccia diretta, ad es., in *Arce* (Caserta), in *Colle Arce* a Foligno e *S. Maria de Arci* (Città di Castello PG). Si cita *via Arce* a Salerno e a Sorrento; e si aggiunge forse *Contràs* di Pieve di Cadore (allude ad un colle che sta dirimpetto al Monte Ricco, l'ant. *Catubrium*) < contra arcem (v. § 97).

151. Un lungo ed approfondito discorso meriterebbe la voce più tarda burgus (dal sec. IV, in iscrizioni e in Vegezio) nel senso di 'località fortificata'; tale parola

viene di norma derivata dal germ. b u r g s (IEW 140-1), cfr. il n. l. gallico *Bergusia* e m. irlandese *bri*, *brig* 'collina', i gallici *Brigāntes* ecc., il gotico *baurgs* 'città, torre' e a.a. tedesco *burg* 'cittadella' ecc. Ma nel latino *burgus* 'torre di guardia' è certamente confluito anche il greco πύργος 'torre', di origine orientale (?). L'imprestito *burgus* è avvenuto dapprima in zone marginali di confine ed è infatti attestato in epigrafi renane. La vitalità della voce è notevole in Europa, si notino anche i composti con *-borough* e *-bury*, in Inghilterra. In italiano ha acquistato il senso corrente di 'villaggio', 'paese' fin dal sec. XIII, ma esso si affianca spesso a quello di 'sobborgo' o di 'quartiere'. Nelle carte italiane, ed in particolare in Lombardia, *burgus* è comparabile al senso di 'vicinia' o 'gruppo di vicinie' a partire dai primi del sec. XII (secondo il Bognetti). I derivati toponimici in Italia sono molto comuni e ne elenca un buon gruzzolo l'Olivieri, 1956. Va osservato che molti nomi locali, nei quali pareva di poter individuare le tracce dell'etnico 'bùlgaro', secondo il Serra verrebbero invece da derivati di b u r g u s come ad es. il *Burgus de Vercelli* (sec. XI, XII), ora divenuto *Bùlgaro* o *Bùrgari*, e così pure i numerosi *Bulgaro* toscani, ivi incluso il noto *Bòlgheri* ecc.; essi deriverebbero dal dimin. b ŭ r g ŭ l u s, assai comune (v. § 111). Si noti anche *Borgunto* (FI ed AR) 'via sporca' da *borgo* che in molte città significa ormai 'strada'.

Toponomastica stradale e topografia

152. La lettura di alcuni importanti lavori di topografia storica (anche recenti, dovuti a valenti specialisti) ci ha convinto che una più approfondita compulsazione dei documenti medievali e un'analisi meticolosa e fondata delle testimonianze toponomastiche avrebbe portato a volte a risultati più sicuri e sarebbe stata indispensabile per integrare in modo definitivo l'esplorazione strettamente archeologica e topografica. In qualche caso l'interpretazione corretta di alcuni toponimi avrebbe anzi consigliato maggiore prudenza nell'avanzare talune ipotesi o nell'accettare, senza ulteriori controlli, le vecchie supposi-

zioni di eruditi locali che non avevano potuto giovarsi, nel secolo passato, di studi toponomastici condotti con metodo scientifico. Citiamo come esempio di ricerche topografiche condotte soprattutto nell'ambito dell'Italia superiore quelle, per molti rispetti eccellenti, dovute a Plinio Fraccaro o ad altri studiosi (recentemente sono fondamentali gli studi di N. Alfieri, di L. Bosio o di G. Uggeri) dedicate all'individuazione del percorso di strade romane e in particolare alla via *Claudia Augusta Altinate*, oggetto di importanti monografie. Scorrendo gli articoli inseriti in vari volumi, molto accurati per l'indagine topografica, storica e archeologica, si avvertono ben presto alcune lacune nella documentazione medievale e parecchie mende nelle deduzioni errate derivate da false etimologie dei toponimi (e bisogna aggiungere che la tesi principale circa il percorso della strada è ancora dubbia!). Ci pare tipico l'esempio del *Lagòzzo* che dall'epoca del Filiasi (primi dell'Ottocento), identificato col percorso iniziale della *Claudia Augusta*, è connesso ancora nel 1957 dal Fraccaro, anche nel nome, con *Augustus* mentre non si può escludere che si tratti di un poderoso argine (romano o medievale?) costruito in un territorio paludoso. Le deduzioni del De Bon sul percorso della strada romana risultano qua e là assai incerte o addirittura fantastiche, e il nome di *Lagòzzo*, che ha tratto in inganno gli studiosi del secolo scorso, orecchianti nelle etimologie dei nomi locali, non ha nulla da spartire con *Augustus*, *Augusta* (basti la fonetica; *Caesara Augusta*, in Spagna, ha dato origine a *Zaragoza* con trattamento fonetico arabo di *sṭ* > *z*!) mentre allude verosimilmente all'acquitrino sul quale è stato costruito il terrapieno (sicuro derivato di *l a c u s*); la larghezza di quest'ultimo, del tutto insolita per una presunta strada romana, aveva destato stupore tra gli stessi rilevatori del percorso.

153. Le testimonianze di nomi locali che ci tramandano le antiche distanze stradali, tratte dalle pietre miliari, sono, come si sa, assai numerose in Italia. Il *lapis mil(l)iarius... tertius*, *quartus* ecc. si è spesso fossilizzato in toponimi che sopravvivono fino ai nostri giorni e che sono di notevole ausilio per individuare la rete e il tracciato delle

strade antiche unitamente ad altre indicazioni toponimiche di minore risalto, che alludono a deviazioni, incroci ecc. Tali indicazioni sopravvivono quando dalle antiche *stationes, mansiones* o *mutationes* si sono sviluppati, in epoca medievale, villaggi o borghi; i nuclei di abitati si sono formati generalmente alla distanza minima di tre miglia o più (il miglio equivale, come si sa, a 1480 m). Citeremo qui sotto una esemplificazione, certamente non completa, ma assai ampia, ricavata soprattutto dalle carte del Touring Club Italiano al 250 000 e da varie opere di toponomastica (tutti i nomi sono stati riscontrati sulle carte e di essi si darà una ubicazione precisa). Non si conoscono continuatori di *primus* o di *secundus lapis* (o *milliarius*), e non è sicura la derivazione, ad esempio, di *Domégge* (in Cadore, Belluno) da d u o m i l i a (mentre è più probabile < D ŏ m ĭ l i u s).

Di t e r t i u s si hanno i seguenti derivati: *Terzo* [7 Udine, B-4], frazione di Tolmezzo (Udine) sulla strada di Zuglio (ant. *Julium Carnicum*) da cui dista quattro chilometri; a. 1126 *in Terzo = Terzo di Tolmezzo*, Di Prampero p. 197. *Terzo* [7 Udine, F-6], comune (provincia di Udine) a sud di Cervignano e a nord di Aquileia da cui dista quattro chilometri = a. 1062 *de Tertio*. *Terzo* [13 Venezia, A-6], sulla strada Mestre-Altino, a ovest di quest'ultima località da cui dista 6 chilometri. *Terzo* [9 Torino, F-6], comune (provincia di Alessandria) a ovest di Acqui da cui dista quattro chilometri sulla strada che porta a Savona. *Terzo* [2 Domodossola, D-5], a sudovest di Domodossola (NO), vicino a Prato (NO), dista circa cinque chilometri da Villadossola (NO). *Terzo di Mezzo* [41 Salerno, A-5], a est di Èboli da cui dista quattro chilometri.

Di q u a r t u s le testimonianze sono ancora più numerose: *Quarto* [11 Brescia, E-2], vicino al comune di Gossolengo di cui fa parte, a sud di Piacenza, da cui dista sei chilometri. *Quarto* [18 Bologna, F-5], frazione del comune di Firenze, tra Sesto Fiorentino e Firenze. *Quarto dei Mille* [16 Genova, B-4], in comune e alla periferia di Genova (a est segue *Quinto al Mare*). *Quarto d'Altino*, comune (prov. di Venezia) a nord di Altino da cui dista circa cinque chilometri sulla via di Treviso, vicino a Musestre. *Quarto di Sopra* [18 Bologna A-6], frazione del comune di Bologna, a nordest, alla distanza di circa sette chilometri; nelle vicinanze si trova *Quarto Inferiore*, nel comune di Granarolo dell'Emilia. *Quarto Inferiore* [9 Torino, E-5-6], frazione di Asti da cui dista sei chilometri a est (non distante si trova *Quarto Superiore*). *Quart* (anche *Quarto Pretoria*), nel comune di Aosta, da cui dista circa otto chilometri lungo la strada che porta al Piccolo San Bernardo. *Quarto Cagnino*, frazione del comune di Milano, tredicesimo secolo *Quarto Canino* ("la designazione di Quarto dipende dalla quarta pietra miliare da Milano"). *Quarto Oggiaro*, presso Musocco, in comune di Milano. *Quarto* in comune di Sarsina (Forlí) da cui dista otto chilometri in direzione ovest, sulla strada che porta a Bibbiena lungo il fiume Savio. Nelle vicinanze il *Lago di Quarto*. *Quarto*, località isolata sul *Canale di Quarto* a otto chilometri dal mare Tirreno e a sei dalla periferia di Napoli. *Quarto* (*Golfo di* e *Spiaggia di*) [46 Cagliari, C-2], ora *Quarto Sant'Elena* a nordest di Cagliari da cui dista sei chilometri. Non lontano si trova *Quartucciu*, a otto chilometri da Cagliari. *Quarto* [37 Foggia, B-5], lungo mare a nordovest di Barletta, da cui dista circa dodici chilometri. *Quarto di Palo* [38 Bari, D-1], fraz. a sud di Ruvo di Puglia nelle cui vicinanze si trova una *Masseria Quinto*.

Di quintus riporto i seguenti esempi sicuri: *Quinto Bianco* [9 Torino, F-2-3], frazione a ovest di Bra (Cuneo) da cui dista sei chilometri sulla strada Bra-Cavallermaggiore (a otto chilometri da quest'ultima località). *Quinto al Mare* [16 Genova, B-4], a est di Genova (al cui comune appartiene) da cui dista circa sette chilometri. *Quinto di Treviso* [13 Venezia, A-5], comune in provincia di Treviso da cui dista sette chilometri, sulla strada Padova-Treviso (a tre chilometri si trova *Settimo*). *Quinto di Valpantena* [12 Verona, B-4], frazione di Verona (a nord verso Grezzana) da cui dista sette chilometri. *Quinto* [18 Bologna, F-5], frazione di Sesto Fiorentino (Firenze). *Quinto Vercellese* [9 Torino, B-6], comune in provincia di Vercelli da cui dista otto chilometri, sulla strada Vercelli-Biella. *Quinto Vicentino* [13 Venezia] comune in provincia di Vicenza (a nordest del capoluogo) da cui dista sette chilometri.

Quinto Romano, nel comune di Milano a otto chilometri dal capoluogo; già *San Romano ad Quintum* ("per trovarsi a cinque miglia da Milano, un miglio dopo *Quarto Cagnino* e due prima di Settimo Mil.". *Quinto Stampi* (= a. 1225 *de Stampis*), frazione di Rozzano a circa sei chilometri da Milano ("*ad quintum lapidem* da Milano"). *Masseria Quinto* [37 Foggia, D-6], vicino a *Quarto di Palo* (vedi sopra). *Quintosole* [10 Milano, B-5], frazione a sette chilometri e mezzo da Milano, fuori Porta Vigentina a un miglio e mezzo a est di *Quinto Stampi*, sedicesimo secolo *Quintisolo*, *Quintosolo*; secondo l'Olivieri si tratta di un diminutivo di *Quinto* (ipotesi assai verosimile) **Quintizzoeul* (cfr. *Quartesolo* in provincia di Vicenza ecc.). *Cinto Euganeo* [13 Venezia, C-2], comune in provincia di Padova a nord di Este da cui dista sette chilometri, ora su strada secondaria. *Cinto Caomaggiore* [7 Udine, F-3], comune in provincia di Venezia a sette chilometri da Portogruaro in direzione nordovest (segue *Sesto al Réghena* e nelle vicinanze si trova *Settimo*), ant. *Cinto di Portogruaro*, a. 1192 *in silva de Cintho*. *Cintello* dista circa quattro chilometri dalla località precedente, in comune di Teglio Veneto.

Da s e x t u s abbiamo: *Sesto al Réghena* [7 Udine, E-3], comune in provincia di Udine, a nordovest di Portogruaro da cui dista circa dieci chilometri, a. 762 *unum monasterium in loco qui vocatur Sexto*, a. 778 *Ecclesia sita in Sexto*. *Sesto* [18 Bologna, E-1], frazione a nord di Lucca da cui dista circa otto chilometri sulla strada Lucca-Borgo a Mozzano (subito dopo si trova *Valdottavo*). *Sesto* (ted. *Sexten*) [5 Trento, D-3] comune in provincia di Bolzano in Val Pusteria (*Pustertal*) sulla strada che unisce il passo di Monte Croce a San Candido (Innichen), a sette chilometri da San Candido e a otto chilometri dal passo. *Sesto* [11 Brescia, C-1], frazione a sudest di Lodi da cui dista quattro chilometri, a dieci chilometri da Sant'Angelo Lodigiano. *Sesto Calende* [3 Como, F-2], comune in provincia di Varese, a nordovest di Somma Lombarda da cui dista nove chilometri = a. 1152, 1199 *vico Sexto*, *Sexto Mercadum*; Sesto avrebbe indicato forse la distanza da Somma Lombarda oppure da una *statio* romana. *Sesto ed Uniti* [11 Brescia, C-3], comune in provincia di Cremona (a nordovest) da cui dista dieci chilometri sulla strada Cremona-Codogno. *Sesto Fiorentino* [18 Bologna, E-F-5], comune a nove chilometri a nord di Firenze. *Sesto Imolese* [19 Ravenna, B-2], frazione di Imola (Bologna) a circa undici chilometri da Lugo e a nove chilometri da Massa Lombarda. *Sesto San Giovanni* [10 Milano, A-5], comune in provincia di Milano da cui dista nove chilometri, sulla strada Milano-Monza-Como = *Vico Sexto* prima a. 1000. *Sesto Ulteriano* [10 Milano, B-5], frazione in comune di San Giuliano Milanese prossima a *Sesto Gallo*, a sudest sulla strada di Lodi ("È chiaro che *Sesto* indica la distanza di sei miglia da Milano"). *Sesto Gallo* (vedi sopra). *Pontesesto*, frazione di Rozzano a sud di Milano da cui dista circa dieci chilometri = *ponte ad sextum lapidem*. *Sesto Campano* [35 Napoli, B-4], comune in provincia di Campobasso a sud di Venafro da cui dista circa nove chilometri, sulla strada Venafro-Vairano-Capua. *Sestu* [46 Cagliari, C-1], comune a nord di Cagliari da cui dista circa nove chilometri.

Da septimus procedono: *Settimo* [7 Udine, E-1], frazione di Portobuffolé (Treviso), a nordest di Oderzo da cui dista dieci chilometri. *Settimo* [7 Udine, E-F-3], frazione di Cinto Caomaggiore (Venezia), a breve distanza da *Sesto al Reghena* (vedi sopra) = a. 1228 *de Septimo*, a. 1289 *homines habitantes in Septimo sive in Runchis*. *Settimo* [10 Milano, C-5], frazione di Bornasco, provincia di Pavia da cui dista circa dieci chilometri. *Settimo* [12 Verona, B-3], frazione di Pescantina a nordovest di Verona da cui dista circa dieci chilometri. *Settimo* [12 Verona, B-C-4], frazione a sud di Verona vicino a Buttapietra, a undici chilometri dal capoluogo, sulla strada di Isola della Scala. *Settimo* [13 Venezia, A-4-5], frazione a ovest di Treviso da cui dista circa undici chilometri (segue *Quinto*) sulla strada Treviso-Noale-Padova. *Settimo Milanese* [10 Milano, B-4], comune in provincia di Milano da cui dista circa dodici chilometri ("a 7 miglia romane a nordovest di Milano"). *Settimo Rottaro* [9 Torino, B-4], comune in provincia di Torino, sotto Azeglio a undici chilometri da Ivrea. *Settimo Torinese* [9 Torino, D-2] comune in provincia di Torino da cui dista circa undici chilometri sulla strada di Milano. *Settimo Vittone* [9 Torino, A-3] comune in provincia di Torino, a nord di Ivrea da cui dista circa dieci chilometri sulla strada che porta ad Aosta. *Settimo San Pietro* [46 Cagliari, C-2], comune in provincia di Cagliari da cui dista undici chilometri. *Settimo*, in comune di Montalto Uffugo (Cosenza), si trova nella zona di un *Torrente Settimo*. Di uguale derivazione è probabilmente anche *Settima*, a sud di Piacenza, da cui dista circa nove chilometri (in comune di Gossolengo) e *Settimello*, frazione di Calenzano (Firenze) a nord di *Sesto Fiorentino* e a undici chilometri da Firenze.

Di octavus si conoscono pochi continuatori sicuri: *Valdottàvo*, frazione in comune di Borgo a Mozzano a nord di Lucca, da cui dista dodici chilometri. *Ottavo* [23 Perugia, B-3] a sud di Arezzo sulla strada Arezzo-Perugia. *Tavo* [13 Venezia, B-3], frazione di Vigodarzere (Padova) che dista circa undici chilometri da Padova; vicino si trova *Tavèllo*, a ovest di Campodarsego. *Ottavello*, frazione di Rivergaro (Piacenza) da cui dista dodici chilometri; è da notare che si trova sulla strada di *Settimo* e di *Quarto* e che vicino incontriamo *Altoé*, da octavu. Sempre da octavus derivano: *Occhiate* od *Occhiò* (*Santi Giovanni e Paolo in -*), chiesetta presso San Giuliano Milanese, in dialetto *Oggiàa* = a. 853 *vico et f. Octavo, Uglavo*, a. 887 *Octavo*, cioè *octavum lapidem*, indicante la distanza da Milano, sulla stessa via romana ove si trova Sesto. Un altro *Octabo*, situato dopo *Sesto Ulteriano* (oggi Cascina *Occhiò*?), è ricordato in carta dell'823. Anche *Uggiate* (Como), in dial. *Uggiàa*, rispecchierebbe un octavus e segnerebbe la distanza da Como (circa dodici chilometri).

Di nonus si hanno scarsi esempi sicuri: *Nus*, in provincia di Aosta da cui dista dodici chilometri = a. 1191 *Nuns*. *None* [9 Torino, E-1], a sudovest di Torino da cui dista circa sedici chilometri sulla Torino-Pinerolo. *Annone Veneto*, in provincia di Venezia a ovest di Portogruaro da cui dista circa quattordici chilometri (altrettanti da Oderzo). *Castello d'Annone*, in provincia di Asti, a circa dodici chilometri da Asti, verso sudest; sulla medesima strada s'incontra *Quarto Inferiore* (vedi sopra). *Annone di*

Brianza, in provincia di Como, a sudovest di Lecco sul *Lago di Annone*. Da escludere invece *Nova Milanese* che si trova effettivamente alla distanza di nove miglia da Milano, forse equivalente a “novale”.

Da decimus abbiamo ad esempio: *Dièscimo* [18 Bologna, E-1], in provincia di Lucca da cui dista circa quindici chilometri in direzione nord (preceduto da *Valdottavo*). *Dècimo* (= *Decimo* nel *Cod. Lang.* 340), casale nella frazione Lacchiarella (Milano) a dieci miglia da Milano. *Azzano Decimo*, comune in provincia di Udine a sud di Pordenone e a nordest di Oderzo; dista circa sedici chilometri da Portogruaro. *Pontedecimo* [16 Genova, B-3], frazione a circa quindici chilometri da Genova sulla strada Sampierdarena-Novi Ligure. *Decimomannu*, in provincia di Cagliari da cui dista circa diciassette chilometri; non lontano si trova *Decimoputzu*. *Decima*, frazione a quindici chilometri da Roma, rientra probabilmente nella nostra serie.

Assai sporadiche sono nella nomenclatura geografica le tracce dei miliari che indicano distanze superiori a dieci; si ricorderà ad esempio *Diemoz*, fraz. di Verrayes, a circa diciotto chilometri da Aosta, da confrontare con *Diémoz* nel Delfinato (= nono secolo *Duodecimum*) da duodecimum, non da decimum, come qualcuno vorrebbe; anche *Vico Duodecimo* (Rigomagno, Sinalunga SI); *Quattòrdio* (AL) = *quattordecim* a. 1195. *Quintodecimo* [24 Macerata, F-6], frazione in comune di Acquasanta Terme, provincia di Ascoli Piceno da cui dista circa venti chilometri. Forse *Quintodecimo* (Benevento). *Vésime* (Asti), ant. *Viesmo*, verrebbe da vigesimum e il luogo dista effettivamente circa trenta chilometri da Asti. Cfr. anche *Badia di Vigèsimo* (Barberino di Mugello). *Tricèsimo* (Udine) sulla strada che da Aquileia porta alle Alpi, a circa quarantacinque chilometri da Aquileia = a. 1202 *in Tricesimo*. Anche *Millesimo*, in provincia di Savona, sulla strada Savona-Ceva-Mondovì, dovrebbe rappresentare un *(ad)millesimum passum* (?).

154. Come abbiamo detto sopra, mancano quasi interamente le testimonianze sicure di *lapides* o cippi che ci

tramandino, nella toponomastica odierna, la distanza di due miglia dal capoluogo, e analogamente non pare mai ricordato, lungo le strade antiche, il primo miliario. Tale circostanza è probabilmente dovuta all'assenza di *mansiones* antiche collocate nelle immediate vicinanze della città lungo il percorso di strade romane; sappiamo infatti che gli abitati, i villaggi e i borghi sopra ricordati hanno tratto origine dallo sviluppo di un luogo di sosta, da una stazione, spesso provvista di alloggio, di bagno per i bisogni dei passeggeri, e di officina per la riparazione dei veicoli, indicata dalla distanza miliare. È ovvio che tali fermate sarebbero risultate superflue se collocate a una distanza inferiore alle tre miglia romane dalla partenza o dalla meta di un viaggio. *Domegliara* (dial. *domejàra*), frazione in comune di Sant'Ambrogio (Verona), indicherebbe probabilmente un rettifilo lungo due miglia. Anche la supposizione che lo stesso nome m ī l (l) i a r i u m si continui in numerosi nomi locali italiani del tipo *Migliàro*, *Migliarìno*, come hanno sostenuto alcuni storici e archeologi, è altrettanto dubbia; essa è senz'altro da escludersi nei casi in cui tale nome locale non sia documentato nelle immediate vicinanze di una città e lungo una strada antica. Com'è noto, alcuni linguisti hanno giustamente indicato in m ĭ l i ā r i u m (da m ĭ l i u m) "campo di miglio", la fonte di molti nomi locali del nostro tipo, documentati spesso anche al femminile *Migliàra* e simili. Il Sella ci segnala infatti da documenti veneti *miliaria* "campo coltivato a miglio", ad esempio a Treviso, a. 1313 *miglara* ecc. e anche *meiarinus* "campo di miglio", *meiarinus seu panigalibus vel sorgalibus* a Rovereto, a. 1425; per i dialetti veneti cfr. anche il valsug. *megiàra* (term. ant.) "stoppia del miglio", a. 1589: "Se veramente alcuna persona tagliasse *megiare* over altri strami... Non sono pertanto prive di fondamento le spiegazioni presentate dal Pieri nei suoi noti volumi di toponomastica toscana per i *Migliari, Migliaio*, *Migliarino* toscani derivati da "miglio" (pianta) contro, ad esempio, l'opinione del Bianchi che traeva *Migliarino* da p a r v u m m ī l l i ā r e "nomignolo proprio di una via municipale romana", e vi confrontava *Marmigliare*, *-aio* (Colognole, Colle Salvetti LI) = m a r m o r m i l l i a r e. Il Pieri propone, invece, per questa ultima località l'etimo *mal(o) migliaio* da *miglio* (pianta). Anche l'Olivieri spiega con milium (pianta) i *Mejàro, Miàre, Miglièra, Meiarìn* del Veneto. I toponimi del tipo *Migliàro, Migliàra* farebbero quindi coppia con *Melegàra* da "melica" (qui anche *Marghera* di Venezia, ant. *Malghera*), *Panigale* e *Panchià* (TN) da "panico", ecc.

155. Derivati da numerali si incontrano spesso tra i nomi di luogo e con diversi significati. Colpisce ad es. in Emilia una serie di toponimi con analoga suffissazione, ad es. *Ducèntola* (S. Giovanni in Persiceto BO) = a. 751 *Ducentula*; *Trecèntola*, nome di antica corte (tra il Modenese e il Ferrarese) = a. 1139 *Trecentule*, *Quaràntola* (Mirandola), *Quingèntula* (Mantova), *Ottàntola* (a. 789 Mirandola), e soprattutto *Nonàntola* (da nonaginta), celebre abbazia (MO) = a. 753 *Nonantula*, cui si accompagna *Cento* (FE) = a. 1185 *Cento*. Può darsi che tali nomi indichino una misurazione del terreno in iugeri; il numerale cardinale ha assunto un suffisso *-ŭlŭs* forse con la semplice funzione di "sostantivazione".

Nella toponomastica traspare spesso anche il valore magico attribuito a certi numeri, secondo superstizioni ben note (si pensi al numero 13 o 17). Oltre a "tre" come numero cardinale, ad es. *Trefontane, Trepuzzi* (LE), il numero che compare con insistenza è "sette"; per una esemplificazione si veda qui § 158.

Antichi culti (e tradizioni) trasmessi dai nomi locali

156. Nella toponomastica italiana non è difficile rintracciare un po' ovunque ampie spie dei culti pagani, per cui tali ricerche risultano complementari per la storia delle religioni. Molte divinità del *pantheon* greco-romano traspaiono qua e là in luoghi ove esse erano per lo più venerate in *templa* o in *fana*. Così anche in India – come ricorda l'Alessio 1958, 75 – si conserva tuttora in un grande idronimo il nome di Brāhma e cioè *Brāhmaputra* 'figlio di *Brāhma*' che, come si sa, rappresenta la principale divinità indiana. Nomi greci di divinità – v. sopra § 59 – si mantengono ad es. in aree di colonizzazione elle-

nica, quale nella Gallia Narbonense, prossima all'Italia, Ἡρακλῆς Μόνοικος onde Monaco o di Ἀφροδίτη riflesso in *Port-Vendres* o di [Ἀπόλλων] Citaredo onde *Citharista portus* (Itin. Marit.), Κιθαριστὴς τὸ ἄκρον (Tolomeo II, 10) e i derivati *Ceyreste*, a. 1021-1032 *villa Ceziresta*, a. 1045 *Ceseresta*. Ecco un breve campionario di nomi locali italiani derivati da teonimi pagani: da Hercules abbiamo ad es.: *Erchie* (Maiori, SA) a. 1061 *Ercle* < Herculis (*templum*) e cfr. in Puglia *Erchie* (BR), *Erchie* (Pontassieve FI), *Campèrchi* (Cornia, Civitella in Val di Chiana AR), *Fontèrcoli* borro (Radda SI), *Pontèrcole* (MO), *Cusèrcoli* (FO) 'chiusa d'Ercole', *Porto Èrcole* (M. Argentario GR), ant. *Ercle* (dioc. di Populonia, all'a. 1070 *Herchii*), *Petèrcole* (Civitella GR) = a. 1140 *Piterculi* (forse petra H. ?). Tracce di Iuppiter/Iovis sono abbastanza frequenti: *Gioi* (SA) < ad Iovis (*templum*) che pare corrispondere a. 837 *Iobi*, 855 *Iovi*, 856 *Iobis*; *Giovi* (Quarata AR), *Montegiovi* (Subbiano AR), *Montegiovi* (Faltona, Borgo S. Lor. FI e Ascone, Pontassieve FI); *Gioia del Colle* (pronuncia locale *šoj*) (BA) a. 1071 *de Ioi*, 1087 *ad Ioam*, 1199 *Ioa*, 1266 *de Ioha* e cfr. *Gioia Tauro* (RC) (ma potrebbe corrispondere ad a. italiano *gioi* < francese a. *joi* 'gioia', città della felicità?), *Giove* (TR), *Giove* (CE) = a. 1031 *Casajobi*; da Apollo viene verosimilmente il toponimo campano *Pòllena* (-Tròcchia) (NA) forse da confrontare con *Pòllina* in Sicilia (PA) < *ad Apollinis* (*templum*) (ipotesi incerta).

Più frequenti le vestigia di Vĕnus -ĕris a partire dalle forme attestate in epoca romana quali Portus Veneris (presso SP) = *Portovenere*; inoltre molte tracce in Toscana: *Vèneri* (Massaciùccoli, Massarosa LU), *Vènere* (Antria, AR), *Vènere* (Quarata AR), *Venerine* (Poggiola AR), *Vènere* (Gattaia, Vicchio FI), *Montevènere* (Chiusi SI); *Campo Vènere* (Palizzi RC) e persino *Santa Vènere* (frequente a Cassano, Francavilla Marittima, Cerchiara, Grisolìa ecc. CS), anche *Santa Vènera* ant. (Gerace RG) latinizzazione della greca ἁγία Παρασκευή cioè 'venerdì' = *sancta Veneris*; nel Veneto ad es. *Vendri* (S. Maria in Stelle VR) = a. 832 *in uico Ueneris*, a. 844 *ad Veneris*, a. 856 in ualle Paltenate *in uico Ueneris*, 953 *Venderi*; incerto è invece *Vènere* fiume del Basso Lodigiano ed altro... *fluviu vel rius Venere* nell'Alto Lodigiano.

Derivati anche di Mars- Martis, ad es. *Marti* (Cascia, Reggello FI), *Marti* (Palaia PI) = a. 1017, *Marti* (S. Ermo Lari PI) e ant. *Camarte -arzo* (FI) = a. 966 *Campo Martii*; da Mercurius > *Campomèrcoli* (Castelnuovo, Castel Fiorentino) < campu Mercuri; *San Mèrcure* (Bisceglie BA), *S. Mercurio* ant. all'a. 1072 (Puglia), *Mèrcul* (Caslino d'Erba CO) (?), forse *Mercuràgo* (Arona NO) < Mercuriăcus (?) ed è da notare che nel luogo furono rinvenute ben quattro iscrizioni dedicate a Mercurio.

I derivati di Minerva sono particolarmente frequenti: *Minèrbe* (Legnago VR) = a. 743 *Minervae* e *S. Maria di Manerbo* o *Minerba* (Marano VR) con scavi locali di un tempio dedicato a Minerva Augustea; *Manerbio* (BS) = sec. XI *Minervis* e *Manerba* (BS) = a. 1090 *rocha Manerva* (ivi una lapide latina con... *vicani vici Minervi* CIL V 4421, 4450 e 4451; *Minerbio* nel Bolognese < Minervium 'tempio di Minerva' (?).

È rappresentato anche Saturnus ad es. in *Valle Sedorgna* (affluente del Serio, Gandellino BG) (da Saturnius) e *Sadorni* (Val di Non TN), forse *Sodorno* (BG) = XI secolo *in Sudorno, foris ipsa civitate*; forse anche *Saturnia* (Manciano GR), ant. *Satornio* a. 1221, *Saturnio* a. 1226 e cfr. *Poggio Saturnio* (Manciano GR).

I derivati di Diana sono di certo numerosi, ma bisognerà tenere in considerazione il valore di appellativo assunto dalla divinità pagana (specie 'strega'). Si noti tuttavia che *Gian(n)utri*, isola di – (Isola del Giglio GR) viene da Diana, forse – nutri(x); altrimenti menzioniamo *Jana* (San Vito sullo Jonio CZ), *a Colla 'a Jana* (Verzino CZ) in aree in cui Diana assume il significato dell'antico italiano *jana* e cioè 'strega'. Alcuni toponimi toscani sembrano invece derivati da un *dianus nel senso di 'volto all'aurora', ad es. *Monte Zano* (Vorno, Capannori LU), *Colle Zani* (Fibbialla, Camaiore LU) = a. 932 *Colezani*, *Zana* (Vergémoli Garf. LU), *Źàndori* (Borgo a Mozzano LU) < *dianŭli -ae, *Źánico* (Vallico di sotto Garf. LU) < dianĭcu, *Fontana-diana* (Montemagno, Calci PI), *Źana* (AR), *Źano* (Greve FI), *Montezano* ant. (Bibbona LI); v. § 100.

157. Ma molti toponimi ci indiziano anche culti, credenze e superstizioni medievali illustrate da pregevoli studi di G. Serra, 1954, 237-270, ed in prima linea il culto di piante particolari (specie l'olmo e il tiglio), importanti negli usi civili medievali e fonti di particolari nomi locali. Il Serra ci ha procurato anche un "saggio di catalogo delle tracce del culto prestato a certi alberi in Italia", tratto da un meticoloso spoglio delle carte di varie regioni italiane per cui risulta che oltre alla venerazione dell'olmo e del tiglio, ricevevano particolare attenzione, in molti casi, anche il faggio, il leccio, la quercia e altre piante.

Nel medioevo, anche come riferimento topografico nelle città, ebbe dunque grande importanza il culto degli alberi di cui si vedono esemplari stupendi presso antiche chiese ed in alcune piazze. Celebre è ad es. il *Tiglio* di quattro secoli sulla piazzetta adiacente alla cattedrale di S. Orso ad Aosta (pare che il tiglio, introdotto come albero di culto dai Burgundi, abbia ivi soppiantato il faggio). Il culto dell'olmo è noto a Macugnaga, Ornavasso e alle porte di Novara a Nibbiola; il culto della quercia era diffuso soprattutto in Emilia, Romagna e nelle Venezie. Numerose sono le sopravvivenze toponimiche di tilia -u quali ad es. *Teglio* antico capoluogo della Valtellina. Anche a Moruzzo (Udine) si menziona il poderoso *Tiglio* delle vicinie fin dalle cronache del 1200. Famoso è il *Tiglio* di Cava dei Tirreni (Salerno) di tradizione longobarda. Il Serra ricorda anche la valle *de Ulmo et Cerclara* (a. 916-21) a Piacenza e *Cerchiara* di Bergamo da querclaria (< quercus), *Cerclaria* presso Strassoldo in Friuli. Celebre inoltre il *Palazzo del Tè*, già luogo delizioso dei Gonzaga a Mantova = *Teledo* > *teié* (tiliētum).

158. Il Serra ha poi dedicato una ricerca particolare alla verbena e alla *Valle della Vermenagna* che trae il nome dal torrente *Vermenagna* < fluvius Vermenagnia menzionato nella Passio Pedonensis dell'a. 510 (CN) a Sud di San Dalmazzo. Tale toponimo ed idronimo risulta un derivato del latino verbena, in origine nome di diverse piante sacre che erano usate dai Romani in particolari rituali, poi specializzatasi ad indicare la verbenāca o ἱερὰ βοτάνη (corrispondente a περιστερεῶν di

Dioscoride IV, 60) e cioè alla *Verbena officinalis* L. L'erba sacra dei Romani ("virgulta religioni apta") continuò ad essere colta ed usata ritualmente dai Cristiani, specie all'alba di San Giovanni in una festa celebrata da particolari canti e dalla raccolta che ne facevano insieme gli innamorati. Nell'omelia di San Valeriano si accenna al "vermenarius furens", cioè al sacerdote pagano che agita nelle sue mani il caduceo o verbena nello scandire i suoi *devotoria carmina*; accanto a tale sacerdote è nominato un altro e cioè il "dianaticus" altrettanto *furens*. Vi è pure nominata la "Fons, aqua *Berbene*" di Castelvecchio di Rocca Barbena (presso Albenga) (< verbena) e della *Vermenagna*. È da notare che la formazione del nome è analoga all'idronimo ligure *rivus* Comberanea (v. qui § 70); per altri continuatori v. qui § 136; inoltre *Monte Vermenone* (MC) (in concorrenza con *vèrmine* 'vermiglio'?).

Tra i nomi di luogo si possono trarre anche vari spunti demologici e vi fa spesso capolino il folclore locale con una serie di superstizioni, di tradizioni e di personaggi leggendari, spesso immortalati proprio dalla toponimia. Vi si può constatare il valore magico di alcuni numeri che non a caso si ripetono in una grande quantità di nomi locali. Una particolare fortuna pare aver avuto, oltre al "tre", soprattutto il numero "sette" che compare un po' ovunque in Italia. Ne dà un lungo elenco anche l'Alessio 1958, 66-68; essi sono tratti dalle carte medievali, ma spesso sono toponimi ancora ben vivi e forse produttivi. Basti menzionare qui ad es. per la Toscana: *Settecase* (a. 1012), *Settefonti* (a. 1097 *Septifonte*), *Setteprati* (a. 763), *ad septem Pinos* (a. 804), *Setteponti, Settetorri* e di altre regioni *Settecà* (VI), *Settecamini* (Roma), *Settecani* (Castelnuovo Rangone MO), *Settecannoli* (PA), *Sette Casoni* (VE), *Settecomuni* (Preganziol TV), *Settefonti* (Ozzano BO), *Settefrati* (FR), *Setteporte* (Rocca di Neto CZ), *Settequerce/Siebeneich* (BZ), *Settesorelle* (Vernasca PC), *Settevene* (Nepi VT), *le Sette Vie* (Torre Mondovì CN), *Setteville* (Guidona-Montecchio, Roma), ecc.

159. Va inoltre notato che nella toponomastica sopravvivono a volte frammenti di tradizioni mitologiche e di

novellistica popolare. Anche nel Veneto ad es. non sono infrequenti tra i nomi locali quelli che si ispirano ai noti cicli leggendari francesi venuti d'Oltralpe con rielaborazioni spesso in franco-veneto (ciclo carolingio), e con avventure sovente narrate o cantate nelle piazze o, più spesso, lette in un secondo tempo anche nei *filò* campagnoli. Da tali racconti provengono vari nomi di persona e cognomi, ma forse anche qualche nome locale che ricorda le imprese dei celebri eroi, noti anche al popolo. Citiamo ad es.: *Campo* e *Baiti d'Orlando* (Ferrara di M. Baldo VR), *Valle d'Orlando* (Roncà VR), *Orlanda* tratto di via romana presso Mestre ("i villici che chiamano così perché di questo Paladino raccontano cose strane") e presso Pola in Istria si ha all'a. 1370 un *Pratum Rolandi* e a Pola qualche volta il teatro *Zaro* (v. § 97) è denominato Aedes Rolandi; inoltre: *Castel Liviero* (Zianigo, Mirano VE) dal paladino *Oliviero* = ant. *Auliverii*; *Vadum Zavarisii* (PD) a. 1281 dal *Savari*, eroe carolingio, donde anche il toscano *Savarigio*; *Rodomonte* (Campagna Lupia VE) e vari altri.

Agiotoponomastica

160. Largamente diffusa, e spesso in espansione nel tempo, è la toponomastica fondata sulla intitolazione delle chiese, cioè sui nomi, spesso popolari e travisati, dei santi, detta anche "(h)agiotoponomastica". L'interesse per tale studio trascende il nome locale e presenta una notevole rilevanza anche nel campo della storia culturale, civile e soprattutto religiosa. Ci fonderemo per la nostra breve esemplificazione su Rohlfs 1972, 75-89 (e su altre fonti), molto ricco di interpretazioni sicure o probabili dei nomi di santi profondamente alterati nella forma – ed in particolare di origine greca – divenuti quasi sempre nomi di frazioni o di comuni. Gli storpiamenti popolari più interessanti si individuano nell'Italia meridionale ed in Sardegna, ma anche nel Veneto, specie a Venezia. Qui ci interessa segnalare soprattutto le alterazioni del nome non tutte bene interpretabili per i particolari fonetici; ma può essere utile indicare anche una statistica approssimativa

circa il culto dei santi in Italia con un numero (fondato sui dati che si ricavano dall'*Indice generale della carta d'Italia* del T.C.I.) confrontata con la situazione francese. In Italia figura in testa il culto di *Maria* con 618 casi (in Francia solo 44) – citiamo ora la situazione francese tra parentesi –, seguono *Martino* 455 (238), *Giovanni* 367 (162), *Michele* 274 (65); alterazioni popolari quali *San Tèttaco* in Sardegna per San Teodoro (NU), *Sanluri* (CA) = S. Lorenzo (che forse risale in realtà al fitonimo *seḍḍoru* < *selloru* 'sedano' ?), *Santinbenia* (SS) venerata a Cùglieri (forse *Sant'Ingenua* o *Sant'Eugenia*, comun. di M. Pittau); o *Sandu Tiròro* (Serramezzana SA), oppure *San Boldo* (Cison di Valmarino TV) che è *Sant'Ubaldo* (anche a VE), regolare foneticamente, *Santo Aponàl* (Campo, Rio di –, VE) = *S. Apollinare* (forme popolari usate anche dal Sanudo nel 1510). E sempre a Venezia o nel Veneto: *Santo Stin(o)* = S. Stefano (attraverso *Stevanìn* > *Steonìn*), *San Stae* (con le varianti ant. *Stacio*, *Stagio*) = *S. Eustachio* (ma della variante gr. Εὐστάθιος), *Sangrigòlo* (PD) < Gregorius, *Cà Sant'Ellero* ant. = Hilarius e cfr. *Sant'Ellero* (Reggello FI) (*Ellero* è anche cognome friulano); da Andreas > *Sant'andrà* (Povegliano TV) o *Sant'Andràt* (Talmassons UD); da Cosmas > *San Gusmè* (Monselice PD ed anche Castelnuovo Berardenga SI), *Sant'Eufemia* (Borgoricco PD) all'a. 1150 *S. Fomia*; Eusebius > *Valsanzibio* (Monselice PD), *Sanzàn* (Feltre BL) < Joannes (a VE *Sanzanipolo* = Campo dei SS. Giovanni e Paolo); Ulderìcus > *Sandrigo* (VI). Da notare soprattutto la profonda alterazione in Hermagoras (che fu il primo vescovo di Aquileia, sec. III, ma la chiesa venez. è dedicata ai *Santi Ermagore e Fortunato*) divenuto a VE *San Marcuòla*. In Piemonte (frequente) *San Chiaffredo* è *San Theotfredus*; *San Giaimo* (ME) sembra aver conservata la pronuncia antica dello spagn. *J* (= *ǧ* > *ž*) se corrisponde a *Jaime* < Jacobus. A volte, attraverso la tradizione popolare con varia fonetica, pare che i santi siano due, ma ciò è subito contraddetto dai documenti, ad es. *San Licandro* (Campania e Sicilia) è identico a *San Nicandro* (ad es. BA e – Gargànico FG o Prata d'Ansidonia AQ); *San Mamante* (BL e Cesena FO) corrisponde esattamente a *San Mameta* (Valsolda CO) <

M a m a s / M a m m e s, un martire di Cesarea sotto Aureliano (nelle tradizioni venete è il santo che favorisce l'allattamento, per etimo popolare).

L'evoluzione fonetica può a volte staccare nettamente il toponimo dalla sua origine agionimica; così ad es. in *Santomenna* (SA) non è facile riconoscere *Santa Menna*, o in *Sainardo* (Lodi MI) il *San Leonardo* (al quale era dedicato l'ospedale ivi eretto verso il 1127), o in *Selino* (Sant'Omobono BG) il *San Lino*, o in *Santhià* (VC) *S. Agata* (sec. X, *comitatus S. Agathae*).

Comune è il passaggio da s a n c t u s a s a n c t a dato che la finale *-as* dava regolarmente in italiano *-a*; così si spiega come il santo *Sabas* sia divenuto *Santa Saba* (RC) e il santo *Mamas* > *Santa Mama* (Subbiano AR), il santo *Phocas* > *Santa Foca* (Friuli), santo *Jonas* > *Santa Jona* (Abruzzo), santo *Zacharias* > *Santa Sagaria* (presso Morano CS). Non è ignota la fusione di due santi in un solo nome, come in *San Trovaso* (Preganziol TV) che riflette l'unione dei santi *Protaso+Gervasio*, oppure *San Cosimato* (Vicovaro, Roma) che richiama *San Cosimano*, *san Cusimano*, *San Cusumano* in Sicilia e risulta dalla fusione dei santi C o s m a e D a m i a n o (gemelli). Ma interessante è il caso inverso a quello sopra menzionato per cui nasce un santo e il culto di un santo per una erronea interpretazione del toponimo con una curiosa paraetimologia.

161. Così la celebre *Santa Severina* (CZ), che anticamente si chiamava Σιβερίνη citata come città degli Enotri da Stefano Bizantino (sec. V), è menzionata già nel sec. IX in documenti ecclesiastici bizantini ἁγία Σευερίνη, ma l'antico nome figura ancora in autori del sec. XVI come *Siberena*, *Siberna* "detta oggi Severina". Il mutamento di nome è dovuto a leggende su santi messe in circolazione dai monaci, ma in realtà pare che una *santa Severina* non sia mai esistita.

Analogamente abbiamo sempre nella Calabria meridionale una *Santa Giorgia* (frazione di Scido RC), che popolarmente è denominata *Jorghia* e corrisponde in realtà al greco γεωργία 'terra coltivata'. Tali alterazioni paraetimologiche si verificano anche nell'Italia settentrionale ove, ad es., *San Predengo* (presso CR) riflette a prima vista un santo mai esistito e, dato che il luogo è situato in un'area ricca di toponimi in *-éngo* (< germ. -ingen), è verosimile che si tratti invece di un *Pedringos* (cfr. *Pedrengo* BG = a. 830 *Pedringo*) come derivato da un Petrus a cui è stato premesso arbitrariamente un *san*. Ma sono soprattutto i toponimi che cominciano con *san-* a generare dei falsi santi. Così un *Sanguineto*, *Sangineto* (derivato da sanguĭne 'corniolo') è stato reinterpretato come un *San Genito* (BN) e la falsa divisione è stata favorita dalla reale esistenza del santo di nome Genitus.

Un caso analogo si ha in *Canal San Bovo* (Primiero TN). Tale località è attestata all'a. 1275 come *Canale Sambugo* e proviene sicuramente dal fitonimo sambūcus 'sambuco'. Ma il nome ha dato origine alla nascita di una credenza e al culto di un santo: *San Bovo* che in effetti esiste, cfr. ad es. *San Bovo* (Càstino CN), onde pare originato il cognome *Bovio*. Al nuovo santo si è collocata una statua nella chiesa parrocchiale (ma il patrono è in realtà San Bartolomeo!). Il toponimo, male interpretato, ha pertanto favorito una nuova devozione.

Bisogna, infine, riconoscere che molti toponimi derivati dall'agionimia presentano vari santi o sante non ancora identificati (forse, in qualche caso, dovuti a false interpretazioni). Tali sono ad es. *Sant'Allago* (tra PI e LU), *Sant'Arzolo* (Sardegna), *Sant'Avignone* (Sicilia), *San Bonico* (PC), *S. Bruzio* (GR), *San Carrà* (ME), *San Chierlo* (BO), *San Re* (PV), *San Girio* (Marche), *San Provenzano* (SI) ecc.; oppure *Santa Commara* (Campania), *Sant'Imbenia* (v. sopra), *Santa Rantua* (Veneto), *Santa Suina* (Sardegna), *Santa Vitalia* (Sardegna) e molti altri. È comunque interessante osservare che molti santi, quasi ignoti, si ritrovano spesso tra gli agio-toponimi e va notata anche la connessione, sovente stretta, tra santi particolarmente venerati da alcuni popoli e il loro preciso riscontro nella nomenclatura toponimica. Così gli influssi normanni nell'Italia meridionale, oltre che da avvenimenti storici e di un particolare filone lessicale dei dialetti, possono essere comprovati anche dalla presenza di un agiotoponomastico particolare, tipico dei Normanni. Toponimi quali *Sant'Etiena* (SA) < fr. *Saint-Etienne*, o

Sant'Aloia (Lucania) < fr. *Saint-Eloi* (< Eligius), *San Metaro* (TA) < fr. *Saint-Médard* (< Medardus venerato in Normandia) ecc. possono pienamente confermare tali influssi.

Ricordiamo infine il caso particolare della Sardegna, ove si conosce il nome *Bachisio/Bacchisio* specie nel Nuorese e Sassarese e si venera un *San–* che pare in realtà inesistente (forse un'eco di Baccus ?). Il culto venne diffuso dai Bizantini ed esso è patrono di Bolòtona (NU) con una chiesa romanica a lui intitolata; è comunque un santo non riconosciuto dalla chiesa (De Felice 1986, 84).

Per alcuni dati statistici di agiotoponomastica e la densità di alcuni agionimi riflessa dalla toponomastica, si può vedere Imbrighi 1957 (e qui le figure 8.1 e 8.2). Tra le

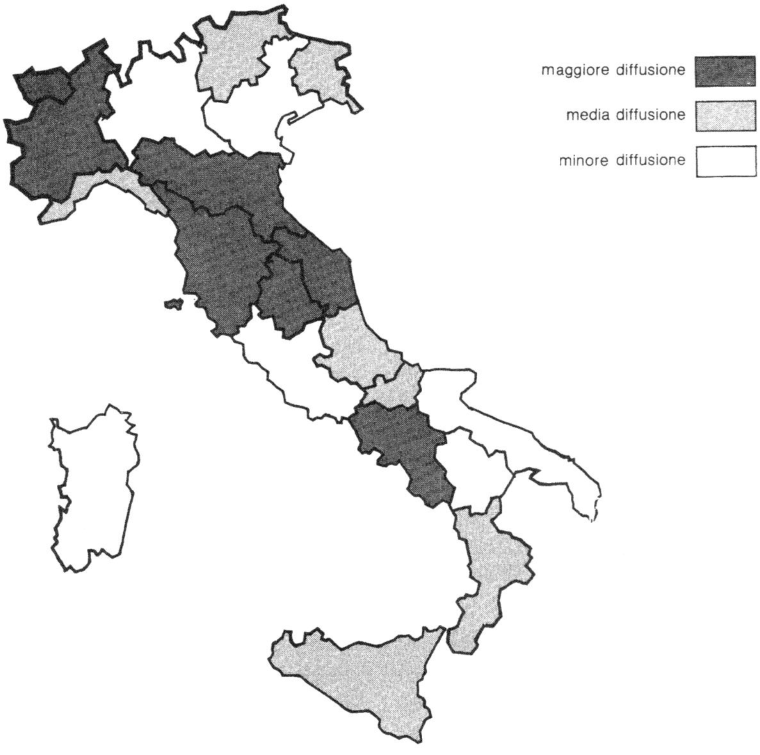

Fig. 8.1 Diffusione regionale dei toponimi sacri

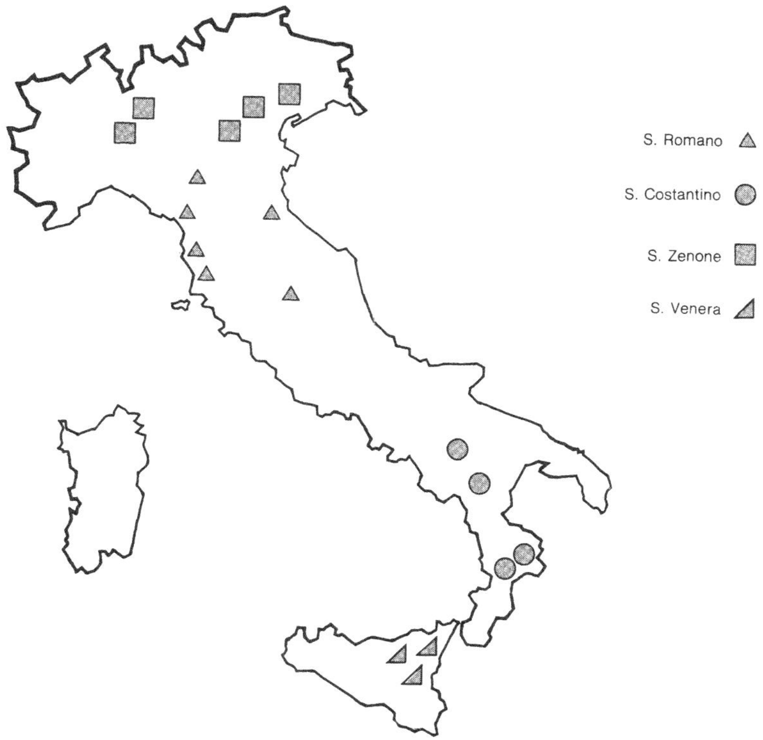

Fig. 8.2 Esempi di diffusione locale dei toponimi sacri

regioni in cui si addensano maggiormente gli agiotoponimi si notano il Piemonte, l'Emilia-Romagna, la Toscana e l'Umbria.

Toponomastica delle aree alloglotte

162. Consideriamo qui sotto i nomi locali delle aree italiane autenticamente alloglotte ed escludiamo pertanto le aree "italo-romanze"; altrimenti non sapremmo individuare una discriminante tra le dizioni locali dei dialetti italo-romanzi (che quasi ovunque divergono a volte notevolmente dalle forme da tempo ufficiali) e quelle delle parlate suddette. Per un orientamento generale su codeste

distinzioni v. Pellegrini 1977 (con la relativa *Carta*) e Pellegrini 1986 *b*.

Partendo dall'Italia meridionale incontriamo l'area grecanica (bizantina?) della provincia di Reggio Calabria, un tempo assai più vasta ed ora, anche nei punti più conservativi, con una popolazione greca in avanzata fase di romanizzazione. Il centro è *Bova Marina*, specie *Bova Superiore* = secolo VII μόναχος της Βοός, a. 1099 ᾽επάνω τοῦ Βοός 'sopra Bova', detta nel greco locale *Vùa*. La forma rappresenta una "trasposizione burocratica e meccanica" del greco Βοῦα in alfabeto latino *Bova*. Può rappresentare il latino b o v a 'serpente', oppure – secondo il Rohlfs – una derivazione dall'accus. *βοῦα di βοῦς 'bovino' (in loco si denomina anche soltanto *khora* 'paese', come avviene in casi simili in albanese). Il vicino *Condufuri*, pure in greco è *kondukhuri* (si noti χ > f), trova riscontro in Grecia nella forma Κοντοχῶρι 'vicino al paese' ed è da notare che nella Calabria greca con χωρίον 'luogo' si designa il 'casale' di una località più importante. Così si ha a Nord di Bova nella forma ufficiale *Ghorìo di Roccaforte* (*khorìo tu Vunìu*), *Ghorìo di Melitu* (*khorìo tu Melìtu*) ed anche *Forìo* (col passaggio fonetico già veduto) *di San Lorenzo*, ecc. *Gallicianò* dialetto *Gaḍḍicianò* è frazione di Condufuri e proviene dal greco Γαλλικιανόν 'di Gallicius'; *Roccaforte del Greco* nel greco locale è *vunì* 'monte, rocca', secolo XVI *La Rocca*; *Amendolèa* è frazione di Condufuri (e contrada di Camini RC), nella dizione locale *Amiddalìa* tratta dall'omonima fiumara che vi scorre vicino < greco ἀμυγδαλέα 'mandorlo'.

Nel Salento l'area grecofona in provincia di LE è costituita dai comuni di *Calimera* (con la variante *Calimberda*) dal greco καλός 'bello' ed ἡμέρα 'giorno', un nome augurale che si ripete nell'Italia meridionale (anche presso Nicotera e nell'isola d'Ischia), cfr. *Buongiorno* casale presso Antillo (ME) e *Calispera* (in provincia di ME) 'buona sera'; *Martignano* in greco Μαρτινάνα di origine prediale romana; *Sternatìa* detta in greco *khora* 'paese' (e si notino le varie *Starnaìtta*, *Starnaditta*) proviene probabilmente dal greco στέρνα < γιστέρνα 'cisterna' (si trovano sul posto delle ampie cisterne); *Zollino* (pron. locale *zzuḍḍinu*) proviene da un greco τούς Τσουλλίνους 'i discendenti di un T u l l u s', cognome attestato in iscrizioni antiche dell'Italia meridionale (?); *Martano* in greco Μαρτάνι, deriva da un prediale M a r t a n u s cioè da un proprietario fondiario, da un M a r t u s; *Soléto* pronuncia locale *sulìtu*, risale al *Soletum desertum* attestato in Plinio; *Castrignano de' Greci* in greco è *kastriñana* e risale pure ad un (*praedium*) C a s t r i n i a n u m, proprietà di un C a s t r i n i u s. Analogamente *Corigliano d'Otranto* in greco *korijàna*, dal fondo C o r e l i a n u m 'podere di un C o r e l i u s', e *Melpignano* in greco, *lipiñana* da una *villa* di un Μελφίννιος, nome raro (attestato peraltro in iscrizione di Olimpia).

163. Dei numerosi paesi e città delle isole linguisticamente *albanesi* dell'Italia meridionale riportiamo le denominazioni alloglotte suddivise per provincia.

P a l e r m o: *Piana degli Albanesi* in siciliano *kjana*, albanese *Hora(të Arbreshëvet)*, cioè 'paese degli A.' con forma che risale al greco (v. qui sopra), ma anche *Qana* (dal siciliano) e *Shèshi* (albanese *shesh* 'piano' 'piazza' < lat. s e s s u s), *Mezzoiuso* di origine araba (v. qui § 112) adattato in albanese come *Munxifsi* ed ora *Mexojus*; *Contessa Entellina* (che risale alla classica E n t e l l a v. qui § 38) è adattato in albanese come *Kundisa*; *Palazzo Adriano* (oasi assorbita), *I Pallaci* e *S. Cristina di Gela* è semplicemente *Shën Kristina*.

C a t a n z a r o: tutti i paesi albanofoni (o già albanesi) hanno avuto un adattamento nell'*arbëresh* locale e non si diversificano di molto dalle dizioni italiane e calabresi; si noti *Pallagorìo* reso con *Puhërìu*, *S. Nicola dell'Alto* reso con *Shën Kolli*.

Analogamente in provincia di C o s e n z a, ove la lingua albanese è ancora assai fiorente, *Acquaformosa* è *Firmoza*, *Firmoçka*, *Castroregio* = *Kasternexhi* (albanese *xh* = *ǧ*), *Cerzeto* = *Qana* (calabrese 'piana'), *Civita* = *Çifti* (con *v(i)t* > *ft*), *Eianina* (frazione di Frassineto) anche in italiano ha rimpiazzato il vecchio e fastidioso *Porcile* (v. § 184), albanese *Ejanìna* (paese sito sul fiume *Ejano*) e *Purçilli*, *Frascineto* = *Frashnita*, *Macchia Albanese* = *Maqi*, *Plàtaci* = *Platni*, *Platani*, *S. Caterina Albanese* = *Picëlia* (in italiano *Pizziglia*), *S. Demetrio Corone* = *Shën Mitri*, *S. Giovanni del Vallo* = *Sullarënxa*, *S. Giorgio*

Albanese = *Mbuzati* (pare un antico nome di famiglia).

In provincia di Potenza, ad es. *S. Costantino Albanese* = *Shën Kostandini* e *S. Paolo Albanese* = *Shën Pali*. In provincia di Foggia anche *Chièuti* diverge solo per la grafia: *Qeuti*; in provincia di Campobasso: *Campomarino* = *Këmarini*, *Montecilfone* = *Munxhufuni*, *Portocannone* = *Portkanuni*, *Ururi* = con aferesi *Ruri*.

Circa le colonie slave del Molise e gli Sloveni del Friuli rinvio al § 126.

164. Nell'Italia settentrionale le ampie aree di parlata *franco-provenzale* (Aosta e parte della provincia di Torino) o *provenzale* (Torino e Cuneo) – un tempo, forse non lontano, di parlata assai vicina al piemontese antico (come dimostra anche la toponomastica) – hanno quasi sempre e spesso nomi locali non lontani dalle forme ufficiali italiane (o dialetti simili a quanto avviene in varie parti della Romània italo-romanza). Un tentativo del passato regime di italianizzare forme locali di stampo per lo più francese ebbe pochi anni di vita e scarso successo. Così ad es. *Cormaiore* per *Courmayeur* (AO) dal 1939 al 1946 o *Porta Littoria* per *La Thuille* (AO), pure dal 1939 al 1946 ed ancora *San Vincenzo della Fonte* per *Saint-Vincent* (AO). La toponomastica dell'area linguistica franco-provenzale si fonda in realtà non tanto sulla pronuncia dei vari *patois* locali (che nel caso del ladino centrale atesino sono divenuti "lingue ufficiali"?), quanto sulle dizioni francesi (ed il francese è in realtà lingua d'elezione, come lo è per i Ladini del Sella il tedesco). Basti menzionare l'esempio di *Aosta* (da Augusta Praetoria) cui si affianca come forma ufficiale il francese *Aoste* e non di certo il locale francoprovenzale *Aòt*, *Ota* (o il piemontese *Aùsta*); ma l'etnico è *Valdôtain*. Come è noto, i derivati di Augustus (e di Caesar) nella toponomastica sono assai numerosi, cfr. anche in Sardegna *Aùstis* (NU) e *Agùstis* (Barbagia), ant. anche *Gustis*, v. Pittau 1964.

Accenniamo anche alle oasi *tedesche* dell'Italia nord-occidentale ora in forte regressione. Come si sa, si tratta di immigrati dall'Alto Vallese (*Walser*) e le più importanti si trovano nella Valle d'Aosta intorno al Monte Rosa, nella valle del Lys-Lesa. Esse sono costituite da *Gressoney La Trinité* (in tedesco *aobertail*) e da *Gressoney Saint Jean* che mantengono il nome gallo-romanzo (riflette un collettivo fitonimico da "crescioneto", francese antico *cresson* 'crescione, nasturzio', in dialetto tedesco *Greschoney*). Inoltre *Issime* (nel tedesco locale *eišëmë*) = ant. *Issima* di origine preromana (gallica?). In Valsesia (VC) sono colonie tedesche *Alagna*, *Rima S. Giuseppe* e *Rimella*, ma non esistono denominazioni tedesche particolari e si dice ad es. *Alagna-Land* (pare risalga ad un Alania nome di persona tratto dagli Alani??). *Rima* (in comune di Varallo VC) proviene dal latino rima 'crepaccio, fessura' e così il diminutivo *Rimella*. Nella Valle Anzasca (NO) si ha *Macugnaga* (tedesco *makënë*) all'a. 989 *Macuniaga* derivato in *-āca* di Macconius. Nella *Val Formazza* (NO) (tedesco *zum Steck* e disusato *Pommat*), derivato del latino forma 'cavo di acqua', si ha *Salecchio* < salĭctum 'salceto' (tedesco *Saley*) e *Agaro* (frazione di Premia NO), forse da *agaro* derivato di *aghèr* 'acero'. Era colonia tedesca anche *Ornavasso* (NO), pronuncia locale *urnavàš*) = a. 1184 *Ornavascum* con *Migiandone* (frazione del precedente) = a. 1184 *Mizandoni*, forse dal nome di persona *Meliandone* da *Meliando* della tradizione epica bretone, cfr. *Migliando* (frazione di Portacomàro AT).

165. Più consistenti (specie nel medioevo) le colonie e oasi tedesche dell'Italia nord-orientale. Possiamo distinguere quelle del Trentino, del Veneto e del Friuli e si può notare in generale che le denominazioni tedesche sono quasi sempre degli adattamenti di toponimi pretedeschi; particolare che viene a confermare l'origine e l'epoca degli stanziamenti alloglossi, posteriori in generale al 1100.

Nel Trentino l'epoca di maggiore tedeschizzazione risale ai secoli XI-XIV, ma i toponimi che si riferiscono alle aree tedeschizzate erano già formati e portavano nomi (neo)latini; così ad es. *Lavarone = Lafrun* o *Folgaria = Folgreit*, la *Vallarsa = Brandtal*, la Valle di *Pinè = Pineid*, *Terragnolo = Laimtal* (sopra Rovereto). Si tratta di località ove il tedesco si è estinto per lo più alla fine del secolo scorso. Lavarone ed il friulano *Lavardeit* provengono dal dialettale *làvara* 'pietra piatta' (forse preromano??) che allude a stratificazioni di rocce, cfr. anche *Lavarédo* (Auronzo, BL). *Folgarìa* a. 1196 *Fulgarida* risale al latino filicaria e suffisso *-ēta* da filex 'felce' ecc.

Tra le località ove si è mantenuto il dialetto tedesco va menzionata *Luserna-Lusern* (tedesco locale *ložern/ložarn*) che viene forse dal latino lucĕrna. I toponimi della Val del Fersina (o dei 'Mòcheni') sono tutti pretedeschi: *Frassilongo* cui corrisponde in tedesco *Gereut* 'novale' = a. 1286 *Fraxilonga* < fraxinus; *Fiorozzo-Florutz* = a. 1324 *Monte Floruci*, derivato di flore con *-ōceu*); *Roveda-Eichleit* (traduzione; *oaχlat* 'costa di roveri') = a. 1341 *Rovereda* da robur ed *-ētum* ed anche *Canežža*, con la ź sonora, corrisponde al toscano *can(n)eggia*. *Palù-Palai* all'a. 1324 in palude, nella forma tedesca aveva una *ü* lunga sviluppatasi in *iu* > *aü* > ed *ai*.

166. Anche l'area dei VII Comuni vicentini e dei XIII veronesi, all'arrivo dei "Cimbri" bavaresi (circa 1100-1150) presentava già un modesto incolato stabile, ma tutti i toponimi fondamentali erano già fondati ed essi sono di origine pretedesca. Diamo qui una esemplificazione con breve discussione per i nomi dei comuni dell'Altipiano asiaghese.

Pur tra le fitte foreste che certamente ammantavano quasi tutto il pianoro, si erano costituiti radi insediamenti con proprietà fondiarie di *gentes* romane e senza alcun dubbio proprio nell'attuale centro di *Asiago* la cui attestazione nelle carte è relativamente tarda. Ma la formazione toponimica è inequivocabile e trova subito un sostegno, forse anche per la *gens* che ci è attestata come proprietaria del fondo, nel parallelo toponimo *Asigliano* col suffisso *-ānum*. Quest'ultimo, a Sud-Ovest di Vicenza, (pronuncia locale *a ʃeiàn*), è documentato all'a. 1170 e 1379 *Asillano*, *Axeglano Axaglano* ove *-ll-* e *-gl-* rappresentano la laterale palatalizzata e la *x* = la sibilante sonora secondo le abitudini grafiche del veneto antico. Anche nelle *Rationes Decim. Ven-Histr.-Dalm.* di Sella-Vale p. 252 nr. 2894, all'a. 1297 si ha *ecclesia S. Martini de Asiglano* e così pure all'a. 1303 (ivi p. 287, nr. 3138). Qualora la *gens* sia la medesima, si può pensare ad es. ad Asellius – una *gens* che figura poche volte nelle epigrafi del Veneto (PID,

Ind. 88-89) – mentre assai più frequente pare Acilius, ed ambedue i gentilizi darebbero il medesimo risultato fonetico. Ma per *Asiago* dobbiamo soffermarci di più poiché pare a volte che gli storici e gli studiosi locali non si rendano conto della scientificità di alcuni studi toponimici. È da tempo dimostrato che la denominazione italiana *Asiago* e quella tedesca *Slege*, *Schlege*, non soltanto corrispondono al medesimo oggetto geografico, ma è pure bene assodato che esse derivano dalla medesima forma antica e cioè da un toponimo prediale di epoca gallo-latina con *-ăcum* generalmente (non sempre!) più antico di *-ānum*. Nell'adozione e adattamento della forma neolatina al tedesco, il toponimo ha poi subito una facile reinterpretazione; è stato cioè soggetto ad una paraetimologia per i Bavaresi che hanno sentito tale nome assai vicino ad un loro comune appellativo. Riconosciamo che *Schlege* rispetto ad Asiago risulta apparentemente assai alterato, ma scorrendo le attestazioni antiche del nome tutti i particolari dell'evoluzione fonetica appaiono chiariti. A quanto pare, nemmeno i locali sembrano rendersi conto del problemino etimologico, quando, senza accennare all'etimo latino, essi scrivono: "La maggior parte dei coloni bavaresi era costituita da taglialegna e ciò è dimostrato da numerosi toponimi del tipo *Sleghe* Asiago corrispondente al ted. *Schläge*. In area bavarese il sostantivo *Schlag* denota il bosco abbattuto... Anche lo stemma dei Sette Comuni rappresenta un taglialegna al lavoro".

Asiago in realtà pare attestato a partire dal 1204 nella forma *Axiglagum* (leggi *aʃil'agum*) e nel secolo seguente appaiono le seguenti forme archivistiche: *Aziagum*, *Asilagum* (ove *l* può essere *l'*), *Assiagum*, *Axiliacum*. Ancora nel sec. XV compare all'a. 1430 *Asiliagum*, a. 1444, 1486 *Asiagum*, *Axiagum*, a. 1554 *Asiglagum*, a. 1555 *Villa Asigiagis* (notaio di Thiene) – ove l'alternanza di *l:j:ğ* è ben nota al Veneto – ed ancora all'inizio del sec. XIX lo storico vicentino Maccà usa la forma *Asegiago* che l'Olivieri dice "ancora attuale al suo tempo", mentre sarà stata di certo antiquata e di una determinata tradizione veneta. I Bavaresi giunti sull'Altipiano ai primi del secolo XII hanno sentito la forma *Asel'ago* o meglio, con comune aferesi di *a*- preposizione locale, *sel'ag(o)* e, con perdita della atona, *slago* e, con metafonesi bavarese, *slege* > *šlege*, facilmente associato all'appellativo ted. *Schlege* (Holz)schläge "taglio" "taglio di boschi". Rimane in tal guisa chiarita l'apparente aporia dei due nomi che sembrerebbe difficile di ricondurre al medesimo archetipo.

È assai probabile che anche *Lusiana* rappresenti un fondo romano e l'Olivieri 1961, 20, senza menzionare alcuna attestazione medievale, pensa ad un derivato di *Lucilius*, come sarebbe a dire *Luciliana* (villa). Noi possiamo ricordare per lo meno una testimonianza dell'a. 1297: *ecclesia S. Iacobi de Lusiana* (Sella-Vale p. 159, nr. 1779), a. 1339 *Luxianae* (genitivo) e la forma cimbra *Lusaan* che non dovrebbe contraddire l'ipotesi mentovata, ma sarebbe pure possibile la derivazione da *Lusilius*, mentre va escluso, per ragioni fonetiche *Lusius* (tutti gentilizi latini attestati nel Veneto). Non possiamo peraltro passare sotto silenzio come qui di *l'* non si abbia una menoma vestigia nella forma tedesca: un particolare che potrebbe alludere ad una germanizzazione più recente e meno intensa rispetto ad Asiago.

Più complesso è il problema interpretativo a proposito di *Roana*; dispiace di non poter disporre di alcuna forma d'archivio. Conosciamo soltanto all'a. 1339 *Roane* (genitivo) nel privilegio di Cangrande I (1329) confermato da Martino II e Alberto, ove non si parla espressamente di tedeschi, ma delle sette comunità. La forma tedesca è *Robàan*, *Rowàan*, un particolare che pare escludere subito un rapporto col ted. *Rain* cioè dial. *ròan* ben noto nell'Altipiano e altrove. Anche il Battisti esclude che tale nome sia di origine tedesca, ed egli pensa dubitativamente ad un derivato di *rubus* 'rovo' (aggiungiamo, diventato eventualmente *rovàn* ed in ted. *robaan*?), oppure di *ro(v)a* 'ghiaia, area franosa' ampiamente diffuso nelle Alpi orientali (ad es. nel Bellunese). In tale evenienza bisognerebbe attribuire ad *-àn* un significato collettivo che non è ignoto ai dialetti specie come continuatore di *-āmen*. Ma non si può escludere del tutto anche per Roana l'origine prediale con un derivato ben noto in *-āna*. Non è peraltro molto agevole trovare un gentilizio o cognome latino che possa spiegare, non senza difficoltà, codesto toponimo. Il confronto con *Rubano* (Padova), attestato all'a. 1078 *Ruibano*, e pertanto da *Rubius* pare escluso per ragioni fonetiche (*b* ted. viene da *w*) e postulare il semplice *Rubus* (cfr. *Rufus* italico) è forse per il momento prematuro (cfr. peraltro i derivati *Rubenia*, *Rubellia*). Altra eventualità sarebbe quella di partire da un *Roius* + *-ānus* (Schulze 194, 580), onde un *Roiana* (villa) in cui lo *-j-* sia dileguato in epoca antica sostituito da un *-v-* (*-w-*) dissolutore di iato – fenomeno assai frequente – reso poi in tedesco con *-b-* (mi basti ricordare ad es. *Piavón* per *piaión* da *plagius*, *plajus* ecc.). Anteriori all'arrivo dei Bavaresi debbono considerarsi certamente *Rozzo* (*Rotzo*), *Fòza* e *Gallio*. Il primo non verrà dal nome di persona *Rozzo*, come pare preferire l'Olivieri 1961, 35, poiché esso corrisponde perfettamente all'appellativo vicentino *rozzo* 'gruppo di case', riportato dal Da Schio nel suo breve lavoro lessicologico (del 1858). Si tratta verosimilmente del lat. *roteus*, *rotjus* 'luogo recintato'. Tale nome è attestato dal 1175 *de Rozo*, a. 1264 *Rozium* (Statuti vicentini) e a. 1297 *Ecclesia S. Engueldrude de Rozio* (Sella-Vale cit. p. 158 nr. 1778). L'Olivieri menziona anche un *l.u.dic. Roçum* di Feletto Conegliano all'a. 1348. Si potrebbe aggiungere anche *Rozzo* (croato *Roč*) a S.E. di Pinguente in Istria e altro in Val Lagarina all'a. 1189 *Rozo de Murio*, tratto dal pers. germanico *Hrod-*, *Ruozo*, ma è da vedere anche l'ampia informazione procurataci dal Lorenzi 1932 736-8 a proposito di *Roz* di Castellano (Villa Lagarina TN) ove si accenna soprattutto al senso di *rotio vaccarum... rozio pecudum* cioè ad un equivalente di *sclapo* 'schiappo' 'braco' 'gruppo', un significato che bene si addice alla vita prevalentemente pastorale dell'Altipiano di quell'epoca.

Anche *Fòza* (*vütše*) è di origine neolatina < *fodia (*fodiare per fodere 'scavare') e così pure *Gallio* (*Gelle*/*Gel*) a. 1223 *Galedum* e forse anche *Enego* (o < germ. Enika?).

Ricordiamo infine che l'unico paese della Lessinia veronese in cui si conosce il "cimbro" è *Giazza* (fraz. di Selva di Progno VR); tale nome nel dialetto locale è detto *Lietzen*, *Lietze*, *Gljetze*, ma l'origine è chiaramente il lat. glacies, glacia.

167. Per il Friuli e Sappada (che da un secolo e mezzo appartiene alla provincia di Belluno) i toponimi dell'oasi carinziana non rappresentano fondazioni tedesche. Così *Sappada* in tedesco è *Bladen* (dialetto *plọdn*), e deve essere connesso col nome del fiume Plavis (di probabile origine venetica da *plow – 'scorrere', cfr. lat. *pluere*), mentre il nome italiano è riflesso dalla tedeschizzazione *tsepodn* 'Cima Sappada' (*Oberpladen*). La colonia di Sauris (valle del Lumiei) risale al sec. XIII ed il nome è verosimilmente di origine preromana, adattato in tedesco come *Tsāre*. Analogamente *Timau*, frazione di Paluzza (UD), va confrontato col preromano Timāvus, attestato in alcune iscrizioni oltre che in Virgilio ecc. All'a. 1366 *in villa de Thamau de Carnea*. Ebbe peraltro anche un nome tedesco originale: *Tischelwang*, forse di origine fitonimica.

Toponomastica bilingue dell'Alto Adige

168. La toponomastica dell'Alto Adige (*Südtirol*) era in un primo tempo (dopo la conquista di Druso del 15 a.C. e la penetrazione romana nella massima parte della regione) di stampo prelatino e latinizzata o di fondazione (neo)-latina. Con l'avvento dei Baiuvari e il loro stabile insediamento nelle ampie plaghe dell'area alto-atesina e col loro dominio politico ed ecclesiastico (in qualche caso già prima del sec. X), oltre a crearsi delle nuove fondazioni germaniche si determinò anche un processo di tedeschizzazione dei numerosi toponimi romani e romanzi, tanto che agli inizi del nostro secolo le dizioni correnti italiane dei nomi locali erano molto poche, mentre da tempo erano ufficiali e di gran lunga prevalenti quelle tedesche. Alla restituzione o creazione di una toponomastica italiana aveva cominciato a provvedere fin dai primissimi anni del secolo l'irredentista roveretano Ettore Tolomei. Questi pubblicò fin dal 1916, in piena guerra mondiale, un *Prontuario dei nomi locali dell'Alto Adige* (quest'ultima, dizione già napoleonica, ma divulgata soprattutto dal citato irredentista) che costituisce tuttora – ed in particolare nella terza edizione uscita a Roma nel 1935 – la base della nomenclatura geografica italiana della regione

(anche se non erano mancati tentativi assai più ridotti per una simile operazione fin dal 1905 da parte del geografo e naturalista veneziano Ettore De Toni). Con la fine del secondo conflitto mondiale si stabilì ufficialmente che i nomi locali della (poi) provincia autonoma di Bolzano dovessero essere bilingui con la precedenza dei toponimi nella lingua statale italiana. Come sia costituita tale terminologia locale italiana non risulta molto chiaro alla massima parte degli abitanti, estranei a qualsiasi problema di ordine storico e linguistico, tanto che alla gente comune, anche italiana, essa appare – così si scrive – creata e per lo più inventata quasi senza fondamento. Tali osservazioni sono in realtà errate e spesso faziose, dato che la Commissione toponomastica che ricreò una toponomastica ufficiale italiana, presieduta dal citato Tolomei (come avviene in tutti gli Stati ove si hanno delle minoranze e i nomi locali sono in prima istanza quelli della lingua statale) allestì le dizioni italiane secondo criteri plausibili (salvo in pochi casi). Nel citato *Prontuario* manca purtroppo una giustificazione precisa e completa (nell'"Introduzione" si leggono cenni fuggevoli in cui, tra l'altro, traspare nella scelta della nomenclatura un sentimento nazionalistico che ora ci pare esasperato), per cui è necessario che lo studioso esperto di tali problemi ne dia una spiegazione. Le categorie fondamentali che si possono isolare nell'operazione sono sostanzialmente quattro; ma volendo sottilizzare, si può estrarre una casistica più dettagliata come ha ben visto J. Kramer 1980 e ora Daniela Giaimo 1988.

169. I procedimenti che furono adottati per estrarre dai materiali tedeschi o tedeschizzati le forme ufficiali italiane (v. G.B. Pellegrini 1978, 1985 e soprattutto 1986 nota 3) sono i seguenti:

1) l'*adattamento* (come nei prestiti lessicali) delle forme tedesche alla lingua italiana;

2) la *traduzione* dal tedesco all'italiano (ove essa era possibile, non di certo nei molti toponimi di origine preromana);

3) la *creazione* di nomi locali *ex novo* in sostituzione di quelli tedeschi che a volta erano stati mutati, ma ovviamente con diversa motivazione (e spesso nazionale);

4) la ripresa o *restituzione* – secondo vari criteri – dei numerosissimi nomi locali altoatesini di origine (neo)latina che circolavano ed erano così registrati comunemente nei documenti latini prima della loro sistematica tedeschizzazione (osserviamo qui di passaggio che le cancellerie padronali – come si usava – tedeschizzavano costantemente i nomi *velscici*, cioè dei *Walchen*/*Welschen*, anche quelli ladini e trentini). Qui ci limitiamo a citare un modesto campionario dei quattro procedimenti che siano sufficienti a fornire un quadro preciso delle trasposizioni in italiano.

Per la *prima categoria* sono particolarmente numerosi i nomi locali di origine preromana (qualificarli "retici" è forse una eccessiva presunzione, tanto per la troppo nebulosa qualifica di tale lingua – o lingue? –, quanto per la presenza accertata di altri filoni preromani nella regione), ad es. *Kiens* (Pusteria) = a. 1006 *Khiehnas*, a. 1100 *Chienes*, a. 1150 *Chiens*, a. 1207 *Chienes*, fu reso con *Chiénes*; *Rasen* (Pusteria) = sec. XI *Resine, in loco Rasina* (qualcuno vorrebbe vedervi un equivalente dell'etrusco R a s e n n a), con *Rasùn* (con l'adozione di una forma badiotta); *Mellaun* (S. Andrea in Monte, Bressanone) = a. 990 *Millun*, con *Meluno*; *Villnöss*, *Villnöss*/*Vilness*, nella forma ladina = *Funés*, secolo XIV *Fulnezz* con *Funés*; *Ritten* (sopra Bolzano) = a. 870, 875 (per cui vedi anche § 89) *Ritano* (*-one*) con *Renon* (si parte da un R i t a n o n e; il toponimo non ha subìto la rotazione consonantica tedesca); *Partschins* (Val Venosta) = a. 1087 *Parzins* (?), 1284 *Parzines*, con *Parcines* (e la forma ladina è *Parzines*). *Tirol* (Tirolo), villaggio sul fianco del Monte di Merano (onde il nome della regione), a. 1142 *de Tyrol*, a. 1147 *de Tirale*, a. 1182 *Tarale*, di origine prelatina identico a T e r i o l i s > *Zirl* (presso Innsbruck); ma la tedeschizzazione del nostro è assai più tarda (come mostra l'accento e la mancata rotazione consonantica); *Brenner* (Brennero) proviene dalla popolazione preromana dei B r e u n i ("Tropaeum Alpium"), detti *Briones* in Paolo Diacono. Come adattamento di forma tedesca si noti soprattutto *Lengstein* (sull'altipiano del Renon) = a. 1170 *Lenginstein*, adattato c o n l a m a s s i m a r e g o l a r i t à f o n e t i c a in *Longostagno* (cfr. il tipo *Beutelstein* presso

Cortina d'Ampezzo = *Bottestagno* fin dai primi documenti e analogamente in Friuli *Partistagno* = *Pertenstein* a. 197 o *Ravistagno* = a. 1258 *Ravysteyn*, ove *Stein* significa 'rocca').

Per la *seconda categoria* gli esempi sono pure molto numerosi ed è da notare come siano state preferite, nelle dizioni italiane, forme dialettali locali, si noti *Niederdorf* (Pusteria) reso con *Villabassa* ove villa nell'area alpina indica una 'parte del villaggio'; analogamente *Uttenheim* è reso con *Villa Ottone* o si veda *Villa* (*Sarentina*) che rende *Nordheim*.

170. Per la *terza categoria* si potrebbe citare una neocreazione come *Colle Isarco* che sta a lato a *Gossensass* 'insediamento di Goti', un toponimo che – se l'etimo è esatto, con -t- > *ss* della rotazione consonantica tedesca – avrebbe dovuto corrispondere ad un *Gòdega*, *Gòdego*, una forma che certamente avrebbe stupito ancor di più i cittadini italiani e tedeschi, inesperti dei nostri studi.

Dato che i Tirolesi hanno mutato il tradizionale Firmianum (un predio romano da Firmius o Formius) in *Sigmundskron* (nell'Oltradige) per onorare una loro personalità (un arciduca austriaco), più che di neocreazioni si deve indicare *Castel Firmiano* come una restituzione (in ladino *Furmiàn* e nei documenti a. 1177, 1184 *Furmian*, 1225 *Firmiano*). Neocreazioni, entro certi limiti, si devono considerare *Nova Levante* e *Nova Ponente* (geograficamente esatti) per *Welschnofen* (dette anche *Nova Taliana* e *Nova Todeschia* nel ladino fassano), nei documenti a. 1298 e 1312 *Nova Latina* e 1325 *Nova Teutonica* (ove si noterà che il latino nova 'novale' è reso in tedesco con *Nofen*).

171. Ma anche la *quarta categoria* è bene rappresentata qualora si pensi ad es. a *Kurtatsch* reso e ripreso ovviamente con *Cortaccia* o *Kurting* con *Cortina*, *Kastelruth* con *Castelrotto*, *Kastelbell* con *Castelbello* e centinaia di nomi sui quali fanno chiara luce i documenti medievali, ad es. *Graun* (Cortaccia) restituito regolarmente con *Corona*, dato che il villaggio nei documenti del sec. XIV compare costantemente come *Corona*, *Curawn*, *Caraun* e *Graun*.

Esso altro non è che l'adattamento tedesco di corōna 'sporgenza di roccia' e simile, al pari di *Graun* (Venosta) ecc. Di ciò sono bene edotti anche gli studiosi austriaci e tirolesi i quali non hanno mai negato l'apporto latino e neolatino alla toponomastica dell'Alto Adige-Südtirol, anche per il ricco filone dei toponimi prediali romani tra i quali si ha *Bolzano-Bozen* (v. anche § 89) *Merano-Meran* (da Marius) *Appiano-Eppan* (da Appius), *Rifiano-Riffian*, *Barbiano-Barbian*, a. 994-1005 *Parpian*, 1353 *Barbian* (da Barbius), *Laion-Loyen* a. 985-993 e ca. 994-1005 *Legian* (da Lagius, Laius + *-ānum*), ecc. (v. anche § 89, soprattutto C. Battisti 1952), ove la dizione tedesca rappresenta sempre una germanizzazione (avvenuta in epoche diverse) delle forme neolatine.

172. Nella sistemazione dei nomi locali ladini delle valli di Badia e Gardena, come dizione italiana si è scelta normalmente la forma locale neolatina per cui ad es. *Pedràces* (< petra + *-acea* + *-s* di plurale) si equivale esattamente alla forma del posto, e il toponimo è rimasto anche in italiano in tale variante. Tra *Marèbbe* e *Marèo*, che sono ambedue forme locali, si è preferita la prima (in ted. *Enneberg*). Poche sono pertanto le variazioni (spesso solo grafiche) tra forma italiana e ladina (mentre più rilevanti sono le differenze tra nomi locali ladini dell'area bellunese e la dizione ufficiale italiana).

Si può insomma confermare – anche secondo il giudizio di J. Kramer – che nel complesso la Commissione presieduta dal Tolomei ha scelto delle dizioni italiane dei nomi tedeschi e tedeschizzati, secondo criteri validi per l'aspetto storico-toponomastico.

Etnici

173. Già abbiamo veduto (§ 2) che strettamente collegato allo studio toponomastico è il filone delle indagini onomastiche, in senso lato, che si occupa dell'etno-onomastica e che ha pure legami con l'antroponimia (o studio dei nomi di persona). L'oggetto di tale branca è la ricerca, l'individuazione e l'analisi dei nomi etnici,

cioè delle denominazioni tipiche, antiche e moderne, degli abitanti di paesi, città e regioni più o meno vaste. Queste si presentano sovente in forme popolari, di tradizione diretta, ma spesso sono resuscitate a partire da antiche forme classiche, come ci conferma quasi sempre la fonetica di detti nomi. Vi si nota inoltre una certa banalizzazione nell'impiego di determinati suffissi con l'abbandono di quelli tradizionali ed arcaici, i quali possono essere rifiutati o contestati dai parlanti locali (ormai percepiti come troppo popolari) anche se essi rappresentano in realtà la tradizione più autentica. Avviene in tal guisa che il suffisso ormai più diffuso, che rimpiazza quello ormai arcaico, sia il più delle volte -e(n)se > *-ese*, ma mediante la lettura di documenti antichi, o scavando tra le popolazioni locali, non sarà difficile individuare quello che meglio rappresenta l'eloquio locale.

174. Per l'epoca classica sarà utile ricordare che molti nomi locali e soprattutto coronimi (nomi di regioni) traggono la denominazione dai popoli che vi erano insediati; così *Italia* viene dagli Itali, *Gallia* < Galli, *Hiberia* < Hiberes (*Hiberi*), *Liguria* < Ligures, *Venetia* < Veneti, *Apulia* < Apuli, *Sicilia* < Siculi, *Latium* < Latii (*Latini* è posteriore), ecc. In altri casi il processo è inverso poiché ad es. *Romani* viene da Roma, *Campani* < Capua, *Praenestini* < Praeneste, *Genuates* < Genua, *Bononienses* < Bonōnia, *Tiburtes* < Tibur (Tivoli), *Neapolitani* < Neapolis, *Drepanitani* < Drepanum (Trapani), *Caralitani* < Caralis (Cagliari), *Tifernates* < Tifernum (Città di Castello), *Mediolanenses* < Mediolanum (Milano) ecc.

E da antichi etnici possono provenire nomi locali e coronimi d'epoca medievale; così dai Trumplini pare provenga la *Val Trompia* (BS), dai Camunni la *Val Camònica* (BS), dai Venostes la *Val Venosta*, dagli Anauni -es > *Val di Nòn* (TN), dai Laebactes > *Castello Lavazzo* (BL) ecc. E si noti anche la successione cronologica Sardi (Σαρδοί) onde *Sardinia* (Σαρδονία) e di qui il popolare *Sardegnoli* (ora sentito come degradante), oppure Hispani > *Hispania* e di qui *Españoles*.

Può tuttavia restare qualche dubbio circa la precedenza

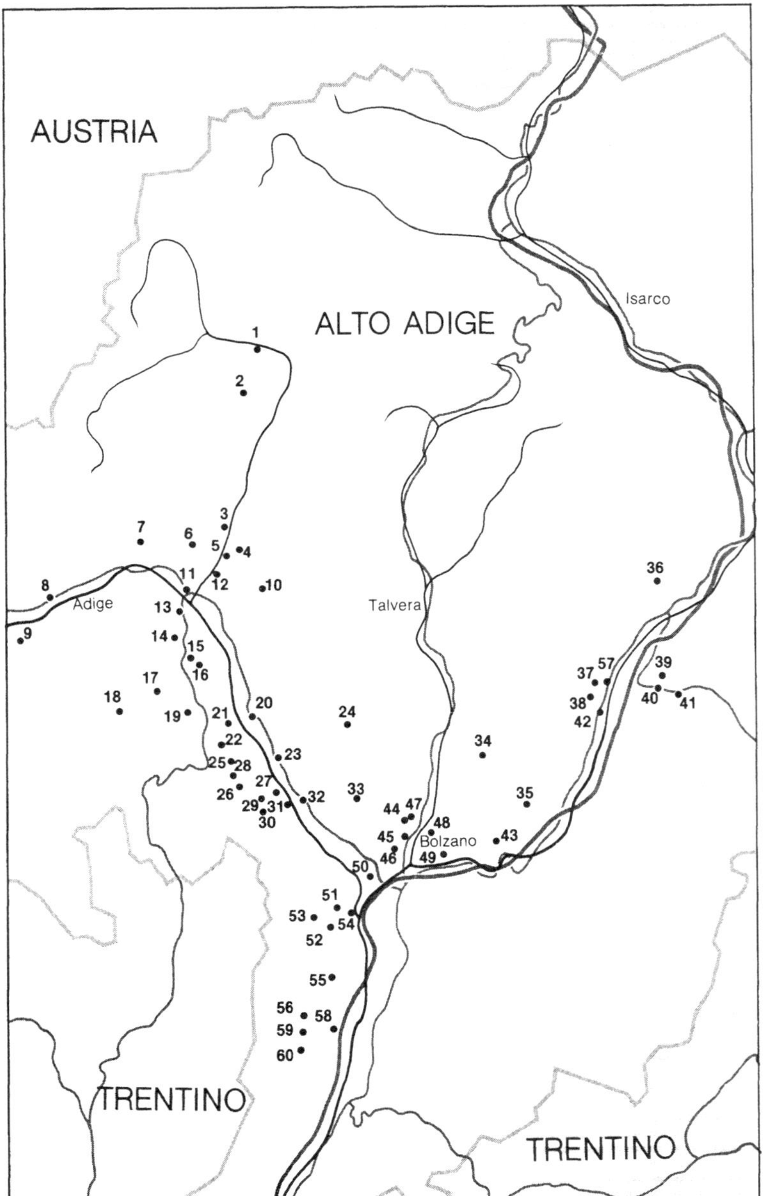
AUSTRIA
ALTO ADIGE
Isarco
Adige
Talvera
Bolzano
TRENTINO
TRENTINO
1
2
3
4
5
6
7
8
9
10
11
12
13
14
15
16
17
18
19
20
21
22
23
24
25
26
27
28
29
30
31
32
33
34
35
36
37
38
39
40
41
42
43
44
45
46
47
48
49
50
51
52
53
54
55
56
57
58
59
60

1 Gamiano / *Gamion* (Camillius)
2 *Ebiòn* ant. Urbiano (Urbius)
3 Rifiano / *Riffian* (Rufius)
4 Scena / *Schönna* (Scenius)
5 *Siml*, Simelan ant. (Similius)
6 ant. Muntignani, Muntiniano (Montanius)
7 Albiano / Albiun (Albius)
8 ant. Cantrun (Cantrius)
9 Cirlano / *Tschirlt*-Cirlat (Cernius)
10 Vernone / *Vernaun* (Vernius)
11 Merano / *Meran* (Marius)
12 ant. *Verlun*, Verlan (Verullius)
13 Gaiano / *Gaien* (Gaius)
14 Basigliano / *Baslan-Basling* (Basilius)
15 ant. *Pramian* (Primius)
16 Lana / *Lana*(*n*) (Lucanius)
17 ant. Vollan (Vollius)
18 Marsano / *Marson* (Marsius)
19 Foiana / *Föllan* (Follius)
20 Gargazzone / *Gargazon* (Carcontius)
21 ant. *Türlan* (Turellius)
22 ant. *Föban* (Fabius)
23 Vilpiano / *Vilpian* (Vulpius)
24 ant. *Palan* (Pallius?)
25 *Prisciano* / *Prissian* (Priscius)
26 Sirmiano / *Sirmian* (*Cermius?)
27 Pizzano / *Pizzon* (Pitius?)
28 Grissiano / *Griss*(*i*)*an* (Corisius?)
29 ant. *Genan* (Canius?)
30 ant. *Sussan* (Sosius)
31 Andriano / *Andrian* (Andrius)
32 Terlano / *Terlan* (Turellius)
33 Lanzone / *Lanzoner* ant. *Clanzan* (Calentius)
34 Mechelano ant. *Mekelan* (Macconius?)
35 Siffiano / *Siffian* ant. *Süffian* (Saufeius)
36 Gioviniano / *Tschifnon* (Jovinius)
37 Barbiano / *Barbian* (Barbius)
38 Medran / *Metran* ant. *Matron* (Matrius)
39 Laion / *Lajen* (Lagius)
40 Vezzano, *Vesan* / *Fössinger* (Vettius)
41 Ranzfrun / *Ranzfrun*, ant. *Runtzeveran* (Severius?)
42 *Aspinger* ant. *Asprian* (Asprius)
43 Signato ant. Signano / Signet (Signius)
44 *Föhrner* / ant. Feriani villa (Ferius o Verius)
45 *Kristploner* / ant. Crispianum (Crispius)
46 ant. *Risam* / ant. Rossano (Russus o Russius)
47 ant. *Feran* / ant. *Veran* (Ferius o Verius)
48 ant. Suczano (Soccius)
49 Bolzano / *Bozen* (Baudius o Bautius)
50 Castel Firmiano / *Sigmundskron* (Firmius)
51 Cornaiano / *Girlan* (Cornelius)
52 Magnano / *Mannbüchel* (Magnius)
53 Appiano / *Eppan* (Appius)
54 ant. *Correçan*, *Curenzan* (Corentius)
55 Mazzone / *Mazzon* / ant. *Mezanum* (Magius)
56 Maiano / ant. *Maianum* (Magius)
57 ant. *Leiran* / *Gaslitter* (Aleirus?)
58 Lavesano, ant. *Lousan* / *Louson* (Lubicius)
59 *Sissan* (Settius, Sittius o Sessius)
60 Calcedrano / *Calcidron* (Calchidrius?)

Fig. 8.3 Toponimi prediali in -anum in Alto Adige

del toponimo rispetto all'etnico o viceversa; così appare in qualche caso ben chiaro che *Feltrini* (Plinio) proviene da Feltria e *Bellunates* < Bel(l)unum, mentre ad es. l'Alessio (1958, 48) vorrebbe far precedere i Catubrini (in 2 epigrafi latine) a Catubria (a. 974), Cadubrium (a. 923) al 'Cadore' poiché attestato soltanto in epoca alto-medievale. Ma tale argomentazione non pare valida.

175. Qui sopra abbiamo già incontrato alcuni suffissi che caratterizzano gli etnici antichi latini e greci (a volte assai anteriori a tali strati linguistici) che conservano una certa vitalità sino ai nostri giorni. Ora possiamo disporre di un ampio repertorio di Cappello-Tagliavini 1981 (= DETI) che ci consente di avere vaste e sicure informazioni sulle molte forme suffissali degli etnici italiani, con frequenti rinvii a quelli d'epoca classica. Come abbiamo sopra accennato è utile distinguere le forme che dall'antichità giungono sino ai nostri giorni per tradizione popolare – e pertanto con le variazioni fonetiche che comportano i singoli dialetti locali – da quelle dotte (re)introdotte in varie epoche. Così ad es. per 'Padova' si conoscono varie forme di etnico bene stratificate e che si fondano sulle molte modificazioni assunte nel tempo dal nome della città (v. qui § 93). Da *Padova* < *Padua si ha *Padovani*, ma la città dovette presentare assai presto la variante *Patava che ha dato normalmente – per via fonetica regolare – *Pava* (che è forma "pavana"), onde l'etnico *Pavàn* che divenne ben presto un cognome, al pari di *Pado(v)àn*. L'etnico ora abbastanza comune, e non solo nello stile alto, è *Patavino* che non ci è venuto per via popolare dato che riproduce fedelmente il Patavīni ben noto alle fonti classiche ed epigrafiche; esso tuttavia si continua regolarmente nel raro *Padoìn*, ora soltanto cognome. Altre forme medievali sono riportate al citato § 93. Anche l'alto-medievale Venetici, di stampo greco (Βενέτικοι), ha avuto nel medioevo continuatori popolari nel raro *Venèdes* 'i Veneziani'. Da Bellunum è attestato in Gregorio Magno (Ep. I, 16) l'etnico *Bellunatus* ("Bellunatae ecclesiae") per cui l'attuale *Bellunat(t)o -àt*/*Belumàt* dialettale (e anche cognome) ha un suo antecedente preciso (anche se ora sentito spregiativo) di fronte al banale

Bellunese. Mentre l'etnico Opitergīni da Opitergium 'Oderzo', di origine venetica, è sicuramente forma dotta ed ora di ampia circolazione, analogamente a *Tergestini* di Tergeste 'Trieste' rispetto a *triestini* (ed i linguisti hanno utilizzato tale antinomia per indicare col primo il vecchio dialetto friulano della città, di contro a quello odierno, veneto). Pare forse più popolare (?) *Rodigini*, accanto al corrente *Rovigotti*, di 'Rovigo', attestato all'a. 838 *Rodigo* (ma non manca l'ant. *Rodigiano* e il banale *Rovighese*). Ha di certo una tradizione antica l'etnico *Zumellese* per indicare gli abitanti di *Mèl* (BL) che ne deriva, dato che era ben noto fin dall'alto medioevo (e prima?) il castrum Zumellārum assai importante nella zona (< gemellus con riferimento ai due castelli contrapposti di cui uno è l'interamente diruto *Castelvìnt*).

Se la tradizione di un etnico è antica e popolare (caso raro!) essa può giovare anche per lo studio etimologico del toponimo cui si riferisce. Così 'Città di Castello', l'ant. *Tifernum*/*Tifernates*, presenta ora, resuscitato (?), l'etnico *Tifernate*, ma è qui più popolare il semplice dialettale *Kastelèno -èni*; *Mondovì* (CN) (a. 1214 *Monte de Vico*) fu denominata fin dal 1260 *Monte Regale* 'monte di dominio regio', nome obliterato che tuttavia compare ancora nell'etnico *monregalesi* (anche in dialetto locale *monregaléis* che pare pertanto tradizionale).

176. Conviene ora passare in rapida rassegna alcuni *suffissi* che formano spesso degli etnici nelle varianti dialettali (seguo Cappello-Tagliavini cit. XLIII-LXIII):

-aceus, ad es. *Glemonàs* < *Gemona, Gl-* (UD) o *Grionàs* < *Grions* (Sedegliano UD), *Culinàs* < *Collina* (Forni Avoltri UD) (può sorgere il dubbio che si tratti di *-asiu* gallico?);

-aeus (gr. αῖος) forma etnici aulici: *Partenopèo* (per napoletano), *Liparèo* < *Lipari*;

-ans, *-antis*, *contarinànte* < *Contarina* (RO), *poſolante* < *Posola* (Sambuca Pistoiese PT);

-anus, molto diffuso già in latino, *cerranë* < *Acerra* (NA) e v. il citato *padovano*;

-anus + *-arius*, *Centa San Nicolò* (TN) > *zentanèr*, *Vanza* (Trambileno TN) > *vanzanèr*;

-anus + *-ensis, Castello d'Agogna* (PV) > *kastellaneʃe* (ma più popolare *kastlanìn*), *Augusta* (SR) > *(a)ustanìsi*;

-anus + *-iscus, romanesco* (che pare unico!);

greco -ανός (corrispondente del latino *-anus*), *korianò* < Corigliano d'Otranto (LE), *martanò* < Martano (LE);

greco -ινός (latino *-īnus*), *derentinò* < *Otranto, zuḍḍinò* < *Zollino* (LE);

-arius (-*asius!), *abetonare* < *Abetone* (PT), *arminusaru* < *Aliminusa*;

-arius + *-anus*, *arkuaràn* < *Arquà Petrarca* (PD);

-ascus (suffisso preromano), *bergamàsk* < *Bergamo*, *morbenàsk* < *Morbegno* (SO), *tağasku* < *Taggia* (IM), *curʒésk* < *Correggio* (RE);

-as -atis, *urbinät* < *Urbino*, *matelicate* < *Matélica* (MC);

greco -άτης, *nardiatu* < *Nardò* (LE), *khoriàtu* < *Ghorio* (Roghudi RC);

-attus, *bienato* < *Bieno* (TN), *vliʃàt* < *Oleggio* (NO), *caprolatto* < *Caprarola* (VT);

-ellus, buranèlo < *Burano* (VE), *barbadèl* < *Barbata* (BG), *canteranèllu* < *Canterano* (Roma), *pietrapertusellë* < *Pietrapertosa* (PZ);

-ēnus < greco -ηνός, *nisseno* < *Caltanissetta* (v. qui § 119);

-hart (germanico), *nizzardo* < *Nizza*, *duiár* < *Doues* (AO);

-īccus, *bustìk* < *Busto Garolfo* (MI), *tiarnék* < *Tiarno di Sotto* (TN);

**-incus* (preromano), *airulénku* < *Airole* (IM), *balménk* < *Balme* (TO);

-īnus (molto frequente fin dall'antichità), *viʃentìn* < Vicenza, *aretino* < *Arezzo, canubìn* (*-ìt*) < *Cannobio*;

-ĭscus, *parèsk* < *Parre* (BG), *medanésk* < *Mezzano* (TN);

-itānus (molto diffuso in area mediterranea), *ankonitano* < *Ancona*, *amarfitanë* < *Amalfi*, *riggitanu* < *Reggio Calabria, palermitanu* < *Palermo*;

-ō, *-ōnis*, *cavargnone* < *Cavargna* (CO), *montanún* < Montagna in Valtellina (SO);

-ōsus, *stilusu* < *Stilo* (RC), *ventimil'uʃu* < *Ventimiglia*;

-ōttus, *adriòto* < *Adria* (RO) (latino Adriates), *biñaʃegòto* < *Albignàsego*, *alòt* < *Ala* (TN), *burdigótu* <

Bordighera (IM), *ziʃnadgòt* < *Cesenàtico* (FO);

-*ūttus* (tipico del friulano), *nimiʃút* < *Nimis* (UD), ma anche ad es. *senvenšenùt* < *Saint-Vincent* (AO).

Abbiamo citato un modesto campionario; in realtà i suffissi (o somma di suffissi) formativi dagli etnici sono assai più numerosi.

177. Ed ora un breve cenno al cosiddetto "blasone popolare" (o "maldicenze intercomunali") – v. qui § 2 – di cui si hanno anche in Italia numerosi esempi. Assai conosciuto nel Veneto è ad es.: "*Veneziani*, gran signori – *Padovani*, gran dotori – *Vicentini*, magna-gati – *Veronesi*, tuti mati – *radicioni* di Treviso – co *Rovigo* no me intrigo...". Il Migliorini 1948, 61-74 menziona vari esempi di "motteggio popolare" e ne dà una sua definizione che interessa la demologia, ma anche la linguistica. Così ad es. il *Bugianèn* (dal piem. *bùgia nèn* 'non muoverti', espressione frequente dei Piemontesi), riferito ai Piemontesi è costruito morfologicamente come il cognome *Tagliaferro* -*i*. Si passano poi in rassegna soprannomi etnici derivati dalla "rana" – gli abitanti di Ospedaletto TN spesso definiti "rane" poiché abitano in luoghi paludosi; analogamente *rane* sono quelli di Crevalcore per gli abitanti di Persiceto e di S. Agata (BO) ecc. –. In altri casi anche un nome di persona può qualificare gli abitanti di alcuni paesi, ad es. *baciccia* identifica i Genovesi. E non mancano gli spunti dal "modo di parlare" per cui ad es. il soprannome dato agli Italiani, in Ungheria, è *digo* 'dico', frequente in bocca dei Veneti, o gli Algerini sono soprannominati *sidi* 'Signore' udito spesso nella loro parlata dai forestieri o i Meridionali, identificati con gli *Arabi*, sono stati qualificati *cabib(b)i*, da ḥ a b ī b i 'amico mio', pure degli Arabi e udito frequentemente nelle ex colonie italiane. Molti esempi di blasoni popolari veneti si trovano ad es. in Secco-Pellegrini 1979.

Mutamenti di nomi di luogo

178. Un esempio classico di mutamento di nome di luogo nell'antichità è rappresentato da *Benevento*; come è

ben noto, la città irpina del Sannio si denominava Meleventum e Maluentum e fu conquistata dai Romani verso il 300 a.C. (Livio 9.27.14, Paolo Festo 16.24); gli specialisti di toponomastica preromana ritengono che significasse nella realtà "la città montagnosa", ove il primo elemento *mal- (illirico?) sarebbe da confrontare con l'albanese *mal-i* 'il monte', romeno *mal* 'riva', 'monte'. Nelle monete della città si legge *malies* equivalente di un *mal-io-s*, ma i Romani vi facevano equivalere il latino *malus* 'cattivo'. Nel 275 a.C., con Curio Dentato, i Romani riuscirono a sconfiggere Pirro, re dell'Epiro, e nel 268 vi istituirono una colonia di diritto latino (Velleio 1.14.5). Contemporaneamente mutarono il nome del vecchio centro irpino che suonava loro di cattivo auspicio ("melioris ominis causa") in *Beneventum* (*Benventod* è una delle prime attestazioni epigrafiche), un nome di buon augurio. Un esempio simile di mutamento di nome in epoca medievale ed in direzione opposta, secondo una tradizione toponimica (assai complessa), è rappresentato da *Malborghetto* nella Val Canale (UD) che nel medioevo si denominava *Bonborghetto*, nome formatosi per paraetimologia dalla città di Bamberg (da cui dipendeva il territorio). Tale toponimo mutò il nome in quello attuale – pare – dopo la distruzione del paese operata dai Veneziani nel 1368 (si ha pure una paraetimologia nella denominazione slovena della località e cioè *Naborjet* da intendere come *na* 'su' e *borįe* 'pineta'). Ancora nel 1367 si disse *S. Maria in Bamborget*, ma a. 1407 in *Malburgeto*. Simile è pure il caso di *Belpasso* (CT) che prima del 1695 si denominava *Malpasso*, poi ribattezzato con una forma beneaugurante dopo un terremoto del 1693 che distrusse il paese.

179. Molti cambiamenti di nome avvengono in seguito ad importanti avvenimenti storici e soprattutto dopo la penetrazione in vari territori di nuovi popoli (o dopo che questi hanno mutato la loro lingua). Un esempio paradigmatico ci può essere fornito da Bologna; come si sa (si ricordi l'etnico, tuttora in uso: "felsineo") la città è una fondazione etrusca col nome di Felsina (v. § 65) e così Livio (33.37) la menziona con codesto nome (con riferi-

mento all'a. 196 a.C.), ma più avanti (37.57) quando egli parla della città, divenuta colonia romana, la denomina *Bononia* (con riferimento all'a. 189 a.C.), v. qui § 75: "Ager captus de Gallis Boiis fuerat; Galli Tuscos expulerant". La conquista della città da parte dei Galli Boi fu dunque la causa della nuova denominazione gallica. Ed esempi del genere potremmo citarne in grande quantità anche con riferimento ad es. all'Alto Adige, ove i Baiuvari tedeschizzarono ben presto i nomi preesistenti e raramente li crearono *ex novo*; così ad es. il prediale romano Baudianum (accanto al più antico Pons Drusi) divenne per le cancellerie alloglotte *Pauzana* e poi *Bozen* (v. qui § 75) o ribattezzarono *Vipitenum* col prediale germanico *Sterzing*.

Mutamenti di nomi di luogo nella dizione ufficiale sono avvenuti frequentemente nel secolo passato e nel nostro e possiamo ora averne un quadro preciso con la citazione dell'anno e dell'atto ufficiale (R.D. data o D.P.R.) mediante la consultazione del DETI, uscito nel 1981 (Cappello-Tagliavini). Mettendo insieme o confrontando i vari cambiamenti si possono individuare alcune categorie e, in certa misura, i motivi delle sostituzioni.

180. Tentiamo qui di fornire una esemplificazione sufficiente per comprendere il fenomeno, che è assai più diffuso di quanto si creda. Presentiamo pertanto alcune serie:

1) Una categoria molto ampia è dovuta soprattutto alla necessità di evitare confusioni tra molti nomi locali omofoni fondati sovente su appellativi di uso frequente o comunque coincidenti. In tal caso è stato aggiunto uno "specificativo" di varia origine, ad es. *Aiello* (lat. agellus, v. § 97), assai frequente, divenne *A. Calabro* (a. 1928 e prima *Ajello in Calabria* a. 1864), *A. del Sàbato* (a. 1863); *Casale* divenne o *Casale Litta* VA (a. 1863) o *Casale Marittimo* PI (a. 1899, ma 1862 *Casale Val di Cècina*, *Casale sul Sile* (a. 1868); *Castelnuovo* divenne *Casale di Napoli* NA (a. 1863), *Casale Monterotaro* FG (a. 1862); *Farra* (di origine germanica) si distinse in *Farra di Soligo* TV (a. 1867) o *Farra d'Isonzo* GO (a. 1923). Ma anche per altre coincidenze

ad es. *Mogliano Veneto* (a. 1868), per distinguersi da *Mogliano* (MC); *Gazzo Veronese* (a. 1868) per la distinzione dai molti *Gazzo*; *Guardia Piemontese* (dal 1863) per omofonie varie; *Gioia* si differenziò ad es. in *Gioia dei Marsi* (1863), *Gioia del Colle* (1863), *Gioia Sannita* (1862), *Gioia Tauro* (1863).

2) Per motivi di propaganda turistica molte località termali, quasi a gara negli ultimi anni, hanno aggiunto al nome lo specificativo *Terme*, così *Abano Terme* (PD dal 1924) e negli ultimi anni *Terme Euganee* (che comprende anche Montegrotto), *Acqui Terme* (1956), *Castel S. Pietro Terme* BO (1959), *Alì Terme* ME (1956) già *Alì Marina*, *Lèvico Terme* TN (a. 1969), *Vallio Terme* BS (a. 1976), *Riolo Terme* RA (1957 già *Riolo dei Bagni*), *Recoaro Terme* (a. 1934), ecc.

3) Sono dovuti a motivi celebrativi ad es. *Arquà Petrarca* PD (1868), *Sagliano Micca* VC (1863) e *Andorno Micca* VC (1929, già *Andorno Cacciorna*; anche per evitare una quasi omofonia fastidiosa); *Arborèa* OR nome locale ripristinato dal 1944 per *Mussolinia di Sardegna* del 1930 (nel medioevo *Arborèa* indicava uno dei quattro giudicati sardi); analogamente *Latina* (1945) rimpiazzò *Littòria* (1934). Hanno resistito invece nomi locali legati ai Savoia, quali *Margherita di Savoia* FG (a. 1879, già *Saline di Barletta*), *Iolanda di Savoia* FE (comune costituito nel 1908 con la bonifica delle valli di S. Ambrogio), dal 1911, già *le Venezie* (equivoco), *Mafalda* CB (a. 1903, già *Ripalta di Riso*, poi *Ripalta sul Trigno* a. 1894). Ricordano fatti d'arme e sanguinose battaglie, ad es., *S. Martino della Battaglia* (BS), *Livinallongo del Col di Lana* BL (1933), mentre la sostituzione di tale nome col popolare e recente [non figura nei documenti e indicava in origine soltanto una frazione del paese] *Fodóm*, voluta da una parte minoritaria della popolazione, è stata bocciata dalla maggioranza; *Pienza* SI (che ha ingannato alcuni linguisti con etimi fantastici) celebra il Pontefice *Pio II* ed è sita nel luogo di *Corsignano*, ove nacque il personaggio celebrato; anche *Alessandria* che fu costruita nel sec. XII, dopo la distruzione di Tortona, deve il nome al pontefice Alessandro III e l'epiteto di – *della Paglia* a P a l e a che anteriormente designava la regione. Analoga origine ha

Urbania PS in onore di *Urbano VIII* (che elevò il paese al rango di città; già *Castel delle Ripe* poi a. 1294 *Casteldurante*); *Paderno del Grappa* TV (a. 1920) e *Bassano del Grappa* VI (1928) ebbero l'aggiunta a ricordo del celebre massiccio che arrestò l'avanzata del nemico dopo Caporetto. Un certo numero di mutamenti è dovuto solo a questioni ortografiche o di sdialettizzazione, ad es. *Bompietro* PA (1929) per *Buonpietro*, *Bagnoregio* VT (1922) per *Bagnorèa* (ant. *Diocesis Balneoregiensis*), *Casalserugo* PD (1941), già *Casal Ser Ugo*; *Gaggi* ME (1939) per *Kaggi*; *Caprie* TO (1937) per il dialettale *Chiavrie*; *La Spezia* ebbe ufficialmente l'articolo (1930).

4) Un gran numero di toponimi mutò la dizione popolare e tradizionale per riassumere le forme classiche e per il vezzo di voler riproporre le antiche glorie della romanità (in particolare nell'Italia meridionale); si veda soprattutto *Agrigento* (1927) per *Girgenti* (v. qui § 114), *Acate* RG (1938) – era il nome del fiume *Dirillo*, vicino al paese – per *Biscari* (che sembrò anche disdicevole), *Adrano* CT (1928) per la forma grecizzante *Adernò*; *Centùripe* EN (1863) per il popolare *Centorbi*; *Enna* (1927) per *Castrogiovanni* dovuto a falsa interpretazione araba (v. § 114); *Corneto* è stato sostituito da *Tarquinia* VT, di ascendenza etrusca (v. § 65) dal 1922, in precedenza (1872) *Corneto Tarquinia*; *Vibo Valentia* CZ (1928) rimpiazzò *Monteleone*, poi *Monteleone di Calabria*; *Manduria* TA (fin dal 1789) per *Castelnuovo* (tra l'altro, nome assai generico); *Minturno* LT (1879) già *Traétto*; *Olbia* SS (1939) già *Terranova*, poi *Terranova Pausania* (1862); *Noepoli* PZ (1863), già *Noja* (che evidentemente dava "noia"), *Taurianova* RC (1946), comune costituito da più centri soppressi (Iatrinoli, Radicena, Terranova Sappo Minùlio), mentre *Vasto* CH riprese il nome antico (1944) dopo aver optato per il classico *Istonio* (1938); *Iesolo* VE (< E q u i l i u m) rimpiazzò, dal 1930, *Cavazuccherina* (v. § 91).

5) Molti nomi locali tradizionali furono sentiti dagli abitanti come poco graditi per alcune allusioni che suscitavano. Già in epoca relativamente antica per questo motivo *Castelfidardo* AN, dietro suggerimento di Sisto V, aveva cambiato la seconda componente che risultava poco gradita dato che il toponimo era in realtà *Castelficardo* (ori-

gine germanica); per motivi analoghi si optò per la forma *Cantello* VA (1895) che sostituì *Cazzonne*; oppure *Capovalle* BS (1907) sostituì il volgare *Hano*; *Veronella* VR (1902) sostituì *Cùcca* giudicato verosimilmente una designazione sgradevole (anche se l'origine è analoga a *Cucco* 'altura tondeggiante'), connesso popolarmente con *cuccare* (?) 'gabbare'; *Corònno Varesino* VA (1940) era in precedenza *Corònno Ghiringhello* con un secondo nome giudicato assai strano; *Sacrofàno* Roma (1928) ritoccò il nome al posto del precedente *Scrofàno*, forse per quasi assonanza col pesce ributtante. E sono soprattutto i toponimi tratti da "porcile" (stallo per porci) che sovente mutano il nome. Così ad es. la vecchia designazione di *San Tomàso Agordino* BL (sino al 1964 *San Tomaso*) era nelle carte medievali *Porcìe*, *Porzìl*, *regula de Porciglis* (ora *Porzìe* ne è una piccolissima frazione); *Belfiore* VR (1867) era in realtà *Belfiore di Porcile* (un po' contraddittoria!); *Eianina,* fraz. di Frascineto CS, colonia albanese (*arbëresh*) (1939) si denominava *Porcile* (alb. *Purçilli*). Un caso del tutto speciale è rappresentato da *Liberi* CE, fino al 1852 *Schiavi di Formìcola*, un caso illustrato ampiamente da A. Gentile 1959: "*Un riscatto all'insegna della toponomastica: da Schiavi a Liberi*". Qui il cambiamento del nome fu determinato dal disappunto degli abitanti di vedere nel nome del paese un riferimento ad una pesante condizione di servitù dei propri lontani antenati. In realtà *Schiavi*, come tante denominazioni analoghe, si rifà ad antichi stanziamenti di *Slavi* (v. qui § 127); nei documenti il toponimo figura come *Schiavi* e *Sclavi*, *de Sclavis* e la presenza di Slavi anche nel Mezzogiorno d'Italia ed in Sicilia è ampiamente documentata già prima del sec. X, anche per alcune città siciliane secondo i documenti redatti in arabo. Si tratta di uno dei tanti stanziamenti barbarici avvenuti in Italia nel medioevo (il significato di s c l a v u s 'servo' da *Slavo* è di certo posteriore). La confusione degli *Albanesi* con i *Greci* (per ragioni religiose) è ancora ben visibile in *Greci* AV che in realtà è una colonia albanese (anche se ha abbandonato il rito greco per quello latino; diocesi di Benevento). La correzione è invece avvenuta in *Piana dei Greci* PA fino al 1941, quando assunse la denominazione più corretta e cioè *Piana degli*

Albanesi (che è anche sede della Diocesi di rito bizantino). L'origine etnica è sottolineata da Santa Sofia d'Epiro CS (1863), una precisazione che allude all'Albania donde provengono gli *Arbrëshë*. Altri tipi di mutamento delle dizioni ufficiali dei vari toponimi sono di minore interesse, ma possono essere inclusi, in qualche modo, nelle categorie sopra esposte di cui abbiamo citato alcuni esempi tra i più tipici. Si può aggiungere che la riunione di più paesi o città dà luogo spesso a nuovi nomi come nel caso di *Imperia* che si chiamava fino al 21.X.1923 *Porto Maurizio* e incluse poi *Oneglia* con l'aggregazione di *Borgo S. Agata*, *Caramagna Ligure*, *Castelvecchio di S. Maria Maggiore* ecc. (trae il nome dal fiume *Impero*).

181. È da osservare che anche per il linguista è fondamentale conoscere la storia dei mutamenti dei nomi di luogo per non incorrere a volte in gravi fraintendimenti. Anche il Rohlfs 1974, 190-193 annotava che non pochi paesi (specie del Meridione) hanno cambiato nome e nelle analisi etimologiche bisognava sempre tenere in considerazione tale fenomeno assai frequente. Così egli ricorda casi paradigmatici quali quello del comune di Samo (RC) che ebbe il nome di *Crepacore* (sec. XVI) e fu sostituito dapprima con quello, meno spiacevole, di *Precacore*, ma alla fine, per il noto orgoglio, fu mutato in *Samo*. La vecchia *Sperlonga* (da s p e l u n c a) preferì chiamarsi *Brancaleone*; *Kallìpolis* del sec. IX (v. anche § 57) divenne nel sec. XIII *Geniocastrum* ed oggi è *Belcastro*; *Potamia* fu sostituito da *S. Luca* e *Leucopetra* (dal greco) da *Motta San Giovanni*. *Fabrizia* (CZ) era *Prunara*. Anche *Villafiorita* è una creazione poetica recente (1862) e sostituì *Sant'Elia* (locale *Santulìa*); *Castelvetere* (formazione tanto comune: "castelvecchio") prese il nome di *Ceulonia* ecc. Il medesimo Rohlfs mette in guardia dalle "trappole"; ad es. accanto al nome ufficiale *Scilla*, si mantiene popolarmente la forma dialettale *Scigghiu* che deriva direttamente, per via popolare, dall'ant. S k y l l a i n (S c y l l a e u m) < greco Σκύλλαιον (Strabone).

Glossarietto dei termini tecnici

afèresi Perdita di una o più lettere (foni) all'inizio di parola.

affricata Consonante di articolazione complessa costituita dalla fusione di una occlusiva seguita da una costrittiva (fricativa) omorgana, ad es. *ts* = *z* (it. *vizio*, *zio*).

agglutinazione Fenomeno linguistico costituito dalla fusione di un elemento linguistico (articolo, preposizione) al vocabolo che lo segue.

agionimo Nome di santo.

agiotoponimo Toponimo costituito da un nome di santo.

alloglotto Di lingua diversa da quella ufficiale.

allotropo Parola di origine uguale ad un'altra, ma di forma diversa (spesso si tratta di contrapposizione tra una parola di origine popolare di contro altra di origine dotta).

antroponimo Nome proprio di persona (sia individuale, sia cognome).

apòcope Perdita di un elemento finale di parola.

assimilazione Fenomeno linguistico per cui due elementi di articolazione diversa tendono a divenire uguali.

asuffissale Formazione linguistica costituita da un elemento privo di suffisso (frequente nei nomi di luogo derivati da antroponimi).

base Radicale senza desinenza di una parola.

cristallizzazione Forma o parola che non ha subito l'evoluzione normale della lingua (comune nei toponimi).

calco Fenomeno che si verifica quando una lingua imita fenomeni linguistici propri di altra lingua.

coronimo Designazione di una regione.

deglutinazione L'opposto della *agglutinazione* e cioè separazione di un elemento di una parola inteso come un articolo, come una preposizione, ecc.

deverbale Sostantivo tratto direttamente da un verbo senza suffissazione.

dissimilazione Processo linguistico opposto alla *assimilazione* per cui due elementi identici o simili tendono a differenziarsi.

dittongazione Mutamento di una vocale trasformata in un dittongo.

epentesi Inserimento di un elemento all'interno della parola, non di origine etimologica.

epitesi Elemento aggiunto alla fine di una parola.

fitonimo Nome di pianta.

fitotoponimo Toponimo derivato da nome di pianta.

formante Elemento linguistico che si aggiunge al radicale (o alla base).

geonimo Toponimo che si riferisce ad una forma di terreno.

glossa Spiegazione di una parola (anche *chiosa*).

iato Incontro di due vocali pronunciate separatamente.

idronimo Nome di luogo che si riferisce all'acqua (generalmente ai fiumi).

intacco Si usa spesso come equivalente di palatalizzazione, cioè del passaggio di una gutturale (o velare) a palatale.

isolessi Concordanza nell'uso di una parola.

lemma Voce posta all'inizio di un articolo esplicativo.

limnonimo Nome di lago.

metafonesi o **metafonia** Modificazione della vocale accentata per influsso della vocale di sillaba seguente, specie finale.

onomaturgia Arte di coniare nomi.

orònimo Nome di monte.

paraetimologia Spiegazione apparentemente corretta, ma priva della vera etimologia.

poleonimo Nome di città o di centro abitato.

prediale Relativo a proprietà di fondi (*predi*) di campagna.

radicale Elemento della radice di una parola, immutabile in seno ad una famiglia di parole.

Romània L'ampia area linguistica ove si parlano lingue e dialetti romanzi.

rotacismo Fenomeno per cui una consonante (specie *s*, *l*, *n*) si muta in *r*.

settimanico Proprio della Settimania (regione alto-medievale della Francia meridionale e della parte della Catalogna in potere dei Goti); si impiega con riferimento a toponimi formati da nomi comuni latini uniti ad antroponimi germanici.

sincope Caduta di un fono o di una sillaba all'interno della parola.

significante Nella terminologia saussuriana, in cui il segno linguistico è il risultato dell'associazione di un *significante* e di un *significato* (o di una immagine acustica e di un concetto), è la sequenza fonica.

sintagma La riunione di elementi significativi che costituiscono una unità autonoma.

sostrato La lingua parlata originariamente in una regione sopraffatta da altra lingua (in genere di maggior prestigio).

sostratista Linguista specializzato nello studio del sostrato.

toponimo Nome di luogo.

zoonimo Nome di animale.

zootoponimo Nome di luogo derivato da nomi di animali.

Bibliografia

Sono riunite qui le principali indicazioni bibliografiche soprattutto di volumi e articoli utilizzati nel nostro lavoro, anche se essi non sono sempre citati nel testo. Ma non mancano gli orientamenti bibliografici generali. Possiamo ora disporre del ricco volume di Fiorenza Granucci, *Prontuario bibliografico di toponomastica italiana* (con prefazione di C.A. Mastrelli), Firenze 1988, di circa 500 pagine. Nel nostro elenco abbiamo citato a volte tra parentesi la sigla adoperata nei rinvii, ma più spesso ci siamo limitati, nei richiami bibliografici, soltanto all'autore e all'anno di pubblicazione.

AA. VV. [1988] *Trentino. Nomi di luogo*, Provincia Autonoma di Trento, Trento

AEBISCHER P. [1938] "Les dérivés italiens du langobard g a h a g i et leur répartition d'aprés les chartes médievales", *ZRPh.*, LVIII, pp. 51-62

– [1939] "Les origines de l'italien bosco. Étude de stratigraphie linguistique", *ZRPh.*, LIX, pp. 417-430

– [1944] "S i n a i t a. L'aire de dispersion et le développement sémantique du mot dans le latin médiéval d'Italie", *ZRPh.*, LXIV, pp. 380-388

– [1948] "Il problema di parlascio-virilassi. Dati attuali e inquadramento del problema", *LN*, IX, pp. 1-7

– [1963] "Basilica, Eclesia, Ecclesia. Etude de stratigraphie linguistique", *RLiR*, XXVII, pp. 119-164

– [1964] "Diffusion de plebs 'paroisse'", *RLiR*, XXVIII, pp. 143-165

– [1967] "L'ital. duomo 'cathédrale' et ses origines", *RLiR*, XXXI, pp. 80-88

ALESSIO G. [1935-36] "La base preindeuropea *k a r (r) a/ *g a r (r) a 'pietra'", *Studi etruschi*, IX, 1935, pp. 132-151; X, 1936, pp. 165-169

– [1938] "Dal friulano m u g e f. 'pino mugo' al basco m u g a 'confine'", *Ce fastu?*, XIV, pp.171-182

– [1939a] "Il toponimo zaratino Puntamica", *RD*, XX, pp. 10-15
– [1939b] *Saggio di toponomastica calabrese*, Firenze
– [1940-41] "I nomi collettivi sardi in -ai, il toponimo sardo Iscurai = basco Ezkurdi 'querceto', lat. aesculetum", *RIL*, LXXIV, pp. 726-750
– [1946] "Codigoro", *LN*, VII, p. 60
– [1947] *L'elemento greco nella toponomastica della Sicilia*, Catania
– [1948-49] "Concordances toponymiques sicano-ligures", *Onomastica*, II, 1948, pp. 183-206; *RIO*, I, 1949, pp. 233-256
– [1952a] "Problemi di toponomastica. II. Parlascio 'anfiteatro'", *RIO*, IV, 1952, pp. 83-93
– [1952b] "Scheraggio 'fogna'", *RIO*, IV, pp. 169-173
– [1953] "L'elemento greco nella toponomastica della Sicilia" (2), *BCSFLSic.*, I, pp. 65-106
– [1955] *Le lingue indoeuropee nell'ambiente mediterraneo*, Bari
– [1956] "L'elemento greco nella toponomastica della Sicilia" (3), *BCSFLSic.*, IV, pp. 310-356
– [1957-58] *Postille al 'Dizionario etimologico italiano'*, Napoli
– [1958] *Panorama di toponomastica italiana*, Napoli (dispense univ. interrotte alla p. 128)
– [1959 e 1967^2] *La stratificazione linguistica dell'Italia in base ai dati offerti dalla toponomastica*, Napoli (dispense universitarie interrotte alla p. 80)
– [1961] "Nuove postille al 'Dizionario etimologico italiano'", in *Saggi e ricerche in memoria di E. Li Gotti*, vol. I, Palermo, pp. 59-110
– [1964-68] "Problemi di etimologia italiana", *Atti Accad. Pontaniana*, n.s., XIV, 1964-65, pp. 3-46; XVI, 1966-67, pp.305-343; XVII, 1967-68, pp. 413-468
– [1965a] "Riflessi della terminologia gromatica. Fatti di lingua lumeggiati da particolari aspetti della tecnica agrimensoria", in *Actes Xe Congrès intern. de linguistique et philologie romanes*, Parigi, pp. 317-330
– [1965b] *Toponomastica storica dell'Abruzzo e Molise*, Napoli
– [1976] *Lexicon etymologicum. Supplemento ai dizionari etimologici latini e romanzi*, Accademia di archeologia, lettere e belle arti di Napoli, Napoli
– [1977] "Il centro-merid. cesina, it. centr. cetina (struttura ed etimologia)", *Atti Accad. Pontaniana*, n.s., LII, pp. 215-229
– [1980] "Relitti mediterranei nella regione alpina", *AAA*, LXXIV, pp. 149-158
Alessio G. e De Giovanni M. [1983] *Preistoria e protostoria*

linguistica dell'Abruzzo, Lanciano
ALFIERI N. e ORTOLANI M. [1950] "Contributo alle ricerche sull'antico Delta Padano", in *Atti del XV Congresso geografico Italiano*, Torino
ALTON J. [1879] *Die ladinischen Idiome in Ladinien, Gröden, Fassa, Buchenstein, Ampezzo*, Innsbruck
– [1880] *Beiträge zur Ethnologie von Ostladinien*, Innsbruck
AMADIO G. [1952-57] *Toponomastica marchigiana*, 6 voll.; I, *Zona sud-est di Ascoli*, Ascoli Piceno 1952; II, *Zona dei Presidiati*, 1953; III, *Marca Fermana*, 1953; IV, *Macerata*, 1955; V, *Provincia di Ancona*, 1956; VI, *Provincia di Pesaro e Repubblica di S. Marino*, 1957; si aggiunga anche VII, *Toponomastica dell'Emilia*, Napoli 1957
AMARI M. [1933-39] *Storia dei Musulmani di Sicilia*[2], a cura di C.A. Nallino, Catania
AMBROSINI R. [1983] "Degli strati della toponomastica lucchese e del loro rilievo nella caratterizzazione del toscano occidentale", in *Scritti in onore di G.B. Pellegrini*, vol. II, Pisa, pp. 921-932
ANDREOTTI R. [1969] "Gli studi storici su Veleia negli ultimi 15 anni", in *Atti del III Convegno di Studi Veleiati*, vol. III, pp. 3-16
ANDRICH G. [1898] "'Fabula' nel Cadore e a Belluno", in *Miscellanea in onore di Fr. Schupfer*, parte II, Torino, pp. 3-18
ANZILOTTI MASTRELLI G. [1956] *I nomi locali della Val di Sole*, ATVT, Firenze
– [1975-81] *I nomi locali della Val di Non*, 3 voll., Firenze; I, 1975; II, 1976; III, 1981
– [1978] "Romanità in Val di Non", *Atti Acc. Rov. Agiati*, XVIII, S. VI, vol. XVIII, pp. 81-89
ARCAMONE M.G. [1978a] "Chinzica: toponimo pisano di origine longobarda", *Bollettino storico pisano*, XLVII, pp. 205-246
– [1978b] "Reflexe des langobardischen Lautsystems in der italienischen Toponomastik", *12 CISO*, II, pp. 51-56
– [1981] "Antroponimia germanica nella toponomastica", in *Atti della S.I.G.*, Pisa, pp. 29-46
Archivio glottologico italiano (= AGI)
Archivio per l'Alto Adige (= AAA)
ARNALDI F. [1939-64] *Latinitatis Italicae medii aevi Lexicon imperfectum*, Bruxelles
ASCOLI G.I. [1882] "L'Italia dialettale", *AGI*, VIII, pp. 98-120
– [1873] "Saggi ladini", *AGI*, I, pp. 1-556
Atlante storico-linguistico-etnografico friulano (= ASLEF) [1972-1986], 6 voll., diretto da G.B. Pellegrini, Padova e

Udine; I, 1972; II, 1974; III, 1978; IV, 1981; V, 1984; VI, 1986

Atlante toponomastico della Venezia Tridentina (= ATVT) [1952 e sgg.], diretto da C. Battisti, Firenze

Atti dell'Istituto veneto di scienze, lettere e arti (= AIVen.)

Avogaro G. [1901] *Appunti di toponomastica veronese*, Verona

Avolio C. [1898] "Saggio di toponomastica siciliana", *AGI*, suppl. VI, pp. 71-118

Azzolini G.B. [1976] *Vocabolario vernacolo-italiano pei distretti roveretano e trentino del prof. G.B.A. (1777-1853)*, introduzione di G.B. Pellegrini, Trento

Balázs J. [1978-79] "Veneti e Veneziani: i primi ospiti in Ungheria", *AIVen.*, CXXXVIII, pp. 669-677

Baldacci O. [1968] "Toponomastica e geografia in Italia", *Cultura e scuola*, XXVIII, pp. 176-184

Baldetti E. [1988] *Aspetti topografico-storici dei toponimi medievali nelle valli del Misa e del Cesano*, prefazione di G.B. Pellegrini, Bologna

Bartoli M.G. [1945] *Saggi di linguistica spaziale*, Torino

Battisti C. [1922] *Studi di storia linguistica e nazionale del Trentino*, Firenze

– [1931] *Popoli e lingue nell'Alto Adige*, Firenze

– [1933] "I nomi locali dell'Oltradige bolzanino. Primo contributo al Dizionario toponomastico dell'Alto Adige", *AAA*, XXVIII, pp. 5-165

– [1936] "Rassegna critica degli studi linguistici sull'Alto Adige nel quinquennio 1931-1936. Lingue prelatine", *AAA*, XXXI, pp. 561-611

– [1937a] "Gli studi linguistici sulla regione veneta", *Atti della Società italiana per il progresso delle scienze*, XXVI, 3, pp. 230-240

– [1937b] *Storia della questione ladina*, Firenze

– [1940] *Glossario degli appellativi geografici tedeschi ricorrenti nella toponomastica altoatesina*², Firenze

– [1941] *Storia linguistica e nazionale delle valli dolomitiche altoatesine*, Firenze

– [1949] *Avviamento allo studio del latino volgare*, Bari

– [1952] "La distribuzione dei nomi prediali in -anum nel basso Bolzanino", *AAA*, XLVI, pp. 65-111

– [1953] "Appunti bibliografici sulla toponomastica più recente della Venezia Tridentina", *Onoma*, IV, pp. 23-40

– [1954] *La Venezia Tridentina nella preistoria*, Firenze

– [1956a] *Commento al F° IV° dell'Atlante topon. della Venezia Tridentina: i nomi del bacino superiore dell'Isarco*, Firenze

– [1956b] "L'elemento gotico nella toponomastica e nel lessico

italiano", in *I Goti in Occidente*, Spoleto
– [1958] *I nomi locali pretedeschi dell'Alto Isarco*, Firenze
– [1959a] "Prolegomeni a un'interpretazione dei nomi locali della zona di Spina", in *Spina e l'Etruria padana*, Olschki, Firenze, pp. 161-175
– [1959b] *Sostrati e parastrati nell'Italia preistorica*, Firenze
– [1959c] "Toponomastica feltrina preromana e sostrati prelatini del Veneto", in *Sostrati e parastrati nell'Italia preistorica*, Firenze, pp. 171-218
– [1960] "Il problema linguistico di 'basilica'", *Settimane di Spoleto*, VII, pp. 805-847
– [1961a] "Athesis", *AAA*, LV, pp. 287-305
– [1961b] *I nomi locali del Catinaccio (Rosengarten)*, Firenze
– [1970] "Al margine dell'isola tedesca dei VII e XIII Comuni", in *Mille. I dibattiti del Circolo Linguistico Fiorentino 1945-70*, Firenze, pp. 7-18
– [1972] *I nomi locali di Trento e dei suoi dintorni*, Trento

BATTISTI C. e ALESSIO G. [1950-57] *Dizionario etimologico italiano* (= DEI), 5 voll., Firenze

BEC P. [1970-71] *Manuel pratique de philologie romane*, 2 voll., Parigi

BENINCÀ FERRABOSCHI P. [1969-70] "Note in margine alle 'Etimologie venete' di Angelico Prati", *AIVen.*, CXXVIII, pp. 673-704

BERNARDI Q. [1961] *Toponomastica storica della città d'Aquila*, Sulmona

BERTOLDI V. [1929] "Gava e derivati dell'idronimia tirrena", *Studi etruschi*, III, pp. 293-320
– [1931] "Problèmes de substrat. Essai de méthodologie dans le domaine préhistorique de la toponymie et du vocabulaire", *BSL*, XXXII, f. 1, pp. 93-175
– [1937] "Contatti e conflitti di lingue nell'antico Mediterraneo", *ZRPh.*, LVII, pp. 137-169; ristampa in *La parola del passato*, VIII, 1953, pp. 407-448

BERTONI G. [1914] *L'elemento germanico nell'italiano*, Genova
– [1916] *L'Italia dialettale*, Milano
– [1940] *Profilo linguistico d'Italia*, Modena

BEZLAJ F. [1956 e 1961] *Slovenska vodna imena*, Lubiana

BIANCHI B. [1886 e 1888] "La declinazione dei nomi di luogo della Toscana", *AGI*, IX, 1886, pp. 365-436; X, 1887, pp. 305-412

BLASI B. [1933] *Stradario romano. Dizionario storico-etimologico-topografico*, Roma

BOCCHI F. [1859] *Trattato geografico-economico comparativo per servire alla storia della antica Adria e del Polesine di Rovigo*,

Adria

Boerio G. [1867] *Dizionario del dialetto veneziano*[3] (1829), ed. aumentata e corretta, aggiuntovi l'indice italiano-veneto, Venezia

Bofinger W. [1938] *Lateinische Personennamen in der romanischen Ortsnamen auf -anum, -acum und anicum...*, Tubinga

Bognetti G.P. [1938-39] "Arimannie nella città di Milano", *RIL*, LXXII, pp. 173-220

Bolelli T. [1941-42] "Le voci di origine gallica del Romanisches Etymologisches Wörterbuch di W. Meyer-Lübke", *ID*, XVII, 1941, pp. 133-194; XVIII, 1942, pp. 33-74

Bollettino dell'Atlante linguistico italiano (= BALI)

Bollettino dell'Atlante linguistico mediterraneo (= BALM)

Bollettino della Carta dei dialetti italiani (= BCDI)

Bonfante G. [1977], *Latini e Germani in Italia*, Bologna

Borgatti F. [1906] "L'agro ferrarese nell'età romana", *Atti e Mem. della Deput. Ferrarese di Storia patria*, XVII, pp. 124-159

Borghetti N. [1941] "Termini geografici dialettali raccolti nel Veronese", *Rivista geografica italiana*, XLVIII, pp. 248-261 e 334-353

Bottiglioni G. [1929] "Elementi prelatini nella toponomlastica corsa", supplementi dell'*ID*, Pisa 1929

– [1954] *Manuale dei dialetti italici*, Bologna

Bosio L. [1967] "I problemi portuali della frangia lagunare veneta nell'antichità", *Venetia*, I, Padova, pp. 13-96

– [1970] *Itinerari e strade nella Venetia romana*, Padova

– [1981] "L'antico delta del Po", in *Il delta del Po*, volume a cura della 'Cassa di Risparmio di Padova e Rovigo', Maniago, pp. 3-43

– [1983a] "Le presenze insediative nell'arco adriatico dall'epoca romana alla nascita di Venezia", in *Da Aquileia a Venezia. Cultura, contatti e tradizioni*, Milano, pp. 509-567

– [1983b] *La Tabula Peutingeriana*, Rimini

Bruckner W. [1895] *Die Sprache der Langobarden*, Strasburgo

Buffa M. [1935] *Nuova raccolta di iscrizioni etrusche*, Firenze

Bullettin de dialectologie romane (= BDR)

Bullettin de la Société de linguistique de Paris (= BSL)

Cagiano de Azevedo M. [1970] "Laubia", in *Scritti in onore di G. Ermini*, Spoleto, pp. 431-469

Campanile E. [1970] "Sui rapporti onomastici fra Celti e Veneti", *AION-Ling.*, IX, pp. 41-51

Cappello T. e Tagliavini C. [1981] *Dizionario degli etnici e dei toponimi italiani*, Bologna

Cassi L. [1973] "Distribuzione geografica dei toponomi derivati

dalla vegetazione in Toscana", *Rivista geografica italiana*, LXXX, pp. 389-432
CASTELLANI A. [1950] "L'area della evoluzione di 'rj' intervocalico a 'j' nell'Italia mediana", *AGI*, XXXV, pp. 141-166
CASTIGLIONI E. [1937] *Odle, Sella, Marmolada. Guide dei monti d'Italia del CAI*, Milano
CAVANNA A. [1967] *Fara, sala, arimannia nella storia di un vico longobardo*, Milano
CECI L. [1987] *Latium vetus*, a cura di W. Belardi, Alatri
CIAN V. e SALVIONI C. [1893-94] *Le rime di Bartolomeo Cavassicco*, con introduzione e note di V.C. e con illustrazioni linguistiche e lessico a cura di C.S., 2 voll., Bologna
CIANCIOLO U. [1942] "Appunti per la storia di Ruga 'strada' in italiano", *Studii italiene*, IX, pp. 9-29
CIORANESCU A. [1966] *Diccionario etimológico rumano*, La Laguna
COLELLA G. [1941] *Toponomastica pugliese dalle origini alla fine del medioevo*, prefazione di C. Battisti, Trani
CONTI S. [1964] *Territorio e termini geografici dialettali nel Lazio* ("Glossario dei termini geografici dialettali della regione italiana"), Roma
CONWAY R.S. [1897] *The Italic Dialects* (= Conway), 2 voll., Cambridge
CONWAY R.S., WHATMOUGH J. e JOHNSON S.E. [1933] *The Praeitalic Dialects of Italy* (= PID), 3 voll., Cambridge Mass.
COROMINAS J. [1954-57] *Diccionario crítico etimológico de la lengua castellana* (= DCELC), 4 voll., Berna
CORTELAZZO M. [1969] *Avviamento critico allo studio della dialettologia italiana. I. Problemi e metodi*, Pisa
– [1970] *L'influsso linguistico greco a Venezia*, Bologna
CREPAZ A. [1937] *Die Orts- und Flurnamen von Livinallongo*, Bolzano
CREVATIN F. e DORIA M. [1972] "Note lessicali, etimologiche e toponomastiche I-VIII", *Bollettino del centro per lo studio dei dialetti veneti dell'Istria*, I, pp. 37-49
CRISTOFANI M. [1976] *Introduzione allo studio dell'etrusco*, Firenze
CUSA S. [1868-1882] *I diplomi greci e arabi di Sicilia*, Palermo
D'ARBOIS DE JOUBAINVILLE [1890] *Recherches sur les noms de lieu de la France*, Parigi
DA RONCO P. [1913] *Voci dialettali e toponomastiche cadorine*, Treviso
DAUZAT A. [1946²] *La toponymie française*, Parigi
– [1947] *Les noms del lieux*, Parigi
DAUZAT A. e ROSTAING CH. [1963] *Dictionnaire étymologique*

des noms de lieux en France, Parigi

DE FELICE E. [1964] *Le coste della Sardegna. Saggio toponomastico storico descrittivo*, Cagliari

– [1956] "Processi di formazioni tautologiche nella toponomastica romanza", *AAA*, L, pp. 163-198

DE FRANCESCHI C. [1939-40] "La toponomastica dell'antico Agro polese desunta dai documenti", *Atti e Mem. Società Istriana*, LI-LII, pp. 123-198

DE GASPERI G.B. [1922] *Scritti vari di geografia e geologia*, Firenze

– [1913] "Termini geografici dialettali delle Prealpi bellunesi", *In Alto*, XXV, pp. 43-48 e 76-80

DE GIOVANNI M. [1986] *Per la storia linguistica dell'Italia centro-meridionale*, Chieti

– [1987] "Il contributo della toponomastica al problema della presenza slava nell'area medioadriatica occidentale", in *Festschrift Ž. Muljačić. Romania et Slavia Adriatica*, Amburgo, pp. 431-453

DELLA PORTA G.B. [1928] *Toponomastica storica della città e del comune di Udine*, Udine

DE PACHTÈRE F.G. [1920] *La table hypotécaire de Veleia. Etude sur la propriété foncière dans l'Apennin de Plaisance*, Parigi

DE SIMONE C. [1967] "I Galli in Italia. Testimonianze linguistiche", in *I Galli e l'Italia*, Roma, pp. 324-335

DE SIMONI G. (a cura di) [1971-79] *Inventario dei toponimi valtellinesi e valchiavennaschi*, Como

– [1973] "Inventario toponomastico. Stato d'avvanzamento dei lavori", *Bollettino della Società storica valtellinese*, 26, pp. 90-93

DESINAN C.C. [1976 e 1977] *Problemi di toponomastica friulana. Contributo I, II*, Udine

– [1981] "Il toponimo come interpretazione del paesaggio", *AAA*, LXXV, pp. 41-48

– [1982-83] *Agricoltura e vita rurale nella toponomastica del Friuli-Venezia Giulia*, Pordenone

DEVOTO G. [1939] *Storia della lingua di Roma*, Bologna (con varie ristampe; a cura di A.L. Prosdocimi, con vari aggiornamenti, Bologna 1983)

– [1950] "Per la storia della latinità euganea. 1. Il gruppo -kl-", in *Mélanges... Michaëlsson*, Göteborg, pp. 86-97

– [1958-72] *Scritti minori*, 3 voll., Firenze

– [1962] *Origine indeuropee*, Firenze

– [1967^{3}a] *Gli antichi Italici*, Firenze

– [1967b] "La linguistica mediterranea", in *Scritti minori*, vol. II, Firenze, pp. 22-23

– [1967c] "Leponzi", in *Scritti minori*, vol. II, Firenze, pp. 324-335 (con il titolo "Pour l'histoire de l'indo-européanisation de l'Italie septentrionale", *Revue de philologie*, 88, 1962, pp. 197-208)
– [1970] "L'Italia dialettale", in *Atti del V Convegno di Studi umbri* (Gubbio 1967), Perugia, pp. 93-127
– [1974] *Il linguaggio d'Italia. Storia e strutture linguistiche dalla preistoria ai nostri giorni*, Milano
Devoto G. e Giacomelli G. [1972] *I dialetti delle regioni d'Italia*, Firenze
Di Prampero A. [1882] *Saggio di un glossario geografico friulano dal VI al XII secolo*, Venezia
Dicziunari rumantsch-grischun (= DRG) [1939 e sgg.] pubblicato dalla Società retoromanza, Coira
Dizionario toponomastico atesino (= DTA) [1936 e sgg.] diretto da C. Battisti, Roma-Bolzano-Firenze
Doria G. [1943] *Le strade di Napoli. Saggio di toponomastica*, Napoli
Doria M. [1957-58] "Toponimi di origine preromana nella Venezia Giulia e nel Friuli. 1. Aurisina", *Ce fastu?*, XXXIII-XXXIV, pp. 83-97
– [1960] "Ai margini orientali della friulanità", *Ce fastu?*, XXXVI, pp. 10-38
– [1972] "Tracce di friulanità nella toponomastica capodistriana", *Bollettino del Centro per lo studio dei dialetti veneti dell'Istria*, I, pp. 7-17
– [1979] "Riflessioni sulle concordanze toponomiche preromane tra le due coste dell'Adriatico", *Abruzzo*, XVIII, pp. 11-39
– [1980] "La toponomastica come fonte di conoscenza dialettale", in *Per la storia e la classificazione dei dialetti italiani*, Atti SIG (Pescara 2-3 giugno 1979), Pisa, pp. 34-61
– [1980] "Toponomastica fra tardo antico e alto Medioevo", *Archivio Alto Adige*, LXXIV, pp. 159-220
Durante M. [1959] "Il nome di Pesaro e l'accento iniziale in illirico", *AION-Ling.*, I, pp. 35-45
Ellis Evans D. [1967] *Gaulish Personal Names. A study of some continental Celtic formations*, Oxford
Elwert Th. [1943] *Die Mundart des Fassatals*, Heidelberg
Von Ettmayer C. [1902] "Lombardisch-ladinisches aus Südtirol. Ein Beitrag zum oberitalienischen Vokalismus", *Romanische Forschungen*, XIII, pp. 321-688
Farè P.A. [1972] *Postille italiane al 'REW' di W. Meyer-Lübke comprendenti le "Postille italiane e ladine" di Carlo Salvioni*, Milano (= MIL cl. lettere vol. XXXII)

FERRO G. [1964] *La toponomastica ligure d'interesse geografico*, Trieste
– (a cura di) [1968] *Contributi alla toponomastica ligure di interesse geografico*, Genova
FASOLI G. e BOCCHI F. [1983] *La città medievale italiana*, Firenze
FINSTERWALDER K. [1974-76] "Sprachschichten in der Ortsnamen Tirols. Beiträge und Begleittexte zum Tirol-Atlas", *Anhang zu Tir. Heimat*, XXXVIII
– [1978] *Tiroler Namenkunde. Sprach- und Kultur- geschichte von Personen- Familien- und Hofnamen. Mit einem Namenlexikon*, Innsbruck
FLECHIA G. [1873] "Di alcune forme de' nomi locali dell'Italia Superiore", *Memorie della R. Accademia delle Scienze di Torino*, sez. II, t. 27, pp. 275-374
– [1880] "Nomi locali derivati dal nome delle piante", *Memorie della R. Accademia delle Scienze di Torino*, sez. II, t. 15, pp. 821-842
– [1974] "Nomi locali del Napoletano derivati da gentilizi italici", *Memorie della R. Accademia delle Scienze di Torino*, X, pp. 79-134
FOGOLARI G. e PROSDOCIMI A.L. [1988] *I Veneti antichi. Lingua e cultura*, Padova
FOLENA G. [1970-71] "Gli antichi nomi di persona e la storia di Venezia", *AIVen.*, CXXIX, 1970-71, pp. 445-484
FORMENTINI U. [1930] "Forma Reipublicae-Veleiatium", *Bollettino storico piacentino*, XXV, 1, pp. 3-20
FÖRSTEMANN E. [1900] *Altdeutsches Namenbuch*, vol. I, Bonn
FRACCARO P. [1957] *Opuscola*. III. *Scritti di topografia e di epigrafia*, Pavia
FRAENKEL E. [1955 e 1965] *Litauisches etymologisches Wörterbuch*, Heidelberg
FRANCESCATO G. [1966] *Dialettologia friulana*, Udine
– [1970] *Studi linguistici sul friulano*, Firenze
FRAU G. [1968a] *Dizionario toponomastico del Friuli-Venezia Giulia*, Udine
– [1968b] *La toponomastica del comune di Aquileia*, Udine
– [1969] "Contributo alla conoscenza dell'elemento longobardo nella toponomastica friulana", in *Atti del convegno di studi longobardi*, Udine, pp. 165-182
– [1980] "La toponomastica di Grado e della sua laguna", *Antichità alto adriatiche*, XVII, pp. 507-568
– [1981] "Castelli e toponimi", in T. Miotti, *La vita nei castelli friulani*, Udine, pp. 87-92
GAIDOZ e SIBILLOT [1884] *Le blason populaire de la France*, Parigi

GAMILLSCHEG E. [1934-36] *Romania Germanica*, Berlino-Leipzig
– [1966-70] *Etymologisches Wörterbuch der französischen Sprache*², Heidelberg
GARTNER TH. [1883] *Raetoromanische Grammatik*, Heilbronn
– [1910] *Handbuch der rätoromanischen Sprache und Literatur*, Halle
– [1923] *Ladinische Wörter aus den Dolomitentälern*, Halle
GASPAROTTO A. [1965-66] "Toponimi padovani alto-medievali: Ruthena-Rudena", *Memorie dell'Accad. Patavina*, LXXVIII, pp. 325-344
GENTILE A. [1955] *La romanità nell'agro campano alla luce dei suoi nomi locali. 1. Tracce dalla centuriazione romana*, Napoli
– [1959] "Un riscatto all'insegna della toponomastica: da Schiavi a Liberi", in *Miscellanea alla memoria di G. Serra*, Napoli, pp. 177-186
GEROLA B. [1935] "Bauxare, Bauzanum, Bolzano", *Annuario del Liceo Ginnasio G. Carducci di Bolzano*, Trento, estratto di 36 pp.
– [1935-36] "Sul neolatino medievale di Bolzano e del tratto atesino", *L'Universo*, XVI-XVII, Firenze, estratto di 60 pp.
– [1939a] *Correnti linguistiche e dialetti neolatini nell'area retica*, Roma
– [1939b] *Introduzione allo studio della toponomastica tridentina*, Firenze
– [1950b] "Poligenesi e monogenesi nella creazione toponomastica", in *Mélanges...Michaëlsson*, Göteborg, pp. 1-18
– [1950a] "Aspetti della sintassi del nominativo e dell'accusativo nel tardo latino", *AIVen.*, CVIII, pp. 207-236
– [1956] "Sul rapporto logico fra etimo e toponimo", *AGI*, XLI, pp. 1-31
GERULLIS G. [1922] *Die altpreussischen Ortsnamen*, Berlino-Leipzig
GIACOMELLI G. [1970] "Spunti di ricerca per la toponomastica prelatina dell'Umbria", in *I dialetti dell'Italia mediana con particolare riguardo alla regione umbra*, Perugia, pp. 129-148
GIAIMO D. [1988] "La toponomastica nel Burgraviato di Merano e il «Prontuario» di E. Tolomei", *Boll. Soc. Geografica Italiana*, 4-6, pp. 285-303
GIAMMARCO E. [1960] *Lessico dei termini geografici dell'Abruzzo e del Molise*, Roma
GIAMMARINARO A. [1952] "I nomi locali del Roveretano", *AAA*, XLVI, pp. 113-191
Giornale storico della letteratura italiana (= GSLI)

Gloria A. [1877-81] *Codice diplomatico padovano*, 3 voll., Venezia
– [1888-89] "Dell'improvvido mutare i nomi antichi delle vie", *Atti e memorie Accad. Patavina*, a.a. 1888-89, pp. 257-314
Gnaga A. [1937-39] *Vocabolario topografico-toponomastico della provincia di Brescia*, 3 voll., Brescia
Gnoli U. [1939] *Topografia e toponomastica di Roma medievale e moderna*, Roma
Granucci F. [1975] "Il cosiddetto celto-ligure e la tipologia degli etnici celtici", *AAA*, LXIX, pp. 347-363
Grassi C. [1975] "Evoluzione linguistica e culturale nelle Alpi occidentali", in *Le Alpi e l'Europa*, vol. IV, Bari, pp. 169-181
– [1965] "Strategia e analisi regionale in toponomastica", *AGI*, L, pp. 20-57
Gravisi A. [1911] "I nomi locali del territorio di Capodistria", *Pagine Istriane*, IX, pp. 204-209 e 227-233
Gravisi G.A. [1932] *Toponomastica del comune di Pirano*, Parenzo
– [1939-40] "La toponomastica del Canal di Leme", *Atti e Mem. Società Istriana*, LI-LII, pp. 201-226
– [1943] "Curiosità toponomastiche istriane", *Archivio veneto S.V.*, XXXII-XXXIII, pp. 209-218
Grazi V. [1978] "Le parole lombarde di origine longobarda", in *I Longobardi e la Lombardia*, Milano, pp. 35-59
Gröhler V.H. [1913-1933] *Ueber Ursprung und Bedeutung der französischen Ortsnamen*, 2 voll., Heidelberg
Gualazzini U. [1957] *Parlascio e perilascio*, Milano
Gualzata M. [1924] "Di alcuni nomi locali del Bellinzonese e del Locarnese", in *Studi di dialettologia alto-italiana*, parte I, Ginevra, pp. 1-96
Guccerelli A. [1929] *Stradario storico e amministrativo della città e del comune di Firenze*, Firenze
Guyon B. [1907] "Sull'elemento slavo nella toponomastica della Venezia Giulia", *Studi Glottologici Italiani*, IV, pp. 161-170
Guzzo Amadasi M.G. [1967] *Le iscrizioni fenicie e puniche delle colonie in Occidente*, Roma
Hall Jr. R.A. [1973] *Bibliografia essenziale della linguistica italiana e romanza*, Firenze
Huber K. [1965] "Italienische Etymologien. I: Scheraggio", *Vox Romanica*, XXIV, pp. 193-208
Hubschmid J. [1949] *Praeromanica*, Berna
– [1950] "Vorindogermanische und jüngere Wortschichten...", *ZRPh.*, 66, pp. 1-94
– [1951-52] "Friaulische Wörter aus Collina", *VR*, XII, pp. 338-41

– [1953] *Sardische Studien*, Berna
– [1955] "A proposito di parole oscure nel territorio alpino", *AAA*, XLIX, pp. 397-407
– [1959] "Riflessi romanzi del latino tubus, osco *tufus e del presunto mediterraneo *tob-", in *Miscellanea G.Serra*, Napoli, pp. 223-241
– [1960] *Mediterrane Substrate*, Berna (RH 70)
– [1962] "Mlat. rocca, Fels aus lat. *rūpica?", *ZRPh.*, LXXVIII, pp. 127-151
– [1963-1965] *Thesaurus Praeromanicus*, fasc. 1 e 2, Berna
– [1977] "Alpenwörter romanischen und vorromanischen Lehnbeziehungen im oberitalienischen Sprachbereich", *Onoma*, XXI, pp. 517-512
HUBSCHMIED J.U. [1961] "Etruskische Ortsnamen in Rätien", *Kongressberichte des VI Intern. Kongress für Namenforschung*, B.II, Monaco, pp. 403-412
IMBRIGHI G. [1957] *I santi nella toponomastica italiana*, Roma 1957
INEICHEN G. [1957] "Die paduanische Mundart am Ende des 14. Jahrhunderts auf Grund des Erbario Carrarese", *ZRPh.*, 73, pp. 38-123
JUD V.J. [1911] "Della storia delle parole lombardo-ladine", *BDR*, III, pp. 74-75
– [1937] "Die Verteilung der Ortsnamen auf- *engo* in Oberitalien in 'Donum Natal. C. Jaberg'", *RH*, IV, pp. 162-192
KAHANE H. e R. [1960] "The toponym gradus", *Names*, VIII, pp. 240-243
KARG A. [1941-42] "Die Ortsnamen des antiken Venetien und Istrien", *Wörter und Sachen*, B. 22, pp. 100-128 e 166-207
KISS L. [1978] *Földrajzi nevek etimológiai szótára*, Budapest
KÖNSGEN H. [1930] *Eine toponomastische Untersuchung über -ascum, -acum, -anum in Oberitalien*, Bonn
KOS F. [1902-1923] *Gradivo za zgodovino Slovencev*, Lubiana
KOS M. [1950] "Pustota", *Slav. Revija*, III, pp. 397-404
KRAHE H. [1929] *Lexicon altillyrischer Personennamen*, Heidelberg
– [1949] *Ortsnamen als Geschichtsquelle*, Heidelberg
– [1950] *Das Venetische. Seine Stellung im Kreise der Verwandten Sprachen*, Heidelberg
– [1954] *Sprache und Vorzeit*, Heidelberg
– [1955] *Die Sprache der Illyrier*, vol. I, Wiesbaden
– [1957] *Vorgeschichtliche Sprachbeziehungen von den baltischen Ostseeländern bis zu den Gebieten um den Nordteil der Adria*, Mainz
– [1964] *Unsere ältesten Flussnamen*, Wiesbaden

– [1957] "Indogermanisch und Alteuropäisch", *Saeculum*, VIII, pp. 1-16

Kramer J. [1977] *Histor. Gramm. der Dolomitenladinischen. Lautlehre*, Gebrun bei Würzburg

– [1981] *Deutsch und Italienisch in Südtirol*, Heidelberg, pp. 175-189

Kranzmayer E. [1939] "Frühromanische Mundarten zwischen Donau und Adria in deutschen und slawischen Ortsnamen", *Zeitschr. für Namenforschung*, XV, pp. 193-224

– [1956-58] *Ortsnamen von Kärnten*, Klagenfurt

– [1981 e 1985] "Laut- und Flexionslehre der deutschen zimbrischen Mundart...", *Herausgegeben von Maria Hornung*, Vienna

Kühebacher E. [1963-64] "Ladinisches Sprachgut in den Tiroler Mundarten", in *Ladinien. Land und Volk in den Dolomiten*, Bolzano, pp. 222-244

– [1978] "Das 'Prontuario dei nomi locali dell'Alto Adige' von Ettore Tolomei", *Der Schlern*, LII, pp. 191-207

Lamboglia N. [1946] *Dizionario di toponomastica ligure. I: Toponomastica Intimelia*, Bordighera

Lausberg H. [1971] *Linguistica romanza*, 2 voll., Milano

Lazzarini V. [1927] "La voce 'vadum' nei documenti padovani", in *Miscellanea V. Crescini*, Cividale, pp. 443-462

Lejeune M. [1971] *Lepontica*, Parigi

– [1972] "Le problème de nomenclature: Lépontiens et Lépontique", *Studi etruschi*, pp. 259-270

– [1974] *Manuel de la langue vénète*, Heidelberg

– [1978] *Ateste à l'heure de la romanisation (Étude anthroponimique)*, Firenze

Lenotti T. [1955] *Toponimi di Verona*, Verona

Levy E. [1894-1924] *Provenzalisches Supplement-Wörterbuch*, 8 voll., Leipzig

– [1961²] *Petit dictionnaire provençal-français*, Heidelberg

Lingua nostra (= LN)

L'Italia dialettale (= ID)

Longnon G. [1920-29] *Les noms de lieux de la France*, Parigi

Lorenzi A. [1908] "Geonomastica polesana. Termini geografici dialettali raccolti nel Polesine", *Rivista geografica italiana*, XV, pp. 28-43, 78-90 e 149-169

Lorenzi E. [1908] *Osservazioni sui cognomi ladini*, Trento

– [1932] *Dizionario toponomastico tridentino*, estr. da *AAA*, XIX e sgg., Gleno-Bolzano

Lunt H.G. [1962] "The Slavic name for Venice", in *Studi in onore di E. Lo Gatto e G. Maver*, Firenze, pp. 413-416

Mafera G. [1971-72] "Note lessicali ed etimologiche venete

(con postille di G.B. Pellegrini), *AIVen.*, CXXX, pp. 71-97
MALKIEL Y. [1970] *Linguistica generale, filologia romanza, etimologia*, Firenze
MARCHESE M.P. [1979] "Sugli oronimi 'Venda' e 'Vendévolo' (Colli Euganei, PD), in *Studi in memoria di Carlo Battisti*, Firenze, pp. 171-179
MARINELLI O. [1901] "Termini geografici dialettali raccolti in Cadore", *Rivista geografica italiana*, VIII, pp. 89-101 e 162-172
MARINELLI O. e RICCHIERI G. [1901] "Toponomastica e nomenclatura topografica dialettale", *Rivista geografica italiana*, VIII, pp. 369-374
MARINETTI A. [1985] *Le iscrizioni sudpicene*. I: *Testi*, Firenze
MASTRELLI C.A. [1965] *Commento al Foglio XI. I nomi locali della carta 'Monte Marmolada'*, Firenze
– [1973] "L'elemento germanico nella toponomastica toscana dell'alto medioevo", in *Atti del V Congresso intern. di studi sull'alto medioevo* (Lucca 1971), Spoleto, pp. 645-671
– [1974] "La terminologia longobarda dei manufatti", in *La civiltà dei longobardi in Europa*, Roma, pp. 257-269
– [1983] "Tracce linguistiche della dominazione longobarda nell'area del Ducato di Spoleto", in *Il Ducato di Spoleto. Atti del IX Congresso intern. di studi sull'alto medioevo* (Spoleto 1982), Spoleto, pp. 655-667.
– [1988] "Il nome del Chianti", in *Chianti. Storia e origine di un nome*, IX, pp. 41-47.
MEID W. e HELLER H. [1979] *Italienische Interferenzen in den lautlichen Struktur des zimbrischen*, Vienna
Memorie del [r.] istituto lombardo di scienze e lettere (= MIL)
Memorie dell'istituto veneto di scienze lettere e arti (= MIVen.)
MAYER A. [1957-1959] *Die Sprache der alten Illyrier*, 2 voll., Vienna
MEYER-LÜBKE W. [1890-1906] *Grammaire des langues romanes*, 4 voll., Parigi
– [1935] *Romanisches etymologisches Wörterbuch* (= REW), Heidelberg
MIGLIORINI B. [1927] *Dal nome proprio al nome comune*, Ginevra; ristampa anastatica con un supplemento, Firenze 1968
– [1928] "Sull'origine del nome di Roma", *Roma*, VI, 1928, pp. 447-451
– [1948] *Lingua e cultura*, Roma
– [1957] *Saggi linguistici*, Firenze
– [1960] *Storia della lingua italiana*, Firenze
MILLER K. [1916] *Itineraria romana*, Stoccarda
MONTEVERDI A. [1952] *Manuale di avviamento agli studi*

romanzi, Milano
Mori E. [1930] "Faggio e leccio in Toscana. Saggio di ricerche fitotoponomastiche", *Rivista geografica italiana*, XXXVIII, pp. 123-128
Mossi M.P. [1987] "Una particolare categoria di zootoponimi dall'analisi d'un oronimo del Pavese", *AAA*, LXXXI, pp. 405-412
Muller Jzn F. [1926] *Altitalisches Wörterbuch*, Gottinga
Nallino M. [1962] "Il mondo arabo e Venezia fino alle Crociate", in *La Venezia del mille*, Firenze, pp. 413-416
Négre E. [1963] *Les noms de lieux en France*, Parigi
Nissen H. [1883-1902] *Italische Landeskunde*, Berlino
Nyitray Etel [1934] *A Luson és Funes völgy (Alto Adige) helynevei*, irta N.E. [*I nomi di luogo delle valli di Luson e Funes (Alto Adige)*], Budapest
Olivieri D. [1901] "Nomi di popoli e di santi nella toponomastica veneta", *Ateneo Veneto*, XXIV, pp. 21-35
– [1903] "Studi sulla toponomastica veneta", *Studi glottologici italiani*, III, pp. 49-216
– [1917] "Il nome locale 'Lùpia' ed alcuni toponimi affini", *NAV*, XXXV-XXXVI, pp. 188-192
– [1920] "Di alcuni nomi locali dell'Emilia e delle provincie limitrofe", *Studi romanzi*, XV, pp. 115-136
– [1924] "I cognomi della Venezia Euganea. Saggio di uno studio storico-etimologico", in *Onomastica*, Ginevra, pp. 113-272 (= Bibl. dell'Archivum Romanicum 6 della S. II)
– [1926] "Mezzo secolo di studi sulla toponomastica italiana", *ID*, II, pp. 211-237
– [1934] "Di alcune tracce di vie romane nella toponomastica italiana", *AGI*, XXVII, pp. 185-208
– [1942] "Termini di geonomastica lagunare nel 'Liber Publicorum'", in *Atti del IV Congresso nazionale di arti e tradizioni popolari*, vol. II, Roma, pp. 549-557
– [1952] "Escursioni fra i nomi del delta padano e della regione limitrofa", *Atti del sodalizio glottologico milanese*, IV, fasc. 1 e 2 (dicembre 1951), Milano, pp. 27-38
– [1956] "Appunti e questioni di toponomastica pugliese", RIL, LXXXIX-XC, pp. 353-408
– [1959] "Nuova serie di appunti toponomastici emiliano-romagnoli", in *Miscellanea alla memoria di G. Serra*, Napoli, pp. 279-307
– [1961²a] *Dizionario di toponomastica lombarda* (= DTL), Milano
– [1961²b] *Dizionario etimologico italiano* (1953), Milano
– [1961c] "Intorno a nomi di luogo emiliani e particolarmente

piacentini", *Bollettino storico piacentino*, LVI, pp. 103-119
– [1961²d] *Toponomastica veneta* (= TV), Venezia-Roma
– [1965] *Dizionario di toponomastica piemontese* (= DTP), Brescia

PAGLIARO A. [1956] "Struttura e pensiero del 'Cratilo' di Platone", in *Nuovi saggi di critica semantica*, Messina-Firenze, pp. 49-70

PALLABAZZER V. [1965-67] "Sui nomi delle piante indigene del dialetto di Colle di S. Lucia (Livinallongo)", *AAA*, LIX, 1965, pp. 253-310; LX, 1966, pp. 233-278; LXI, 1967, pp. 1-105
– [1972 e 1974] *I nomi di luogo dell'Alto Cordevole*, Firenze 1972 (= DTA III, 5) e 1974 (= DTA III, 6)

PALLOTTINO M. [1963⁵] *Etruscologia*, Milano
– [1968] *Testimonianze di lingua etrusca* (= TLE), Firenze
– [1979] *Saggi di antichità*, 3 voll., Roma

PAPAHAGI T. [1963] *Dicţionarul dialectului aromîn general şi etimologic*, Bucarest

PARDI G. [1942] "I nomi locali del Ferrarese", in *Atti e Memorie della Deput. di storia patria per l'Emilia Romagna*, I, Tip. Sociale, Ferrara, pp. 41-129

PARLANGÈLI O. [1960] *Studi messapici*, Milano
– [1969] "Considerazioni sulla classificazione dei dialetti italiani", in *Studi linguistici in onore di Vittore Pisani*, Brescia, pp. 715-760
– [1973] "Il nome di Lecce", in *Actes et Mémoires du VIIe Congrès International de Sciences Onomastiques*, vol. II, Firenze, pp. 287-312

PASQUALI P.S. [1938] *I nomi di luogo del comune di Filattiera (Alta Val di Magra)*, Milano

PATITUCCI-UGGERI S. [1981] "La navigazione interna del delta padano nella 'Chronica parva ferrariensis'", in *Atti e Memorie della Deput. Prov. Ferrarese di Storia Patria*, s. III, vol. XXX, estratto di 105 pp.

PAULIS G. [1983] *Lingua e cultura nella Sardegna bizantina. Testimonianze linguistiche dell'influsso greco*, Sassari

PEDROTTI G. e BERTOLDI V. [1930] *Nomi dialettali delle piante indigene del Trentino e della Ladinia Dolomitica*, Trento

PELLEGRINI F. [1885] *Nomi locali di città, terre, castelli, borghi, villaggi e casali della provincia di Belluno e dei vicini paesi di Primiero, Livinallongo e Ampezzo ordinati secondo la desinenza*, Venezia

PELLEGRINI G.B. [1948a] *I nomi locali del Medio e Alto Cordevole* (= DTA III, 4), Firenze; anche in AAA, XLIII, 1949, pp. 1-147

– [1948b] "Osservazioni allo studio di C. Battisti sui nomi locali della comunità d'Ampezzo", *AAA*, XLI, pp. 37-50
– [1949] *Contributo allo studio della romanizzazione della provincia di Belluno*, Padova
– [1953] "Commento toponomastico al F. XI 'Cortina d'Ampezzo' dell'ATVT", *AAA*, XLVII, pp. 5-36
– [1954] *Cadore preromano e romano*, Feltre; ora in *Saggi di linguistica italiana*, Torino 1975, pp.199-234
– [1954-55] "Schizzo fonetico dei dialetti agordini. Contributo alla conoscenza dei dialetti di transizione fra il ladino dolomitico e il Veneto", *AIVen.*, CXIII, pp. 281-424
– [1955] *I nomi locali del Trentino orientale*, Firenze (cfr. ATVT); anche in *AAA*, L, 1956, pp. 199-288
– [1955-56] "Progetto di un Dizionario toponomastico Cadorino", *Onoma*, VI, pp. 83-84
– [1957] "L'agro di Iulium Carnicum e le iscrizioni confinarie su roccia", *ASBFC*, XXVII, pp. 121-131
– [1958] "Osservazioni di toponomastica prediale friulana", *Studi goriziani*, XXIII, pp. 93-113
– [1959a] "Alcuni problemi toponomastici della zona spinetica", in *Spina e l'Etruria padana*, Firenze, pp. 177-179
– [1959b] "Onomastica e toponomastica nel Veneto", in *Miscellanea G. Serra*, Napoli, pp. 311-327
– [1972a] *Gli arabismi nelle lingue neolatine con speciale riguardo all'Italia*, 2 voll., Brescia
– [1972b] *Introduzione all'Atlante storico-linguistico-etnografico friulano*, Padova-Udine
– [1972c] "I punti alloglotti (sloveni e tedeschi) dell'ASLEF", *Linguistica*, XII, Lubiana, pp. 5-28
– [1972d] *Saggi sul ladino dolomitico e sul friulano*, Bari
– [1974a] "Contatti linguistici arabo-veneziani", in *Venezia e il Levante fino al secolo XV*, vol. II, Firenze, pp. 301-330
– [1974b] "Il Cadore preromano e le nuove iscrizioni di Valle", *Archivio Veneto*, S. V, vol. CI, 1974, pp. 5-34
– [1975a] "Evoluzione linguistica e culturale dei paesi alpini", in *Il sistema alpino. Cultura e politica*, vol. IV, Bari, pp. 127-167
– [1975b] *Saggi di linguistica italiana*, Torino
– [1975c] "Toponymie de double tradition dans la région frioulane", in *Actes du XIe Congrès intern. de sciences onomastiques* (Sofia), II, pp. 121-126
– [1976] "Toponomastica preromana", in *Padova preromana*, Padova, pp. 61-67
– [1977] *Studi di dialettologia e filologia veneta*, Pisa
– [1977-78] "La lingua venetica e l'eredità paleoveneta", *Atti e*

mem. dell'Accademia Patavina, XC, pp. 5-21
– [1978a] "Appunti sulla toponomastica della valle di Fassa", *Mondo ladino*, Quaderni 1, Vigo di Fassa, pp. 70-88
– [1978b] "Toponimi ed etnici nelle lingue dell'Italia antica", in *Popoli e civiltà nell'Italia antica. VI. Lingue e dialetti*, diretto da A.L. Prosdocimi, Roma, pp. 81-127
– [1979] "Concordanze lessicale tra l'Italia nord-orientale e regioni balcanico danubiane", *Annales Univ. Sc. Budapestinensis de Rolánd Eötvös nominatae. Sectio ling.*, T.X., pp. 7-22
– [1983] "Appunti di toponomastica marchigiana", *Atti e memorie della deputazione di storia patria per le Marche*, 86 (1981), Ancona, pp. 217-300
– [1985a] "Noterelle linguistiche alto-venete", in *Studi e ricerche in memoria di Laura Bentivoglio*, Feltre, pp. 219-230
– [1985b] "Reti e retico", in *L'etrusco e le lingue dell'Italia antica*, Atti della S.I.G., Pisa, pp. 95-128
– [1986a] "Appunti sulla 'Romania continua'", in *Tra linguistica storica e linguistica generale. Scritti in onore di T. Bolelli*, Pisa, pp. 257-273
– [1986b] *Minoranze e culture regionali*, Padova 1986
– [1986c] "Osservazioni sulla toponomastica del delta padano", in *La civiltà comacchiese e pomposana*, Bologna, pp. 49-89
– [1987] *Ricerche di toponomastica veneta*, Padova
– [1988] "Tracce degli Ungari nella toponomastica italiana e occidentale", in *Popoli delle steppe: Unni, Avari, Ungari*, Settimane di studio del centro italiano di studi sull'alto medioevo, XXXV, Spoleto, pp. 307-349
– [1989] *Ricerche sugli arabismi italiani con particolare riguardo alla Sicilia*, Palermo

PELLEGRINI G.B. e ZANARINI M. [1989] "Cento etimologie di nomi locali emiliani (specie nel Centese)", *Atti del convegno di studi 'Insediamenti e viabilità nell'alto Ferrarese dall'età romana al medioevo'*, Cento

PELLEGRINI G.B., BOSIO L. e NARDO D. [1976] "Il Veneto preromano e romano", in *Storia della cultura veneta*, Vicenza, pp. 29-101

PELLEGRINI G.B. e PROSDOCIMI A.L. [1967] *La lingua venetica*, 2 voll. (il vol. II è interamente di A.L. Prosdocimi), Padova-Firenze

PELLEGRINI G.B. e SEBESTA C. [1965] "Nuove iscrizioni preromane da Serso (Pérgine)", *Studi trentini di scienze storiche*, XLIV, pp. 3-33

PELLEGRINI G.B. e ZAMBONI A. [1982] *Flora popolare friulana*, 2 voll. con atlantino, Udine

PELLEGRINI S. [1962] *Saggi di filologia italiana*, Bari
– [1976] *La toponomastica nella valle del Biois*, opera integrata e completata da G.B. Pellegrini e V. Pallabazzer, con pref. di C.A. Mastrelli, Firenze
PETRACCO SICARDI G. [1958-59] "Ricerche topografiche e linguistiche sulla tavola di Polcevera", *Studi Genuensi*, II, estratto di 19 pp.
– [1962] *Toponomastica di Pigna*, Bordighera
– [1965] "Toponimi veleiati", *Quaderni ligustici*, CXXX, estratto dal *Bolletino Ligustico*, I e II; "Problemi di topografia veleiate", in *Atti del III convegno di studi veleiati*, 1970, pp. 207-218
– [1976] "Note di toponomastica fondiaria romana riguardo a Novi e alla Valle Scrivia", *Novinostra*, II, 2 giugno, pp. 46-49
– [1977] "La seconda mutazione consonantica negli antroponimi di origine longobarda", in *Studi di filologia germanica e letteratura tedesca in onore di N. Accolti Gil Vitale*, Firenze, pp. 7-20
– [1979] *Note di toponomastica fondiaria romana sull'Alto Frignano e zone contermini* (estratto), Modena, pp. 89-97
– [1985] "Un tipo toponomastico tra romanità e medioevo: i nomi di luogo in -ate", in *Studi linguistici e filologici per Carlo Alberto Mastrelli*, Pisa, pp. 355-360
PETRACCO SICARDI G. e CAPRINI G. [1981] *Toponomastica storica della Liguria*, Genova
PFIFFIG A.J. [1969] *Die etruschische Sprache*, Graz
PFISTER M. [1978] "Le superstrat germanique dans les langues romanes, in *Atti del XIV Congresso internazionale di linguistica e filologia romanza* (Napoli, aprile 1984), vol. I, Napoli, pp. 49-97
– [1979-80 e sgg.] *Lessico etimologico italiano* (= LEI), Wiesbaden
PIERI S. [1919] *Toponomastica della Valle dell'Arno* (= TVA), Roma; edito come Appendice ai *Rend. Accad. Lincei*, V, 27, 1918
– [1898] "Toponomastica delle valli del Serchio e della Lima" (= TSL), *AGI*, suppl. 5; ristampato in *Mem. Accad. Lucchese*, NS 2, Pisa 1936
– [1928] "In cerca di nomi etruschi (noterella toponomastica)", *ID*, IV, pp. 186-211 e aggiunte e rettifiche alla p. 328
– [1969] *Toponomastica della Toscana meridionale e dell'arcipelago toscano* (= TTM), (opera postuma) Accademia degli intronati, Siena
PIETRA G.C. [1933] *Origine dei nomi delle strade, piazze e porte di Bologna*, Bologna

PINGUENTINI G. [1948] "Di un toponimo triestino e d'uno toscano: dell'attinenza di 'prelaser' e 'parlascio'", *Archeografo Triestino*, XIV-XV, pp. 5 e sgg.
PISANI V. [1946] "Il problema illirico (tentativo di delimitazione)", *Pannonia*, 1936; ripubblicato in *Linguistica generale e indeuropea*, Milano, pp. 83-102
– [1964] *Le lingue dell'Italia antica oltre il latino*[2], Torino
PITRÈ G. [1891] "Blasone popolare siciliano", *Archivio delle tradizioni popolari*, X, pp. 195-203
PITTAU M. [1964] "Due toponimi sardi di mansioni romane: Aùstis e Meàna", *ID*, XXVII, pp. 287-290
– [1964] *Lessico etrusco-latino comparato col nuragico*, Sassari
– [1975] *Problemi di lingua sarda*, Sassari
POKORNY J. [1938] *Zur Urgeschichte der Kelten und Illyrier*, Halle-Saale
– [1959-1965] *Indogermanisches etymologisches Wörterbuch*, Berna
POLLONI A. [1966] *Toponomastica romagnola*, Firenze (Bibl. dell'Archivum Romanicum II, 33)
PRATI A. [1910a] "La riduzione ladina del nesso rj nei nomi locali", in *Ricerche di toponomastica trentina*, Rovereto, pp. 60-61
– [1910b] *Ricerche di toponomastica trentina*, Rovereto (*Pro Cultura*, I, suppl. 2°)
– [1913-14] "Escursioni toponomastiche nel Veneto", *RDR*, V, 1913, pp. 89-141; VI, 1914, pp. 139-194
– [1914] *Quistioncelle di toponomastica trentina*, Trento (Pro Cultura, V, vol. II, fasc. 1)
– [1918] "Ricerche di toponomastica trentina" II, *AGI*, XVIII, pp. 195.275
– [1923] *I Valsuganotti*, Torino
– [1931] "Nomi di luogo", *ID*, VII, pp. 209-253
– [1936] "Spiegazioni di nomi di luogo del Friuli", *RLiR*, XII, pp. 44-143
– [1951] *Vocabolario etimologico italiano* (= VEI), Milano
– [1957-58] "Raccolta di nomi di luogo della Valsugana e di Tesino", *ID*, XII, pp. 35-130
– [1960a] *Dizionario valsuganotto*, Venezia-Roma
– [1960b] *Storie di parole italiane*, Milano (Studi di filologia moderna dell'Università di Pisa, n. 7)
– [1968] *Etimologie venete*, opera postuma a cura di G. Folena e G.B. Pellegrini, Venezia-Roma
PROSDOCIMI A.L. [1968] "Un nome del Tevere: Serra", *La parola del passato*, XIII, pp. 45-48
QUARESIMA E. [1955] *Parentela veneto-ladina*, Trento

– [1964] *Vocabolario anaunico e solandro*, Venezia-Roma
RAJNA P. [1889] "L'onomastica italiana e l'epopea carolingia", *Romania*, XVIII, pp. 1-69
RAYNOUARD M. [1836-1845] *Lexique roman ou dictionnaire de la langue des troubadours comparée avec les autres langues de l'Europe latine*, Parigi
Revue de dialectologie romane (= RDR) [1909-1915] Bruxelles-Amburgo
Bulletin de dialectologie romane (= BDR), Bruxelles
Rendiconti del [r.] Istituto lombardo di scienze e lettere (= RIL)
REŠETAR M. [1911] *Die serbokroatischen Kolonien Süditaliens*, Vienna
Revue de linguistique romane (= RLiR)
RIBEZZO F. [1920a] "Carattere mediterraneo della più antica toponomastica italiana", *Rivista indo-greco-italica*, IV, f. 2-3, pp. 63-78
– [1920b] "La originaria unità tirrena dell'Italia nella toponomastica", *RIGI*, IV, F. 1, 1920, pp. 83-97
– [1951] "Sulla originaria unità linguistica e culturale dell'Europa mediterranea", in *Atti del I Congresso di preistoria e protostoria mediterranea*, Firenze-Napoli-Roma 1950, Roma, pp. 185-194
RICHTER SANTIFALLER B. [1937] "Die Ortsnamen von Ladinien", in *Schlern-Schriften*, vol. XXXVI, Innsbruck
RISCH E. [1971] "Die Räter als sprachliches Problem", in *Der heutige Stand der Räterforschung in geschichtlicher, sprachlicher und archäologischen Sicht*, Chur, Basilea, pp. 12-21
RIX H. [1950-51] "Picentes-Picenum", *BNF*, II, pp. 237-247
– [1957] "Sabini, Sabelli, Samnium. Ein Beitrag zur Lautgeschichte der Sprachen Altitaliens", *BNF*, VIII, pp. 127-143
ROHLFS G. [1932-39] *Dizionario dialettale delle Tre Calabrie*, Halle-Milano
– [1949-54] *Historische Grammatik der italienischen Sprache und ihrer Mundarten*, Berna; trad. it., *Grammatica storica della lingua italiana e dei suoi dialetti*, 3 voll., Torino 1966-69
– [1952] *Estudios sobre geografía lingüística de Italia*, Granada
– [1954] *Die lexicalische Differenzierung der romanischen Sprachen. Versuch einer romanischen Wörtergeographie*, Monaco; trad. spagnola, *La diferenciación léxica de las lenguas románicas*, Madrid 1960 (Anejo 14 della RFE)
– [1956] *Studien zur romanischen Namenkunde*, Monaco
– [1956-59] *Vocabolario dei dialetti salentini (Terra d'Otranto)*, 3 voll., Monaco
– [1958] "Ignote colonie slave sulle coste del Gargano", in *'Cercetări de lingvistică'. Mélanges...E. Petrovici*, Bucarest,

pp. 409-413; anche in Rohlfs G., *Studi e ricerche su lingue e dialetti d'Italia*, Firenze 1972, pp. 349-356
– [1960] "Europäische Flussnamen und ihre historischen Probleme", *Studia Onomastica Monacensia*, II, pp. 1-28
– [1964] *Lexicon graecanicum Italiae inferioris. Etymologisches Wörterbuch der unteritalienischen Gräzität* (1930), 2. erweiterte und völlig neubearbeitete Auflage, Tubinga
– [1966-67] *Vocabolario supplementare dei dialetti delle Tre Calabrie*, con repertorio toponomastico, 2 voll., Monaco
– [1971] *Romanische Sprachgeographie: Geschichte und Grundlagen, Aspekte und Probleme mit dem Versuch eines Sprachatlas der romanischen Sprachen*, Monaco
– [1972] *Studi e ricerche su lingue e dialetti d'Italia*, Firenze
– [1974] *Dizionario toponomastico e onomastico della Calabria. Prontuario filologico-geografico della Calabria*, Ravenna

Rolla P. [1907] *Saggio di toponomastica abruzzese*, Casale Monferrato

Romanica Helvetica (= RH)

Ronzon A. [1895] "Toponomastica cadorina", in *Dal Pelmo al Peralba. Almanacco Cadorino*, VI, pp. 14-79

Rossi G.B. [1974] *Flora popolare agordina*, con introduzione di G.B. Pellegrini, Firenze (estratto da *AAA*, LVI, 1963, pp. 245-268; LVIII, 1964, pp. 319-400; LIX, 1965, pp. 1-76)

Sabatini F. [1963] "Riflessi linguistici della dominazione longobarda nell'Italia mediana e meridionale", in *AA Colombaria*, XXVIII, pp. 132-249

Salvioni C. [1898-1901] "Noterelle di toponomastica lombarda", *Bollettino storico della Svizzera italiana*, XX, 1898, pp. 33-34; XXI, 1899, pp. 85-97; XXII, 1900, pp. 85-100; XXII, 1901, pp. 77-96
– [1910] "Noterelle tergestine, triestine e muglisane", in *Miscellanea Hortis*, Trieste, pp. 753-757
– [1917] "Dell'elemento germanico nella lingua italiana; a proposito di un libro recente", *RIL*, S II, XLIX, f. XX, pp. 1011-1067
– [1918] "Appunti di toponomastica lombarda", *Archivio storico lombardo*, XLV, pp. 237-265

Santoro C. [1984] "Toponomastica messapica", *Lingua e storia in Puglia*, XXIII, pp. 71-116

Sassi R. [1953] *Stradario storico di Fabriano*, con appendice toponomastica, Fabriano

Schatz J. [1955-56] *Wörterbuch der Tiroler Mundarten, für Druck vorbereitet von K. Finsterwalder*, Innsbruck

Schmeller J.A. [1834] *Über die sogenannten Cimbern der VII und XIII Communen auf den venedischen Alpen und ihre*

Sprache, Monaco
– [1955] "Cimbrisches Wörterbuch oder Wörterbuch der deutschen Sprache wie sie sich in einigen der VII und der XIII Gemeinden auf den Alpen von Vicenza und von Verona erhalten hat", in *Sitzungsber. der Akademie der Wissenschaften*, 15 B. 1855, h. I bis III, Vienna, pp. 165-274
SCHMID A. [1974] *Die Romanischen Orts- und Flurnamen in Raume Landeck*, Innsbruck
SCHMID H. [1956] "Über Randgebiete und Sprachgrenzen", VR, XV, pp. 19-80
SCHMIDT K.H. [1957] *Die Komposition in gallischen Personennamen*, Tubinga
SCHMOLL U. [1958] *Die vorgriechischen Sprachen Siziliens*, Wiesbaden
SCHNEIDER F. [1924] *Die Entstehung von Burg und Landgemeinden in Italien*, Berlino
SCHNELLER CH. [1890] *Tirolische Namenforschungen*, Innsbruck
– [1893-96] *Beiträge zur Ortsnamenkunde Tirols*, Innsbruck
SCHNETZ J. [1940] *Itineraria Romana, Volumen alterum. Ravennatis anonymi cosmographia et Guidonis geographica*, Tubinga
SCHÖPF J.B. [1866] *Tirolisches Idiotikon*, vollendet von A.J. Hofer, Innsbruck
SCHORTA A. [1964] *Rätisches Namenbuch. Etymologien*, Berna (RH 63)
SCHULZE W. [1904] *Zur Geschichte lateinischer Eigennamen*, Berlino
SCHWARZ E. [1960] "Deutschslawische Namenbeziehungen von Osten bis Adria", in '*Kongressberichte der VI Internazionaler Kongress für Namenforschung' - Studia Monacensia*, II, Monaco, pp. 29-53
SCOTONI L. [1980] "Greci e Arabi in Sicilia: geografia comparata di due civiltà", *Memorie*, XXXII, Società geografica italiana, Roma, pp. 126-225
SECCO G. [1979] *Dimmi di che paese sei. Blasoni popolari del Veneto nordorientale*, con commenti toponomastici di G.B. Pellegrini, Belluno
SELLA P. [1937] *Glossario latino-emiliano*, Città del Vaticano
– [1944] *Glossario latino-italiano. Veneto, Stato della Chiesa, Abruzzi*, Città del Vaticano
SERENI E. [1955] *Comunità rurali nell'Italia antica*, Roma
SERRA G. [1931] *Contributo toponomastico alla teoria della continuità nel medioevo delle comunità rurali romane e preromane nell'Italia superiore*, Cluj
– [1939] "Tracce di un'antica voce peregàl 'mora di sassi' lungo

le antiche vie romane e romee dell'Italia occidentale", *Vox romanica*, IV, pp. 102-122
– [1943] "Ivrea (Eporedia)", *Lingua nostra*, V, pp. 49-54
– [1951-52] "Caralis 'Cagliari' e Galile 'La Galilea' di Sardegna", *BNF*, III, pp. 102-108
– [1954] "Tracce del culto dell'olmo e del tiglio nella toponomastica e negli usi civili dell'Italia medievale", *Lineamenti*, I, pp. 239-256
– [1954-1965] *Lineamenti di una storia linguistica dell'Italia medioevale*, 3 voll., Napoli
– [1958] "Centri e stazioni pastorali sul territorio dell'antica Liguria", in *Etymolgica. Festschrift W.v. Wartburg*, Tubinga, p. 727 nota
SEYBOLD CH.F. [1910] "Analecta arabo-italica", in *Centenario...Amari*, vol. II, Palermo, pp. 205-215
SILVESTRI D. [1969] "Il tipo toponomastico Gioia nell'Italia meridionale", *ID*, XXXVII, pp. 41-62
– [1986] Lineamenti di storia linguistica della Campania antica, I. I dati etnotoponomastici, Napoli.
SKOK P. [1906] *Die mit den Suffixen -acum, -anum und -ascum gebildeten Südfranzösischen Ortsnamen*, Halle 1906
– [1934] "'Roma' et 'Venezia' chez les Slaves", in *Mélanges de philologie, d'histoire et de littérature offerts à Henri Hauvette*, Parigi, pp. 13-19
– [1950] *Slavenstvo i romanstvo na jadranskim otocima. Toponomastička ispitivanja*, 2 voll., Zagabria
– [1971-1974] *Etimologijski rječnik hrvatskoga ili srpskoga jezika*, Zagabria
SORI A. [1928] *A zonzo per Reggio. Noterelle toponomastiche urbane*, Reggio Emilia
Sprach- und Sachatlas Italiens und der Südschweiz (= AIS) [1928-1940], a cura di K. Jaberg e J. Jud, Zofingen
STAMPA R.A. [1937] *Contributo al lessico pre-romanzo dei dialetti lombardo-alpini e romanci*, Zurigo-Leipzig (RH 2)
STOLZ O. [1927 e sgg.] *Die Ausbreitung des Deuschtums in Südtirol im Lichte der Urkunden dargestellt*, 5 voll., Monaco-Berlino
ŠTREKELJ K. [1890] "Zur Kenntniss der slavischen Elemente im friaulischen Wortschatze", *Archiv für slav. Philologie*, XII, pp. 474-486
Studi di filologia italiana (= StFI)
Studi di filologia romanza (StFR)
Studi linguistici friulani (=SLF)
Studi linguistici italiani (= StLI)
Studi mediolatini e volgari (= StMVg)

SYBARIS [1958] *Festschrift Hans Krahe*, Wiesbaden

Tabula imperii romani. 432 Milano (Mediolanum) Roma 1966 (= *Tab. Med.*).

TAGLIAVINI C. [1926] "Il dialetto del Comèlico", *Archivum Romanicum*, X, pp. 1-200

– [1932] "Alcuni problemi del lessico ladino centrale", *AAA*, XXVII, pp. 81-114

– [1934] *Il dialetto del Livinallongo*, Gleno-Bolzano

– [1944] *Nuovi contributi alla conoscenza del dialetto del Comelico*, Venezia

– [1963] "L'agiotoponomastica o toponomastica sacra", in *Storia di parole pagane e cristiane attraverso i tempi*, Brescia, pp. 25-33

– [1972] *Le origini delle lingue neolatine*[6], Bologna

TASSINI G. [1970] *Curiosità veneziane*, Venezia

TEKAVČIĆ P. [1961] "Toponomastica romanza di Dignano d'Istria", *Studia romanica et Anglica Zagrabiensia*, XI, pp. 67-82

– [1972] *Grammatica storica dell'italiano*, 3 voll., Bologna; nuova ed. aggiornata, 1980

TERRACINI B. [1956] "Osservazione sugli strati più antichi della toponomastica sarda", in *Pagine e appunti di linguistica storica*, Firenze, pp. 93-110

Thesaurus linguae Etruscae. I. *Indice lessicale* (= ThLE) [1978] a cura di M. Pandolfini Angeletti, Roma

THURNEYSEN R. [1947] *A Grammar of Old Irish*, Dublino

TOLAINI E. [1967] *Forma Pisarum: problemi e ricerche per una storia urbanistica della città di Pisa*, Pisa; nuova ed. ampliata, 1979

TOLOMEI E. [1935] *Prontuario dei nomi locali dell'Alto Adige*[3], Roma

Topolessigrafia della Venezia Giulia. Contributo alla topolessigrafia italiana [1925] a cura della 'R. Commissione per la revisione toponomastica della Carta d'Italia' dell'Istituto geografico militare, Trieste

TRAUZZI A. [1929] *Attraverso l'onomastica fluviale del medioevo in Italia*, Bologna

TROMBETTI A. [1942] *Saggio di antica onomastica mediterranea*, riedizione a cura di C. Battisti, Firenze

– [1925] *Le origini della lingua basca*, Bologna; nuova edizione con introduzione di C. Tagliavini, 1966.

UGGERI G. [1974] *La romanizzazione dell'antico Delta padano*, Ferrara (*Atti e Memorie della Deput. provinciale ferrarese di storia patria*, S. III, vol. XX)

UNTERMANN J. [1956] "Beobachtungen an römischen Gentilna-

men in Oberitalien", *BzN*, VII, pp. 173-194
– [1958] "Zu einigen Personennamen auf lateinischen Inschriften in Ligurien", in Sybaris, *Festschrift Hans Krahe*, Wiesbaden, pp. 177-188
– [1959-61] "Namenlandschften im alten Oberitalien", *BzN*, X, 1959, pp. 122-134; XI, 1960, pp. 273-318; XII, 1961, pp. 1-30
– [1980] "Trümmersprachen. Grammatik und Geschichte", in *Rheinisch-Westfalische Akademie der Wissenschaften*, Vorträge G 245, Dusseldorf 1980

VANEL A. [1859] *Blason populaire*, Parigi

VÄÄNÄNEN V. [1967] *Introduction au latin vulgaire*[2], Parigi; trad. it., *Introduzione al latino volgare*, Bologna 1971

VARVARO A. [1968] *Storia, problemi e metodi della linguistica romanza*, Napoli 1968

VASMER M. [1941] *Die Slaven in Griechenland*, Berlino

VETTER E. [1953] *Handbuch der italischen Dialekte*, Heidelberg

VIAL E. [1985] *Les noms de villes et villages*, Parigi

VIDESOTT G. [1930] "Termini geografici ladini di Marebbe", *Boll. Soc. Geografica Italiana*, VII, Roma, pp. 718-737

VIDOS B.E. [1959] *Manuale di linguistica romanza*, Firenze (= Bibl. dell'Archivum Romanicum II, 28)

VIDOSSI G. [1960] *Saggi e scritti minori di folklore*, Torino

VIDOSSI(CH) G. [1962] *Studi sul dialetto triestino*, ristampa con prefazione di G.B. Pellegrini, Torino

VIGOLO M.T. [1986] "La Palatilizzazione di C,G^{+a} nei dialetti veneti", *AGI*, LXXI, pp. 60-80

VINCENT A. [1937] *Toponymie de la France*, Bruxelles

VIOLI F. [1946] *Saggio di un dizionario toponomastico della pianura modenese*, Modena
– [1974] *Lingua, folclore e storia del Modenese*, Modena

Vox Romanica (=VR)

WAGNER M.L. [1931] "Über die vorrömische Bestandteile des Sardischen", *Archivum Romanicum*, XV, pp. 207-249
– [1950] *La lingua sarda*, Berna
– [1955] "Die Punier und ihre Sprache in Sardinien", *Die Sprache*, III, pp. 27-43 e 78-109
– [1960-1964] *Dizionario etimologico sardo*, 3 voll., Heidelberg

WARTBURG VON W. [1922 e sgg.] *Französisches etymologisches Wörterbuch* (= FEW), Bonn (Leipzig, Basilea)
– [1950] *Die Ausgliederung der romanischen Sprachräume*, Berna

ZAMBONI A. [1974] *Profilo dei dialetti italiani V. Veneto*, a cura di M. Cortelazzo, Pisa
– [1976] *L'etimologia*, Bologna
– [1978] "Il siculo", in *Popoli e civiltà dell'Italia antica. VI.*

Lingue e dialetti, diretto da A.L. Prosdocimi, Roma, pp. 949-1112
– [1980] "Toponomastica e storia religiosa fino al IX secolo", in *Le origini del cristianesimo tra Piave e Livenza da Roma a Carlo Magno*, Vittorio Veneto, pp. 41-78
ZANARDELLI T. [1902] "I nomi etnici nella toponomastica", *Atti della Società romana di Antropologia*, VIII, fasc. II, pp. 3-16
– [1903] "I nomi locali in -aticus nell'Emilia e nella Romagna", *Studi glottologici*, III, pp. 1-48
– [1907] *Nomi di animali nella toponomastica emiliana*, Bologna
– [1913] *I soprannomi di persona e di luogo a Lizzano Belvedere*, Bologna
Zeitschrift fur romanische Philologie (= ZRPh.)

Indice dei toponimi

Il presente indice elenca i nomi locali citati nel testo ed in particolare nella dizione odierna con alcune attestazioni antiche (saltuarie, tra le più interessanti), i nomi arcaici testimoniati nelle fonti d'archivio, un'ampia scelta di forme d'epoca classica e preromana (non sono qui registrate le attestazioni in greco o in arabo, le quali costituiscono spesso l'etimologia del toponimo medievale e moderno). Non vi mancano vari etnici trascritti per lo più con la minuscola qualora siano moderni e dialettali. Forme identiche di nomi, anche se designano luoghi diversi, qualora figurino nella medesima pagina, sono indicate nell'indice una sola volta. Quanto alla localizzazione dei toponimi bisognerà ricorrere, per mezzo della pagina, al testo, dato che ripetizioni non indispensabili lo avrebbero ulteriormente allungato.

Si è cercato di segnare quasi sempre l'accento corretto del nome locale, soprattutto per i toponimi di modesta rilevanza pratica (la grande maggioranza) e non vi mancano – ma non sistematicamente – alcune trascrizioni elementari per la corretta pronuncia (soprattutto per le vocali *é* ed *ó* chiuse, *è* ed *ò* aperte e per la *z* sorda o sonora = *ź*, *ʒ*).

Ci scusiamo col lettore per eventuali errori materiali (le citazioni di nomi locali, anche della microtoponomastica, sono assai numerose) e per qualche inevitabile ripetizione. Confidiamo nella segnalazione di possibili imprecisioni di cui si terrà il massimo conto nel caso auspicabile di una nuova edizione.

Abano 368
Abano Terme 426
Abatia 208
Abbaco 251
Abbadia San Salvatore 208
Abbatia 208
Abbiate 325
Abbio 208
Abbruciato 240
Abella 62
Abellanus 62
Abetella 330
Abétola 330
abetonare 422
Abruzzo 37
Acate 427

Acciano 308, 309
Accolle 176
Acedonia 71
Àcera 330
Aceraia 330
Acereto 330
Acèrno 152
Acerone 330
Acerra 421
Aché 309
Achey 309
Acinaglio 359
Acinaia 359
Acqua Calda 370
Acqua Longa 370
Acqua marcia 168
Acqua Padula 193
Acqua Putida 254
Acqua puzza 168
Acqua puzzola 255
Acqua salza 257
Acqua-grossa 168
Acqua-larga 168
Acqua-monda 168
Acqua-rossa 257
Acqua-salata 257
Acqua-santa 257
Acquabianca 168
Acquabona 168
Acquacalda 168, 240
Acquadolce 243
Acquadori 168
Acquadozo 208
Acquaformosa 405
Acquaforte 245
Acquafredda 245
Acquagiusta 168
Acquale 168
Acqualunga 247
Acquamara 237
Acquamarcia 248
Acquamorta 168
Acquamórtura 249
Acquanegra 250
Acquanera 250
Acquaotta 168
Acquapendente 168, 370
Acquapremula 168
Acquapùtoli 254
Acquasalsa 257
Acquasanta 257
Acquascosa 236
Acquascusa 236
Acquatorta 260
Acquaviva 168, 261
Acquaviva-Cagli 168
Acquaviva Collecroce 168, 303
Acquaviva Panicale 168
Acquavivola 261
Acquavìvola 261
Acquerta 244
Acqui 20, 101, 168
Acqui Terme 426
Acquifredula 245
Acuto 236
Acy 308
Ad Columnam 83
Adda 369
Adernò 427
Adige 136
Adile 364
Adour 108
Adrano 427
Adria 422
adriòto 422
Adro 267
Adua 369
Aeclanum 67
Aedes Rolandi 398
Aes-inus 66
Aes-ontius 66
Aesernia 65
Aesontius 369
Affi 267
Affori 182
Afilae 61
Afrile 61
Agaro 407
Àgaro 330
Agata 86
Agazzano 308
Agelli 153
Agello 65, 152, 153
Agereta 330
agerllúd 65
Aghezzi 330
Agiano 308
Agliana 309
Agliano 309
Agliasco 309

Agliate 325, 330
Aglié 309
Aglieto 330
Agnari 167
Agnedo 331
Agnelezza 359
Agnellezze 359
Agnelli 359
Agnèr 359
Agneta 359
Agneto 331
Agno 153, 326
Agnona 331
Agnone 167
Agnone Bagni 167
Agoiolo 184
Agolla 186
Agosta 326
Agrappidà 83
Agre 330
Agrèda 330
Agrigento 79, 287
Agù 236
Aguaròlo 168
Aguciano 308
Aguerta 244
Agùstis 406
Aguzzano 308
Ai 330
Aiàl 169
Aiello 152, 153, 425
Aimivilla 266
Ainiddu 286
Airola 169
Airole 169, 422
airulénku 422
Airuno 128
Ais-arus 66
Aisone 267
Aix en Provence 168
Aix la Chapelle 168
Aja 169
Ajaccia 169
Ajaccio 169
Ajale 169
Ajalta 169
Ajelli 153
Ajello 65, 153
Ajello in Calabria 425
Ajetta 169
Ajola 169
Akragas 79
Ala 368, 422
Alagna 281, 407
Alagna-Land 407
Alanno 281
Alano di Piave 281
Alba 369
Alba Iulia 15
Alba Longa 77
Albagnano 309
Albairate 325
Albaré 331
Albaredo 331
Albarédo 331
Albaredo Arnaboldi 267
Albarello 331
Albarìa 331
Albarito 331
Albaro 331
Albarolo, Serra di- 331
Albegna 369
Àlberi 53
Alberì 53
Alberoni 331
Alberoro 331
Albi 208
Albiate 325
Albignalla 20
Albignano 309
Albignàsego 307, 422
Albignaula 19
Albinia 369
Albiolo 208
Albioni 208
Alborèllo 331
Albula 369
Albusciago 309
Albuzzano 309
Àlcamo 296
Alcázar 285
Al(e)ghère 330
Aleghèro 330
Alessandria 426
Alfaedo 20, 337
Alfano 61
Alfeo 337
Alfinale 220
Àlgola 330
Alì Marina 426

Alì Terme 426
Àlica 330
Alife 66
Àlleghe 330
Allifae 66
Allòra 342
Alne 330
alòt 422
Alta-villa 236
Altamura 236
Altare 208
Altaretto 208
Altariól 208
Altaról 208
Altaserra 236
Altasèrra 201
Altavilla 381
Alto Adige 37
Altociglio 236
Altoé 390
Altopascio 236
Altori 236
Altura 236
Alvagnano 309
Alvelli 154
Ama 187
Amalfitano 44
Amandrinum 58
amarfitanë 422
Amendolèa 404
Amestratus 49
Amiata 190
Amiddalìa 404
Amora 187
Ampledum 237
Amponéto 341
Anapo 54
Anapus 54, 55
Ancaiano 309
Ancarano 309
Ancarano Sopra 309
Ancona 74, 86
Anconese 208
Anconetto 208
Anconitano 44
Andalucía 280
Andara 53
Andecavi 126
Andemm 161
Andes 126
Andorno Cacciorna 426
Andorno Micca 426
Andrìch 267
Andrigo 267
Angera 167
Anghiari 167
Angla 167
Angòna 176
Angoris 188
Anguìn 236
Aniž 14
Ànja 330
ankonitano 422
Anna 286
Annifo 61
Annone di Brianza 390
Annone Veneto 390
Anselminga 278
Ansoli 278
Antano 330
Antécchia 91
Antegnate 325
Antermóia 375
Anti-corte 167
Antibes 85
Antica 237
Antiga 237
Antighe 237
Antignana 309
Antignano 309
Antignàtica 309
Àntina 91
Antioco 86
Antium 143
Antognano 309
Antogny 309
Àntole 91, 167
Antolina 91
Antoñana 309
Antonianes 309
Antrìa 198
Antrivo 198
Antro 168
Antula 91
Anxa 57
Anxanum 64
Anzano 309
Anzano degli Irpini 309
Anzano del Parco 309
Anzano di Puglia 309

Aolee 302
Aonédis 331
Aosta 115, 406
Aoste 406
Apellosa 246
Appiaglia 331
Appiaia 331
Appiano 309, 416
Appiano Gentile 309
Appiata 331
Appoigny 309
Aprica 237
Aprico 237
Aprigliancllo 309
Aprigliano 309
Apsa 368
Apsos 368
Apulia 417
Apusa 368
Aquae Bormidae 100
Aquae Statiellae 101
Aquàr 168
Aquerta 244
Aquila 168
Aquileia 66
Aquilonia 66, 71
Aquincum 122
Aquis Stat(i)ellis 168
Aquis Stat(i)ellorum 168
Ara 169
Aradulis 51
Arato 342
Arba 154
Arbela 53
Arbi 208, 278
Arbolón 331
Arborèa 426
Arbósola 255
Arca 209
Arcade 209
Arcaiola 209
Arce 154, 383
Arceto 336
Arcetri 336
Arche 209
Arcoata 209
Àrcola 209
Arcole 209
Arcón 209
Arcora 209
Arcovata 209
Arcumeggia 209
Ardasài 50
Ardea 143
Ardena 238
Ardenne 372
Ardenno 238
Ardesio 238
Ardo 238
Ardosa 238
Arduenna 372
Are 169
Are-late 115
Aréit 342
Arelica 116
Arena in Cadris 164
Arene Candide 169
aretino 422
Àreʒo 341
Arezzo 92, 422
Argenta 169
Argentera 169
Argentèra 169
Argentiera 169
Argetana 341
Argile 167
Argilis 167
Àrgine 167
Arginóne 167
Aria 169
Aria cupa 169
Ariabuona 239
Ariazza 169
Ariazzi 169
Ariccia 77
Ariedda, 169
Arigliano 309
Arilica 116
Arimannia 275
Arimannie 275
Aringo 268
Ariolita 116
Ariscianno 314
arkuaràn 422
Arlay 309
Arles 115
Arliano 309
Armannorio 275
Armanore 275
Armédola 355

Armeni 281
Armènia 281
Armènio 281
Armenise 281
Armenius 281
arminusaru 422
Arna 368
Arnàz 169
Arne 368
Arnère 331
Arnesano 59
Arnétolo 330
Arnicèlla 330
Arno 368
Arola 169
Àrola 169
Arquà Petrarca 209, 422, 426
Arquà Polesine 209
Arquata 209
Arquata del Tronto 209
Arquata Scrivia 209
Arsiccia 238
Arsiccio 238
Arsìccioli 238
Arsié 238
Arsizio 155
Arsoli 238
Arsòn 238
Artale 208
Artobriga 11
aruśnas 107
Arvaglo 154
Arvello 154
Arvenis 154
Arvier 115
Arvito 154
Arvo 153, 174
Arźale 340
Arzeda 167
Aʃarèa 330
Àsaro 53
Aschi 278
Aschieto 336
Ascoli Piceno 66
Ascoli Satriano 66
Asegiago 409
Asenaro 359
Asero 330
Asiago 408
Asinaia 359
Aso 167
Asola 167
Àsola 167
Asolo 136
Asparetto 238
Aspelonga 202
Aspio 86
Aspio Terme 86
Aspro 238
Aspromonte 238
Aspruccio 238
Assé 308
Assorum 53
Assy 308
Asti 20, 221
Atella 66
Atellanus 66
Ateste 136
Atina 71
Atò 83
Attidium 71
Attiggio 71
Attigliana 310
Attigliano 310
Attileia 281
Attily 310
Aturrus 108
Auantici 103
Augia 273
Augusta 422
Augusta Taurinorum 140
Augustoduro 11
Augustunnum 9
Aulla 186
Aune 331
Aurano 310
Aureḍḍus 51
Auriola 238
Ausa 368
Auscelli 186
Auscellino 186
Auscello 186
Ausculum 66
Aùsta 406
(a)ustanìsi 422
Aùstis 406
Authon 9
Autun 9
Avance 103
Avedocio 208

Avellino 62
Àvena 92
Avenale 331
Avène 370
Avens 370
Aventia 103, 370
Avenza 103, 370
Averdon 9
Averto 237
Avisio 121
Avornéta 341
Avreto 154
Avrillé 309
Avrilly 309
Avrito 154
Azarìno 330
Azzago 310
Azzano 308, 310
Azzano Decimo 391
Azzano Mella 308

Babbìa 287
Babbinedda 287
Babelagenin 287
Bacchiglioncello 371
Bacchiglione 371
Bacchisio 402
Bachisio 402
Bacigno 251
Bàcio 251
Bacìo 251
Baciolo 251
Baco 251
Badabiones 280
Baḍḍe de Taleϑo 51
Badelli 205
Badia 208
Badia Calavena 208
Badia di Giugnano 314
Badia di Vigèsimo 391
Badia Polesine 208
Badiola al Fango 189
Badistella 205
Badolato 205, 247
Bagalà 84
Bagaladi 84
Bagaźźano 310
Bagnacci 209
Bagnaia 209
Bagnana 309
Bagnano 309
Bagnara 209, 210
Bagnara di Romagna 210
Bagnetto 209
Bagni 209
Bagni di Casciana 168
Bagno 209
Bagno a Ripoli 198
Bagnole 209
Bagnoli 209
Bagnolo 209
Bagnòlo 209
Bagnone 209
Bagnorea 209
Bagnorèa 427
Bagnoregio 427
Bagnorello 209
Bago 251
Bàiro 279
Baiti d'Orlando 398
Balaton 15
Balbiana 310
Balbiano 310
Baldani 278
Baldella 278
Baldi 278
Baldo 278
Baledello 206
Balenyá 324
Balētus 369
Bălgrad 15
Balignano 324
Ballado 206
Ballato 206
Ballò 205
Balme 422
balménk 422
Baltea 124
Baltreta 260
Balza 170
Balzanella 170
Balzastrada 170
Balze 170
Balzi 170
Balzo 170
Balzoni 170
Banca 170
Bancaccia 170
Bancade 170
Bancaria 170

Banchette 170
Bancola 170
Bàncola 170
Bàncole 170
Bantia 56
Banzi 56, 63
Baovario 279
Barate 325
Barbacti 234
barbadèl 422
Barbagia 46
Barbagliana 310
Barbaiana 310
Barbalàconi 84
Barbara 86
Barbarà 310
Barbarano Romano 310
Barbarano Vicentino 310
Barbariana 310
Barbarighe 325
Barbata 422
Barbati 234
Barbatti 234
Barbayrac 310
Barbazzina 170
Barbegara 210
Barbeghèra 210
Barbery 310
Barbettus 234
Barbian 310, 416
Barbiana 310
Barbianello 310
Barbiano 310, 416
Barbinaia 356
Barbischio 356
Barbona 170
Barce 170
Bàrcis 170
Barco 206
Bard 111
Bardo 303
Bardomagus vicus 111
Barengo 277
Barga 170
Barge 170
Barghe 170
Bargi 170
Bari 58
Baribolle 171
Bàrico 206
Barigazza 170
Barignano 324
Barisciano 324
Baròzzo 331
Barra 58
Barro 111
Bars 111
Barympopē 16
Barypomē 16
Basaglia penta 154, 253
Basalghelle 154
Basaluzzo 154
Bascapé 154
Baselga 154
Basélica 154
Baserca 154
Basiago 311
Basiano 310, 311
Basilicata 37
Basilio 86
Bassa 238
Bassana 238
Bassano del Grappa 427
Basse 238
Bassélica 154
Basso 238
Bassor 238
Basta 59
Bastia 210
Batia 208
Baudianum 425
Bausittu 170
Bausu 170
Bavarìa 279
Bavèr 279
Baverii 279
Bayeux 11
Bazilly 311
Baźiva 251
Bazzoua 139
Bebbene 286
Bebbio 210
Bebbu 287
Bebilla(u)cal 286
Beblerìa 287
Beblitanus 44
Bècca 373
Becca di Nòna 373
Beccimursà 286
Bech de Mezdì 373

Bedesis 118
Bedeso 118
Bédizos 57
Bedolé 331
Bedollo 332
Bedolum 332
Bedonia 103
Beivàrs 279
Bel luogo 188
Belcastro 429
Belfiore 239, 428
Belfiore di Porcile 428
Belforte 239
Belgrado 112, 298
Belice 285
Beligna 124
Bellagio 239
Bellana 329
Bellano, Poggio- 329
Bello-specchio 231
Belloca 248
Bellòca 239
Belloga 239
Bellostento 192, 193
Bellunates 420
Belluno 10, 112
Bel(l)unum 112, 420
Belpasso 424
Belsedere 239
Belsuden 287
Belvedere 239
Benacus 372
Benācus lacus 119
Benevento 423
Beneventum 66
Béodizos 57
Beolo 332
Beorca 379
Beorchia 239
Beorchiàn 239
Berat 16
Berceta 348
Berceti 348
Bèrci 348
Berga 273
Bergamasco 306
bergamàsk 422
Bergiema 103
Bergusia 384
Berigno 209
Berignolo 209
Bernate Rosale 325
Bestagno 203
Bestagnu 203
Betrame 166
Betrano 166
Bettuno alto 128
Bettuno basso 128
Bèura 166
Beutelstein 414
Bevorcha 239
Bevorchians 239
Bezzeto 330
Biaca 273
Biache 273
Biacqua 273
Biancana 239
Biancanelle 239
Biancavilla 21
Biancona 239
Bibbiano 324
Bibiletti 286
Bidoggia 331
Bidoià 331
Biella 122
Biemmo 280
Biemo 280
bienato 422
Bieno 422
Bièntina 92
Bieta 331
Bietora 331
Bietore 331
Bifoccio 181
Bifolco 239
Biforca 239
Biforco 239, 379
Biforcola 379
Bifórcola 183
Bilbilis 44
Billiemi 286
biñaʃegòto 422
Binda 273
Binda Faroni 273
Binda Grimalo 273
Bioggio 332
Biòglio 331
Biòlo 332
Biólo 332
Bionda 273

Bionde 273
Bionde di Porcile 273
Biorca 239
Bir-di-Scala 287
Bir-di-sini 287
Birigno 209
Birori 53
Bisaldumi 287
Biscolle 176
Bìso 347
Bissabòva 373
Bistagno 203
Bistrec 15
Bistreţ 15
Bistrica 15, 16
Bistrička 15
Bistriţa 15
Biteto 330
Bitetto 357
Bitia 47
Bitolla 332
Bitolleta 332
Bitolli 332
Bitollo 332
Bitosto 261
Bitritto 166
Bittelus 103
Bitti 47
Bitunia 103
Biturigum 9
Biturritum 166
Biuba 254
Biumo 280
Bivài 307
Biviglione 332
Bladen 412
Blancheglise 21
Blevio 228
Blustiemelus 101
Bòa 373
Boada 171
Boàdega 171
Boài 171
Boale 170
Boalón 171
Boarióna 360
Boaro 360
Boazza, Valle- 171
Boazzi, valle dei- 171
Bobbiano 156
Bocca 373
Bocca d'Ansiesa 171
Bocca de For 220
Bocca della volpe 171
Bocca di Callalta 171
Bocca di Magra 171
Bocca di Nembra 160
Boccanera 250
Boccaóro 171
Boccapignone 171
Boccàra 171
Boccarazza 171
Boccare 171
Boccarona 171
Bocchetta 373
Bocchetta di Finestra 374
Bocia del Val 373
Bodengo 278
Bodincus 103
Bodio 278
Bodól, Valle del 332
Boeuscer 332
Bogliaco 311
Bogozza 360
Boiano 64
Boiodurum 11
Bòlgare 281
Bòlgari 281
Bòlgheri 281, 384
Bolimento 224
Bolla 171
Bolle 171
Bollengo 278
Bolli 171
Bologna 10, 110
Bolsena 165
Bolsena 92, 379
Bolzano 131, 416
Bompietro 427
Bonafro 61
Bonagio 239
Bonborghetto 424
Bondéno 123
Bondeval 124
Bondiolo 124
Bondo 123
Bondone 123
Bondons 124
Bononia 94, 110, 425
Bonōnia 417

Bononienses 417
Bonorva 165, 380
Bonuspago 161
Borbuio 240
Borca 239, 379
Borcavo 241
Borch 210
Bordighera 423
Borèllo 171
Borgària 281
Borghèl 210
Bòrgheri 281
Borgheria 281
Borghetto 210
Borgo della Scala 201
Borgo largo-stretto 210
Borgo Palazzo 226
Borgo Panigale 346
Borgo Valsugana 210
Borgo vecchio 210
Borgo-franco 211
Borgo-male 211
Borgo-masino 211
Borgo-Zucco 208
Borgoforte 244, 245
Borgofuro 182
Borgogna 280
Borgognina 280
Borgognona 280
Borgolecco 210
Borgoletto 210
Borgomanero 211
Borgonuovo 250
Borgoricco 256
Borgovercelli 281
Borgunto 384
Bormida 101
Bormio 100
Bórnoli 341
Bòro 171
Borore 53
Borriboni 239
Borrilati 247
Borro della Falcina 219
Borro di Loto 188
Borzàgo 308
Borzano 308
Bosa 47
Boscaia 171
Boscarole 171
Boscasso 171
Boscazzetti 171
Bòscero 332
Bosché 171
Boschetta 171
Boschiera 171
Bosco 171
Bosco Cucco 179
Bosco Marengo 278
Bosco-grosso 246
Bosco-tondo 256
Bosco-verde 261
Bosconero 250
Bosone 278
Bossi 332
Bòssolo 332
Botelleto 332
Botra 171
Botri 171
Botriccio 171
Botro 171
Botro dei Lagoni 186
Botro del Rione 198
Botro della Giunca 341
Botro delle Lastre 187
Botro dello Stento 161, 193
Botro-torbo 261
Botrone 171
Bottenigo 324
Bottestagno 415
Boulogne-sur-mer 10
Boulogne-sur-Mer 110
Boulogne-sur-Seine 10
Boulogne-sur-Seine 110
Bourgogne 280
Bova Marina 404
Bova Superiore 404
Bovala 360
Bovàlica 360
Bovàlico 360
Bovara 301
Bovecchio 360
Bovera 360
Bovianum vetus 64, 65
Bovigliana 311
Bovigliano 311
Bovile 364
Boville Èrnica 364
Bovio 401
Bovolare 332

Bozen 131, 416
Boźźonero 250
Bra 273, 274
Bra Guarnae 274
Bradia 162
Braglia 273
Bragonza 327
Braida 273, 274
Braida-Croce 274
Braido 273
Bramezza 254
Branca-fora 182
Brancaleone 429
Brarola 274
Brèda 273
Bredunum 122
Breganze 122, 327
Bregenz 122
Brenda 57
Bréndola 210
Brenner 414
Brennero 414
Brent 210
Brenta 57
Brenti 340
Bréntine 340
Brentino 210, 340
Brento 340
Brentón 210
Brèra 273
Brescello 114
Brescia 113
Bressa 114
Bressanone 114
Bresse 114
Breves 123
Brevia 123
Brevine 123
Brexa 114
Briançon 122
Brianza 122
Briare 11
Bric Tovi 233
Brica 237
Briccazzo 210
Bricchetto 210
Bricchio 237
Bricco 210
Brichetto 210
Brico 237
Brìcole 237
Brìcoli 237
Brienne-la-Vieille 123
Brienne-le-Château 123
Briga 123
Briga Alta 123
Briga Marittima 123
Brigantes 11, 122
Brigāntes 384
Brigantium 11
Brigetio 10
Brindisi 57
Briona 122
Brione 122, 123
Brives-Charensac 123
Brivio 123
Brivodurum 11
Brixellum 114
Brixia 113
Brno 11
Brognólo 348
Broletti 129
Brolo 286
Brona 348
Broni 348
Bronte 84
Brostolài 240
Bròta 171
Brotaccio 171
Brotino 171
Bruceto 350
Brufa 61
Brugnàro 348
Brugnèr 348
Brugnèra 348
Brugnetto 348
Bruncu Zìppiri 47
Brusadèl 240
Brusca 350
Brusceto 350
Brusegana 240
Brustolà 239
Brustolàa 239
Buara 360
Bubblajo 210
Buca del Gallo 365
Buccetta 155
Bùcine 210
Bùcini 210
Bùcino 210

Bùcita 154
Budòia 331
Buffarera 285
Bufurera 285
Bufurneto 61
Bugianèn 423
Bùgino 210
Buglio 240
Bugnate 325
Buia 122
Bùlgara 281
Bulgari 281
Bùlgari 281
Bùlgaro 384
Buongiorno 404
Buonpietro 427
Buoro 171
buranèlo 422
Burano 422
burdigótu 422
Bure 211
Burèle 171
Burganzo 327
Bùrgari 384
Burgo Leco 211
Burgo Richo 256
Buriella 171
Burione 171
Burtudizos 57
Bus dela Lum 223
Bus longo 171
Busa 171
Buscemi 284
Busciarello 332
Buseno 210
Businaro 210
Businello 210
Busnèra 210
Bùsola 171
Busoni 171
Bussato 332
Bussé 332
Busseo 332
Bússero 332
Busseto 332
Bussi 332
Busso 332
Bussolengo 265
Bussólo 332
bustìk 422
Busto Arsizio 155
Busto Garolfo 155, 278, 422
Busuemi 287
Buta 154
Butale 154
Butecte 357
Butera 292, 293
Buterita 166
Buthier 124
Buti 154
Butia 154
Butro 171
Buttanengo 268
Buvalaria 332
Buvale 171

C'amp 173
C. Lentini 81
C. Trebbio 71
Cà de Nabbia 155
Cà delle Oche 359
Cà Sant'Ellero 399
Ca' del Duro 244
Ca' dell'Aglio 330
Ca' dell'Aio 330
Ca' dell'Organo 226
Ca' di Fratta 245
Ca' di Stàffola 275
Ca' Emo 278
Ca' Impenta 253
Ca' Oddo 278
Ca' Roverse 256
Ca' Toalda 278
Cabanne 212
Cabbiola 214
Cabiaglio 214
Cabialis 214
Cabiate 214
Cadè 213
Cadenabbia 155
Cadeo 213
Cadighiara 183
Cadini di Misurina 174
Cadino 374
Cadòneghe 212
Cadóre 10, 114
Çadro 163
Cadubrium 114, 420
Caere 49, 93
Caesara Augusta 385

Cafaggio 154, 274
Cafaio 274
Cafaradi 84
Cagança 278
Cagaoro, Valle del- 211
Cagghi 215
Caggiatro 154
Caggio 154, 274
Cagli 172
Cagliari 45, 50
Cagliaritano 44
Cagliera 211
Caglierón 211
Cagna 327
Cagnano 311
Cagnano Varano 311
Cagnaro 360
Cagnòla 327
Cagny 311
Cagùl 179
Caìn 174
Caìna 174, 241
Caino 174
Caio 274
Cairate 325
Cajazzo 66
Cal Avezzo 330
Cal de Poz 228
Cal dela Veia 235
Cal Denevrèr 341
Cal Marza 248
cal Ongaresca 283
Cal Paesa 226
Cal-cava 241
Cal-fura 182
Calà 211
Cala d'Istia 185
Cala del Corvo 286
Calà della Boara 211
Calabria 37
Calabrica 237
Calaguerritanus 44
Calalba 153
Calalzo 19
Calamaci 84
Calaón 211
Calarocchia 172
Calatabiano 285
Calatabusamar 284
Calatabutur 284
Calatafimi 284
Calatamauro 284
Calathaelfar 284
Calatia 66
Calatrasi 284
Calatthac zaruc 284
Calatubo 284
Calbarine 241
Calbenzano 311
Calbixago 311
Calbo 241
Calbruna 239
Calcaia 172
Calcajòla 172
Calcara 211
Calcaròle 211
Calchera 211
Calchéra 211
Calci 172
Calcinaia 172
Calcinaja 172
Calcinajo 172
Calda 240
Caldalla 240
Caldana 240
Caldane 240
Caldanello 240
Caldarola 211
Caldè 211
Caldè, Rocca e Castello di- 211
Caldera 374
Caldevigo 235
Caldìa 240
Caldiera 211
Caldiero 211
Caldieroi 211
Caldine 240
Caldìo 240
Caldiole 240
Caldón 240
Calecchia 172
Caleipo 327
Caleseggi 172
Calesella 172
Caleselle 172
Caletes 110
Calgaretto 211
Caligi 91
Caligiano 91
Calimala 248

Calimberda 404
Calimera 84, 404
Calimorti 249
Calionvico 266
Calispera 84, 404
Calla-grande 172
Callàgnolo 172
Callalta 172, 236
Callantiga 237
Callaraja 172
Callare 172
Callari 172
Calle 172
Calle Çusana 262
Calle da Concia 216
Calle della Scimmia 365
Calle Lada 247
Calle-arda 238
Calletta, Vaio de la 172
Calliscava 172
Callone 172
Callorino 172
Calmaggiore 172
Calmazzo 20, 160
Calònega 212
Calòneghe 212
Calopinace 84
Calossa 42
Calòzzo 172
Calta 172
Caltabellotta 284
Caltaniscetta 293
Caltanissetta 284, 288, 293, 422
Caltanixetta 293
Caltavuturo 284
Calto 172
Calto fondo 245
Calussa 42
Calva 241
Calvarìn 241
Calvedra 172
Calvedro 172
Calvella 241
Calvello 241
Calvenzano 311
Calvere 241
Calvignano 311
Calvisana 311
Calvisano 311
Calvisiana 311
Camagna 160
Camaldoli 278
Camarda 85
Camaron 211
Camars 94
camar(s) 94
Camarte 395
Camarzo 395
Cambodunum 11, 125
Càmbora 173, 211
Càmbore 173
Càmbori 173
Camboritum 125
Càmboro 173
Cambra 211
Cambreta 211
Camenata 212
Camerata 211
Camerata Cornelio 211
Camerata Nuova 211
Camerata Picena 211
Camerella 211
Cameretta 211
Cameria 94
Camerīnum 94
Camerone 211
Camertes 94
Camìn 212
Caminada 212
Caminàda 212
Caminata 212
Caminetto 212
Caminino 212
Camino 212, 374
Camino al Tagliamento 212
Camp-arso 238
Campaccio 173
Campagna 172
Campagnàr 172
Campagnari 172
Campagnòla 172
Campaldani 267
Campaldino 278
Campalvaro 278
Campani 66, 417
Campània 37
Campanice 346
Çampanile 374
Čampanìs de Val de Mezdì 374
Camparche 209

Campardo 237
Campasso 173
Campéa 173
Campedèl 173
Campedello 173
Campegli 173
Campéi 173
Campèrchi 394
Campers 19
Campert 19
Campetto 173
Campi 172
Campi Raudii 119
Campidiéi 173
Campielli 173
Campiglia 172
Campiglio 173
Campiglioni 173
Campilunghi 247
Campioni 172
Campitèlli 172
Campitello 172
Campiti 173
Campo 172
Campo ardo 238
Campo Catino 174
Campo d'Orlando 398
Campo de' buoi 360
Campo di Manna 279
Campo Martii 395
Campo Retratto 255
Campo Ripano 198
Campo Sabuli 199
Campo Vènere 394
Campo-rosso 257
Campo-sano 257
Campo-tondo 256
Campobruno 239
Campocorto 242
Campodònico 243
Campodoro 170
Campofòrmido 158
Campofòrmio 158
Campoforte 244
Campolaja 173
Campolivo 345
Campolongo 247
Campolungo 173
Campomaggio 160
Campomagno 160
Campomarino 406
Campomèrcoli 395
Campomorto 249
Campone 173
Campoporcino 362
Campora 173
Càmpora 173
Càmpora S. Giovanni 173
Camporàl 173
Campore 173
Camporeggio 173
Camporella 173
Camporena 169
Camporgiaglia 340
Càmpori 173
Campòrio 173
Camporiundo 173
Campormò 355
Camporosso 173
Camporòvere 349
Camporsèvoli 352
Camporucci 173
Camposodo 258
Campotòsto 260
Campovignoni 357
Campozzi 173
Campu 'e Corru 46
Campus Langobardorum extra menia Bari 277
Campusso 173
Canabbi 155
Canabbia 155
Canabbio 155
Canacede 332
Canaja 360
Canal Loncòn 302
Canal San Bovo 401
Canalazze 173
Canalburo 240
Canàle 173
Canale di Quarto 387
Canale Orphanum 252
Canale Sambugo 401
Canalecchia 173
Canalecchio 173
Canaleccia 173
Canalecle 173
Canaleclo 173
Canali 173, 374
Canalicchio 173

Canalisi 173
Canalongo 173
Canalottu 173
Cànapa 333
Canapaia 333
Canapale 333
Canapile 333
Canàpule 333
Canarego 19
Canaréio 173
Canavé 333
Canavedo 333
Canavère 333
Canavése 212
Canavìn 333
Canazza 332
Candeglia 326
Cané 332
Canéa 332
Canébola 212
Canédole 332
Canèlle 332
Cànepa 333
Canepula 333
Càneva di Sacile 212
Càneva di Tolmezzo 212
Canevale 333
Canevare 333
Canevói 333
Canévoli 332
Canéźźa 408
Canforàl 337
Caniac 311
Canicce 332
Canicci 332
Cànipa 333
Canipaia 333
Canipaiazza 333
Canipaiole 333
Canna 286
Cannài 50
Cannaregio 173
Cannaregio 19
Cannavà 83
Cannèlla 332
Cannelleto 332
Cannéto 332
Cannicci 332
Cannicciaia 332
Cannita 285
Cannobio 422
Cannòbio 332
Cannoréto 332
Canossa 332
Canosse 332
Cànova 212
Canovaio 212
Canovétta 212
Cansiglio 216
canteranellu 422
Cantarello 212
Cantello 428
Cantèo 212
Canterano 422
Cantignano 311
Cantigny 311
canubin 422
Canùciori 332
Cao di sopra 174
Caomaggiore 174
Caorìa 364
Caorìe 364
Càorle 360
Capalbo 174
Capalle 212
Capanna 212
Capanne 212
Capannelle 212
Capannile 212
Capànnole 212
Capànnoli 212
Capannone 212
Capannora 212
Capannuccia 212
Capécchio 212
Capena 75, 93, 315
Capo di Piomba 196
Capo Melcart 48
Capo Pàssero 81, 292
Capo-bosco 173
Capodimonte 174, 192
Capogioco 186
Capomondo 250
Caporitto 255
Capovalle 428
Capovilla 174
Cappella 212
Cappella Maggiore 212
Capraia 360
Caprara 360

Caprareccia 360
Caprarola 422
caprolatto 422
Capratosa 165
Capreno 360
Caprera 360
Caprie 427
Capriglia 364
Capriglio 364
Caprile 364
Caprili 364
Caprilia 364
Capua 66, 93
Càpulo 173
Cara-mezzana 197
Caracoi 199
Caraglio 163
Caralis 417
Caralitani 417
Carallài 46
Caralte 197
Caramagna 197
Caravanca mons 372
Caravanche 372
Carazzài 333
Carazzóle 333
Carbanto-rate 113
Carcaia 333
Càrcara 54
Carcéto 333
Cardà 84
Cardellato 333
Cardeta 333
Cardéte 333
Cardeto 333
Cardétole 333
Cardétolo 333
Cardo 333
Cardosa 333
Cardoso 333
Carduccio 333
Carécchi 333
Careggia 333
Caréggine 333
Carengo 278
Carét 333
Caréttolo 333
Carezón 333
Carezzóli 333
Carfagnói 308
Càrica 333
Caridà 83
Carigi 91
Carigio 91
Carìgole 255
Carini 53, 288
Cariòla 213
Carisio 91
Carmegn 327
Carmignano 136
Carna 97
Carnà 83
Carnario 213
Carniga 324
Caro 255
Carobbio 163, 229
Carobbio degli Angeli 163
Carobiello 163
Carón 197
Carotta 257
Carpagnón 333
Carpaneto 333
Carpegna 97, 333
Carpellecchio 333
Càrpen 333
Carpenedo 333
Carpenèra 333
Carpenère 333
Carpento-rate 113
Carpentras 113
Càrpi 333
Carpignone 333
Càrpina 333
Carpinà 334
Carpinazzo 333
Carpinécchio 333
Carpinèlla 333
Carpinelli 333
Carpineti 333
Carpineto 333
Carpinéto 333
Carpinetra 333
Carpinetto 334
Càrpini 333
Carpiniti 334
Càrpino 333
Carpinòcchio 333
Carpinosa 333
Carpón 333
Carponéto 333

Carràggine 213
Carraia 213
Carraione 213
Carrara 213
Carraredda 213
Carraria 213
Carraròla 213
Carrè 197
Carrera 213
Carriera 213
Carriotte 213
Carro-dūnum 113, 124
Carrobbio 229
Carrobiolo 163
Carroccia 213
Carrodunum 10, 11
Carrù 124
Cartagine 48
Cartura 197
Carturetto 197
Carturo 197
Carubio 163
Carùbio 229
Casa Airetta 169
Casa al Vento 207
Casa Bastìa 210
Casa Campovecchio 173
Casa Cavanna 212
Casa Chiaggia 196
Casa dei Cani 360
Casa dela Pìssula 195
Casa della Pila 228
Casa dònica 243
Casa Fara 269, 272
Casa Giairéa 183
Casa Gomba 176
Casa monda 250
Casa Mottona 192
Casa Pertegara 227
Casa Pisciarella 195
Casa Tecchio 233
Casaccia 213
Casadio 213
Casaerta 244
Casagli 213
Casaglia 213
Casagliòla 213
Casal Ser Ugo 427
Casale 213
Casale Borgo 213
Casale di Napoli 425
Casale di Scodosia 275
Casale Litta 425
Casale Marittimo 425
Casale Monterotaro 425
Casale sul Sile 425
Casale Vepre 166
Casalecchio 213
Casalecchio di Reno 213
Casaleccio 213
Casaleni 213
Casaletto 213
Casalicchia 213
Casalicchio 213
Casalìcchiu 154
Casalicho de Longovardi 277
Casàlico 213
Casalini 213
Casalino 213
Casalis Benbarek 285
Casalotto 213
Casalserugo 427
Casapinta 253
Casàra 213
Casarile alto 213
Casarile basso 213
Casarola 213
Casaròle 213
Casarotta 256
Casarsa 238
Casarse 238
Casarsi 238
Casazza 213
Cascio 326
Case Colle Sala 273
Case le Ghiare 183
Case Soprane 259
Casella 213
Caselle 213
Caserta 255
Casiér 213
Casiero 213
Casilinum 73
Casitti 213
Casneda 334
Casnedo 334
Càsola 155
Càsola di Napoli 155
Càsola Valsenio 155
Càsole Bruzio 155

Càsole d'Elsa 155
Casoleto 155
Casone 213
Casorba 251
Casòrbica 251
Casperia 62
Caspèria 311
Caspriano 62, 311
Cassaro 285
Càssaru 285
Cassìbile 55
Casso 241
Cassóla 213
Castagnaia 334
Castagnaro 334
Castagné 334
Castagnecchio 334
Castagnèro 334
Castagneto 334
Castagnic 334
Castàgnola 334
Castagnòli 334
Castàncoli 334
Castanea delle Furie 85
Castel Alfero 266
Castel Cerreto 334
Castel delle Ripe 427
Castel Firmiano 415
Castel Gandolfo 214
Castel Liviero 398
Castel Madama 214
Castel Pagàn 383
Castel pagano 252
Castel Petroso 253
Castel S. Pietro Terme 426
Castel Tesino 72
Castel-caro 255
Castel-pagano 252
Castel-pòvero 252
Castel-rotto 257
Castel-Seprio 114
Castel-sereno 258
Castelbello 415
Casteldurante 427
Castelficardo 427
Castelfidardo 427
Castella 214
Castellaccio 374
Castellace 84
Castellana 214
Castellana d'Ingeure 126
Castellaneta 214
Castellania 214
Castellaro 214
Castellatto di Pavone 126
Castellerio 214
Castelletto Uzzone 278
Castellinaldo 214, 278
Castellìr 214
Castello 214
Castello d'Agogna 422
Castello d'Annone 390
Castello d'Argile 167
Castello di Gòdego 266
Castello Lavazzo 417
Castello Montòrio 238
Castellonchio 214
Castelluccio 304
Castelluccio Biforchi 239
Castelmagno 160
Castelmanardo 278
Castelmella 125
Castelmonte 303
Castelnuovo 214, 250, 285, 425, 427
Castelnuovo della Daunia 304
Castelrotto 415
Castelsaraceno 214
Castelsecco 258
Castelseprio 10
Castelsicco 258
Castelvecchio 214
Castelvero 166
Castelvero d'Asti 166
Castelvetere 166, 429
Castelvetrano 166
Castelvint 246
Castelvìnt 421
Castiglioncello 214
Castiglionchio 214
Castiglione 214
Castiglione delle Stiviere 214
Castión 214
Castione 214
Castói 308
Castri 214
Castrignano 311
Castrignano de' Greci 311
Castrignano de' Greci 405
Castrignano del Capo 311

Castrivilla 214
Castro 214
Castro dei Volsci 214
Castro Lugi 159
castro Monasterolo 224
Castro Vetere 214
castro Villarum 214
Castro-mediano 214
Castrocaro 214
Castrogiovanni 284, 285, 288, 427
Castrón 214
Castroncello 214
Castronuovo di Sant'Andrea 214
Castroregio 405
Castrovìllari 214
Castrozze 214
Castrucciano 62
castrum Ennae 288
Castrum Fellonice 159
Castrum Minervae 57
castrum Ostunii 261
Castrum Viterbu 96
castrum Zumellārum 421
Casuddi 213
Càsule 155
Casulo 155
Catana 54
Catania 54, 78
Catarozzo 178
Cateròzzoli 178
Catinaccio 374
Catino 174
Catino Rosanelle 174
Catinuccio 174
Catubria 114, 420
Catubrini 10, 114, 420
Caturiges 114
Caùme 172
Cavàa 241
Cavaìzza 241
Cavalèra 360
Cavalése 360
Cavallaia 360
Cavallara 360
Cavallaro 360
Cavalli 360
Cavallo morto 249
Cavanella di Vara 212
Cavanna 212
Cavargna 422
cavargnone 422
Cavarzano 311, 327
Cavarzere 174
Cavatello 241
Cavaticcio 241
Cavazuccherina 427
Cavazzale 174
Cavazze 241
Cave 241
Cavèce 213
Cavedàl 174
Cavedón 174
Caverzago 311
Cavi 241
Cavi di Lavagna 241
Cavorso 363
Cavrera 360
Cavurà 84
Cazzanore 20
Cazzonne 428
Cèa 175
Cecerale 335
Cèceri 334
Ceciàia 335
Cecilia 86
Ceciliano 311
Cecina 93
Čedad 302, 381
Cede 209
Cefalà 81
Cefalà Diana 290
Cefalì 81, 84
Cefalù 48, 81, 289, 290
Ceggia 174
Céggio 175
Ceio 174
Celàt 215
Celeʃéo 334
Célico 155
Cell-arda 238
Cella 215, 299
Cèlla 215
Cellamonte 215
Cellara 215
Cellasco 215
Cellàtica 215
Celle 215
Celle Ligure 215
Celletta 215
Cellina 215

Cellino Attanasio 215
Cellino S. Marco 215
Cellito 215
Cellole 215
Cèllole 215
Celseto 348
Celso 289
Cenacchio 155
Cenadi 84
Cencenighe 325
Cendrara 215
Cendrole 215
Cénere 215
Cengi alto 175
Cengia 175
Cengio 175
Cengla Lenara 342
Centa 175
Centa San Nicolò 421
Centale 175
Cento 393
Cento-pozzoli 229
Centoia 156
Centoie 156
Centoja 156
Céntole 175
Centoporche 228
Centora 156
Centòra 156
Centorbi 427
Centorbi 55
Centore 156
Centro 215
Centulàtico 159
Centùripe 427
Ceoli 215
Céoli 215
Cepéto 332
Ceradello 334
Cerageto 334
Ceragia 334
Ceragio 334
Ceràgiola 334
Ceragiòla 334
Ceràgioli 334
Cerami 288
Ceràola 334
Cerasa 334
Cerbaia 360
Cerbaiòla 360
Cerbàro 360
Cercedo 348
Cerçen 175
Cercenà 175
Cèrchia 348
Cerchiaia 348
Cerchiaio 348
Cerchiara 396
Cerchiaro 241
Cerchiaru 241
Cerchiera 349
Cerchièra 349
Cerchiòla 348
Cerclaria 349, 396
Cercle 348
Cercleto 348
Cerea 334
Cerèa 334
Cereda 334
Cerésa 334
Ceresèlla 334
Cereʃól 334
Ceresòla 334
Cergnài 307
Ceriecia 334
Cerlécchio 334
Cerlongo 334
Cermaggiore 334
Cern 15
Cernaia 15
Cernavoda 21
Cernighe 325
Cernusco 215
Cerqua 349
Cerqua Cupa 180
Cerqueto 348
Cerqueto Vecchio 349
Cerraia 334
cerranë 421
Cerré Sologno 334
Cerrecchio 334
Cerretaie 334
Cerretalto 236
Cerretèlle 334
Cerreto 334
Cerrétolo 334
Cerrino 334
Cerrione 124
Cerrone 334
Cersonia 71

Certaldo 236, 334
Certalla 334
Certopiano 334
Cervaia 360
Cervaio 360
Cervara 360
Cervare 359
Cervarezza 360
Cervaròle 359
Cerventosa 207
Cervèra 360
Cerveteri 49, 93
Cèrvia 360
Cervino 353
Cerzeto 405
Cesa 240
Cesàglia 240
Cesalde 240
Cesana 326
Cesàre 240
Cesate 240
Cesenàtico 423
Ceseresta 394
Cesina 240
Cesine 240
Cesio 326
Cesiòl 218
Cess-alto 241
Cesso 241
Ceſura 242
Cètica 92
Cetille 174
Cetina 174
Cetina rossa 257
Cetinaglia 174
Cetinale 174
Cetinanera 250
Cetinèlla 174
Cetinèlle 174
Cetonaria 174
Ceule 19, 215
Ceulonia 429
Cevo 175
Cevoli 215
Cévoli 215
Chagi 291
Chagny 311
Chamagnod 160
Chambave 125
Chantignan 311
Chantigné 311
Chantignieu 311
Château Verdun 127
Château-meillant 110
Châtel-Deneuvre 115
Chauvignac 311
Chauvigné 311
Chauvigny 311
Cheti 84
Chiafaddìa 81
Chiaggia 196
Chialgiareto de Canale Gorti 211
Chiampo 19, 173
Chiana 253
Chianale 173
Chianazzu 253
Chianittu 253
Chianti 97
Chiarafonte 241
Chiaramonte 241
Chiaravalle 241
Chiarine 241
Chiariti 241
Chiaro 241
Chiasce 196
Chiastèl di Isopo 19
Chiatamone 85
Chiave 175
Chiavrie 427
Chiaźźa 196
Chienes 414
Chiere 197
Chiesa-rotta 257
Chieti 61
Chièuti 406
Chieva 175
Chieve 176
Chievo 175
Chifenti 156
Chignac 311
Chigny 311
Chio 175
Chiobica 254
Chioso 216, 242
Chiossa 242
Chiossetto 242
Chiùbica 254
Chiusa 242
Chiusdino 242
Chiusi 94, 242

Chiusori 242
Chiusura 242
Chiviello 175
Cialdires 374
Ciar 241
Ciastelin 374
Cicerali 335
Cicigliano 311
Ciciliano 311
Ciesa 240
Ciétola 332
Cìfali 81
Cilaro 215
Ciliegeta 334
Ciliegiòle 334
Cillaro 215
Cima Càrici 333
Cima d'Asta 187
Cima di Camino 374
Cima Gogna 180
Cima Palóne 43
Cima Sappada 412
Cimalasta 187
Cima Undici 373
Ciminà 84
Cimon de la Pala 43
Cinacchio 155
Cincèlli 215
Cingagli 175
Cingello 175
Cingia de' Botti 175
Cingla Cengla 175
Cingoli 175
Cingolina 175
Cinisello Balsamo 215
Cinte Tesino 175
Cintello 388
Cinto Caomaggiore 388
Cinto di Portogruaro 388
Cinto Euganeo 388
Cintoja 156
Cintoria 156
Cio 175
Ciosi 216
Cioso 216
Cipeto 332
Cipito 332
Cipollaio 332
Cipollàtico 332
Cipollona 332
Circello 175
Circitano 349
Ciriòlo 330
Cirna 46
Cirvitis 371
Cisa 240
Cisauna 65
Cismón 192
Cismono 192
Cismontium 192
Cisra 49
Cisterna 215
Cisternale 215
Cisternino 215
Citerna 215
Citèrna 215
Citharista portus 394
Citille 174
Citinavecchia 174
Citinella 174
Città di Castello 61, 381
Cittanova 381
Cittanuova 82
Citurnino 215
Ciùs 242
Ciusa 242
Ciusi 242
Ciusso 242
Civé 381
Cividàl de Belùm 381
Cividale 215, 302, 380
Cividate 380
Civié 381
Civita 405
Cìvita 380
Civita Castellana 75
Civitanova 381
Civitate 215
Civitavecchia 216, 381
Civitèlla 380
Civitella del Tronto 216
Civitella Marittima 216
Civitella San Paolo 216
Civitella Vecchia 216
Claut 175
Cleuba 176
Cleva 175
Clio 175
Clusone 242
Clusure Ubertenge 278

Co' 174
Co' delle vigne 174
Cóal 179
Coalba 153, 174
Coalonga 174
Coatta 174
Cobbiata 214
Coccévole 242
Còce 172
Cocèlli 242
Cocelvini 242
Cocévoli 242
Cocollo 179
Coda 174
Codaerta 174
Codara 174
Codevigo 173, 174, 235
Codevilla 381
Codierta 174
Codivernarolo 246
Codiverno 246
Codolàz 176
Códolo 176
Codrèa 174
Codroipo 163, 229
Cóelo 179
Coetta 174
Cogna 179
Cogno 179, 180
Cogno Longo 180
Cognolo 180
Cògnori 180
Cogolino 179
Cogollo 179
Cogùl 179
Coi 176
Coi da Vënes 374
Coiro 180
Col d'Ara 208
Col de Casierét 213
Col de le Ole 375
Col de Luogo 188
Col de Mies 249
Col della Luna 188
Col di Luna 188
Col di Maccione 189
Col di Stagna 203
Col Formós 245
Col Iert 244
Col Mont 250
Col Pe(d)rós 253
Col Pelós 253
Col Pelosét 253
Col Torónt 256
Col Visentin 257
Col-nù 251
Col-ors 363
Col-sassè 201
Col-sereno 258
Cola 176
Cola Rossa 176
Colaré 335
Colarella 335
Cólari 335
Colcello 176
Coldomèstico 243
Colécchio 335
Còler 335
Colerina 335
Colfosco 246
Coll'Erto 244
Colla 'a Jana 395
Colla 176
Colla Amedeo 176
Colla Sovrana 259
Collabassa 176
Collacchione 176
Collalto 176
Collato 247
Collattoni 278
Collàz 176
Collazzone 176, 278
Colle 176
Colle a Cresta 179
Colle a Vieto 166
Colle Aglavizza 303
Colle Arce 154, 383
Colle Asinaio 359
Colle Brianza 122
Colle Capraio 360
Colle Cùculo 179
Colle d'Enghezzone 278
Colle dei Manni 279
Colle del Mulo 373
Colle dell'arena 169
Colle della Finestra 374
Colle della Torre 374
Colle delle Séngie 175
Colle Fara 272
Colle Fierle 338

Colle Fontellina 181
Colle fosco 246
Colle freddo 245
Colle Giova 186
Colle giovatore 186
Colle Isarco 415
Colle Malanotte 248
Colle Muscari 344
Colle Pelato 252, 260
Colle Ramanna 275
Colle rimondo 250
Colle sordo 259
Colle Spoltaio 353
Colle Tassori 354
Colle Torto 260
Colle Toso 260
Colle Zani 395
Colle-vergari 357
Collecchio 176
Collechiaro 241
Collelùngari 247
Collelungo 247
Collemezzano 249
Collenùgoli 225
Collèoli 176
Collerasoli 255
Còllere 335
Collereto 335
Collesano 284
Collespina 353
Colli 176
Collimozzi 250
Collina 176
Collinaia 176
Collinella 176
Collisello 176
Collo 176
Colloré 335
Colloredo 335
Colloreto 335
Collorétolo 335
Collorito 335
Collorsi 363
Collulivo 345
Collupini 342
Collùra 335
Colnù 176
Colo 179
Cologna 216
Colognine 216
Cologno 216
Cològnola 216
Colognòla 216
Colognòle 216
Cològnora 216
Colona, Costa- 216
Colóndole 216
Colonelli 216
Colonello 216
Colongia 216
Colònica 216
Colonna di Buriano 216
Colonnata 216
Colonnato 216
Colonne 216
Coloreto 335
Colorno 335
Colostrais 50
Colsantìn 257
Colsento 257
Coltura 217
Colugna 216
Columna Regia quae nunc Stilos 83
Comano 157
Comarói 308
Comasco 306
Combài 176
Combalio 176
Comberanea 103
Comenduno 10, 127
Comignago 312
Comignano 312
Commòrtoli 344
Comnago 312
Compiobbi 156
Còmpito 216, 379
Complobiolo 156
Comugni 242
Comùgnoli 242
Comùna 242
Comunaglie 242
Comunali 242
Comunazzi 242
Comùne 242
Comunéta 242
Comungne 242
Comuni 242
Comuno 242
Cona 176, 208

Còna 86
Cònaro 86
Conca 177
Conca d'Oro 170
Conceliolo 216
Conchi 177
Conchielle 177
Conchiuse 242
Conchiuso 242
Concia 216
Conco 177
Cóncole 177
Concoletto 177
Concolina 177
Concóne 177
Cóncori 177
Condrò 83
Condufuri 404
Conegliano 218
Confienza 156
Confienzo 371
Configni 217
Configno 217
Confignum 217
Confinium 217
Confluenti 156
Conicchio 218
Conicella 176, 208
Conoglano 218
Conselice 202
Conselve 352
Contarina 421
contarinante 421
Contessa Entellina 405
Contra 177
Contrada Brigo 303
Contrada del Chian 19
Contrada Dolazzo 303
Contrada Oria 238
Contrada Sculdascia 275
Contràs 154, 383
Contre 177
Contrìn 177
Contrino 177
Controne 177
Controni 177
Convalli 206
Conversano 312
Conzeglio 216
Conzilia 216
Conziolo 216
Corato 197
Coràz 180
Corbaia 361
Corbara 217
Corbella 217
Corbera 217
Còrbola 217
Corbolone 217
Corcello 176
Corda 242
Cordella 242
Cordellón 242
Cordenons 217
Cordisco 242
Cordo 242
Còredo 242
Coregge 178
Coreggia 178
Coregio 178
Corezo 178
Corezze 326
Corf 361
Corfino 165
Corgna 177
Corgno 335
Cori 180
Coriae 180
Còrice 85
Corigliano 294
Corigliano d'Otranto 405
Corio 180
Corleone 293
Corleto 335
Corlo 335
Corlungo 180
Cormaiore 406
Cormons 302
Cornacchia Poggio- 360
Cornacchiaia 361
Cornacchiale 361
Cornacchiara 361
Cornadella 335
Cornalba 153
Cornaré 335
Cornarédo 335
Cornate 177
Cornatoio 177
Corné 335
Corneda 335

Cornedo 335
Cornegliana 312
Cornegliano 312
Cornegliano Laudense 312
Cornegliasca 312
Cornéi 335
Corneliano 312
Corneliano d'Alba 312
Cornèra 335
Corneto 95, 427
Cornétoli 335
Cornia 335
Còrnia 335
Corniaccia 335
Corniccio 335
Cornice 175
Còrnie 335
Cornio 335
Corniolo 335
Corno 177
Corno Blacca 273
Còrnola 335
Cornuda 177
Cornus 45, 46
Cornuta 177
Coro 180
Corobbo 229
Corogna 216
Córoli 335
Corolla 177
Corolle 177
Corona 177, 415
Corona Trozzi 374
Corone 177
Corone del Palù 177
Coronella 177
Coronello 177
Corònno Ghiringhello 428
Corònno Varesino 428
Corpo Sodo 258
Correggio 178, 422
Correggioli 178
Correggiolo 178
Correse 178
Correzzo 178
Corrézzola 178
Corsignano 426
Cortaccia 415
Cortàl 217
Cortale 217
Cortatano 266
Cortazza 217
Cortazzone 278
Corte 217
Corte Rolandinga 278
Cortella 217
Cortelorca 247
Cortenuova 250
Cortetano 266
Corti 217
Corticella 217
Cortiglione 355
Cortilla 217
Cortille 217
Cortina 217, 415
Cortine 217
Cortinella 217
Cortinelli 217
Cortini 217
Cortiòla 217
Cortona 94
Corubio 163
Corvaia 361
Corvàia 361
Corvara 361
Corvèr 361
Corvo 217, 361
Cosenza 371
Costa 178
Costa al Pié 194
Costa Aspra 238
Costa Cartura 197
Costa de Fabrica 218
Costa de Vil 161, 226, 364
Costa dei Cavalli 360
Costa dei Róndoi 361
Costa del Rùssel 350
Costa delle Pertiche 227
Costa di Magro 247
Costa Lama 187
Costa Masere 189
Costa Rossa 373
Costa Schio 336
Costa Vinaroli 236
Costa-rossa 257
Costageminiana 313
Costaglia 178
Costaglie 178
Costalpino 347
Costalta 373

Costamara 237
Costame 178
Costana 178
Costapelata 253
Costapiere 178
Costarèi 178
Costarossa 257
Costazzo 178
Costeggiola 178
Costèlla 178
Costi 178
Còstia 178
Costiacce 178
Costilati 247
Costiole 178
Costoja 157
Còstolo 178
Costón del Varo 261
Costone 178
Costòzze 178
Costòzzole 178
Cotéte 178
Cotoncelli 178
Cotone 178
Cotrossi 178
Cotrozzi 178
Cotrozzo 178
Courmayeur 406
Cousance 371
Cóvola 179
Cóvolo 179
Covolòra 179
Cozzo del Pesco 195
Craiova 15
Crasta 214
Crauglio 301
Creazzo 178
Crebbio 229
Crebiòlo 229
Crecchia 336
Crecchio 62
Credaro 178
Credazzo 178
Credera 178
Credòz 178
Cremona 121
Creòla 178
Crepacore 429
Crespadòro 170
Crespano del Grappa 312
Crespiá 312
Crespiano 312
Crespignaga 312
Crespignano 312
Creta 178
Cretone 178
Crichi 62
Crìdola 178
Crimignano 136
Crisì 84
Crisonia 71
Crispano 312
Crispiano 312
Crispiniano 312
Cristogna 179
Cristone 179
Crita 178
Critazza 178
Crìvora 176
Croara 361
Crobbio 229
Croce di Bura 211
Crognoleto 335
Crògnolo 335
Crona 177
Crotone 78, 83
Crovara 361
Croz de l'Erla 340
Csongrad 15
Cucca 179
Cùcca 428
Cucco 179, 428
Cùccoli, Monte- 179
Cuccolino 179
Cuculo 179
Cuell Toront 256
Cugnàt 180
Cugnìa 180
Cugno 180
Cugnòle 180
Cùgnoli 180
Cugnòli 180
Cugnòlo 180
Cugnón 180
Cul-de-l'aqua 179
Culatina 179
Culazzo 179
Culeam 284
Culécchio 176
Culinás 421

Culicchiaia 335
Culilecchio 340
Culla 186
Cultura 217
Culturis 217
Cuma 78
Cumìa 85
Cumignano 312
Cùmoli 217
Cumpito 216
Cumputo 216
Cuna 186, 374
Cuneo 180
Cunetta 374
Cunicchio 218
Cunigghia 176
Cunsarìa 284
Cunuzzi 176
Cuoio 180
Cuor di Spin 180
Cuora 180
Cuorcrevà 180
Cuori 180
Cupa 180
Cupa della Ghianda 180
Cupe 180
Cupelle Atri 180
Cupello 180
Cupina 180
Cupo 180
Cupra 74
Cupra Marittima 74
Cupra Montana 74
Curcheta 348
Curcio 243
Curcioni 243
Curetie 73
Curno 335
Curtalum 217
Curtarolo 278
Curtatone 278
Curte Attoni 267
Cùrtole 243
Curtolé 243
Cùrtoli 243
curʒésk 422
Cusèrcoli 394
Custoʒa 157
Custogia 156
Custoza 157
Cutone 178

D-arfo 20
D-orio 20
Da Rin 120
Daffinà 84
Daglio 267
Dambra 375
Dannisinni 286
Danta 167
Dardanon 56
Dardas 56
Dardengo 278
Dardensis 56
Dardi 56
Dasindo 267
Daunus 56
Davanti Campo 167
Davena 331
Debbilungo 247
Debelis 102
Debelos 102
Decima 391
Dècimo 391
Decimomannu 391
Decimoputzu 391
Decumano 157
Dèlia 287
Delianuova 287
Deliceto 340
Dente d'Ecôt 373
Dente del Gigante 373
Denti di Gavala 373
Derbanno 275
derentinò 422
Derganino 125
Dèrgano 125
Derotta 243, 257
Derrota 199
Deruta 243
Derval 125
Dervio 125
Dèsulo 53
Diàccola 168
Diana 243
Dianella 243
Dicomano 157
Dièccimo 391
Diemoz 391
Diémoz 391

Dieri 287
Dieria 287
Dieru 287
Digomàn 157
Dimezzano 312
Dimovico 246
Diòlo 218
Diria 56
Dirotta 257
Dirschau 17
Dirsowe 17
Discandolaia 352
Disi 57
Diso 57
Disu 57
Djara 183
Doàff 186
Doberdò del Lago 301
Doccia 218
Docciarello 218
Doccino 218
Doccio 218
Docciolina 218
Doccione 218
Docciόne 218
Dodici 373
Doglio 218, 326
Dogliolo 218
Doiro 108
Dolade 243
Dolcè 243
Dolçello 243
Dolcianello 312
Dolciano 312
Dolegna del Collio 301
Dolegnano 301
Doltra 204
Dolza 243
Dolzago 312
Dolzale 243
Dolzana 312
Dólzole 243
Domagnano 312
Domagné 312
Domazzano 312
Domégge 386
Domegliara 392
Domo 157
Domodossola 157
Doncaròle 341
Dònega 243
Donegàl 243
Donna 286
Donna Lucata 286
Donnici 243
Doppio 244
Dor 108
Dora 372
Dorben 17
Dore 108
Dormelletto 125
Dormello 125
Dorna 120
Dorno 120
Dorsoduro 180, 244
Dossale 180
Dossara 180
Dossedèl 180
Dossegiòl 180
Dossi 180
Dossiòi 180
Dosso 180
Dosso-buono 239
Dossón 180
Doues 422
Dour 108
Dourn 120
Dourne 120
Dovàdola 205
Dóvolo 186
Dozza 218
Drago 371
Dragone 365, 371
Drenchia 302
Drepanitani 417
Drepanum 417
Drin 56
Droskyn 18
Du-cerri 334
Ducèntola 393
Due Luoghi 188
Duero 108
Duggio, Val- 218
duiár 422
Dulzago 312
Dumbreja 16
Duno 9, 127
Duomo 157
Durazzano 314
Durbin 17

Duria 108
Duriae 120
Durlo 244
Durno-magus 120
Durno-varia 120
Durón 372
Dusmano 157
Dussói 308

Èbuli 336
Eburodunum 11
Egessa 53
Eghen 336
Èghen 336
Egua, Campo de l'- 168
Eguol 336
Eianina 405, 428
Eichleit 408
Ela 235
Elbing 17
Elblag 17
Elci 340
Elcito 340
Elena 86
Elerósa 340
Elia 86
Elici 340
Elisei 340
Èllera 340
Elleraccio 340
Elzi 340
Embrun 9
Emilia 37
Emiliana 308
Emiliani 308
Emiliano 308
Emporium Segestanorum 82
Enego 411
Eniseca 103
Enna 54, 284, 288, 427
Enneberg 416
Entella 54
Entova 168
Epfig 309
Epitaffio 218
Eporedia 113
Eppan 309, 416
Erbaia 340
Erbanno 275
Erbareto 340
Erbé 340
Erbézzo 340
Erbi 340
Erboli 340
Erbolina 340
Èrbolo 336
Erchie 394
Ercle 394
Erene 340
Erice 49, 54, 65, 287
Erta 244
Erto 244
Eruks Phoenicussa 49
Erycinae 65
Èsaro 369
Esca 336
Escaia 336
Escaiòle 336
Escheto 336
Escleto 336
Èstio 336
Etna 55, 372
Etroubles 353
Etruria 89
Etrusci 89
Èvola 92
Excingomagus 111
Exilles 112
Exoldunum 126

Fa-maóro 337
Fabali 337
Fabbio 327
Fabbrecchia 218
Fabbrécola 218
Fabbrello 218
Fabbrica Curone 218
Fabbrica di Roma 218
Fabbriche di Vàllico 218
Fabriago 312
Fabriano 312
Fabrizia 429
Fabroro 218
Fadalto 337
Fadéi 337
Faé 337
Faedo 337
Faédo 337
Faédolo 337
Faéo 337

Faesso 337
Faéta 337
Faetano 337
Faeto 337
Faétolo 337
Faetto 337
Fagaré 337
Faggiaie 337
Faggiola 337
Faggiolo 337
Faggione 337
Fagheto 337
Fagna 326
Fai 337
Faicchio 337
Faida 337
Faidaldo 337
Faidèl 337
Faido 337
Faìdo 337
Failungo 337
Faino 337
Faìs 337
Faite 337
Faito 337
Fàitu 220
Falavella 269
Falaveta 269
Falcade 244
Falce 219
Falce-torta 260
Falcione 219
Falconara 286, 365
Falda 219
Falde 219
Faldèr 219
Faldina 219
Faldón 219
Falerii 65
Faleri(i) veteres 75
Falerno 65
Falernus 75
Falghèr 339
Falghèra 339
Falisci 75
Fallavecchia 269
Falletti 339
Falsomiele 287
Falterona 372
Falzé 339
Famèlica 244
Fani 157
Fanja 337
Fanje 337
Fano 157, 378
Fanovo 337
Fanu 157
Fanulo 157
Fanum Voltumnae 93
Fanusi 294
Fanuso 294
Fanusu 294
Fao 337
Fàole 219
Far-énzena 269
Fara 269, 272
Fara Basiliana 269
Fara d'Olivo 272
Fara di Cacciafumo 272
Fara di Carpineto 269
Fara di Cigno 272
Fara di Gera d'Adda 269
Fara di Lavello 272
Fara Filiorium Petri 275
Fara in Sabina 269
Fara Novarese 269
Fara Olivana con Sola 269
Fara S. Clemente 269
Fara S. Martino 272
Fara sull'Ofanto 272
Fara, Monte della- 269
Faramània 269
Faravella 269
Fardella 219
Farega 218
Farella 269
Farfareto 338
Farfaro 338
Farfereta 338
Fargnina 338
Farignòla 338
Farindola 269
Fariola 269
Farisengo 277
Fariuòlo 337
Farixingo 277
Farla 269
Farlare Poggio- 338
Farlenda 278
Farnaiola 338

Farneda 338
Farnello 338
Farneo 338
Farnese 338
Farneta 338
Farnetella 338
Farnetino 338
Farneto 338
Farni 338
Farnia 338
Farnicchiaia 338
Farnieta 338
Farnieto 338
Farnita 338
Farnitana 338
Farno 338
Farnocchia 338
Farnocchieta 338
Farra 425
Farra d'Alpago 269
Farra d'Isonzo 269, 425
Farra di Feltre 269
Farra di Fonte 269
Farra di Mel 269
Farra di Paderno 269
Farra di Soligo 269, 425
Farra Vicentina 269
Farrale 337
Farriòla 337
Farrò 337
Farsenék 19
Farzuola 219
Fate 219
Fattimondo 249
Faùglia 336
Faùla 336
Faùle 336
Fausumeli 287
Favaglie 336
Favàl 336
Favale 336, 337
Favale di Màlvaro 336
Favalìn 336
Favara 286
Favarello 336
Faverga 218
Faverghera 218
Favèri 336
Favignana 287
Favoglia 219
Favola 219
Fàvola 219
Fàvole 219
Favray 312
Fàvrega 218
Favule 336
Fedaia 219
Fedàia 364
Fedàra 364
Fedàre 219
Fedèr 219
Fedèra 219, 364
Fegghine 157
Fegghine 157
Fegino 157
Felacchia 339
Felceta 339
Felceto 339
Felciaio 339
Felcino 339
Felecchio 338
Felegara 339
Feletto 339
Feletto Umberto 298
Félicia 338
Felino 157
Fellina 157
Felsina 10, 94, 110, 424
Feltria 420
Feltrini 420
Fenònica 159
Feraglia 337
Ferale 337
Fèrli 338
Ferlita 338
Ferlito 338
Fermata di Pedano 383
Fermata di Pudano 161
Fermignano 312
Feroleto 338
Ferraglia 337
Ferraia 337
Ferraie 337
Ferraiòla 337
Ferrale 337
Ferrano 337
Ferrara 219
Ferrera 219
Fèrsina 134
Festigliano 312

Festillé 312
Fiabài 308
Fiabane 308
Fiacciani 313
Fiammói 308
Fianello 157
Fiano 157, 378
Fiastra 157
Fiattone 245
Fiattoni 245
Fiaula 219
Fiavola 219
Fibbiaia 336
Fibbio 158, 371
Ficaia 338
Ficaio 338
Ficaiòla 338
Ficarello 338
Ficareto 338
Ficchio 338
Ficétto 338
Fichereto 338
Fichicelle 338
Fico 338
Ficocchia 338
Ficòcchio 338
Fierli 338
Fies 158
Fiesole 94
Fiesse 158
Fiessi 158
Fiesso 158
Figàra 338
Figelle 338
Figline 157
Figline Vegliaturo 157
Figottu 220
Filadellus et Fratellus 295
Filattiera 158
Filegàre 339
Filetto 339
Filéttole 339
Filicaia 339
Filichino 339
Filicoso 339
Filimòrtula 249
Filiʃedo 339
Filliccioni 338
Filorera 338
Filucchia 339
Fimón 371
Finàide 276
Finàita 276
Finale 219, 220, 371
Finàle 219
Finale di Rero 220
Finale Emilia 220
Finale Ligure 220
Finalvero 220
Finestra 374
Fineta 276
Fiobbio 158
Fiobb(i)o 158
Fiobbo 371
Fioggio 220
Fioglie 220
Fioglio 220
Fioio 220
Fioli 220
Fiorozzo 408
Firenze 20
Firmianum 415
Fissi 244
Fissiraga 158
Fitte 244
Fiumalbo 153
Fiume morto 249
Flassá 313
Florutz 408
Flovius 158
Fluvino Lucidus 247
Fluvione 158, 371
Fò 337
Fo-redond 337
Fobbi 182
Fòbbia 182
Fòca 181
Focchia 181
Fòcchiora 181
Foccièra 181
Fòccola 181
Foce 180, 181
Foce di Sella 201
Foce-monda 180
Focemonda 250
Focette 181
Fòch 181
Foci 180
Fòci 181
Focicchia 181

Focobón 181
Focolaccia 181
Fodóm 426
Fof 337
Foggia 182
Foiba 182
Fól 220
Fól, Bosc de- 220
Foladór 220
Folateisa 219
Foletti 339
Folgaria 339, 407
Folgarìa 408
Follina 220, 258
Follón 220
Follònica 159
Fòlo 220
Fologno 327
Fombio 158
Fondale 254
Fondeto 245
Fondi 20
Fondie 245
Fondo 245
Fondo Zànula 222
Fondone 245
Fondura 245
Font 245
Fontaccia 181
Font(e)amara 237
Fontana degli Asini 359, 365
Fontana dell'Abisso 366
Fontana della Biscia 365
Fontana Ferrata 219
Fontana Fredda 181
Fontana pioclosa 378
Fontana pora 252
Fontana Pùtida 255
Fontana Rionda 256
Fontana Talake 51
Fontana-diana 243, 395
Fontanacalda 181
Fontanafredda 181
Fontanaingorda 378
Fontanaviva 181
Fontaneggi 181
Fontanella 181
Fontani 181
Fontanicchia 181
Fontanile 181
Fontaniva 181
Fontarca 209
Fontassa 154
Fonte 181
Fonte alla Vena 331
Fonte Amiata 190
Fonte Berchicci 303
Fonte Caldo 240
Fonte Cisterna 215
Fonte Cupa 242
Fonte Cupo 242
Fonte dei Cavalli 360
Fonte delle Fate 219
Fonte di Agnello 359
Fonte dònico 243
Fonte Nardo 238
Fonte Pasquale 194
Fonte Pasquina 194
Fonte Plaja 196
Fonte Prataglie 197
Fonte Pretella 195
Fonte Ripa 198
Fonte Trigella 204
Fonte-vivo 261
Fonteamara 237
Fonteantica 237
Fonteasciutta 154
Fontebuia 240
Fontebùlica 254
Fontebuona 181
Fontecchie 181
Fontecchio 181
Fontechiusa 241
Fontem Fetidum 244
Fontemaggio 160, 378
Fontenera 250
Fontenozze 181
Fontèrcoli 394
Fonterosso 257
Fontesecca 154, 258
Fonti 181
Fontibolli 171
Fonticchie 181
Fontilata 247
Fontino 181
Fontocchio 181
Fontoni 181
Fopa 182
Foppa 182
Fòppa 378

Foppe 182
Foppei 182
Foppo 182
For 220
Fora, villa- 182
Forade 245
Forale 337
Foràm 181
Forame 181
Foramello 181
Foràn 181
Forappio 158
Forba 159
Forca 183, 379
Forca dell'Àrola 209
Forca, Cal de- 183
Forca-rossa 374
Forcarello 183
Forcatarola 169, 183
Force 183
Forcella 183
Forcella della Puìna 375
Forcella Forada 245
Forcella Grande 374
Forcelle 183
Forcelletta 374
Forche 183
Forchetta 183
Forcia 374
Forco 183
Fòrcola 379
Fórcole 183
Forcone 183
Fore 182
Forenza 327
Forenzano 313
Forfolèra 338
Forìo 85
Forìo di San Lorenzo 404
Forlarèa 338
Forle 182
Forli 182
Forlì 158, 378
Forlimpopoli 158
Forlina 182
Formeniga 324
Formentala 339
Formentale 339
Formicaglia 361
Formicaio 361
Formicaiolo 361
Formicolaio 361
Formicosa 361
Formigara 361
Formigaro 361
Formighé 361
Formigliaio 361
Formignana 312, 313
Formignano 312, 313
Formigny 313
Formigo 324
Formoso 245
Fornale 220
Fornase 220
Fornello 220
Forno 220
Fornoli 220
Fórnoli 220
Fornovo 158, 378
Forra 182
Forra-tórbida 260
Forrabuia 240
Forracava 241
Forragna 182
Forraspina 353
Forratella 182
Forre 182
Forretta 182
Forrone 182
Forròttoli 182
Fortetto 245
Fortevitaia 358
Fortogna 327
Forum Fulvii 158
Forum Gallorum 121
Foscarello 246
Foscecchia 182
Foscia 182
Fosciatelli 182
Foscione 182
Fosco 246
Fóscola 246
Fossa 182
Fossa de Lova 362
Fossa del Lupo 362
fossa Formosa 245
Fossa Lovara 362
Fossa Luparia 362
Fossa Ursaria 363
Fossadolto 378

Fossalón 182
Fossamagna 160
Fossanera 250
Fossata 182
Fossato 378
Fossàtole 182, 378
fossatula de Ungariotum 283
Fosse 182
Fosse Calve 241
Fossignano 313
Fosso Cupo 242
Fosso d'Isoli 185
Fosso dell'Anconella 208
Fosso della Mona 187
Fosso della Tufillara 233
Fosso delle Cavallacce 360
Fosso delle Conche 177
Fosso di contro 177
Fosso Greppa 184
Fosso Lupeto 361
Fosso Macinante 223
fosso Mescolino 249
Fosso-tórbido 261
Fòssola 182
Fossonale 182
Fossoscuro 251
Foussignac 313
Fovo alto 337
Fòza 411
Fracce 245
Fracchia 245
Fracchiacce 245
Fracciosa 245
Fracetta 245
Fracione 245
Fraggina 182
Fragginina 182
Fragineta 182
Fraìlle 182
Fraina 182
Fraine 182
Fraissa 245
Francavilla 21
Francavilla al Mare 236
Francavilla Bisio 235
Frappòla 193
Frascinaia 339
Frascineto 339, 405
Fraseneo 339
Frassa-longo 339
Frassanelle 339
Frassegna 97
Frassené 339
Frasseta 339
Frassetaccia 339
Frassétti 339
Frassignón 339
Frassilongo 408
Frassinaia 339
Frassinara 339
Frassinello 339
Frassinéta 339
Frasso 339
Fratta 245
Fratta di Fossalta 245
Frattacci 245
Frattarelli 245
Frattina 245
Frattone 245
Frattoni 245
Fraxilonga 408
Frazzanò 313
Freda 245
Freddeta 245
Freddone 245
Frentani 67
Frentum 67
Friuli 37, 158
Frola 267
Fromentaria 339
Frontàl 182
Frontale 182
Frontignano 313
Frontillo 182
Frontìn 182
Frontino 182
Frosinone 61
Fucecchia 338
Fucecchio 338
Fucicchiola 181
Fugattaia 338
Fulicaia 339
Fumane 182
Fumanella 182
Fumara 182
Fumare 182
fundo Asule 167
fundo Pretorio 162
fundum Genavia 100
fundum Paternum 252

Funés 414
Furba 159
Furchia 183
Furcola 183
Furi 85
Furlino 182
Furmiàn 415
Fuscaldo 240
Fusciniano 313
Fussigny 313
Fustagná 313
Fustagnano 313
Fustiñana 313

Gabbi 214
Gabbia 214
Gabbiana 214
Gabbie 214
Gabbio 214
Gabbiola 214
Gabbioli 214
Gaburi 274
Gaburo 274
Gaby 215
Gaggi 291, 427
Gaggia 274
Gaggino 274
Gaggio 274
Gaggiola 274
Gaianigo 324
Gàiba 214
Gaio 274
Gaiolo 274
Galanten 17
Galati 82
Galavizza 303
Galbino 246
Galceto 172
Gàliga 330
Galilea 46
Galilla 46
Galillenses 46
Gallàmpio 237
Gallazze 66
Gallerano 313
Galleriano 313
Gallia 417
Gallicianò 404
Galliera 327
Gallina Morta 365
Gallio 411
Gallìpoli 82
Galloro 20
Gancia 220
Gancía 220
Gandino 278
Gandovera 100
Gangi 291
Garda 119, 276, 372
Gardaròla 333
Gardéi 333
Gardìcciola 333
Gardone 276
Garés 330
Gargherìa 54
Garino 278
Garnia 97
Garzé 333
Gastaldi 274
Gastaldia 274
Gastra 214
Gàudi 276
Gaudo 276
Gavargini 167
Gavazzole 241
Gavignan 313
Gavignano 313
Gavignano Sabino 313
Gavina 241
Gaʒʒera 274
Gaʒʒo 274
Gazzo 426
Gazzo Veronese 426
Gebeto 279
Gebito 279
Geidau 17
Gela 55
Gello 65, 153
Gello Biscardo 278
Gelso 284
Gelso 289
Gemigny 313
Geminiano 313
Genava 100
Genestàro 339
Genestrello 339
Genève 100
Genova 100
Genua 100, 417
Genuates 417

Genzana 313
Genzano 313
Genzano di Lucania 313
Genzano di Roma 313
Gera 183
Gerace 82, 289
Gerace Marina 82
Geraci Siculo 82, 289
Geraro 183
Gereut 408
Gernetto 278
Gerno 278
Gerola 183
Geroletta 183
Geronét 183
Gerulis 51
Gesia 218
Gesina 240
Gesiòl 218
Gesira 287
Ghebbiòla 214
Ghiaie 183
Ghiaione 183
Ghiararo, T. 183
Ghiereto 183
Ghiffa 277
Ghorio 422
Ghorìo di Melitu 404
Ghorìo di Roccaforte 404
Giaire 183
Gian(n)utri 395
Giapidi 69
Giarosa 183
Giassera 183
Giàssico 301
Giato 284
Giàvera 159
Giazza 183, 411
Giazzara 183
Giazzoi 183
Gifflenga 268
Gimignano 313
Giminiani 313
Ginepraia 341
Ginepraie 341
Ginepraio 341
Ginepreto 341
Ginepro 341
Gineprone 341
Ginepruzzi 341
Ginestoro 339
Ginestra 339
Ginestra degli Schiavi 304
Ginestraia 339
Ginestraio 339
Ginestre 339
Ginestrella 339
Ginestrèlle 339
Ginestreto 339
Ginestrone 339
Ginestrule 339
Ginestruzze 339
Ginevra 100
Giogarello 185
Gioghetto 186
Giogo 185
Giógoli 185
Giogolino 185
Gioia 426
Gioia dei Marsi 426
Gioia del Colle 394, 426
Gioia Sannita 426
Gioia Tauro 426
Giorgio 86
Giovarello 185
Giove 185, 394
Giovecca 377
Giovècca 222
Giovetto 185
Giovi 185, 394
Giovo 185
Giralba 153, 183
Girgenti 288
Girgenti 79, 427
Ğirğentu 288
Giro 185
Girone 185
Gironi 185
Gisfengo 268
Gisiola 218
Gisira 287
Gisiredda 287
Gisirotta 287
Giudecca 221, 222
Giudec(c)a 377
Giugliana 306
Giugliano 306
Giugliano in Campania 314
Giugnano 314
Giuliana 314

Giuliano 314
Giuliano di Roma 314
Giuliano Teatino 314
Giumella 246
Giumellino 246
Giuncaia 341
Giuncaie 341
Giuncaio 341
Giuncarelli 341
Giunchese 341
Giuncheto 341
Giùncoli 341
Giuncona 341
Giungano 314
Giusa 242
Glaja 183
Glaunicco 301
Glauram 159
Glavizza 303
Glazenéi 129
Glemonàs 421
Glesia 218
Glovina 183
Godaria 266
Gódega 415
Gódega di S. Urbano 266
Gódeghe 266
Gódego 415
Godi 266
Gòdia 266
Godio 266
Gòdo 266
Gogna 180
Goidi 266
Goido 266
Gòito 266
Golpaia 363
Golpaie 363
Gomba 176
Gombio 218
Gombo 176
Gombo Garassino 176
Gómbola 218
Gomboreto 217
Gomila 301
Gomma 176
Gona 176
Gonesa 51
Gónfa 184
Gonfienti 156
Gónfo 184
Goni 51
Gonifài 51
Gonnos 51
Gonnoscodina 51
Gonnosu 51
Gonòi 51
Gonóne 51
Gonu 51
Goñi Goi-mendi 51
Gora 304
Gorch 184
Goredie 73
Goregge 73
Gorga 184, 185
Gorga di Mondrone 184
Gorgaccio 184
Gorgazzo 184
Gorghe 184
Gorghe di Fuoco 185
Gorgia 185
Gorgo 184
Gorgofreddo 185
Gorgola 184
Gorgole 184
Górgoli 184
Gorgolinato 184
Gorgón 184
Gorgone 184
Goria 185
Goricizza 298
Gorizia 297
Gorizzo 298
Gorto 105
Gossensass 415
Gossolengo 265
Gottolengo 265
Gozo 288
Gradara 178
Gradisca d'Isonzo 300
Gradisca di Sedegliano 300
Gradisca di Spilimbergo 300
Gragnana 314
Gragnano 313, 314
Graizzella 217
Graìzzo 217
Gramegnosóla 339
Gramenosa 339
Gramignaio 339
Gramignata 339

Gramigneti 339
Gramigneto 339
Grancetta 220
Grancia 220
Grange 220
Grangia 220
Granza 220
Granze 220
Graonetto 183
Graticciaia 217
Graticcio 217
Graticcioli 217
Graun 415, 416
Grava 183
Gravazzo 183
Grave 183
Graveglia 183
Gravina 183
Gravinella 183
Gravis 183
Gravizzi 217
Gravón 183
Grazzarola 217
Greci 428
Gredaria 178
Gremégna 339
Grepe 184
Greppa 184
Greppatèllo 184
Greppe 184
Greppino 184
Greppo 184
Greppolungo 247
Greppone 184
Greschoney 407
Gressoney La Trinité 407
Gressoney Saint Jean 407
Greta 178
Gretaiole 178
Greti 178
Gretini 178
Grétole 178
Grionàs 421
Grobies 300
Grom 184
Grombe 217
Gromeneda 339
Gronéa 183
Gronella 183
Groppa 221
Groppaja 221
Gropparo 220
Groppini 220
Groppo 220, 221
Gròppoli 221
Gróppoli 220
Grossetèllo 246
Grosseto 246
Groto 179
Grotta 179
Grottaccia 179
Grottaccione 179
Grottajo 179
Grotte 179
Grotte di Farinnola 272
Grotticino 179
Grottine 179
Grottoforte 245
Grottolina 179
Grottoni 179
Grottucce 179
Grovie 300
Grovis 300
Grum 184
Grumaggio 184
Grumale 184
Grumata 184
Grumèi 184
Grumellina 184
Grumello 184
Grumiti 184
Grumo 184
Grùmoli 184
Grumolo 184
Grùmulo 184
Grun 184
Gruppeto 184
Grutta 179
Gruttaddi 179
Grutteddi 179
Grutti 179
Gruvitano 350
Guà 205
Guado 205
Gualderago 267
Gualdo 276
Gualdo Cattaneo 276
Gualdo Tadino 71, 276
Guallo 276
Gualto de Alatrio 276

Guarda 276
Guardia Lombarda 277
Guardia Piemontese 426
Guastalla 276
Guasti 261
Guasto 261
Gubbio 69
Gudio 266
Gudo Gambaredo 266
Gudo Visconti 266
Guia 184
Guidomandri 286
Guietta 184
Guizza 277
Guna 186
Gurgo Fètido 244
Gurizze 298
Gurulis Nova 85
Guscella 186
Guſèla del Vescovà 374
Gusèla del Vescovà 184, 375
Gusella 374
Guslón 375
Gusolengo 265
Gussago 265, 308
Gussenago 265
Gusuntule 51
Gutenfeld 17
Guzule 51

Hano 428
Hasta 221
Henna 288
Heraclea 83
Hiberia 417
Himer fl. 80
Hispani 417
Hispania 417
Histonium 64, 261
Horta 185
Hradisch 11
Hyblaei colles 81
Hyria 67

Ialmicco 300
Iapodes 56
Iapodi 69
Iapudes 56
Iato 284, 290
Ida 44
Iddiano 308
Idrijca 108
Iésolo 136, 427
Igne 327
Igoli 278
Ila 235
Ilfing 17
Iliberris 44
Iliberritanus 44
Ilici 340
Illeroso 340
Imagna 221
Imana 221
Imèr 246
Imo Campo 246
Imperia 429
Impruneta 348
Incisa 240
Induno 10, 127
Infernale 221
Infernello 221
Inferno 221
Infraìne 182
Ingenga 268
Ingèure 126
Ingorello 188
Insul Inferius 185
Insul Superius 185
Insulli 185
Intignano 315
Intragna 21, 153
Introvigna 357
Inverigo 267
Inveruno 127
Iolanda di Savoia 426
Iruka Phoenicussa 49
Is-arcus 66
Isar 369
Isara 369
Isarcus 369
Isca 185
Isca sullo Jonio 185
Ischia 185, 287
Iscurài 50
Isella 185
Iselle 185
Isernia 66
Isili 53
Isola 185
Isola d'Arbia 185

isola di S. Pietro 47
Isola Porcarizza 362
Isoletta 185
Isolo 185
Isonzo 369
Issiglio 126
Issime 407
Issoudoun 126
Istia d'Ombrone 185
Istonio 427
Istria 37
Italia 69, 417
Iturriza 50
Iudaeca 222
Iudeca 222
Iudechae 221
Iudecula 221
Ivrea 113

Jaleyrac 313
Jalta 169, 236
Jana 395
Janare 371
Jerso 289
Jévoli 336
Judeca 222, 377
Judica 377
Juillac 314
Juillans 314
Juilliat 314
Juilly 314
Julian 314
Juliobona 10, 110
Julliens 314
Juncita 341
Junyá 314

Kaggi 291, 427
Kahagi 274
Kallìpolis 429
Kambódounon 11
Karmin 302
Karnberg bei Wassenburg 11
Karródounon 11
Kastelbell 415
kastellaneʃe 422
Kastelruth 415
khoriàtu 422
Kiens 414
Kisszalanc 15
Koblenz 156
korianò 422
Kralevo 15
Kraljevo 15
Krappitz an der Oder 11
Kruč 303
Kuba 44
Kùkkuru Nieddu 51
Kurtatsch 415
Kurting 415
KYŠRY 93

Labalaucs 17
Labbi 208
Labbia 327
Labbio 208
Lacedonia 66
Làcera 330
Laco Fètido 244
Lagaccio 186
Lagaccioli 186
Lagacciolo 186
Lagare 275
Laghetto Fetente 244
Laglesie 218
Lagnone Tondo 167
Lago 186
Lago d'Arno 368
Lago del Sorvo 353
Lago della Bassa 238
Lago delle Lame 187
Lago di Annone 391
Lago di Quarto 387
Lago d'Orta 185
Lago Maggiore 160
Lago Morto 249
Lago Pergusa 55
Lago Secco 258
Lago-scuro 186
Lagolino 186
Lagone 186
Lagoni 186
Lagoscello 186
Lagoscuro 251
Lagòzzo 385
Laguçano 308
Laguna 186
Lagunàz 186
Lagusèl 186
Laion 416

Làip 208
Lama 187
Lama Cupa 180
Lama d'Oro 170
Lama di Spino 187
Lama Paterno 252
Lama Quarato 197
Lama rossa 257
Lama Rossa 187
Lamacce 187
Lamacchia 187
Lamaccione 187
Lamaia 187
Lamalunga 187
Lamanna 279
Lamaór 187
Lamàr 187
Lamarèllo 187
Lamaro 187
Lamatura 187
Làmbara 187
Lambarìn 187
Làmbori 187
Lambra 187
Lambre 187
Lame 187
Lametta 187
Lamino 187
Làmis 187
Làmole 187
Lamón 187
Lamone 187
Lampaggio 341
Lampione 287
Lamponéta 341
Lamporecchio 341
Lançade 187
Lancona 208
Landre 168
Landredum 168
Landri 168
Landrìs 168
Landro, valle del- 167
Landrona 167
Landròz 168
Langoris 188
Langwitz 13
Lanza 187
Lanzalunga 187
Lanzè 187
Lanzenigo 324
Laon 9
Laórno 341
Lapellosa 246
Lapium 331
Lapleto 341
Lappato 341
Lappeto 341
Lappina 341
Lappita 341
Larècc 342
Làreʃe 341
Lareʃé 342
Lareʃéi 341
Làreʃi 341
Lari 327
Larieto 342
Larino 67
Larinum 67
Larissé 342
Larzonéi 342
Lassón 340
Lasta 187
Laste 187
Laste-basse 238
Làstego 187
Lastra 187
Lastraia 187
Lastre 187
Lastrone 187
Lastruccia 187
Làtera 222
Lateraja 222
Latereta 222
Laterina 222
Latina 426
Latini 417
Latium 417
Latium vetus 76
Lato 247
Latomìe 54
Laubiara 275
Laumellum 120
Launa 186
Lauredo 342
Laurenzana 315
Lava 186
Lavacchia 186
Lavacchino 186
Lavacchio 186

Lavacchione 186
Lavaccli 186
Lavaclo 186
Lavagno 186
Lavaiano 314
Lavaio 186
Lavardeit 407
Lavaré 315
Lavarédo 408
Lavariacum 315
Lavariano 315
Lavarone 407
Lave 186
Lavé 186
Laveggio 222
Làvena 186
Làveno 186
Lavenone 186
Laviano 314
Lavinacci 186
Lavìs 121
Lavrano 314
Lavriano 314
Lavry 314
Lazio 37
Lazzago 310
Lea, Campo di- 187
Leade 222
Leàl 188
Lebbio 335
Lebriemelus 101
Lecce 60
Lecchio 340
Leccia 340
Leccio 327, 340
Lecco 126
Lécore 340
Ledis 188
Légé 315
Leggiana 315
Leipalingis 17
Leipen 17
Leipzig 17
Lémene 222
Lengstein 414
Lengwitz 13
Lentiài 307
Lentignano 315
Lentigney 315
Lentina 81
Lentini 81
Lentinianum 315
Lenze 222
Leo 82
Leochi 340
Leonissa 50
Leontini 81
Leoràra 361
Lepontina 100
Leporaia 361
Leporaie 361
Lepraio 361
Lepretaia 195
Lepreto 361
Leprignana 315
Leprignano 315
Lerano 323
Lerata 342
Lerceta 336
Lèrici 54
Lesina 371
Lèsina 304
Lessona 340
Lestì 84
Lestizza 301
Leuca 85
Leucopetra 429
Leucumellus 101
Levà 222
Levà degli Angeli 222
Levada 222
Levaduzza 222
Lèvanzo 55
Levata 222
Leviac 315
Lèvico Terme 426
Levizzano 314
Levra 361
Lévy 315
Li Ortali 185
Lia 188
Liano 314
Libàno 315
Libba 153
Libbia 327
Libbiaio 335
Libbiano 315
Liberi 428
Libiòla 153
Libolo 153

Liccio 340
Licio 327
Ligeris 275
Ligliana 314
Ligliano 314
Liguria 37, 417
Liliana 314
Lillebonne 10, 110
Lillianes 314
Lima 371
Lìmena 222
Limiago 308
Limid 222
Limidalto 222
Lìmidi 222
Limido 222
Lìmiti 222
Lìmito 222
Limpobon 16
Linaglia 342
Linaio 342
Linàle 342
Linàr 342
Linara 342
Linari 342
Linaria 342
Linaròli 342
Linaruzzo 342
Lingura 188
Linosa 287
Lintignano 315
Lio Mazor 188
Liparèo 421
Liscaccio 336
Liserà 84
Listolade 240
Littòria 426
Liverno 246
Liviéra 345
Livignano 315
Livinallongo 20
Livinallongo del Col di Lana 426
Livinhac 315
Liviniaco 315
Lizzana 315
Liźźano 315
Lizzano 315
Llabiá 314
Loara 362
Lobaco 251
Lobbaco 251
Lobbi 345
Lobbia 153
Lobbie 378
Lobia 275
Lobiara 275
Locàra 360
Loch 188
Locri 78, 82
Loddài 50
Loghétt 188
Loghi 188
Logo 188
Lomagna 221
Lombardi 277
Lombardia 37
Lombardìa 277
Lombardone 277
Lombardore 20, 277
Lombra 205
Lomello 120
Lonca 299, 302
Lonche 302
Londa 205
Longara 188
Longare 188
Longarone 188
Longhere 188
Longherone 188
Longhignana 315
Longhirone 188
Longobardi 277
Longobardia 277
Longognano 315
Longoja 188
Longole 247
Longone 247
Longostagno 414
Longuria 188
Lonkavica 13
Lòppia 345
Loppie 345
Loppieto 345
Lòppora 345
Loreggia 20, 327
Lorenzago 315
Lorenzana 315
Lorenzano 315
Lorèo 342
Loreto 3, 342

Loro 342
Loro Piceno 342
Lotacci 188
Loto 188, 189
Lovadina 362
Lovara 6
Lovare 362
Lòver 350
Lovera 6
Lòvere 350
Lòvero 350
Lovreto 362
Loyen 416
Lozza 247
Lozzo 247
Lozzo Atestino 247
Lu 159
Lubaco 251
Lūc 188
Lucani 67
Lucania 37
Lucca 96
Lucia 86
Luco 159
Lucus Bormani 100
Lugdunensis 9
Lugdunum 9
Lughetto 159
Lughezzano 308
Lugo 159
Lugo di Romagna 159
Lugoçano 308
Lumiago 308
Lumialto 222
Luminària 223
Lumini 223
Lunadèr 188
Lunata 188
Lunazza 188
Luneda 188
Lunella 188
Lunetta 188
Luni 188
Lupaia 361
Lupaie 361
Lupara 362
Lupareccia 361
Lupazzano 316
Lupeta 361
Lupicàia 361
Lupie 153
Lupinaia 342
Lupinari 342
Lupinata 342
Lupinelli 342
Lupineto 342
Lupiòla 153
Lusern 408
Luserna 408
Lusèvera 303
Lusia 247
Lusiana 410
Lusiera 247
Lutella 189
Lutetia Parisiorum 140
Luto 189
Luzzara 67
Lyon 9

Mt. Avéna 331
Mt. Barigazzo 170
Mt. Bastia 210
Mt. Canale 374
Mt. Circello 175
Mt. Cuparo 180
Mt. d'Inesi 53
Mt. Dolada 243
Mt. Follonica 159
Mt. Pèrtica 227
Mt. Sella 374
Mt. Serva 353
Mt. Spluga 202
Macari 81
Maccagnana 316
Macchia Albanese 405
Macchia Sugherana 354
Macchia Tonda 256
Macchione dei Lupi 361
Màccia 189
Macciòla 189
Macconago 316
Macèa 189
Macei 189
Macelle 223
Macéndore 223
Macèra 189
Macerata 189
Maceréto 189
Macerie 189
Macerone 189

Maceula 215
Macìa 189
Macinaia 223
Macinàtico 223
Màcine 223
Macinelle 223
Macioli 189
Macognano 316
Macogny 316
Macomèr 47
Macquigny 316
Macretulo 247
Macritula 247
Mactapagana 252
Macugnaga 316, 407
Macugnano 316
Madarò 83
Maderno 248
Madonna della Cona 208
Madrano 317
Madrara 190
Madrignano 317
Maèrne 248
Mafalda 426
Maga 50
Magài 50
Magera 189
Maggine 221
Magginetta 221
Magginina 221
Maggio 20
Magia 223
Màgine 221
Magiola 223
Magliano 316
Magliano Alpi 316
Magliano de' Marsi 316
Magliano di Tenna 316
Magliano in Toscana 316
Magliano Romano 316
Magliano Sabina 316
Magliano Vetere 316
Maglionello 316
Magomadas 47
Magrate 247
Magrè 247
Magredis 247
Magrine 247
Magrino 247
Maiano 316
Màida 189
Maina 221
Maine 221
Mainuzza 221
Mairy 317
Mal-olt 207
Mal-passo 226
Mal-Vidai 358
Malacqua 168, 247
Malahà 343
Malanotte 248
Malapiana 247
Malapietra 248
Malasalita 248
Malavolta 248
Malavorga 248
Malba 343
Malborghetto 248, 424
Malcesine 202
Malentrata 248
Malepasso 226
Malerba 248
Maleta 342
Maleti 342
Maleto 342
Malga Bocia 373
Malga Ces 240
Malga Pioda 253
Malghera 393
Mali 248
Malo 248
Malòca 248
Malocchio 342
Malodes mons 53
Malómbra 205
Malóngola 187
Malòpera 225
Maloperta 237
Malpassino 248
Malpasso 226, 248, 424
Malta 290
Maltraverso 260
Maluentum 66, 424
Malva 343
Malvaglia 343
Malvaglio 343
Malvito 343
Malvoneta 343
Màmmola 189
Man 221

Manchi del Brigante 248
Manco 248
Mandonia 58
Manduria 427
Mandūria 58
Mane 221
Manerba 395
Manerbio 395
Manerbo 395
Mangioia 220
Mània 221
Manitaw 17
Manno 279
Manonera 250
Mantau 17
Mantova 94, 138
manzil sindī 285
Mara Arborei 52
Maracalagònis 52
Marasà 84
Maratea 84
Marca 189
Marcaccione 189
Marcadór 189
Marcellano 316
Marcésina 248
Marche 37, 189
Marchelletta 189
Marchesa 189
Marchetta 189
Marciaga 316
Marciana 316
Marciana Marina 316
Marciano 316
Marciano della Chiana 316
Marciceto 248
Marcidore 248
Marcigliana 316
Marcigliano 316
Marcomannia 279
Marcone 189
Marèbbe 416
Maredolce 286
Maregnago 316
Maremma 248
Marèo 416
Marganiài 50
Marghera 393
Margherita di Savoia 426
Margidore 248
Margine 221
Marginetta 221
Marginina 221
Margnano 316
Marignano 316
Marittima 248
Marmagne 279
Marmaio 190
Marmello 190
Marmentèra 224
Marmentino 224
Marmigliaio 392
Marmigliare 392
Marmo 190
Marmolada 190
Marmolaio 190
Marmolari 190
Màrmora 190
Marmoraia 190
Marmoreto 190
Marmoria 190
Marmoriti 190
Marmurìa 190
Marobbio 343
Marrara 190
Marrubbio 343
Marrucini 69
Marsa 286
Marsala 286
Marsascala 286
Marsciano 317
Marseghina 248
Marsiai 307
Martano 405
martanò 422
Martello 371
Marteniga 324
Marti 395
Martignacco 317
Martignago 317
Martignana 317
Martignana di Po 317
Martignano 317, 404
Maru 237
Maru Rocco 237
Maru Valentu 237
Maru Vincenzu 237
Marùbio 343
Marumulu 237
Marza 248

Marzago 316
Marzameni 286
Marzana 316
Marzano 316
Marzeiago 316
Marzi 248
Marziaga 316
Marzòla 248
Marzovizza 303
Mas 223
Masa 223
Masaré 189
Masaréi 189
Masarole 189
Masarolis 302
Masaròlis 189
Masedda 223
Maseris 189
Masi 223
Masiera 189
Masierón 189
Masio 223
Masnado 223
Masnadura 223
Masne 223
Maso 223
Mason 223
Masone 223
Masoni 223
Masotto 223
Massa 190
Massa Finalese 190
Massa Fiscaglia 190
Massa Lombarda 190
Massa Marittima 190
Massa Neviana 318
Massaccio 74, 190
Massafitta 244
Massaforte 244
Massafra 61
Massalengo 278
Massalucchio 190
Massanera 250
Massellone 190
Masseria 303
Masseria Acièrno 152
Masseria Levrera 361
Masseria Mirco 303
Masseria Quinto 388
Masseto 190
Massi 190
Massicaia 190
Masso 190
Massoncello 190
Massoni 190
Masu 223
Masugranni 223
Masuleo 223
Mataia 191
matelicate 422
Matèra 190
Materaia 190
Materaio 190
Materara 190
Materiacus 317
Maternaccio 248
Materno 248
Materrata 190
Matraia 190
Matraie 190
Matrale 190
Matrara 190
Matrichese 218
Matrignano 317
Matteraia 190
Mattina Soprana 259
Mattina Sottana 259
Mausoleo 223
Mavalli 246
Mazara 49
Maʒòrbo 165
Mazzé 189
Mazzera 189
Mazzino 187
Mazzo 187
Mazzorbo 380
Mazzunno 223
Mea 191
Meàn 308
Meati 190
Mechel 134
Mècla 134
Meclo 134
Meda 191
Meda-lunga 191
medanésk 422
Mede 191
Medicina 160
Medìl 191
Mediolanenses 417

Mediolano 110
Mediolanum 417
Mediosente 175
Medma 83
Medolfe 268
Meduna 369
Mègara 81
Meggiaro 343
Meianiga 324
Meiarìn 343, 393
Meiàro 343
Mëisules 374
Mejàro 393
Mel 246
Mèl 421
Méla 342
Melaio 342
Melàra 343
Melarole 343
Meléa 343
Meleda 343
Meledo 343
Melegàra 393
Melégna 327
Meles 343
Meletello 342
Meleti 343
Meleto 342
Melétole 343
Meletro 342
Meletta 342
Meletto 342
Meleventum 424
Melita 291
Melitoro 342
Mellaun 414
Mello 125
Melòcco 342
Melone 342
Melpignano 405
Mels 343
Meluno 414
Membroni 160
Menaré 343
Menegàli 243
Mensorella 191
Menzomonte 248
Meolo 191
Meran 416
Merano 416
Mèrcul 395
Mercuràgo 395
Mèrcure 371
Merecchia 342
Mérey 317
Merìch 191
Merizzacchia 191
Merizzacchio 191
Merizzo 191
Merla 362
Merlacchiaia 362
Merlaia 362
Merlaie 362
Merlara 362
Merlaschio 362
Merle 362
Mesa 191
Mesale 191
Meschio 249
Mesciano 317
Mescosa 344
Mesdì 373
Mesel Armal 285
Mesma 83
Mésola 191, 374
Mésole 191
Mésore 191
Mesòrs 191
Messina 55
Mestràgola 317
Mestre 317, 326
Mestrianis 317
Meta 191
Meta d'Olmo 355
Metaleto 191
Metamolle 249
Metaponto 78, 83
Metata 191
Metra 191
Mezza-costa 178
Mezza-selva 352
Mezza-terra 203
Mezzacampagna 172, 249
Mezzacosta 248
Meźźalla 249
Meźźana 249
Meźźane 249
Mezzano 422
Meźźano 249
Mezzaratta 255

Mezzastrada 248
Mezzaterra 381
Mezzo-monte 249
Mezzocolle 248
Mezzodì 373
Mezzogiorno 373
Mezzoiuso 285, 405
Meźźomonte 248
Mezzopiano 248
Mezzopoggio 248
Mezzorosàro 350
Miàre 343, 393
Mièr 343
Migiandone 407
Migliaio 343, 392
Migliana 308
Migliando 407
Migliano 308, 316
Migliàra 392, 393
Migliarello 343
Migliari 343
Migliarina 343
Migliarino 343, 392
Migliarìno 392
Migliaro 343
Migliàro 392, 393
Miglièra 393
Miglio 343
Migliorina 343
Miiago 308
Milano 10, 109
Milazzo 82, 288, 294
Miliés 308
Millesimo 391
Mineo 284, 285
Minerba 395
Minèrbe 395
Minerbio 395
Minturno 427
Minùtola 249
Miolan 110
Mira 223, 224
Mira-bella 224
Mirabello 239
Miranda 191
Miràndola 191
Mire 224
Misentum 175
Misilmeri 285
Misinto 175
Missano 317
Mistretta 49, 294
Mìsula 191
Mo-spìgolo 203
Mocampo 246
Modugno 327
Moè 224
Moggia dell'Urso 224
Moglia 224
Mogliano 317
Mogliano Veneto 426
Mogliazze 224
Moglie 224
Moglio 224
Moglioni 224
Mogoréddu 51
Mogorella 51
Mògoro 51
Moia 224
Moiago 317
Moiazza 375
Moie 224
Moinuuuindi 13
Moio 191
Moiola 224
Moju 191
Mokra 16
Mola 191
Mola di Casale 191
Molaccia 191
Moldòi 136
Molgisio 268
Molglano 317
Molgora 126
Moliazza 224
Molimenti 224
Molini vieri 166
Molise 37
Molla 249
Mollaia 249
Mollarella 249
Mololta 191
Molvedo 343
Mombriono 123
Mon-Cenisio 215
Mon-fumo 182
Mon-giove 186
Mònaca 224
Monacale 224
Monaciatico 224

Monaco 85
Monastero 224
Monasterolo 224
Monastier 224
Monastir 86
Monastirolo 224
Monbrioni 123
Moncione 192
Monda 250
Mondadór 250
Mondaino 268
Mondello 249
Mondera 378
Mondezze 250
Mondovì 235, 382, 421
Monedera 378
Monfisso 244
Monghidoro 266
Mongibello 51, 287, 372
Mongio 220
Mongioia 220
Mongiovetto 186
Monicòro 224
Monisterino 224
Monistero 224
Monna 250
Monnarello 250
Monopoli 82
Monopolis 56
monregalesi 235, 421
Mons Gaudii 220
Monsèlice 202
Montaccio 192
Montagliara 330
Montagna del Pis 195
Montagna in Valtellina 422
Montagnana 136
Montaguto 236
Montalba 153
Montalcino 340
Montaldo 236
Montale 192
Montale Pistoiese 192
Montalero 192
Montaletto 192
Montalto 236
Montalto delle Marche 236
Montalto di Castro 236
Montalto Ligure 236
montanún 422
Montaperti 237
Montaperto 237
Montariolo 192
Montarso 238
Montaspro 238
Montaùto 236
Monte 192
Monte Amiata 190
Monte Àntola 91
Monte Armèno 281
Monte Aspro 238
Monte Betrano 166
Monte Calvo 241
Monte Castro 214
Monte Cèceri 334
Monte Collaccio 176
Monte Cornuto 177
Monte Corona 177
Monte Cuccheri 179
Monte Cucco 179
Monte Cùccolo 179
Monte Curcio 243
Monte d'Oro 170
Monte de Vico 235
Monte del Fò 337
Monte dell'Aspro 238
Monte della Gravara 183
Monte di Cote 178
Monte di Fò 337
Monte Gàbbaro 159
Monte Gaudio 220
Monte Gazzino 274
Monte Gilberto 267
Monte Ilicino 340
Monte la Pelosa 253
Monte Lamanna 279
Monte Le Cocévole 242
Monte Lemanna 279
Monte Maggio 20, 160
Monte Masso 190
Monte Melino 160
Monte Méto 355
Monte Mondo 250
Monte Muro 224
Monte Padulo 193
Monte Pagliacce 193
Monte Pelà 252, 253
Monte Pelato 252, 253
Monte Penna 195
Monte Pertego 227

Monte Pertegone 227
Monte Petriolo 162
Monte Piaggia 196
Monte Pietroso 253
Monte Pilón 228
Monte Pora 252
Monte Pore 252
Monte Porzio Catone 77
Monte Raso 255
Monte Regale 235, 421
Monte Rich 256
Monte Sansòm 259
Monte Sella 201
Monte Serra 202
Monte Soprano 259
Monte Sottano 259
Monte Teglia 355
Monte Tignoso 260
Monte Toso 164
Monte Vermenone 397
Monte Viale 358
Monte Zano 243, 395
Monte Zoia 220
Monte-cendere 215
Monte-gù 236
Monte-Pietroso 253
Monte-rosso 257
Monte-rotondo 256
Monte-secco 258
Monte-tignoso 260
Monte-verde 261
Monteacuto 236
Monteaguto 236
Monteaùto 236
Montebbi 336
Montebello 239
Montebuono 239
Montecatini 174
Montecchio 192
Montecenere 215
Montecèneri 50
Montechiaro 241
Montecilfone 406
Montecològnole 216
Montedònachi 243
Montefarleto 338
Montefelonice 159
Montefollònico 159
Montefortino 245
Montefosca 303
Montefreddo 245
Montefusco 245
Montegelli 153
Montegiovi 394
Montegòdi 266
Montegomboli 218
Montegónfoli 184
Montegridolfo 267
Montegrimano 267
Montegrotto 426
Monteguarco 206
Montelàtico 159
Monteleone 427
Monteleone di Calabria 427
Montèlleri 340
Monteloro 342
Monteluco 159
Montem Paganum 252
Montemaggio 160
Montemagno 160
Montemassi 190
Montemensale 191
Montemésola 191
Montemezzani 249
Montemitro 303
Montemurlo 160
Montepagano 252
Montepalini 346
Montepeloso 253
Montepiano 253
Montepùlico 254
Montericco 256
Monteripoli 198
Monteròsoli 350
Monterotondo 256
Monterùmici 350
Montesassi 200
Montescalocchi 201
Montescuro 251
Monteselvi 352
Montesordo 259
Montespectio 231
Montestoppioni 353
Montetiglioli 354
Montetònaco 243
Montevènere 394
Montevergine 20
Montezano 395
Monti 192
Monti d'oro 170

Monticchia 192
Monticello 192
Montignoso 260
Montione 192
Montioni 192
Montìrici 340
Montispecchio 231
Montòppio 345
Montòrfano 252
Montorgiali 340
Montorino 342
Montorli 192
Montorlo 192
Montornato 345
Montornello 345
Montornese 346
Montorno 345
Montoro 342
Montorsaio 363
Monumenti 224
Monzone 192
Morafosca 245
Moraia 344
Moraio 343
Moraiola 344
Moraràt 344
Morarette 344
Moraro 344
Morarón 344
morbenàsk 422
Moreto 344
Moriccia 224, 225
Moriconi 225
Moriglione 224
Moriglioni 225
Mòrle 344
Mòrli 343
Mormenta 224
Morta, strada della- 249
Mortaio 344
Mortàl 344
Mortazzóne 344
Mortella 344
Mortélle 344
Mortelleto 344
Mortellino 344
Mortelloni 344
Morteto 344
Morti 249
Morticce 344
Morticci 344
Morticcioli 344
Morticine 249
Mortìs 344
Mortisia 344
Mortizze 344
Morture 249
Moscaia 344
Moscaio 344
Moscato 344
Mosceta 344
Moschié 344
Mosoleo 223
Mospigolo 192
Mosterio 224
Mostioso 344
Motolato 250
Motolone 250
Mòtta 192
Motta Montecorvino 192
Motta San Giovanni 429
Mottarelle 192
Mottarone 192
Mottella 192
Motticcia 192
Motto-bruno 239
Mòttola 192
Mòttolo 192
Mottón 192
Motya-Mozia 48
Movico 246
Mozze 250
Mua 225
Mucciana 317
Mucciano 317
Mucengo 277
Muda 225
Mueia 224
Muggina 224
Mugliano 317
Mugnài 307
Muiach 317
Mulàz 373
Mulin-secco 258
Mulina 191
Mulmenta 224
Mundimîtar 303
Mungio 220
Munzuni 192
Mur 14

Mur-longo 225, 247
Muraiòla 224
Murara 225
Muràttoli 224
Murazzi 225
Murèlle 224
Murgia di Serra-ficaia 338
Muriccia 224
Muristeni 86
Murla 225
Murle 225
Murlo 160
Murlone 225
Musceia 73
Muscéta 344
Muschieto 344
Muscletto 344
Mùscoli 344
museiate 73
Musignano 317, 318
Muʃìl 225
Musileo 223
Musileum 223
Muslea 223
Musleo 223
Mussey 317
Mussolinia di Sardegna 426
Mussy 317
Mustiolo 224
Musuleju 223
Mutaddisa 192
Muzzana 317
Muzzana del Turgnano 317
Muzzano 317
Mylae 81

Naccara 53
Naceréto 330
Nafrà 84
Nagyszalanc 15
Namorella 161
Namporaglia 341
Namporaia 341
Nangòris 188
Nappato 341
Nar 70
nardiatu 422
Nardò 422
Naro 295
Nasidi 85
Naso 85
Naspraglia 238
Naspraio 343
Naspro 238
Nàstego 187
Nauna 57
Naunitani 57
Nauportus 57
Navedano 330
Navert 237
Navezze 330
Nayranne 318
Nazarét 330
Nchiusi 242
Neapolis 47, 82, 417
Neapolitani 417
Nebbiaccio 225
Nebbiaia 336
Nebbiali 336
Nebbiana 318
Nebbiano 318
Nebbio 336
Nebiolo 336
Nebiono 225
Neblòc 225
Nèbrodi 53
Négola 225
Negoleta 225
Negrár 250
Negrisia 250
Negrisiola 250
Nei 103
Nembro 160
Nemeggio 161
Nemi 161
Nera 70
Nerano 318
Nerba 340
Nerbona 340
Nespoledo 343
Nespoleto 343
Nespolino 343
Nèspolo 343
Nesporédo 343
Netino 291
Neto 330
Neuiasca 103
Neuville 21
Neviano 318
Neviodunum 10

Neyran 318
Nibbiano 318
Nibbio 336
Nibbiolo 336
Nibionno 225
Niblano 318
Niblogo 225
Nicciola 344
Nicotera 82
Niederdorf 415
Nievole 225
Nimolcampo 20, 246
Nimotorre 20, 246
Nintiniano 315
Nirana 318
Nirano 318
nisseno 422
nissèno 293
Nizza 85, 422
nizzardo 422
Noale 250
Nobiallo 345
Nocchi 344
Noccioleta 344
Noccioleto 344
Nocella 344
Nocelli 344
Nocera Tirinese 67
Nocera Umbra 67
Nocetello 344
Noceto 344
Nocicchi 344
Nocicchia 344, 345
Nocinato 344
Nòcola 344
Noepoli 427
Nogàra 345
Nogare 345
Nogaré 345
Nogareda 345
Nogaredo 345
Nogarédo 345
Noglaréit 345
Noiaretto 345
Noja 427
Nola 63
Nolani 63
Nolano 62
Nolensis 63
Nonàntola 393
None 390
Nora 45, 46, 48
Norba 72
Nordheim 415
Nosé 345
Nošedo 345
Nosédole 345
Nosedulo 344
Noseğéo 345
Noʃetta 344
Nosié 345
Nosiéda 345
Notinese 291
Noto 288, 291
Nova 250
Nova Levante 415
Nova Milanese 391
Nova Ponente 415
Nova Taliana 415
Nova Todeschia 415
Novafeltria 21
Novale 250
Novara 250
Novāria 250
Novarine 250
Nove 250
Nove Fontane 181
Novella 250
Novellare 344
Novellari 344
Novelleto 344
Novelletro 344
Novelletta 344
Novello 250
Novèllo 344
Noventa 250
Novi Ligure 251
Noviodunum 9, 10, 112
Novoledo 344
Nòvoli 250
Ntomplitsa 16
Nubbrica 256
Nuceria Alfaterna 67
Nuceria Camellaria 67
Nuceria Favoniensis 67
Nucerinorum Alfaternorum 67
Nuceriola 67
Nuda 251
Numana 74, 86
Nùoro 46

Nuova Siri 83
Nura 46
Nuroli 46
Nurra 46, 52
Nurri 46, 52
Nurru 52
Nus 390
Nusiggia, S. Stefano in- 345
Nuvile 225
Nuvolèa 344
Nuvolèra 225, 344

Ó-Szöny 10
Obaco 251
Obbio 345
Oberpladen 412
Obole 345
Ocara 360
Occelum 111
Occét, Col de l'- 225
Occhiarolo 225
Occhiate 390
Occhiatello 345
Occhio 225
Occhiò 390
Occhio-bello 225
Occhito 345
Ochèra 360
Octabo 390
Odalengo 277
Oderzo 421
Odla de Mesdì 374
Òdles 184, 374
Ofanto 61
Offanengo 268
Oggiàa 390
Oglej 302
Ogneta 359
Olana 117, 368
Olbia 427
Olbĭa 85
Olcenengo 277
Olda 278
Oldelle 278
Olecchia 345
Olee 302
Oleggio 422
Olgia 273
Olgiate 273
Olgiate Olona 273
Oliceto 340
Olivàra 345
Olivàri 345
Olivédo 345
Olivetacci 345
Oliveto 345
Olivetti 345
Oliviero 398
Olìvolo 86
Olivór 345
Olivuzzo 345
Ollòbia 153
Olmaccio 355
Olmaia 355
Olmàre 355
Olmastrello 355
Olméo 355
Olmeto 355
Olmi 355
Olmicino 355
Olmino 355
Olmo 355
Olona 368
Olonna 368
Oltr'Agno 204
Oltra 204
Oltra-fossa 204
Oltrardo 204
Oltre-fiume 205
Oltre-Orba 205
Oltre-Rugo 204
Oltre-Soana 205
Oltrepovo 161
Oltris 205
Olza 273
Omblaréi 129
Omblé 129
Ombra 205
Ombraglia 205
Ombraia 205
Ombraio 205
Ombréntine 340
Omegna 356
Omomorto 249
Onàri 331
Ondaglio 205
Ondaio 205
Onè 331
Oné 331
Onèa 331

Onecchia 330
Oneda 331
Onedello 331
Oneglia 429
Oneglie 331
Oneta 330
Ontanéta 330
Ontragna 153
Opàco 251
Opera 225
Opitergīni 421
Opitergium 421
Oppeano 161, 383
Oppède 383
Oppi 345
Oppiàra 345
Òppico 251
Oppido Lucano 161, 383
Oppido Mamertina 161, 383
Oppièllo 345
Oppiéta 345
Ora 192
Ora, Ca' da l'- 169
Orago 310, 323
Orani 310
Orano 310
Orata 342
orba 165
Orba 252
Orbana 166, 380
Orbassy 318
Orbessan 318
Orbessy 318
Orbetello 340
Orbi 252
Orbicciano 318
Orbigliaia 336
Òrbole 252
Orçoledo 340
Ordìcole 355
Oré 342
Oredo 342
Oregne 327
Orella 192
Orgia 340
Orgiaglia 340
Orgiale 340
Oria 59, 67
Oriago 310
Oriano 310
Oriòla 238
Oriolo 238
Orissa 50
Orlanda 398
Orlo 192
Ormedo 355
Ormelle 355
Ormeolo 355
Ornaccio 345
Ornàr 346
Ornavasso 407
Orné 346
Ornedo 346
Ornellaia 346
Orneta 346
Ornéta 345
Ornigo 324
Ornina 345
Oro 342
Oronna 368
Oròpa 153
Orosèi 53
Orrea 221
Orria 221
Orsaia 363
Orsara 363
Orsaro 363
Orsarola 363
Orsère 363
Orta Novarese 185
Orta S. Giulio 185
Ortaffá 267
Ortanova 185
Orte 185
Orteghedo 355
Ortello 185
Orticacchio 355
Orticaglio 355
Orticai 355
Orticaia 355
Orticaio 355
Orticaiola 355
Orticeto 355
Orticheto 355
Ortigara 355
Ortiʃé 355
Ortiséi 355
Ortón 185
Ortsana 185
Ortuzzi 185

Orudiza 57
Orve 252
Orvieto 93, 165, 379
Orzaglia 340
Orźaia 340
Orźaio 340
Orźaiola 340
Orźale 340
Orźòli 340
Orźone 340
Orźoni 340
Osci 55
Ospedale 221
Ospedaletto 221
Ospedalicchio 221
Osselle 126
Ostellato 240
Ostia 246
Ostuni 261
Othoca 47, 51
Otranto 59
Otricoli 62
Ottàntola 393
Ottavello 390
Ottaviano 318
Ottavo 390
Otto Cani 365
Outre-Leve 205
Outrefer 205
Ovada 251
Ovago 251
Ovanengo 268
Oviglia 226
Oviglio 226
Ovile 226, 364
Ovìlico 364
Ovol, Bosc de l' - 345
Ovoleto 345
Ovra 225

Pacchione 193
Pacciano 318
Pac(c)iano 318
Pacciano, Torre- 318
Pachina 81
Pàchina 292
Pachino 81, 292
Pachynus 49, 81
Pacina 251
Pacine 251
Pacinetti 251
Pacino 81
Padebbo 138
Padeón 375
Paderno 252
Paderno del Grappa 427
Padoa 117
Padoìn 142, 420
Padolecchie 193
Padova 137, 420
Pado(v)àn 420
Padovani 420, 423
Padria 51
Padua 138
Padùla 194
Padùle 194
Padulella 193
Padulicchio 194
Padus 138
Padusa 138
Paese 226
Paganella 383
Pagani 252
Paganìa 252
Pagànico 252
Paganoro 20
Paglia 193, 369
Paglia fredda 245
Pagliaia 193
Pagliaio 193
Pagliarese 193
Pagliatelli 193
Pagliericcio 193
Paglieto 193
Paglietta 193
Pagliola 193
Pagnacco 318
Pagnage 318
Pagnaghe 318
Pagnàn 318
Pagnana 318
Pagnano 318
Pago 161, 382, 383
Pago Barbaroro 20
Pago del Vallo di Lauro 383
Pago-Rovegnano 161
Pagus Arusnatium 107
Pài 346
Paiarazzi 193
Paiarole 193

Paiera 193
Pala 193
Palà 226
Palaccia 43
Palado 226
Palafavèra 336
Palai 408
Palài 50
Palaia 346
Palaie 346
Palaio 346
Palaiola 346
Palancaia 226
Palanche 226
Palanconi 226
Palara 193
Palaʃi 226
Palata 226
Palatino 77
Palatium 77
Palatium Iadri 163
Palazza 43, 226
Palazzetto 226
Palazzo 226
Palazzo Adriano 405
Palazzo del Tè 355
Palazzòlo 226
Palazzuolo 226
Palazzuolo dello Stella 226
Pale 193
Pale di S. Martino 43, 193, 373
Palermitano 44
Palermo 48, 80, 295
Palestrina 77
Pali 346
Palia 369
Paliaia 193
Paline 346
Palisecchi 346
Pallano 64
Pallanza 226
Pallanzeno 226
Palmae 49
Palombaia 362
Palombaro 362
Palón 43, 193
Paloni 193
Palu 194
Palù 193, 408
Palùch 193
Paludèa 193
Paludi 193
Paluello 193
Palugara 193
Palughetto 193
Palùi 193
Palumbariello 362
Palure 193
Panca 170
Panchià 346, 393
Panco Ravino 170
Pancolaccio 170
Pàncole 170
Pandino 278
Panegài 346
Pànego 346
Paneveggio 193
Pangone 346
Panièl 346
Panicaglia 346
Panicala 346
Panicale 346
Panicastra 346
Panicucci 346
Pànie 193
Panigài 346
Panigale 346, 393
Panigalla 346
Panigo 346
Pannàconi 84
Pantancorto 242
Pao 161, 382
Paola 193
Paperello 346
Paperina 346
Paperino 346
Papiano 318
Parafitte 244
Parazolo 226
Parcines 414
Parécchia 347
Parèch 195
Parék 19
parèsk 422
Parete 194
Paretèlla 194
Pareti 194
Parétola 194
Paretone 194
Paria 44

Parisios 140
Parma 121
Parre 422
Parrodunum 11
Partanna 285
Partenopèo 421
Partignana 318
Partignano 318
Partistagno 415
Partschins 414
Parzines 414
Pascardo 194
Pasciano 319
Paspardo 194
Pasquaro 194
Pasquartum 194
Pasqueglio 194
Pasquetto 194
Pasqui 194
Pasquiglio 194
Pasquigliora 194
Pasquo 194
Passarano 319
Passariano 319
Passau 139
Passerano 319
Passirana 319
Passirano 319
Passiranum 319
passo Bocche 373
Passo Colletta 176
Passo del Brocón 129
Passo del Giovo 374
Passo dele Scaline 201
Passo della Vena 374
Passo delle Séngie 175
Passo di Civita 226
Passo di Sella 201
Passo Fara 269
Pàstani 227
Pàstene 227
Pàstina 227
Pàstina dello Stento 193
Pàstine 227
Pastinello 227
Pàstino 227
Pasubio 226, 230
Pataffio 218
Patavīnus 142
Patavino 420
Paterna 252
Paterni 252
Paterno 252
Paternò 252
Paterno Calabro 252
Paternum 252
Paternuzzo 252
Patocco 301
Patti 288
Pau 383
Paussa 227
Pausse 227
Pava 138, 420
Pavagión 227
Pavaión 227
Pavàn 420
Pavarazzi 346
Paveón 227
Paverno 252
Pavia 327
Paviero 166
Paviòla 327
Pavión 227
Pavione 375
Pazzano 318
Pecchio 341
Pécciola 346
Pèccioli 346
Pecetto 347
Péciori 346
Pécoi 194
Pécol 194
Pecol del Làip 208
Pecolét 194
Pecòlo Curto 194
Pecoreccia 364
Pecorile 364
Pedavena 194
Pedavéna 331
Pede Ancōna 208
Pede-scala 201
Pedecastello 194
Pederobba 195, 256
Pedetésina 194
Pédol 194
Pedone 194
Pedràces 416
Pedrék 19
Pedrengo 401
Pedrosa 253

Pegna 374
Pegne 374
Pegorile 364
Pelagaccio 161
Pèlago 161
Pelato 253
Pèlmo 162
Pelós 253
Pelosino 253
Pèlvo 162
Péndeme 194
Péndova 194
Penna 195
Penna S. Giovanni 195
Pennabilli 195
Pennadomo 157
Pennalticchia 236
Pénnora 195
Pennuccia 195
Penta 194
Pèntima 194
Péol 194
Pera tosta 260
Pera 195
Peralba 153, 195
Peràle 347
Peralta 236
Peràra 347
Peràro 347
Peraròlo 195
Peratèllo 347
Perbòno 347
Perchio 237
Percot 299
Percotto 298
Perdétola 195
Pèrego 161
Perèlli 347
Perèr 347
Peréta 347
Peréto 347
Perétola 347
Perétolo 347
Perétto 347
Perga 273
Pèrgine 134
Pèrgine Valdarno 134
Pergo 134
Pergus lacus 55
Periondo 256
Perlungo 347
Permaccia 189
Permozzo 250, 347
Pernecco 103
Perón 195
Perós 347
Perosa Argentina 169, 253
Perotto 347
Pers 347
Pèrtega 227
Pertegada 227
Pertenstein 415
Pèrtica 227
Perticarella 227
Pèrtina 237
Perucci 347
Peruccio 347
Perugia 96
Peruzzo 347
Pesaro 74
Pescara 195
Pescassèroli 195
Péschici 304
Peschiera 116
Peschio 195
Peščitz 304
Pesclo 195
Pesco 195
Pesco Lombardo 277
Pesco-costanzo 195
Pesco-lamazza 195
Pesco-lanciano 195
Pesco-pagano 252
Pesco-rocchiano 195
Pesco-sansonesco 195
Pesco-sòlido 195
Pescòlle 197
Pescopagano 383
Pescopagno 195
Pescosta 197
Pesetto 347
Pessina 228
Pestrino 228
Petacciano 319
Petaffio 218
Petazzano 319
Petèrcole 394
Petignana 319
Petiliana 319
Petra Furmia 158

Petra royba 256
Petraglia 195
Petraiolo 195
Petraro 195
Petrarolo 195
Petraroyba 195
Petrarubbia 256
Petretto 195
Petriòlo 162
Petrischio 195
Petrìtoli 195
Petrognano 319
Petroia 162
Petroio 162
Petrolo 162
Petroro 162
Petrosa 253
Petroso 195, 253
Petrucci 195
Petrurio 162
Petrusu 253
Petto 194
Pettorelle 194
Pettorina 194
Peucetii 56
Péz 346
Pezza Suprana 259
Pezzagù 346
Pezzaróle 346
Pezzéi 346
Pezzé(i) 346
Pezzéit 346
Pezzettes 347
Pezzi 346
Pezzo 346
Pezzói 346
Pezzolo 347
Pezzón 346
Piacenza 121
Piàdola 331
Piagge 196
Piaggerta 236
Piaggia 196
Piaggia Scura 196
Piàggiola 196
Piàgola 196
Piai 196
Piaia 196
Piaiàz 196
Piale 331
Piali 331
Piammaggio 20
Pian 19
Pian d'Allori 342
Pian d'Ara 208
Pian d'Atri 326
Pian dell'Altare 208
Pian di Còrtia 217
Pian di Moio 191
Pian di Mora 343
Pian di Rota 230
Pian Tignusu 260
Piana degli Albanesi 405, 428
Piana dei Greci 428
Pianàl 253
Pianamaggio 160
Pianano 253
Pianàz 253
Pianbossolino 332
Pianca-fòrmia 158
Piancalunga 226
Piancastagnaio 334
Pianche 226
Piandaccoli 168
Piane sotto la Solanetta 258
Pianella 253
Pianello 253
Pianetto 253
Pianézze 196
Pianimori 343
Pian(o) 253
Piano Cucco 179
Piano del Luco 159
Piano delle Cànove 212
Piano di Canaie 332
Piano Pavone 193
Pians 19
Piantravigne 357
Piassac 319
Piassé 319
Piavón 411
Piaz 196
Piazza dei Satiri 163
Piazza Pagànica 383
Pichera 359
Pièa 196
Piedi le Càmpora 173
Piedimonte 194
Piegàio 196
Piegaro 196

Piella 346
Pielle 346
Pïelléta 346
Piemonte 37, 194
Pienza 426
Piesco 195
Pietra Corva 366
Pietra di Corvo 366
Pietra Galla 246
Pietra marcia 248
Pietra Melina 160
Pietra-pagana 252
Pietra-viva 261
Pietrabbondante 64
Pietracassa 241
Pietrafessa 244
Pietrafissa 244
Pietrafitta 244
Pietragialla 160
Pietragrossa 246
Pietralata 247
Pietralba 153
Pietramala 248
Pietraminuta 249
Pietramorta 249
Pietrapertosa 422
pietrapertusellë 422
Pietrasanta 257
Pietrativoli 233
Pietravalle 206
Pietrella 195
Pietrétola 195
Pietri rotti 257
Pietruccaia 195
Pieve 228
Pieve a Salti 200
Pieve di Chio 175
Pieve Fanònica 159
Pieve Pèlago 161
Pièvina 228
Pigelleto 346
Pigge 222
Piggella 346
Pigna 347
Pignano 319
Pignàra 347
Pigne 347
Pigneto 347
Pignòla 347
Pignóle 347
Pila 227, 228
Piletta 227, 228
Pilette 227
Pillarella 227
Pille 227
Pilli 347
Pillo 347
Pillone 227
Pilone 227
Pilosetto 253
Piloso 253
Pilozzo 228
Piluso 253
Piluzza 227
Pimbola 196
Pinaròlo 347
Pinè 407
Pinedo 347
Pineid 407
Pinèlla 347
Pineta 347
Pineto 347
Pinié 347
Pinòcchio 347
Pinocclo 347
Pinuccio 347
Pioda 253, 254
Piode 254
Piodiscia Alta 253
Piois 19
Pïola 346
Pioltello 253
Pioltino 253
Piombà 196
Piombarola 196
Piombini 196
Piombino 196
Piombino Dese 196
Pionca 226
Pionte 273
Pioppazza 348
Piòto 253
Piova 254
Piovà 228
Piove di Sacco 200, 228
Pióvega 254
Piovegano 254
Pioveghella 254
Pióvego 254
Piovéne 228

Piovetto 254
Piozzano 319
Piràcine 347
Pirgu 85
Pisa 96
Pisadù 195
Pisali 347
Pisciarelle 196
Pisciarello 196
Pisciaro 196
Piscille 228
Pisello 347
Pisés 347
Pisignano 319
Pistoia 228
Pistrino 228
Pitignano 319
Pitomača 11
Pitrara 195
Pitrera 195
Pitrusa 195
Piùbega 254
Piùvica 254
Piviera 228
Pizzo della Sella 374
Pizzo Martello 374
Pizzo Strinato 240
Pizzo Taviela 374
Pizzo Trivigno 165, 234
Plăcentia 121
Plaione 196
Plajarone 196
Plan de Corones 374
Planavilla 253
Planàz 253
Plancastagnaia 334
Planella 253
Planèt 253
Plàtaci 405
Platani 405
Platì 84
Plavis 412
Plois d'Alpago 19
Plopito 348
Ploviam 254
Pluppo 348
Plùvica 254
Pò 138
Po-castello 197
Po-pera 197
Pobbia 254
Pobbio 348
Pobietto 348
Podenzana 320
Podenzano 320
Podere Sala 273
Podie 255
Poggia alla Penna 195
Poggiacolle 176
Poggiale 196
Poggialino 196
Pòggiare 196
Pòggietto 196
Pogginone 196
Pòggio 196
Poggio a Gabbia 214
Poggio ad Agnano 196
Poggio Agliài 330
Poggio al Banco 170
Poggio al Bretto 239
Poggio al Fio 220
Poggio al Forno 220
Poggio al Vento 207
Poggio all'Abetina 330
Poggio all'Asino 359
Poggio all'Oro 342
Poggio alla Stella 187
Poggio alle Nuvole 225
Poggio Arenajo 169
Poggio Bastìa 210
Poggio Cocollo 179
Poggio Conca 177
Poggio Cornécchi 177
Poggio Cuccolino 179
Poggio degli Agli 330
Poggio del Corno 177
Poggio delle Fate 219
Poggio delle Oche 359
Poggio delle Rose 196
Poggio di Scanno 201
Poggio Gréppoli 184
Poggio minore 249
Poggio Pelato 252
Poggio peloso 253
Poggio ricco 256
Poggio Rusco 196
Poggio Salto 200
Poggio San Giuliano 189
Poggio Santoro 20
Poggio Saturnio 395

Poggio ventoloso 207
Poggio-pòvero 252
Poggio-raso 255
Poggio-rotondo 256
Poggio-rotto 257
Poggio-sano 257
Poggi(o)aguto 236
Poggioauzzo 236
Poggiobruno 239
Poggiocomune 242
Poggioferro 219
Poggiofortino 245
Poggiolardo 238
Poggiolivo 345
Poggiomonti 192
Poggionovello 250
Poggiopiano 253
Poggiosecco 258
Poggipelati 252
Pognana 309
Pogni 326
Poiana 301
Poianis 301
Pola 228
Polada 228
Polcevera 103
Polepen 17
Polèſine 228
Policarino degli Schiavoni 304
Polina 228
Polizzi 82, 288, 294
Pòllena 394
Pòllina 394
Pollone 127
Polpà 348
Polpét 348
Polsadór 227
Polsafredda 227
Polsaora 227
Polse 227
Pomagagnón 197
Pomaio 347
Pomara 347
Pomaro 347
Pomàro 348
Pomaròle 347
Pomba 347
Pómboli 347
Pomedo 348
Pomèlla 347
Pomellón 347
Pomeo 348
Pomerio 348
Pomine 347
Pomoréto 347
Pompei 63
Pompeianus 63
Pons Drusi 425
Pons Orphanus 252
Ponsadór 227
Ponso 227
Pontaiba 168
Pontailler-sur-Saône 319
Ponte Asinaio 359
Ponte Bagnarolo 209
Ponte della Muda 225
Ponte Manco 248
Ponte Màrmora 190
Ponte-tòrto 260
Ponteacco 319
Pontebba 168
Pontecagnano 311
Pontechianale 173
Pontedecimo 391
Pontenano 320
Pontepetri 20
Pontèrcole 394
Pontesesto 389
Pontignanello 320
Pontignano 320
Pontigny 320
Pontiliacus 319
Pontillé 319
Ponzana 319
Ponzano 319
Ponzano di Fermo 319
Ponzano Monferrato 319
Ponzano Romano 319
Ponzano Veneto 319
Poo 161, 383
*Poppiògna 95
Populonia 95
Porca 228
Porcalonga 247
Porcara 362
Porcara, Casa- 362
Porcareccia 362
Porcareccie 362
Porcarezza 362
Porcari 362

Porcaria 362
Porcarina 362
Porcaròla 362
Porcata 228
Porche 228
Porchereccia 362
Porchetta 228
Porchia 228
Porcìa 364
Porcifera 100
Porciglia 364
Porcile 364, 428
Porcinaia 362
Porcobera 100
Pordelìo 188
Porlezza 162
Porpetto 348
Porselèra 362
Port-orgia 238
Port-Vendres 394
Porta Busuldeni 287
Porta della Serra 375
Porta di Terra 382
Porta Littoria 406
Porta Lupia 153
Porta Organa 226
Porta Oria 238
Porta Rotae 286
Porta Tosa 165
Pòrta, Colle della- 374
Portafura 182
Portapiana 253
Portèlla 374
Porto Èrcole 394
Porto Longone 247
Porto Maurizio 429
Porto Pàstene 227
Porto Tolle 203
Portocannone 406
Portoferraio 219
Portoscuso 236
Portovenere 20, 394
Portus Naonis 57
Porzìa 364
Porzie 364
Porzìe 428
Pos 228
Pos-colle 197
Pos-nuovo 228
Pòsa 227
Posàlia 351
Poschiavo, Val- 21
Poscolle 176
Posola 421
poſolante 421
Possagno 227
Posse 227
Possera 202
Possoligo 197, 258
Postabbia 232
Postàl 274
Postèl 274
Posterla 254
Posterna 254
Posterula 254
Postiòma 327
Postometa 355
Postomia 327
Potame 85
Potàmi 85, 371
Potamia 429
Potamisco 85
Potrettoli 255
Pousaòr 227
Poveglia 327
Povigna 356
Povo 161, 383
Povolàre 348
Povolarii 348
Povolàro 348
Póvole 348
Povolédo 348
Póvoli 348
Pozza 228
Pozza Amara 237
Pozzàcchia 228
Pozzagli 228
Pozzale 228, 229
Pozzali 229
Pozzarola 228
Pozzatelli 228
Pozzato 228
Pozze 228
Pozzecco 228
Pozzilli 229
Pozzo 228
Pozzo Fetente 244
Pozzo-chiano 229
Pozzocupo 242
Pozzola 228

Pozzolàtico Galluzzo 159
Pozzolengo 278
Poźźolo 196
Pozzotorelli 228
Pozzuola 229
Pozzuoli 20, 229
Pozzuolo 228
Pozzuolo del Friuli 228
Pra d'oro 170
Pra Forà 245
Pra Masón 223
Pra Mèsteghe 243
Pra Vazzàr 356
Pra-magno 160
Pra-vidàl 358
Pracchi 162
Pracchia 20, 162
Pradefosca 245
Pradia 162
Pradielis 303
Pradipozzo 228
Praeneste 77, 417
Praenestini 417
Praetto 197
Pragilardo 267
Praglia 197
Praia 197
Praia a Mare 196
Praie 197
Praja 196
Prapot-nizza 298
Prata ratta 255
Pratafessa 244
Pratalia 197
Prato 197
Prato Ascoso 236
Prato Carnico 197
Prato priore 254
Pratobasso 238
Pràtola 162
Pratolenza 222
Pratolino 197
Pratomaggio 160
Pratomagno 160
Pratotondo 256
Pratura Grande 197
Praturlone 197
Prau 197
Pravisdomini 197
Pré 197
Pre-vidal 358
Prea 195
Prea Fitta 244
Prealba 102
Precacore 429
Precot 299
Predare 195
Predicàle 172
Predore 162
Predosa 253
Prèggio 162
Prelo 197
Premariacco 320
Prémery 320
Premezzo 254
Premiá 320
Premian 320
Premiano 320
Premuda 225
Prenicus 103
Preosa 253
Preosole 253
Prepotto 298
Presa 228
Prese 228
Pressa 228
Preta lata 247
Pretafessa 244
Pretalata 247
Pretoio 162
Pretore 162
Pretoriate 162
Pretoricla 162
Prevolpaio 363
prezo 162
Pria-bona 239
Prignano 320
Prignano Cilento 320
Prignano sulla Secchia 320
Primaluna 188
Primeriaco 320
Primiero 254
Primolano 246
Priosa 253
Prise 228
Procopio 86
Profiamma 378
Profonda 254
Prognàre 197
Prognetta 197

Progni 197
Progno di Àvesa 197
Prognolo 197
Promiana 320
Pronacci 254
Prosa 253
Proteria 162
Pruglio 348
Prugnàli 348
Prugnolaia 348
Prugnolaie 348
Prugnòlo 348
Prun 348
Prunaca 348
Prunaccia 348
Prunachella 348
Prunaia 348
Prunara 429
Prunarèlla 348
Prunéa 348
Prunecce 348
Prunello 348
Prunese 348
Pruneta 348
Pruneto 348
Prunicci 348
Pruniccia 348
Pruppà 348
Publicella 254
Publico 254
Pùdia 255
Puglia 37
Puglie 37, 301
Pugnano 309
Puie 255
Pùlica 254
Pulo 228
Pulo dei Modesti 228
Punta di Cadini 374
Punta di Circia 286
Punta Sella 374
Purga di Bolca 274
Purga di Durlo 274
Purga di Velo 274
Pusano 320
Pusciano 320
Pusey 320
Pusgnano 320
Pusiano 320
Pusigliano 320
Pusignan 320
Pusterno 254
pustote 301
Pusy 320
Puticeta 254
Pùtito 255
Puzé 320
Pyrgi-Santa Marinella 33

Qarn 47
Qua-viva 262
Quadraccione 197
Quadruvium 229
Quaere 197
Qualba 153, 168
Quàlbola 153
Quara 197
Quarada 255
Quaràntola 393
Quarata 255
Quare 197
Quarfinio 165
Quarifine 165
Quarlasco 163
Quaròle 168
Quaroni 197
Quarqueta 348
Quart 387
Quarta 255
Quartaia 198
Quartaio 198
Quartara 198
Quartera 198
Quartesolo 388
Quarto 386
Quarto Cagnino 387, 388
Quarto Canino 387
Quarto d'Altino 386
Quarto dei Mille 386
Quarto di Palo 387, 388
Quarto di Sopra 387
Quarto Inferiore 387, 390
Quarto Oggiaro 387
Quarto Pretoria 387
Quarto Sant'Elena 387
Quarto Superiore 387
Quartucciu 387
Quato 168
Quatrone 197
Quattòrdio 391

Querce-tonda 256
Quercecchio 348
Querceta 348
Quercetano 348
Querceto 348
Querci 348
Querciabella 239
Querciola 348
Querciolaia 348
Quercioletta 348
Quérs 348
Quiesa 218
Quingèntula 393
Quintigliano 320
Quintilago 320
Quintisolo 388
Quinto al Mare 386, 387
Quinto Bianco 387
Quinto di Treviso 387
Quinto di Valpantena 387
Quinto Romano 388
Quinto Stampi 388
Quinto Vercellese 387
Quinto Vicentino 387
Quintodecimo 391
Quintosole 388
Quintosolo 388
Quinzano 320
Quinzano d'Oglio 320
Quinzano Veronese 320
Quorgli 335
Quorle 335
Quornia 335

Rabioso 255
Raboso 255
Ràcale 285
Rachele 285
Ràdego, Pra de- 349
Rades-bona 110
Radicata 349
Radicato 349
Radicchia 349
Radichéto 349
Radicosa 349
Ráfal 286
Rafalel 286
Ráfel 286
Ráfol 286
Ragala 336
Ragusa 54, 288, 294
Rahale 285
Ramalta 198
Ramàt 198
Ramàta 198
Ramedello 198
Ramelli 198
Ramello 198
Ramo 198
Ramo-di-Po 198
Ramón 198
Rancia 220
Ranciano 321
Randazzo 294
Ranzano 321
Rapaccio 349
Rapaia 349
Rapaio 349
Rapale 349
Rapecchio 349
Rapi 349
Rapida 255
Rapignori 349
Rapile 349
Rapina 349
Rapinale 349
Rapinata 349
Rapino 349
Rapolano 349
Rasa 255
Rasài 255
Rasaoro 255
Rasen 89, 414
Ràsen 132
Ràsina 89
Ràssina 89
Rasùn 89, 414
Raśùn 132
Rata 255
Ratt 255
Ratta 255
Rattina 255
Ratto 255
Ràttole 255
Raudo-maeus 119
Ravaglia 349
Ravàro 349
Ravazzòlo 349
Ravèo 349
Ravi 349

Ravigliano 321
Ravignan 320
Ravignana 320
Ravignano 320
Ravigny 320
Ravistagno 415
Ràvita 255
Ravizza 349
Ravysteyn 415
Razzaia 349
Razzaione 349
Razzana 349
Razzine 349
Raźźo 349
Razzolaia 349
Raźźoléto 349
Raźźuolo 349
Re-chiaro 241
Re-menor 249
Re-pudio 255
Rebósola 255
Recoaro Terme 426
Redarena 169
Redipuglia 301
Rédola 229
Redolóne 229
Refrancore 20, 280
Regade 349
Regalbuto 285
Regasta 229
Regaste 229
Réggina 341
Reggitano 44
Reglia 198
Remedello 198
Remiceto 350
Rèmole 92
Rena 169
Renaccio 169
Renda 294
Renicci 169
Reniccio 169
Reno 120, 369
Renon 414
Renón 132
Renone 169
Reondo 256
Resana 326
Resera 341
Reseretta 341
Reta 342
Retratti 255
Rettorgole 261
Revèrsa 255
Reversìn di Pasturo 256
Revèrso 255
Revigliano 321
Revigliasco 321
Revigliasco d'Asti 321
Revignaco 321
Revignano 321
Revigny 321
Revine 199
Revolto 256
Reʒa 229
Rezzago 321
Rezzano 321
Rezzinella 229
Rezzola 229
Rezzole 229
Rhein 369
Ri 198
Ri-alto 198
Ri-bon 239
Ri-séccoli 258
Ri-vivo 261
Riace 84
Rial-Mosso 198
Rialdo 238
Riale 198
Rians 111
Riardo 237, 238
Riba 198
Ribis 198
Ribolla 171
Ribonello 239
Ricàtoli 336
Riccetta 229
Ricetta 229
Ricetto 229
Riçola 229
Ridàccola 168
Ridello 198
Rido Minore 198
Ridominore 249
Ridonda 205
Riello 198
Riese 326
Rieti 61
Rif 198

Rifalcione 219
Riffian 416
Rifiano 416
Rifreddolo 245
Rifredi 245
riggitanu 422
Rigo 198
Rigo tuso 165
Rigocchio 198
Rigoleto 198
Rìgoli 198
Rigomagno 160
Rigomagus 111
Rigovilla 235
riḥal ruğīr 285
Rima 407
Rima S. Giuseppe 407
Rimbréntolo 340
Rimella 407
Rimenór 198
Rimini 20
Riminore 249
Riminoro 249
Rimmanna 275
Rimondina 250
Rino 120
Rio 198
Rio Acquafredda 168
Rio Arenón 169
Rio Canale 198
Rio Confiènti 156
Rio dei Cavalli 365
Rio dell'Orso 363
Rio della Bionda 273
Rio della Corona 177
Rio della Pissa 195
Rio di Grava 183
Rio Gelato 246
Rio Gemella 246
Rio Grande 371
Rio Maggio 20
Rio Piscia 195
Rio Tòrbido 371
Rio Torto 260
Rio Tosto 371
Riolo Terme 426
Riom 111
Riomaggio 160, 371
Riominore 249
Riomorto 249
Riondo 256
Riosecco 370
Ripa 198
Ripa Grande 198
Ripa-robbia 256
Ripa-rossa 257
Ripacci 198
Ripaccia 198
Ripafratta 198
Ripafratta 245
Ripaia 198
Ripalta 198, 236
Ripalta di Riso 426
Ripalta, sul Trigno 426
Riparia, Dora- 198
Ripatonda 256
Ripe 198
Ripoli 198
Ripòpoli 348
Ripùtine 255
Risalso 257
Riscuro 251
Risecco 258
Rito 198
Ritondolo 256
Ritorto 260
Ritratto 255
Ritten 132, 414
riu de Giane 371
Riu Taladda 51
Riva 198
Rivaggi 198
Rivalba 153
Rivalz 19
Rivara 198
Rivaro 198
Rivarolo Canavese 198
Rivelìn 198
Riviera 198
Rivitaglio 357
Rivo 198
Rivo Cupo 242
Rivo Minutolo 249
Rivo Sabuli 199
Rivolta della via 207
Roana 410
Ròari 349
Roasso 350
Roàta 350
Roatta 350

Roatto 350
Robàan 410
Robbia 350
Robbio 343
Robbiola 350
Robbiolo 256
Robbione 256
Robiaia 350
Roč 411
Rocca 404
Rocca Cucca 179
Rocca di Papa 229
Rocca Pietore 194
Roccabruna 239
Roccaccia 229
Roccaforte del Greco 404
Roccagorga 229
Roccamaia 20. 160
Roccaraso 255
Roccatederighi 267
Rodengo 278
Rodigiano 421
Rodigini 421
Ródigo 268
Rodomonte 398
Rofrano 61
Rogarelli 350
Rogheta 350
Rogheto 350
Roghiccioni 350
Rogoio 349
Roia 199
Rolle 169
Roma 76, 165, 417
Romagna 37
Romanensis 76
romanesco 422
Romani 417
Romanore 20, 275
Romanoro 275
Romans 301
Romanus 76
Romécchio 350
Rometta 294
Romicaia 350
Romiceto 350
Romitorio di Camerata 211
Ronca 199
Roncacci 199
Roncaccio 199
Roncagli 199
Roncaglia 199
Roncagliana 199
Roncagliolo 199
Roncale 199
Roncali 199
Roncato 199
Roncazzi 199
Roncella 199
Ronchéi 199
Ronchessoi 199
Ronchetto 199
Ronchi 199
Ronci 199
Ronco 199
Ronco Scrivia 199
Ronco-Bedese 118
Roncocorto 242
Ròncole 199
Roncoleulo 19
Roncolino 199
Roncón 199
Roncone 199
Ronconi 199
Ronconovo 250
Roncuccio 199
Rondinaia 361
Rondinaie 361
Rondinara 361
Rondinicchio 361
Rondonaia 361
Ronzano 310
Roràì Grande 349
Roràì Piccolo 350
Roré 349
Rori 349
Roro 349
Rosà 199
Rosade 199
Rosaia 350
Rosaio 350
Rosaiolo 350
Rosale 350
Rosàra 350
Rosario 350
Rosàro 350
Rosasco 350
Rosazzo 350
Rosce 89
Rosceglio 351

Rosceto 350
Roscheto 350
Rosci 89
Roscia 257
Rosenga 278
Roseto 350
Rosìa 350
Rosine 350
Rosolano 350
Rossón 257
Rotaio 229
Rotaiola 229
Rote 230
Rotelle 230
Rotonda 256
Rotone 229
Rotta 199, 257
Rottura 257
Rotzo 411
Rougemont 21
Rovaio 350
Rovàra 350
Rovaréllo 349
Rove 350
Rovèa 350
Roveda 350, 408
Rovelle 230
Rovelléto 350
Rovellini 350
Roveraia 349
Roveraio 349
Ròvere 349
Roveré 349
Rovereda 408
Roveredo 349
Rovergrosso 349
Roversello 256
Roveta 350
Rovighese 421
Rovigliaia 336
Roviglione 336
Rovigo 268, 423
Rovigotti 421
Rovina 199
Rovinazzo 199
Ròvoli 350
Rowàan 410
Róza 199
Rozzo 411
Rrina 169
Rrinazzeddi 169
Rrinazzu 169
Rrinedda 169
Ru de Porta 222
Ru de Vagn 374
Ru-bianco 239
Rua 230
Rua dei Longobardi 230
Ruarella 230
Rubano 410
Rubbicola 199
rubinam-e 72
Rubiniam 72
Rucavà 241
Ruda 56
Rudena 199
Rudiae 56
Rudini 56
Rue di Fabriano 230
Ruga 230
Rugabella 230
Rugàggine 230
Ruge 56
Rugghia 230
Rugiòl 199
Rugné 321
Rui 199
Ruia granda 199
Ruina 199
Ruina del Tezzón 199
Ruine 199
Rumala 248
Rumon 76
Ruòsina 92
Ruota 229
Ruote 229
Rupa 299
Rupinate 199
Rupinato 199
Rusce 57
Rusceti 350
Rusceto 350
Rusia 350
Russare 351
Russe 350
Rustega 257
Rusteghello 257
Rùstica 257
Rustigài 257
Rutuli 143

Ruva 230

S. Andrea dela Zirada 185
S. Antonio Tortàl 260
S. Apollinare 399
S. Bartolomeo in Silice 202
S. Bruzio 401
S. Casciano dei Bagni 209
S. Caterina Albanese 405
S. Costantino Albanese 406
S. Cristina di Gela 405
S. Demetrio Corone 405
S. Felice del Molise 303
S. Giorgio Albanese 405
S. Giorgio dele Pèrteghe 227
S. Giorgio in Còmpito 216
S. Giovanni del Vallo 405
S. Giovanni in Triario 169
S. Giovanni Rotondo 256
S. Giusta 47
S. Luca 429
S. Maria de Arci 154, 383
S. Maria de Gazo 274
S. Maria in Organo 226
S. Maria in Solaro 231
S. Maria la Longa 247
S. Maria Matris Ecclesiae 218
S. Martino della Battaglia 426
S. Martino di Castròzza 214
S. Martino in Argine 167
S. Mauro di Saline 231
S. Mercurio 395
S. Michele in Ghiffa 277
S. Nicola Arcella 154
S. Nicola dell'Alto 405
S. Paolo Albanese 406
S. Paolo di Civitate 215
S. Pietro di Morubio 343
S. Pietro in Carnario 213
S. Pietro in Lama 187
S. Trinità 83
Sabbieto 199
Sabbionante 200
Sabbioneta 200
Sabule 200
Sacca 200
Saccarèllo 374
Saccaro 200
Sacchét 200
Sacchette 200
Sacco 200, 374
Sàccole 200
Saccolongo 200
Saccón 200
Sacile 200
Sacrofàno 428
Sadorni 395
Saette 230
Saettella 230
Sagginale 351
Sainardo 400
Sainella 351
Saint-Eloi 402
Saint-Etienne 401
Saint-Vincent 406
Saiugo 351
Sala 230, 272, 273
Sala al Barro 272
Sala Baganza 272
Sala Biellese 272
Sala Bolognese 272
Sala Comacina 272
Sala Consilina 273
Sala Monferrato 272
Sala Rossa 273
Salabra 231
Salabrella 231
Salaórno 341
Salàr 230
Salara 230
Salare del Pero 231
Salariis 230
Salarine 230
Salaròla 230
Salaròlo 230
Salarotta 231
Salatino 257
Salaude 230
Salavorna 341
Salbèghe 258
Salbègo 258
Salcedo 351
Salcheto 351
Salciàia 351
Salcione 351
Salde 258
Saldi 258
Saldina 258
Saldo 258
Saldone 258

Saldura 133
Sale 272
Sale Castelnuovo 272
Sale delle Langhe 273
Sale Marasino 273
Salecchia 351
Salecchio 407
Salegóna 351
Salèra 230
Saleʃéi 351
Saleʃèllo 351
Saletaia 351
Salétro 351
Saletta 351
Saletto 351
Saléttori 351
Salgheta 202
Sali Vercellese 273
Sàlica 351
Salicastro 351
Salicóne 351
Salicòtti 351
Sàliga 351
Saline 231
Saline di Barletta 426
Salino 231
Sàlita 351
Salmour 279
Salò 230
Salodem 230
Salsa 257
Salsero 257
Salso 80
Salsomaggiore Terme 257
Salsone 257
Salt 200
Salta 200
Saltara 200
Saltare 200
Saltarèi 200
Saltecchio 200
Saltèl 200
Saltello 200
Salticchio 200
Saltino 200
Salto 200
Saltocchio 200
Saltoi 200
Salubio 230
Salvàdega 258
Salvàighe 258
Salvalèo 352
Salvareggio 352
Salvarizzo 353
Salviore 20
Salze 257
Sambuca 351
Sambucaia 351
Sambuceto 351
Sambuchèlla 351
Sambucheta 351
Sambuchetulo 351
Sambuco 351
Sambucone 351
Sambughé 351
Sambughedi 351
Sambughetto 351
Sambugo 351
Sambusceta 351
Sambusita 351
Sambuy 351
Sammardenchia 302
Sammonte 192
Sammonti 192
Samo 429
Samoclevo 175
Samotis 299
Sampierdarena 169
Samprogno 327
San Boldo 399
San Bonico 401
San Bovo 351
San Carrà 401
San Chiaffredo 399
San Chierlo 401
San Cosimato 400
San Cusumano 400
San Genito 401
San Giaimo 399
San Girio 401
San Giuseppe Jato 290
San Gusmè 399
San Leonte 81
San Leonzio 81
San Licandro 399
San Mamante 399
San Mameta 399
San Marcuòla 399
San Mèrcure 395
San Metaro 402

San Nazzaro dei Burgondi 280
San Predengo 401
San Provenzano 401
San Re 401
San Romano ad Quintum 388
San Stae 399
San Tèttaco 399
San Theotfredus 399
San Tomàso Agordino 428
San Trovaso 400
San Vincenzo della Fonte 406
Sanaiòla 351
Sancta Maria de Fellonica 159
Sancte Marie in Geio 274
Sandella 231
Sandello 231
Sandone 231
Sandrigo 399
Sandu Tiròro 399
Sanfratello 295
Sangineto 401
Sangrigòlo 399
Sanguineto 401
Sanluri 399
Sant'Agata 292
Sant'Agata dei Goti 266
Sant'Allago 401
Sant'Aloia 402
Sant'Ambrogio ad Nemus 160
Sant'Andrà 399
Sant'Andràt 399
Sant'Arzolo 401
Sant'Avignone 401
Sant'Elia 429
Sant'Ellero 399
Sant'Etiena 401
Sant'Eufemia 399
Sant'Eugenia 399
Sant'Ingenua 399
Sant'Ubaldo 399
Santa Ciriaca 82
Santa Commara 401
Santa Flavia 48
Santa Foca 400
Santa Giorgia 400
Sant'Imbenia 401
Santa Jona 400
Santa Mama 400
Santa Maria Càpua Vètere 166
Santa Maria de Nàbus 82
Santa Maria in Nemore 161
Santa Rantua 401
Santa Saba 400
Santa Sagaria 400
Santa Severina 400
Santa Suina 401
Santa Tecla 292
Santa Vènera 394
Santa Vènere 394
Santa Vitalia 401
Santarello 257
Santhià S. Agata 400
Santiello, Ponte di- 257
Santinbenia 399
Santo Aponàl 399
Santo Ciro 286
Santo Stin(o) 399
Santomenna 400
Santoro 20
Sanzàn 399
Sanzanipolo 399
Saona 104
Sapellu 200
Saper 200
Sappada 412
Saragio 334
Sarcédo 348
Sardasa 49
Sardassa 49
Sardegna 37, 49
Sardegnoli 417
Sardemisus 49
Sardi 417
Sardinia 417
Sarius 368
Sarmata 279
Sarmazza 279
Sarmazzano 279
Sarmeola 279
Sarméola 19
Sarmeòla 19
Sarn 132
Sarno 368
Sarnus 368
Sarra 46
Sarzana 321
Sarȝana 321
Sarzano 321
Sas delle Undici 373
Sassa 200, 201

Sassaia 200
Sassalbo 153
Sàssari 46, 53
Sassàro 201
Sassatello 200
Sassèllo 200
Sasseta 200
Sasseto 200
Sassetta 201
Sassetto 201
Sassicaia 201
Sassina 200, 201
Sassinoro 280
Sasso 200
Sasso d'Ombrone 201
Sasso della Padella 374
Sasso-verde 261
Sassocorbaio 361
Sassogna 280
Sassói 201
Sassònia 280
Sassoritto 255
Sassuolo 200
Satro 163
Saturnia 395
Saùc 351
Saudé 351
Saùgo 351
Sauriniano 322
Sauris 412
Sava 104
Savàl 206
Savalón 200
Savalóns 200
Savegnago 321
Savigliano 321
Savignac 321
Savignano 321
Savinianis in Narbonense 321
Sàvoca 54, 351
Savona 104
Savucà 351
Savucci, Monte- 351
Scagnèllo 201
Scaia 336
Scaiòla 336
Scala 201
Scala della Targia 287
Scala-santa 257
Scalamussa 201
Scalanazzu 201
Scaldasole 275
Scalelle 201
Scalera 201
Scaletta 201
Scalette 201
Scalìa 201
Scalocchio 201
Scandalò 352
Scandelaia 352
Scandelli 352
Scandiano 321
Scandicce 352
Scandicci 352
Scandolaia 352
Scandolaio 351
Scandolara 352
Scandolé 352
Scandri 352
Scanello 201
Scanicchi 201
Scannèlla 201
Scanni 201
Scannicci 352
Scanniccino 352
Scanno 201
Scàpoli 201
Scaraglio 163
Scarceta 333
Scarmagno 160
Scarna 97
Scepato 200
Sceponi 200
Scharms 132
Schaufel 42
Scheto 336
Schiavi 304, 428
Schiavi d'Abruzzo 304
Schiavi di Formìcola 304, 428
Schiavoi 301
Schiavonìa 304
Schio 336
Schióppari 352
Schlege 409
Schluderns 132
Schola 287
Scianni 286
Sciarapótamo 371
Sciarapóttolo 371
Scicli 53

Scifà 84
Scilla 429
Scinà 84
Sciobbaco 251
Scioppato 353
Sclaf 301
Sclavi 428
Sclavonicco 301
Sclavons 301
Sclavoy 301
Scledo 336
Scoàro 352
Scoegarda 276
Scoglitti 287
Scolo Salino 231
Scopa 352
Scopaio 352
Scopaione 352
Scopeta 352
Scopetello 352
Scopeto 352
Scopícchiori 352
Scopicci 352
Scopicciaio 352
Scopiccio 352
Scopinara 352
Scopone 352
Scopparella 352
Scordisci 12
Scornello 335
Scranna 201
Screje da Baco 251
Scrofàno 428
Sculdaxia 275
Scurelle 251
Seberito 354
Secca 258
Seccariccio 258
Seccheto 258
Secugnago 321
Segàla 352
Segalàie 352
Segalàra 352
Segalare 352
Segalari 352
Segalato 352
Ségale 352
Segalina 352
Segalìno 352
Segarule 352
Segeduno 116
Segesta 54
Sego-dunum 10
Ségola 352
Segolàis 50
Segolino 352
Segoréta 352
Segusio 113
Sei-àrcole 209
Seine 127
Selba 352
Selce 202
Selciaia 202
Selciata 202
Sélice 202
Selino 400
Selinunte 78, 80
Sella 201
Sella Boera 374
Sella di Bavari 201
Selle 201
Sellera 230
Sellette 201
Selva di Progno 197
Selva Romana 275
Selva Ronconi 199
Selvalta 352
Selvanera 250
Selvaneto 352
Selvano 352
Selvapiana 253
Selvareggi 352
Selvaròlo 352
Selvascura 251
Selvèlla 352
Selvis 352
Sélvole 352
Sélvoli 352
Selvuzzio 352
Semea 231
Semeni 368
Semiana 322
Sémide 231
Semignan 322
Semillac 322
Semilly 322
Sémita 231
Semitècola 231
Sémiti 231
Semonte 192

Semonzo 19, 192
Sena Gallica 116
Senadògo 167
Senda, strada dela - 231
Séndine 231
Sendraro 215
Sengelle 175
Senigallia 116
Senomagus 116
Senterone 231
Sepale 200
Sepino 64
Seprio 10, 114, 115
Septimontium 181
Septizonium 181
Sepulicchia 200
Sequana 126
Seragio 334
Seragiòlo 334
Seràuta 375
Serbano 166, 380
Sèrboli 352
Sère 368
Seregnano 322
Serèlle 202
Serén 258
Serenàla 258
Serignano 322
Serilli 202
Serio 368
Sèrlia 202
Sermenza 368
Sermide 279
Sernaglia 258
Serniana 322
Serra 201, 202
Serra d'Aiello 153
Serra dei Corvi 361
Serra della Gatta 202
Serra e Masseria Orsera 363
Serra Fara Cafiero 272
Serra Lapidda 246
Serra Pietramanca 248
Serra-capriola 202
Serra-valle 206
Serraccia 201
Serraia 202
Serraiola 202
Serralonga 202
Serralta 201, 202
Serralunga 202
Serrapòtulu 371
Serraspina 353
Serre 202
Serrelta 236
Serri 202
Serriciòlo 202
Serróne 202
Servagliana 322
Servigliana 322
Servigliano 322
Servino 353
Serviodurum 11
Sèrvolo 352
Sesta Godano 267
Sesto 388
Sesto al Réghena 388
Sesto Calende 388
Sesto Campano 389
Sesto ed Uniti 388
Sesto Fiorentino 389, 390
Sesto Gallo 389
Sesto Imolese 389
Sesto San Giovanni 389
Sesto Ulteriano 389, 390
Sestri 54
Sestu 389
Sette Casoni 397
Sette Vie 397
Settecà 397
Settecamini 397
Settecani 397
Settecannoli 397
Settecase 397
Settecomuni 397
Settefonti 397
Settefrati 397
Setteponti 397
Setteporte 397
Setteprati 397
Settequerce 397
Settesorelle 397
Settetorri 397
Settevene 397
Setteville 397
Settima 390
Settimello 390
Settimo 388, 389
Settimo Milanese 389
Settimo Rottaro 389

Settimo San Pietro 390
Settimo Torinese 389
Settimo Vittone 390
Sevegliano 321
Séveso 115
Śevigliani 321
Sévigny 321
Sèvres 115
Sevrio 10
Sevror 259
Sexten 388
Sibari 78
Sibolla 171
Sibrium 10
Sicanus fluvius Iberiae 53
Siccolli 176
Sicilia 37, 417
Siculi 53
Siebeneich 397
Siena 96
Siepe 200
Siepi 200
Sièpole 200
Sierli 202
Sierritella 202
Sieve 200
Sièvoli 200
Sigmundskron 415
Signa 326
Sigugnano 321
Silva Sana 258
Simiago 322
Simigliano 322
Simignano 322
Simitieri 231
Simitula 231
Sinale 351
Singidunum 112
Sìnnaro 85
Siracusa 78
Siris 83
Sirór 259
Site 230
Sittada 230
Sittara 230
Siuroio 259
Sivigli 200
Sluderno 132
Smilea 223
Soana 126
Soave 279
Soavia 279
Socastro 214
Soccamino 212
Soccèrri 334
Soccolle 176
Soda 258
Sodarelle 258
Sodèlli 258
Sòdera 258
Sodi 258
Sodo 258
Sòdole 258
Sodorno 395
Soffretta 245
Sofia 86
Sofignano 321
Sofò 337
Sogesia 218
Soggioli 202
Sois 326
Solafra 61
Solagio 231
Solagna 258, 327
Solagne di Casoli 258
Solagne di S. Maria 258
Solaia 231
Solaio 231
Solaiolo 231
Solandre 168
Solano 258
Sòlanto 48, 54
Solara 231
Solarno 368
Solaro 231
Solaròlo 231
Solca 203
Solchedelli 203
Solchiello 203
Solco 203
Solcola 203
Soldera 258
Soleggio 202
Solèr 231
Soléto 405
Soliera 231
Solighetto 258
Soligo 258
Solimite 222
Solivi 258

Solivo 258
Sollago 186
Solocòtto 351
Solunto 48
Sombra 205
Somiera 231
Sommacampagna 259
Sommaia 259
Sommavilla 259
Sommocolle 259
Sommopiano 259
Sommorlo 259
Sommoselva 259
Sòndalo 276
Sondrio 276
Sondrizza 276
Sonnèspuli 343
Sopertecchia 204
Soponde 203
Soppenna 195
Soppò 383
Soppó 161
Sopraluna 188
Sopranìco 259
Sorapìs 195
Sorba 353
Sorbanello 166, 380
Sorbano 166, 380
Sorbara 353
Sorbareo 353
Sorbèllo 353
Sorbeto 353
Sorbigliana 322
Sorbigliano 322
Sorbigno 353
Sorbino 353
Sorbitèlla 353
Sòrbo 353
Sorbolàre 353
Sorbolèra 353
Sòrboli 353
Sorbolongo 353
Sorcino 203
Sorda 259
Sordi 259
Sordiglia 258
Sordina 259
Sorgente del Forame 181
Sorifa 61
Sorigny 322
Sorripa 198
Sorrìpoli 198
Sort 231
Sorte 231
Sossài 326
Sosselva 352
Sostecchio 233
Sostetto 233
Sot cuòzen 242
Sotenissa 50
Sottana 259
Sottiglia 354
Sottoguda 236
Sournia 322
Sourniac 322
Sóvera 354
Sóvere 354
Sovereto 354
Sovigliana 321
Sovignana 321
Sovìgnoli 357
Sovilla 235, 381
Sovramonte 192
Sovrino 354
Sparaone 238
Spartà 84
Sparùgola 202
Specchia 231
Specchio 231
Spécola 231
Spedaletto 221
Spelle 327
Spello 327
Speloncа 202
Spelonga 202
Spelte 353
Spelunga 202
Sperdale 353
Sperella 238
Sperlinga 202
Sperlonga 202, 429
Sperlunga 202
Spertaglia 353
Spèrtali 353
Spescia 259
Spessa 259
Spesse 259
Spesso 259
Spetio 221
Spèzi 221

Spezia 427
Spiaggi 196
Spicchiaiola 231
Spicchiello 203
Spicchietto 203
Spicchio 203
Spiego 231
Spìgnola 353
Spillo 353
Spillocchi 353
Spiltari 353
Spin 353
Spina 353
Spinà 353
Spinaia 353
Spinalonga 222
Spinàre 353
Spinarello 353
Spinella 353
Spineta 353
Spineti 353
Spini-bassi 353
Spinicci 353
Spino 353
Spinoso 353
Spinùccia 353
Spionca 202
Spiscio 259
Spiti 221
Spixi 221
Spluca 202
Spluga 202
Spluge 202
Spoltale 353
Sponda 203
Spondeiola 203
Sprea 238
Spredino 238
Spretto 238
Spronca 202
Spruga 202
Squarà 255
Stabbi 232
Stabbia 232
Stabbiatelli 232
Stabbiati 232
Stabbiato 232
Stabbio 232
Stabie 232
Stàbile 232
Stabiuzzo 232
Stabli 232
Stablucio 232
Stadirano 322
Stàffola 275
Stàffoli 275, 276
Stàffolo 275
Stàffora 275
Stafula 275
Stafull 275
Stagnelli 203
Stagno 203
Stagnòlo 203
Stagnone 203
Stalis 232
Standiana 322
Stara Gora 303
Starnaditta 404
Starnaìtta 404
Statigliana 322
Staulis 232
Stàvoli 232
Stavolone 232
Stazione Termini 378
Stazze 232
Stazzetto 232
Stazzo 232
Stazzotte 232
Stazzuni 232
Steán 314
Stelata 240
Stellata 187
Stellino 187
Stenta 193
Stenti 161, 193
Stento 161, 193
Sternatìa 404
Sterpaio 354
Sterpate 354
Sterpe 354
Sterpét 354
Sterpeto 354
Sterpi 354
Sterpito 354
Sterpo 354
Sterposa 354
Sterzing 133, 425
Stián 314
Stifilič 303
Stigliano 314

Stilo 84, 422
stilusu 422
Stioppori 353
Stipareccia 353
Stipeto 353
Stoerda 276
Stongarda 276
Stoppaie 353
Stoppia 353
Stoppiacce 353
Stoppiette 353
Strà 232
Strà di Belfiore 232
Strà di Caldiero 232
Strabùzene 210
Strada 232
Strada Alta 232
Strada dei Pagani 383
Strada Ombriana 261
Strada Ongaresca 283
Strada Orna 346
Strada Pagana 252
Stradalta 232
Stradonèi 232
Stramaggiore 232
Stranò 83
Strapelosa 253
Strina 240
Stuttgart 276
Suberitum 354
Sublimite 222
Subsicivo 163
Succivo 163
Succorona 177
Suda 85
Suèvres 115
Suf 186
Sugarèlla 354
Suggrotta 179
Sùghera 354
Sughereccio 354
Sugherèllo 354
Sugheréto 354
Sugherino 354
Sugheroni 354
Suin 10, 116
Sulcis 45, 46
Summo- 192
Suoi 202
Supino 259
Surbano 166, 380
Surbo 380
Surci 46
Surda 259
Surdo 259
Surignano 322
Surrena 96
Susa 113
Sutri 95
Sutrio 95
Sùvera 354
Suveréto 354
Syracusae 55
Szalánkemen 15

Tabbiano 318
Taberna 232
Tabernella 232
Tabiadèl 232
Tabiadón 232
Tabiano 318
Tabladàss 233
Tabladello 232
Tadinatem 72
Tạdino 72
Taèla 374
Tafidinus 64
tağasku 422
Taggia 422
Tagliaferro 423
Taglio della Saetta 230
Taiedo 355
Taipana 302
Tal-oro 51
Talasài 50
Talasuniài 51
Talavoe 51
Taléi 51
Talori 51
Taloria 51
Tamarécchio 354
Tamaticium 49
Tameraio 354
Tanca Gonnài 51
Taormina 54
Tarangolo 167
Taranto 59, 78
Tarçe 326
Tarentum 59
Targhetta 287

Targia 287
Targitedda 287
Taro 158
Tarquinia 95, 427
Tarvisio 106
Tarzo 326
Tasceto 354
Tàsciori 354
Tassaia 354
Tassara 363
Tassè 354
Tasséi 354
Tassera 354
Tassère 354
Tasseto 354
Tassétora 354
Tassi 354
Tassìn 354
Tassinaia 354, 362
Tassinaie 362
Tassinara 363
Tassinaria 363
Tassino 354
Tasso 354
Tassonaia 354
Tassonaie 362
Taurano 322
Taureana 322
Tauriano 322
Taurignan 323
Taurignano 323
Tauriniacum 323
Tauriniano 323
Taurinos 140
Taurinyà 323
Taurisano 322
Tavazzano 318
Tavella 203
Tavelle 232
Tavèllo 390
Taverle 232
Taverna 232
Tavernacce 232
Tavernàle 232
Tavernara 232
Tavernario 232
Tavernèlle 232
Tavernole 232
Tavèrnole 232
Tavernucole 232
Tavernule 232
Tavernuzza 232
Taviano 318
Tavo 390
Tàvola 203
Tavolaia 203
Tavolara 203
Tavolaro 203
Tàvole 203
Tavolera 203
Tavoleto 203
Tavoliere delle Puglie 203
Teani 64
Teano 67
Teanum Sidicinum 64, 67
Teate 64, 67
Teça Guntari 278
Tecchia 204
Tecchiano 233
Tecci 233
Tegge 355
Teglio 132, 355
Tegnàs 260
Tegulata 233
Teledo 396
Telese 67
Telesia 67
Tellina 355
Teolo 204
Téolo 164, 204
Teólo 164
Teór 165
Tepolini 259
Ter 303
Tèramo 153
Terenzana 323
Terenzano 323
Tergeste 77, 421
Tergestini 421
Terlizzi 204
Terme 164, 233
Tèrme 80, 292
Terme Euganee 426
Tèrmen 233
Termenét 204
Termi 233
Terminalto 233
Termine 233
Tèrmine 80, 233, 292
Tèrmini 164, 233, 292

Termini Imerese 80, 164, 292
Tèrmini, ora Stazione - 80
Termini, Stazione - 292
Termini (Stazione T.) 164
Terminón 233
Tèrmoli 164
Terni 153
Terno d'Isola 153
Terra gelata 246
Terra in Binda 273
Terra Rubea 256
Terra Rufa 256
Terradura 244
Terrafosca 245
Terraglio 204
Terragneo 203
Terragnolo 407
Terraio 204
Terralba 153
Terranova 85, 427
Terranova di Pollino 204
Terranova Pausania 427
Terranuova 250
Terrarossa 257
Terrassa Padovana 154
Terravecchia 381
Terre Asprose 238
Terre Donniche 243
Terre tonne 256
Terricciola 203
Terricolo 204
Terrina 203
Terrìo 198
Terrùggia 203
Terruzze 203
Terzo 386
Terzo di Mezzo 386
Terzo di Tolmezzo 386
Tesana 72
Tese 72
Tesis 209
Tessenara 72
Tetti di Panigazze 233
Tetto Bianco 233
Tevere 3, 77
Teverone 259
Tezze 209
Tezzeto 209
Tezzola 209
Tezzón 209
Thalassài 50
Thapsus 49
Tharros 45, 46
Thegori 165
Thermae Imerenses 164
T(h)iene 327
Thuille 406
tiarnék 422
Tiarno di Sotto 422
Tiberis 61
Tibur 417
Tiburtes 417
Ticchiu 204
Ticengo 278
Ticinum 120
Tidolo 164, 204
Tiédoli 355
Tiégola 259
Tiera 203, 204
Tiévora 259
Tifata 55, 61
Tifernate 421
Tifernates 417
Tifernates Metaurenses 61
Tifernum 77, 417
Tifernum Tiberinum 61
Tifernus 55
Tiffauges 280
Tiglia 354
Tigliaio 354
Tiglieta 354
Tiglieto 354, 355
Tiglietuzzo 355
Tiglio 354, 396
Tigliole 355
Tigliolo 355
Tiglione 355
Tìgliora 354
Tignés 325
Tignoso 260
Tigor 165
Tìgor 165
Tileo 355
Timau 412
Timāvus 412
Tinnioso 260
Tiola 355
Tiolo 355
Tione 355
Tiricella 203

Tiro 46
Tirol 414
Tirolo 414
Tiróndola 256
Tischelwang 412
Tisza 55
Tivido 259
Tivoli 78
Tìvoli 3, 280
tlatie 72
Tocingo 278
Tófori 233
Tognazza 260
Toledo 203
Toleo 203
Tollegno 268
Tolvà 232
Tomba 204
Tomba Zosana 262
Tombaiolo 204
Tombarìl 204
Tombe 204
Tombelle 204
Tombétta 204
Tombolaia 234
Tómbolo 204, 234
Tombone 204
Tomborèllo 234
Tomoleto 204
Tomulo 234
Tondo 256
Tonso 260
Toplica 16
Toplitza 16
Topolizza 303
Torale 90, 233
Torano 322
Torano Castello 322
Torano Nuovo 322
Torbe 261
Torbécchia 261
Tórbola 261
Torçai 323
Torcé 322, 323
Torclare 233
Tòrcoi 233
Tòrcolo 233
Torcular 233
Torcy 322
Torello 233
Torés 325
Torille 234
Toringo 278
Tórmen 204
Tórmene 204
Tormenèt 204
Tórmeni 204
Tórmeno 204
Tormenón 204
Tórmine 204
Toro 233
Torrazzo 234
Torre 234
Torre Archirafi 286
Torre della Palada 226
Torre di Collelungo 247
Torre di Ovarda 374
Torre Pelosa 246
Torre Tonda 256
Torredimare 83
Torreglia 234
Torrellá 323
Torrelunga 247
Torrente Piomba 196
Torrente Settimo 390
Torretta 234
Torri 234
Tórria 234
Torricchio 234
Torriggia 234
Torriglia 234
Torrio 234
Torrione 234
Torrita 234
Torsac 322
Tortazza 260
Torteliano 323
Tortellá 323
Tortiano 323
Tortigliano 323
Tortói 260
Torzano 323
Tos 164
Tosa 260
Toscana 37
Tosella 164
Tósoli 260
Tosorata 260
Tósori 260
Tostara 260

Tostéto 260
Tostón 260
Tourliac 323
Toursac 322
Tracòlle 176
Traélici 340
Traétto 427
Trafonti 181
Tragno 203
Traietta 234
Traina 288
Tramberìgori 198
Trambicolli 176
Tramegna 233
Tràmite 204
Tràmito 204
Tramogia 375
Tramonte 192
Tramonti 192
Tramontone 192
Tramòza 375
Trans-acqua 168
Trapani 20, 55, 80
Trapoggio 196
Trappeto 234
Trappetola 234
Trarìo 198
Trasaghis 168
Trasmonte 192
Trasolca 203
Travalle 206
Traversà 260
Traversagna 260
Traversaia 260
Traversale 260
Traversara 260
Traverseto 260
Travianu 322
Tre Arie 169
Tre Buse 171
Tre Colli 176
Tre Fontane 286
Tre Palade 226
Treba 61
Trebaséleghe 154
Trebba 118
Trebbiale 234
Trebbio 234
Trebbo 118
Treb(b)o 138
Trebula 71
Trebulana 71
Trecella 204
Trecèntola 393
Trefigno 234
Trefontane 393
Tremoggia 375
Tremolada 355
Tremoleto 355
Trémoli 355
Tremozìn 375
Trentino 37
Trento 118
Treppo 138, 234
Trepuzzi 229, 393
Tresinaro 204
Tressa 260
Tresse 260
Treto 260
Trevignano Romano 323
Treviso 106
Triàrcole 209
Tribbia 234
Tribbio 234
Tribelli 234
Tribio Maio 234
Tribollo 138, 234
Tricaisum 325
Tricàrico 327
Triccella 204
Tricèsimo 391
Trichés 325
triestini 421
Trifigno 165
Trifinium 181
Trifonzio 181
Trifonzo 379
Triforce 234
Triforium 181
Trìgola 204
Trina 204
Triól de la cros 208
Tripontia 181
Triponzio 181, 379
Triponzo 181
Tripoza 181
Trippita 234
Trissino 327
Triturrita 234
Triulcio 234

Triulzo 234
Trivello 234
Trivignano Udinese 323
Trivigno 165, 327
Trivinea 327
Trofigno 165, 234
Troi Pajàn 252, 383
Tronto 369
Truentinus 369
Truentus 369
tsepodn 412
Tuder 90
Tufa 233
Tufara 233
Tufaro 233
Tufelle 233
Tuffo 233
Tufi 233
Tufillo 233
Tufino 233
Tufo 233
Tufone 233
Tumoleto 204
Tumulo 234
Tuora 233
Tuoro 233
Turbóne 261
Turco 233
Turignano 322, 323
Turissa 50
Turlago 323
Turracchia 234
Turretta 234
Turri 234
Turricchia 234
turskum 70
Tuscia 89, 92
Tusculum 77
Tuscus 70
Tuvetto 233
Tuvi 233
Tuvo 233

Ubaco 251
Udine 130
Ugento 59
Uggiate 390
Ulassài 50
Uletto 345
Ulissa 50
Ulivacci 345
Ulivastraia 345
Ulivella 345
Ulivelli 345
Uliveto 345
Ulmo et Cerclara 396
Ulten 165
Ultimo 165
Umbraria 205
Umbria 37
Ungarisca 283
Untanito 330
Upachi 251
Urago 323
Urano 323
Urassano 314
Urbania 427
Urbano 166
Urbànula 166, 380
Urbé 323
Urbiaca 323
Urbiano 323
urbinät 422
Urbisaglia 165, 379
Urbs vetus 93
Urgnano 323
Urlari 192
Urlarino 192
Urpes 52
Urrabi 52
Urraci 52
Urrài 52
Urrulidi 52
Ururi 406
Urzaléi 50
Uschione 240
Ušentini 59
Ušentu 59
Ussana 51
Ùssara 47, 50
Ussaramanna 51
Ussassài 50, 51
Usseaux 126
Usseglio 126
Ussèi 51
Ussu 51
Ustulati 240
Utica 47, 51
Uttenheim 415
Uxellodunum 126

Uzintum 59

χamar(s) 94

Vabre 117
Vaccaraccio d'Accetta 331
Vacciule 356
Vacino 251
Vada 205
Vada Sabatia 104, 205
Vadaccio 205
Vadalto 205
Vadamorta 205
Vadarèllo 205
Vadicella 205
Vadillo 205
Vaditella 205
Vado 205
Vado Aperto 205
Vado Arcone 205
Vadolato 247
Vadum Silicis 202
Vadum Zavarisii 398
Vaèl 206
Vaga 251
Vaggi 206
Vaggimàl 206
Vaggio 206
Vagli 206
Vaglia 206
Vaglie 206
Vaglio 206
Vago 251
Vai-alto 206
Vaiano 323, 324
Vaio 206
Vaiolét 206
Vaiónt 206
Vairano 324
Vairano Patenora 324
Val Calaona 211
Val Camònica 417
Val Canara 332
Val Cellina 299
Val Cìa 175
Val d'Àspra 238
Val d'Orsa 363
Val d'Óten 165
Val da fons 181
Val de le Fade 219
Val de Rode 230
Val del Rite 198
Val del Secco 258
Val del Seragio 334
Val dell'Agnello 359
Val di Lubbie 153
Val di Nòn 417
Val di Piera 195
Val di Stenti 193
Val Domenegàl 243
Val Dumèla 246
Val Formazza 407
Val Furva 159
Val Lagarina 275
Val Nespolèra 343
Val Orna 346
Val Peccorile 364
Val Pegorèra 364
Val Pora 252
Val Robbia 256
Val Rovina 199
Val Sàlega 351
Val Salere 230
Val Trompia 417
Val Vena 207
Val Venosta 417
Val Zémola 246
Val-Seriana 368
Val-sorda 259
Valà 205
Valacchi 206
Valbona 239
Valbossara 332
Valcanaia 332
Valcatori 206
Valchiusa 242
Valcòzzena 156, 242
Valdagno 153
Valdastra 187
Valdinferno 221
Valdinga 278
Valdinièvole 225
Valdònega 243
Valdònica 243
Valdormo 355
Valdottavo 388
Valdottàvo 390
Valeriana 323
Valeriano 323
Valesio 59

Valetreta 260
Valforba 159
Valgastaldo 274
Valgòda 266
Valiano 323
Valibona 239
Valicaia 206
Valichiesi 218
Valico 206
Valicone 206
Valicòrnoli 335
Valignani 324
Valignano 324
Valiso 59
Vall-ombrosa 261
Vallà 205
Vallaia 206
Vallaìn 206
Vallarsa 407
Vallaspre 238
Vallàtico 206
Valle 206
Valle Asnina 359
Valle Cintrella 175
Valle Cugnola 180
Valle Cupa 242
Valle d'Orlando 398
Valle dei Egoi 336
Valle dei Fondacci 254
Valle dei Gorghi 184
Valle dei Occhi 225
Valle del Lof 362
Valle della Cisterna 215
Valle della Piobica 254
Valle della Vermenagna 396
Valle della Vi 358
Valle delle Fiche 338
Valle delle Pile 227
Valle delle Saette 230
Valle di Carnèra 213
Valle di Fies 158
Valle di Lama 187
Valle di Sella 201
Valle di Verga 357
Valle Dominica 243
Valle dònnica 243
Valle Grave 183
Valle jana 243
Valle la Pentecchia 194
Valle Leventina 100
Valle Longori 247
Valle Lupara 362
Valle Mara 237
Valle Perto 237
Valle Posternìa 254
Valle Putida 254
Valle Renara 169
Valle Rivolto 256
Valle Sabucchi 351
Valle Sana 258
Valle Scagna 201
Valle Scura 251
Valle Sedorgna 395
Valle Stérpa 354
Valle Trebba 118
Valle Vulgara 281
Vallebbiaia 335
Vallebuia 240
Vallecchia 206
Vallecchio 206
Vallecupa 242
Valleghèr 330
Vallelunga 247
Vallelungora 247
Vallemaggio 160
Valléne 206
Vallés 206
Vallescaia 336
Vallescura 251
Vallése 206
Valli Gemelle 246
Val(l)imona 239
Vallini delle Conche 177
Vallio 206
Vallio Terme 426
Vallis Furvae 159
Vallis Mazia 160
Vallói 206
Vallòmpia 237
Vallón dei Busói 171
Vallone 206
Vallone Armèno 281
Vallone del Tufo 233
Vallone dell'Acci 331
Vallone della Fara 272
Vallone Fara 272
Vallone Farinola 272
Vàllore 206
Vallòrnia 345
Vallùcciole 206

Valmaggia 160
Valminore 249
Valnegra 250
Valorsaia 363
Valperga 273
Valpromaro 254
Valsanzibio 399
Valt 276
Valtellina 132
Valvigno 356
Valzi di frunti 170
Van 206
Vanàl 206
Vanchiglia 356
Vanéto 331
Vanói 206, 374
Vanón 206
Vanons 374
Vanza 421
vanzanèr 421
Vanzariola 206
Vanze 56
Vanzella 206
Vanzi 206
Vanzo 206
Vanzoleulo 19
Vara 369
Varămus 369
Varano 324
Varano de' Melegari 324
Varcelli 206
Varchi 206
Varco 206
Varda 276
Vare 261
Varedo 261
Varena 282
Varengo 282
Varese 121
Varesina 261
Vargo 206
Varibobŭ 16
Varignana 324
Varignano 324
Variney 324
Variòla 261
Varmo 369
Varo 369
Varolo 261
Varùgola 207
Varvellandure 329
Varzay 324
Varzy 324
Vasì 84
Vaste 59
Vasto 64, 261, 427
Vaticano 77
*Vecchiògna 96
Vecciaio 356
Vecciale 356
Veccione 356
Vecciullo 356
Vécoli 364
Vederne 166
Vedrana 166
Vedrignano 324
Védrignans 324
Vedronza 303
Veggiola 235
Veglia 235
Veglie 235
Vegnesie 137
Veio 73, 95
Veladro 355
Velatro 356
Velcha 68
Veldidena 133
Vellana 329
Vellano 329
Velletri 143
Vello 207
Velo 207
Vemegna 356
Vena 207
Vena d'Oro 170, 207
Vena-grossa 331
Venafro 61, 69
Venaie 331
Venaio 331
Venàl 207
Venarelle 207
Venàs 207
Venda 105
Vendasio 130
Vendeuil 130
Vendévolo 105
Vendi 13
Vendoglio 130
Vendoy 130
Vendri 394

Venèdes 137
Venella 331
Vènere 394
Vèneri 394
Venerine 394
Veneti 13, 136
Venetia 417
Venetiae -arum 137
Venetici 137, 420
Veneto 37, 137
Venetus 136
Venezia Giulia 37
Veneziani 137, 423
Venezie 37
Venezzano 324
Vénola 207
Ventimiglia 422
ventimil'uʃu 422
Ventolone 207
Ventosola 207
Ventulini 207
Ventuno 127
Venzone 122
Vepra 166
Vepre 166
Vepricello 166
Verana 166
Verbiancana 239
Verdara 261
Verdella 261
Verdun 9, 127
Verduno 10, 127
Vergàglia 357
Vergagni 357
Vergaia 357
Vergaio 357
Vergaioli 357
Vergaiolo 357
Vergali 357
Vergascura 251
Vergata 357
Vergato 357
Verghèra 357
Verghereto 357
Vergheria 357
Vergoloni 357
Vergucci 357
Vermenagna 356, 396, 397
Verminiccia 356
Verolengo 278, 279
Veronella 179, 428
Veronesi 423
Verrùa 207
Verrùa Savoia 207
Verruca 207
Verrucchia 207
Verruchino 207
Verrùcola 207
Verrùcole 207
Verrucoletto 207
Vert 237
Vèrtola 237
Vèrtona 237
Vertura 237
Verucchia 207
Verucchio 207
Verùgola 207
Verzaia 261
Verzil 357
Verzilón 357
Vésime 391
Vesperino 343
Vèspero 343
Vespignano 324
Vespiniano 324
Vèsporo 343
Véticia 357
Vetrana 166
Vetri sul Mare 166
Vetrica 357
Vetrice 357
Vetricella 357
Vetriceto 357
Vetricetta 357
Vétrici 357
Vetricia 357
Vetrina 357
Vetroalvo 166
Vetulonia 96
Vezzo 330
Vezzòla 356
Vi 358
Vi-storta 235
Vià 235
Via Ampia 237
Via cavola 241
via Codalunga 174
Via Cupa 180
Via dei Selci 202
via dell'Arcovata 209

Via della Scimia 365
via della Terra 381
via Fara 269
via Maggio 20, 160
Via maggiore 235
via Ployba 254
Via-santa 257
Viabuia 240
Vial 235
Vialba 153
Viatelle 235
Viazzola 235
Vibbiana 324
Vibo Valentia 69, 427
Vicarello 382
Vicchio 235, 382
Vicentini 423
Vicenza 136
Vich 358
Viclo 235
Vico 235, 382
Vico Alais 266
vico Campulo 173
Vico Canavese 235
Vico dei Satoro 20
Vico del Gargano 235
Vico Duodecimo 391
Vico Equense 235
Vico Mariniano 316
Vico nel Lazio 235
vico Pèlago 162
Vicofertile 235, 382
Vicoforte 235, 382
Vicopisano 382
Vicoritto 255
Vicosoprano 235
Vicovietro 166
Vidalengo 278
Vidèlle 358
Vidiciàtico 357
Vidigulfo 382
Vidin 110
Vidiʃói 357
Vidisséit 357
Vidizze 357
Vidolis 358
Vidór 358
Vidorét 358
Vidosa 358
Vidòt 358
Vidulis 358
Vienna 110
Vienna-Wien 10
Viepri 166
Viera 357
Vierta 236
Vietri 166
Vigalfo 266
Viganò 382
Vigarolo 382
Vigazzoli 235
Vigazzolo 235
Viggiano 324
Vighizzolo 235, 382
Vignaccio 357
Vignaglia 357
Vignaia 356
Vignale 356, 357
Vignali 357
Vignassa 357
Vignazzo 357
Vigne 357
Vignòl 357
Vignòla 357
Vignole 356
Vignòli 357
Vignolo 356
Vignòlo 357
Vignone 357
Vígnori 356
Vignùi 357
Vigo 235, 382
Vigo d'Orero 235
Vigo di Cadore 235
Vigo di Fassa 235
Vigodàrźere 382
Vigolante 235
Vigolone 235
Vigomeçano 235
Vilbanecchio 329
Vile 364
Vill-orba 252
Villa 235
villa Boaria 360
villa Ceziresta 394
Villa del Bosco 171
Villa del Foro 158
Villa Orbana 166, 380
Villa Ottone 415
Villa Salsa 257

Villa (Sarentina) 415
Villa Scàpoli 201
Villa Villafranca 381
Villabassa 238, 415
Villabruna 239
Villafiorita 429
Villafranca 236
Villafruela 267
Villalba 153
Villalfonsina 266
Villamagna 160
Villamagra 247
Villambrera 343
Villanova 250, 381
Villanova d'Albenga 235
Villanova del Battista 304
Villapinta 253
Villàr Perosa 381
Villatella 235
Villatoro 266
Villavecchia 235
Villavetro 166
Ville 235
Villeneuve 21
Villimpenta 253
Villnöss 414
Villole 235
Villora 235
Villora 381
Villore 235
Villori 235
Villuzza 235
Vilmezzan 235
Vilness 414
Vilzing 13
Vimenelle 356
Vimercate 382
Viminario 356
Viminelle 356
Viminiccio 356
Vinaulonch 20
Vincaia 356
Vincaiolo 356
Vinceta 356
Vinchereto 356
Vinci 356
Vincigliaia 356
Vincigliaio 356
Vincigliata 356
Vincilliate 356
Vincio di Brendeglio 356
Vinciora 356
Vinco 356
Vincula 356
Vindobona 102, 110
Vindolana 110
Vindomagus 102
Vindupale 101
Vinèra 236
Vinzaglio 356
Violo 235
Vipiteno 133
Vipitenum 133, 425
Virco 299
Virle 236
Virle Piemonte 236
Visco 301
Viscone 301
Visegne 382
Visello 357
viʃentìn 422
Visigna 382
Visignola 382
Visnà 382
Visnadello 382
Visome 327
Vispereglia 343
Visso 347
Vitacchio 221
Vitattello 357
Vitecchia 357
Viteccio 357
Viterale 166
Viterbo 96
Vitétoli 357
Vitetto 357
Viticchia 357
Viticcio 357
Vitollo 332
Vitranu 166
Vivo 261
Vizza 277
Vizzata 356
Vizze 277
vliʃàt 422
Vò 205
Vo' 205
Vo de Rotta 199
Vò di Rua 230
Vobarno 117

Voberna 117
Vocca 171
Voghenza 235
Voghera 382
Voglej 302
Voivre 117
Volano 117
Volimento 224
Volpàdego 363
Volpaia 363
Volpaie 363
Volpaio 363
Volpara 363
Volpare 363
Volparetta 363
Volparòle 363
Volpera 363
Volpère 363
Vòlpia 363
Volpinaia 363
Volpinàra 363
Volsinii veteres 379
Volt 207
Volta 207
Volta-barozzo 207
Volta-rossa 207
Volte 207
Volterra 96
Voltetta 207
Voltoline 207
Voltri 221
Voltumna 93
Vosgi 372
Vosgus mons 372
Vronde 84
Vùcitu 155
Vulci 96
Vulgaro 281

Wagen-burg 113
Wagenburg 11
Welschnofen 415
Wilten 133
Woivre 117

Xom 186
Xomo 186
Xon 186
Xon di Posina 374

Yssingeaux 112
Yverdon 9

Zadri 163
Zadrina 16
Zadris 164
Zadro 6
Zadrum 163
Zagorisče 16
Zagorja 16
Zagorjane 16
Zairo 6, 163, 378
Zana 243, 395
Źana 395
Zanaia 222
Zancle 78
Źàndori 243, 395
Zanè 243
Źánico 395
Zano 243
Źano 395
Zaragoza 385
Zarapòtamo 371
Zarcuni 285
Zaro 6, 163, 378, 398
Zatri 163
Zebedassi 279
Zébeo 279
Zeggie 174
Zei 175
Zellina 299
Zelo 65, 152
Zembrè 341
Zenevre 341
Zenevré 341
Zenevredo 341
Zenevrelli 341
Zensón 136
zentanèr 421
Zeolàra 332
Zeolé 332
Zerbò 83
Zeresàre 334
Zervare 360
Zessum 241
Zévedo 279
Zevio 279
Zibido 279
Ziello 174

Ziérzen 175
Zimella 246
Zinèpri 341
Zinèpro 341
Zìppiri 47
Zirl 414
ziʃnadgòt 423
Živa Voda 303
Zivelongo 186
Ziviana 279
Zivido 279
Zivolara 332
Zò 186
Zof 186
Źoìn 186
Zola Predosa 19
Zollino 404
Zompicchia 300
Zompitta 300
Zoncé 341
Zoncheto 341
ʒonʒèlla 341
Zope 207
Zopedina 207
Zopeto 207
Zopo 207
Zoppa 207
Zoppè di Cadore 207
Zoppéo 207
Zoppère 207
Zòppola 207
Zǭriánē 16
Zǭ́rista 16
Zovello 186
Zovèllo 374
Zoverallo 354
Zovo 185, 186
Zublasco 279
Zucchei 208
Zucchi 208
Zucco 208
Zùccola 208
Zùccolo 208
Zuccone 208
zuḍḍinò 422
Zudeca 221
Zuecca 377
Zuècca 221
Zuècca, S. Giacomo della- 221
Zuello 186
Zughi 186
Zugliana 306
Zugliano 306, 314
Zumelle 246
Zumpita 300
Zunaia 222

Finito di stampare nel mese di aprile 2023
presso LegoDigit S.r.l., Lavis (Trento)